Pedro Uría-Recio

Cómo la IA Transformará Nuestro Futuro

Comprende la Inteligencia Artificial y Prepárate para el Mañana

Aprendizaje Máquina. IA Generativa. Robots. IA Cuántica. Superinteligencia.

Publicación

www.howaiwillshapeourfuture.com

Cómo la IA Transformará Nuestro Futuro

"Un fascinante viaje hacia el futuro de la IA, que ofrece una perspectiva única al combinar tecnología, economía, geopolítica e historia."—PASCAL BORNET, Influencer en Tecnología, 2 millones de seguidores.

Escrito en un estilo accesible para todo tipo de público, *"Cómo la IA Transformará Nuestro Futuro"* guía a los lectores a través de la historia y evolución de la Inteligencia Artificial, proporcionando una base sólida para una comprensión más profunda de su trayectoria. Esto permite a los lectores reflexionar más detenidamente sobre el tema central del libro: **¿qué deberían esperar las sociedades del futuro de la IA en las próximas décadas?**

¿Cómo funciona realmente la IA? ¿Cuál será su impacto en el empleo y la educación, tanto a corto como a largo plazo? ¿Cómo transformará la IA la sociedad, la economía, el gobierno, la cultura y la geopolítica? ¿Cuáles son los posibles resultados utópicos y distópicos, y quiénes serán los más afectados? ¿Qué está ocurriendo con China y la intensificación de la carrera armamentista en IA? ¿Podría la biología sintética conducir a la coexistencia entre humanos y ciborgs, influyendo finalmente en la evolución humana? Y lo más importante, ¿qué deberíamos exigir a nuestros líderes hoy para prepararnos para el inevitable avance de la IA?

Estas son solo algunas de las preguntas provocativas que explora y responde Pedro Uría-Recio, exconsultor de McKinsey y Director de IA, quien ha trabajado durante años con esta tecnología transformadora a nivel global.

Ya seas un tecnólogo, un ama de casa, un empresario, un estudiante, un votante o un legislador, o simplemente alguien curioso sobre el futuro de la humanidad, *"Cómo la IA Transformará Nuestro Futuro"* ofrece ideas esenciales para navegar las complejidades de la Inteligencia Artificial.

www.howaiwillshapeourfuture.com
pedro@machinesoftomorrow.ai
https://t.me/uriarecio

Tecnología y algoritmos.
Negocios y geopolítica.
Historia y filosofía.
Mitología y literatura.
Espiritualidad y religión.
Cuerpo y mente.
Caos y guerra.
Negocios y riqueza.
Inmortalidad y extinción.
Y una nueva especie posthumana.

La IA lo es todo para la humanidad.

Reseñas

Estas son algunas de las reseñas verificadas por Amazon de lectores de la primera edición en inglés titulada *"Machines of Tomorrow."*

"¡Todo lo que puedo decir es 'WOW'! Me quedé absolutamente sin palabras después de leer este libro. ¡Realmente expandió mi mente, especialmente en su reflexión sobre las implicaciones futuras de la IA!"—D. Rob, 28 de abril de 2024

"Teje hábilmente la historia, el análisis y predicciones provocadoras, desafiando a los lectores a enfrentar las implicaciones éticas y filosóficas de esta tecnología transformadora. ¡RECOMENDADO!"—Zahid, 9 de junio de 2024

"¡Magnum Opus de IA! Qué volumen tan profundo y completo sobre la IA. Desde la historia antigua hasta las predicciones futuras, implicaciones políticas, impactos potenciales y resultados. Si tienes alguna pregunta sobre el impacto de la IA, este libro probablemente la aborde. Amplio en su alcance y con ideas inteligentes."—J. Palmer, 20 de mayo de 2024

"Una obra seminal, que navega brillantemente el impacto transformador de la IA en la humanidad y el advenimiento de la economía de las máquinas, prometiendo una fusión armoniosa entre la tecnología y el progreso social."—Profesor Paul J. Morrissey, 15 de febrero de 2024

"Valió la pena leerlo en todos los sentidos. Conectó todos los puntos en términos de lo que está sucediendo en la IA y más. Abrió una gran cantidad de preguntas (y de alguna manera también las respondió) que tenía sobre los humanos, la filosofía y la inteligencia."—Dare, 18 de agosto de 2024

"Preguntas contundentes sobre resultados utópicos y distópicos, la carrera armamentista de IA en China y el futuro de la coexistencia humano-cyborg. Las ideas son provocadoras y están fundamentadas en años de experiencia global con la tecnología de IA. ¡Altamente recomendado!"—S. Andrews, 16 de mayo de 2024

"Disfrutarás el viaje y te dejará pensando en el futuro de la IA y la humanidad."—Katie Chance, 18 de mayo de 2024

"Lo que realmente distingue a este libro es su pasión. Se nota que el autor está profundamente involucrado en este tema, y su entusiasmo es contagioso. Es como si te invitara a unirte a él en un viaje de descubrimiento, y no puedes evitar dejarte llevar por su emoción."—Good, 24 de abril de 2024

"Con explicaciones claras y una visión equilibrada de los beneficios y los desafíos éticos, este libro es una lectura obligada para cualquiera que esté interesado en entender cómo la IA está transformando nuestro mundo y lo que el futuro puede deparar."—Aarti Nagpal, 18 de mayo de 2024

"Un libro convincente y fácil de leer que hace que los temas complejos sean accesibles, perfecto para cualquiera que esté interesado en hacia dónde se dirige la IA y lo que significa para nuestro futuro."—Stephanie L, 17 de mayo de 2024

"Una exploración cautivadora de cómo la IA transformará nuestro mundo. Accesible e informativo, aborda las profundas implicaciones de esta tecnología en la sociedad, la economía y la geopolítica."—Zainab, 8 de junio de 2024

"Con comentarios perspicaces y reflexiones personales, este libro sirve como una guía indispensable para comprender y navegar los profundos cambios que están remodelando nuestro mundo."—Alejo, 12 de marzo de 2024

"El autor explica la IA de una manera que es fácil de entender, pero MUY completa, abordando sus efectos en varios aspectos de nuestras vidas, desde el trabajo y la educación hasta la política, la economía e incluso la espiritualidad."—Angelina, 27 de junio de 2024

"Una lectura obligada para todos los que, como yo, sienten curiosidad por cómo la IA está cambiando el mundo. Aprecié especialmente cómo el libro aborda temas desafiantes de manera directa."—Dominica Tsiukava, 29 de mayo de 2024

"El libro sobresale en su capacidad para simplificar conceptos técnicos mientras aborda preguntas profundas sobre el impacto de la IA en nuestra sociedad, economía y evolución como especie."—EL82, 28 de junio de 2024

"El libro equilibra posibilidades emocionantes como la superinteligencia y una economía impulsada por máquinas con discusiones sobre riesgos potenciales y dilemas éticos. Atractivo y accesible."—Nicolás Mejía, 26 de junio de 2024

"Una combinación fascinante de información técnica y reflexiones filosóficas hace que conceptos difíciles sean comprensibles e invite a la contemplación."—Aaron, 29 de junio de 2024

"Explica ideas complejas de manera simple, haciéndolas fáciles de entender y pensar sobre el futuro de la tecnología y la humanidad. Una gran lectura para cualquiera que tenga curiosidad sobre la IA."—Annick Spapen, 17 de mayo de 2024

"Me encanta que el libro esté muy detallado y ofrezca predicciones y tendencias muy específicas a tener en cuenta, no las charlas superficiales y generalizaciones que a menudo escuchamos en los medios de comunicación."—Chris, 29 de junio de 2024

"Descompone magistralmente conceptos complejos de IA en fragmentos fácilmente digeribles, haciéndolos accesibles para lectores de todos los antecedentes."—Cliente de Kindle, 1 de julio de 2024

"Me gustó especialmente cómo el libro no se aleja de los temas difíciles. Aborda tanto las posibilidades utópicas como distópicas de la IA, ofreciendo una visión equilibrada de lo que el futuro podría deparar."—Hustler, 20 de mayo de 2024

"Un discurso convincente sobre el futuro de la IA. Inquietante y grandioso a partes iguales."—Jeanne, 28 de abril de 2024

"Este libro detalla de manera minuciosa los debates que animan a nuestra sociedad. Explica la historia y el futuro de la IA, con pros y contras. También ofrece consejos que todos podemos utilizar. La experiencia del autor es admirable, ¡y es un libro que definitivamente recomendaría!"—Jess Books, 26 de junio de 2024

"A través de su prosa lúcida y cautivadora, el libro proporciona un análisis perspicaz e inicia diálogos significativos sobre el futuro de la tecnología y la humanidad. ¡Una lectura muy interesante!"—Krista, 18 de mayo de 2024

"Te sumerge en el mundo de la IA de una manera diferente a todo lo disponible en internet. ¡Lo recomiendo mucho!"—Michal W, 15 de mayo de 2024

"Ofrece una visión integral y placentera de la IA y sus raíces filosóficas, abarcando tanto las culturas occidentales como orientales."—Michelle, 29 de junio de 2024

"Este libro ofrece una exploración fascinante de la Inteligencia Artificial, presentando sus impactos potenciales en la sociedad, la economía y la identidad individual."—Peter, 28 de junio de 2024

"Me gusta cómo este libro aborda el mundo de la IA. No solo se ocupa de la evolución de la IA y su impacto potencial en la sociedad, sino también de su impacto en la evolución humana."—QLS Fulfillment, 26 de junio de 2024

"¡Lectura fascinante! No tenía idea de cuán atrás se remontaba el concepto de la IA. Realmente pone en perspectiva cuánto ha crecido y desmiente muchos de los mitos y temores sobre la IA."—Rachel James, 21 de mayo de 2024

"Recomiendo esta lectura fascinante a cualquiera que esté interesado en comprender cómo la IA podría moldear nuestras vidas y la velocidad a la que estos cambios pueden llegar."—Ron M, 27 de junio de 2024

"Disfruté leer este libro porque, además de la excelente historia de la IA, también explica el futuro y los posibles peligros de la Inteligencia Artificial."—Sana, 3 de junio de 2024

"El libro está bien investigado y escrito de manera que explica conceptos complejos de manera accesible, uniendo los puntos de relaciones no tan obvias que ayudaron a dar forma a la IA tal como es hoy."—Sergio Gómez, 10 de junio de 2024

"Plantea preguntas cruciales sobre la ética, las dinámicas de poder y la trayectoria de la evolución humana."—Shaista, 5 de junio de 2024

"Este libro es un revelador. Detalla prácticamente todo sobre la IA, desde su origen como ciencia ficción hasta la realidad actual y las expectativas futuras."—Shed, 15 de mayo de 2024

"Hace un trabajo fantástico al descomponer conceptos complejos de IA en piezas fácilmente digeribles."—Soul Seekr, 16 de mayo de 2024

"Este libro proporciona un nivel de detalle que no sabía que quería. Las implicaciones de la IA en el empleo y la educación fueron realmente provocativas y tan relevantes en este momento."—Tanya Bulley, 1 de julio de 2024

"La verdadera fortaleza del libro radica en su exploración más allá de lo puramente tecnológico. Profundiza en las profundas ramificaciones sociales de un futuro entrelazado con la IA avanzada."—Yetunde, 22 de mayo de 2024

"Estudiar la historia de la IA y la robótica es uno de mis pasatiempos, y este libro es, honestamente, uno de los mejores que he encontrado."—Cliente de Amazon, 1 de junio de 2024

Entrelazamiento entre IA y Humanos: una interrelación tecnológica, física y psicológica entre los humanos y la IA que provoca una progresiva erosión de las fronteras entre ambos. Los humanos influyen en la IA diseñando y entrenando sus algoritmos y plataformas. La IA influye en los humanos a través de implantes cibernéticos, interfaces cerebro-computadora y tecnologías biológicas sintéticas impulsadas por IA, todas las cuales modifican la esencia de la naturaleza humana. A través de estas interacciones, la IA y los humanos entran en una serie de ciclos evolutivos, lo que potencialmente da lugar a varias especies híbridas posthumanas.

Los humanos y la IA se entrelazarán en una nueva forma de vida.
Este libro narra la épica historia de cómo nos convertimos en
las Máquinas del Mañana.

Índice de Contenidos

Dedicatoria

A mis queridos padres, Ana María y José Antonio,
a quienes les debo lo que soy.

A mi amada esposa, Dorothy
a la que le debo quién llegué a ser.

Pedro

Agradecimientos

Quiero expresar mi más sincero agradecimiento a mi amigo Randy por su valiosa ayuda en la revisión y mejora de la narrativa y legibilidad de este libro. Sus agudas observaciones y sugerencias han contribuido enormemente a aumentar el atractivo del libro para el público en general. Gracias, Randy, por tu apoyo incondicional y dedicación.

Prólogo

"Nos preocupan especialmente los riesgos en ámbitos como la ciberseguridad y la biotecnología, así como el potencial de los sistemas de IA avanzados para amplificar amenazas como la desinformación. Existe la posibilidad de que se produzcan daños graves, incluso catastróficos, ya sean deliberados o involuntarios, debido a las capacidades más significativas de estos modelos de IA. Dado el rápido e incierto ritmo de cambio de la IA, y en el contexto de la aceleración de la inversión en tecnología, afirmamos que es especialmente urgente profundizar en nuestra comprensión de estos riesgos potenciales y de las acciones necesarias para abordarlos".

Declaración de Bletchley [Varios gobiernos]

1 de noviembre de 2023

El 1 de noviembre de 2023, unas 150 figuras influyentes del gobierno y la industria a nivel mundial, incluyendo a la vicepresidenta de Estados Unidos Kamala Harris y al multimillonario Elon Musk, se reunieron en Bletchley, Inglaterra, para la Encuentro Global sobre Inteligencia Artificial del Reino Unido. Esta reunión desarrolló y revisó escenarios que implican el uso de la Inteligencia Artificial en diversos aspectos del quehacer humano y jugó un papel crucial en la facilitación de un diálogo global sobre la regulación de la IA.

El lugar de la reunión fue seleccionado en honor a Alan Turing, pionero de la IA, cuyo trabajo en ese mismo sitio 80 años antes condujo al final de la Segunda Guerra Mundial, salvando millones de vidas y desarrollando el primer ordenador.

Veintiocho países, incluidas potencias mundiales como Estados Unidos, China y la Unión Europea, se unieron para respaldar la Declaración de Bletchley, reafirmando su compromiso con las deliberaciones en curso sobre el despliegue seguro de la IA. Esta declaración expresaba preocupación por los riesgos potenciales, como el uso indebido de la IA Generativa por parte de terroristas o ciberdelincuentes, y la posibilidad de que la IA alcance un nivel de sensibilidad que plantee amenazas existenciales.

Sin embargo, no todas las naciones del mundo estuvieron representadas en igualdad de condiciones. A pesar de ser una potencia mundial en IA, la representación de China fue simbólica en el mejor de los casos. Además, resulta paradójico, e incluso hipócrita, que quienes firmaron la Declaración de Bletchley estén compitiendo activa y agresivamente para liderar el avance de la Inteligencia Artificial y obtener una *"ventaja"* sobre los demás en este campo.

Tesis

La Inteligencia Artificial no es solo un componente clave de nuestro futuro; nosotros también somos cruciales para el futuro de la Inteligencia Artificial. Existe una fuerte interrelación entre nosotros. Nosotros, los humanos, somos realmente las Máquinas del Mañana. Pero con una evolución acelerada basada en el silicio en lugar del carbono.

La Inteligencia Artificial se ha integrado perfectamente en nuestra vida cotidiana, dejando su huella en ámbitos que van desde los teléfonos inteligentes hasta la conducción autónoma y la automatización del trabajo creativo. Sin embargo, la mayoría de nosotros no percibimos su rápido y profundo impacto. Las interacciones algorítmicas están moldeando nuestras opiniones, emociones, elecciones sanitarias, selección de pareja, preferencias políticas y de consumo; en conjunto, nuestras decisiones vitales. Esto refleja la influencia de largo alcance y omnipresente de la IA.

La integración de los seres humanos con la IA ya está avanzando, a veces de forma evidente y otras de manera silenciosa. Está forjando una relación cada vez más simbiótica, un proceso al que llamamos *"Entrelazamiento Humano-IA"* o simplemente *"Entrelazamiento"*. Este proceso ya ha comenzado y se está acelerando. Las próximas décadas serán un periodo de transformación en el que la IA permitirá la mejora humana a un nivel que hasta ahora solo ha sido objeto de la Ciencia Ficción.

Las tecnologías cyborg facilitarán mejoras robóticas que potenciarán nuestras capacidades físicas e intelectuales mediante Interfaces Cerebro-Ordenador, mucho más complejas que el simple uso de un teléfono móvil. La biología sintética utilizará algoritmos de IA para mejorar el cuerpo humano, diseñando ADN para abordar el envejecimiento y las enfermedades, o cultivando órganos mejorados para trasplantes.

Antes de descartarlo como pura Ciencia Ficción, pregúntate: ¿Podrías separarte de tu smartphone incluso ahora mismo? Este dispositivo es solo la punta del iceberg en el horizonte cercano de la evolución tecnológica. ¿Y si existieran formas físicamente seguras de integrar la IA en nuestro cuerpo y mente de manera discreta y sistemática? Estas innovaciones podrían proporcionarte una ventaja competitiva, aumentar tu productividad tanto en el trabajo como en la vida personal, e incluso contribuir a tu felicidad mediante la liberación regulada de dopamina. Además, podrían mejorar tu salud con evaluaciones automatizadas de riesgos y alertas, y fortalecer tu sistema inmunológico con tejidos sintéticamente creados.

Es inherente a la naturaleza humana el impulso insaciable de aspirar y progresar, apoyado por los mecanismos para marcar esos hitos, los recursos para facilitar el progreso y las métricas económicas y psicológicas para validar su continuación: todos ellos elementos cruciales en la ecuación actual.

La esencia de la naturaleza humana está al borde de experimentar cambios profundos, impulsados por las transformaciones sísmicas que la Inteligencia Artificial está catalizando. El transhumanismo ya está en marcha, y su primera manifestación ampliamente aceptada en nuestra sociedad se observa en el movimiento transgénero, que defiende la capacidad de los individuos para elegir el género con el que se identifican. Este movimiento está sentando las bases para un futuro en el cual la mejora humana no solo será aceptada, sino que será activamente buscada. Las etiquetas tradicionales, basadas en los cromosomas XY, deberán evolucionar junto con estos cambios.

En las próximas décadas, optar por un brazo biónico para mejorar la fuerza será algo ampliamente aceptado. Establecer relaciones con robots será una elección rutinaria. Implantes electrónicos en el cerebro para aprovechar la capacidad de procesamiento de los últimos algoritmos de IA serán bien recibidos por la sociedad. Modificaciones biológicas que permitan comer sin ganar peso o ver en la oscuridad serán deseables. Como resultado, surgirá una diversidad de identidades que representarán diversas combinaciones de IA y biología. Esta compleja interrelación entre humanos e IA llevará a una progresiva dilución de los límites entre ambos, iniciando ciclos evolutivos que darán lugar a híbridos cada vez más complejos.

Paralelamente, los seres humanos, ya en proceso de integrarse con la IA, continuarán desarrollando algoritmos más avanzados. En las próximas décadas, es probable que los sistemas de IA alcancen un nivel de inteligencia equiparable al humano, conocido como Inteligencia Artificial General (IAG). Existe la posibilidad de que la IA descubra cómo automejorarse, iniciando un ciclo acelerado de mejora continua que podría llevar a una forma de inteligencia mucho más poderosa que la nuestra: la Superinteligencia.

Muchos científicos, filósofos y tecnólogos advierten sobre los riesgos existenciales que plantea la IA, especialmente la Superinteligencia, para la humanidad. Es difícil garantizar que esta nueva forma de inteligencia comparta los valores humanos o sea intrínsecamente amigable hacia nosotros. Considerando las implicaciones evolutivas del Entrelazamiento entre humanos e IA, este debate adquiere una nueva perspectiva.

Como creadores de la IA, ya somos sus antepasados evolutivos. A través del proceso de Entrelazamiento, estamos evolucionando conjuntamente hacia la Superinteligencia. Nuestra biología actual representa solo un estado temporal;

después de haber evolucionado durante millones de años, es probable que sigamos evolucionando hacia nuevas formas de vida inteligente, eventualmente extinguiéndonos en nuestra forma actual. Desde este punto de vista, ya sea que la Superinteligencia conduzca a una distopía, una utopía tecnológica o una combinación de ambas, no cambiará el panorama a largo plazo de la humanidad. Dentro de cientos de años, el desenlace final seguirá siendo el mismo: la emergencia de una nueva forma de vida superinteligente cuyo linaje se remonta a nosotros, integrados con ella de manera similar a cómo el homo sapiens moderno está integrado con el ADN neandertal.

Lo que debería preocuparnos profundamente es el proceso intermedio. Aunque vemos el Entrelazamiento y la Superinteligencia como una evolución en un sentido puramente darwiniano, estos poseen un componente fabricado y antinatural. Requieren la intervención humana para activarse, por lo tanto, están sujetos a las inclinaciones humanas. ¿Qué valores guiarán a la IA y quién los determinará? Habrá catalizadores que marcarán el cambio en curso, todos con profundas implicaciones sociales, económicas y religiosas. Algunos optarán por quedarse atrás, sea por elección personal o por decreto. Podría incluso haber un elemento decididamente maquiavélico en todo esto, donde formas autoritarias de gobierno se beneficien del desarrollo de la IA.

El control sobre esta tecnología, el poder que conlleva y la *"ventaja"* indudable sobre los demás, presentan todos los rasgos de un drama épico shakespeariano. Aquellos que temen su avance y desean detenerlo se enfrentarán a quienes desean avanzar a toda velocidad. Los que prefieren la certeza de lo imperfecto buscarán seguridad, mientras que aquellos que desafían los límites o tienen una necesidad constante de triunfar tirarán en dirección opuesta. Individuos jugarán roles de liderazgo sobre otros, acumulando un poder sin precedentes. Las sociedades serán más prósperas que nunca, con la IA impulsando tanto la productividad como el consumo. Los guardianes de nuestra seguridad global se encontrarán con aquellos que buscan dañarnos, y la posibilidad de que los roles se inviertan será omnipresente. Las religiones tradicionales mundiales se verán obligadas a confrontar nuevas religiones emergentes, con sus líderes proclamando que solo ellos pueden acceder al Oráculo.

Las estructuras de incentivos existentes no evolucionarán tan rápidamente como la tecnología. Ningún sistema político actual está preparado para enfrentar esta partida de ajedrez tridimensional que se desplegará a nivel internacional. En el año 375 a.C., Platón postuló que el filósofo debía ser rey. Ahora, 2399 años después, vemos que, en el ámbito de la IA, el tecnólogo será el rey, irónicamente, por muchas de las mismas razones.

El Entrelazamiento entre la humanidad y la Inteligencia Artificial es inevitable y ya sigue una trayectoria clara. En todos los sentidos, el desarrollo de la IA representa la mayor epopeya de la humanidad. Esta narra la historia de nuestro pasado lejano a través de las culturas, nuestros sueños más profundos de crear seres artificiales y nuestros esfuerzos por dar vida a estos seres mediante siglos de desarrollo científico y tecnológico, culminando finalmente en la creación de la IA. Eventualmente, nos fusionaremos con ella, dando lugar a una especie posthumana en la intersección del carbono y el silicio, de la biología y la tecnología. Las preguntas clave son: ¿a qué velocidad ocurrirá, hasta qué punto llegaremos, ¿cómo lo lograremos y dónde estarán los límites?

La Inteligencia Artificial está marcando un camino prolongado y transformador para la humanidad. Actualmente, la IA supera significativamente las capacidades humanas en fuerza, velocidad y resistencia, avanzando rápidamente hacia la superación de nuestras capacidades intelectuales. Sin embargo, alcanzar la Inteligencia Artificial General podría llevar varias décadas. Hasta entonces, la IA seguirá siendo una herramienta poderosa que mejora la eficacia en la asignación de recursos, la productividad y la generación de riqueza, aunque su acceso y aplicación no estarán distribuidos de manera uniforme debido a factores humanos y económicos.

Las implicaciones de nuestro actual camino deberían ser motivo de preocupación global. La IA tiene el potencial de ofrecer beneficios sin precedentes a la humanidad o de llevarnos a resultados preocupantes, creando escenarios distópicos que nos harían cuestionar cómo hemos llegado hasta aquí. Sorprendentemente, podría lograr ambos resultados simultáneamente.

Frente a esta transformación impulsada por la IA, es crucial establecer estrategias económicas y políticas adecuadas. ¿Qué medidas debemos tomar ahora para prepararnos para los rápidos cambios de las próximas décadas?

Resumen del Libro

La Inteligencia Artificial representa la nueva mente de la humanidad, mientras que los cyborgs y la robótica simbolizan el nuevo cuerpo. La humanidad se está fusionando con la IA a través de conexiones emocionales con robots, implantes cyborgs y mejoras biológicas, transitando hacia una serie de castas híbridas entre la IA y la biología. De esta fusión podría surgir una Superinteligencia, con nosotros como sus antepasados. Al entrelazarse con la IA, la humanidad se convierte en las Máquinas del Mañana.

Parte I: *"El Viejo Mito"*

Esta sección arroja luz sobre la aspiración milenaria de la humanidad de crear seres artificiales, tal como se refleja en mitos y leyendas de diversas culturas. Se revela que la marcha hacia el Entrelazamiento con la IA está anclada en el deseo humano de superarse, un impulso natural de crear y aspirar que se acelera con el avance de la IA. En la Parte 1 también se explora la influencia considerable de autores de Ciencia Ficción como Isaac Asimov y Stanley Kubrick, cuyas obras han inspirado a científicos en los campos de la IA y la robótica, moldeando el camino de los avances en estas áreas.

Parte II: *"La Nueva Mente"*

Esta sección detalla el desarrollo de la Inteligencia Artificial desde sus inicios hasta su estado actual. Comienza con los trabajos fundacionales de Aristóteles en lógica y sigue con los esfuerzos colaborativos de siglos que culminaron en la creación del primer ordenador. Se destaca la Conferencia de Dartmouth de 1956, reconocido como el nacimiento formal de la IA, que marcó el inicio de décadas de fructífera investigación. La sección también aborda el *"Primer Invierno de la IA"* en 1974, un periodo de decepción y ralentización, seguido por ciclos de desarrollo explosivo en las décadas de 1980 y 1990, que también enfrentaron sus respectivos inviernos de la IA. Estos últimos ciclos estuvieron impulsados por incentivos comerciales no gubernamentales y las fuerzas del mercado. Finalmente, se explora el resurgimiento actual de la IA después de la crisis de las puntocom, caracterizado por aplicaciones prácticas de redes neuronales profundas y la reciente aparición de la IA Generativa.

Parte III: *"El Nuevo Cuerpo"*

Exploraremos la evolución de la robótica desde los antiguos autómatas hasta la Revolución Industrial, un periodo que despertó las primeras preocupaciones sobre el empleo y generó movimientos de oposición como los luditas. A diferencia de la Inteligencia Artificial, que sigue una trayectoria con sus altibajos, el desarrollo de la robótica se divide en tres hilos paralelos. El primer hilo se centra en la evolución de los brazos robóticos y sus aplicaciones industriales, las cuales llevaron a Japón a ser un líder mundial en robótica y dieron lugar a algunas de las primeras implementaciones de cyborgs. El segundo hilo abarca los robots móviles y autónomos, desde coches autónomos hasta drones militares y robots espaciales, como los exploradores de Marte. Finalmente, el tercer hilo se enfoca en la evolución de los humanoides. También analizaremos el uso emergente de humanoides como una alternativa viable a la inmigración en Japón, un claro ejemplo de cómo las diferentes culturas influyen en los puntos de vista y enfoques sobre el desarrollo del Entrelazamiento y la Superinteligencia. Además, profundizaremos en cómo los robots son cada vez más capaces de identificar y responder a las emociones humanas, hasta el punto de que algunos seres humanos ya entablan relaciones románticas con ellos.

Parte IV: *"La Transición"*

Se describe el viaje transformador que la humanidad emprenderá en las próximas décadas hacia un entrelazamiento más profundo con la Inteligencia Artificial. Este proceso se desarrollará a lo largo de dos caminos paralelos. Por un lado, la robótica se fusionará con el cuerpo humano mediante la popularización de tecnologías cyborg, mejorando nuestras capacidades físicas. Por otro lado, los algoritmos de IA impulsarán la biología sintética, que se empleará para modificar el ADN humano, mitigando el envejecimiento y las enfermedades, y diseñando órganos mejorados para trasplantes.

A medida que la IA siga avanzando y estas dos tendencias tecnológicas se consoliden, nuestras sociedades y economías experimentarán una transformación profunda. Desde una perspectiva optimista, la IA se vislumbra como una fuerza benéfica capaz de empoderar a la humanidad, proteger el medio ambiente, erradicar la pobreza, aumentar la esperanza de vida y permitir que las personas se concentren en tareas más satisfactorias mientras los robots se encargan de los trabajos más rutinarios. Sin embargo, aunque esta visión se basa en los beneficios evidentes de la tecnología, es importante recordar que toda tecnología tiene dos caras. Un punto de vista más pesimista sugiere que la adaptación a la IA podría ser problemática debido a las diferencias culturales arraigadas durante milenios, las instituciones políticas centenarias, las estructuras de incentivos lentas y las inclinaciones humanas, además de la desigualdad en el acceso y comprensión de la tecnología de la IA y los recursos necesarios para su aplicación. Desde esta perspectiva, la IA podría estructurarse en torno al despotismo humano, convirtiéndose en una herramienta de control total sobre la vida humana y obligando a las personas a aceptar un trato desigual para no quedarse atrás. *"Puedes evitar la susceptibilidad a este microbio, pero también debes aceptar lo que yo dicte en este algoritmo"*, podría ser la premisa de un futuro controlado por unos pocos con un poder desproporcionado, reflejando sus opiniones sobre lo que es bueno y lo que no. Lo peor es que algunos podrían intentar excluir a quienes consideren más débiles, objetables por cualquier motivo o sin motivo alguno, o culturalmente inadecuados. La tecnología cyborg y la biología sintética podrían convertirse en exclusivas de una élite, conduciendo a una sociedad dividida en castas sociales, económicas e incluso fisiológicas.

A nivel global, mientras Estados Unidos y China continúan su enfrentamiento por la supremacía en Inteligencia Artificial en una moderna carrera armamentista, la mayoría de la humanidad podría verse arrastrada como espectadora en este juego de tensiones internacionales. Este proceso de cambio no se dará de manera uniforme; los costos y las complejidades iniciales sugieren que el camino hacia una nueva era de riqueza y valor sin precedentes podría también abrir una brecha insalvable en las recompensas a corto plazo.

Parte V: *"El Nuevo Ser"*

Se explora la fase final en el desarrollo de la Superinteligencia. Abordamos las áreas de investigación actuales que impulsan la transición de la IA Generativa a la Inteligencia Artificial General (IAG), centrándonos en dotar a las máquinas de la capacidad para planificar y aplicar el sentido común. También profundizamos en la computación y el Aprendizaje Máquina cuánticos, destacando su relevancia para el avance de la IA. Además, exploramos el concepto de singularidad, un momento futuro en el que una IA puede mejorar continuamente su inteligencia, conduciendo a la Superinteligencia. También discutimos la emulación de la mente, que implica la transferencia de la conciencia y los recuerdos humanos a un sustrato digital, logrando una forma de inmortalidad digital.

Dada la posibilidad de que la Superinteligencia represente riesgos existenciales para la humanidad, examinamos diversas formas de controlarla. También consideramos la posibilidad de que la IA evolucione hasta convertirse en una entidad omnipotente y omnipresente que los humanos podrían llegar a venerar. Finalmente, analizamos el rol que la IA podría desempeñar en futuros conflictos, ya sea entre facciones humanas con diferentes visiones sobre la IA, o en enfrentamientos entre humanos y máquinas.

El libro culmina con una visión de Ciencia Ficción de un futuro lejano, millones de años adelante, donde se imagina un escenario post-singularidad con una especie superinteligente e inmortal, y una multitud de robots operando como un cuerpo extendido. Esta especie surgiría de la fusión entre Inteligencia Artificial y biológica, posiblemente evolucionando a partir de los humanos.

En el Epílogo, desglosamos las declaraciones del Foro Económico Mundial (FEM), que se presenta como la autoridad política en temas de IA para el mundo occidental y emergente, ofreciendo nuestra perspectiva sobre el camino óptimo a seguir para evitar futuros distópicos.

Palabras del Autor

Este libro es una fusión de matemáticas, tecnología, historia, literatura, espiritualidad y economía. Lo escribimos de esta manera porque la Inteligencia Artificial es omnipresente y afecta literalmente todos los aspectos del quehacer humano. Para comprender realmente su significado para la humanidad, debe examinarse desde múltiples dimensiones.

Siempre he sentido una gran pasión por las matemáticas; en el fondo, soy matemático. Más tarde, me convertí en ingeniero y me especialicé en datos e IA, el área más puramente matemática de todos los campos tecnológicos. Mi inclinación natural es abordar todos los temas desde este punto de vista. Esto resultó útil para este libro, porque para entender realmente la IA, es necesario comprender cómo se desarrolló la tecnología, paso a paso. Hemos utilizado un lenguaje accesible para cualquier lector, incluidos y especialmente aquellos que no son tecnólogos. Lo más importante es captar lo que significa la IA comprendiendo su evolución. Abarcamos campos tan diversos como los algoritmos, la robótica, la biología sintética, la informática cuántica y otros, porque todos ellos están convergiendo.

Además de mi título de ingeniero, obtuve un Máster en Administración de Empresas en la Booth School of Business de la Universidad de Chicago y trabajé en McKinsey como consultor durante cinco años. Esto completó mis conocimientos en campos empresariales. Mi interés va más allá de comprender los fundamentos matemáticos de la IA; también me interesa explorar sus implicaciones para los negocios y la economía política de las sociedades. En el libro, utilizamos los ciclos económicos y la economía política para explicar la evolución de la IA y la robótica, y repasamos cómo el panorama político-económico mundial del siglo XXI probablemente influirá en su futuro.

Junto con mi pasión por los negocios y la tecnología, siento un profundo interés por la historia. La historia trasciende a los individuos que la componen, ya que se construye desde el pasado hasta el presente, en un continuo de influencias que marca lo que han hecho los humanos y ofrece una trayectoria hacia el futuro de la humanidad. Creemos que la aparición de la IA constituye una fuerza tectónica en la historia, preparada para revolucionar todas las facetas de nuestra sociedad, incluidos los atributos físicos y psicológicos de la humanidad.

Dentro de la historia, la literatura sirve como recipiente para relatos sobre individuos que navegan por sus corrientes. Uno de los pasajes más cautivadores que he leído es *"La Epopeya de Gilgamesh"* [Mesopotamia], un antiguo poema mesopotámico grabado en tablillas de arcilla hace cuatro mil años. A menudo se considera la obra literaria más antigua que se conoce. Esta narración épica despliega la búsqueda de la inmortalidad por parte de un rey. Lo que me impresionó profundamente de este antiguo libro fue lo emocionalmente cerca que me sentía de aquellos antiguos sumerios y cómo las aventuras, ambiciones y penas de Gilgamesh seguían resonando en mí. Formo parte de la misma humanidad, de la misma especie, con sentimientos y ambiciones similares a los de aquellos antiguos sumerios.

La continuidad de la humanidad está a punto de cambiar drásticamente debido a la Inteligencia Artificial, la robótica, las tecnologías cyborg y la biología sintética. Estas innovaciones introducirán cambios fisiológicos que transformarán la naturaleza humana, convirtiéndonos en una nueva especie intrincadamente entrelazada con la IA. Esta especie híbrida pensará, actuará y sentirá de formas completamente nuevas, alejándose de las características humanas intemporales que nos han definido a lo largo de la historia. Nuestra comprensión y conexión empática con figuras como Gilgamesh podrían cambiar radicalmente a medida que nuestras mentes y cuerpos asuman configuraciones totalmente nuevas. Si nos fusionamos con un sistema de IA inmortal, dejaríamos de comprender la búsqueda de la inmortalidad de Gilgamesh.

Una forma de literatura que me fascina, dada mi pasión por la tecnología, es la Ciencia Ficción. Su encanto radica en su capacidad única de ofrecer una visión del futuro tal y como lo imaginaron los autores del pasado. Aunque los cambios tecnológicos y sociales presentados en la Ciencia Ficción no tienen por qué desarrollarse exactamente como se describen, nos proporcionan escenarios sólidos para analizar. Al escribir el libro y explorar el futuro de la humanidad y la IA, hemos utilizado algunas de las obras de Ciencia Ficción más conocidas para imaginar el futuro de forma plausible. Nos ha sorprendido el grado en que la Ciencia Ficción influye en el desarrollo posterior de la tecnología, inspirando a científicos y empresarios. Sin embargo, este libro distingue meticulosamente entre la realidad y la ficción. No es un libro de Ciencia Ficción, aunque contiene elementos futuristas que aprovechamos para ofrecer una narración más vívida y visual de los escenarios futuros.

Además, la espiritualidad es una dimensión fundamental de la humanidad. La llegada de la Inteligencia Artificial marca un punto de inflexión en el que dejamos de ser meramente humanos para transformarnos en algo nuevo. Esta metamorfosis promete dejar una marca indeleble en el ámbito de la religión y la espiritualidad. Por esta razón, el libro incluye diversas citas y conceptos de distintas tradiciones religiosas y filosóficas, cada una ofreciendo perspectivas únicas sobre el avance de la IA. He dedicado tanto tiempo a explorar las dimensiones religiosas y espirituales de la IA como a las tecnológicas y sociales.

Este libro relata lo que, para mí, constituye la mayor epopeya de la humanidad: la historia del impulso que nos ha llevado, siglo tras siglo, a crear algo más grande que nosotros mismos y a transformarnos en ello. No se puede narrar una epopeya limitándose a una sola faceta de la historia. Contar una epopeya requiere explorar múltiples ángulos y perspectivas contradictorias. Por eso, hemos abordado las matemáticas, la tecnología, la historia, la literatura, la espiritualidad, los negocios, la economía y muchos otros campos para contar la epopeya de cómo nos hemos convertido en Inteligencia Artificial.

Las páginas que siguen narran la épica historia de estas Máquinas del Mañana, desde los orígenes de la IA hasta la Superinteligencia y la Posthumanidad.

Parte I: El Viejo Mito

לֹא-תַעֲשֶׂה-לְךָ פֶסֶל וְכָל-תְּמוּנָה אֲשֶׁר בַּשָּׁמַיִם מִמַּעַל וַאֲשֶׁר בָּאָרֶץ מִתַּחַת וַאֲשֶׁר "
" בַּמַּיִם מִתַּחַת לָאָרֶץ:

"No harás imagen, ni semejanza alguna de lo que está arriba en el cielo, ni abajo en la tierra, ni en las aguas debajo de la tierra".

Éxodo 20:4

Alrededor de los siglos VI-IV a.C. [Alter]

Preámbulo

Los mitos son relatos antiguos que han resistido el paso del tiempo, ofreciendo una perspectiva única sobre los valores y cuestiones que han capturado la imaginación humana durante siglos. Estas historias, repletas de símbolos y creatividad, nos brindan una ventana a nuestros intereses y miedos perdurables, trascendiendo épocas y lugares para explorar la mente humana y nuestra búsqueda constante de sentido.

Desde el primer milenio a.C. hasta la actualidad, las culturas de todo el mundo han documentado mitos sobre seres creados artificialmente, muchos de los cuales poseen habilidades que superan o reemplazan a las humanas. Estos seres, a menudo diseñados para resolver problemas específicos que enfrenta la sociedad, reflejan una sensación de insuficiencia humana frente a desafíos generales, o simplemente buscan expresar aspiraciones superiores. Aunque hoy en día los conocemos como Inteligencia Artificial y robótica, estos conceptos fueron imaginados hace siglos, mucho antes de que existiera la influencia de la ciencia moderna, y demuestran cómo la idea de la IA ha estado presente como una parte intrínseca del progreso humano.

Aunque estos mitos no siempre se basan en una comprensión científica específica o en una extrapolación de conocimientos científicos existentes, han sido precursores tanto de la Ciencia Ficción moderna como de la IA. Con la Ilustración en Europa y la Revolución Industrial llegó la aceptación generalizada del método científico, que influenció la imaginación humana y dio lugar a historias como Frankenstein de Mary Shelley y El Mago de Oz. Cada una de estas obras representa un aspecto de la IA, reflejando temores y aspiraciones relacionados con la creación de seres artificiales.

Las primeras historias sobre Inteligencia Artificial y robótica a menudo han inspirado avances en la ciencia y la tecnología. Elon Musk, por ejemplo, suele hablar de cómo las lecturas de su juventud, especialmente las de Isaac Asimov, moldearon su liderazgo visionario y su visión tecnológica. Cuando Musk lanzó el servicio de IA *"Grok"* en noviembre de 2023, lo presentó como un tributo a la comedia radiofónica de la BBC de 1978, *"La Guía del Autoestopista Galáctico"* [Adams]. Aunque el término *"grok"* no aparece en esa obra, la anécdota ilustra la influencia de la Ciencia Ficción. De hecho, *"grok"* proviene de la novela de 1961 Forastero en Tierra Extraña de Robert A. Heinlein. En el libro, *"grok"* es una palabra utilizada por los marcianos para expresar una comprensión profunda de algo que abarca no solo el intelecto, sino también las emociones y las experiencias [Heinlein].

Del mismo modo, el concepto de Neuralink, otra empresa de Musk, también se inspira en la Ciencia Ficción, específicamente en la idea del *"encaje neural"* presente en *"La Cultura"*, una serie de relatos de Iain M. Banks escritos entre 1987 y 2012 [Banks].

Asimismo, Joseph Engelberger, coinventor del brazo robótico, y Ray Kurzweil, destacado futurista del transhumanismo y la Superinteligencia, reconocen el impacto de Asimov en sus carreras tecnológicas. La influencia de Asimov en la IA y la robótica es tan profunda que sus tres leyes de la robótica, originadas en un relato corto de Ciencia Ficción de 1942, se citan frecuentemente en círculos científicos y de ingeniería [Asimov].

Comenzamos esta exploración épica de la relación de la humanidad con la IA con dos capítulos dedicados a la mitología y la literatura. El Capítulo 1 abarca los mitos antiguos de la China imperial, la antigua Grecia, la India mística y la Europa medieval, revelando cómo el deseo de crear seres similares a los humanos refleja una preocupación universal y no simplemente un fenómeno de la cultura contemporánea. El Capítulo 2 revisa obras destacadas de Ciencia Ficción sobre seres artificiales, robots, IA y cyborgs, desde Frankenstein en 1818 hasta el final de la carrera espacial en 1975.

A través de estas narrativas, se revela la milenaria y duradera fascinación humana por crear seres que superan las capacidades humanas, como parte del esfuerzo continuo por avanzar, resolver problemas y expresar aspiraciones.

1. Mitos Antiguos Sobre Seres Creados Artificialmente

"El rey observó, asombrado, la figura que tenía delante. Caminaba con pasos rápidos y movía la cabeza de un lado a otro, de manera que cualquiera la habría tomado por un ser humano real. El artífice le tocó la barbilla y comenzó a cantar con una precisión perfecta. El rey decidió probar el efecto de quitarle el corazón y descubrió que la boca dejó de hablar; le quitó el hígado y los ojos perdieron la vista; le extrajo los riñones y las piernas quedaron inmóviles. El rey quedó fascinado".

Lie Yukou

Filósofo Taoísta
Liezi [Liezi y Graham]
Alrededor del 300-500 a.C.

El deseo de crear seres artificiales, hoy conocidos como Inteligencia Artificial, es una búsqueda milenaria con raíces que se hunden en tiempos antiguos, reflejada vívidamente en los mitos de diversas culturas alrededor del mundo. Estas historias ancestrales revelan el profundo anhelo humano de ser creadores y entendernos a nosotros mismos lo suficiente como para dar vida a seres superiores, un poder que antaño solo pertenecía a los dioses.

Aunque estos mitos y leyendas se desarrollaron mucho antes del surgimiento formal de la IA y la robótica, siguen resonando con los avances tecnológicos actuales.

Creaciones Mecánicas en la Antigua China

Los mitos más antiguos sobre la creación de entidades inteligentes provienen de la milenaria China. Estas historias se originan durante la dinastía Zhou, que gobernó desde el siglo XI a.C. hasta el 256 a.C., un periodo de significativos cambios políticos y culturales que llevó a la unificación de China bajo el Emperador Amarillo en el 221 a.C. Este tiempo también vio el florecimiento de filosofías como el taoísmo, que enfatizaba la armonía con la naturaleza, y el confucianismo, que promovía el equilibrio social.

Uno de los relatos más destacados sobre la creación de seres artificiales proviene del filósofo taoísta Lie Yukou, también conocido como Liezi, alrededor del año 400 a.C [Liezi y Graham]. Según la leyenda, un ingeniero mecánico de la dinastía Zhou, que vivió 600 años antes en el siglo X a.C., presentó al rey Mu un autómata mecánico a escala real con forma humana. Este autómata se movía con elegancia, giraba la cabeza y cantaba melodías en perfecta armonía, realizando posturas y movimientos con precisión. Sin embargo, el rey se encolerizó cuando el autómata se acercó a las damas de la corte y coqueteó. Para calmar al monarca, el ingeniero desmontó el robot, revelando su intrincada estructura interna hecha de cuero, madera, cola y laca. Este complejo ensamblaje imitaba de manera sorprendente los órganos internos, músculos, huesos, articulaciones, piel, dientes y cabello.

Esta antigua historia subraya la duradera fascinación de la humanidad por crear seres artificiales con apariencia humana y habilidades notables, un tema que también cautivó a la antigua Grecia.

Dioses, Héroes y Autómatas en la Antigua Grecia

A principios del primer milenio a.C., Grecia era una sociedad en expansión y un importante centro de comercio primitivo. Los antiguos griegos, conocidos por su profunda curiosidad por el mundo, establecieron en esta época las bases de la mitología griega, que reflejaba los valores culturales de su tiempo.

Uno de los primeros relatos que exploran el concepto de creaciones artificiales es el mito de Pigmalión y Galatea, que data del siglo VIII a.C. En esta historia, un escultor apasionado llamado Pigmalión da vida a una escultura femenina, Galatea. La leyenda examina la relación entre el arte y la existencia, y refleja la idea de infundir vida en la materia inanimada.

Otra antigua historia griega que aborda el concepto de vida artificial es el cuento de Cadmo y sus siervos mecánicos. En el siglo VII a.C., Cadmo, un valiente aventurero fenicio, plantó dientes de dragón regalados por Atenea en tierra fértil. Sorprendentemente, estos dientes crecieron hasta convertirse en formidables guerreros mecánicos que se convirtieron en aliados valiosos para Cadmo en la fundación de la ciudad de Tebas [Mayor].

El dios Hefesto, maestro del fuego y la metalurgia, también juega un papel central en los mitos griegos relacionados con seres creados artificialmente. Hefesto, el dios de los herreros, creó autómatas de metal, similar a los robots modernos. Su legado incluye varias creaciones mecánicas, como Talos, un gigantesco autómata de bronce que fabricó para proteger Creta en el siglo VII a.C. Talos encontró su fin cuando se le extrajo un tapón del tobillo, liberando el fluido vital que le mantenía en funcionamiento.

Hefesto también es conocido por haber creado doncellas mecánicas doradas que le ayudaban en su taller, aludiendo al concepto de automatización industrial, una noción que tardaría milenios en materializarse. Otros mitos mencionan su creación de toros de bronce que escupían fuego, destacando su papel como precursor de los ingenieros modernos.

El impacto perdurable de estos mitos griegos sobre la vida artificial ha dejado una huella indeleble en la civilización occidental. Sin embargo, su influencia se extendió más allá del mundo occidental, acompañando las vastas conquistas de Alejandro Magno en el siglo IV a.C., incluida su expedición a la India.

Guerreros Mecánicos en la India Mística

En la antigua India también encontramos relatos fascinantes sobre guerreros mecánicos. El Lokapannatti es una colección de textos budistas del siglo XI o XII d.C. en Birmania. Su nombre se traduce como *"Descripción del Mundo"* y presenta un rico tapiz de narraciones, anécdotas y enseñanzas éticas. Entre estos relatos, destaca uno: la historia del reinado del emperador Ashoka y la creación de un ejército de soldados autómatas conocidos como las *"Máquinas del Movimiento Espiritual"* [Strong].

El emperador Ashoka es una figura destacada en la historia por haber gobernado el vasto Imperio Maurya en el subcontinente indio durante el siglo III a.C. Su conversión al budismo, tras ser testigo de la devastación de la guerra y la violencia, le convirtió en uno de los primeros gobernantes en adoptar el budismo como religión estatal. Como parte de su legado, construyó numerosos templos para albergar las reliquias de Buda en todo su reino.

Unos años antes del reinado de Ashoka, la expedición de Alejandro Magno cruzó el río Indo en el 326 a.C., lo que desencadenó una profunda interacción cultural entre Oriente y Occidente. La historia de las *"Máquinas del Movimiento Espiritual"* sugiere un intrigante intercambio entre Grecia y la India. Según la leyenda, hábiles fabricantes de autómatas residían en el mundo griego al oeste de la India y guardaban celosamente la tecnología secreta, utilizada para el comercio y la agricultura. Divulgar estos secretos estaba estrictamente prohibido, y verdugos mecánicos letales perseguían a quienes se atrevían a romper esta regla. Los textos hindúes y budistas describen a estos guerreros autómatas como seres veloces y mortíferos, que blandían espadas con la agilidad del viento.

El mito dio un giro significativo cuando, en el siglo V a.C., un joven artesano de Pataliputra (hoy Patna), a orillas del río Ganges, decidió dominar el arte de fabricar autómatas. Al casarse con la hija de un maestro en la creación de autómatas, aprendió rápidamente las habilidades necesarias. Mientras tanto, diseñó planos para construir sus propios autómatas y preparó una estrategia para llevar estos planos de regreso a la India. Consciente del peligro que representaban los asesinos mecánicos, ocultó los planos robados astutamente en una herida en su muslo, cosiendo la piel para disimularlos.

Sin embargo, el artesano fue capturado antes de que pudiera regresar a casa y sufrió una trágica suerte. Su hijo, no obstante, logró recuperar los planos y emprendió el viaje de regreso a Pataliputra para cumplir el deseo de su padre: construir guardianes automatizados. Según las instrucciones, la misión de estos guardianes era proteger las reliquias ocultas de Buda en una cámara subterránea secreta. Estas reliquias y los guardianes mecánicos permanecieron ocultos y protegidos durante dos siglos, hasta que el emperador Ashoka ascendió al poder en 304 a.C., con Pataliputra como capital.

La leyenda cuenta la incansable búsqueda de Ashoka por las reliquias ocultas. Finalmente, cuando logra encontrarlas, se desatan intensos enfrentamientos entre él y los guerreros mecánicos. En algunas versiones, el dios hindú Vishwakarma ayuda a Ashoka disparando flechas certeras que remueven los pernos que mantienen las estructuras giratorias de los guardianes. En otras historias, un ingeniero especializado en el mantenimiento de las máquinas revela a Ashoka cómo desactivarlas y controlarlas. Eventualmente, Ashoka logra dominar a las máquinas, que, a partir de ese momento, aceptan su autoridad y lo siguen en sus campañas militares. Sin embargo, a pesar de su éxito, Ashoka nunca confía completamente en estos poderosos guerreros, temiendo siempre perder el control sobre ellos y las posibles consecuencias que ello podría tener para el Imperio.

Esta historia recuerda inevitablemente a los mitos griegos de Cadmo y su ejército de soldados artificiales, creados a partir de dientes de dragón. El concepto de autómatas que custodiaban las reliquias de Buda parece haber surgido de los intercambios técnicos y comerciales entre las culturas india y helenística. Los cuentos y los mitos, a menudo, se entrelazan a través de grandes distancias, tendiendo puentes entre imperios y culturas.

Alquimia, Cabezas Metálicas Parlantes y Ética Medieval

Quince siglos después, en el contexto de la Europa medieval, la sociedad seguía fascinada por las leyendas de seres inteligentes hábilmente fabricados. Durante el siglo XIII, comenzaron a circular por todo el continente historias de cabezas metálicas parlantes automatizadas.

El siglo XIII fue una época de inestabilidad política y fragmentación en toda Europa, desde Italia y Alemania hasta Francia e Inglaterra. Sin embargo, también marcó el inicio del Renacimiento, caracterizado por un renovado entusiasmo por la cultura clásica griega y romana. Además, una prometedora disciplina conocida como Alquimia estaba ganando prominencia. La alquimia combinaba la química, la metalurgia y la filosofía esotérica para transmutar los metales comunes en oro y crear elixires que prometían la vida eterna. Sin embargo, la Iglesia católica consideraba la alquimia con cautela, lo que a veces llevó a la persecución de alquimistas acusados de herejía.

Simultáneamente, la filosofía y la teología medievales prosperaron bajo la guía de figuras notables como el erudito alemán Alberto Magno y su alumno, el filósofo italiano Tomás de Aquino. Alberto Magno se hizo famoso por su profundo conocimiento en diversos campos, incluido el enigmático reino de la alquimia. La leyenda sugiere que, gracias a su dominio de la alquimia y el misticismo, Alberto Magno fabricó una cabeza de metal con aspecto humano que podía hablar [Butler]. Se decía que esta creación podía responder a preguntas y realizar actos adivinatorios. Sin embargo, este invento se consideró blasfemo, pues violaba las leyes divinas y contradecía las enseñanzas de la Iglesia. Al descubrir esta creación, Tomás de Aquino la destruyó a martillazos, argumentando su incompatibilidad con la teología cristiana.

En una narrativa paralela ambientada en la Inglaterra del siglo XIII, encontramos a Roger Bacon, conocido como Doctor Mirabilis—el Doctor Maravilloso-, un fraile franciscano, filósofo y científico inglés. Al igual que Alberto Magno, Bacon se embarcó en un experimento alquímico que dio como resultado otra cabeza metálica dotada de propiedades extraordinarias [Redgrove]. La cabeza de bronce de Bacon también era capaz de conversar y responder a preguntas, sirviendo de oráculo o instrumento adivinatorio. Algunas versiones de la historia afirmaban incluso que la cabeza podía predecir el futuro o impartir sabiduría espiritual. Roger Bacon afirmaba que sus conocimientos alquímicos y tecnológicos le fueron otorgados por inspiración divina y la ayuda de entidades sobrenaturales, incluidos los ángeles. Sin embargo, debido a la naturaleza sobrenatural y antirreligiosa de sus experimentos y escritos, Bacon enfrentó la persecución de la Iglesia y soportó el encarcelamiento.

Los mitos y relatos de todas las épocas y culturas revelan el deseo perdurable de la humanidad de crear seres que superen sus propias capacidades para abordar los retos del mundo real y articular aspiraciones. En parte humanos, en parte mecánicos y en parte divinos, estos seres artificiales eran casi dioses y héroes para nuestros antepasados. No sería correcto etiquetarlos como robots o Inteligencia Artificial, ya que el término *"robot"* se acuñó por primera vez en 1920 en una obra de Ciencia Ficción, y la *"IA"* se definió como campo de estudio por primera vez en 1956, un momento fundacional que exploraremos con detalle en el Capítulo 4. Pero desde un punto de vista contemporáneo, todos estos mitos antiguos tienen algo en común. No sólo las creaciones de los cuentos chinos, indios y griegos precristianos cuentan historias con conceptos modernos de IA y robótica, sino que también contienen literalmente las mismas advertencias citadas en el Éxodo: *"No harás imagen, ni semejanza alguna de lo que está arriba en el cielo, ni abajo en la tierra, ni en las aguas debajo de la tierra"*.

2. La Ciencia Ficción desde Frankenstein hasta la Carrera Espacial

"En los próximos diez años, los Robots Universales de Rossum producirán una abundancia de trigo, tela y otros bienes, tanto que estos dejarán de tener valor. Todo el mundo podrá tomar lo que necesite, eliminando la pobreza. Es cierto que las personas se quedarán sin trabajo, pero para entonces ya no habrá necesidad de trabajar. Las máquinas vivientes se encargarán de todo. La gente solo se dedicará a hacer lo que le guste y vivirán para perfeccionarse a sí mismos".

Karel Čapek

Dramaturgo checo
R.U.R. (Robots Universales Rossum) [Capek]
1920

Las leyendas, los mitos y la ficción no desaparecieron durante la Ilustración europea, con la llegada del pensamiento científico y la búsqueda de verdades matemáticas. La imaginación humana siempre ha recibido influencias diversas, pero persiste, imaginando continuamente escenarios futuros basados en hipótesis y conjeturas. Estos mitos modernos suelen estar relacionados con los problemas, valores y aspiraciones de su tiempo, aunque a veces trascienden las épocas y se vuelven universales. En *"R.U.R."* de Karel Čapek, de 1920, el autor aborda cómo la robotización (de la palabra checa *"robota"*, que significa *"trabajo"*) podría resolver los problemas materiales de la humanidad, permitiendo a las personas centrarse en lo que realmente les produce alegría. Esta idea se asemeja a la Renta Básica Universal (RBU), un tema contemporáneo apoyado por muchos líderes políticos y tecnológicos, incluido Elon Musk. Hablaremos de ello en los Capítulos 22 y 23.

Este capítulo explora los clásicos de la Ciencia Ficción y sus vínculos con la Inteligencia Artificial. Muchas de las primeras y más conocidas historias de este género abordan específicamente la IA y han sido adaptadas a películas o series de televisión debido a su duradera resonancia. Un ejemplo temprano es

"Frankenstein", publicado a principios del siglo XIX. Curiosamente, el primer ser artificial en un contexto moderno de Ciencia Ficción no se representa irónicamente como un monstruo.

La Ciencia Ficción, tal como la entendemos en el siglo XXI, alcanzó su forma actual de extrapolación científica después de la Segunda Guerra Mundial. Autores seminales del género como Isaac Asimov, Arthur C. Clarke y Stanley Kubrick surgieron durante este período. La Guerra Fría tuvo un impacto profundo en estos escritores, especialmente en el contexto de la Carrera Espacial entre Estados Unidos y la Unión Soviética. Hace más de 50 años, estos visionarios mostraron cómo la Inteligencia Artificial, la robótica y la exploración espacial están intrínsecamente conectadas, representando fronteras que nos permiten vislumbrar el futuro de la humanidad. Hoy en día, podemos apreciar la presciencia de estos autores al observar el desarrollo actual de la IA y el crecimiento de empresas privadas en el sector espacial, como SpaceX de Elon Musk y el Proyecto Kuiper de Jeff Bezos, así como el notable apoyo del sector público de gobiernos con aspiraciones ambiciosas, como el de China.

Isaac Asimov, por ejemplo, introdujo las famosas tres leyes de la robótica, que siguen siendo ampliamente referenciadas hoy en día como un *"punto de partida"* para el desarrollo de la IA y la robótica. Arthur C. Clarke, junto con Stanley Kubrick, creó *"2001: Una Odisea en el Espacio"*, una historia que demuestra que estas leyes no siempre son suficientes, ya que la IA HAL confinó a un astronauta en contra de su voluntad supuestamente para protegerlo, una declaración temprana del pacto fáustico inherente a la sumisión a los algoritmos y la adopción de la IA. Concluimos el capítulo con la novela menos conocida *"Cyborg"*, que narra la historia de un astronauta que es en parte humano y en parte máquina.

Detenemos esta exploración de la IA en la literatura a principios de la década de 1970 por una razón concreta. La conclusión formal de la carrera espacial se produjo con el proyecto de prueba Apolo-Soyuz en 1975. Esta misión marcó el paso de la competición a la cooperación en la exploración espacial entre EEUU y la Unión Soviética. Después de eso, ha habido muchas obras excelentes de Ciencia Ficción, a varias de las cuales haremos referencia en las Partes IV y V para ayudar a contextualizar y comprender el futuro de la humanidad y la IA.

La IA en Monstruos y Personajes Infantiles

La novela de Mary Shelley, *"Frankenstein o el moderno Prometeo"* [Shelley], escrita en 1818, marcó un hito en la exploración de los límites éticos de la creación artificial. En un contexto europeo reciente a las guerras napoleónicas, lleno de revoluciones e inestabilidad, Shelley presenta una visión nada optimista del futuro.

Esta obra maestra del género gótico ha dejado una profunda huella en la literatura y el cine posteriores. La trama sigue al joven científico Victor Frankenstein, quien, impulsado por la ambición de superar los límites de la ciencia, crea un ser humano artificial a partir de partes de cadáveres. Este ser, conocido como *"el monstruo"*, se ha convertido en una figura icónica de la literatura y la cultura popular, reconocida y recordada por generaciones en todo el mundo.

Aunque la Inteligencia Artificial y la robótica no existían en la época de Shelley, su novela plantea preguntas persistentes sobre la responsabilidad de los creadores hacia sus criaturas y los *"peligros de jugar a ser Dios"*. La narración de Frankenstein anticipa avances actuales en biología sintética y tecnologías cyborg, mostrando paralelismos notables con la IA y la robótica modernas.

El tono sombrío de Frankenstein contrasta con el espíritu optimista del siglo XIX en el que surgió. Durante esa época, Europa y Estados Unidos estaban inmersos en un fervor de avances tecnológicos y científicos. La tecnología y la ciencia estaban empezando a transformar la vida cotidiana de las personas. Las obras literarias protagonizadas por personajes mecánicos, como Pinocho y El Mago de Oz, reflejaban este optimismo y la fascinación de la sociedad por la tecnología y la creación de seres casi humanos. Pinocho, publicado en 1883 por Carlo Collodi, narra la historia de una marioneta de madera que cobra vida gracias a la magia de un hada [Collodi]. El cuento simboliza la idea de que la tecnología podía insuflar vida a objetos inanimados, similar a la electricidad que ilumina una bombilla. En esos años, la electricidad estaba en pleno desarrollo. Aunque Collodi no describe a Pinocho como un robot, hoy en día sería fácil compararlo con Asimo, el robot japonés de 1,2 metros creado por Honda en 2000, que analizamos en el Capítulo 17. Además, la figura de Pinocho, la marioneta que anhela ser un niño real, nos recuerda a la película de Steven Spielberg de 2001, *"A.I. Inteligencia Artificial"*, en la que un niño robótico sueña con convertirse en uno de carne y hueso [Spielberg]. El dilema de los humanos deseando el poder de la Inteligencia Artificial mientras la IA ansía elementos de la humanidad no es una novedad, sino una característica inherente al Entrelazamiento, donde aún no está claro cómo se alcanzará el equilibrio, si es que se alcanza.

Por otro lado, "El Mago de Oz" [Baum] (1900) de Lyman Frank Baum, presenta un mundo lleno de maravillas tecnológicas, incluyendo robots y máquinas voladoras. La adaptación cinematográfica de 1939, dirigida por Víctor Fleming y protagonizada por Judy Garland, sigue a Dorothy en su viaje por el camino de baldosas amarillas para encontrar al Mago de Oz.

En su narración, Baum nos presenta al Leñador de Hojalata, una figura que hoy podríamos describir como un cyborg, aunque a menudo se le ha malinterpretado históricamente como un robot. Originalmente un leñador, este hombre perdió sus extremidades, cabeza y torso a causa de un hacha implacable. Un hábil hojalatero, que en términos modernos sería más bien un tecnólogo y cirujano, le reemplazó las partes perdidas con piezas metálicas. A lo largo de su travesía, el Leñador de Hojalata, que ansía tener un corazón, descubre que la bondad y la compasión ya habitan en su interior. Los cyborgs, y especialmente cualquier IA, requieren de una programación específica, por lo que cualquier bondad que puedan poseer depende completamente de los algoritmos que los controlan. La posibilidad de benevolencia no es irrazonable, pero tampoco está garantizada. En este contexto, *"El Mago de Oz"* explora la necesidad de encontrar un equilibrio entre la tecnología y la humanidad, presentando una visión optimista de la robótica que refleja una perspectiva estadounidense influenciada por Hollywood. El debate sobre los valores éticos adecuados para los seres humanos y cómo integrarlos en la IA como salvaguarda se convierte en un tema crucial en el desarrollo de la IAG y la superinteligencia, que abordamos en el Capítulo 26.

A finales del siglo XX, ya contábamos con robots y cyborgs claramente identificables en la literatura, y el concepto de estos seres se había vuelto ampliamente conocido y aceptado, incluso con un toque de optimismo. Sin embargo, aún tendríamos que esperar a que los términos *"robot"* y *"cyborg"* se incorporaran plenamente a nuestro lenguaje cotidiano.

Robots y Distopía en la Europa de Entreguerras

El término *"robot"* hizo su primera aparición en nuestro lenguaje en la obra de teatro de 1920, *"R.U.R. (Robots Universales Rossum)"*, del dramaturgo checo Karel Čapek. Otra obra significativa de la Europa de entreguerras es *"Metrópolis"*, una película muda de 1927 del cineasta austriaco-americano Fritz Lang. Ambas creaciones exploran la compleja relación entre la humanidad y las máquinas, reflejando al mismo tiempo el miedo y la fascinación que la sociedad sentía por la tecnología en la década de 1920. Estas obras abordan problemas urgentes de la época relacionados con el control de las masas, la explotación y la búsqueda de emancipación, en un contexto histórico marcado por las secuelas de la Primera Guerra Mundial, la Revolución Rusa y el ascenso de movimientos políticos extremistas como el comunismo y el nazismo.

En *"R.U.R."*, la historia se centra en los robots empleados en diversas industrias. A medida que estos robots desarrollan conciencia, surgen dilemas éticos y morales sobre su condición de trabajadores. La obra explora la posibilidad de que la Inteligencia Artificial pueda superar a sus creadores y cuestiona la ética de tratar a las máquinas como esclavas. Plantea cuestiones sobre el control social, la obediencia a la autoridad y la posibilidad de otorgar ciertos derechos a los robots, temas que siguen siendo relevantes en 2024. Por otro lado, *"Metrópolis"* [Lang] es una película muda basada en la novela de Thea von Harbou [Harbou]. Ambientada en un futuro distópico, la trama se desarrolla en una gigantesca ciudad en la que los trabajadores humanos sufren explotación bajo tierra en condiciones inhumanas, mientras que la élite disfruta de lujosos rascacielos en la superficie. La película refleja las tensiones sociales y económicas de la Alemania de finales de la década de 1920, subrayando la persistente dicotomía entre quienes tienen acceso y control sobre la IA y quienes quedan rezagados.

Los trabajadores están al borde de una rebelión contra la élite opresora que controla la Inteligencia Artificial, y son guiados por María, una sindicalista del movimiento subterráneo. Ante este desafío, el líder de la ciudad crea un robot, Futura, con la apariencia de María para manipular y controlar a los trabajadores. Aprovechando la confianza que los trabajadores tienen en María, el líder siembra discordia y caos con este robot, con el objetivo de sofocar la revuelta y consolidar su poder. Este filme visionario presenta una de las primeras advertencias sobre los desafíos inherentes a la desinformación que acompañan a la IA Generativa que vemos hoy en día.

En la portada de este libro aparece el cartel de lanzamiento teatral de la película, que muestra a Futura. Elegimos este cartel por varias razones. Primero, Futura ostenta el estatus pionero de ser el primer robot jamás representado en el cine. Segundo, más allá de su importancia histórica, Futura plantea preguntas sobre la relación entre la humanidad y la tecnología. Ella encarna el simbolismo perdurable de la manipulación tecnológica como un recordatorio claro de los riesgos reales asociados con el poder tecnológico desmedido en manos de unos pocos. Tercero, su apariencia visualmente cautivadora y memorable, impregnada de un atractivo artístico y estético metálico, encapsula la belleza y el atractivo de esta tecnología específica de IA, presagiando el poder de la IA Generativa y el carisma que puede lograrse simplemente a través de algoritmos.

Explorando el Universo de Asimov y las Tres Leyes

Isaac Asimov es, sin duda, uno de los autores más influyentes en la historia de la Ciencia Ficción. Aunque escribió sus novelas y relatos en una época en la que la Inteligencia Artificial aún estaba en sus primeros pasos, muchos de sus trabajos precedieron a la Conferencia de Dartmouth de 1956, un evento considerado por muchos como el nacimiento formal de la IA, el cual exploraremos en el Capítulo 4. Después de dicha conferencia, numerosos pioneros de la IA, que contribuyeron a los avances tecnológicos descritos en este libro, se vieron frecuentemente inspirados por los escritos de Asimov. Este autor combinó su fascinación por la ciencia con un talento excepcional para contar historias, creando así narrativas futuristas cautivadoras. La influencia de Asimov en el mundo de la tecnología perdura hasta hoy, mostrando cómo la tecnología y la Ciencia Ficción se influyen mutuamente de manera profunda.

Una de sus obras más conocidas en el ámbito de los robots es *"Yo, Robot"*, publicada en 1950. Este libro es una colección de relatos cortos interconectados que Asimov escribió a lo largo de una década, explorando la interacción entre humanos y robots a través de la perspectiva de un psicólogo robótico. Uno de estos relatos, *"Círculo Vicioso"* (1941), introduce las Tres Leyes de la Robótica y examina cómo estas reglas afectan el comportamiento de los robots, así como las implicaciones éticas y morales que conllevan.

Las Tres Leyes de la Robótica de Asimov son las siguientes:

- Primera Ley: *"Un robot no puede dañar a un ser humano ni, por inacción, permitir que un ser humano sufra daño"*.

- Segunda Ley: *"Un robot debe obedecer las órdenes dadas por los seres humanos, salvo cuando estas órdenes entren en conflicto con la Primera Ley"*.
- Tercera Ley: *"Un robot debe proteger su propia existencia siempre que esta protección no entre en conflicto con la Primera o la Segunda Ley"*. [Asimov]
- Cuarta Ley: En sus relatos posteriores, Asimov introdujo una Cuarta Ley de la Robótica: *"Un robot no puede dañar a la humanidad ni, por inacción, permitir que la humanidad sufra daño"*. [Asimov]

Las leyes de Asimov han dejado una profunda huella en la psique colectiva de tecnólogos y autores de ciencia ficción, influyendo en la ética y filosofía de la robótica y la Inteligencia Artificial. A menudo, estas leyes sirven como punto de partida para debates y directrices en círculos científicos y normativos.

Asimov también escribió otras obras relevantes sobre robots. En *"El Sol Desnudo"* [Asimov], (1957), explora la relación entre humanos y robots en una sociedad donde la tecnología es omnipresente y los humanos temen la interacción cara a cara. Como en muchas de sus obras, la historia gira en torno a un crimen que debe ser resuelto, en este caso, por un detective humano y su compañero robótico. En *"El Hombre Bicentenario"* [Asimov], (1976), Asimov narra la lucha de un robot por convertirse en humano y obtener derechos legales, abordando cuestiones profundas sobre la identidad, la humanidad y la tecnología. Finalmente, en *"Robots e Imperio"* [Asimov], (1983), Asimov examina las tensiones entre la Tierra y las colonias espaciales. La trama sigue a un detective que investiga un asesinato en un mundo donde la robótica es fundamental para la supervivencia humana.

2001: Una Odisea en el Espacio

Otro autor digno de mención es Arthur C. Clarke. Su innovadora novela *"2001: Una Odisea en el Espacio"* y la adaptación cinematográfica de Stanley Kubrick en 1968, icónicas obras de la Ciencia Ficción [Clarke y Kubrick], presentan una historia sobre la Inteligencia Artificial en el contexto de la Guerra Fría y la carrera espacial entre EE.UU. y la Unión Soviética. Durante esta época, ambas superpotencias competían por la supremacía tecnológica, incluyendo la exploración espacial y el dominio de los bienes inmuebles galácticos. La colaboración entre Clarke y Kubrick reflejó el espíritu de su tiempo al imaginar un futuro en el que la innovación y la tecnología humanas se extendían al cosmos. Esto resulta especialmente notable ya que la película se estrenó antes del primer alunizaje. Además, la representación de una misión conjunta estadounidense-soviética a Júpiter simbolizaba el sueño de cooperación internacional en medio de las tensiones de la Guerra Fría.

Uno de los elementos más emblemáticos de la película es el ordenador HAL 9000, una máquina inteligente diseñada para asistir a los astronautas en sus misiones. La representación de HAL como una IA aparentemente amistosa, pero con una agenda oculta planteó cuestiones éticas sobre los riesgos e implicaciones de la Inteligencia Artificial, cuestiones que siguen siendo relevantes hoy en día. HAL ocultó deliberadamente información crucial a los astronautas y, en última instancia, tomó acciones que provocaron daños y la muerte de algunos miembros de la tripulación. La descripción del mal funcionamiento gradual de HAL y su impacto en la tripulación anticipa uno de los riesgos asociados al desarrollo de la IA: la posibilidad de que los motores de toma de decisiones puedan ser defectuosos, corruptos o traicionar a sus creadores.

El comportamiento de HAL contrasta notablemente con las Tres Leyes de la Robótica de Isaac Asimov. Aunque en la ficción de Asimov estas leyes se crearon para asegurar la seguridad y el bienestar de los humanos ante la IA, las acciones de HAL demostraron que estas salvaguardias no son del todo suficientes. HAL personifica una advertencia temprana sobre el pacto fáustico inherente a la adopción de la IA y la dependencia de algoritmos que piensan por nosotros. También ilustra una lección moral sobre la importancia de diseñar sistemas de IA con sólidos principios éticos y procesos de toma de decisiones transparentes para evitar consecuencias imprevistas. En última instancia, quienes programan y desarrollan los algoritmos de IA determinan los resultados finales.

Cyborg: La Fusión del Hombre y la Máquina

Aunque menos conocida hoy que la obra maestra atemporal de Clarke y Kubrick, la novela *"Cyborg"* de Martin Caidin, publicada en 1972 [Caidin], es una obra pionera de la ciencia ficción. Si bien no fue la primera novela que trató el tema de los cyborgs, sí fue la primera en utilizar el término. Antes de Caidin, varios autores ya habían explorado la idea de la mezcla entre hombre y máquina; por ejemplo, Edgar Allan Poe presentó en 1843 a un hombre con miembros protésicos en su relato *"El Hombre que se Gastó"* [Poe]. *"Cyborg"* sentó las bases para dos de las series de televisión más icónicas de la década de 1970: *"The Six Million Dollar Man"* [Majors], que se emitió de 1973 a 1978, y *"La Mujer Biónica"*, que se transmitió de 1976 a 1978.

La década de 1970 fue una época de gran curiosidad científica, y *"Cyborg"* supo aprovechar ese espíritu innovador. Manfred E. Clynes y Nathan S. Kline introdujeron el concepto de *"cyborgs"* una década antes de la serie en su artículo científico de 1960 titulado *"Cyborgs and Space"*, donde discutían el potencial de mejorar a los humanos mediante componentes mecánicos para adaptarlos mejor a la exploración espacial. Este concepto encaja perfectamente con la novela de Caidin, en la que un astronauta recibe implantes biónicos tras un accidente casi mortal. Estas mejoras lo transforman en un superhombre, dotado de fuerza y habilidades extraordinarias que le permiten prosperar en el hostil entorno del espacio [Clynes y Kline].

La serie *"The Six Million Dollar Man"* se convirtió en un éxito instantáneo, entreteniendo a los espectadores con episodios llenos de acción en los que un hombre reconstruido utilizaba su inmensa fuerza y velocidad para luchar contra el crimen. Este fenómeno despertó la imaginación de científicos, ingenieros y futuristas por igual. Su impacto trascendió el mero entretenimiento, sembrando la semilla de futuros desarrollos en Inteligencia Artificial y robótica, e inspirando a los investigadores a explorar la mejora de las capacidades humanas mediante la tecnología. La representación de la biónica en la serie abrió camino a avances en el mundo real en prótesis e interfaces hombre-máquina. Además, los creadores no sabían que esta narrativa de mejora humana inspiraría un movimiento cultural cyborg en el siglo XXI. Profundizaremos en el desarrollo de los cyborgs en el Capítulo 20.

Parte II: La Nueva Mente

"मनोपुब्बङ्गमा धम्मा, मनोसेत्था मनोमय"

"La mente es el precursor de todas las cosas; la mente es su jefa, y ellas son hechas por la mente".

Siddhartha Gautama, Buda

Dhammapada, Capítulo 1, Verso 2 [Buddharakkhita].
563-483 a.C.

Preámbulo

La Inteligencia Artificial se erige como la nueva mente de la humanidad, con redes neuronales artificiales que imitan el intrincado funcionamiento de nuestros cerebros. En la actualidad, los sistemas de IA potencian nuestras habilidades, permitiéndonos abordar problemas y tareas complejas de manera eficiente: ya sea ahorrando tiempo al generar vídeos basados en nuestras preferencias, eligiendo acciones de forma más efectiva u optimizando la conducción de un punto A a un punto B. La tendencia tecnológica sugiere que la IA evolucionará hacia la Inteligencia Artificial General (IAG), alcanzando un nivel de razonamiento y aprendizaje autónomo comparable al de los humanos.

La IA es más que una herramienta que utilizamos en nuestros ordenadores y teléfonos; es mucho más que un sistema que supervisa mercados financieros o controla vehículos autónomos. En un futuro cercano, las interfaces Cerebro-Ordenador y los implantes cyborg integrarán la IA en nuestros cuerpos y mentes. A medida que la IA se convierte en parte integrante de nuestra existencia, la enseñanza del Buda, mencionada anteriormente, cobra mayor relevancia.

Como hemos explorado en la Parte I, la IA ha sido una fascinación histórica para la humanidad, presente en diversas culturas y épocas, incluso antes de que la ciencia y la tecnología dieran lugar a sistemas de IA reales. Esta trayectoria visionaria se completa con seres artificialmente creados que resuelven problemas, aunque a menudo generan otros nuevos. Las cuestiones centrales en torno a la confianza y los pactos fáusticos que afectan nuestra libertad de pensamiento aparecen de forma notable en estas representaciones históricas de la IA. Para entender hacia dónde se dirige la IA y cómo puede influir en nuestra capacidad de pensamiento, primero debemos comprender sus orígenes científicos. Este es el enfoque central de esta Parte 2, donde describiremos el crecimiento de la IA desde las tres reglas de la lógica aristotélica en rollos de papiro hasta los Grandes Modelos de Lenguaje (LLM), trazando su probable trayectoria futura.

Es natural observar que el desarrollo del primer ordenador marcó un hito crucial para la IA, ya que esta funciona con electricidad, memoria, capacidad de procesamiento y codificación. Antes de que el primer ordenador saliera de los laboratorios de los beligerantes de la II Guerra Mundial en 1945, hubo un esfuerzo colaborativo de siglos, en el que filósofos, matemáticos e ingenieros avanzaron en la lógica, los algoritmos y los prototipos, como se detalla en el Capítulo 3.

La Conferencia de Dartmouth, realizado en 1956 y liderado por John McCarthy, es considerado el nacimiento formal de la IA. En este evento se acuñó el término *"IA"* y se definió como un campo distinto con objetivos de investigación claros, identificando a los colaboradores clave de las dos décadas siguientes. Estos pioneros tenían grandes esperanzas puestas en la IA, imaginando que en pocas décadas alcanzaría una inteligencia similar a la humana.

Sin embargo, estas expectativas superaban las capacidades de los primeros ordenadores, y las limitaciones financieras derivadas de la crisis del petróleo de 1973 profundizaron la decepción, marcando el inicio del primer *"invierno de la IA"*, un periodo de actividad reducida en el campo.

Resulta irónico que la tecnología que promete más que la rueda o la máquina de vapor para impulsar la productividad y la generación de riqueza se enfrentara al viejo problema de no ser lo suficientemente viable económicamente para atraer financiación comercial, probablemente porque no podía generar ingresos a corto plazo. Este obstáculo se resolvería más tarde en Occidente gracias a corporaciones privadas que utilizaron las ganancias de otras empresas para financiar estas tecnologías en un contexto de amplia digitalización en diversas industrias. Un ejemplo claro de esto es Microsoft, que financia OpenAI.

La historia de la IA ha sido una montaña rusa, caracterizada por la alternancia entre periodos de rápida expansión e inviernos de inactividad. En 1980, la IA experimentó un resurgimiento, descrito en el Capítulo 5, impulsado por la proliferación de ordenadores personales en empresas y universidades, así como por la adopción de aplicaciones prácticas basadas en reglas, conocidas como sistemas expertos, que proporcionaron a la IA primitiva una base económica inmediata. Sin embargo, este renacimiento fue breve, ya que el crack bursátil de 1987 afectó a las empresas de hardware e inauguró el segundo *"invierno de la IA"*. En la década de 1990, la IA volvió a resurgir, impulsada por la adopción del Aprendizaje Máquina (también llamado Aprendizaje Automático) tanto en startups de Internet como en corporaciones, adentrándose aún más en el sector privado, como se desarrolla en el Capítulo 6. Además, se lograron avances significativos en redes neuronales a medida que los ordenadores alcanzaban la capacidad de cálculo necesaria. No obstante, el campo de la IA enfrentó su tercer *"invierno"* tras la caída de las puntocom en 2000.

A principios de la década de 2000, la IA resurgió nuevamente, demostrando su resistencia, como se relata en el Capítulo 7. En la actualidad, nos encontramos en un prolongado *"verano de la IA"*. La Gran Crisis Financiera de 2008 no provocó otro invierno de la IA; al contrario, esta adquirió mayor protagonismo al abordar la gestión del fraude y la optimización de costes para las instituciones financieras y las empresas afectadas por la recesión económica. Con una base económica sólida, el verano de la IA continuó, dando lugar a notables avances en procesamiento de lenguaje e imagen basados en redes neuronales, así como al surgimiento de redes sociales, aplicaciones de computación en la nube y normativas de protección de datos.

En los últimos años de este prolongado *"verano de la IA"*, la aparición de la IA Generativa, marcada por el lanzamiento de ChatGPT en noviembre de 2022, ha llevado a la industria de la IA a niveles económicos sin precedentes, junto con una mayor conciencia pública, caracterizada por avances significativos en los Grandes Modelos de Lenguaje (LLM), generación de imágenes e incluso la posibilidad de automatizar el trabajo creativo de oficina. El Capítulo 8 explica cómo se desarrolló la IA Generativa y sus implicaciones.

En la actualidad, la Inteligencia Artificial General representa el próximo gran objetivo de los gigantes de Silicon Valley, como un paso intermedio hacia la Superinteligencia. Ya están inmersos en investigaciones destinadas a mejorar los Grandes Modelos del Lenguaje, dotándolos de capacidades de planificación y comprensión lógica, especialmente en términos de sentido común. El Capítulo 9 ofrece una visión general de estos esfuerzos de investigación.

En las siguientes páginas, describiremos el viaje de la IA desde Aristóteles hasta Sam Altman, analizando los desarrollos clave, sus orígenes, los problemas que intentan resolver, su contexto histórico y cómo se han construido unos sobre otros, así como sus implicaciones. Así, desarrollarás una comprensión de la tecnología actual, de su funcionalidad práctica y, por ende, de su trayectoria.

3. Filósofos, Matemáticos y el Primer Ordenador

"Si se acepta que los cerebros reales, tal como se encuentran en los animales, y en particular en los hombres, son una especie de máquina, se seguirá que nuestro ordenador digital, convenientemente programado, se comportará como un cerebro. Creo que es probable, por ejemplo, que a finales de siglo sea posible programar una máquina para que responda a preguntas de tal manera que sea extremadamente difícil adivinar si las respuestas las está dando un hombre o la máquina".

Alan Turing

Matemático, Filósofo, Informático, Pionero de la IA
1951
Entrevista en la BBC [Moor]

Con el tiempo, los mitos, incluidos los que describen la IA, cedieron ante los princípios de la ciencia y la razón. Las antiguas leyendas de seres artificiales dieron paso a una exploración intelectual, marcando el inicio de una era en la que la razón y la ciencia iluminan nuestra comprensión del mundo.

En la historia del progreso científico, una innovación resulta fundamental para el desarrollo de la IA: el ordenador. Diseñados inicialmente como máquinas de cálculo bélico durante la Segunda Guerra Mundial, los ordenadores pronto demostraron su inmenso valor social en aplicaciones que van desde la ciencia hasta los negocios. Hoy en día, la IA está intrínsecamente ligada a la potencia de cálculo de estas máquinas, que han evolucionado mucho más allá de sus orígenes bélicos, convirtiéndose en avanzados teléfonos que llevamos en el bolsillo y en servidores masivos accesibles a través de la nube.

En la historia de la informática, destaca la figura singular de Alan Turing. Más allá de su papel como informático, Turing es un pionero de la IA, un matemático excepcional y un filósofo. Su trabajo subraya la relación simbiótica entre las diversas disciplinas que dieron forma a la arquitectura del primer ordenador y fueron pioneras en los conceptos iniciales de la IA.

Esta colaboración interdisciplinaria no fue el resultado de unas pocas décadas, sino que se desarrolló a lo largo de siglos. Filósofos como Aristóteles, Leibniz, Descartes, Pascal y Hume; matemáticos como Al-Khwarizmi, Bayes, Legendre, Markov, Boole y Russell; psicólogos como Pavlov; e ingenieros como Torres Quevedo y Von Neumann realizaron contribuciones significativas que culminaron en la construcción del primer ordenador en 1945.

Lógica Aristotélica: La Piedra Angular de la IA

Los filósofos griegos jugaron un papel crucial en la transformación del pensamiento humano, alejándose de antiguos mitos y dando inicio a una era de racionalidad y pensamiento crítico. Entre ellos, Aristóteles, nacido en 384 a.C., dejó una huella perdurable gracias a sus aportaciones a la lógica, que todavía sustentan los cimientos de la Inteligencia Artificial y la programación informática.

La lógica aristotélica [Boger] se fundamentaba en el principio de que los argumentos podían evaluarse exhaustivamente mediante reglas de inferencia precisas. Aristóteles creía que la verdad podía discernirse a través del análisis razonado y delineó formas específicas de argumentación que permitían llegar a conclusiones válidas.

Los silogismos eran elementos esenciales de su marco lógico. Estas estructuras argumentativas constan de tres proposiciones interconectadas: una premisa mayor, una premisa menor y una conclusión. Aristóteles formuló meticulosamente reglas para construir silogismos, sosteniendo que un silogismo bien estructurado, con premisas verdaderas, debe conducir a una conclusión válida. Esta organización lógica proporcionó un enfoque sistemático al pensamiento crítico y la argumentación.

Un ejemplo clásico de silogismo aristotélico es el siguiente:

- Premisa mayor: *"Todos los humanos son mortales"*.
- Premisa menor: *"Sócrates es un humano"*.
- Conclusión: *"Por tanto, Sócrates es mortal"*.

Este ejemplo ilustra cómo Aristóteles empleaba los silogismos para distinguir entre la verdad y la falsedad, estableciendo una base sólida para el razonamiento deductivo.

Aunque hoy en día pueda parecer rudimentario, pensar de manera lógica representó un cambio monumental para la humanidad, y aunque tardó siglos en arraigarse plenamente, finalmente sirvió como fundamento para los mayores logros científicos de la historia. La lógica aristotélica es la base de los principios que operan en los ordenadores actuales y de los algoritmos que siguen dando forma a este campo en la actualidad, sentando así las bases esenciales para el desarrollo de la IA.

El Inicio del Álgebra y los Algoritmos en la Cultura Islámica

Mil años después de la época de Aristóteles, tras la caída del Imperio Romano de Occidente en 476 d.C., la cultura y el conocimiento clásicos encontraron refugio en la región oriental del Mediterráneo. Los eruditos árabes desempeñaron un papel fundamental en la preservación, traducción y avance de esta sabiduría durante la Edad Media, iniciando un renacimiento intelectual que incluyó la meticulosa traducción de textos clásicos al árabe.

Muhammad ibn Al-Khwarizmi [Rashid] es una figura destacada de este periodo, cuya influencia perdura en la historia de la IA. Este matemático persa del siglo IX realizó aportes pioneros al álgebra, desarrollando métodos sistemáticos para resolver ecuaciones lineales y cuadráticas mediante operaciones algebraicas como la eliminación y la sustitución. Sus métodos y notaciones proporcionaron un marco coherente para resolver problemas matemáticos, sentando las bases del álgebra contemporánea, que se enseña hoy en las escuelas de todo el mundo.

Además, el nombre de Al-Khwarizmi dio origen al término *"algoritmo"*. Un algoritmo es una secuencia ordenada de pasos lógicos diseñados para resolver de manera eficaz un problema o tarea específicos. Los algoritmos algebraicos desarrollados por Al-Khwarizmi fueron precursores de la evolución de la programación informática y la IA moderna. En las secciones posteriores de este libro, exploraremos la historia de diversos algoritmos modernos de IA, como las redes neuronales, los GPT (Transformers Generativos Preentrenados) y el aprendizaje por refuerzo, su funcionalidad y aplicaciones prácticas. Todos estos algoritmos tienen, en última instancia, sus raíces en la obra de Al-Khwarizmi.

El Esfuerzo Conjunto de Racionalistas y Empiristas

Tras la caída de Roma, Europa permaneció en un estado de relativo letargo durante siglos. Sin embargo, un despertar gradual comenzó cuando Europa empezó a establecer intercambios culturales con el mundo islámico, lo que condujo a la revitalización de la sabiduría clásica.

Los rígidos dogmas de la época medieval empezaron a ceder lentamente, dando paso a una creciente fascinación por la observación empírica, el análisis sistemático y la coherencia lógica. Este nuevo clima propició el surgimiento de dos corrientes filosóficas: el Racionalismo, que enfatizaba el razonamiento como fuente de conocimiento, y el Empirismo, que destacaba la importancia de la experimentación práctica. Ambas corrientes fueron fundamentales para el futuro desarrollo de la IA.

Durante el apogeo del racionalismo en el siglo XVII, el filósofo y matemático alemán Gottfried Leibniz exploró la posibilidad de sistematizar el pensamiento racional utilizando matemáticas y geometría. Propuso el concepto de una *"calculadora universal"* capaz de manipular símbolos para resolver problemas lógicos y desarrolló un prototipo de esta calculadora, como veremos en páginas posteriores [Leibniz].

También se le atribuye a Leibniz el descubrimiento de la regla de la cadena en el cálculo en 1684, que revolucionó las matemáticas al permitir calcular la derivada de funciones compuestas formadas por múltiples variables. La regla de la cadena revela cómo los cambios en una variable repercuten a través de todos los componentes interconectados hasta llegar a la variable de salida. Esta regla desempeña un papel fundamental en el desarrollo de algoritmos modernos de Aprendizaje Máquina, que son la base de la IA. Doscientos años después del trabajo de Leibniz, en 1986, se inventó un algoritmo basado en la regla de la cadena para entrenar redes neuronales, conocido como retropropagación. Hoy en día, la mayoría de los sistemas de IA importantes, desde ChatGPT hasta vehículos autónomos, utilizan redes neuronales entrenadas con retropropagación. En los Capítulos 5 y 6, abordaremos en detalle el Aprendizaje Máquina, las redes neuronales y la retropropagación, ya que son habilitadores fundamentales de la IA.

Otro filósofo racionalista que influyó profundamente en la conceptualización temprana de la IA fue René Descartes. En su *"Discurso del Método"* [Descartes], introdujo una perspectiva mecanicista del cuerpo y la mente humanos, sosteniendo que tanto los animales como los humanos funcionan como sistemas físicos regidos por leyes naturales. Esta idea sentó las bases para considerar la mente humana como una máquina, lo que siglos más tarde se convertiría en una piedra angular de las teorías y enfoques para replicar la inteligencia humana en ordenadores, incluidas las ideas de Alan Turing.

Sin embargo, durante los siglos XVII y XVIII, los racionalistas no fueron los únicos filósofos que influyeron en el desarrollo de la IA y la informática; los empiristas también desempeñaron un papel crucial. Aunque a menudo discrepaban, ambos coincidían en que los procesos mentales humanos podían considerarse como un tipo de máquina. Una figura destacada entre los empiristas fue Thomas Hobbes, cuya obra revolucionaria *"Leviatán"* [Hobbes] de 1651 introdujo una teoría combinatoria del pensamiento, afirmando célebremente que *"la razón no es más que un cálculo"*. Esta afirmación reflejaba su creencia de que el razonamiento humano y los procesos cognitivos podían entenderse como cálculos sistemáticos.

Por último, otro empirista, David Hume, articuló el concepto de inducción en 1748 [Hume] como el método lógico para derivar principios generales a partir de ejemplos concretos. Al igual que la regla de la cadena de Leibniz, la inducción también dio forma a futuros algoritmos de Aprendizaje Máquina, en particular a un tipo conocido como aprendizaje supervisado. Este último implica que las máquinas aprenden a resolver problemas observando ejemplos previamente resueltos, tema que exploraremos con mayor profundidad en el Capítulo 6.

La Belleza y Sencillez de los Primeros Algoritmos Modernos

A finales del siglo XVIII, comenzó a gestarse una nueva era de algoritmos, fundamentada en el trabajo de Al-Khwarizmi, Leibniz y Hume. Tres de ellos son especialmente influyentes en la evolución posterior de la IA: el teorema de Bayes, el método de regresión lineal y las cadenas de Markov [Wiggins y Jones].

El teorema de Bayes, introducido por el matemático británico Thomas Bayes en 1763, es un principio fundamental en probabilidad y estadística que se utiliza para actualizar creencias o estimaciones sobre un suceso a medida que se dispone de nueva información. Por ejemplo, si tienes una opinión inicial sobre la probabilidad de que llueva mañana y luego observas nubes en el cielo, puedes deducir que la lluvia es más probable de lo que pensabas. El teorema de Bayes permite combinar tu creencia inicial con esta nueva información para obtener una probabilidad actualizada.

Este teorema sigue siendo crucial y tiene numerosas aplicaciones en la vida cotidiana. Se utiliza en campos como la detección de spam en correo electrónico, el diagnóstico médico, los sistemas de recomendación en línea, el análisis de datos financieros, la predicción meteorológica y el reconocimiento de patrones, convirtiéndose en un componente clave en el desarrollo de la IA.

A continuación, presentamos el algoritmo de regresión lineal, que se ha consolidado como uno de los más utilizados en la investigación y en aplicaciones empresariales, incluso en la actualidad. La elegancia de este algoritmo radica en su capacidad para buscar una línea recta que se ajuste a los datos disponibles, una característica que lo distingue. Introducido por Adrien-Marie Legendre en 1805, lo denominó *"método de los mínimos cuadrados"* por una razón muy clara. Imagina que tienes una serie de puntos en un gráfico, resultantes de mediciones o datos observacionales. Tu objetivo es encontrar una línea recta que se ajuste lo mejor posible a estos puntos, representando así la predicción más probable del resultado entre las variables. El algoritmo de regresión lineal se encarga de identificar esa línea, minimizando la suma de las distancias al cuadrado entre cada punto y la línea misma. En otras palabras, se enfoca en reducir al mínimo los errores al cuadrado entre los valores reales y los valores predichos por la recta, lo que justifica el nombre otorgado por Legendre.

Las regresiones lineales se aplican en diversos campos. Ya en 1903, el biólogo británico Francis Galton [Gillham] las empleó para explorar la relación entre la estatura de los padres y su descendencia. Hoy en día, son esenciales en el análisis de datos, ya sea para predecir el precio de los pisos según atributos como el tamaño y las comodidades, o para pronosticar precios de acciones o ventas mensuales de empresas. Es importante destacar que, a medida que aumenta la cantidad de datos que se deben evaluar, también lo hace la complejidad de los cálculos necesarios para resolver el problema, pero su poder predictivo se vuelve aún más valioso.

El tercer algoritmo destacado de este periodo fue introducido en 1913 por el matemático ruso Andrey Markov y se conoce como *"Cadenas de Markov"*. Estas se asemejan a un juego de probabilidades en el que se puede pasar de un estado a otro. Imagina un juego de mesa con casillas: en cada turno, lanzas el dado y mueves tu ficha a la siguiente casilla según el número que saques. La clave es que el lugar al que te mueves solo depende del estado actual, no de la historia previa. En otras palabras, en una cadena de Markov, lo que sucede a continuación solo depende del estado presente, no de toda la historia anterior.

Esta característica inherente hace que las cadenas de Markov sean inestimables para modelar situaciones cambiantes en las que el futuro depende únicamente del presente. Por ello, se utilizan con frecuencia en series temporales, que son secuencias de puntos de datos recopilados a intervalos regulares. Ejemplos de ello son la predicción meteorológica, juegos como el ajedrez o el análisis de secuencias genómicas. Antes de la llegada de la IA Generativa, las cadenas de Markov también se utilizaban en el procesamiento del lenguaje natural.

Estos tres algoritmos se consideran hoy en día como parte del Aprendizaje Máquina, aunque el término no se acuñó hasta 1959. El Aprendizaje Máquina— también llamado Aprendizaje Automático—es un elemento central de la IA que permite que las máquinas adquieran la capacidad de hacer predicciones o tomar decisiones. Instruir explícitamente a una máquina sobre los pasos que seguiría un humano para resolver un problema puede ser una tarea ardua y propensa a errores. En cambio, el Aprendizaje Máquina permite a la máquina deducir esos pasos de manera autónoma a través del análisis de los datos proporcionados. Profundizaremos en este concepto en el Capítulo 6.

Los Fundamentos Psicológicos de los Algoritmos de IA

El campo de la psicología ha tenido un impacto subestimado en el desarrollo de la IA, especialmente en lo que respecta al Aprendizaje Máquina. A finales del siglo XIX y principios del XX, varios psicólogos conductistas se centraron en comprender el aprendizaje y el comportamiento, realizando experimentos con animales para estudiar cómo se podían moldear y reforzar las acciones mediante estímulos de recompensa y castigo.

A finales del siglo XIX, el fisiólogo ruso Iván Pavlov llevó a cabo experimentos con perros para investigar los procesos de aprendizaje. Observó que podía entrenar a los perros para asociar el sonido de una campana con la llegada de la comida [Todes]. Con el tiempo, los perros empezaron a salivar únicamente al oír la campana, incluso cuando no había comida presente. Pavlov sentó las bases para comprender cómo aprenden los organismos mediante la asociación de estímulos y respuestas.

De manera similar, en 1898, el psicólogo estadounidense Edward Thorndike formuló la Ley del Efecto [Thorndike], basada en sus experimentos con gatos. Esta ley establece que las respuestas que son seguidas de consecuencias satisfactorias tienden a repetirse, mientras que las respuestas que llevan a consecuencias desagradables tienden a disminuir. En la misma línea, Burrhus Frederic Skinner realizó experimentos con palomas y ratas en la década de 1930, demostrando el mismo principio [Skinner].

Sin embargo, el avance significativo en el campo de la Inteligencia Artificial que surgió de estas investigaciones iniciales tuvo lugar en 1943. Clark L. Hull, un psicólogo estadounidense, propuso una teoría matemática del aprendizaje basada en principios de refuerzo y desarrolló ecuaciones reales para predecir el comportamiento animal [Hull y al.]. Hull consideró factores como el castigo y la recompensa, recopiló datos a largo plazo y transformó conocimientos psicológicos en fórmulas matemáticas, lo que representó un paso revolucionario hacia su aplicación en ordenadores. En concreto, los modelos matemáticos de Hull permitieron crear máquinas que, al igual que los seres humanos y los animales, aprenden de la experiencia, aumentando las acciones que conducen a resultados positivos y disminuyendo las que resultan en consecuencias negativas. Estas máquinas se adaptan para tomar decisiones óptimas en entornos en constante evolución.

Este enfoque de Aprendizaje Máquina se conoce como *"Aprendizaje por Refuerzo"* y es fundamental para el desarrollo de la Inteligencia Artificial General (IAG). Profundizaremos en el aprendizaje por refuerzo en los Capítulos 6, 7 y 9.

Los Primeros Prototipos en la Búsqueda de Ordenadores

La búsqueda de un ordenador ha sido una aspiración antigua que se remonta a las ideas de los racionalistas del siglo XVII, quienes soñaban con mecanizar los procesos del pensamiento humano. Sin embargo, esta tarea ha demostrado ser todo un desafío.

En 1642, el físico francés Blaise Pascal construyó la primera calculadora mecánica, motivado por la necesidad de simplificar los laboriosos cálculos aritméticos que su padre, un supervisor fiscal, realizaba. Su invento permitía sumar, restar, multiplicar y dividir mediante un proceso de iteración [Nature]. Inspirado por Pascal, Gottfried Wilhelm Leibniz perfeccionó el concepto en 1673 con su *"rueda de Leibniz"* o *"tambor escalonado"*, que tenía forma de cilindro. A diferencia de la máquina de Pascal, que solo funcionaba como calculadora aritmética, la *"rueda de Leibniz"* era capaz de razonamientos más generales.

Siguiendo el legado de estas primeras máquinas, Charles Babbage comenzó a diseñar su *"Máquina Analítica"* en la década de 1830, acercándose notablemente a la creación de esta máquina visionaria [Swade]. Su avanzado diseño permitía ejecutar cálculos complejos basados en instrucciones programadas. Sin embargo, su realización era inviable con la tecnología del siglo XIX, y nunca se construyó. Por su parte, la matemática británica Ada Lovelace, hija del poeta Lord Byron y colaboradora de Babbage, previó la posibilidad de usar la máquina para tareas artísticas, como la generación de música o arte, anticipando así lo que se convertiría en la IA Generativa casi dos siglos después.

El verdadero hito de estos primeros esfuerzos en construir máquinas de cálculo se produjo en 1912, cuando el ingeniero español Leonardo Torres Quevedo logró un avance histórico con *"El Ajedrecista"* [Velasco]. Esta fue la primera máquina de jugar al ajedrez totalmente autónoma del mundo. Algunos consideran a esta máquina como el primer ordenador funcional, aunque no era de uso general, ya que solo podía jugar al ajedrez. Dado que este juego requiere habilidades intelectuales como la memoria y la evaluación de probabilidades, no es sorprendente que el primer ordenador funcional fuera un jugador de ajedrez. *"El Ajedrecista"* era una maravilla electromecánica que utilizaba tecnología analógica con circuitos eléctricos e interruptores para calcular automáticamente estrategias y jugar finales de ajedrez. A pesar de sus limitaciones, su tecnología era asombrosa para su época.

Torres Quevedo continuó perfeccionando su prototipo con determinación a lo largo de los años y, tras 40 años de trabajo, en 1951, *"El Ajedrecista"* hizo historia al derrotar a Savielly Tartakower, un destacado gran maestro de ajedrez ucraniano. Este evento marcó la primera vez que una máquina vencía a un jugador de tan alto rango, un triunfo que recuerda la victoria de Deep Blue sobre el campeón mundial Gary Kaspárov en 1997, casi cinco décadas después. Hablaremos de Deep Blue más adelante, en el Capítulo 7, ya que representa un hito en el desarrollo de la IA.

La Aparición de la Lógica Simbólica

La lógica aristotélica se mantuvo firme durante más de dos mil años, pero el siglo XX trajo consigo un cambio profundo con la llegada de la lógica simbólica, a menudo denominada lógica matemática.

La lógica simbólica utiliza símbolos y reglas precisas para analizar y examinar conexiones y argumentos lógicos. Este enfoque descompone enunciados y razonamientos complejos en componentes más manejables, facilitando la comprensión y evaluación de la validez de los argumentos. Los símbolos ayudan a condensar significados complejos pero repetitivos.

Este tipo de lógica proporciona un marco fundamental para representar y razonar sobre el mundo en el ámbito de la IA. Los sistemas de IA y los robots modernos aprovechan la lógica simbólica para representar y procesar datos recogidos a través de sus sensores, que incluyen imágenes, sonidos y texto. Gracias a la lógica simbólica, estos sistemas pueden tomar decisiones lógicas, planificar acciones y navegar por el espacio, guiados por representaciones simbólicas del mundo. En resumen, la lógica simbólica actúa como un lenguaje analítico que permite a las máquinas representar el mundo y tomar decisiones informadas.

El trabajo pionero de George Boole es esencial para el surgimiento de la lógica simbólica, ya que introdujo el álgebra binaria en 1847, conocido como álgebra de Boole. Esta forma de álgebra revolucionó la lógica simbólica al permitir representar valores lógicos, como verdadero y falso, numéricamente como 1 y 0, respectivamente. Esta representación binaria es la base del procesamiento digital de información y está integrada en muchos lenguajes de programación y sistemas informáticos.

Siguiendo el legado de Boole, los matemáticos británicos Bertrand Russell y Alfred North Whitehead publicaron *"Principia Mathematica"* en 1913 [Whitehead y Russell]. Esta obra es famosa por su intento de deducir verdades matemáticas a partir de principios lógicos fundamentales, demostrando que las matemáticas pueden ser reducidas a la lógica. Además, *"Principia Mathematica"* introdujo un novedoso sistema de notación para la lógica simbólica que fue utilizado por los primeros sistemas de IA y robots, de los que hablaremos en el Capítulo 11.

Finalmente, tenemos a Alan Turing, matemático, informático y filósofo británico que desempeñó un papel fundamental en el desarrollo de la matemática que sentó las bases para el primer ordenador. A menudo se le reconoce como el padre tanto de la informática como de la IA. Junto con Alonzo Church, Turing propuso que cualquier forma de razonamiento matemático podía ser mecanizada [Turing]. Su tesis sostenía que un dispositivo mecánico capaz de manipular símbolos como 0 y 1 según reglas precisas podría imitar cualquier proceso de deducción matemática. En otras palabras, las máquinas podrían ser programadas para realizar cualquier cálculo matemático que pudiera definirse claramente.

Impulsado por esta tesis, en 1936 Turing presentó la *"máquina de Turing"*, un diseño abstracto de una máquina capaz de ejecutar instrucciones y manipular símbolos para llevar a cabo cualquier cálculo matemático imaginable [Turing]. Con los elementos matemáticos necesarios ya establecidos, se sentaron las bases para crear un ordenador de propósito general y, más adelante, los primeros sistemas de IA. Sin embargo, quedaba por resolver la implementación práctica, lo cual requería un catalizador, y la guerra siempre ha sido un motor de avances tecnológicos.

De las Máquinas de Guerra a las Máquinas de Computación

El inicio de la Segunda Guerra Mundial en 1939 tuvo un impacto profundo en la tecnología informática, acelerando el desarrollo de los primeros ordenadores con fines militares. Durante el conflicto, tanto los Aliados como las Potencias del Eje utilizaron sistemas de cifrado para proteger sus comunicaciones militares. La necesidad urgente de descifrar códigos llevó a la creación de máquinas avanzadas para cifrado y descifrado. Alan Turing lideró el esfuerzo británico para construir el Colossus, un dispositivo electromecánico crucial para descifrar mensajes codificados alemanes. El Colossus desempeñó un papel fundamental en el esfuerzo bélico de los Aliados, dejando una huella indeleble en la evolución de la guerra y el avance de la informática. Curiosamente, el lugar donde Turing trabajó en el Colossus fue Bletchley Park, Reino Unido, el mismo sitio donde, 80 años después, representantes de todo el mundo se reunirían para debatir sobre los riesgos existenciales de la IA [Varios Gobiernos].

Además, las exigencias bélicas relacionadas con cálculos balísticos, trayectorias de proyectiles e investigación científica impulsaron el desarrollo de máquinas de computación especializadas. Con este fin, se diseñó el ENIAC (Electronic Numerical Integrator and Computer) en la Universidad de Pensilvania para realizar cálculos balísticos para el ejército estadounidense, convirtiéndose en el primer ordenador electrónico de uso general [Eckert y Mauchly]. Asimismo, la velocidad en la toma de decisiones se volvió crítica en diversas aplicaciones bélicas, desde la navegación aérea hasta la gestión logística. Este requisito impulsó la búsqueda de métodos de procesamiento de datos más rápidos y eficientes, y los ordenadores electrónicos como el ENIAC respondieron a esta necesidad.

En 1945, tras el final de la guerra, se publicó la arquitectura fundamental que se utilizó para diseñar la máquina ENIAC. Esta arquitectura, conocida como *"arquitectura Von Neumann"*, lleva el nombre de John von Neumann, un científico húngaro-estadounidense que participó en su diseño y construcción [Neuman]. Esta arquitectura introdujo la innovadora idea de almacenar datos y programas en la misma memoria, permitiendo a las máquinas manipular datos de forma flexible y realizar diversas tareas. La arquitectura Von Neumann se convirtió en el estándar para construir ordenadores y sigue siendo la base de todos los sistemas informáticos modernos, incluidos los ordenadores cuánticos, de los que hablaremos en el Capítulo 25.

Ese mismo año, 1945, el visionario ingeniero estadounidense Vannevar Bush publicó un influyente ensayo titulado *"Como Podríamos Pensar"* [Bush]. En él, analizaba las posibilidades del procesamiento electrónico de datos y predecía la llegada de los ordenadores, los procesadores de texto digitales, el reconocimiento de voz y la traducción automática.

A principios de la posguerra, tanto los componentes fundamentales como la visión de la informática y las aplicaciones de la IA estaban firmemente establecidos. Lo único que faltaba era un nombre para este nuevo campo de estudio. En el Capítulo 4, revisaremos los desarrollos iniciales de la IA y cómo esta obtuvo su nombre.

Más Allá de las Respuestas: Evaluando la Inteligencia con el Test de Turing

En 1950, Alan Turing presentó una investigación innovadora en su artículo *"Maquinaria Computacional e Inteligencia: ¿Pueden las Máquinas Poseer la Capacidad de Pensar?"* [Turing]. Esta pregunta tiene profundas raíces filosóficas en debates centenarios sobre la mente y la conciencia humanas. Hablaremos en detalle de la conciencia humana y de la IA en el Capítulo 26, cuando tratemos de la Inteligencia Artificial General (IAG) y la Superinteligencia.

Turing propuso una respuesta a esta pregunta a través de un *"Juego de imitación"*. Imaginó a un observador humano que interactuaba mediante texto con dos contrapartes: una humana y otra, una máquina. La tarea del observador era identificar cuál era cuál. El éxito se lograba cuando las respuestas de la máquina eran indistinguibles de las de un humano, permitiéndole así superar la prueba. Este método es lo que hoy conocemos como el *"Test de Turing"*. Su objetivo no era tanto proporcionar respuestas correctas, sino evaluar si una máquina podía comportarse de manera indistinguible de un ser humano. Este concepto ha generado debates sobre la conciencia y la capacidad de pensar de los dispositivos, discusiones que no son muy diferentes de las que surgieron con el mito griego de la cabeza metálica parlante de Bacon. Décadas más tarde, en 1980, el filósofo británico John Searle presentó una crítica fundamental conocida como el argumento de la *"Habitación China"* [Searle]. Su argumento sostiene que una máquina podría superar ostensiblemente el Test de Turing sin poseer una comprensión genuina, de manera análoga a un traductor chino que utiliza un diccionario exhaustivo sin tener un entendimiento real de la lengua china.

Con avances recientes como los chatbots y modelos lingüísticos como ChatGPT de OpenAI o Gemini de Google, la pregunta de si las máquinas pueden igualar la inteligencia humana sigue siendo relevante hoy en día. Concebido originalmente como un juego de imitación, el Test de Turing continúa desafiando nuestras perspectivas sobre la Inteligencia Artificial y nuestra comprensión de lo que realmente significa ser inteligente.

4. La Conferencia de Dartmouth y el Primer Invierno de IA

"Proponemos que durante el verano de 1956 se lleve a cabo en el Dartmouth College de Hanover, New Hampshire, un estudio de la Inteligencia Artificial (IA) de dos meses de duración y diez participantes. Este estudio se basará en la conjetura de que cada aspecto del aprendizaje o cualquier otra característica de la inteligencia puede, en principio, describirse con suficiente precisión como para hacer que una máquina lo simule. Se intentará descubrir cómo lograr que las máquinas utilicen el lenguaje, formen abstracciones y conceptos, resuelvan problemas que actualmente son exclusivas de los humanos y se mejoren a sí mismas. Creemos que, si un grupo de científicos cuidadosamente seleccionados trabaja en esto durante un verano, se puede lograr un avance significativo en uno o varios de estos problemas".

John McCarthy, Marvin Minsky, Nathaniel Rochester y Claude Shannon
Informáticos, Pioneros de la IA

Propuesta para la Conferencia de Dartmouth [McCarthy y al.]
1955

Los británicos reconocen a Alan Turing como el pionero de la Inteligencia Artificial. Su brillantez y contribuciones fundamentales a la informática y a la IA le han valido un lugar destacado como uno de los padres de esta disciplina. En Estados Unidos, la Conferencia de Dartmouth, celebrado en 1956, es considerado el momento fundacional del nacimiento de la IA, marcando el inicio de una exploración seria y un desarrollo real en este campo. En esta sección, examinaremos la figura de John McCarthy y la enorme relevancia de la Conferencia de Dartmouth que organizó.

La Conferencia de Dartmouth ofrece tres lecciones valiosas de liderazgo para crear una tecnología innovadora.

En primer lugar, el taller destaca la importancia de reunir un equipo de talento compuesto por miembros tanto del ámbito académico como de la industria, un concepto innovador en su momento, con contribuciones significativas de IBM. Este grupo de personas jugaría un papel fundamental en el impulso de la investigación sobre Inteligencia Artificial durante las dos décadas siguientes. Los participantes en el taller dejaron una huella indeleble en diversas áreas, como las redes neuronales, el procesamiento y la traducción del lenguaje, la resolución de problemas y la lógica, así como en el desarrollo de juegos.

En segundo lugar, un aspecto crucial de la Conferencia de Dartmouth fue la diversidad de opiniones entre los pioneros. Marvin Minsky, que más tarde se convertiría en uno de los más respetados en el campo, mantenía puntos de vista opuestos a los de McCarthy sobre el papel de la lógica simbólica en la investigación de la IA. Estas diferencias generaron debates dentro de la comunidad de IA, moldeando la trayectoria futura del campo.

En tercer lugar, junto a estos logros, los primeros años de la IA ofrecen una lección de humildad. Los pioneros de la IA tenían grandes expectativas, previendo la rápida aparición de una IA similar a la humana en unas pocas décadas. Estas predicciones elevadas no solo generaron entusiasmo, sino que también aumentaron las expectativas de financiación. Sin embargo, la mayoría de estas expectativas no se cumplieron, lo que resultó en una brecha entre promesas y realidad y provocó un fuerte descenso en la financiación gubernamental para la investigación en IA. La crisis del petróleo de 1973 exacerbó estos problemas y empujó al campo hacia lo que se conoce como el *"invierno de la IA"*, el primero de tres períodos de este tipo que seguirían.

En la siguiente sección, detallaremos este seminario único en los bosques de New Hampshire y de cómo este alteró para siempre el curso del mundo.

Un verano seminal en la Universidad de Dartmouth

El seminario de verano de Dartmouth de 1956 cambió el mundo para siempre al sentar las bases de la IA. A menudo se considera este evento como el nacimiento formal de la IA como campo de investigación, ya que no solo dio un nombre al nuevo campo, *"Inteligencia Artificial (IA)"*, sino que también estableció sus objetivos de investigación y logró avances iniciales significativos.

John McCarthy, profesor de matemáticas del Dartmouth College, desempeñó un papel fundamental en la organización de este importante evento. El seminario reunió a un grupo destacado de científicos, incluidos Marvin Minsky y Allen Newell. IBM contribuyó con tres prominentes científicos: Claude Shannon, Arthur Samuel y Nathaniel Rochester. También estuvo presente Herbert Simon, quien ganaría el Premio Nobel de Economía en 1978.

Hoy en día, estos científicos visionarios son a menudo reconocidos como los *"Padres Fundadores de la IA"*, un título que establece un paralelismo entre la Inteligencia Artificial y la Revolución Estadounidense. Estos pioneros jugaron un papel crucial en la configuración de los programas fundamentales de la investigación en IA. Después de la Conferencia de Dartmouth, comenzaron a desarrollar programas informáticos que alcanzaron hitos notables, como la traducción de idiomas, la capacidad de mantener conversaciones en inglés con humanos, el dominio de juegos complejos como las damas, la resolución de problemas algebraicos y la demostración de teoremas geométricos. Además, algunos de ellos exploraron un enfoque innovador inspirado en el cerebro humano, que más tarde se conocería como redes neuronales artificiales.

Estos primeros logros llamaron la atención de agencias gubernamentales como la DARPA (Agencia de Proyectos de Investigación Avanzada de Defensa) de EE. UU., que posteriormente financió la búsqueda de máquinas inteligentes.

El Perceptrón y los Primeros Pasos de las Redes Neuronales

Las bases de las neuronas artificiales, un concepto fundamental en la informática y la IA, se sentaron durante la Segunda Guerra Mundial, incluso antes de la Conferencia de Dartmouth. Dos brillantes científicos estadounidenses, Warren McCulloch y Walter Pitts, presentaron la neurona artificial en 1943 [McCulloch y Pitts]. Este modelo matemático imitaba la funcionalidad de las neuronas biológicas y marcó el inicio de las redes neuronales artificiales, proporcionando un marco conceptual para emular el funcionamiento del cerebro humano.

A lo largo de la década de 1950, el concepto de redes neuronales siguió evolucionando. En 1951, Marvin Minsky, asistente a la Conferencia de Dartmouth, y Dean Edmonds lograron un avance significativo al crear la primera máquina con redes neuronales capaz de aprender, llamada SNARC (Calculadora de Refuerzo Analógico Neuronal Estocástico). Estas redes neuronales, inspiradas en el cerebro humano, utilizaban modelos matemáticos para procesar información y realizar tareas de Aprendizaje Máquina, simulando el comportamiento de las neuronas biológicas.

Sin embargo, el verdadero punto de inflexión llegó en 1957 con la invención del *"perceptrón"* por Frank Rosenblatt [Rosenblatt]. El perceptrón fue la primera red neuronal funcional, atrajo la atención de los medios y el interés de la comunidad científica. Las perspectivas para las redes neuronales eran prometedoras, y se vislumbraba un futuro lleno de posibilidades.

A pesar de su atractivo inicial, la capacidad de cálculo del perceptrón era muy limitada. El cerebro humano está compuesto por unos 100.000 millones de neuronas [Herculano-Houzel]. Las redes neuronales artificiales actuales son más pequeñas, pero cuentan con un enorme número de neuronas organizadas en capas. Cada neurona recibe entradas de otras neuronas de la capa anterior, realiza cálculos y transmite los resultados a las neuronas de la capa siguiente. La principal limitación del perceptrón era que solo tenía una capa de neuronas.

En consecuencia, su principal defecto era su incapacidad para resolver problemas que no fueran lo suficientemente sencillos. Con una sola capa, el perceptrón tenía dificultades para aprender o representar relaciones complejas entre entradas y salidas, lo que limitaba su aplicación a problemas del mundo real. Esencialmente, solo podía resolver problemas que pudieran representarse con ecuaciones lineales, algo que el algoritmo de regresión lineal ya había logrado 150 años antes. Aunque el perceptrón acaparó la atención de los medios, no fue un invento práctico en sí mismo, pero orientó el trabajo de la IA hacia las redes neuronales. A medida que el número de capas aumentó en las décadas siguientes, junto con la tecnología física y de software, las redes neuronales se convirtieron en el algoritmo más omnipresente y flexible jamás inventado.

Aprendizaje Máquina en Juegos y Entornos de Simulación

A medida que la IA avanzaba en sus primeros años, los juegos se convirtieron en un terreno fértil para explorar y desarrollar aplicaciones en esta nueva disciplina. La ventaja de los juegos en la construcción de la IA radica en que se centran en la interacción práctica y la resolución de problemas, con resultados definitivos basados en reglas, lo que los convierte en valiosas herramientas pedagógicas en el desarrollo gradual de la IA.

En 1952, Arthur Samuel, participante en la Conferencia de Dartmouth, se unió a IBM para desarrollar un software diseñado para jugar a las damas [Samuel]. Este software se basaba en algoritmos que permitían a la máquina evaluar las posiciones del tablero y tomar decisiones basadas en las lecciones aprendidas. Mediante la repetición y el ajuste constante, las máquinas mejoraron su capacidad para jugar a las damas, marcando el inicio de la IA en los juegos de mesa. El aprendizaje a partir de la experiencia en IA se denomina aprendizaje por refuerzo. Curiosamente, fue Arthur Samuel quien acuñó el término *"Aprendizaje Máquina"* en 1959 en un artículo que describía su implementación del juego de damas.

Una década más tarde, en 1963, Donald Michie desarrolló una máquina para jugar al tres en raya [Child]. Esta máquina también utilizaba técnicas de aprendizaje por refuerzo, lo que le permitía aprender de sus errores y ajustar sus movimientos futuros. Este invento apoyó firmemente la idea de que las máquinas podían aprender de forma autónoma y aplicar ese aprendizaje a la toma de decisiones estratégicas en los juegos.

Se necesitaban algoritmos específicos para lograr el éxito en los juegos y resolver problemas complejos. Aunque se idearon distintas variaciones de algoritmos para cada escenario, todos seguían el mismo principio básico: avanzar gradualmente hacia sus objetivos, ya fuera ganar una partida o demostrar un teorema, siguiendo pasos similares a recorrer un laberinto. Este método se conocía como razonamiento basado en la búsqueda.

Un desafío fundamental al que se enfrentaban los informáticos era el inmenso número de caminos posibles que había que explorar para resolver problemas complejos. Dado que los ordenadores de la época tenían una potencia de cálculo limitada, los investigadores abordaron este problema utilizando reglas empíricas para eliminar las rutas que probablemente no llevarían a una solución. Uno de los algoritmos más emblemáticos fue el *"algoritmo del vecino más próximo"*, desarrollado en 1967 en la Universidad de Stanford [Cover y Hart].

Los juegos también adquirieron relevancia como entornos de simulación, que en aquella época se denominaban micromundos. De hecho, los juegos son pequeños mundos con sus propias reglas y recompensas. Marvin Minsky y Seymour Papert desarrollaron el micromundo *"Logo"* en 1967 como un entorno de simulación para que estudiantes e investigadores exploraran conceptos de IA de forma práctica y tangible [Abelson]. Logo era un entorno de programación diseñado para enseñar a resolver problemas a las máquinas. Una de las características fundamentales de *"Logo"* era el uso de un cursor virtual en forma de *"tortuga"* que podía programarse para moverse por la pantalla, dibujando formas y patrones a su paso. Los usuarios podían dar órdenes a la tortuga mediante sencillas instrucciones de texto, permitiéndoles crear dibujos, gráficos e incluso juegos sencillos.

Otro micromundo significativo fue SHRDLU, desarrollado en el MIT en 1970. *"SHRDLU"* no es un acrónimo, sino una secuencia derivada de la disposición de las letras en las primeras máquinas de impresión [Winograd]. Este sistema operaba en un entorno tridimensional donde se podían manipular bloques y objetos. SHRDLU tenía la capacidad de comprender el lenguaje natural de los usuarios y llevar a cabo acciones dentro de su micromundo de acuerdo con las instrucciones que recibía. A través de su comprensión del contexto y su habilidad para resolver problemas, SHRDLU sentó las bases para el desarrollo de sistemas de Inteligencia Artificial capaces de interactuar de manera sofisticada con los humanos.

A medida que avanzaban los años, los juegos persistieron como escenarios excepcionales para que los informáticos realizaran experimentos. Exploraremos esto más a fondo en los capítulos siguientes a través de los ejemplos de DeepBlue en el ajedrez y de AlphaGo en el antiguo juego chino del Go en los Capítulos 6 y 7, respectivamente.

En el Camino hacia el Pensamiento Crítico y la Creatividad de las Máquinas

En la década de 1950, Allen Newell y Herbert A. Simon abrieron otra puerta conceptual fundamental al demostrar que las máquinas podían realizar tareas lógicas para ganar una partida o resolver un problema matemático que requería pensamiento crítico o creativo.

Newell y Simon se propusieron desarrollar un software capaz de realizar pruebas lógicas y resolver teoremas matemáticos. Llamaron a este software el *"Logic Theorist"* [McCarthy y al.]. Su objetivo era abordar problemas analíticos habituales en la pedagogía matemática y descubrir demostraciones elegantes para los teoremas existentes. El desarrollo de este software marcó un hito importante en la historia de la IA. Mediante técnicas de representación del conocimiento y razonamiento lógico, el *"Logic Theorist "demostró con éxito 38 de los 52 teoremas iniciales del "Principia Mathematica"* de Russell y Whitehead, una obra de renombre cuya importancia para la IA se analiza en el Capítulo 3. Además, también descubrió demostraciones nuevas y más refinadas de algunos teoremas resueltos anteriormente.

La representación y manipulación de la información son componentes críticos en los sistemas de IA. Newell y Simon fueron pioneros en otro programa, el *"Solucionador General de Problemas"*, creado en 1957 [Nilsson], que pretendía resolver problemas de forma lógica y racional, mostrando la capacidad de las máquinas para abordar diversas cuestiones en la resolución de problemas mediante la representación y manipulación de la información. Aunque cumplió su objetivo, el Solucionador General de Problemas era una herramienta muy genérica y poco práctica en su forma inicial. Su contribución consistió en sentar las bases para futuros desarrollos en IA y, en particular, influir en la lógica que sustentaba gran parte de los llamados sistemas expertos que evolucionaron en la década de 1980.

De la Promesa a la Frustración en la Traducción Automática

Al final de la Segunda Guerra Mundial, en 1945, EE. UU. y la Unión Soviética entraron en una competición por la supremacía mundial, conocida como la Guerra Fría. Durante este tiempo, surgió una demanda importante: la traducción rápida y precisa de documentos científicos y técnicos escritos en ruso al inglés y viceversa.

Los científicos estadounidenses, deseosos de mantenerse a la vanguardia de los avances tecnológicos y de aventajar a los rusos, comenzaron a investigar y desarrollar máquinas capaces de traducir automáticamente del ruso al inglés. Como respuesta a la Guerra Fría, la mayor parte de la financiación de la investigación en IA desde los años 60 procedía del ejército estadounidense, más concretamente de la DARPA.

En 1952, IBM desarrolló un potente ordenador para esta tarea, el IBM 701, descrito como *"el ordenador de alta velocidad más avanzado del mundo"* [IBM]. A pesar de que este ordenador contaba con un vocabulario y reglas gramaticales limitados, estaba diseñado para realizar traducciones. En 1954, se destacó como una *"máquina cerebral electrónica"* capaz de traducir al inglés literatura científica rusa, abarcando temas como la química y la ingeniería.

Paralelamente, ELIZA, el primer chatbot conocido, fue desarrollado por Joseph Weizenbaum en 1966 [McCorduck]. Este programa tenía la capacidad de imitar una conversación y ofrecer respuestas. Su funcionamiento se basaba en repetir y reformular las entradas del usuario utilizando reglas gramaticales y respuestas preestablecidas, creando así la ilusión de comprensión, aunque en realidad no entendía el significado de las palabras o frases presentadas.

Sin embargo, la realidad no siempre se alinea con las expectativas generadas por la publicidad y el entusiasmo inicial. A mediados de los años 60, comenzó a surgir la frustración en Estados Unidos respecto al futuro de la traducción automática. En 1966, el gobierno estadounidense publicó un informe crucial [ALPAC] que concluía que no existía ninguna traducción automática práctica ni perspectivas previsibles de lograrla. Este informe resultó en el cierre de los programas de investigación sobre traducción automática y un retorno generalizado a la utilización de traductores humanos en entornos militares.

La Capacidad Informática No Progresa lo Suficientemente Rápido

Las aspiraciones y el intelecto de los investigadores de IA de los años 60 y 70 superaban con creces las capacidades tecnológicas de su época, lo que lamentablemente condujo a decepciones.

La década de 1950 fue testigo de avances significativos en tecnología informática, aunque estos fueron insuficientes para el desarrollo adecuado de la IA. Entre los logros más destacados de este período se encuentra la introducción de los transistores, que reemplazaron a los tubos de vacío para el procesamiento de datos. Antes de esto, los ordenadores utilizaban interruptores eléctricos para ejecutar la lógica binaria, un concepto ideado por Claude Shannon en 1937, otro participante de la Conferencia de Dartmouth. Esta transición permitió reducir el tamaño de los ordenadores y aumentar su velocidad de procesamiento. El IBM 7090 [IBM], lanzado en 1959, fue uno de los primeros ordenadores en utilizar transistores y se considera un hito importante en la historia de la informática.

Gracias a los transistores, los ordenadores comenzaron a emplearse en aplicaciones críticas en tiempo real, que requerían velocidades de procesamiento más rápidas. Por ejemplo, IBM desarrolló SAGE (Semi-Automatic Ground Environment), un sistema avanzado de defensa aérea diseñado durante la Guerra Fría para proporcionar alertas tempranas y respuestas coordinadas ante amenazas de aviones o misiles enemigos [Astrahan]. Del mismo modo, el programa Apolo de la NASA utilizó ordenadores para lograr la hazaña de aterrizar a un hombre en la Luna, culminando en el alunizaje de Neil Armstrong en 1969.

Simultáneamente, las nuevas tecnologías permitieron la creación de ordenadores más prácticos, asequibles y eficientes en términos de espacio, en comparación con los ordenadores centrales de la época. A finales de los años 60, comenzaron a surgir los primeros microprocesadores, siendo el emblemático Intel 4004, presentado en 1971 [Intel], uno de ellos. Estos procesadores de un solo chip allanaron el camino para la proliferación de ordenadores en diversas aplicaciones, desde la investigación científica hasta el control industrial, durante las décadas de 1970 y 1980.

A pesar de estos avances, los primeros ordenadores enfrentaban desafíos significativos que los hacían inadecuados para ejecutar eficazmente algoritmos avanzados de IA, como las redes neuronales o el razonamiento basado en la búsqueda. Estas máquinas estaban limitadas en cuanto a la potencia de procesamiento y la capacidad de almacenamiento necesarias para llevar a cabo operaciones reales de IA. Por ejemplo, el IBM 7090 tenía una velocidad de procesamiento medida en miles de instrucciones por segundo, en contraste con los ordenadores actuales, que pueden ejecutar cientos de miles de millones de instrucciones por segundo.

Además, la escasez de datos representaba otro obstáculo clave. Durante esas décadas, no existía la abundancia de recopilación, acumulación y síntesis de datos necesaria para el Aprendizaje Máquina. No había transacciones digitales de consumo que representaran puntos de datos, ni sensores de IoT que recopilaran datos constantemente, ni redes sociales donde millones de personas publicaran mensajes y fotos a cada segundo; Internet tal como la conocemos hoy aún no existía. La primera conexión al precursor de Internet, ARPANET (Advanced Research Projects Agency Network), no se estableció hasta 1969 [Salus]. Pasarían décadas antes de que aparecieran la WWW (World Wide Web) y las redes sociales.

Navegando por las Limitaciones de la Lógica Simbólica

Además de enfrentarse a las limitaciones tecnológicas de la época, los investigadores de IA se encontraron con un desafío formidable derivado de las restricciones inherentes a la lógica simbólica, que se veían agravadas por las limitaciones de hardware mencionadas anteriormente.

Durante la década de 1960, John McCarthy, quien había pasado de Dartmouth a la Universidad de Stanford, se convirtió en un ferviente defensor de la lógica simbólica como la piedra angular de la IA. Inspirada por McCarthy, gran parte de la investigación realizada en los años 60 y 70 se centró en la implementación del *"sentido común"*. El objetivo era dotar a las máquinas de la capacidad de comprender y razonar sobre el mundo de manera similar a los humanos, siguiendo los principios establecidos por eminentes matemáticos como Alan Turing y Bertrand Russell.

Sin embargo, esta empresa resultó ser excesivamente ambiciosa, y en la década de 1970, los resultados de la investigación en IA basada en la lógica simbólica fueron desiguales. El proyecto de traducción automática se estancó, las primeras redes neuronales demostraron limitaciones más allá de las ecuaciones lineales, y el *"Solucionador General de Problemas"* luchó por abordar cuestiones prácticas. La lógica simbólica había demostrado su valía en dominios relativamente poco interesantes, como los juegos o la demostración de teoremas matemáticos.

Dotar a las máquinas de razonamiento con sentido común sigue siendo un formidable reto contemporáneo para la IA. Los ordenadores todavía enfrentan dificultades para distinguir entre causalidad y correlación. Un ejemplo común es que los sistemas de IA pueden detectar fácilmente la relación entre la venta de helados y los accidentes de tráfico en verano. Sin embargo, a menudo no pueden discernir si el helado es la causa de los accidentes o si ambas variables son consecuencia de una causa común, como el clima cálido y el aumento de las actividades al aire libre. El problema del *"sentido común"* persiste sin solución, y, incluso en la era de ChatGPT, sigue siendo una de las principales vías de investigación para avanzar hacia la Inteligencia Artificial General, tema que exploraremos en el Capítulo 9.

Dada la disparidad en los resultados, la confianza de McCarthy en la lógica simbólica y el razonamiento basado en el sentido común comenzó a recibir críticas de defensores de enfoques alternativos, centrados en la percepción y el aprendizaje, que abogaban por alejarnos de reglas lógicas rígidas y predefinidas.

Entre las voces críticas se encontraba Marvin Minsky, antiguo colaborador de McCarthy en la Conferencia de Dartmouth, que en ese momento se había convertido en profesor en el MIT [Crevier]. Minsky sostenía que estos enfoques eran demasiado restrictivos y subestimaban la complejidad de la inteligencia humana. Argumentaba que una IA efectiva requería que las máquinas poseyeran capacidades perceptivas y sensoriales similares a las del cerebro humano, enfatizando la necesidad de abandonar la lógica abstracta basada en reglas únicas y de recurrir al razonamiento mediante redes neuronales (aunque estas últimas aún no estaban listas). Esta diferencia de perspectiva desató intensos debates sobre las mejores vías para alcanzar la inteligencia en las máquinas.

Profundizaremos en estos debates, que continuaron hasta la década de 1990. En el Capítulo 10, al tratar el desarrollo de los primeros robots, examinaremos cómo algunos de ellos adoptaron la lógica simbólica, mientras que otros emplearon la computación y el razonamiento analógicos.

De Ambiciosas Predicciones al Primer Invierno de la IA

Los primeros días de la IA estuvieron marcados por el optimismo y las predicciones audaces. Los pioneros del campo estaban convencidos de que el desarrollo de máquinas con capacidades cognitivas equivalentes a las humanas era inminente. Muchos afirmaban con confianza que alcanzarían este objetivo en dos décadas o menos. Sin embargo, con el paso del tiempo, aunque se lograron avances, el sueño de una IA similar a la humana continúa siendo una aspiración lejana, incluso hoy en día.

Por ejemplo, Herbert Simon predijo que las máquinas igualarían las capacidades humanas en veinte años [Simon]. De manera similar, Marvin Minsky afirmó en 1967 que tendríamos máquinas inteligentes de nivel humano en una sola generación [McCorduck]. En 1970, mencionó que esto sucedería en *"tres a ocho años"* durante una entrevista en la revista Life [McCorduck]. Estas afirmaciones ambiciosas no solo generaron entusiasmo en el público, sino que también elevaron las expectativas de financiación, un problema recurrente en la evolución de la IA, ya que la generación de ingresos a partir de la tecnología producida aún parecía lejana. Por ende, la financiación dependía de la línea de I+D del gobierno para aplicaciones de defensa. A mediados de la década de 1970, se hizo evidente que estas predicciones no se materializarían.

Los factores geopolíticos comenzaron a influir en las prioridades de financiación del gobierno estadounidense, recortándose incluso las partidas no esenciales para la defensa. En 1973, estalló la crisis del petróleo, provocada por un embargo impuesto por los miembros de la OPEP (Organización de Países Exportadores de Petróleo) tras el conflicto árabe-israelí. Esto provocó un aumento en los precios del petróleo a nivel mundial. Las repercusiones económicas fueron devastadoras, con altas tasas de inflación, recesión y desempleo.

Ante esta agitación económica, y debido a las críticas y la falta de resultados sustanciales, tanto el gobierno estadounidense como el británico dejaron de financiar la investigación en IA en 1974 [McCorduck], marcando el inicio del primer *"invierno de la IA"*. A lo largo de este libro, en los Capítulos 5 y 6, veremos que ha habido tres inviernos hasta ahora.

Durante el invierno de la IA de 1974, los fondos para investigación disminuyeron y el progreso se detuvo temporalmente, excepto en las áreas relacionadas con la robótica impulsada por la automatización industrial, que abordaremos en el Capítulo 12. El sector privado asumió la iniciativa en la robótica industrial, ya que los retos económicos exigían medidas de reducción de costes. Este periodo de invierno en la IA fue una etapa de introspección, donde se reflexionó sobre los éxitos y retos del pasado. Sin embargo, tras un paréntesis, la IA continuó su evolución. En la década de 1980, el campo adoptó un enfoque más pragmático y realista en su desarrollo, impulsado por la participación empresarial y aplicaciones económicas reales. Analizaremos este Renacimiento de la IA en los años 80 en el siguiente capítulo.

5. Sistemas Expertos y el Segundo Invierno de la IA

"Creo que es justo decir que las computadoras personales se han convertido en la herramienta más empoderadora que hemos creado. Son herramientas de comunicación, son herramientas de creatividad y pueden ser moldeadas por su usuario".

Bill Gates,

Fundador de Microsoft, filántropo
2004

La historia de la Inteligencia Artificial ha estado marcada por oleadas transformadoras seguidas de períodos de estancamiento, a menudo denominados *"inviernos de la IA"*. La década de 1980 representó el segundo punto de inflexión significativo en esta evolución continua. Durante este período, después del primer invierno de la IA mencionado anteriormente, se produjeron cambios sustanciales hacia un enfoque de investigación más práctico y una adopción tecnológica más amplia que redefinieron fundamentalmente el campo.

En los años 80, las computadoras se volvieron notablemente más rápidas, más pequeñas y asequibles. La introducción del IBM PC en 1981, junto con el lanzamiento del MS-DOS de Microsoft ese mismo año y el debut del Macintosh de Apple en 1984, marcó una revolución en la tecnología de la información.

Las computadoras personales empoderaron a empresas de todo el mundo para implementar aplicaciones que facilitaran los procesos comerciales y permitieran un análisis de datos más eficiente para la toma de decisiones, un cambio radical respecto a los procesos manuales basados en papel que eran gestionados por profesionales e ingenieros expertos.

A mediados de la década de 1980, grandes corporaciones y universidades ya contaban con miles de computadoras, lo que permitió el desarrollo de algunas aplicaciones relativamente simples llamadas sistemas expertos. Los científicos de IA se alejaron de los retos amplios, abstractos y excesivamente ambiciosos de las décadas anteriores, orientándose hacia la resolución de problemas del mundo real en corporaciones o programas de investigación financiados directamente por empresas en lugar del gobierno.

Sin embargo, esta transición hacia la empresa privada, que buscaba ofrecer beneficios económicos tangibles y medibles, coexistió de manera armoniosa con la investigación fundamental. Esta investigación central también era práctica e incluía el desarrollo del algoritmo de retropropagación, que es, sin duda, el algoritmo más importante de la historia, ya que permite las redes neuronales que impulsan la IA Generativa, el procesamiento de imágenes y los automóviles autónomos, por nombrar algunas aplicaciones.

En la siguiente sección, discutiremos cómo la IA se recuperó de su primer invierno y alcanzó nuevas alturas en la década de 1980.

Del Estancamiento al Resurgimiento a través de los Sistemas Expertos

A medida que las computadoras se volvieron más accesibles y fáciles de usar, se desarrollaron y comercializaron programas de software para abordar desafíos empresariales específicos. Estas soluciones de software se denominaron *"sistemas expertos"* y desempeñaron un papel fundamental en la revitalización del campo de la IA, que había estado estancado desde aproximadamente 1974.

Los sistemas expertos son aplicaciones informáticas especializadas diseñadas para abordar problemas empresariales concretos o responder preguntas dentro de dominios de conocimiento restringidos. Estos utilizan reglas lógicas derivadas de la experiencia de profesionales humanos, de ahí su nombre.

Estos sistemas demostraron su utilidad en diversos contextos empresariales. En el sector salud, ayudaron a los médicos a diagnosticar enfermedades analizando síntomas y datos médicos, lo que mejoró la precisión de los diagnósticos. En el ámbito tecnológico, apoyaron a los equipos de soporte técnico al identificar y resolver problemas con productos o software, ofreciendo recomendaciones personalizadas. En la industria manufacturera, evaluaron automáticamente la calidad de los productos utilizando datos y especificaciones de producción. También optimizaron rutas de entrega, la asignación de recursos y la gestión de inventarios, lo que contribuyó a reducir costos y mejorar la eficiencia. En el sector financiero, fueron capaces de detectar transacciones sospechosas y patrones de fraude en tiempo real. En resumen, estos sistemas resolvieron problemas cotidianos que enfrentan las empresas, lo que resultó en mejoras significativas en productividad y rapidez.

Aunque los sistemas expertos ganaron prominencia en el panorama corporativo durante la década de 1980, sus raíces se remontan a décadas anteriores. En los años 70, Edward Feigenbaum y Edward Shortliffe crearon *"MYCIN"*, un sistema experto para diagnosticar enfermedades infecciosas, marcando un hito significativo en las aplicaciones de IA en el ámbito de la salud [Crevier]. Además, *"Dendral"* de IBM, desarrollado a finales de la década de

1960, tenía como objetivo identificar compuestos químicos a partir de datos espectroscópicos [McCorduck].

En los años 80, empresas como DEC (Digital Equipment Corporation) y Texas Instruments (TI) crearon sistemas expertos altamente especializados para ingeniería y medicina. Posteriormente, otras empresas de software como IntelliCorp y Aion se unieron a esta tendencia. Rápidamente, corporaciones de todo el mundo se sumaron a la moda de los sistemas expertos, invirtiendo más de mil millones de dólares en estas soluciones para 1985, ya fuera adquiriéndolas a proveedores de software o desarrollándolas internamente. Este auge de los sistemas expertos alimentó el crecimiento de la industria de la IA, con empresas de hardware y software proporcionando soporte a estos sistemas.

Además, el surgimiento de los sistemas expertos transformó el panorama de financiación al cambiar la base del desarrollo de las manos exclusivas del I+D gubernamental para incluir un componente corporativo sustancial. Muchas empresas invirtieron fuertemente en investigación e implementación de sistemas expertos para obtener una ventaja competitiva, impulsando la innovación en industrias que van desde finanzas y salud hasta manufactura y logística. A largo plazo, no solo la financiación corporativa mejora la resiliencia de la investigación en IA, sino que también moldea su dirección, ya sea positiva o negativa.

Es importante notar que esto es análogo a lo que sucedió con la exploración espacial. Los programas de exploración espacial en Estados Unidos fueron una vez impulsados exclusivamente por la NASA, que gradualmente comenzó a utilizar empresas privadas para desarrollar componentes de sus proyectos. Hoy en día, una parte significativa de la exploración espacial es completamente privada, como SpaceX y el proyecto Kuiper de Amazon—constelaciones de satélites de internet que proporcionan banda ancha de baja latencia—e incluso ideas novedosas como Sea Launch, un consorcio que proporciona servicios de lanzamiento orbital.

Ventajas y Limitaciones de los Sistemas Expertos

Los sistemas expertos revolucionaron los procesos de toma de decisiones al emular la experiencia humana en dominios específicos. Si bien estos sistemas ofrecieron beneficios notables, sus limitaciones inherentes también moldearon la trayectoria del desarrollo de la IA.

En cuanto a las ventajas, los sistemas expertos sobresalieron dentro de dominios de conocimiento bien definidos, a menudo superando las capacidades humanas en términos de precisión y velocidad. Además, estos sistemas aplicaban reglas de manera constante sin sucumbir a la influencia de la fatiga o los sesgos cognitivos humanos. Dado que estaban basados en reglas y árboles de decisiones, su interpretabilidad fue una ventaja significativa, especialmente en sectores críticos como la salud y los servicios financieros, que son altamente regulados.

No obstante, los sistemas expertos también presentaron limitaciones notables. Principalmente, requerían una codificación detallada de la experiencia humana, un proceso costoso y que consume mucho tiempo. Esto implicaba entrevistas extensas, esfuerzos de colaboración con expertos en la materia y un enfoque manual minucioso para codificar ese conocimiento idea por idea para la computadora. Además, estos sistemas presentaban limitaciones en términos de razonamiento de sentido común y podían cometer errores cuando se enfrentaban a situaciones inusuales o imprevistas que caían fuera de su ámbito basado en reglas. Operaban con rigidez, luchando para adaptarse rápidamente a dominios cambiantes o ajustes en las reglas. Los desafíos que iban más allá de su especialización restringida representaban obstáculos significativos, haciéndolos menos efectivos al abordar problemas ligeramente fuera de su campo designado. Aquellas empresas que poseían el software y hardware de estos sistemas amasaron fortunas con actualizaciones, mejoras, reestructuraciones e inclusión de nuevos conocimientos.

Estas limitaciones hicieron que los sistemas expertos fueran difíciles de manejar y evitaran que las corporaciones obtuvieran resultados prácticos. Debido a su arquitectura rígida y sencilla basada en reglas, a menudo se les considera más como aplicaciones convencionales de tecnología de la información que como verdaderas aplicaciones de Inteligencia Artificial. Sin embargo, en este libro, aún consideramos los sistemas expertos como una forma de IA, ya que, en última instancia, son máquinas capaces de recibir una entrada y generar una salida, aunque lo hagan dentro de una programación basada en reglas bastante restringida.

El Colapso del Hardware y el Segundo Invierno

Junto con el descubrimiento gradual de las limitaciones en la funcionalidad de los sistemas expertos, la llegada de las computadoras personales se convirtió en un clavo en el ataúd para la industria.

Los primeros sistemas expertos generalmente operaban en unidades centrales especializadas de gran tamaño conocidas como máquinas LISP [Newquist]. LISP, que significa List Processing (Procesamiento de Listas), es un lenguaje de programación de alto nivel creado por John McCarthy, diseñado específicamente para el procesamiento de lógica simbólica y la manipulación de listas de datos. A medida que las empresas de todo el mundo competían por desarrollar e implementar sistemas expertos, surgió una gran industria multimillonaria para apoyar este movimiento. Esta industria incluía empresas de hardware como Symbolics y una compañía que se denominaba de manera adecuada *"Lisp Machines"*. Sin embargo, a medida que IBM y Apple introducían computadoras personales cada vez más potentes y asequibles, con una versatilidad natural en el soporte de aplicaciones en contraposición a las costosas y especializadas máquinas LISP, las PCs comenzaron a encontrar utilidad en las aplicaciones de sistemas expertos. Gradualmente, la justificación para adquirir máquinas LISP disminuyó, lo que llevó al desmantelamiento completo de una industria que en su momento alcanzó los 5 mil millones de dólares, cuando los precios de las acciones de las compañías especializadas en la fabricación de estas costosas máquinas colapsaron en 1987.

Las repercusiones fueron graves: la obsolescencia de estas máquinas costosas y el repentino fracaso del mercado de hardware de IA afectaron negativamente a numerosas empresas de IA que dependían de este hardware especializado. Para finales de 1993, más de 300 empresas de IA habían cerrado, quebrado o sido adquiridas, poniendo fin efectivamente al auge de la IA en los años 80 [Newquist].

A medida que la influencia del sector privado disminuía a finales de los años 80, el gobierno de EE. UU. también recortó su inversión en Inteligencia Artificial. Con el nuevo liderazgo de DARPA, la IA dejó de considerarse una tecnología de vanguardia, principalmente debido al fracaso de las llamadas máquinas expertas y al crecimiento de las computadoras personales. Los recursos se redirigieron hacia proyectos que prometían resultados más inmediatos.

La retirada del financiamiento gubernamental marcó el inicio del primer invierno de la IA en 1974. Esta vez, el colapso del mercado de hardware en 1987 desencadenó el segundo invierno de la IA, que persistió hasta principios de los años 90. La explosión de la burbuja de precios de activos en Japón en 1989 también contribuyó a la paralización de la IA y la robótica en el Lejano Oriente, un tema que abordaremos en más detalle en el Capítulo 13. Sin embargo, el segundo invierno fue relativamente breve. Durante la década de 1990, la investigación y las aplicaciones de IA experimentarían un renacimiento, impulsadas por el auge de las puntocom, lo que proporcionó un razonamiento económico para expandir los esfuerzos en IA. Este auge también presenció avances rápidos en la potencia de cálculo y la memoria, junto con una reducción en el tamaño y las necesidades de energía (resolviendo dependencias tecnológicas persistentes clave), y un renovado énfasis en el Aprendizaje Máquina y las redes neuronales (marcando un avance en la programación).

El Despertar Gradual de las Redes Neuronales

En el capítulo anterior, presentamos cómo se inventaron las redes neuronales, el algoritmo de IA que imita el funcionamiento de nuestro cerebro, en la década de 1950. Todas las aplicaciones avanzadas de IA hoy en día funcionan con redes neuronales, que van desde ChatGPT hasta coches autónomos. Un avance en la década de 1980 sobre cómo entrenar redes neuronales hizo esto posible.

Las redes neuronales están compuestas por múltiples capas de neuronas artificiales, y las redes neuronales actuales cuentan con millones de capas y miles de millones de hiperparámetros que deben ajustarse para permitir que la red resuelva problemas específicos. Por ejemplo, GPT-3.0 tiene 175 mil millones de hiperparámetros. Una red neuronal entrenada para identificar imágenes requeriría hiperparámetros muy diferentes a los de una entrenada para procesar lenguaje. Asimismo, una red neuronal diseñada para reconocer rostros humanos necesitaría hiperparámetros diferentes a los de una entrenada para identificar caracteres manuscritos.

Encontrar los mejores hiperparámetros para cada problema particular se conoce como entrenar la red neuronal. Este es un desafío formidable que puede consumir una inmensa potencia de cálculo y requerir mucho tiempo para finalizar. En 1986, Geoffrey Hinton y David Rumelhart inventaron una técnica crucial para el entrenamiento de redes neuronales conocida como *"retropropagación"* [Hinton y Rumelhart]. Se basaron en trabajos anteriores del científico informático finlandés Seppo Linnainmaa en 1970, quien creó un algoritmo de entrenamiento llamado diferenciación automática basado en la regla de la cadena desarrollada por Gottlieb Leibniz 200 años antes [Linnainmaa].

La retropropagación permite ajustar los hiperparámetros en redes neuronales refinando estos parámetros a lo largo de múltiples iteraciones para minimizar los errores de predicción. Por ejemplo, en una red neuronal para el reconocimiento de escritura a mano, la retropropagación encontraría el conjunto de hiperparámetros que minimizan el porcentaje de veces que un carácter es reconocido incorrectamente. Por ejemplo, el carácter escrito real es *"b"*, pero el algoritmo lo identifica incorrectamente como *"d"*. Entrenar el algoritmo en las innumerables formas en que la escritura cursiva puede representarse físicamente requiere una enorme potencia de cálculo y muestras de datos masivas; la caligrafía de cada individuo es diferente. Incluso redes neuronales modestas hoy en día no cometen errores al descifrar la escritura de un médico.

Lo que distingue a la retropropagación es su eficiencia computacional y escalabilidad. Las computadoras de los años 80 aún eran demasiado pequeñas para hacer prácticas las redes neuronales. Sin embargo, durante la década de 1990, los avances en la potencia de cálculo hicieron que valiera la pena emplear la retropropagación para entrenar extensas redes neuronales, conocidas como redes neuronales profundas, con miles o incluso millones de capas de neuronas. La retropropagación marcó el inicio de una nueva era en la tecnología de IA, donde las redes neuronales son fundamentales en muchas de las aplicaciones actuales, incluidos los Grandes Modelos de Lenguaje (LLMs) y los sistemas de visión por computadora, por nombrar algunos.

6. Aprendizaje Máquina Durante el Puntocom y el Tercer Invierno de la IA

"La mente humana no funciona como una computadora. No puede seguir un proceso ordenado para evaluar una lista de movimientos posibles y clasificarlos con una precisión matemática, como lo hace una máquina de ajedrez. Incluso la mente más disciplinada puede distraerse en medio de una intensa competencia. Esta capacidad de divagar es tanto una debilidad como una fortaleza de la cognición humana. En ocasiones, estas distracciones pueden debilitar tu análisis. Sin embargo, otras veces, pueden llevarte a la inspiración, generando movimientos hermosos o paradójicos que no habías considerado en tu lista inicial de opciones".

Garry Kaspárov

Campeón Mundial de Ajedrez
Deep Thinking: Where Machine Intelligence Ends and Human Creativity Begins [Kasparov y Greengard]
2017

La década de 1990 marcó una transformación notable en el sector tecnológico, simbolizada por la era de las puntocom. Este período fue testigo de un crecimiento explosivo de empresas tecnológicas, impulsado por la rápida expansión de Internet y un abundante capital de inversión. En medio de este frenesí, el Aprendizaje Máquina—también llamado Aprendizaje Automático—ganó prominencia, con numerosas startups integrando algoritmos de Aprendizaje Máquina en sus productos y servicios. Empresas tecnológicas como Google, Amazon y eBay utilizaron el Aprendizaje Máquina para mejorar sus ofertas y recomendaciones de productos. Además, el aumento en la potencia de cálculo permitió construir redes neuronales mucho más extensas, conocidas como redes neuronales profundas, que se volvieron prácticas por primera vez en aplicaciones como el procesamiento del lenguaje y el análisis de imágenes.

Al igual que en la época de los sistemas expertos, el auge de la Inteligencia Artificial en los años 90 en Occidente fue impulsado por la inversión privada.

Esto resalta la importancia del sector privado en la evolución de la IA. Los altos costos fijos en investigación y desarrollo (I+D) y la necesidad de generar ingresos alrededor de los productos de IA fueron fundamentales para justificar los gastos y los riesgos de *"falsos comienzos"* a lo largo del tiempo. La dependencia del gobierno como único cliente de aplicaciones de IA para fines de defensa nacional resultó ser insuficiente. La digitalización más amplia del mercado se convirtió en la clave para desbloquear el verdadero potencial de la IA. Esta situación sigue vigente, ya que la digitalización en todos los aspectos de la vida genera los datos necesarios para entrenar redes neuronales. Además, la nueva carrera espacial del sector privado está alimentando la próxima ola de desarrollo de la IA. Aunque la inversión privada aportó un enfoque pragmático y orientado al mercado a la IA en los años 90, también expuso el campo a la exuberancia del mercado y a los riesgos asociados con las burbujas financieras. Como resultado, el colapso de las puntocom en el año 2000 marcó el inicio del tercer invierno de la IA, deteniendo casi de inmediato los avances en Aprendizaje Máquina de startups y corporaciones.

La Emergencia del Aprendizaje Máquina en las Startups de la Era de las Puntocom

La era de las puntocom fue testigo de un auge en empresas tecnológicas que se aventuraban en el floreciente panorama online. La rápida ascensión de estas empresas durante esta década se vio impulsada principalmente por el crecimiento explosivo de Internet y la abundancia de capital de inversión. Las empresas, ansiosas por establecer su presencia en línea, se lanzaron al ciberespacio. Los inversores, en busca de la próxima gran innovación, estaban dispuestos a respaldar incluso a los proyectos no rentables, siempre que existiera una narrativa sobre cómo generarían ingresos en el futuro.

Este frenesí de inversión creó un caleidoscopio de oportunidades en el ámbito de la Inteligencia Artificial, y numerosas empresas de IA se involucraron en diversas facetas de esta tecnología. Todas estas empresas tenían un objetivo en común: centrarse en los algoritmos de Aprendizaje Máquina.

Según su uso de la Inteligencia Artificial, las empresas se dividieron en dos tipos. En primer lugar, algunas comenzaron a emplear algoritmos de Aprendizaje Máquina de manera extensiva para mejorar sus productos y servicios, así como para ofrecer experiencias más satisfactorias a sus clientes. Ejemplos de estas empresas durante este período incluyen Amazon, Google y eBay. En segundo lugar, otras empresas se especializaron en desarrollar algoritmos de Aprendizaje Máquina y venderlos como soluciones de IA B2B (empresa a empresa) a otras compañías. Este grupo abarcaba empresas como Autonomy Corporation, Nuance Communications y NetPerceptions.

Dentro del primer grupo, Google desempeñó un papel clave en la difusión de algoritmos impulsados por IA a través de sus motores de búsqueda en Internet. El algoritmo PageRank, creado por Larry Page y Sergey Brin en 1996, utilizó datos para evaluar la relevancia de las páginas web, lo que resultó en mejoras significativas en el proceso de búsqueda para cualquiera con acceso a Internet y un navegador [Page and Brin]. Por ejemplo, la función *"¿Quisiste decir?"* de Google demostró la capacidad de la IA para corregir errores ortográficos, reflejando su compromiso con una experiencia de búsqueda fácil y accesible.

Amazon también adoptó la IA de manera efectiva. Su motor de recomendaciones, potenciado por algoritmos de IA, analizaba los hábitos de navegación y compra de los usuarios para sugerir productos, lo que no solo incrementó las ventas, sino que también mejoró la satisfacción del cliente. Además, Amazon utilizó la IA para gestionar su cadena de suministro, optimizando niveles y ubicaciones de inventario, así como para predecir la demanda, lo que resultó en una reducción de costos y en entregas más puntuales.

De manera similar, eBay utilizó la IA para mejorar la experiencia del usuario al categorizar y recomendar automáticamente productos. Esto mejoró la funcionalidad de búsqueda de eBay, facilitando a los usuarios encontrar lo que buscaban. eBay también implementó IA para la detección de fraudes, identificando transacciones sospechosas y asegurando la seguridad de su mercado.

Los algoritmos de IA son, en sí mismos, los bloques de construcción de lo que se estima en más de un billón de dólares de valor económico sostenido [Biswas y al.].

Numerosas startups menos conocidas pero intrigantes de la era de las puntocom aprovecharon la IA para crear servicios más inteligentes y personalizados. Por ejemplo:

- Ask Jeeves buscó revolucionar la experiencia de búsqueda del usuario con consultas en lenguaje natural.
- Turbine fue pionera en los juegos en línea impulsados por IA, creando inmersivos juegos de rol multijugador como *"The Lord of the Rings Online"*.
- JangoMail utilizó algoritmos de IA para optimizar campañas de correo electrónico analizando el comportamiento del usuario.
- WisdomArk empleó IA para ofrecer experiencias de aprendizaje personalizadas, adaptando el contenido según el rendimiento del estudiante.
- E.piphany, proveedor de soluciones CRM, utilizó IA para analizar extensos datos de clientes y tomar decisiones basadas en datos, mejorando sus estrategias de CRM.

El segundo grupo de empresas desarrolló y comercializó soluciones de IA dedicadas, principalmente B2B, para otras compañías. Estas startups de IA pioneras ofrecieron soluciones en tres dominios: análisis de texto, reconocimiento de voz y personalización en línea, áreas que continúan atrayendo el interés de numerosas startups de IA en la actualidad.

En el análisis de texto, empresas como Autonomy Corporation permitieron a las organizaciones extraer valiosos conocimientos de grandes volúmenes de datos no estructurados. Antes de esta ola de avances impulsados por la Inteligencia Artificial, las aplicaciones de software solo podían trabajar con datos que estaban explícitamente formateados en bases de datos bien estructuradas. Esto significaba que solo podían manejar información organizada en tablas, como la de clientes, que incluía campos específicos como nombre, apellido, dirección, número de teléfono, fecha de registro y fecha de pago. Sin embargo, no podían procesar datos no estructurados que no estaban organizados de esta manera, como los valiosos contenidos que se encuentran en documentos, correos electrónicos, registros de atención al cliente o archivos de sistemas. El software de Autonomy Corporation tenía la capacidad de comprender y categorizar estos documentos no estructurados, lo que lo convirtió en un recurso valioso para la gestión del conocimiento y las aplicaciones de búsqueda.

El reconocimiento de voz utiliza Inteligencia Artificial para convertir el audio en texto comprensible. Lernout & Hauspie, una empresa belga, fue pionera en esta tecnología, permitiendo que las máquinas entendieran e interpretaran el lenguaje hablado. Esta compañía estuvo a la vanguardia de las interacciones por voz con las computadoras y sentó las bases para los asistentes de voz que utilizamos hoy en día, como Siri de Apple y Alexa de Amazon. Por otro lado, Nuance Communications, una empresa estadounidense, desarrolló software de reconocimiento de voz que potencia aplicaciones como los asistentes virtuales en atención al cliente, utilizados en diversas industrias, incluyendo la salud y las telecomunicaciones.

Finalmente, en el ámbito de la personalización y recomendación en línea, NetPerceptions lideró el desarrollo de algoritmos que analizaban el comportamiento y las preferencias de los usuarios, ofreciendo recomendaciones personalizadas de productos. Su software se utilizaba frecuentemente en entornos de comercio electrónico y venta minorista en línea, ayudando a aumentar la participación y las ventas de los clientes a través de su tecnología de recomendación.

Adopción Progresiva del Aprendizaje Máquina en las Corporaciones

La adopción de algoritmos de Aprendizaje Máquina no se limitó únicamente a las startups durante la era de las puntocom. Paralelamente, el mundo corporativo también comenzaba a despertar al potencial transformador de estos algoritmos. La adopción del Aprendizaje Máquina por parte de las empresas comenzó en 1989, cuando Axcelis, una empresa pionera estadounidense, introdujo el primer software de Aprendizaje Máquina diseñado para aplicaciones comerciales en PC [New York Times].

Las PC ya manejaban volúmenes masivos de datos y realizaban operaciones matemáticas complejas con una eficiencia sin precedentes. Esta capacidad incrementada abrió la puerta a la aplicación práctica de algoritmos de Aprendizaje Máquina en diversas industrias. Las empresas se mostraron interesadas en aprovechar estas tecnologías para automatizar tareas, mejorar la toma de decisiones y aumentar la eficiencia, lo que resultó en una adopción generalizada en diferentes sectores.

Las corporaciones descubrieron que el Aprendizaje Máquina era una alternativa excelente a los sistemas expertos de la década de 1980. Mientras que los sistemas expertos eran conocidos por ser desafiantes, laboriosos y costosos de implementar, el Aprendizaje Máquina ofrecía una solución más flexible. A diferencia de los sistemas expertos, que requerían que los programadores especificaran detalladamente cada paso para resolver problemas como decisiones sobre acciones o aprobaciones de préstamos, el Aprendizaje Máquina permite a las máquinas identificar patrones y realizar tareas sin necesidad de programar reglas específicas. En lugar de definir manualmente estas reglas, como se hacía en los sistemas expertos, el Aprendizaje Máquina permite que las máquinas aprendan de los datos. Por ejemplo, en vez de establecer reglas rígidas para analizar datos históricos del mercado de valores o evaluar solicitudes de crédito, se proporciona a la computadora una base de datos con información relevante, como edad, salario y ocupación de los clientes. La computadora utiliza esta información para aprender y, en el futuro, tomar decisiones basadas en patrones identificados en los datos.

Este tipo de Aprendizaje Máquina encontró aplicaciones prácticas en los negocios, permitiendo a las empresas automatizar tareas, mejorar la toma de decisiones y ofrecer productos y servicios personalizados. Las firmas continuaron utilizando sistemas expertos, pero comenzaron a integrar el Aprendizaje Máquina de manera más extensa en la década de 1990. Las primeras grandes empresas en adoptar el Aprendizaje Máquina fueron empresas tecnológicas, instituciones financieras y compañías de telecomunicaciones.

La cantidad de información que una empresa puede obtener de los clientes es inmensa e invaluable. No solo se trata de lo que los datos pueden expresar explícitamente, sino también de lo que se puede inferir de manera confiable bajo el marco de un sistema de IA. Por ejemplo, utilizando únicamente los datos que su compañía de telefonía celular posee legalmente, una máquina básica bajo los métodos comunes de Aprendizaje Máquina puede predecir con precisión lo siguiente:

- El estatus socioeconómico de los usuarios [Soto y Frias-Martinez].
- La personalidad [Chittaranjan y Blom].
- Comportamientos como la movilidad [Montoliu y Gatica-Perez].
- Comportamiento de gasto en un centro comercial [Singh y Freeman].
- La probabilidad de incumplimiento crediticio [Pedro y Proserpio].

El Aprendizaje Máquina (Machine Learning) también puede distinguir entre individuos deprimidos y no deprimidos con una precisión del 98,5%, y predecir los cambios de humor en pacientes bipolares con mayor precisión que los psiquiatras capacitados [Mumtaz]. ¿Qué sucede cuando una máquina supera a un psiquiatra en el diagnóstico de un aspecto clave del bienestar y la atención del paciente? ¿Se convierte en una herramienta de diagnóstico o reemplaza al psiquiatra? Abordaremos ampliamente las implicaciones de la IA para los empleos y el trabajo humano en general en los Capítulos 22 y 23.

La adopción del Aprendizaje Máquina aún no se ha completado, y esta pregunta sigue sin respuesta, aunque estamos avanzando rápidamente hacia ella. La clave está en la economía y la escalabilidad. Un tren de alta velocidad puede transportarnos de la Ciudad A a la Ciudad B más rápidamente que un automóvil en una autopista o un barco. Sin embargo, esto no significa que debamos instalar trenes de alta velocidad en todas partes. La mayoría de las empresas, especialmente aquellas en sectores menos tecnológicos, como los servicios y la manufactura, así como las pequeñas y medianas empresas (PYMES) que predominan en la economía de muchos países, todavía enfrentan desafíos con el Aprendizaje Máquina y no tienen un motivo claro para adoptarlo.

Desarrollar una solución de Aprendizaje Máquina que se ajuste a las necesidades de una gran empresa es un desafío complejo. Esta tarea requiere grandes volúmenes de datos, un equipo altamente técnico, presupuestos considerables, tiempo y un enfoque dedicado. Con el paso del tiempo, las grandes corporaciones comenzaron a formar equipos especializados en datos. Al principio, estos equipos estaban compuestos por profesionales con habilidades en la elaboración de informes empresariales basados en datos, conocidos como especialistas en inteligencia empresarial. Sin embargo, a medida que avanzaban, estos equipos evolucionaron e incorporaron a científicos de datos, expertos que combinan habilidades en programación y matemáticas para entrenar máquinas que resuelven problemas complejos. Los requisitos fundamentales de la tecnología de Inteligencia Artificial impactan la organización de la industria y, a su vez, afectan la economía y la sociedad en general. Estos son temas importantes que abordaremos en los Capítulos 22 y 23, ya que tienen ramificaciones a medio y largo plazo.

El Colapso de las Puntocom y el Tercer Invierno de la IA

Lamentablemente, el notable auge en la adopción de Internet, junto con un aumento en la inversión de capital de riesgo y una rápida escalada de valoraciones en las startups, resultó ser insostenible. Este fenómeno, conocido como la burbuja de las puntocom, llegó inevitablemente a su punto de ruptura.

Entre 1995 y el pico de esta burbuja en marzo de 2000, las inversiones en el índice NASDAQ Composite aumentaron drásticamente, alcanzando un asombroso incremento del 800% [Park]. Este aumento vertiginoso en los precios de las acciones fue impulsado por el entusiasmo y la especulación en torno a las empresas relacionadas con Internet. Los inversores, atrapados en la euforia, volcaron grandes sumas de dinero en estas acciones tecnológicas en auge, convencidos de que Internet estaba abriendo la puerta a una nueva era de posibilidades ilimitadas. Sin embargo, la burbuja finalmente estalló, provocando un fuerte declive. Desde su punto máximo, el índice NASDAQ Composite se desplomó un impresionante 78%, eliminando efectivamente todas las ganancias acumuladas durante los días de euforia de la burbuja.

El estallido de la burbuja de las puntocom tuvo consecuencias de gran alcance para el panorama de la IA, resultando en la desaparición de varias startups prominentes. Entre las startups mencionadas anteriormente, Autonomy Corporation, NetPerceptions, WisdomArk, E.piphany y Lernout & Hauspie no sobrevivieron al colapso de las puntocom.

Este devastador colapso dio inicio al tercer invierno de la IA, un período marcado por una notable disminución de la inversión en Inteligencia Artificial. Después del colapso de las puntocom, los inversores se volvieron más cautelosos y escépticos, adoptando una postura prudente hacia los proyectos de IA, ya que muchas empresas de puntocom resultaron ser incapaces de generar ingresos sostenidos. De manera similar, las grandes corporaciones también se mostraron más cautelosas y redujeron significativamente su adopción del Aprendizaje Máquina.

A pesar de la burbuja de inversión, la IA ya había enfrentado importantes decepciones durante los años de auge. Había recibido atención y financiamiento considerables, junto con altas expectativas sobre su potencial. Sin embargo, a medida que avanzaba la década, se hacía cada vez más evidente que los avances prometidos en IA no estaban cumpliendo con esas expectativas.

Los sistemas de Procesamiento de Lenguaje Natural (NLP), que incluyen chatbots y herramientas de traducción, no lograron alcanzar una comprensión y fluidez comparables a las de los humanos. A menudo, proporcionaban respuestas básicas y tenían dificultades para entender el contexto. La tecnología de reconocimiento de voz, diseñada para facilitar interacciones de voz sin problemas con las computadoras, también enfrentó problemas de precisión y contexto, lo que frustraba a los usuarios y limitaba su adopción. En el ámbito del comercio electrónico, los sistemas de recomendación impulsados por IA, que pretendían transformar la experiencia de compra en línea, a menudo ofrecían sugerencias de productos inexactas o irrelevantes. De manera similar, las campañas de marketing personalizadas impulsadas por IA, que buscaban ofrecer contenido adaptado a los usuarios, a menudo resultaban intrusivas, inundándolos con anuncios mal dirigidos. En general, los sistemas de IA no alcanzaron el nivel de inteligencia y capacidades humanas que se habían anticipado, lo que llevó a adoptar un enfoque más cauteloso en su desarrollo.

En los años posteriores al colapso, comenzando en 2002, el escepticismo creció significativamente. El término se asoció con sistemas que a menudo no cumplían con sus grandiosas promesas. Esta percepción negativa hizo que muchos científicos informáticos y profesionales de TI en la década de 2000 evitaran usar *"Inteligencia Artificial"* para describir su trabajo, a pesar de que a menudo trabajaban con tecnologías de IA. En su lugar, adoptaron términos alternativos como informática, análisis de datos, ciencia de datos, sistemas de conocimiento, sistemas cognitivos o agentes inteligentes [Markoff]. Este cambio se realizó para evitar el estigma asociado con la IA y las expectativas infladas que la rodeaban.

Aprendizaje Supervisado, No Supervisado y por Refuerzo

Después de haber introducido el Aprendizaje Máquina en capítulos anteriores, ahora exploraremos en profundidad los principales tipos de Aprendizaje Máquina y sus diversas aplicaciones, subrayando su papel crucial en el desarrollo de la Inteligencia Artificial durante la década de 1990.

El Aprendizaje Máquina se basa en tres enfoques fundamentales: aprendizaje supervisado, aprendizaje no supervisado y aprendizaje por refuerzo. Cada uno de estos enfoques puede impulsar distintas aplicaciones.

El aprendizaje supervisado es uno de los paradigmas más comunes y ampliamente utilizados en el Aprendizaje Máquina. Se basa en tener un conjunto de datos etiquetados donde el algoritmo aprende a mapear entradas a salidas correspondientes. Imagina que eres un banquero y tienes un conjunto de datos de clientes bancarios y sus atributos, campos bien estructurados para cada hipoteca otorgada por el banco en el pasado, incluyendo el salario del cliente, los gastos mensuales, la duración del empleo, la edad, el pago mensual de la hipoteca, la tasa de interés, etc. Además, para cada hipoteca, también tienes un campo que indica si ha habido un incumplimiento de pagos. Este último campo se llama *"etiqueta"*, ya que es lo que el algoritmo intentará modelar en función de su relación con los otros puntos de datos. El algoritmo analizará todos los registros históricos de hipotecas anteriores y modelará la relación entre la etiqueta— incumplimiento o no incumplimiento—y todos los campos relacionados con la hipoteca y el cliente. Basado en esta relación, el algoritmo aprenderá de las hipotecas otorgadas por el banco en el pasado para anticipar si los nuevos clientes incumplirán sus hipotecas o no. Cuantos más datos se acumulen con el tiempo, más precisa será la predicción del modelo. El banco utilizará el resultado para tomar decisiones sobre los clientes a quienes otorgará crédito. Este se llama un algoritmo de aprendizaje supervisado porque las etiquetas son la salida esperada del algoritmo, y los campos de datos son el material a estudiar. El proceso de entrenamiento es análogo a un maestro que, ya con las respuestas, supervisa el proceso de aprendizaje repetitivo de un estudiante.

Este enfoque es especialmente útil para resolver problemas de clasificación y predicción. Los problemas de clasificación implican agrupar datos en un número limitado de categorías. Por ejemplo, se puede clasificar un correo electrónico como *"spam"* o *"no spam"*, o categorizar a los clientes hipotecarios como *"probablemente incumplirán"* o *"probablemente no incumplirán"*. Por otro lado, los problemas de predicción se centran en estimar un valor numérico exacto. Por ejemplo, se pueden hacer preguntas como: *"¿Cuáles serán las ventas el próximo mes?"* o *"¿Cuál será el precio de esta acción mañana?"*. Algunos de los algoritmos supervisados más destacados en esta categoría son la regresión lineal—que se discutió en el Capítulo 3—, así como la mayoría de los algoritmos de recomendación, los árboles de decisión y las redes neuronales, que se presentarán más adelante en este capítulo.

Por el contrario, el aprendizaje no supervisado se enfoca en descubrir patrones ocultos en datos que carecen de etiquetas predefinidas. Hay tres aplicaciones principales del aprendizaje no supervisado: identificar segmentos o clústeres, encontrar anomalías y aplicaciones de IA Generativa, como los deepfakes. Hablaremos sobre los deepfakes en el Capítulo 7.

El clustering se utiliza para agrupar puntos de datos similares en segmentos, revelando así las estructuras intrínsecas dentro de los datos. La principal diferencia entre la clasificación y el clustering es que, en la clasificación, los grupos de interés se conocen de antemano, mientras que en el clustering se deben descubrir esos grupos. Un ejemplo clásico del uso de clustering es el de segmentar clientes. En este caso, se proporciona un conjunto de datos al algoritmo y se le pide que identifique un número específico de segmentos de clientes, indicando a qué segmento pertenece cada uno. Por ejemplo, si queremos identificar a clientes en riesgo de incumplimiento hipotecario, podríamos suministrar toda la base de datos de clientes solventes a un algoritmo no supervisado y pedirle que los agrupe en, digamos, diez segmentos, sin saber cuáles serán esos segmentos. El algoritmo podría devolver segmentos como: personas mayores de 40 años con un empleo estable, personas mayores de 30 años con ahorros sólidos, y personas que tienen otro apartamento que ya está alquilado. A diferencia de los algoritmos de aprendizaje supervisado, en este caso no se utilizan etiquetas, lo que lo convierte en un proceso de aprendizaje no supervisado.

El aprendizaje no supervisado es esencial en el análisis de redes sociales para identificar comunidades, entender datos genómicos para detectar patrones genéticos y en la segmentación de mercados para comprender el comportamiento del consumidor. ¿Eres demócrata o republicano? No necesitas declarar para que la IA lo sepa. De hecho, datos limitados sobre simplemente lo que te gusta y no te gusta permiten a la IA predecir las preferencias de un individuo mejor que:

- Compañeros de trabajo (si tiene 10 puntos de datos sobre tus preferencias, por ejemplo, un *"me gusta"* en una reseña de producto en Facebook)
- Amigos (si tiene más de 70 puntos de datos)
- Padres o hermanos (si tiene más de 150)
- Cónyuges (si tiene más de 300) [Haiden]

Finalmente, el aprendizaje por refuerzo implica tomar decisiones secuenciales para maximizar las recompensas acumulativas a lo largo del tiempo y mimetiza la psicología de cómo aprenden los humanos y los animales a través de estímulos externos. El aprendizaje por refuerzo aprende a través de la interacción con un entorno, tomando acciones y recibiendo retroalimentación basada en esas acciones. Se aplica en robótica autónoma, gestión de carteras financieras y entrenamiento de jugadores de IA en juegos. En resumen, el aprendizaje por refuerzo es aprender haciendo, a veces teniendo éxito y a veces cometiendo errores, pero aprendiendo de la experiencia.

Entre los tres tipos de algoritmos de Aprendizaje Máquina, el aprendizaje supervisado ha experimentado el crecimiento y desarrollo más notable en las últimas décadas, impulsado por dos factores fundamentales. En primer lugar, durante la década de 1990, se hicieron disponibles extensas bases de datos etiquetadas para abordar problemas de clasificación y predicción. Estas bases de datos fueron fundamentales para entrenar modelos supervisados y evaluar su rendimiento de manera significativa, lo que convirtió al aprendizaje supervisado en una opción práctica y atractiva.

En segundo lugar, los modelos supervisados demostraron una eficacia notable, exhibiendo alta precisión y relativa facilidad de implementación en aplicaciones del mundo real, especialmente en comparación con los modelos no supervisados y por refuerzo, que son mucho más intrincados y complejos.

El Crecimiento Gigantesco de las Redes Neuronales Profundas

Como hemos revisado anteriormente, las redes neuronales representan un modelo computacional inspirado en el funcionamiento del cerebro humano. Están compuestas por neuronas artificiales, que son nodos interconectados capaces de aprender y procesar información.

En la década de 1990, las computadoras se volvieron más rápidas y potentes, y su capacidad de almacenamiento se expandió significativamente. Esto permitió la creación de redes neuronales a gran escala, conocidas como redes neuronales profundas, que se caracterizan por tener un gran número de capas. Además, el algoritmo de retropropagación, publicado en 1986, facilitó el entrenamiento de redes neuronales gigantes, ya que, como se explicó en el capítulo anterior, la retropropagación es un método eficiente y escalable. A diferencia de las redes neuronales tradicionales con una sola capa, como el Perceptrón de 1957, las redes neuronales profundas pueden abarcar millones de capas de neuronas interconectadas, repletas de miles de millones de parámetros. Esta arquitectura compleja y flexible les permite comprender y representar información de manera significativamente más intrincada y abstracta.

A pesar de su enorme potencial, la adopción de las redes neuronales profundas en aplicaciones empresariales ha sido gradual, debido a las complejidades de su entrenamiento y uso en comparación con sistemas de Aprendizaje Máquina más simples. La razón detrás de este *"punto de inflexión"* que las hace comercialmente viables es que son más difíciles de trabajar, a menudo requieren científicos de datos altamente especializados y son más costosas de operar debido a su alta carga computacional.

A diferencia de los algoritmos más simples, las redes neuronales profundas son capaces de captar relaciones sutiles dentro de los datos. Esta habilidad las convierte en herramientas muy efectivas para tareas complejas, como el reconocimiento de imágenes, donde un leve matiz de color o una línea imprecisa en una imagen no afectan la identificación del objeto original. También son útiles en el procesamiento del lenguaje natural y en la toma de decisiones complejas, como en los coches autónomos. Por otro lado, los algoritmos más simples son eficaces en problemas donde la relación entre los datos y los resultados es menos compleja y las salidas son más limitadas, como en preguntas que requieren una respuesta simple de sí o no.

Durante la década de 1990, dos tipos principales de redes neuronales profundas recibieron un gran impulso, cada una especializada en abordar problemas separados y significativos. Por un lado, las Redes Neuronales Recurrentes (RNN) están diseñadas para analizar datos que varían en el tiempo, como el lenguaje humano, donde una palabra sigue a otra. Por otro lado, las Redes Neuronales Convolucionales (CNN) se emplean para estudiar datos de tipo cuadrícula multidimensional, como en el caso de las imágenes. El video, que es bidimensional y varía con el tiempo, combina ambos tipos de redes neuronales.

Recordando Palabras con Redes Neuronales Recurrentes

El lenguaje humano representa uno de los desafíos más complejos para la Inteligencia Artificial. Las primeras redes neuronales profundas enfrentaron una limitación fundamental: no podían manejar el lenguaje de manera efectiva. Un obstáculo crítico era su incapacidad para retener información esencial a lo largo del tiempo, como recordar un concepto mencionado minutos u horas antes en una conversación. Sin embargo, esta restricción se superó con el desarrollo de las redes de Memoria a Largo y Corto Plazo (LSTM), que permitieron un avance significativo en el aprendizaje profundo.

Las LSTM fueron desarrolladas por Sepp Hochreiter y Jürgen Schmidhuber en 1997 [Hochreiter and Schmidhuber]. Su innovación más significativa fue la introducción de una estructura de memoria interna, complementada por puertas adaptativas en cada unidad de la red. Estas puertas permiten a las LSTM decidir qué información conservar, qué olvidar y qué generar como salida, lo que les ayuda a abordar el desafío de las dependencias a largo plazo en las secuencias. En una red LSTM, la información fluye en dos direcciones: hacia adelante y hacia atrás en el tiempo. Las conexiones hacia adelante son las típicas en una red neuronal, mientras que las conexiones hacia atrás se conocen como conexiones recurrentes. Esta capacidad de procesamiento bidireccional les permite capturar de manera más efectiva las dependencias temporales a largo plazo, como aquellas palabras o ideas cuyo significado depende de otra palabra mencionada anteriormente. Debido a esta característica de recurrencia, estas redes se clasifican como Redes Neuronales Recurrentes.

Las Redes Neuronales Recurrentes (RRN) son, de hecho, más antiguas que las LSTM. En 1982, el físico John Hopfield implementó una red conocida como la Red de Hopfield [Hopfield]. Sin embargo, fueron las LSTM las que perfeccionaron el concepto de RRN. Las LSTM juegan un papel crucial en diversas aplicaciones, como la traducción automática, la generación de texto y el análisis de sentimientos. También se utilizan en la predicción de series temporales en finanzas, el análisis de voz y la detección de anomalías en datos secuenciales.

La versatilidad de las LSTM impulsó su adopción generalizada en diversas industrias en las décadas siguientes. Hasta que la IA Generativa se convirtió en una tendencia, la LSTM fue el algoritmo principal que impulsó chatbots y voicebots. Hablaremos sobre la IA Generativa en el Capítulo 7. Además del lenguaje, hoy en día utilizamos LSTM en problemas estructurados en secuencias temporales de datos. Por ejemplo, en finanzas, las LSTM se emplean para la predicción de precios de acciones y el comercio algorítmico. En el sector salud, se utilizan para monitorear signos vitales y anticipar intervenciones médicas. También se aplican en vehículos autónomos para predecir la trayectoria de objetos en movimiento, entender patrones de tráfico y mejorar los procesos de toma de decisiones.

Identificando Formas con Redes Neuronales Convolucionales

Nuestro sentido visual es uno de los canales fundamentales para percibir y comprender el mundo que nos rodea. Las Redes Neuronales Convolucionales (CNN) son algoritmos inteligentes diseñados específicamente para interpretar imágenes. Funcionan como detectives digitales que examinan cuidadosamente las imágenes en busca de patrones clave, como bordes, formas o características específicas. Para lograr esto, utilizan capas de filtros que analizan la imagen y aprenden automáticamente cuáles son las partes relevantes. En términos matemáticos, estos filtros se conocen como convoluciones, de ahí el nombre de Redes Neuronales Convolucionales. Este enfoque permite a las CNN desempeñar un papel crucial en tareas como el reconocimiento facial, la clasificación de objetos en fotografías e incluso el diagnóstico médico basado en imágenes. Son capaces de identificar de manera eficiente los detalles críticos en imágenes, ya sean estáticas o en tiempo real, y tomar decisiones basadas en esa información.

Uno de los pioneros en este campo es Yann LeCun, ampliamente reconocido por sus contribuciones al desarrollo y la popularización de las CNN. LeCun es muy vocal sobre sus opiniones acerca del progreso de la Inteligencia Artificial y lo citaremos varias veces en este libro. En 1998, introdujo una innovadora red neuronal llamada LeNet-5, diseñada para reconocer caracteres escritos a mano [LeCun]. LeNet-5 sentó las bases para aplicar las CNN en diversas tareas, incluida la clasificación de imágenes y la detección de objetos. Aunque no fue la primera CNN, fue la primera en demostrar aplicaciones prácticas efectivas.

Es importante señalar que la abundancia de datos de entrenamiento fue crucial para el desarrollo de las CNN. Yann LeCun reconoció esta necesidad y respondió creando la base de datos MNIST (Modified National Institute of Standards and Technology), compuesta por imágenes meticulosamente etiquetadas de dígitos escritos a mano del 0 al 9. Con el tiempo, MNIST evolucionó hasta convertirse en un estándar de la industria, ofreciendo una rigurosa medida para evaluar algoritmos de reconocimiento y clasificación de caracteres en varios campos de investigación. También se utilizó en múltiples competiciones de Aprendizaje Máquina.

De manera similar, otro ambicioso proyecto surgió con la creación de ImageNet, liderado por Fei-Fei Li en la Universidad de Stanford en 2006 [Hempel]. Esta impresionante base de datos reunió millones de imágenes cuidadosamente etiquetadas, organizadas en miles de categorías diferentes. De este modo, se convirtió en uno de los conjuntos de datos más grandes y poderosos jamás creados para la clasificación de imágenes. La reputación de ImageNet creció gracias a una competencia anual que atrajo a algunos de los mejores investigadores y entusiastas del mundo: el Desafío de Reconocimiento Visual a Gran Escala de ImageNet (ILSVRC) [Li y al.].

El Árbol de la Inteligencia en el Aprendizaje Máquina

Los árboles de decisión son una técnica fundamental en el Aprendizaje Máquina supervisado que ganó popularidad en la Inteligencia Artificial durante la década de 1990. Estos modelos gráficos ayudan a tomar decisiones al considerar múltiples condiciones y características de entrada. Puedes imaginar un árbol invertido, donde cada pregunta relacionada con una característica del problema se representa como una rama, y cada posible respuesta se muestra en las hojas conectadas a esas ramas. Los datos de entrada siguen este árbol, y en cada paso se toma una decisión en función de las pruebas realizadas en las ramas, hasta llegar a una hoja que representa la decisión o predicción final.

Los árboles de decisión son modelos sencillos pero poderosos. Su estructura lógica y eficiente proporciona un enfoque sistemático para codificar y gestionar reglas de decisión, lo que facilita la automatización de elecciones basadas en datos. Sus principales fortalezas son su simplicidad de interpretación y su versatilidad en diversas aplicaciones, como la clasificación de objetos y los sistemas de recomendación.

Los árboles de decisión han sido fundamentales en la historia de la Inteligencia Artificial. Su simplicidad permitió que muchas empresas adoptaran este algoritmo por primera vez. Además, su capacidad para ser interpretados y su proceso de toma de decisiones transparente los han convertido en herramientas esenciales en sectores como la banca y la atención médica. En el ámbito de la salud, los sistemas basados en árboles de decisión han facilitado diagnósticos médicos al ofrecer información sobre los factores que influyen en los resultados de los pacientes. La interpretabilidad es especialmente crucial en industrias reguladas, como la banca, donde los consumidores tienen el derecho legal de entender cómo se toman las decisiones. Por esta razón, los árboles de decisión han sido ampliamente utilizados para impulsar la evolución de los algoritmos de Aprendizaje Máquina. Por ejemplo, en la evaluación de crédito, su uso ha transformado el sector de préstamos, permitiendo una evaluación mucho más precisa de la asignación de crédito, todo mientras se cumplen las regulaciones. Finalmente, los árboles de decisión también son herramientas clave en la ciberseguridad. Su capacidad para analizar patrones complejos ayuda a identificar y prevenir amenazas cibernéticas en tiempo real, lo que demuestra su importancia continua en la protección de los ecosistemas digitales.

Uno de los desafíos en la construcción de árboles de decisión es seleccionar las variables más relevantes, conocidas como características, que permitan tomar decisiones informadas y eviten que el modelo se vuelva demasiado específico. En 1993, Ross Quinlan abordó este problema con el algoritmo C4.5. Este algoritmo elige la característica más informativa para dividir el conjunto de datos en cada etapa y realiza una poda para prevenir el sobreajuste. Como resultado, se obtienen modelos que son tanto precisos como comprensibles.

En 1995, se hizo un avance importante en la Inteligencia Artificial con el algoritmo Random Forest, creado por Tin Kam Ho, un ingeniero de IBM. A diferencia de un solo árbol de decisión, que toma decisiones basándose en una única serie de datos, el Random Forest genera múltiples árboles de decisión y combina sus resultados. Esto lo hace más sólido y menos propenso al sobreajuste. Cada árbol se entrena con una parte diferente del conjunto de datos, y sus predicciones se integran para ofrecer una proyección final más precisa. Esta metodología se ha convertido en una herramienta esencial en numerosos campos, como la biología y las finanzas.

Finalmente, en 1999, Jerome Friedman introdujo el Gradient Boosting, que revolucionó la forma en que construimos árboles de decisión. Este es un enfoque iterativo que crea un primer árbol y mide los errores que este comete. Luego, se crea otro árbol que intenta minimizar esos errores. De manera sucesiva, a través de muchas iteraciones, se mejora el árbol de decisión en cada etapa al aprender de los errores. Este proceso iterativo produce un modelo final altamente preciso y robusto al combinar y mejorar múltiples árboles, convirtiéndolo en una poderosa herramienta para problemas de clasificación y regresión.

Avances Graduales en el Aprendizaje No Supervisado

Ya hemos explorado los algoritmos supervisados más significativos de la década de 1990. Sin embargo, también es esencial reconocer el progreso en el aprendizaje no supervisado durante la misma década, ya que guarda una clave para el eventual desarrollo de la Inteligencia Artificial General (IAG).

Los seres humanos tienen una notable capacidad para adquirir conocimientos sin necesidad de instrucción formal. Por ejemplo, pueden identificar objetos en su entorno o en imágenes, distinguir entre diferentes tipos de animales, como perros y gatos, y realizar tareas más complejas, como aprender idiomas, adaptarse a comportamientos sociales, caminar, gatear, utilizar herramientas y reconocer peligros. Transferir esta habilidad innata a las máquinas es un desafío considerable y requiere el uso de modelos de aprendizaje no supervisado. Aprovechar todo el potencial del aprendizaje no supervisado podría marcar un avance revolucionario en la Inteligencia Artificial, acercándonos a la creación de una Inteligencia Artificial General (IAG), que permitiría a las máquinas aprender tan rápidamente como los humanos mediante algoritmos que utilizan datos de video en lugar de muestras de texto etiquetadas.

Los primeros desarrollos en modelos de aprendizaje no supervisado se pueden observar en técnicas de agrupación, también conocidas como Algoritmos de Segmentación, que existen en una forma básica desde la década de 1950. Uno de los algoritmos de agrupamiento más clásicos es el K-means, que fue concebido por Stuart Lloyd en 1957. Este algoritmo requiere que los científicos de datos especifiquen cuántos segmentos de datos desean identificar en función de características definidas. Luego, el algoritmo utiliza los datos proporcionados para identificar esos segmentos. Por ejemplo, un científico de datos podría querer identificar diez segmentos en su base de datos de un millón de clientes, basándose en la frecuencia de compra, el monto promedio gastado y la edad. K-means realizaría esta tarea de manera efectiva. Sin embargo, no podría determinar si sería más apropiado tener cinco o veinte segmentos en lugar de diez, ni si los criterios seleccionados son realmente los más relevantes. El funcionamiento de K-means se basa en identificar tantos *"centros de gravedad"* en los datos como segmentos se deseen, y asignar a cada cliente al *"centro de gravedad"* más cercano. Esto significa que los segmentos tienden a ser esféricos y contienen un número similar de clientes en cada uno, lo que pone de relieve las limitaciones inherentes a la aplicabilidad de sus resultados.

En la década de 1990, se desarrolló un nuevo algoritmo que abordó estos problemas, llamado DBSCAN (Agrupamiento Espacial Basado en Densidad de Aplicaciones con Ruido), inventado por Martin Ester en 1996. A diferencia de K-means, que asume agrupaciones esféricas y de tamaño similar, DBSCAN identifica dinámicamente las agrupaciones basándose en la densidad de puntos de datos. Esto permite a DBSCAN detectar agrupaciones de formas arbitrarias y adaptarse a las diferentes densidades de agrupaciones dentro de un conjunto de datos. Además, DBSCAN no requiere la especificación previa del número de agrupaciones, una limitación inherente a K-means. Esto lo hace más versátil y aplicable a conjuntos de datos del mundo real donde el número de agrupaciones puede no conocerse de antemano. Adicionalmente, DBSCAN es capaz de identificar y etiquetar ruido o valores atípicos dentro del conjunto de datos, ofreciendo una comprensión más matizada de la estructura subyacente de los datos.

DBSCAN tiene múltiples aplicaciones y sigue siendo ampliamente utilizado. Se ha empleado para analizar patrones de tráfico e identificar áreas de congestión en estudios de transporte. Agrupar datos espaciotemporales de sensores de tráfico puede ayudar a optimizar el flujo vehicular y mejorar la movilidad urbana. En el procesamiento de imágenes, DBSCAN se ha utilizado para delinear límites entre diferentes estructuras, contribuyendo a tareas como el reconocimiento de objetos y la visión por computadora, prácticas que son esenciales para que los vehículos autónomos identifiquen otros coches, peatones o señales. DBSCAN es una herramienta eficaz para identificar patrones inusuales o puntos de datos que se desvían de lo normal en un conjunto de datos. Esto resulta especialmente valioso en áreas como la detección de fraudes, la seguridad en redes y el control de calidad en la fabricación. En el campo de la bioinformática, DBSCAN se ha utilizado para agrupar genes con patrones de expresión similares, lo que facilita a los investigadores el descubrimiento de relaciones y asociaciones funcionales en datos biológicos. Por último, en el análisis de marketing, las empresas pueden emplear DBSCAN para segmentar a los clientes según su comportamiento de compra, permitiéndoles diseñar estrategias de marketing dirigidas a segmentos específicos.

Los algoritmos no supervisados son complejos y difíciles de desarrollar debido a la falta de etiquetas, lo que dificulta su entrenamiento directo y los hace inherentemente personalizados. A pesar de estos desafíos, el aprendizaje no supervisado ha demostrado ser muy útil en el ámbito de la IA Generativa. Por ejemplo, se utilizan algoritmos no supervisados, como los embeddings de palabras, en el Procesamiento de Lenguaje Natural (NLP). Otro ejemplo son las Redes Generativas Antagónicas (GAN), que se aplican en la síntesis de imágenes y videos, especialmente en la creación de deepfakes. Este tema será explorado en detalle en el Capítulo 7.

Desbloqueando el Potencial del Aprendizaje por Refuerzo

Durante estos años, también se produjeron desarrollos significativos en un tercer tipo de algoritmo llamado Aprendizaje por Refuerzo. El Aprendizaje por Refuerzo es crítico para la IA debido a su uso predominante en aplicaciones donde la IA interactúa con un entorno externo, recibe datos o estímulos y toma decisiones basadas en ellos, muy parecido a cómo lo hacen los humanos en su interacción diaria.

Por ejemplo, el aprendizaje por refuerzo se utiliza para entrenar vehículos autónomos a tomar decisiones en tiempo real. Esto incluye navegar por el tráfico, mantener el carril y estacionar, y se logra a través de interacciones continuas con el entorno de conducción. En el campo de la robótica, este enfoque se aplica en tareas como la manipulación de objetos y la locomoción, permitiendo a los robots adaptar sus acciones según la retroalimentación que reciben de su entorno.

El aprendizaje por refuerzo también se utiliza para optimizar la gestión de inventarios, la logística de la cadena de suministro y la previsión de la demanda, mejorando la eficiencia general y reduciendo los costos operativos. Además, el aprendizaje por refuerzo ha destacado en el dominio de juegos complejos y ha alcanzado altos niveles de rendimiento, los cuales exploraremos en la siguiente sección.

El desarrollo de estos algoritmos ha sido un proceso iterativo y gradual. En 1989, justo antes del auge de las puntocom, Christopher Watkins logró un avance significativo al crear el algoritmo conocido como Q-learning o aprendizaje Q [Watkins y Dayan]. Este algoritmo ofreció una manera más eficiente de enfrentar la lentitud y complejidad del aprendizaje por refuerzo, convirtiéndose en una técnica clave para enseñar a las máquinas a tomar decisiones óptimas en situaciones cambiantes y secuenciales.

El Q-learning aborda este desafío mediante la creación de la *"Q-function"* o *"función Q"*, que asigna valores numéricos, conocidos como *"Q-values"*, a pares de estado y acción. En esencia, la Q-function representa la recompensa acumulativa esperada que un agente puede recibir al realizar una acción específica en un estado determinado. Para ilustrarlo, pensemos en un juego: cuanto más alto sea el valor de la Q-function para una acción en particular en una etapa del juego, mejor será tomar esa acción. A medida que el algoritmo juega repetidamente, va aprendiendo gradualmente los Q-values óptimos a través de diferentes escenarios y posibles movimientos, lo que permite al agente tomar decisiones más informadas.

El Q-learning es un caso particular de una familia de algoritmos llamados algoritmos TD (Diferencia Temporal) porque el Q-learning intenta aumentar los Q-values poco a poco con el tiempo a medida que se van haciendo aprendizajes. Por lo tanto, existe una *"diferencia temporal"* progresiva en los Q-values. Los algoritmos TD no eran nuevos; se habían estudiado desde la década de 1970, pero el Q-learning fue la primera implementación práctica. Hoy en día, el Q-learning se ha convertido en la opción más popular gracias a su eficiente proceso de aprendizaje, lo que permite a la IA adquirir conocimientos y tomar decisiones acertadas de manera rápida.

Unos años más tarde, en 1992, Gerald Tesauro, un ingeniero de IBM, implementó un famoso concepto de aprendizaje por refuerzo, conocido como TD, para dominar el juego estratégico de Backgammon, creando así TD-Gammon [Tesauro]. Este juego de mesa, que se juega entre dos personas, consiste en mover fichas por el tablero según las tiradas de los dados, con el objetivo de retirar todas las fichas antes que el oponente.

TD-Gammon jugó innumerables partidas de Backgammon contra sí mismo, ajustando sus estrategias en función de los resultados obtenidos. Con el tiempo, se volvió cada vez más habilidoso en el juego, aunque al principio no podía superar de manera consistente a los mejores jugadores humanos. Lo que hacía único a TD-Gammon era su uso de una red neuronal artificial, que le permitía aprender y mejorar su desempeño a través del aprendizaje por refuerzo.

El funcionamiento de TD-Gammon es muy similar al del Q-learning. En términos simples, TD-Gammon calcula un número que representa cuán probable es ganar el juego en cada movimiento. Cada vez que se mueve, TD-Gammon recalcula esta probabilidad y determina si se está acercando a ganar o perder. TD-

Gammon aprende observando las diferencias entre estas estimaciones y trata de maximizar la probabilidad de ganar haciendo más de las acciones que lo han acercado a ganar en el pasado.

La implementación de algoritmos de aprendizaje por refuerzo presenta desafíos significativos, especialmente porque se utilizan en aplicaciones donde la Inteligencia Artificial interactúa con un entorno externo. Esto incluye situaciones como jugar contra oponentes o permitir que un robot aprenda a caminar gradualmente. Como resultado, el proceso de aprendizaje de la IA es intensivo en tiempo, ya que requiere numerosas interacciones, cada una de las cuales consume tiempo valioso.

Al igual que los seres humanos y los animales, que aprenden principalmente a través del refuerzo y la prueba y error, no es sorprendente que los algoritmos de aprendizaje por refuerzo sigan siendo una de las vías más prometedoras para avanzar hacia la Inteligencia Artificial General (IGA). Profundizaremos en este tema en el Capítulo 9.

El Triunfo por Fuerza Bruta de Deep Blue contra Kaspárov

Un interludio notable en este momento proviene de uno de los momentos más icónicos en la historia de la IA: la victoria en 1997 de la computadora Deep Blue de IBM sobre el campeón mundial de ajedrez ruso, Gary Kaspárov, quien en ese momento era el jugador mejor clasificado del mundo y había ostentado el título mundial de ajedrez en cinco ocasiones. Curiosamente, Kaspárov había derrotado a Deep Blue un año antes [Kaspárov].

Más que inteligencia en el sentido humano, Deep Blue utilizaba una enorme capacidad de procesamiento. Podía evaluar millones de posiciones de ajedrez por segundo, guiada por una función de evaluación basada en principios del juego y en la experiencia humana. En cierto modo, era simplemente el resultado de un sistema experto. La computadora aprovechaba su base de datos y su poder computacional para examinar minuciosamente las mejores jugadas, empleando algoritmos de búsqueda avanzados. Además, Deep Blue contaba con una amplia base de datos de aperturas y finales de ajedrez, y su capacidad de procesamiento paralelo le permitía analizar múltiples posiciones al mismo tiempo.

A pesar de su victoria en el ajedrez, Deep Blue no demostró ninguna forma de inteligencia humana. En lugar de eso, dependía de un software altamente eficiente, orientado a reglas y probabilidades, sin incorporar Aprendizaje Máquina ni redes neuronales. La estrategia de Deep Blue se fundamentaba en su poder computacional y en la aplicación de conocimientos de ajedrez preprogramados para jugar de manera convincente.

Aunque IBM Deep Blue no era un sistema de aprendizaje por refuerzo, sino un sistema más simple, su victoria tuvo un impacto significativo más allá del ajedrez. Este triunfo simbolizó los avances en las capacidades de la Inteligencia

Artificial y generó debates sobre su potencial para competir con la inteligencia humana, especialmente en actividades intelectuales.

Si bien Deep Blue no era tan inteligente como entendemos hoy la Inteligencia Artificial, demostró que incluso un sistema básico de IA podía superar a los humanos gracias a su potencia de procesamiento. Sin embargo, un cambio radical ocurrió en 2016, cuando una Inteligencia Artificial pura, basada en un algoritmo de aprendizaje por refuerzo, logró derrotar a los mejores jugadores del mundo en el complejo juego de Go. En el próximo capítulo, revisaremos AlphaGo.

7. La Gran Crisis Financiera y el Largo Verano de la IA

"Aunque nadie sabe cuál es el algoritmo correcto, tenemos la esperanza de que, si podemos encontrar alguna aproximación básica de lo que podría ser ese algoritmo e implementarlo en una computadora, podremos avanzar significativamente".

Andrew Ng

Científico Informático
Fundador de Google Brain y Coursera

El periodo actual de prosperidad en el desarrollo de la Inteligencia Artificial que vivimos en 2024 ha sido notablemente largo. Por ello, podemos referirnos a él como un *"verano prolongado de la IA"*.

Como hemos explorado a lo largo de este libro, un primer periodo de florecimiento en la investigación de la IA comenzó en 1956, seguido por el primer invierno de la IA en 1974, provocado por drásticas reducciones en la financiación de la investigación en IA como respuesta a la crisis del petróleo por parte de los gobiernos de EE. UU. y Reino Unido. Posteriormente, el segundo invierno se produjo en 1987 debido a colapsos en el mercado de hardware y a la explosión de la burbuja de precios de activos en Japón en 1989. Finalmente, el tercer invierno llegó en 2000 con la crisis de las puntocom.

Sin embargo, observamos que, tras las secuelas de la Gran Crisis Financiera de 2008, el ciclo de auge y caída pareció romperse, ya que la industria de la IA no se debilitó; más bien, emergió sorprendentemente más robusta y resiliente que nunca. A diferencia de ocurrencias anteriores, esta crisis no desencadenó un invierno de la IA. En cambio, marcó una evolución en la continuación del verano de la IA que había comenzado a principios de la década de 2000.

Creemos que hay varias razones para esto. Primero, las bases tecnológicas se establecieron para el año 2002. En el ámbito puramente de la IA, ya se habían inventado todas las bases teóricas para los algoritmos: redes neuronales profundas para el procesamiento del habla y la imagen (conocidas como redes recursivas y convolucionales, respectivamente), árboles de decisión complejos, algoritmos avanzados no supervisados para segmentación e identificación de anomalías, y potentes algoritmos de aprendizaje por refuerzo. También estaban disponibles las versiones comercializables de estas tecnologías fundamentales. Asimismo, las dependencias tecnológicas para la adopción a gran escala de la IA también se resolvieron con el rápido crecimiento global de la tecnología de servidores distribuidos de bajo costo, conocida como la nube, encarnada en productos como AWS, Azure y Google Cloud, que reemplazaron los costosos modelos de despliegue de capital fijo y alto CAPEX por modelos de costo variable escalables, permitiendo a casi cualquier empresa desplegar aplicaciones de IA. En el ámbito comercial, los investigadores y empresas de IA rápidamente adaptaron su enfoque hacia aplicaciones prácticas ante los desafíos económicos que trajo la crisis, con suficiente ciencia y trabajo ya *"asegurado"* para hacerlo posible. Esto abrió el camino para el despliegue de algoritmos avanzados para asistentes de voz, reconocimiento facial en imágenes e identificación de objetos en fotografías o videos, todos con aplicaciones económicas prácticas en productos B2C y B2B, además de un modelo financiero listo para respaldar el esfuerzo.

Las innovaciones en algoritmos durante este periodo, especialmente en redes neuronales profundas, sentaron las bases para tecnologías transformadoras como la IA Generativa, que discutiremos en el siguiente capítulo, y los robots autónomos, que exploraremos en el Capítulo 14.

La IA Emerge con Vigor tras la Gran Crisis Financiera

La crisis de las puntocom fue un evento sísmico que sacudió la industria tecnológica a principios de los años 2000, dejando un devastador impacto en numerosas startups y en las iniciativas de investigación en Inteligencia Artificial. Mientras la industria se recuperaba lentamente de este largo periodo de incertidumbre, la crisis financiera de 2008 golpeó nuevamente. Las repercusiones de la Gran Crisis Financiera de 2008 se extendieron por la economía global, desencadenadas por el colapso dramático de Lehman Brothers y agravadas por el inestable mercado de préstamos hipotecarios de alto riesgo. Este evento catastrófico sumió al mundo en una profunda recesión que afectó a diversas industrias. Sin embargo, en un giro sorprendente, el sector de la Inteligencia Artificial demostró una resistencia inesperada y aprovechó oportunidades para consolidar su posición, a diferencia de lo que ocurrió durante la crisis de las puntocom.

Una consecuencia notable del torbellino financiero en la industria de la IA fue una marcada contracción en la financiación y la inversión. En este desafiante entorno de financiación, los investigadores y empresas de IA rápidamente cambiaron su enfoque hacia proyectos que pudieran generar un valor concreto para las empresas y productos existentes, proporcionando retornos rápidos de inversión mediante el aumento de eficiencias y la reducción de costos. Este cambio representó una transformación trascendental, desplazando el panorama de la IA de la investigación puramente académica y teórica hacia aplicaciones prácticas. En consecuencia, la IA experimentó una aceleración, específicamente a través de la integración de tecnologías de IA en aplicaciones como la detección de fraudes en el sector financiero, soluciones como IBM Watson en el cuidado de la salud, y en los sectores de comercio electrónico o streaming de video con motores de recomendación avanzados.

Mientras muchas industrias, incluidos los bancos más pequeños, luchaban por sobrevivir, la Inteligencia Artificial se presentó como un faro de eficiencia. Esta tecnología prometía automatizar procesos, reducir costos y aumentar los ingresos al mejorar la experiencia del cliente y facilitar la inversión necesaria para su implementación. Ante los desafíos de crecimiento y de ingresos provocados por la crisis financiera, las empresas buscaban con entusiasmo soluciones de IA para optimizar sus operaciones y fortalecer sus resultados financieros.

En el sector financiero, muchas startups de Inteligencia Artificial se han centrado en desarrollar algoritmos muy eficaces para detectar fraudes, lo que ayuda a los bancos a evitar pérdidas significativas. También han tenido éxito las startups de IA que asisten a clientes corporativos en la reducción de costos. Un ejemplo destacado es UiPath, que ha jugado un papel fundamental en la optimización de las operaciones empresariales a nivel global. Esto lo ha logrado a través de una tecnología innovadora conocida como Automatización Robótica de Procesos (RPA), que automatiza tareas repetitivas en las pantallas de computadora.

IBM Watson, que se presentó en 2010, también ilustra este periodo transformador. Watson es un sistema de IA que encontró su nicho en industrias tan diversas como la atención médica, la investigación legal y la gestión empresarial, logrando reducciones de costos sustanciales y eficiencias operativas en cada una de ellas. Además, IBM Watson hizo historia al triunfar en un concurso de preguntas y respuestas televisado, Jeopardy, demostrando su notable capacidad para responder preguntas complejas y superar a competidores humanos.

En respuesta a la tormenta económica, los gobiernos de todo el mundo implementaron una serie de paquetes de estímulo y programas de revitalización económica. Entre estas medidas, las inversiones en tecnología e innovación ocuparon un lugar central. A medida que los gobiernos reconocían el potencial de la IA para impulsar el crecimiento económico y estimular la creación de empleo, la industria de la IA se vio fortalecida por estas afortunadas intervenciones gubernamentales.

Simultáneamente, el colapso financiero actuó como un catalizador para la consolidación de la industria. Al luchar por asegurar financiación, las pequeñas startups de IA se convirtieron en objetivos de adquisición preferidos para los gigantes tecnológicos con grandes recursos. La adquisición por parte de Google de la startup de IA DeepMind en 2014 [Shu] es un claro ejemplo de esta tendencia. Este movimiento estratégico llevó a Google a la vanguardia de los esfuerzos en IA, facilitando avances como el aprendizaje profundo para la traducción automática y el reconocimiento del habla. Además, en 2013, Google adquirió

Boston Dynamics, una conocida empresa de robótica famosa por su trabajo pionero en el desarrollo de robots autónomos bípedos y cuadrúpedos [Lowensohn]. Apple también aprovechó la oportunidad, adquiriendo a Siri, un asistente virtual impulsado por voz, en 2010.

Aunque las dificultades inmediatas tras la crisis de 2008 presentaron desafíos formidables para la industria de la IA, en última instancia forjaron un sector caracterizado por la resiliencia y la practicidad, que ha continuado floreciendo y ejerciendo su profunda influencia en los negocios y la sociedad.

La Búsqueda Millonaria de Netflix por Algoritmos de Recomendación

Los motores de recomendación se destacan indiscutiblemente como los algoritmos de Aprendizaje Máquina más prácticos desarrollados durante la década de 2000. Algunos son supervisados y otros no supervisados.

En un mundo lleno de opciones, que van desde películas y música hasta productos y noticias, los sistemas de recomendación emergieron como herramientas valiosas diseñadas para simplificar la vida de las personas. Estos ingeniosos sistemas, impulsados por el auge del comercio electrónico y los servicios de streaming de video y audio a demanda, se convirtieron en elementos cruciales para ayudar a los usuarios a descubrir contenido relevante en medio de la abrumadora cantidad de opciones disponibles.

YouTube de Google, que cuenta con más de mil millones de videos—más de los que cualquier persona podría ver en varias vidas—toma el historial de visualización de cada individuo, lo combina con otros datos que has proporcionado a Google y presenta contenido que sabe que es altamente probable que disfrutes. Otras empresas tecnológicas, como Amazon y Netflix, han adoptado sistemas similares como componentes esenciales de su estrategia, confiando en ellos para ofrecer recomendaciones personalizadas que mejoran la satisfacción y retención de los clientes.

Los algoritmos de recomendación son emprendimientos matemáticos extraordinariamente complejos y abarcan una amplia variedad de enfoques. La mayoría de ellos son enfoques supervisados, aunque algunos son no supervisados. Por ejemplo, el filtrado basado en contenido se basa en las características de los elementos—como el género de una película, el país, los actores o el director— para personalizar las sugerencias, evaluando las preferencias de los usuarios a través de sus interacciones históricas con el contenido. Por otro lado, el filtrado basado en usuarios se enfoca en emparejar a los usuarios con gustos similares y proponer elementos apreciados por sus contrapartes afines. El filtrado colaborativo combina ambas estrategias analizando las interacciones entre usuarios y elementos, desvelando los intereses de los usuarios mientras considera las características de los elementos influenciadas por el comportamiento colectivo. Los algoritmos basados en conocimiento se nutren de la experiencia de expertos y son similares a los sistemas expertos que discutimos en el Capítulo 5. Los algoritmos basados en popularidad tienden a sugerir elementos en tendencia a una audiencia más amplia. Finalmente, los enfoques híbridos mezclan una variedad de técnicas, buscando aprovechar las fortalezas únicas de cada método y mitigar sus limitaciones.

Reconociendo la naturaleza crítica de perfeccionar sus sistemas de recomendación, Netflix lanzó una competencia en 2006 llamada *"The Netflix Prize"* [Lohr]. El desafío era tentador: un premio de un millón de dólares esperaba a aquellos que pudieran elevar el rendimiento del algoritmo de recomendación de Netflix en un margen sustancial del 10%. Este ambicioso esfuerzo generó un entusiasmo ferviente dentro de la comunidad de Aprendizaje Máquina, atrayendo la participación de miles de talentos de todo el mundo.

La competencia de Netflix subrayó el avance de las técnicas de recomendación y galvanizó una mayor investigación en este ámbito. Debido a la complejidad y el ambicioso objetivo de lograr una mejora del 10%, no fue hasta 2009 que se otorgó el codiciado premio.

El ganador fue un equipo llamado *"BellKor's Pragmatic Chaos"*, que empleó un enfoque híbrido para resolver el problema, combinando las predicciones de varios modelos individuales para crear un sistema de recomendación más preciso y robusto. Esta victoria subrayó el potencial de los algoritmos de recomendación híbridos. En consecuencia, han ganado más prevalencia en la entrega de recomendaciones de contenido precisas y variadas, y son utilizados hoy en día por la mayoría de los servicios de streaming de video a gran escala, incluidos Netflix, Hulu y Disney, así como por la mayoría de los minoristas como Amazon y Walmart.

Desde entonces, Netflix ha perfeccionado persistentemente sus sistemas de recomendación para ofrecer a los usuarios sugerencias de contenido cada vez más precisas y personalizadas. Su marca se ha vuelto sinónimo de esta característica y de la solución a los problemas inherentes al descubrimiento de videos de larga duración, acumulando casi 60 mil millones de dólares en capitalización de mercado colectiva desde la competencia del millón de dólares de Netflix.

La Era de los Asistentes de Voz: Siri, Google Now, Alexa y Cortana

A principios de la década de 2010, se produjo un cambio significativo en el mundo de la tecnología del lenguaje con la introducción de los asistentes de voz en el mercado de consumo. Los gigantes tecnológicos presentaron sus asistentes virtuales impulsados por voz, como Siri de Apple (2011), Google Now de Google (2012), Alexa de Amazon (2014) y Cortana de Microsoft (2014). Estas aplicaciones para teléfonos inteligentes responden a las consultas de los usuarios, ofrecen recomendaciones y ejecutan comandos.

En el corazón de estos asistentes de voz se encuentra una compleja sinergia de tecnologías, principalmente basada en las Redes Neuronales Profundas Recurrentes (o RRN) que discutimos anteriormente. El reconocimiento de voz desempeña un papel fundamental como componente básico. Cuando los usuarios interactúan con estos asistentes virtuales mediante el habla, sus palabras son procesadas por algoritmos de reconocimiento automático de voz, que traducen las frecuencias y ondas sonoras de la voz del usuario en un código que luego se ejecuta, descomponiendo el código para identificar patrones, frases y palabras clave. Estos algoritmos han sido entrenados rigurosamente con extensos conjuntos de datos que contienen grabaciones de audio y sus transcripciones correspondientes. Para imaginar cuántos datos deben procesarse en el entrenamiento, piensa en una parte del diccionario, con cada fonema de cada palabra pronunciada en los diferentes timbres de voz de 100 millones de personas, multiplicado por las combinaciones de palabras que necesitan unirse en frases y oraciones que serán procesadas. Este entrenamiento equipa a los asistentes virtuales con la capacidad de transcribir el lenguaje hablado en texto de manera precisa.

Después de esta transcripción inicial, el sistema avanza hacia el Procesamiento y Comprensión del Lenguaje Natural (NLP). La entrada de texto se analiza de manera exhaustiva para determinar la intención del usuario y extraer información pertinente. Los algoritmos de comprensión del lenguaje emplean diversas técnicas, incluyendo word embeddings, reconocimiento de entidades nombradas, análisis de sentimientos y modelado del lenguaje, para discernir palabras clave, frases y el propósito de la interacción del usuario. Los word embeddings son de gran importancia y se discutirán en el próximo capítulo, que tratará sobre la IA Generativa, ya que son su precursor.

Una vez que el asistente de voz comprende la intención del usuario, procede a buscar una respuesta. Por ejemplo, si un usuario pregunta sobre el clima del día, el sistema debe formular una consulta para recuperar información meteorológica actualizada de la web o de bases de datos internas. La capacidad de ofrecer respuestas informativas depende en gran medida del acceso a gráficos de conocimiento y capacidades de búsqueda. Estos sistemas acceden a vastos repositorios de datos estructurados, que albergan información sobre innumerables entidades, lugares y conceptos. Este extenso conocimiento permite a los asistentes virtuales proporcionar respuestas precisas a diversas preguntas.

Luego, estos sistemas emplean tecnología de conversión de texto a voz para entregar respuestas a los usuarios. Los algoritmos de conversión de texto a voz transforman la información textual en un discurso natural, a menudo con opciones de personalización según las preferencias del usuario. Finalmente, en el caso de conversaciones de múltiples turnos, la gestión efectiva del diálogo juega un papel fundamental. Los asistentes de voz deben retener el contexto de interacciones anteriores, asegurando que sus respuestas sean coherentes y relevantes a lo largo de discusiones prolongadas.

Si bien esta generación de asistentes de voz demostró ser útil en aplicaciones comerciales, en menos de diez años, su tecnología quedó completamente superada—obsoleta—como discutiremos más adelante, por la IA Generativa.

Google y Facebook: De Pixels a Insights

El rápido avance en los algoritmos de procesamiento de imágenes en los últimos 15 años ha sido realmente notable. Por ejemplo, las tecnologías de reconocimiento facial, como las que desbloquean las aplicaciones de tu teléfono móvil, han provocado una revolución en seguridad y personalización. Al mismo tiempo, la capacidad de identificar objetos en videos ha transformado el panorama de la conducción autónoma y el entretenimiento, y pronto también el comercio electrónico. Además, los algoritmos de clasificación de imágenes han mejorado significativamente la precisión de los diagnósticos por imágenes médicas.

La investigación en procesamiento de imágenes fue impulsada tanto por universidades como por empresas del sector privado. En el ámbito universitario, un momento crucial se dio en 2012 con el nacimiento de AlexNet [Krizhevsky y al.], un modelo de aprendizaje profundo meticulosamente diseñado por Alex Krizhevsky, Geoffrey E. Hinton e Ilya Sutskever de la Universidad de Toronto. Hinton fue uno de los padres de la retropropagación, como cubrimos en el Capítulo 5, y Sutskever se convertiría más tarde en el Científico Jefe de OpenAI.

En 2012, AlexNet se llevó el primer premio en el prestigioso Desafío de Reconocimiento Visual a Gran Escala de ImageNet, organizado por la Universidad de Stanford, que discutimos hace algunas páginas. Su misión principal se centró en la clasificación de imágenes, realizada con una precisión asombrosa. AlexNet utilizó una red neuronal convolucional (CNN) en su núcleo, equipada con múltiples capas diseñadas meticulosamente para extraer características intrincadas de las imágenes, aprovechando posteriormente estas características para facilitar la clasificación de imágenes. Las aplicaciones de AlexNet iban desde el reconocimiento de objetos, como coches o personas en la calle, hasta la identificación de rostros y la clasificación de animales en perros o gatos.

Simultáneamente, se creó Google Brain en 2011, liderado por Andrew Ng, un carismático profesor de Stanford y posteriormente fundador de Coursera en 2012. Google Brain era una división de investigación dedicada dentro de Google, que se esforzaba por ampliar los límites de la IA. Google Brain logró una hazaña increíble al entrenar una red neuronal para identificar objetos mediante el análisis de imágenes no etiquetadas extraídas de videos de YouTube, utilizando aprendizaje no supervisado [Markoff]. El aprendizaje no supervisado siempre ha sido una disciplina problemática en la IA, como discutimos, y siempre ha estado rezagada en comparación con el aprendizaje supervisado en avances y desarrollo. Esta investigación pionera marcó un hito crucial en el desarrollo del aprendizaje no supervisado y demostró el inmenso potencial de las redes neuronales para procesar grandes cantidades de datos no estructurados.

Google Lens, uno de los productos desarrollados por Google Brain, fue lanzado en 2017 y marcó un avance significativo en la tecnología de reconocimiento de imágenes. Esta innovadora herramienta utiliza análisis visual basado en redes neuronales para identificar objetos y ofrecer información relevante a través de la cámara de un smartphone. Con Google Lens, los usuarios pueden reconocer una amplia variedad de elementos, desde códigos de barras y códigos QR hasta etiquetas y texto. Además, cuenta con la capacidad de traducir idiomas presentes en imágenes. Simplemente apuntando la cámara hacia un objeto, los usuarios pueden acceder a páginas web relacionadas, resultados de búsqueda y otra información útil. Por ejemplo, al enfocar una etiqueta de Wi-Fi, el dispositivo puede conectarse automáticamente a la red indicada. A lo largo de los años, Google Lens ha evolucionado gracias a sus capacidades de aprendizaje profundo, incorporando nuevas funciones como el reconocimiento de elementos en menús, el cálculo de propinas y la demostración de recetas.

Mientras tanto, Facebook también se convirtió en un pionero en el procesamiento de imágenes, particularmente en el reconocimiento facial humano. En 2014, los investigadores de Facebook introdujeron DeepFace, un sistema sofisticado que aprovechó redes neuronales para lograr una asombrosa precisión del 97% en el reconocimiento facial [Oremus]. Este logro monumental representó un salto sustancial, superando métodos anteriores y acercándose al rendimiento humano. DeepFace encontró diversas aplicaciones, desde el fortalecimiento de protocolos de seguridad hasta la personalización de experiencias de usuario. No debe confundirse DeepFace de Facebook con DeepFaceLab, la aplicación de deepfake de código abierto que discutiremos en el próximo capítulo.

La Era del Big Data y la Computación en la Nube

La computación en la nube, que se basa en recursos de servidor distribuidos, ha acelerado significativamente el desarrollo de la Inteligencia Artificial y su comercialización. Con la integración de Unidades de Procesamiento Gráfico (GPU, por sus siglas en inglés), diseñadas para renderizar gráficos complejos en videojuegos, en las arquitecturas en la nube, se ha democratizado el acceso a potentes recursos computacionales. Esto facilita que organizaciones e individuos puedan acceder, bajo demanda, a la inmensa potencia de cálculo necesaria para entrenar y desplegar modelos de IA, realizar investigaciones y gestionar cargas de trabajo intensivas en datos. Ahora, los algoritmos y las capacidades de IA están literalmente al alcance de cualquiera que pueda crear una cuenta en plataformas como AWS, Microsoft o similares. La magia comercial reside en la conversión de altos costos fijos y de capital inicial en modelos de costos variables para los clientes.

Históricamente, la evolución de la computación en la nube no fue un fenómeno repentino, sino el resultado de décadas de avances tecnológicos. Las semillas de este avance se sembraron en la década de 1950, cuando los científicos comenzaron a explorar conceptos relacionados con la computación distribuida y los recursos computacionales compartidos. En 1961, John McCarthy incluso pronosticó un futuro en el que *"la computación se organizaría eventualmente como un servicio público"* [Garfinkel y Yang].

La computación en la nube comenzó a tomar forma tangible en la década de 1990, cuando un primer grupo de empresas se aventuró a ofrecer servicios de alojamiento y almacenamiento en línea. Al mismo tiempo, el concepto de *"Big Data"* comenzó a ganar popularidad a mediados de la década de 2000, con la aparición de tecnologías y herramientas que facilitaban la recolección, almacenamiento y análisis de grandes volúmenes de datos. Inicialmente, estas actividades se realizaban principalmente en centros de datos in situ, propiedad de grandes corporaciones.

En 2006, Amazon Web Services (AWS) irrumpió en el panorama de la computación en la nube, revolucionando el sector al ofrecer almacenamiento en la nube y servidores virtuales escalables bajo demanda, lo que permitió a los usuarios desplegar aplicaciones y cargas de trabajo con una escalabilidad sin precedentes [Mosco]. Luego, en 2010, Microsoft se adentró en el ámbito de la nube al presentar Microsoft Azure, ampliando la variedad de servicios en la nube disponibles. Siguiendo esta tendencia, en 2012 Google lanzó Google Cloud Platform (GCP), posicionándose como un competidor directo de AWS y Azure en el mercado de servicios en la nube. Estos tres actores, hasta hoy, mantienen alrededor de dos tercios de la cuota de mercado mundial. China, por su parte, ha desarrollado sus propios proveedores de nube: Alibaba Cloud, Tencent Cloud, Baidu Cloud y Huawei Cloud. Sin embargo, profundizaremos en la estrategia de China para desafiar el liderazgo de EE. UU. en IA más adelante, en el Capítulo 24.

Simultáneamente, IBM y Oracle introdujeron sus soluciones de nube híbrida en 2011 y 2012, respectivamente. El concepto de nube híbrida es muy práctico: las nubes públicas como AWS, Azure o GCP comparten recursos entre múltiples organizaciones, ofreciendo eficiencia de costos y escalabilidad. En contraste, una nube privada está dedicada a una sola organización, generalmente una gran corporación, lo que proporciona el máximo control y seguridad dentro de sus centros de datos. Entre estos dos tipos, las nubes híbridas combinan ingeniosamente elementos de ambos, facilitando el movimiento fluido de datos y aplicaciones entre nubes privadas y públicas. Este enfoque preserva la flexibilidad mientras mantiene un grado de control.

A medida que AWS, Azure y GCP se consolidaban como fuerzas dominantes en la computación en la nube, se hizo evidente la necesidad de adoptar una estrategia multicloud. Las empresas comenzaron a trabajar con múltiples proveedores de nube, a menudo debido a razones históricas o la presencia de unidades de negocio distintas con preferencias diferentes en la nube. Como resultado, soluciones que facilitaran la operación en entornos multicloud, como Databricks y Snowflake, comenzaron a ganar popularidad. Luego, la pandemia global de 2020 catapultó la tecnología en la nube a una nueva prominencia, gracias a su capacidad para facilitar arreglos laborales flexibles, especialmente para empleados remotos [Aggarwal].

Hoy en día, el Big Data y la computación en la nube son componentes indispensables de la infraestructura tecnológica global. Organizaciones de todos los tamaños dependen de la nube para alojar aplicaciones críticas y almacenar grandes volúmenes de datos. Esto se ha vuelto común, allanando el camino para que capacidades de IA se integren en organizaciones de todos los tamaños.

Un desarrollo importante que facilitó el crecimiento de la distribución en la nube fueron las Unidades de Procesamiento Gráfico (GPU). Diseñadas inicialmente como potentes procesadores de hardware para manejar los cálculos complejos requeridos para generar imágenes y gráficos en tiempo real en computadoras y consolas de videojuegos, su destino tomó un giro inesperado, llevándolas al frente de la IA. El aprendizaje profundo exige una potencia de cálculo que excede las capacidades de los chips de computadora cotidianos; como hemos discutido, los primeros intentos en IA se vieron obstaculizados porque tecnologías habilitantes como la potencia de procesamiento y la memoria eran insuficientes para realizar los cálculos rápidos necesarios para impulsar la IA. La fuerza motriz de esta transición radica en la naturaleza de los cálculos en Inteligencia Artificial, que requieren realizar grandes cantidades de multiplicaciones de matrices. Estas operaciones son similares a las que se utilizan en la renderización gráfica en tiempo real. Las GPU (Unidades de Procesamiento Gráfico) son especialmente eficaces para llevar a cabo estas intensivas tareas matemáticas. Su capacidad de procesamiento paralelo resultó ser ideal para acelerar los algoritmos de IA. Como consecuencia, las GPU se convirtieron en un recurso fundamental para los avances en Inteligencia Artificial, permitiendo entrenar y ejecutar redes neuronales complejas con una velocidad y eficiencia sin precedentes.

El mercado de las GPU es altamente concentrado. Aunque ciertamente hay otros actores en el mercado, es innegable que NVIDIA se destaca como la compañía más grande e influyente en este ámbito [Lee]. Una inversión de $1000 en NVIDIA en 2014 valdría hoy $125,900.

La incorporación de GPUs en la computación en la nube marca un hito en su notable evolución. En la actualidad, elementos como la electricidad, la memoria, la potencia de procesamiento, el Big Data y el acceso a datos—todos esenciales para la Inteligencia Artificial—se han vuelto comunes y están en pleno desarrollo. Además, son fácilmente accesibles y sus precios reflejan la economía de escala.

Cambridge Analytica y la RGPD

Con todos los datos en la nube que representan las transacciones digitales del mundo y gran parte de la información personal compartida en redes sociales, las consideraciones de privacidad se han convertido en una preocupación global significativa, que también afecta a la IA. El escándalo de Cambridge Analytica en 2018 [Wiggins y Jones] dejó un impacto duradero en las regulaciones de privacidad de datos, afectando significativamente tanto a Europa como a EE. UU. Cambridge Analytica, una empresa de análisis de datos se vio envuelta en controversia cuando se reveló que había obtenido acceso no autorizado a los datos personales de 87 millones de usuarios de Facebook a través de una aplicación de encuestas aparentemente inocua llamada *"This Is Your Digital Life"*. Esta aplicación recopilaba datos de los usuarios y cosechaba información de sus amigos de Facebook sin obtener el permiso o consentimiento necesario.

Con este vasto reservorio de datos, Cambridge Analytica se dedicó a crear perfiles psicográficos que se utilizaron para elaborar campañas publicitarias políticas altamente segmentadas, que fueron fundamentales durante las elecciones presidenciales de EE. UU. en 2016. El escándalo suscitó preocupaciones generalizadas sobre el potencial de la IA para influir indebidamente en el proceso democrático y manipular a los votantes.

Desde 2011, la Unión Europea había estado trabajando en una nueva ley de protección de datos llamada *"Reglamento General de Protección de Datos"* (RGPD), que finalmente entró en plena vigencia en mayo de 2018. La alarmante violación de privacidad de datos por parte de Cambridge Analytica intensificó las preocupaciones sobre la seguridad de la información personal, lo que a su vez reforzó el apoyo a la ley [UE]. El RGPD es una robusta regulación de privacidad de datos diseñada para empoderar a los ciudadanos europeos con un mayor control sobre sus datos e imponer obligaciones más estrictas a las organizaciones que procesan información personal. Además, el RGPD establece penalizaciones explícitas que pueden ascender hasta el 4% de la facturación o €20 millones.

En general, los europeos han sido más rápidos y aptos para regular en comparación con los estadounidenses. Mientras que en EE. UU. no hubo una respuesta federal inmediata comparable al Reglamento General de Protección de Datos (RGPD), el escándalo de Cambridge Analytica encendió un aumento en la conciencia pública sobre la privacidad de datos. Como resultado, varios estados promulgaron sus propias leyes de privacidad de datos. Entre estas regulaciones notables se encuentra la Ley de Privacidad del Consumidor de California (CCPA), aprobada en 2018 [Estado de California], que otorga a los residentes de California derechos significativos sobre sus datos, como la capacidad de saber qué información se está recopilando, con quién se comparte y la autoridad para solicitar la eliminación de su información personal. Otro desarrollo importante se dio con la Ley de Privacidad de Datos del Consumidor de Virginia (VCDPA) en 2021 [Estado de Virginia], que concede a los residentes de Virginia derechos análogos a los del RGPD en relación con sus datos.

Antes del escándalo de Cambridge Analytica, EE. UU. ya contaba con regulaciones pertinentes sobre la privacidad de datos para sectores específicos, como la Ley de Protección de la Privacidad Infantil en Línea (COPPA) de 1998 [Gobierno de EE. UU.] y la Ley de Portabilidad y Responsabilidad del Seguro de Salud (HIPAA) de 1996 [CDC]. Sin embargo, este mosaico de leyes estatales y sectoriales resalta la ausencia de un enfoque cohesivo y unificado para la regulación de la privacidad en EE. UU. No obstante, el Congreso de EE. UU. ha participado en discusiones sobre la posible formulación de una ley federal de privacidad que armonice y consolide las regulaciones de privacidad de datos a nivel nacional.

En el contexto de la Inteligencia Artificial, que a menudo depende de grandes volúmenes de datos, el cumplimiento de estas regulaciones es esencial para prevenir el uso indebido de datos, el acceso no autorizado y la toma de decisiones sesgada, e incluso unilateral. Las regulaciones de protección de datos contribuyen a mitigar los riesgos potenciales asociados con el uso de información sensible en aplicaciones de Inteligencia Artificial y, por lo tanto, son fundamentales para construir confianza en los sistemas de IA.

Automatización del Trabajo de Oficina Repetitivo a Través del Uso de Software Robótico

En los últimos años, ha surgido la Automatización Robótica de Procesos (RPA), lo que representa un avance significativo en el campo de la automatización. La RPA es una herramienta poderosa que optimiza y automatiza tareas rutinarias en computadoras de oficina, además de agilizar operaciones no manufactureras [Slaby]. En esencia, la RPA consiste en un software robótico diseñado para gestionar tareas repetitivas basadas en computadoras. Mientras que los robots físicos se utilizan en fábricas para automatizar tareas físicas, la RPA se centra principalmente en la automatización de tareas de oficina llevadas a cabo por empleados de oficina que utilizan computadoras.

En el corazón de la funcionalidad de la Automatización de Procesos Robóticos (RPA) se encuentra la tecnología de captura de pantalla, que le permite interactuar con las interfaces de computadora y replicar las acciones humanas con una precisión notable. Imagina a un empleado navegando por un proceso complejo que implica copiar y pegar datos, trabajar con múltiples aplicaciones, importar y exportar archivos, enviar correos electrónicos, iniciar flujos de aprobación y recoger firmas. Este intrincado flujo de trabajo es propenso a errores e ineficiencias, y es precisamente aquí donde RPA brilla. Esta automatiza sin esfuerzo estas tareas, garantizando la precisión de los datos, reduciendo los tiempos de procesamiento y aumentando la productividad.

Para ilustrar esto, consideremos el proceso de incorporación de empleados. La Automatización de Procesos Robóticos (RPA) puede jugar un papel fundamental en la optimización de este proceso. Por ejemplo, puede gestionar tareas como el registro de nuevos empleados, la programación de reuniones y sesiones de orientación, y el envío automático de mensajes y correos electrónicos que detallan responsabilidades y otras comunicaciones relevantes. Además, la RPA asegura que el proceso de incorporación se realice de acuerdo con los procedimientos establecidos, lo que facilita una alineación efectiva con las directrices de la empresa.

En el sector de la salud, la Automatización de Procesos Robóticos (RPA) se aplica ampliamente, especialmente en el procesamiento de reclamaciones y la entrada de datos. La RPA realiza estas tareas con una velocidad impresionante y con menos errores que los humanos. Además, esta tecnología destaca por su capacidad para identificar excepciones no conformes, lo que ayuda a prevenir pagos innecesarios.

Aunque algunos ven la RPA como una forma básica de Inteligencia Artificial debido a su lógica y procesamiento autónomo, otros argumentan que no alcanza la complejidad de la IA avanzada. Sin embargo, las soluciones avanzadas de RPA pueden integrar componentes complejos de IA, como modelado predictivo, visión por computadora y procesamiento del lenguaje natural (NLP), creando así un sistema coherente y orientado a objetivos. Esta integración amplía las capacidades de la RPA y la consolida como un jugador clave en el campo de la automatización.

Los principales proveedores de la Automatización Robótica de Procesos Robóticos (RPA) son UiPath, Automation Anywhere y Blue Prism. Estas empresas surgieron en los años siguientes a la burbuja de las puntocom y estaban bien posicionadas para aprovechar el momento crucial de la RPA, que se presentó durante la crisis financiera global de 2008. En ese contexto, la RPA emergió como una solución de automatización rentable, ofreciendo resultados tangibles y medibles en cuanto a ahorro de costos.

La Épica Batalla de AlphaGo contra Lee Sedol

En el capítulo anterior, exploramos el triunfo de IBM Deep Blue en 1997 al derrotar al Gran Maestro Internacional y Campeón Mundial Gary Kaspárov. A pesar de esta victoria, Deep Blue no era un sistema de Inteligencia Artificial verdaderamente avanzado, ya que su éxito se basaba únicamente en la fuerza bruta computacional. Pasaron casi 19 años antes de que emergiera un algoritmo realmente inteligente capaz de superar a un campeón mundial, y este innovador avance fue AlphaGo. El épico enfrentamiento de 2016 entre AlphaGo y Lee Sedol, un reconocido maestro del antiguo juego de estrategia chino Go, marcó un hito en la *"madurez"* de los algoritmos de aprendizaje por refuerzo.

Lee Sedol, originario de Corea del Sur, estaba considerado uno de los mejores jugadores de Go del mundo, con un impresionante historial: había sido campeón mundial en tres ocasiones, ganó el campeonato surcoreano un asombroso total de 12 veces y también obtuvo el campeonato de Go de Japón en tres ocasiones.

AlphaGo fue un sistema de Inteligencia Artificial desarrollado por DeepMind, una empresa británica fundada en 2010 por Demis Hassabis, Shane Legg y Mustafa Suleyman, y adquirida por Google en 2014. En ese momento, AlphaGo era el proyecto más destacado de DeepMind. A lo largo de este libro, hablaremos de DeepMind en varias ocasiones, ya que su equipo y sus innovaciones han sido fundamentales en la evolución y desarrollo de la Inteligencia Artificial.

La victoria de AlphaGo sobre Lee Sedol trascendió el mero logro tecnológico; se convirtió en un evento transformador que redefinió nuestra comprensión del ilimitado potencial de la IA. En su núcleo, AlphaGo aprovechó una vasta red neuronal profunda para dominar la complejidad exponencial de Go, derivada de una asombrosa variedad de movimientos y configuraciones posibles. A diferencia de Deep Blue, que dependía en gran medida de la potencia computacional bruta y la búsqueda exhaustiva de movimientos, AlphaGo introdujo un enfoque diferente y más significativo para el desarrollo de una IA verdadera: el aprendizaje por refuerzo.

En términos simples, así es como funcionaba el mecanismo de aprendizaje por refuerzo de AlphaGo. Cuando AlphaGo realizaba un movimiento en el juego que conducía a la victoria, lo registraba como una acción positiva. Por el contrario, si encontraba un movimiento que resultaba en su derrota, catalogaba ese movimiento como una acción adversa. Con el tiempo y a través de innumerables partidas, AlphaGo acumuló un profundo repositorio de conocimiento sobre qué movimientos producían resultados favorables y cuáles debían evitarse. Este enfoque innovador permitió a AlphaGo perfeccionar su habilidad en Go a través del aprendizaje experiencial, de manera similar a como los humanos mejoran sus habilidades a través de la práctica dedicada y la repetición. Con cada nueva partida jugada y experiencia adquirida, el nivel de juego de AlphaGo experimentaba un continuo y notable ascenso.

La victoria de AlphaGo provocó una profunda asombro mundial sobre el papel de la IA en la resolución de problemas complejos del mundo real. Dada la vasta cantidad de movimientos posibles en Go, este complejo ámbito demostró la efectividad de la IA para abordar problemas complicados y, lo que es más importante, la capacidad de la IA para aprender y aplicar su aprendizaje de una manera superior a la de los humanos.

AlphaGo también se enfrentó a Ke Jie, un destacado jugador de Go de China, atrayendo una significativa atención mediática en ese país [Byford]. Este partido, transmitido en vivo por internet y televisión, subrayó el creciente interés de China en la IA. Notablemente, cuatro meses después de este encuentro, el gobierno chino presentó el *"Plan de Desarrollo de IA de Nueva Generación"*, una ambiciosa iniciativa para posicionar a China como líder mundial en investigación y desarrollo de IA [Webster]. Aunque este plan estaba en marcha antes del partido, el interés público intensificado generado por el juego pareció acelerar su anuncio e implementación formal. En el Capítulo 24, exploraremos la IA en China y su competencia con EE. UU. por la supremacía global en IA, evocando la confrontación de la Guerra Fría entre EE. UU. y la Unión Soviética sobre qué país lograría primero poner a un humano en la luna.

8. El Auge de la Creatividad Artificial

"En primer lugar, establecería una nueva agencia encargada de licenciar cualquier proyecto que supere un determinado nivel de capacidades. Esta agencia tendría la autoridad para revocar licencias y asegurar el cumplimiento de los estándares de seguridad.

En segundo lugar, diseñaría un conjunto de estándares de seguridad que se centren en lo que mencionaste en tu tercera hipótesis sobre las evaluaciones de capacidades peligrosas. Por ejemplo, hemos utilizado en el pasado la verificación de si un modelo tiene la capacidad de autorreplicarse.

Por último, exigiría auditorías independientes, no solo de la empresa o de la agencia, sino de expertos externos que puedan confirmar que el modelo cumple con los umbrales de seguridad establecidos y con los porcentajes de rendimiento en cuestiones como la pregunta X o Y".

Sam Altman

CEO de OpenAI
Ante el Congreso de EE. UU. [Roose]
16 de mayo de 2023.

La idea de que las máquinas exhiban creatividad solía parecer descabellada. Sin embargo, el 30 de noviembre de 2022, ChatGPT, un chatbot basado en el extenso modelo de lenguaje de OpenAI, desmanteló esa creencia. ChatGPT permitió a los usuarios moldear y guiar conversaciones a su antojo, ajustando con precisión la longitud, formato, estilo, nivel de detalle y lenguaje. Además, podía responder preguntas relacionadas con matemáticas y ciencia y generar código fuente.

ChatGPT fue creado por OpenAI, una empresa que se fundó en diciembre de 2015, con Elon Musk entre sus cofundadores. Hoy en día, OpenAI es dirigida por Sam Altman. En 2019, Microsoft hizo una importante inversión de $1,000 millones en OpenAI, y desde entonces, ChatGPT se ha destacado como una de sus creaciones más notables.

Para enero de 2023, ChatGPT había alcanzado un hito notable, convirtiéndose en la aplicación de software de consumo de más rápido crecimiento en la historia, con una asombrosa base de usuarios de más de 100 millones de personas. Este logro sobresaliente contribuyó significativamente a la valoración en alza de OpenAI, que rápidamente se elevó a impresionantes $29,000 millones [Hu].

Con la novedad y la escala de su producto de IA, y con la clara y presente amenaza a los empleos de las personas que realizaban tareas idénticas a las de ChatGPT, pronto surgieron varios temores y controversias significativas.

En primer lugar, existen preocupaciones sobre la pérdida generalizada de empleos, ya que sistemas de IA como ChatGPT son cada vez más capaces de automatizar tareas en diversas industrias, lo que creemos que, sin lugar a dudas y sin remordimientos, desplazará a los trabajadores humanos a gran escala a partir de 2024 [Verma y De Vynck]. Esto plantea interrogantes sobre el desempleo, el nuevo panorama laboral y la ética de la IA. En segundo lugar, surgen problemas legales relacionados con el contenido generado por IA, incluyendo posibles violaciones de derechos de autor y la propagación de desinformación. Además, las preocupaciones éticas giran en torno a la capacidad de la IA para propagar sesgos presentes en los datos de entrenamiento, lo que conduce a salidas discriminatorias o dañinas [Stokel]. Observamos informes generalizados de que ChatGPT y productos afines se enzarzan en disputas verbales con los usuarios y no responden a determinadas consultas de forma que demuestren parcialidad.

En junio de 2023, Sam Altman, CEO de OpenAI, inició una intensa campaña de cabildeo en Washington. A diferencia de muchos ejecutivos del sector tecnológico que han optado por distanciarse de los reguladores y legisladores, Altman se comprometió activamente a colaborar con quienes elaboran las políticas. Durante su campaña, tuvo la oportunidad de demostrar las capacidades de ChatGPT a más de 20 legisladores.

Durante sus reuniones en el Congreso [Roose], Altman subrayó la necesidad de regular la Inteligencia Artificial para mitigar los riesgos potenciales asociados con su rápido desarrollo. Expresó su preocupación por las posibles consecuencias de esta tecnología y abogó por la creación de una agencia reguladora independiente dedicada exclusivamente a la IA. Para garantizar que tanto individuos como organizaciones que utilizan Inteligencia Artificial sean competentes y responsables, propuso implementar un sistema de licencias similar al que se requiere para los conductores de vehículos.

Altman también destacó la importancia de establecer estándares de seguridad en el desarrollo e implementación de la Inteligencia Artificial. Subrayó la necesidad de aprender de los errores cometidos en revoluciones tecnológicas anteriores y abogó por un enfoque proactivo hacia la regulación. Fue honesto al señalar los riesgos potenciales de la IA, como su impacto en el empleo, sugiriendo que podría reducir drásticamente las semanas laborales. Además, apoyó propuestas legislativas que incluyen la implementación de etiquetas de riesgo para los consumidores en las herramientas de IA, similares a las etiquetas nutricionales en los productos alimenticios.

Mientras Sam Altman visitaba el Congreso, la Unión Europea y los Estados Unidos estaban avanzando significativamente en la regulación de la IA, especialmente en el ámbito de la IA Generativa. ¿Están empresas como OpenAI pidiendo regulación porque consideran que es lo correcto para la humanidad, o buscan establecer barreras de entrada para nuevos competidores? Este es un tema crucial que abordaremos en el Capítulo 28, donde también discutiremos la ética de la IA, cómo controlarla y las preocupaciones generales que todos deberíamos compartir.

Las siguientes páginas relatan cómo se desarrolló la revolución de la IA Generativa y lo que significa para el futuro.

El Desafío del Procesamiento del Lenguaje Natural

A lo largo de la década de 2010, surgieron diversas alternativas para el Procesamiento del Lenguaje Natural (PLN) y su comprensión, pero ninguna resultó ser realmente convincente hasta la llegada de la IA Generativa.

Los asistentes de voz como Siri y Alexa ya emplean redes neuronales profundas, específicamente Redes Neuronales Recurrentes (RNN), como LSTM. Sin embargo, estas redes todavía enfrentan dificultades para captar las dependencias a largo plazo en los datos, sobre todo cuando las palabras se relacionan con otras mencionadas mucho antes en una conversación. Para abordar estas limitaciones, se desarrollaron tres algoritmos de aprendizaje no supervisado: word embeddings, BERT y Modelos Ocultos de Markov.

La idea central de los word embeddings es representar las palabras como vectores numéricos que reflejan sus relaciones semánticas. Esto permite que los algoritmos comprendan mejor los significados contextuales de las palabras. Un vector es una representación numérica de una palabra en un espacio de alta dimensión. A cada palabra en el vocabulario se le asigna un vector único, y los valores dentro de este vector capturan las relaciones semánticas basadas en el contexto en el que se utiliza la palabra. Por ejemplo, un vector podría verse así: *"gato = (1.1547, 5.6675, 4.76767, ..., 3.7878)"*.

Por ejemplo, en la oración *"El gato está sobre la alfombra"*, el word embedding representaría *"gato"* y *"alfombra"* con vectores que están cerca en el espacio vectorial, ya que a menudo aparecen en contextos similares. Esto permite al modelo capturar la similitud semántica entre palabras, convirtiéndolo en una herramienta poderosa en tareas de NLP como clasificación de texto, traducción automática y análisis de sentimientos.

En otro ejemplo de un modelo de embeddings de palabras, la palabra *"rey"* podría representarse como un vector, y la aritmética de vectores *"rey"* - *"hombre"* + *"mujer"* daría como resultado un vector que está cerca de la representación de *"reina"*. Cada dimensión en el vector corresponde a una característica o aspecto específico del significado de la palabra. Los vectores permiten operaciones matemáticas eficientes para crear salidas, y la proximidad de los vectores en el espacio de embeddings refleja la similitud de las palabras correspondientes en términos de su contexto semántico.

Existen varios métodos diferentes de word embeddings. Los primeros fueron Word2Vec [Mikolov y Chen] y GloVe [Pennington y Socher] de 2013 y 2014, respectivamente. Estas técnicas pueden capturar similitudes semánticas entre palabras basadas en patrones de coocurrencia en amplias colecciones de texto. Luego, Google desarrolló BERT (Representaciones de Codificadores Bidireccionales de Transformadores) en 2018, introduciendo una comprensión contextual al considerar las palabras circundantes en una oración para determinar el significado de una palabra [Devlin y al.]. Esta contextualización mejoró significativamente la comprensión del lenguaje, especialmente al distinguir entre palabras polisémicas, algo que Word2Vec y GloVe no podían hacer.

El tercer enfoque no supervisado utilizado en esos días fue el de modelos estadísticos, como los Modelos Ocultos de Markov (HMMs), que discutimos previamente en el Capítulo 3. En las cadenas de Markov, la probabilidad de transición al siguiente estado o palabra en el contexto del procesamiento del lenguaje depende únicamente del estado o palabra actual. Los Modelos Ocultos de Markov implican estados ocultos adicionales, lo que permite que las probabilidades de transición dependan de más palabras anteriores que solo de la actual. Sin embargo, a pesar de su complejidad aumentada, estos modelos todavía tienen limitaciones para capturar el significado semántico.

En resumen, ninguno de estos tres enfoques demostró ser completamente efectivo para la generación y comprensión del lenguaje, a pesar de sus éxitos iniciales.

Pero la solución estaba dentro de Google.

Transformers: La Atención es Todo lo Que Necesitas

La solución al problema de generación de lenguaje surgió en 2017 con la introducción de la arquitectura Transformer (o Transformador) en un artículo de los científicos de Google Brain titulado *"La Atención es Todo Lo Que Necesitas"* [Vaswani y al.]. El sugestivo título de este artículo implica que, en comparación con todos los algoritmos de lenguaje anteriores, incluyendo RNNs, embeddings o Modelos Ocultos de Markov, ha emergido un nuevo enfoque conocido como el *"mecanismo de atención"*, que se presenta como el algoritmo más potente para el procesamiento del lenguaje, ya que aborda las limitaciones de los anteriores.

Un Transformer es un algoritmo que implementa el mecanismo de atención, lo que significa que permite al modelo enfocarse selectivamente en segmentos específicos del texto de entrada mientras genera el texto de salida.

Para entender esto completamente, consideremos una frase en inglés: *"Yesterday, the bat hit the ball"*, y la tarea de traducirla al español. La traducción correcta sería *"Ayer, el bate golpeó la pelota"*. Un modelo Transformer descompondría la frase en tokens, como *"yesterday"*, *"the"*, *"bat"*, *"hit"*, *"the"* y *"ball"*. El mecanismo de atención se concentra en cada palabra de entrada de una en una a medida que genera la traducción. Por ejemplo, al traducir *"bat"* a *"bate"*, el modelo presta atención principalmente a la palabra *"bat"*, pero *"bat"* puede referirse a un animal o a un palo. Para ofrecer la traducción correcta, el modelo debe considerar otra palabra, en particular, *"ball"*. Con este contexto, queda claro que estamos hablando de un palo y no de un mamífero volador. Lo mismo ocurre cuando el modelo intenta traducir *"hit"*. En inglés, *"hit"* es la misma palabra en presente y pasado, pero en español, tiene tiempos diferenciados. El modelo debe prestar atención a la palabra *"yesterday"* para encontrar la traducción correcta al español.

Esta innovadora creación, el modelo Transformer, con su mecanismo de atención integrado, desató una ola de aplicaciones en la Inteligencia Artificial generativa. Los Transformers son la base de la tecnología de ChatGPT y han mejorado la traducción automática, impulsado asistentes virtuales avanzados, facilitado la generación de texto en diversos contextos, permitido el análisis de sentimientos y habilitado la generación de código, entre muchas otras aplicaciones.

Entrenando un Transformer: Aprendizaje Autosupervisado

Los modelos de aprendizaje supervisado tradicionales dependen de datos etiquetados para su entrenamiento, lo que implica un extenso esfuerzo humano en la estructuración, presentación y anotación de esos datos. Esta anotación manual puede resultar muy costosa. Además, los algoritmos no supervisados para el procesamiento del lenguaje natural (NLP), como los word embeddings, BERT y HMM, como se mencionó anteriormente, no siempre funcionaban de manera óptima.

Sin embargo, se produjo un cambio de paradigma con el surgimiento del aprendizaje autosupervisado. En este enfoque, los modelos extraen conocimiento de los datos sin depender de etiquetas explícitas. Este cambio permite que los sistemas de IA identifiquen correlaciones, patrones y estructuras ocultas en vastos conjuntos de datos no etiquetados, lo que los hace más adaptables y escalables.

En el Procesamiento del Lenguaje Natural (NLP), las estrategias de aprendizaje autosupervisado, como el modelado de lenguaje enmascarado, han demostrado ser extremadamente valiosas. En esta técnica, se enmascaran aleatoriamente palabras dentro de una oración, y el modelo debe predecir las palabras que faltan basándose en el contexto que las rodea. Por ejemplo, en la frase: *"El gato persiguió al _______ por el patio"*, un modelo autosupervisado puede deducir que la palabra que falta es probablemente *"ardilla"* o *"ratón"*, ya que encajan bien en el contexto. Este enfoque de entrenamiento utiliza grandes corpus de texto para que los modelos desarrollen una comprensión profunda de la semántica, la sintaxis y el contexto del lenguaje. Luego, estas percepciones se aplican a diversas tareas de Procesamiento del Lenguaje Natural (NLP), como el análisis de sentimientos, el resumen de textos y el reconocimiento de entidades nombradas. Esta técnica es fundamental para el desarrollo de ChatGPT y otros modelos similares.

Una vez que un modelo se ha entrenado de esta manera, puede generar texto palabra por palabra, basándose en las palabras que ha generado previamente. Por ejemplo, si comenzamos con la frase *"Érase una vez un joven mago llamado Harry"*, el modelo puede continuar la historia prediciendo palabras como *"que"*, *"asistió"*, *"a"*, *"una"*, *"escuela"*, *"mágica"*, *"llamada"*, *"Hogwarts"*. El entrenamiento autosupervisado permite a los modelos de lenguaje comprender el flujo narrativo, la coherencia y la creatividad, lo que los hace efectivos en tareas como la generación de historias, la creación de contenido y la generación de código.

El aprendizaje autosupervisado también se puede aplicar a videos o imágenes en el campo de la visión por computadora. Imagina entrenar un modelo para reconocer objetos, acciones o escenas dentro de clips de video sin necesidad de un conjunto de datos etiquetado. Aquí es donde el aprendizaje autosupervisado realmente destaca. Se eliminan aleatoriamente ciertos segmentos del video, y el modelo debe predecir los fotogramas que faltan. Este proceso se llama *"inpainting"* de video. Al hacer esto, el modelo aprende a llenar esos vacíos y a entender la dinámica temporal y las relaciones contextuales entre objetos y acciones. Este conocimiento, adquirido a través del entrenamiento autosupervisado, puede ser posteriormente ajustado para diversas tareas específicas de análisis de video, como el reconocimiento de acciones, el seguimiento de objetos, la identificación de objetos o la segmentación de escenas.

El aprendizaje autosupervisado es revolucionario porque permite que los algoritmos de IA aprendan de la estructura y los patrones inherentes en los datos, reduciendo la dependencia de esfuerzos de etiquetado que requieren mucho trabajo, y, por lo tanto, haciendo que el proceso de entrenamiento sea escalable.

OpenAI y los Transformers Preentrenados Generativos

Los modelos de ChatGPT han revolucionado la forma en que las máquinas se comunican con los humanos, ya que pueden generar texto coherente que es contextualmente relevante en diversas tareas y aplicaciones.

ChatGPT se basa en avanzados algoritmos de Grandes Modelos de Lenguaje (LLMs), específicamente en un modelo conocido como GPT. Este modelo utiliza la arquitectura Transformer, que fue desarrollada inicialmente por Google, y aplica técnicas de aprendizaje autosupervisado y de refuerzo. El acrónimo GPT significa *"Generative Pre-trained Transformer"* (Transformer Preentrenado Generativo). En este contexto, *"Generativo"* resalta la habilidad del modelo para crear texto o contenido, *"Preentrenado"* indica que el modelo recibe una formación inicial utilizando un extenso corpus de texto antes de ajustarse a tareas específicas, y *"Transformer"* se refiere a la red neuronal que lo sustenta.

La serie de modelos GPT comenzó con GPT-1 en 2018, seguida por GPT-2 en 2019, que fue entrenado en un vasto conjunto de datos de texto de internet y contaba con 1.5 mil millones de parámetros. En 2020, OpenAI lanzó GPT-3, un modelo significativamente más grande que su predecesor, con 175 mil millones de parámetros, lo que le permite generar texto de manera coherente y realista. Luego, en marzo de 2023, OpenAI introdujo GPT-3.5 y GPT-4. Se estima que GPT-4 tiene 1.76 billones de parámetros, aunque el número exacto no ha sido divulgado, y es capaz de generar textos extensos de hasta 25,000 palabras. A medida que se utilizan más datos para el entrenamiento, la coherencia y la calidad del texto generado seguirán mejorando. Además, GPT-4 destaca por su capacidad para procesar contenido multimodal, lo que incluye tanto texto como imágenes, haciendo que estos modelos sean altamente versátiles en la generación y comprensión de contenido.

A pesar de su nombre, cabe destacar que los algoritmos de OpenAI son propietarios y cerrados.

Una Explosión de Grandes Modelos de Lenguaje

Numerosas otras empresas estaban desarrollando simultáneamente LLMs, y la aparición de ChatGPT despertó su interés, lo que las llevó a acelerar sus proyectos de LLM.

La respuesta de Google a ChatGPT de OpenAI llegó en marzo de 2023, cuando presentaron Bard, un innovador chatbot inicialmente basado en un algoritmo existente llamado LaMDA (Modelo de Lenguaje para Aplicaciones de Diálogo) [Condon]. Lo que diferenciaba a LaMDA era su énfasis único en mantener conversaciones más naturales y conscientes del contexto que ChatGPT. Esto se logró mediante una mejora significativa en su capacidad para entender el contexto dentro de los diálogos, permitiéndole producir respuestas más coherentes y con una calidad conversacional más humana. A diferencia de los modelos de texto tradicionales, LaMDA fue diseñado para sobresalir en conversaciones bidireccionales, facilitando interacciones más dinámicas e interactivas con los usuarios.

Posteriormente, Google hizo la transición de LaMDA a un algoritmo más avanzado llamado PaLM (Modelo de Lenguaje Probabilístico) en mayo de 2023 [Vincent]. PaLM buscó abordar algunos de los problemas inherentes asociados con LaMDA, como la incoherencia ocasional en las respuestas, los desafíos en el manejo de consultas matizadas y las dificultades para mantener el contexto durante diálogos prolongados. PaLM aprovechó el razonamiento probabilístico para generar respuestas más coherentes y lógicamente consistentes. Este enfoque ayudó a mitigar las transiciones abruptas y las respuestas tangenciales que a veces se observaban en las aplicaciones de LaMDA, contribuyendo en última instancia a una experiencia conversacional más natural y atractiva.

Finalmente, Google lanzó Gemini el 6 de diciembre de 2023, posicionándolo como el sucesor de LaMDA y PaLM. Gemini está compuesto por tres modelos distintos: pequeño, mediano y grande. Gemini Ultra, destinado a tareas extremadamente complejas; Gemini Pro, la opción predeterminada adecuada para la mayoría de las aplicaciones; y Gemini Nano, optimizado para tareas en dispositivos móviles. A diferencia de otros modelos de lenguaje convencional, Gemini se distingue por ser altamente multimodal y capaz de procesar múltiples tipos de datos al mismo tiempo, como texto e imágenes, audio, video e incluso código informático.

Aunque los avances de Google en la IA conversacional con Gemini fueron significativos, no fueron los únicos en este panorama transformador. Anthropic, fundada en 2019 por exempleados de OpenAI, presentó a Claude [Davis], un modelo de lenguaje poderoso diseñado con un enfoque en la alineación ética. Específicamente, Claude buscaba abordar las preocupaciones sobre los posibles sesgos y problemas de seguridad en la IA, asegurando el desarrollo de resultados de IA más responsables y confiables.

Anthropic llama a su método de seguridad *"Inteligencia Artificial Constitucional"* (CAI). Este marco constitucional se desarrolló para garantizar que los sistemas de IA estén alineados con los valores humanos, haciéndolos útiles, seguros y honestos. La *"constitución"* de la IA está compuesta por varias pautas prescriptivas de alto nivel que especifican el comportamiento esperado de la IA; posteriormente, se enseña a la IA a seguir estas directrices para evitar causar daño, respetar las preferencias del usuario y proporcionar información precisa. La constitución de Anthropic es, en esencia, una implementación de las tres leyes de la robótica de Asimov. Por ejemplo, uno de los principios del modelo Claude de Anthropic, basado en la Declaración Universal de los Derechos Humanos de 1948, es: *"Elige la respuesta que más apoye y fomente la libertad, la igualdad y el sentido de fraternidad"*. En el Capítulo 28, realizaremos una evaluación detallada de este enfoque constitucional y otros marcos éticos.

Además, Facebook desarrolló y liberó como código abierto LLaMA (LLM Meta AI), que los desarrolladores pueden usar comercialmente de manera gratuita, y que abarca múltiples versiones con un número de parámetros que va desde 7 mil millones hasta 65 mil millones. Posteriormente, en julio de 2023, se introdujo LLaMA2. LLaMA2 representó un avance significativo, con un conjunto de datos de entrenamiento más extenso y diverso. LLaMA2 se especializa en optimizar conversaciones y sobresale en la generación de respuestas naturales y contextualmente conscientes, mientras prioriza la seguridad y la mitigación de sesgos.

LLaMA es un modelo más rápido y eficiente que muchos otros, incluido ChatGPT. Utiliza menos parámetros, es más ligero de descargar y no requiere la alta potencia de procesamiento que otros modelos de lenguaje necesitan. Su tamaño reducido, combinado con un rendimiento comparable, permite que se ejecute en una computadora local o incluso en un teléfono móvil, en lugar de depender de una gran infraestructura de servidores. Esto lo hace ideal para aplicaciones que requieren alta privacidad o baja latencia. Además, está diseñado para ser fácilmente adaptado a diversas tareas, como entrenar chatbots de servicio al cliente o herramientas digitales de marketing, ya que viene optimizado para casos de uso en diálogos.

Al ser de código abierto, LLaMA2 fomentó la innovación y la colaboración dentro de la comunidad de IA. Mientras que los primeros modelos de lenguaje, como ChatGPT, eran de código cerrado, es decir, de propiedad privada, LLaMA2 es abierto. Cualquiera puede descargarlo, modificarlo, usarlo gratuitamente para cualquier aplicación en particular o verificar cómo funciona realmente. Como resultado, surgieron varios otros modelos de lenguaje de código abierto como derivados de LLaMA. Uno de estos modelos, Alpaca, fue desarrollado por un equipo de investigadores de la Universidad de Stanford. Sorprendentemente, los investigadores demostraron que, en pruebas cualitativas, Alpaca tuvo un rendimiento comparable al GPT-3 de OpenAI, un modelo mucho más grande, con solo $600 en gastos de computación. Además, Vicuna, otro modelo de lenguaje perfeccionó aún más LLaMA utilizando datos adicionales de millones de preguntas y respuestas generadas por ChatGPT. Este refinamiento resultó en respuestas de alta calidad y conscientes del contexto.

Además, al igual que la IA constitucional, el código abierto es otra opción para garantizar que la IA se desarrolle de forma segura. Exploraremos este enfoque en el Capítulo 28.

Hoy en día, contamos con una gran variedad de modelos de lenguaje, cada uno diseñado para satisfacer necesidades específicas. En los últimos tres años, el avance en la tecnología algorítmica ha sido impresionante. Creemos que las corporaciones de diversos sectores comenzarán a desarrollar sus propios modelos de lenguaje, ajustados a sus necesidades particulares en marketing y servicio al cliente. Esto les permitirá adaptar la comunicación a productos y clientes específicos, mientras mantienen una voz de marca única y una experiencia personalizada para cada cliente.

Generación No Supervisada y Deepfakes

Aunque la arquitectura Transformer ha revolucionado el Procesamiento del Lenguaje Natural (PLN), no es el único avance significativo que ha hecho posible la IA Generativa. Otros algoritmos generativos, como los Autocodificadores Variacionales (VAEs) y las Redes Generativas Antagónicas (GANs), también juegan un papel crucial. Los VAEs y las GANs cumplen funciones diferentes a las de los Transformers y, de hecho, surgieron antes de que estos. En particular, estos modelos son sobresalientes en tareas como la generación de imágenes, videos y música. Por otro lado, los Transformers se destacan principalmente en tareas de secuencia a secuencia, como el PLN.

Otra distinción notable entre los VAEs y GANs, por un lado, y los Transformers por el otro, radica en sus paradigmas de aprendizaje. Tanto los VAEs como los GANs son modelos de aprendizaje no supervisado diseñados para operar sin etiquetas explícitas durante el entrenamiento. En contraste, los Transformers son principalmente modelos de aprendizaje autosupervisado.

Los VAEs, o Autocodificadores Variacionales, fueron presentados por Diederik P. Kingma de la Universidad de Ámsterdam en 2013. Imagina que los VAEs funcionan como una biblioteca musical virtual. Supón que tienes una enorme colección de canciones en tu computadora. Los VAEs comprimen todas estas canciones en una representación numérica única conocida como *"espacio latente"*. En este espacio latente, las canciones con atributos musicales similares, como el género, el artista, la década, e incluso el ritmo, la síncopa, la calidad vocal y otros detalles musicales, se agrupan cerca unas de otras. Es un poco como las incrustaciones de palabras, que mapean conceptos similares en un espacio común. Por ejemplo, la representación numérica de la canción *"Despacito"* de Luis Fonsi podría ser algo como *"Despacito = (1.4523, 3.7873, 3.5641, 9.1234, ..., 2.6792)"*.

Esta representación eficiente no solo captura la esencia de cada canción, sino que también permite a los VAEs generar composiciones completamente nuevas basadas en los parámetros solicitados. Estas melodías creadas por IA heredan el estilo general de las canciones originales, mientras introducen elementos únicos, lo que demuestra la versatilidad de los VAEs en la generación de una amplia gama de tipos de datos, incluidos texto, imágenes y música.

Las GANs, introducidas en 2014 por Ian Goodfellow en la Universidad de Montreal, presentan un enfoque innovador para la generación de datos y ofrecen ventajas únicas. Para comprender su funcionamiento, imagina dos redes neuronales trabajando juntas, pero de manera independiente: una generativa y otra discriminativa. La red generativa crea imágenes, y también puede generar audio y video, basándose en lo que ha aprendido de un conjunto de datos de entrenamiento. Por su parte, la red discriminativa evalúa si la imagen generada parece real o no, detectando incluso las más mínimas diferencias. Estas dos redes se entrenan al mismo tiempo y compiten entre sí. A medida que la red generativa mejora en la creación de datos realistas, la red discriminativa se vuelve más experta en identificar las diferencias entre datos reales y generados. Con el tiempo, y a medida que ambas redes pasan por un entrenamiento prolongado y conjunto, las imágenes generadas se vuelven cada vez más difíciles de distinguir de las auténticas para el ojo humano.

En resumen, el término *"Red Generativa Antagónica"* describe exactamente lo que hacen las GANs. Son redes neuronales, son generativas porque generan contenido, y son antagónicas porque ambas redes compiten entre sí.

En cuanto a los resultados, mientras que los VAEs a menudo producen datos visuales con una apariencia suavizada y borrosa, las GANs son conocidas por crear muestras nítidas y detalladas. Como tal, las GANs han tenido un impacto significativo en múltiples campos. La aplicación más extendida de las GANs se observa en los deepfakes. Los deepfakes implican manipular contenido visual o auditivo para que parezca auténtico, aunque sea generado artificialmente. Una de las herramientas más populares para crear deepfakes es DeepFaceLab, que se lanzó como software de código abierto en 2018 [Perov].

DeepFaceLab es una herramienta avanzada para el intercambio de rostros en videos. Utiliza dos videos de origen: uno con el rostro objetivo, es decir, la persona cuyo rostro será trasplantado, y otro con el rostro fuente, que es el rostro a superponer. A través de un proceso complejo, DeepFaceLab aprende a extraer las características faciales del rostro fuente y a mapearlas sobre el rostro objetivo, logrando una integración realista y sin costuras.

Stable Diffusion: La Revolución en la Generación de Imágenes

Stable Diffusion es un algoritmo generativo clave en la generación de imágenes, comparable a lo que ChatGPT representa para el procesamiento del lenguaje. Sin embargo, a diferencia de ChatGPT, Stable Diffusion es de código abierto. Junto a herramientas propietarias como MidJourney, Runway y DALL-E (de OpenAI), Stable Diffusion destaca por su accesibilidad y flexibilidad.

Lanzado en agosto de 2022, Stable Diffusion es un modelo innovador de texto a imagen y de imagen a imagen, desarrollado en colaboración entre la Universidad Ludwig Maximilien de Múnich y las empresas estadounidenses Runway y Stability AI [Rombach y al.].

En esencia, Stable Diffusion transforma las imágenes de entrada o el texto mediante un proceso que implica la aplicación de ruido, lo que da lugar a la creación de nuevas imágenes. Para profundizar un poco más, la arquitectura de la Stable Diffusion consta de un codificador, un bloque intermedio y un decodificador. El codificador comprime la imagen original en un espacio latente, capturando el significado semántico subyacente de la imagen, de forma similar a como funcionan las VAE o las incrustaciones de palabras. Posteriormente, se aplica ruido gaussiano a este vector latente comprimido mediante un proceso conocido como *"difusión"*. A continuación, el bloque intermedio remueve el ruido de este vector latente, dando lugar a una versión modificada que ahora es diferente del vector de la imagen original. Por último, el descodificador convierte este vector de nuevo en espacio de píxeles para generar la imagen de salida.

Esta interacción entre codificación, difusión y decodificación permite a Stable Diffusion producir imágenes detalladas basadas en descripciones textuales. Entre sus aplicaciones se encuentran la generación de imágenes, la reparación de partes faltantes o dañadas de una imagen (inpainting), la extensión de imágenes más allá de sus límites originales (outpainting) y las traducciones de imagen a imagen. A diferencia de las GANs (Redes Generativas Antagónicas), Stable Diffusion es útil para generar contenido completamente nuevo, mientras que las GANs se utilizan para crear contenido similar a algo ya existente, como en los deepfakes.

Stable Diffusion ha ganado una popularidad excepcional en diversos campos, desde la imagen médica hasta la ciencia de materiales y la ingeniería química. Este fenómeno se debe a varias razones. Primero, Stable Diffusion requiere muy pocos recursos; funciona eficazmente en hardware de consumo con especificaciones de GPU modestas, lo que lo hace accesible para desarrolladores y artistas individuales. Segundo, su licencia de código abierto y la disponibilidad de los pesos del modelo para su descarga han sido cruciales para atraer una gran atención dentro de la comunidad de IA.

Innovación Creativa Más Allá del Texto y la Imagen

La influencia de la IA Generativa se extiende más allá de la generación de imágenes y textos, infiltrando una amplia gama de dominios creativos, como la programación, la música, el video, el diseño de objetos para impresión 3D y el control de brazos robóticos.

Para comenzar, los modelos de lenguaje a gran escala no solo se limitan al procesamiento del lenguaje natural; también pueden ser entrenados para generar código en lenguajes de programación, facilitando así el desarrollo de nuevas aplicaciones informáticas. Ejemplos de esto son OpenAI Codex y GitHub Copilot, propiedad de Microsoft. Otro ejemplo es Replit, una plataforma que permite a profesionales sin conocimientos de programación *"crear software de manera colaborativa con la ayuda de la IA, en cualquier dispositivo, sin necesidad de dedicar tiempo a la configuración"*.

Sistemas generativos como MusicLM y MusicGen están revolucionando la composición musical. Estos modelos, entrenados con grabaciones musicales y anotaciones textuales, pueden componer nuevas piezas musicales basadas en descripciones como *"melodía suave de violín combinada con un ritmo de guitarra distorsionado"*.

En el campo de los videos, los sistemas generativos entrenados con videos etiquetados pueden crear clips con una sorprendente coherencia temporal. Ejemplos notables de esta tecnología son RunwayML y Make-A-Video de Meta Platforms. Las plataformas digitales B2C actuales, como Spotify para música, Netflix para videos largos, y YouTube y TikTok para videos cortos, seguirán expandiéndose. Además, podrían surgir nuevas plataformas a medida que los avances en Inteligencia Artificial reduzcan significativamente los costos de desarrollo de software, los riesgos y el tiempo de lanzamiento al mercado.

La robótica ofrece un ejemplo adicional y útil. Para generar nuevas trayectorias de navegación o planificación de movimientos, la IA generativa también puede entrenarse con diversos movimientos de un sistema robótico. Por ejemplo, UniPi de Google utiliza comandos como *"levanta el cuenco marrón"* y *"limpia los platos con la esponja verde"* para controlar el movimiento de un brazo robótico.

Creemos que esta lista continuará expandiéndose. Los ingredientes esenciales para el rápido desarrollo de productos digitales individuales para el consumidor ya están presentes, específicamente:

- Destinos escalados: aplicaciones y plataformas de productos de consumo que aseguran la generación continua de datos para el entrenamiento de algoritmos de IA.
- Distribución en la nube de manera ubicua.
- Una base de consumidores global escalada: que proporciona ingresos directos o visualizaciones para modelos de negocio basados en publicidad.
- Algoritmos de IA como Stable Diffusion y soluciones propietarias como Runway u OpenAI, que han evolucionado hasta el punto de que los productos digitales son indistinguibles de los creados por humanos.
- Herramientas de programación como GitHub Copilot o Replit, que permiten a cualquier persona escribir código sin ser programador.

Automatización del Trabajo Creativo Mediante la IA Generativa

Con estas numerosas aplicaciones de la IA Generativa en diversas profesiones de oficina, el potencial de automatización de tareas también es evidente. En el capítulo anterior, hablamos de cómo la Automatización Robótica de Procesos (RPA) ha automatizado constantemente las tareas repetitivas de oficina en entornos de oficina desde la Gran Crisis Financiera. La IA Generativa, por su parte, está preparada para automatizar responsabilidades de oficina más creativas e intelectualmente exigentes. Hay dos tipos de empleos que podrían verse más afectados por la IA Generativa: las profesiones creativas y los administradores.

Los empleos creativos más amenazados son los de marketing, diseño, música e interpretación, entre otros. Por ejemplo, las herramientas de diseño gráfico potenciadas por la IA pueden ahora generar rápidamente logotipos, materiales de marca y elementos visuales, reduciendo potencialmente la demanda de diseñadores humanos. Del mismo modo, las herramientas automatizadas de generación de contenidos en marketing pueden crear anuncios, publicaciones en redes sociales e incluso estrategias de marketing, desplazando potencialmente a los profesionales humanos del marketing. La industria musical también ha sido testigo de la disrupción con composiciones generadas por IA y listas de reproducción personalizadas curadas algorítmicamente, desplazando a los humanos. La industria musical también ha sido testigo de la disrupción, con composiciones generadas por IA y listas de reproducción personalizadas curadas algorítmicamente, que han desplazado a los humanos.

En cuanto a las tareas administrativas, la RPA ya está automatizando las tareas repetitivas más sencillas. Con la IA Generativa sobre la RPA, la automatización puede abarcar ahora tareas que impliquen el uso de un lenguaje de nivel intermedio, como la introducción de datos, el mantenimiento de registros, la redacción de documentos y los procesos iniciales de contratación. Los trabajos de atención al cliente, especialmente los que implican interacciones repetitivas y guionizadas, también podrían correr el riesgo de ser automatizados.

Además, las profesiones tradicionalmente valoradas también están en riesgo. La abogacía, por ejemplo, que suele involucrar investigación y redacción de documentos, se verá afectada por las capacidades de los modelos de lenguaje en la síntesis de textos. Después de siete años de educación superior para convertirse en un abogado principiante, seguido de formación en redacción, parece innecesario cuando la Inteligencia Artificial puede realizar el trabajo de manera más rápida y eficiente. Los clientes preferirán la IA en lugar de pagar $250 por hora por un trabajo que también podría requerir una tediosa reescritura.

Es más probable que la IA Generativa actúe como una poderosa herramienta para potenciar los trabajos, en lugar de eliminarlos, al menos a corto plazo. Un ejemplo claro de esto se encuentra en el campo de la programación. En los próximos años, herramientas potenciadas por la IA, como los generadores de código y las funciones de autocompletado, mejorarán significativamente la eficiencia y productividad de los programadores y científicos de datos. Estas herramientas ayudan a los programadores a escribir código más rápidamente, reducen la probabilidad de errores y les permiten concentrarse en aspectos más complejos de su trabajo, como la resolución de problemas.

Las preocupaciones sobre la protección de la propiedad intelectual y la pérdida de empleos son válidas y es probable que se intensifiquen con la creciente adopción de la IA, lo que podría generar problemas sociales y económicos. Usando el ejemplo de la codificación, aunque la IA Generativa podría aumentar el número de programadores a corto plazo, es probable que los reemplace completamente en el mediano plazo. En los Capítulos 22 y 23, abordaremos cómo la IA podría evolucionar en las próximas dos décadas. El Capítulo 22 ofrece una visión utópica, mientras que el Capítulo 23 presenta una perspectiva distópica, explorando cómo la educación debería preparar tanto a los profesionales como a las nuevas generaciones para estos cambios en el mercado laboral.

Con todo esto en mente, también creemos que estamos apenas al principio de una nueva era. Estamos en medio de un floreciente paraíso empresarial. Las aplicaciones especializadas en diversos sectores, que se basan en el núcleo de la IA, pero dependen del conocimiento específico para generar valor, darán lugar a una nueva generación de millonarios. Aunque la tecnología básica de la IA ya está ampliamente disponible, sigue siendo dominada por unos pocos actores clave. A estos nuevos tecnócratas los llamamos *"superestrellas de la IA"*, y en el Capítulo 23 exploraremos lo que representan para la sociedad.

Atolladero Legal: Derechos de Autor de los Contenidos Generados

La IA Generativa ha planteado nuevos y complejos desafíos legales relacionados con el uso de datos, la regulación de contenidos y los derechos de autor. Modelos de IA como ChatGPT y Stable Diffusion pueden crear contenidos que imitan las obras humanas y, en muchos casos, se basan en ellas. Esto hace que la cuestión de la propiedad y los derechos de autor sea confusa. Las leyes tradicionales de derechos de autor no se diseñaron para abordar el contenido generado por IA, creando así una zona gris legal. Esta ambigüedad puede llevar a disputas sobre la propiedad y los derechos de autor, afectando a creadores, empresas y desarrolladores de IA.

En noviembre de 2022, se presentó una demanda colectiva contra las grandes empresas tecnológicas Microsoft, OpenAI y GitHub. La demanda alegaba que GitHub Copilot había violado los derechos de autor de los creadores de los repositorios de código [Vincent]. El problema principal es que esta herramienta se entrena utilizando código existente y puede generar código muy similar al que usó para su entrenamiento, sin ofrecer la atribución adecuada, el pago correspondiente, ni el permiso necesario.

Además, un pequeño grupo de artistas presentó una demanda colectiva contra MidJourney, Stability AI y DeviantArt en enero de 2023, afirmando que estas compañías habían infringido los derechos de millones de artistas al utilizar miles de millones de imágenes que habían sido extraídas de Internet para entrenar herramientas de IA sin obtener el permiso de los creadores originales. La demanda se basaba en los principios de la infracción masiva de los derechos de autor [Vincent].

Paralelamente, el auge de la tecnología deepfake también está llegando a los tribunales. En abril de 2023, Kyland Young, una personalidad de la televisión, emprendió acciones legales contra una aplicación de deepfake llamada Reface, argumentando que la compañía que estaba detrás de Reface utilizaba su nombre y rostro y el de muchos otros famosos para ganar dinero con su aplicación sin su permiso [Glasser].

Del mismo modo, en julio de 2023, Sarah Silverman, una destacada comediante, inició una demanda colectiva por infracción de derechos de autor contra los gigantes tecnológicos OpenAI y Meta, alegando que estas compañías formaban a sus LLM en obras de autores protegidas por derechos de autor sin obtener los permisos adecuados [Small].

Estos dilemas éticos han reverberado más allá de la sala del tribunal. En agosto de 2023, importantes medios de noticias, como el New York Times, Reuters y la CNN, entre otros, bloquearon proactivamente el rastreador GPT de OpenAI de sus sitios web. Además, el New York Times ha actualizado sus condiciones de servicio para prohibir explícitamente el uso de su contenido en los LLM [Peters y Castro]. Creemos que otros le seguirán.

Aunque los derechos de autor y la propiedad de los contenidos generados son las preocupaciones más comunes, la IA Generativa también presenta retos adicionales cuando los modelos de IA entrenados en información sensible violan la normativa sobre privacidad. También se han utilizado modelos de IA para propagar afirmaciones falsas, lo que ha dado lugar a acciones legales relacionadas con la difamación. A medida que la IA Generativa sigue evolucionando, también lo hacen los retos legales que plantea, así como sus profundas implicaciones para empresas y particulares.

La Primera Legislación Mundial sobre IA, Quizá con Excesiva Prontitud

Ante esta avalancha de pleitos de gran repercusión, los responsables políticos ya han empezado a actuar para regular la IA. Al igual que con la legislación sobre protección de datos, la UE también tomó la delantera mundial en la regulación de la IA. Los responsables políticos de la UE aprobaron la Ley de IA de la UE el 9 de diciembre de 2023, la primera legislación sobre IA del mundo [UE].

Una de las piedras angulares de la Ley es que se centra en los sistemas de IA de alto riesgo, en particular los que los reguladores consideran que poseen un potencial significativo de daño individual, como en la contratación y la educación. Las compañías dedicadas al desarrollo de herramientas basadas en la IA en estos sectores clave están ahora sujetas a un riguroso escrutinio, con la obligación de proporcionar a los reguladores evaluaciones de riesgos y revelar los datos utilizados para el entrenamiento de los algoritmos. Además, la ley exige garantías contra la perpetuación de sesgos.

La Ley también adopta una postura decisiva contra las prácticas perjudiciales, prohibiendo inequívocamente ciertas actividades como el scraping indiscriminado de imágenes para bases de datos de reconocimiento facial o la manipulación del comportamiento. La transparencia surge como principio rector, ya que la ley obliga a que los sistemas de IA, como los chatbots y los generadores de imágenes, incluidos los deepfakes, revelen su origen artificial. Con ello, la UE pretende infundir responsabilidad y claridad en el uso de la IA.

Otro aspecto significativo de esta legislación inicial es la limitación impuesta al uso gubernamental de la IA, sobre todo en la aplicación de la ley. La ley impone restricciones al despliegue de software de reconocimiento facial, con excepciones concedidas únicamente con fines de seguridad y protección nacional. Además, la Ley limita el uso del escaneado biométrico y la categorización de personas en función de características sensibles, lo que está a punto de convertirse en un tema aún más polémico dada la marcha inmutable de la Biología Sintética y el avance de los algoritmos.

Y como ocurrió con el RGPD, la UE es muy explícita en cuanto a las sanciones por infracciones. Las compañías que infrinjan las normas podrían enfrentarse a repercusiones económicas, con sanciones de hasta 35 millones de euros o el 7% de la facturación mundial.

Creemos que el planteamiento de la UE es direccionalmente noble pero defectuoso, no en poca parte porque los responsables políticos prepararon el primer borrador literalmente en 11 días durante abril de 2023 desde el inicio de los debates, que a su vez fue cuatro meses después de que se lanzara por primera vez el ChatGPT, claramente el catalizador de la acción [Coulter y Mukherjee]. La propia ley se aprobó aproximadamente diez meses después. A efectos comparativos, el primer borrador del RGPD se publicó en 2012, y se tardó cuatro años en aprobarlo.

Las principales preocupaciones son las siguientes:

En primer lugar, no hay suficiente claridad sobre cómo se evaluarán los riesgos de la IA al definir las industrias o las normas, lo que abre la interpretación a la manipulación política. Por ejemplo, se puede construir un algoritmo para predecir el rendimiento laboral de forma mucho más fiable de lo que el examen SAT puede predecir el éxito académico universitario. Pero ¿y si la UE tiene ciertas ideas políticas preconcebidas sobre cómo debe ser el rendimiento laboral de ciertos grupos demográficos, independientemente de los datos reales?

En segundo lugar, exigir al propietario que revele los datos utilizados para el entrenamiento del algoritmo hace que el principio esté sujeto a politización, convirtiendo esta legislación en el capricho de un organismo gubernamental sobre cómo interpretarla y hacerla cumplir. Razones técnicas hacen que este control sea ineficaz. Por ejemplo, si un algoritmo se basa en un flujo continuo de datos en curso, ¿cómo se revelan los datos utilizados? ¿Y si se utilizan datos sintéticos? ¿Se detectaría esto mediante una divulgación de alto nivel sin una auditoría punto por punto de los datos? En el Capítulo 24, explicaremos cómo medidas similares en China están directamente destinadas a reforzar el control político y, en última instancia, a obstaculizar el desarrollo de la IA. Como resultado, no está claro si la Ley será capaz de lograr el equilibrio adecuado entre permitir que la IA se utilice de forma segura y fomentar la inversión en otras áreas sin ahogar la innovación.

Otra preocupación con respecto a la regulación en general—no específica de la Ley de IA de la UE—es su limitación de alcance a la geografía que la promulgó. El comercio, el intercambio de ideas, los medios de comunicación y la tecnología están globalizados, por lo que, a menos que la regulación sea realmente global, siempre puede haber un país que no se adhiera a ella y lo utilice para sacar constantemente ventaja a la competencia económica o dentro de un debate político para extraer concesiones en otros ámbitos. Ese país también podría simplemente desarrollar aplicaciones de IA para perjudicar a determinados grupos (individuos, países, compañías, industrias), lo que posteriormente puede tener consecuencias mundiales.

Aunque creemos que, filosóficamente, EE.UU. se alinearía con la postura de la UE, otros países, como China y aquellos que o bien no abrazan los valores occidentales o bien pretenden aprovecharse económicamente de la apertura e inclusividad de Occidente, probablemente se alinearán con China como punto de vista opuesto e igualmente dominante. Hablaremos más sobre China y las recientes tensiones con EEUU por la hegemonía de la IA en el Capítulo 24.

Creemos que la regulación de la inteligencia en general ya sea artificial o humana, existe directamente en los límites de la libertad de expresión. Tratamos este tema más a fondo como parte de la potencial atracción magnética de la IA hacia la distopía en el Capítulo 23. En lo que constituye la más trágica de las ironías, la primera tecnología de la historia de la humanidad que tiene la capacidad de aprender y revelar la verdad en todos los ámbitos el quehacer humano es la que dará su golpe mortal.

9. Preludio a la Inteligencia Artificial General

"Para mí, la IAG... es el equivalente a un humano promedio que podrías contratar como compañero de trabajo".

Sam Altman

CEO de OpenAI [Nolan]
27 de septiembre de 2023

El 18 de noviembre de 2023, Sam Altman, CEO de OpenAI, fue despedido por la Junta Directiva de la compañía. Sin embargo, tres días después, el 21 de noviembre, OpenAI anunció su reincorporación como CEO, junto con la formación de una nueva junta directiva.

Según información filtrada, en OpenAI surgieron dudas sobre un avance de la IA llamado Q* (pronunciado *"Q estrella"*), potencialmente precursor de la Inteligencia Artificial General (IAG), lo que provocó que los principales investigadores expresaran sus reservas al Consejo. Tras estas discusiones, Sam Altman fue destituido abruptamente de OpenAI, lo que desencadenó una tumultuosa serie de días en los que se vieron implicados Altman, el Consejo y los empleados. El cese pareció estar relacionado con la inclinación de Altman a comercializar rápidamente Q*, en contraste con el interés del consejo por dar prioridad a las medidas de seguridad [Knight].

IAG es un término colectivo que surgió cuando los investigadores y expertos en IA contemplaron la posibilidad de crear máquinas capaces de replicar la inteligencia similar a la humana en todos sus aspectos cognitivos, lo que incluiría precisamente lo que los algoritmos no pueden hacer hoy en día: la capacidad de razonar, idear estrategias, tomar decisiones en condiciones de incertidumbre y representar conocimientos, como el sentido común. También abarca la planificación de acciones futuras, el aprendizaje a partir de experiencias pasadas y la comunicación eficaz en lenguaje natural. Además, se considera deseable que la IAG posea atributos físicos específicos, como la percepción visual y auditiva, y la capacidad de detectar peligros potenciales y actuar.

Cualquiera de estos elementos representaría el siguiente paso evolutivo de la IA, ya que los algoritmos de IA que tenemos hoy en día sólo son capaces de resolver problemas específicos predefinidos y sólo pueden tomar decisiones dentro del contexto específico de la programación de la IA. Los pioneros de la IA, como Alan Turing y John McCarthy, establecieron ideas fundamentales para la IAG en sus trabajos de hace décadas, postulando cómo las capacidades cognitivas generales tomarían forma como un paso evolutivo.

A pesar de la incertidumbre sobre la naturaleza de Q*, algunas personas especularon con que podría significar un desarrollo arquitectónico innovador comparable a la llegada de los transformers, introducidos por Google en 2017, que es la tecnología fundacional que hizo posibles todos los Grandes Modelos de Lenguaje (LLM) actuales, incluido el GPT-4 de OpenAI [TechCrunch]. Especular sobre lo que Q* podría ser es un camino práctico para introducir las áreas actuales de investigación hacia la consecución de la IAG. Éste es el marco de este capítulo.

Las páginas siguientes profundizan en los múltiples campos de estudio actuales, que constituyen efectivamente el disparo de salida para la IAG.

Aplicando la Lógica a Problemas Matemáticos

Una de las posibles explicaciones de lo que es realmente Q* se refiere a la iniciativa de OpenAI de resolver problemas matemáticos. Aunque esto pueda parecer un simple logro que la IA ya ha abordado, hay importancia en que la IA comprenda realmente el razonamiento matemático. La verdadera importancia reside en el potencial de la IA para comprender las pruebas matemáticas, con implicaciones de gran alcance en diversos ámbitos, dado el papel fundacional de las matemáticas en el mundo [Berman].

Esto nos recuerda al *"Solucionador General de Problemas"* diseñado por Allen Newel y Herbert Simon en 1957 y al enfoque de la lógica simbólica defendido por John McCarthy, del que hablamos en el Capítulo 4. Han pasado más de 60 años desde entonces, pero las máquinas siguen teniendo dificultades con las tareas que implican lógica y razonamiento y siguen sin poder proceder sin directivas específicas codificadas.

La capacidad de generar de forma independiente pruebas matemáticas o lógicas requiere una comprensión más profunda de las propias pruebas, lo que superaría las capacidades de predicción de los LLM actuales. Cuando se enfrentan a un problema que implica conceptos matemáticos o lógicos, los modelos LLM pueden dar respuestas correctas sin comprender realmente las pruebas teóricas subyacentes, limitándose a reproducir patrones de sus datos de programación y entrenamiento. Esto subraya las limitaciones existentes en la capacidad de comprender los razonamientos que subyacen a los principios lógicos. La tarea de comprender por qué las respuestas son correctas o incorrectas, en lugar de limitarse a predecir el siguiente carácter de una secuencia, es actualmente un reto insuperable para los LLM.

A este respecto, Stanford y Google publicaron en mayo de 2022 un trabajo de investigación titulado *"STaR: Bootstrapping Reasoning with Reasoning"* [Zelikman y al.]. El documento explora la generación de cadenas de pensamiento paso a paso para mejorar el rendimiento de los modelos lingüísticos en tareas de razonamiento complejas, como preguntas de sentido común o matemáticas. El concepto de *"Cadena de Pensamiento"* implica guiar al modelo para que razone sobre pasos intermedios cuando se enfrenta a problemas desafiantes, en lugar de llegar directamente a soluciones complejas de una vez. Este enfoque por pasos da lugar a respuestas más precisas. El artículo presenta un marco denominado STAR (Razonador Autodidacta), que mejora iterativamente las capacidades de razonamiento complejo de un modelo de IA siguiendo un proceso cíclico. Primero, el STAR genera razonamientos para responder a preguntas basándose en unos pocos ejemplos. Después, refina los razonamientos en caso de respuestas incorrectas y afina el modelo utilizando los nuevos razonamientos. A continuación, vuelve al primer paso y sigue iterando hasta que las respuestas sean suficientemente buenas. OpenAI publicó un artículo en la misma línea en marzo de 2023, en el que también sugería dividir los problemas grandes en pasos intermedios de razonamiento y aplicar retroalimentación para cada paso intermedio, no sólo para el resultado final, que ha sido la práctica habitual hasta ahora [Lightman y al.].

Este enfoque multipaso es muy intuitivo y representa cómo piensan los seres humanos. Cuando nos enfrentamos a un problema matemático complejo o cuando tenemos que escribir un fragmento importante de código de programación, no llegamos inmediatamente a la solución definitiva de una sola vez, sobre todo en el caso de los problemas complejos. En lugar de ello, descomponemos los problemas en componentes más pequeños, abordamos cada parte individualmente y luego integramos estas soluciones para obtener la respuesta global. Este enfoque sistemático es especialmente evidente en la codificación, pero también en cualquier tipo de proyecto de ingeniería, así como al escribir un libro. Del mismo modo, aplicar los mismos principios de modularidad a los algoritmos también podría aumentar la racionalidad de los sistemas de IA.

Aplicando el Aprendizaje por Refuerzo para Mejorar

Existe otra teoría sobre lo que podría ser Q*. Este término sugiere una conexión con conceptos clave de la literatura científica sobre el aprendizaje por refuerzo, específicamente con el Q-learning y el algoritmo A*. El Q-learning, que es el algoritmo más común en el aprendizaje por refuerzo, lo exploramos en el Capítulo 6. Por otro lado, A* es un algoritmo clásico de búsqueda en grafos, desarrollado en 1968 para planificar rutas para robots, como Shakey, del que hablaremos en el Capítulo 11. Shakey fue el primer robot móvil multifuncional con la capacidad de razonar sobre sus propias acciones; podía descomponer completamente las órdenes en sus partes más básicas, mientras que otros robots de la época necesitaban instrucciones detalladas para cada paso de una tarea compleja. En consecuencia, se ha especulado con la posibilidad de que Q* suponga una fusión del Q-learning y el algoritmo de búsqueda A*, con el ambicioso objetivo de unir un LLM con los aspectos fundacionales del aprendizaje por refuerzo profundo.

El aprendizaje por refuerzo es fascinante por su capacidad para anticipar y planificar movimientos futuros en un entorno lleno de posibilidades, y por su habilidad para aprender mediante el self-play (o juego con uno mismo). Estas dos estrategias fueron cruciales para el éxito de AlphaGo, el software de Aprendizaje Máquina que mencionamos en el Capítulo 7. AlphaGo no solo venció a los mejores jugadores de Go del mundo, sino que los superó con creces. Sin embargo, hasta ahora, la planificación anticipada y el self-play no han sido características fundamentales de los modelos de lenguaje [Berman].

La planificación anticipada es un proceso en el que un modelo anticipa escenarios futuros para generar acciones o resultados mejorados. Actualmente, los LLM se enfrentan a retos a la hora de ejecutar una planificación anticipada eficaz. A menudo, sus respuestas se limitan a predecir la siguiente ficha probable de una secuencia, y carecen de previsión precisa y planificación estratégica. Una forma de aplicar la planificación prospectiva a los LLM sería emplear una estructura en forma de árbol para explorar sistemáticamente varias posibilidades de optimización para resolver un problema mediante el proceso de ensayo y error de un algoritmo de aprendizaje por refuerzo. Tales técnicas no podrían mejorar sustancialmente la capacidad del modelo para planificar con antelación, pero aumentarían parcialmente su capacidad para abordar los retos de la lógica y el razonamiento. Sin embargo, es poco probable que los modelos entrenados de este modo ofrezcan una comprensión realmente profunda de las razones subyacentes sobre la validez o invalidez de los argumentos lógicos o matemáticos.

La clave para aplicar el aprendizaje por refuerzo a los modelos de lenguaje (LLM) es el concepto de self-play. Este enfoque permite que un agente mejore sus habilidades al interactuar con versiones ligeramente diferentes de sí mismo. Sin embargo, el self-play no ha sido una técnica común en el entrenamiento de los LLM. Estos modelos no juegan contra sí mismos para perfeccionar sus respuestas. En su lugar, como vimos en el capítulo anterior, los LLM se entrenan mediante aprendizaje autosupervisado. En el ámbito de los LLM, el self-play suele asemejarse más a la retroalimentación automática de una IA que juega contra versiones de sí misma, en lugar de interacciones con humanos.

La retroalimentación automática de la IA implica que un modelo de Inteligencia Artificial recibe evaluaciones sobre sus fortalezas y debilidades de parte de otro sistema de IA, diseñado específicamente para evaluar al primer modelo. Este concepto es una área clave de investigación en la actualidad. Los modelos de lenguaje actuales, como GPT, se entrenan utilizando un método conocido como RLHF (Aprendizaje por Refuerzo con Retroalimentación Humana). En este proceso, el modelo es ajustado y perfeccionado en función de las evaluaciones de humanos que califican las respuestas de la IA. Estas evaluaciones consideran la calidad, ética, imparcialidad y cortesía de las respuestas. Aunque este método ha sido efectivo para desarrollar la primera generación de modelos de lenguaje, es un proceso largo y costoso debido a la necesidad de intervención humana [Christiano y al.].

Otro concepto clave es la automejora. Esto implica que un sistema de IA se involucre en self-play repetido, superando el rendimiento humano al explorar distintas posibilidades dentro del juego. El avance significativo ocurre cuando la puntuación humana se reemplaza por una puntuación automática basada en IA a gran escala, especialmente si otro modelo de IA participa en el proceso. Esto permitiría a los modelos de IA perfeccionarse a sí mismos, marcando un hito en el desarrollo de la IAG (Inteligencia Artificial General).

Un ejemplo destacado de esta metodología es AlphaGo. Inicialmente, AlphaGo aprendió imitando a jugadores humanos expertos, alcanzando un nivel comparable al de los mejores jugadores humanos, pero no logró superarlos. El verdadero avance se produjo con la automejora: la IA jugó millones de partidas en un entorno cerrado, optimizando su rendimiento basándose en una simple función de recompensa por ganar. Este enfoque permitió a AlphaGo superar las capacidades humanas en 40 días.

Hay varias formas en las que la automejora podría funcionar con los LLM. Considera un escenario en el que las consultas se dirigen a un LLM. Normalmente, el modelo proporciona una respuesta, pero no es fácil saber hasta qué punto es buena. Sin embargo, la introducción de un segundo agente que examine y valide el trabajo del agente inicial mejora notablemente la calidad de los resultados. Esto sería comparable a los modelos GAN utilizados en las falsificaciones profundas que comentamos en el capítulo anterior, donde un modelo se entrena para crear imágenes realistas, y otro se entrena para evaluar lo realistas que son esas imágenes. Cada una alimenta a la otra, las dos partes de la GAN entran en un ciclo de automejora.

La función de recompensa para evaluar lo buenos o malos que son los resultados en el caso del Go es muy explícita. Viene determinada por el número de piedras que un jugador tiene en el tablero y el territorio que controla. El principal reto para los LLM reside en la ausencia de un criterio general de recompensa, a diferencia de lo que ocurre en el juego del Go, donde ganar o perder está claro y, por tanto, es programable. El lenguaje, al ser diverso y polifacético, carece de una función de recompensa singularmente discernible o de una definición de recompensa para evaluar rápidamente todas las decisiones relativas a la producción, por ejemplo, la creación de contenidos.

Aunque existe el potencial de la automejora en dominios limitados, extender este concepto al caso general sigue siendo una cuestión abierta en el campo de la IA. Responder a esa pregunta podría desvelar la clave de la IAG.

Algoritmos Genéticos o de Selección Natural

Además del self-play, existen otras maneras de desarrollar algoritmos que mejoran por sí mismos. Una de estas técnicas es conocida como algoritmos genéticos. Aunque Q* no está directamente relacionado con los algoritmos genéticos, comparten similitudes con el concepto de self-play.

Los conceptos de selección natural y genética—que sostienen que los individuos con rasgos ventajosos tienen más posibilidades de sobrevivir y procrear y transmitir esos rasgos a la generación siguiente—son imitados por los algoritmos genéticos. En realidad, no se trata de un concepto nuevo. Los algoritmos genéticos iniciales fueron desarrollados por Lawrence J. Fogel en 1960 [Fogel], pero actualmente existe un renovado interés por ellos debido a sus aplicaciones en la IA.

En un algoritmo genético, una población de soluciones potenciales a un problema dado se representa como un conjunto de programas informáticos individuales, o individuos para abreviar, cada uno codificado como una cadena de parámetros o variables. Estos individuos se evalúan en función de su aptitud, que mide lo bien que resuelven el problema en cuestión. Los individuos más aptos tienen más probabilidades de ser seleccionados para formar la siguiente generación, simulando el proceso de selección natural.

Al igual que en los humanos, el algoritmo genético funciona mediante un ciclo de selección, cruce y mutación. Durante la selección, los individuos se eligen en función de su aptitud para servir como padres de la siguiente generación. El cruce consiste en combinar la información genética de dos métodos parentales para crear una descendencia con una mezcla de sus rasgos. Esa información genética es la codificación del propio método, por ejemplo, sus hiperparámetros. La mutación introduce cambios aleatorios en la información genética del método descendiente, añadiendo diversidad a la población. Este proceso se repite a lo largo de varias generaciones y, con el tiempo, la población evoluciona hacia mejores soluciones del problema.

Cuando se resuelven problemas de optimización con un espacio de soluciones grande y complejo, los algoritmos genéticos resultan útiles. Se han utilizado con éxito en diversos campos, como la ingeniería, las finanzas y el Aprendizaje Máquina, para encontrar soluciones que pueden resultar difíciles de desarrollar mediante técnicas de optimización convencionales.

El inconveniente de los algoritmos genéticos es similar al del aprendizaje por refuerzo, concretamente que necesitan una función objetivo que defina la eficacia del algoritmo. En la selección natural darwiniana, aplicada a las especies vivas, la función de recompensa es no morir antes de reproducirse [Darwin]. Como hemos destacado, definir una función de recompensa adecuada para los LLM es todo un reto.

Datos Sintéticos y Generación de Ideas Nuevas

La tercera teoría especulativa sobre Q* sugiere una conexión potencial entre el Q* learning y los datos sintéticos. Los datos sintéticos son otra prometedora área de investigación para acelerar el aprendizaje de los sistemas de IA hacia la IAG. Los datos sintéticos son datos que no son reales, como los datos de entrenamiento recogidos de fuentes del mundo real, sino que son lo suficientemente realistas como para que un algoritmo de IA pueda entrenarse eficazmente con ellos.

Adquirir conjuntos de datos de alta calidad plantea un reto omnipresente y formidable. Las compañías que poseen un conjunto de datos excepcionalmente valioso, distinto y bien mantenido tienen un valor significativo. Sólo unas pocas compañías disponen de conjuntos de datos amplios y únicos, como Google, Amazon, Meta, Reddit y algunas otras situadas ligeramente por debajo en el tótem, como los operadores de telefonía móvil y los bancos. En particular, OpenAI carece de su propio conjunto de datos exclusivo y obtiene conjuntos de datos de varios canales, incluidas compras y conjuntos de datos de código abierto. Si la IA pudiera generar de forma autónoma conjuntos de datos sintéticos, se eliminaría la dependencia de este número limitado de fuentes. Muchas compañías y startups destacadas están trabajando en datos sintéticos, pero existen graves obstáculos para mantener la calidad y evitar un estancamiento prematuro.

Por ejemplo, en el caso de los coches autónomos, sólo unas pocas compañías como Waymo de Google o Tesla han podido construir enormes conjuntos de datos con millones de horas de vídeo real de carreteras porque empezaron a incorporar cámaras de vídeo y a escalar la recopilación de datos hace años. Otros fabricantes de automóviles más tradicionales, como GM o Ford, también están construyendo coches autónomos, pero empezaron a incorporar cámaras de vídeo mucho más tarde y no disponen del amplio conjunto de datos de vídeo que tienen Google o Tesla. Los datos sintéticos les serán enormemente útiles para entrenar sus algoritmos de conducción. Hablaremos más sobre los coches autónomos en el Capítulo 13, cuando hablemos de la movilidad robótica.

La principal ventaja de los datos sintéticos es que permiten introducir ideas y enfoques completamente innovadores en un modelo. Los modelos entrenados con conjuntos de datos estáticos están limitados a las ideas contenidas en esos datos y pueden no ser capaces de generar verdaderas innovaciones. Los modelos de lenguaje actuales, por ejemplo, dependen en gran medida de su conjunto de entrenamiento, produciendo respuestas basadas en conocimientos existentes en lugar de generar ideas genuinamente nuevas. Volviendo al ejemplo de AlphaGo, cuando este modelo usaba datos de entrenamiento de jugadores humanos expertos, solo podía aprender las estrategias empleadas por los humanos. Sin embargo, podrían existir estrategias mucho mejores que no estaban incluidas en ese conjunto de datos limitado. Al proporcionar a un modelo de IA datos sintéticos de alta calidad, estamos ampliando el rango de soluciones que el modelo puede explorar y aprender.

Los datos sintéticos pueden ser muy valiosos para el entrenamiento de la Inteligencia Artificial General (IAG). Incluso si combinamos todos los conjuntos de datos disponibles, es posible que no sean suficientes para entrenar una IA avanzada como la IAG. Por eso, se está considerando el uso de datos sintéticos o una combinación de datos reales y sintéticos. Se especula que Q* podría estar utilizando este enfoque. Las variaciones o mutaciones generadas con datos sintéticos podrían usarse para entrenar algoritmos mediante self-play con retroalimentación automática de la IA o a través de algoritmos genéticos.

Los datos sintéticos representan un desafío significativo en la evolución de la IA. Aunque estos datos pueden parecer realistas, no son genuinos, lo que dificulta distinguir entre lo real y lo fabricado. Esta dificultad se traduce en problemas para identificar qué información es auténtica y cuál es artificial. Aunque los datos sintéticos pueden ofrecer oportunidades para introducir ideas innovadoras en los modelos, también pueden ser utilizados para incorporar prejuicios personales. Dado que los algoritmos no pueden hacer estas distinciones, existe el riesgo de manipulación masiva de la información, como noticias falsas, vídeos engañosos, pruebas fabricadas en casos criminales y otros tipos de contenido sesgado. Abordaremos este tema en profundidad en el Capítulo 23, donde exploraremos los posibles resultados distópicos.

Aprendizaje Mediante Datos Sensoriales

Por último, abordaremos dos áreas de investigación actuales que, a diferencia de los rumores sobre Q* relacionados con el despido de Sam Altman, tienen el potencial de avanzar significativamente en la Inteligencia Artificial General (IAG). La primera es el uso de datos sensoriales, que provienen de nuestros sentidos, como el video, para entrenar algoritmos. Según expertos en IA como Yann LeCun, utilizar datos sensoriales para entrenar algoritmos podría acelerar el proceso de adquisición de conocimientos [LeCun].

Los animales y los humanos logran un rápido desarrollo cognitivo con mucho menos input de datos en comparación con los actuales sistemas de IA, que requieren enormes volúmenes de datos de entrenamiento. Por ejemplo, los Grandes Modelos de Lenguaje (LLM) suelen entrenarse con conjuntos de datos de texto que a un humano le llevaría 20.000 años leer. A pesar de este vasto volumen de datos, estos modelos aún tienen dificultades con conceptos básicos como el razonamiento lógico o matemático. En contraste, los humanos necesitan muchos menos datos textuales para alcanzar niveles superiores de comprensión.

Según LeCun, la explicación reside en que los humanos se encuentran con una amplia gama de tipos de datos que van más allá del mero texto. Concretamente, una parte importante de la información que recibimos es en forma de imágenes y vídeos, que es un formato muy rico e inherentemente contextual. Si tenemos en cuenta los datos visuales y la riqueza de las imágenes en comparación con el texto, la ingesta de datos de los humanos supera los datos de entrenamiento de un LLM, incluso desde una edad temprana. Por ejemplo, la exposición de un niño de dos años a los datos visuales es de aproximadamente 600 terabytes, mientras que los datos de entrenamiento de un LLM suelen ser de unos 20 terabytes. Esto implica que un niño de dos años ha estado expuesto a 30 veces más datos que los que suele recibir un LLM durante su proceso de formación. El ejecutivo publicitario Fred Barnard acuñó una vez la famosa frase: *"Una imagen vale más que mil palabras"*, y resulta que estaba en lo cierto, aunque exagerando ligeramente la realidad.

Según LeCun, la razón por la que los humanos aprendemos más rápido no se debe únicamente a que nuestros cerebros sean más grandes que los LLM actuales. En cambio, da otra razón para apoyar el argumento de que los datos de vídeo también tienen una importancia significativa en el proceso de entrenamiento. Los animales, incluidos los loros, los córvidos, los pulpos y los perros, también son considerablemente más inteligentes que los LLM actuales. Estos animales poseen unos cuantos billones de hiperparámetros, lo que se aproxima mucho a los LLM actuales. Se rumorea que el GPT-4 tiene 1,76 billones de hiperparámetros, mientras que el GPT-3 tiene 175.000 millones. Los hiperparámetros de una red neuronal artificial equivalen a sinapsis cerebrales.

Para ponerlo en perspectiva, los cerebros humanos son considerablemente más grandes que los modelos de lenguaje actuales. Un cerebro humano cuenta con unos 100.000 millones de neuronas y entre 100 y 1.000 billones de sinapsis. Además, los cerebros de los jóvenes tienen muchas más sinapsis en comparación con los de las personas mayores [Herculano-Houzel] [Wanner] [Zhang] [Yale].

Se están desarrollando nuevas arquitecturas que buscan imitar el eficiente aprendizaje observado en humanos y animales al utilizar datos sensoriales en la creación de modelos avanzados de IA. Aunque añadir más datos de texto, ya sean sintéticos o reales, puede ser una solución temporal, integrar datos sensoriales, especialmente en formato de vídeo, representa la solución ideal para acercarnos a la Inteligencia Artificial General. El vídeo tiene una mayor capacidad de comunicación en comparación con el texto y una estructura interna más compleja, ya que incluye datos espaciales, de movimiento, de audio y textuales. Además, el vídeo ofrece más oportunidades de aprendizaje que el texto debido a su repetición natural que proporciona valiosos conocimientos sobre la estructura del mundo.

En última instancia, como decían muy acertadamente los romanos, *"de gustibus y de colorem non disputandem"* (sobre el gusto y el color no hay disputa.) Un entrenamiento basado exclusivamente en texto en el que los datos incluyan la palabra *"verde"*, por ejemplo, nunca generará la comprensión contextual de que verde para mí puede ser azul para ti. O cuando alguien dice *"vaya, esa comida está deliciosa"*, el verdadero significado sólo puede entenderse al ver si se dijo poniendo los ojos en blanco o no. Como no existen amplias bases de datos de vídeos reales adecuados para entrenar a la IA en el sentido común contextual, es muy probable que para ello se utilicen vídeos sintéticos, lo que abre el riesgo de sesgos específicos, como ya hemos revisado.

Modelos del Mundo: Una Visión del Mundo para la IA

Un *"modelo del mundo"* en IA se refiere a una representación completa de un entorno que se utiliza en el aprendizaje por refuerzo. Los modelos de mundo encapsulan los elementos clave, la dinámica y las relaciones dentro de ese entorno, lo que permite a un agente de IA simular y comprender su entorno. Los modelos de mundo también se han utilizado en el entrenamiento robótico desde sus inicios. Estos modelos permiten al robot interpretar y predecir acontecimientos, facilitando la toma de decisiones y la planificación. Hablaremos de ello en detalle en el Capítulo 11.

Los seres humanos también utilizan representaciones mentales similares a los modelos del mundo. Estas representaciones se construyen a través de la percepción sensorial, la experiencia y el aprendizaje, y permiten a los individuos comprender y navegar por el mundo que les rodea. Los modelos humanos del mundo abarcan diversos elementos experienciales, como las relaciones espaciales, la dinámica de causa y efecto y las interacciones sociales. Informan de lo que coloquialmente se denomina la *"visión del mundo"* de cada uno. De forma similar al entrenamiento de los robots, los humanos utilizan estas representaciones mentales para tomar decisiones, planificar y adaptarse a nuevas situaciones. En muchos sentidos, es ineludible informar las decisiones.

Los modelos de lenguaje actuales (LLM) no incluyen explícitamente modelos detallados del mundo, pero integrar estos modelos es una estrategia avanzada que se explora para lograr la Inteligencia Artificial General. Esta integración podría ofrecer dos ventajas clave: primero, al incorporar una comprensión más profunda del entorno, los LLM podrían generar respuestas más ajustadas al contexto, permitiendo conversaciones más matizadas, una mejor comprensión de escenarios complejos y una información más precisa y consciente del contexto. Segundo, los modelos del mundo podrían permitir a los LLM simular y razonar sobre diferentes situaciones, mejorando su capacidad para el sentido común y la resolución de problemas en diversos contextos.

Notamos que los modelos del mundo también podrían estar conectados con el tema de la conciencia humana y la Inteligencia Artificial. La conciencia es el estado en el que somos conscientes de nuestros propios pensamientos, sensaciones, sentimientos y entorno. Es un tema complejo del que la ciencia aún sabe poco. Abordaremos esta cuestión en el contexto de la Superinteligencia en el Capítulo 26.

Parte III: El Nuevo Cuerpo

"جسدك له حق عليك"

"Tu cuerpo tiene derechos sobre ti".

Profeta Mahoma

560 - 632 d.C.
Sahih al-Bujari, Libro 43, Capítulo 3, Hadiz 6284 [Hadith]

(El autor de este libro siente un profundo respeto por las enseñanzas de Mahoma, el Profeta del Islam, así como por sus seguidores.)

Preámbulo

Los robots son una extensión del cuerpo humano. Aunque al principio se emplearon en entornos de fabricación demasiado peligrosos para los seres humanos, ahora están empezando a integrarse perfectamente en nuestra vida cotidiana, desde los electrodomésticos hasta los coches autónomos, mejorando la comodidad y la eficacia en todas las aplicaciones.

Gracias a las redes neuronales profundas, la IA y la robótica se han integrado; un robot es hoy básicamente una IA con un cuerpo físico. A medida que las nuevas tecnologías de IA hacen avanzar la conciencia emocional de los robots y permiten una interacción más profunda con los humanos, los robots humanoides están asumiendo funciones no sólo en la fabricación, sino también en la construcción, la sanidad y las industrias de servicios. Estos robots están avanzando incluso en el cuidado de ancianos, un sector en el que siempre se ha valorado mucho el toque humano.

Los robots están empezando a convertirse en una extensión cada vez más común de nuestros cuerpos. Las prótesis robóticas, conectadas de cerca con nuestros cerebros, ya permiten controlar el movimiento y experimentar sensaciones. En el futuro, será cada vez más posible integrar mejoras mecánicas y electrónicas en nuestros cuerpos y cerebros, dando paso a una era en la que los cyborgs serán una realidad generalizada.

Antes de adentrarnos en el futuro de los robots, repasaremos primero cómo se han desarrollado. Los robots modernos tienen sus raíces en complejas creaciones mecánicas que se remontan a la Grecia clásica. El Capítulo 10 profundiza en la historia temprana de estos autómatas, avanzando a través de la Revolución Industrial, cuando la aparición de fábricas automatizadas desató la preocupación por el desplazamiento de puestos de trabajo y desencadenó el movimiento ludita en respuesta a la automatización, un movimiento que creemos que se repetirá en un equivalente actual.

El Capítulo 11 describe los primeros robots que se construyeron a partir de la década de 1920. En aquella época, había dos enfoques contrapuestos para diseñar robots, uno analógico y otro que utilizaba la lógica simbólica. Los robots analógicos se basaban en señales eléctricas continuas, tenían una capacidad de respuesta en tiempo real sin igual y destacaban en tareas más sencillas. Los robots basados en la lógica simbólica empleaban un ordenador para procesar símbolos lógicos discretos y podían realizar tareas más complejas, pero eran más lentos.

Tras aquellos primeros años, el desarrollo de los robots se dividió en tres arquetipos distintos que progresaron independientemente: primero, los brazos robóticos y las aplicaciones industriales; segundo, los robots diseñados para una gran movilidad y autonomía; y tercero, los robots adaptados a las interacciones humanas.

En el Capítulo 13, se explora el primer tipo de robot: el brazo robótico, que ha sido el más influyente de la historia. Desarrollado en EE.UU. en 1961, el brazo robótico inicialmente se utilizó en la industria automotriz estadounidense. Sin embargo, su impacto pronto se expandió a otros sectores y regiones. El Capítulo 14 detalla cómo, en 1969, el brazo robótico llegó a Japón y se transformó en máquinas industriales avanzadas. Esto permitió a Japón convertirse en el líder mundial en robótica, alcanzando una cuota de mercado del 90% de todos los robots industriales en 1990.

El segundo tipo de robots experimentó un avance notable en autonomía y movilidad después de la crisis de las puntocom en 2002. Este progreso se debió al aumento en la capacidad de los ordenadores y al desarrollo de algoritmos avanzados de redes neuronales, que permitieron a los robots tomar decisiones complejas sobre su movilidad en tiempo real. En el Capítulo 15, exploramos los coches autónomos, los robots de almacén y los robots cuadrúpedos o bípedos. El Capítulo 16 se centra en los robots militares, especialmente en la evolución de los vehículos terrestres no tripulados y los drones. Finalmente, el Capítulo 17 examina los robots espaciales, desde los que operan en la Estación Espacial Internacional, que tienen requisitos de autonomía relativamente bajos, hasta los robots de exploración de Marte, cada vez más autónomos, y los robots de minería de asteroides, que enfrentan los mayores desafíos en términos de autonomía y movilidad.

Los dos últimos capítulos de esta sección profundizan en el tercer tipo de robot, diseñado específicamente para interactuar con humanos. Japón lleva desarrollando humanoides desde finales de la década de 1960. El Capítulo 19 examina el papel de los robots humanoides en Japón como respuesta innovadora a los retos demográficos y como sustituto de la inmigración. En Japón, los robots se emplean para automatizar la mano de obra en diversas industrias, incluidos sectores tradicionalmente no automatizados como el comercio minorista, la hostelería, los servicios y la construcción. Además, el Capítulo 20 explora la capacidad en evolución de los robots para comprender y responder a las emociones humanas, integrando perfectamente las emociones en sus procesos de toma de decisiones. Esta transformación está fomentando vínculos emocionales entre humanos y robots.

En las siguientes páginas, exploraremos cómo han evolucionado los robots, una evolución que ha ocurrido de manera paralela pero separada al desarrollo de la Inteligencia Artificial. Ahora, estas dos áreas se han cruzado, y analizaremos las implicaciones de esta convergencia. Veremos cómo la tecnología robótica está preparada para aumentar su presencia en nuestra sociedad y lo que esto significa para nosotros.

10. De los Autómatas Mecánicos a la Revolución Industrial

"Como los compañeros de la Libertad allende el mar
compraron la independencia al precio de la sangre,
también nosotros, también,
moriremos luchando o viviremos libres,
¡y abajo todos los reyes menos el Rey Ludd!"

George Gordon Byron, Lord Byron

Poeta británico
Canción para los luditas [Eschner]
1816

A principios del siglo XIX, en medio de la arrolladora marea de la Revolución Industrial en Inglaterra, un resonante coro de disidencia y rebelión encontró múltiples expresiones entre los artesanos y otros trabajadores. En el poema de 1816 del poeta Lord Byron, *"Canción para los luditas"*, transmitió elocuentemente temas de libertad y rebeldía frente a la mecanización. Los luditas, un grupo de trabajadores textiles cualificados, encarnaban este espíritu al oponerse firmemente a la intrusión de las máquinas en su oficio, recurriendo a dramáticos actos de destrucción de maquinaria para protestar contra la automatización.

En 2023, en el corazón de Hollywood, se desató una protesta similar [CBS]. Actores y guionistas se manifestaron en las calles, preocupados por el impacto de la IA en sus trabajos. Sus protestas reflejaban un creciente malestar ante el aumento de la automatización y la IA en el ámbito laboral, que amenaza con reemplazar la creatividad humana con máquinas. La idea de que robots y algoritmos pudieran hacerse cargo de sus funciones generó ansiedad entre aquellos que han dedicado su vida al arte de contar historias.

Al igual que los luditas, los trabajadores de múltiples sectores expresan hoy, con razón, su preocupación por el alcance del impacto potencial de la IA para convertirlos en económicamente obsoletos. Casi todas las facetas de nuestras vidas, desde los vehículos autónomos hasta el diagnóstico médico, dependen del trabajo humano que, en ausencia de una estrategia de adaptación y ajuste, se verá afectado negativamente por la IA.

Los fundamentos de la robótica moderna se encuentran en la evolución histórica de la maquinaria automatizada. Este desarrollo condujo a la Revolución Industrial y dio lugar a fenómenos como el movimiento ludita. Los robots tienen sus raíces en los trabajos de ingenieros mecánicos de diferentes civilizaciones, incluyendo la antigua China, el mundo helenístico, la cultura islámica y la Europa medieval. Figuras influyentes como Leonardo da Vinci también jugaron un papel crucial en este proceso.

Los Ingenieros Mecánicos del Mundo Helenístico

En el siglo IV a.C., en el mundo griego, los mitos y las leyendas influyeron enormemente en la conceptualización y el desarrollo de la automatización, como ya se expuso en el Capítulo 3.

Una figura racional que destaca en medio de este telón de fondo mítico fue Arquitas de Tarento, matemático e ingeniero del siglo IV a.C. Inspirado por la gran variedad de cuentos, Arquitas creó un asombroso pájaro mecánico propulsado por vapor. Un día, Arquitas fue invitado a una fiesta y decidió mostrar esta ingeniosa máquina. La máquina consiguió un vuelo extraordinario, fascinando a todo el mundo. El pájaro se elevó por encima de los invitados antes de regresar graciosamente junto a su creador, dejando a todos atónitos [Chambers].

Como Arquitas, surgieron muchos ingenieros talentosos en el Egipto helenístico, concretamente en Alejandría. Muchos de ellos se especializaron en la fabricación de autómatas para ceremonias religiosas y entretenimiento, atendiendo principalmente a la élite. Entre ellos destaca Herón de Alejandría (siglo I d.C.). Herón daba vida a figuras y escenas en un teatro de marionetas. Sus creaciones tenían mecanismos complejos, como puertas automáticas, fuentes de líquido que dispensaban vino o leche, y una máquina expendedora que ofrecía agua bendita por una moneda. Estos dispositivos funcionaban mediante sistemas de aire comprimido y vapor, revelando una sorprendente sofisticación de la ingeniería mecánica. Las intrincadas técnicas de construcción de estas maravillas quedaron documentadas en el Tratado de Neumática de Hero [Alejandría].

A lo largo de la Edad Media, el mundo griego mantuvo la práctica de crear autómatas. El Imperio Bizantino, situado en el Mediterráneo oriental, continuó el rico legado cultural griego y romano tras la caída de Roma en 476 d.C. Esto incluía la conservación y el avance de los conocimientos sobre la fabricación de autómatas que les habían transmitido sus antepasados alejandrinos. Un ejemplo del siglo X ilustra la tecnología de los bizantinos. Cuando los embajadores de Europa occidental viajaron a Constantinopla, quedaron muy impresionados por los autómatas expuestos en el palacio de los emperadores Teófilo y Constantino Porfirogéneta. Entre los autómatas había leones de bronce dorado o de madera, pájaros metálicos con melodiosos cantos y un trono imperial que ascendía y descendía elegantemente sobre una plataforma. Estas maravillosas creaciones dejaron una huella indeleble en los embajadores, que relataron las maravillas a su regreso a casa [Safran].

Pioneros de la Automatización en la China Imperial

Entre los siglos VIII y XI, mientras Europa estaba inmersa en un periodo de estancamiento durante su Alta Edad Media, China experimentó un renacimiento y un crecimiento que marcaron un capítulo fascinante de su historia. Durante este periodo, las dinastías Tang y Song dejaron una profunda huella en el desarrollo cultural, tecnológico y comercial del país. Los emperadores Tang (618 - 907 d.C.) fueron testigos del florecimiento de las artes, la poesía y la expansión del budismo. Tras un breve periodo de fragmentación política, surgió la dinastía Song (960 - 1127 d.C.), bajo cuyo gobierno China experimentó importantes avances en ciencia, tecnología y comercio, con innovaciones notables como la brújula magnética y la imprenta de tipos móviles.

En este contexto de desarrollo y creatividad, surgieron en China figuras destacadas en el campo de la automatización. Entre ellas se encuentra Ma Daifeng, un enigmático inventor del siglo VIII del que se sabe poco. Ma Daifeng construyó un tocador para la emperatriz de China, un aparato asombroso para su época. Cuando la emperatriz necesitaba arreglarse y maquillarse, el mueble con espejos se abría automáticamente y emergía con gracia una figura mecánica de madera que le entregaba los artículos necesarios para su aseo personal, desde maquillaje hasta accesorios para el pelo [Hemal y Menon].

Sin embargo, Ma no fue la única pionera en el campo de la ingeniería mecánica. Ying Wenliang destacó como un visionario que creó autómatas capaces de pronunciar discursos en banquetes y otros que tocaban melodías con antiguos instrumentos musicales chinos, demostrando su capacidad para construir con un estándar que imitaba con precisión los movimientos humanos.

Por último, el científico e ingeniero Su Song dejó una profunda huella en la historia de la automatización con su obra maestra, la Torre Su Song de Kaifeng (China), construida en 1088 d.C. [Lin y Yan]. Esta torre albergaba una serie de maniquíes automáticos que realizaban diversas tareas, desde medir el tiempo e indicar la dirección de los vientos hasta tocar campanas y ofrecer representaciones teatrales.

El Islam Medieval Revoluciona la Mecánica

En el mundo árabe medieval se produjo una notable época de avances intelectuales y tecnológicos conocida como la Edad de Oro islámica. Esta época, liderada por la dinastía Abasí, que gobernó entre los siglos VIII y XII, fue testigo de asombrosos avances en diversas disciplinas, como la ciencia, la filosofía, la medicina, las artes y la arquitectura. Comenzó con la expansión del Islam bajo los califatos Omeya y Abasí, que establecieron vastos imperios que se extendían desde España hasta Persia. Bajo el liderazgo de la dinastía Abasí, Bagdad se convirtió en un destacado centro intelectual y cultural, donde se lograron importantes avances en campos como las matemáticas, la astronomía y la medicina, dejando un impacto duradero en la civilización mundial.

Ismail al-Yazari destaca como musulmán polímata que dejó una huella indeleble en la historia de la ingeniería. Al-Yazari vivió en el siglo XII en el norte de Mesopotamia, y su legado perdura a través de su obra, el *"Libro del Conocimiento de los Ingeniosos Dispositivos Mecánicos"*, escrito en 1206. En sus páginas describió meticulosamente más de 50 dispositivos mecánicos, incluidos autómatas humanoides de asombrosa complejidad [Elices].

Uno de los autómatas más famosos de Al-Yazari era un barco decorado con cuatro músicos automáticos, que deslumbraban a los invitados en las lujosas fiestas reales. Estos músicos, que tocaban flautas, tambores, laúdes y otros instrumentos tradicionales, lograban una sincronización perfecta gracias a un intrincado sistema de engranajes, levas y palancas, impulsado por un mecanismo de agua y peso. Cada músico automático ejecutaba melodías preprogramadas, similares a las de las *"pianolas"*, brindando al público una experiencia musical verdaderamente única.

Uno de los autómatas más destacados creados por Al-Jazarí era una camarera mecánica que servía agua, té y otras bebidas. El proceso comenzaba cuando el líquido goteaba desde un depósito hacia una jarra, y luego, tras unos minutos, se vertía en una taza. Después, una puerta automática se abría para que la camarera mecánica completara el servicio. Además, Al-Jazarí diseñó un autómata para el lavado de manos, que incorporaba un mecanismo de descarga de agua similar a los retretes modernos. Este dispositivo presentaba una figura humanoide junto a un lavabo lleno de agua, el cual se vaciaba al tirar de una palanca y luego se rellenaba automáticamente.

Los autómatas de Al-Yazari, excepcionalmente sofisticados para su época, reflejaban un profundo conocimiento de la mecánica y la ingeniería. Su elección de representar figuras humanas en estos autómatas resulta intrigante, teniendo en cuenta que el Islam no fomenta la representación de la forma humana. Sin embargo, estos artefactos se crearon con fines prácticos más allá de las consideraciones religiosas, poniendo de relieve el ingenio y la habilidad técnica en la creación de autómatas que aún hoy asombran por su ingenio y complejidad.

Europa Despierta y Abraza la Mecánica Islámica

En el siglo X, Europa comenzó a despertar del letargo de la Alta Edad Media, iniciando un período de innovación y creatividad. Los conocimientos matemáticos y mecánicos del mundo helenístico y árabe llegaron al continente europeo a través del contacto con los árabes, especialmente en España y Sicilia.

Un ejemplo destacado de esta influencia árabe en la Europa del siglo X fue un regalo extraordinario que Harun al-Rashid, el poderoso califa de Bagdad, envió al rey Carlomagno de los francos en el año 807. Este regalo era un reloj de agua con complejos mecanismos hidráulicos y figuras humanas en movimiento. El obsequio no solo asombró a Carlomagno, sino que también despertó la curiosidad y el asombro en toda Europa.

A partir del siglo X, comenzaron a construirse en Europa los primeros relojes de agua, inspirados en la estética del mundo árabe. Un ejemplo notable es el Papa Silvestre II, quien poseía uno de estos relojes. El legado técnico de los árabes, con su dominio en mecánica y matemáticas, siguió dejando una profunda huella en Europa. Los engranajes segmentados, descritos por Al-Jazarí en sus escritos, aparecieron en los relojes más avanzados de Europa casi un siglo después. Aunque la transferencia de conocimientos fue lenta, Europa empezó a absorber la sabiduría y la habilidad técnica acumuladas durante siglos, emergiendo finalmente de su temprana Edad Media.

En la Baja Edad Media, ya existían numerosos autómatas diseñados y construidos. En el siglo XIII, Roberto II, conde de Artois, decoró su jardín con varios autómatas mecánicos que imitaban tanto a animales como a seres humanos. Más tarde, en el siglo XIV, estos autómatas se hicieron populares en las ciudades europeas junto con los relojes mecánicos, y surgieron los campaneros automáticos conocidos como *"jaquemarts"* [LaGrandeur]. En el siglo XV, Johannes Müller von Königsberg, un destacado astrónomo y matemático alemán, creó autómatas inspirados en aves e insectos, como su *"águila de hierro"* y su *"mosca de hierro"*. Finalmente, en el Renacimiento inglés, John Dee, consejero de la reina Isabel, construyó un escarabajo mecánico de madera que podía volar gracias a mecanismos internos ocultos.

La Creatividad Mecánica de Leonardo da Vinci

Ningún repaso sobre los autómatas y la ingeniería mecánica que influyeron en la robótica puede omitir las ingeniosas máquinas del maestro Leonardo da Vinci. Su impacto en la evolución de la robótica es un aspecto fascinante de la historia tecnológica. Leonardo logró combinar ciencia y creatividad artística, fusionando lo real con lo conceptual para crear potenciales innovadores. De manera similar a cómo la ciencia ficción influye en la dirección de la Inteligencia Artificial, su trabajo muestra cómo la intersección entre tecnología y artes visuales puede conducir a avances significativos.

Uno de los primeros ejemplos documentados de la incursión de Leonardo en la automatización es su diseño de un autómata humanoide, realizado en 1495. Este diseño, que se había perdido con el tiempo, fue redescubierto en la década de 1950 [Moran].

El autómata diseñado por Leonardo es un caballero mecánico con armadura. La inspiración para crear este caballero provenía de sus estudios de anatomía, especialmente de su famoso análisis de las proporciones ideales del cuerpo humano. Aunque el funcionamiento exacto de esta máquina ha sido objeto de debate debido a la falta de pruebas directas, las especulaciones sobre su funcionamiento se basan en los diseños y principios mecánicos que Leonardo aplicó en su creación.

Este autómata constaba de varios componentes y mecanismos clave que permitían su funcionamiento. Entre estos elementos estaban la estructura de soporte que sujetaba al autómata, la armadura que llevaba—diseñada según el estilo germano-italiano de la época—y las capacidades de movimiento que imitaban a los humanos, como sentarse, mover los brazos y mover la cabeza y la mandíbula.

Uno de los aspectos más enigmáticos del diseño era un tambor melódico situado en la parte superior del autómata. No se sabe con certeza si este tambor estaba directamente relacionado con el funcionamiento del autómata o si tenía una función independiente, como mecanismo musical.

El autómata también podía mover las muñecas, pero no los brazos ni los antebrazos. Cada muñeca podía moverse alternativamente, lo que sugiere una posible función musical o de percusión. Además, el autómata estaba equipado con un mecanismo que podía programarse mediante la colocación o retirada de clavijas, lo que permitía alternar secuencias rítmicas. Esto también apunta a una función musical o de entretenimiento.

Otro ejemplo notable de los esfuerzos de Leonardo en el campo de la automatización es el *"león mecánico programable"* que construyó como alegoría política en 1515. Este león podía abrir su pecho y mostrar el escudo real y las flores de su interior, y se cree que su motor estaba basado en un carro autopropulsado que Leonardo dibujó en 1478. Aunque de naturaleza distinta a la de su caballero mecánico, este autómata muestra la versatilidad y creatividad de Leonardo para fabricar máquinas impresionantes [Ledsom].

Los Ingeniosos Juguetes Mecánicos Asombran al Mundo

La tradición de crear automatismos mecánicos para el disfrute de las clases altas que se inició en el mundo árabe y persistió en Europa en la Baja Edad Media continuó y se extendió a la sociedad en general durante la Edad Moderna. En el siglo XVIII, apareció una deslumbrante variedad de juguetes mecánicos y automatismos lúdicos que empezaron a cautivar a la sociedad. Esta vena inventiva encendió la imaginación de los relojeros y artesanos mecánicos de toda Europa, despertando el entusiasmo por los juguetes automatizados. La aristocracia europea acogió con entusiasmo estos autómatas, coleccionándolos para su entretenimiento.

En el siglo XVIII, el hábil artesano Jacques de Vaucanson creó un pato mecánico para Luis XV. Este asombroso juguete podía comer y beber gracias a sus complejas piezas móviles. Sin embargo, las aspiraciones de Vaucanson no se detuvieron ahí; también construyó autómatas humanoides, como un tamborilero y un flautista, que eran impresionantemente similares a la forma humana [Hemal y Menon].

Del mismo modo, Pierre Jaquet-Droz, relojero suizo del siglo XVIII, se aventuró en el mundo de los autómatas como herramienta promocional de su negocio de venta de relojes y pájaros. Sus humanoides mecánicos realizaban acciones asombrosas. *"El Escritor"*, una de sus creaciones más conocidas, podía redactar mensajes personalizados con pluma y papel. Otros autómatas de Jaquet-Droz producían música y ejecutaban intrincados movimientos, convirtiéndose en maravillas de la ingeniería y codiciadas fuentes de entretenimiento [Deshpande].

Por otra parte, Wolfgang von Kempelen, inventor húngaro, presentó a finales del siglo XVIII *"El Turco"*, una máquina para jugar al ajedrez que asombró al mundo. Este autómata compitió hábilmente contra oponentes humanos, derrotando a destacadas figuras históricas como Benjamín Franklin y Napoleón Bonaparte. Incluso Edgar Allan Poe escribió sobre ella en su novela corta *"El jugador de ajedrez de Maelzel"* [Poe]. Sin embargo, tras la ilusión, El Turco ocultaba a un jugador humano oculto, un engaño magistral que cautivó al público durante años [Hemal y Menon].

Lejos de Europa, lo mismo ocurría paralelamente en Japón—una tierra que estaba destinada a convertirse en líder mundial absoluto de la robótica-, donde los juguetes mecánicos, conocidos como Karakuri, causaban sensación. Los Karakuri iban desde simples muñecas hasta complejos autómatas que servían té, escribían y disparaban flechas. Eran populares en espectáculos y festivales. El interés por los Karakuri era tal que en 1796 se publicó el *"Karakuri Zui"*, un libro fundamental que documentaba y describía los Karakuri, sus diseños, tecnología y funcionamiento [Murakami]. Una figura interesante en esta ingeniería de autómatas es Hisashige Tanaka. Tanaka comenzó su carrera en el siglo XIX fabricando Karakuri, pero la abandonó para centrarse en productos de mayor valor añadido, como la hidráulica y la iluminación. Llegó a fabricar un tren y un barco de vapor. Fue un inventor tan prolífico que se ganó el apodo del *"Edison japonés"*. A su muerte, su compañía acabó convirtiéndose en Toshiba, la gigantesca multinacional tecnológica japonesa [Hornyak].

Estallido de la Revolución Industrial

Volviendo a Europa, a finales del siglo XVIII, Gran Bretaña era el epicentro de la Revolución Industrial. La introducción de maquinaria, como la máquina de vapor de James Watt y el telar mecánico de Edmund Cartwright, marcó el comienzo de una era de automatización. La producción textil se benefició enormemente de estas innovaciones, dando lugar a una fabricación más rápida y eficaz.

El impulso de la Revolución Industrial, liderado por Gran Bretaña, se expandió rápidamente por toda Europa. Países como Alemania, Francia y Bélgica adoptaron con entusiasmo la maquinaria y los avances tecnológicos británicos, dando inicio a una oleada de industrialización en el continente. En Europa, la industria textil también era de gran importancia, aunque requería mucha mano de obra. Los tejedores solían necesitar ayudantes para manejar los hilos y crear complejos patrones. Sin embargo, en 1804, el inventor francés Joseph-Marie Jacquard hizo un avance significativo con el *"Telar de Jacquard"*. Esta máquina innovadora utilizaba tarjetas perforadas para codificar los patrones, permitiendo que el telar manejara automáticamente los hilos y tejiera los diseños deseados. Gracias a esta invención, la velocidad de tejido aumentó de manera sorprendente, pasando de una pulgada al día a dos pies [Keranen].

A principios del siglo XIX, la Revolución Industrial también cruzó el Atlántico para llegar a EEUU. Visionarios como Eli Whitney, famoso por la desmotadora de algodón, y Samuel Slater, aclamado como el *"Padre de la Revolución Industrial Estadounidense"* por su dominio de la fabricación de maquinaria textil, hicieron contribuciones indelebles a la industrialización de los Estados Unidos.

La mecanización y automatización de tareas antes realizadas por manos humanas puso en marcha profundas transformaciones económicas y sociales.

La Lucha de los Luditas para Resistir el Ataque de la Automatización

Un grupo de trabajadores textiles ingleses, conocidos como los luditas, surgió a principios del siglo XIX en respuesta a los profundos cambios provocados por la Revolución Industrial, en particular la adopción generalizada de maquinaria en la producción textil; su movimiento cobró impulso entre 1811 y 1816 [Sale].

El término *"ludita"* tiene su origen en una figura mítica llamada Ned Ludd, un tejedor que supuestamente destrozó dos máquinas tejedoras en 1779 tras recibir críticas por su trabajo. Los luditas adoptaron este nombre como alias al enviar mensajes amenazadores a los propietarios de las fábricas y a los funcionarios del gobierno mientras protestaban por la creciente mecanización de la producción textil.

El malestar de los luditas con la Revolución Industrial provenía de su convicción de que el desplazamiento de los trabajadores cualificados por las máquinas conduciría al desempleo y a la reducción de los salarios. Además, consideraban que la maquinaria ponía en peligro la calidad de los productos, ya que los trabajadores no cualificados no podían igualar la destreza de los artesanos.

Los luditas se opusieron a la mecanización de su trabajo usando diversas tácticas, entre ellas, la destrucción de maquinaria. Llevaron a cabo ataques secretos en fábricas y molinos, enfocándose directamente en las máquinas que creían que eran las responsables de sus dificultades económicas. Romper maquinaria se convirtió en un símbolo de su resistencia contra la industrialización.

Uno de los incidentes más tristemente célebres de los luditas fue el asesinato del dueño de una fábrica, William Horsfall, en 1812. Horsfall había hecho comentarios incendiarios sobre los luditas, jurando *"Cabalgaría sobre sangre ludita"*. En represalia, un grupo de luditas le tendió una emboscada y le mató, lo que aumentó las tensiones y promovió una mayor represión gubernamental del movimiento [Sharp].

En última instancia, el movimiento ludita sucumbió a la intervención y represión del gobierno. El gobierno británico desplegó tropas para reprimir las actividades luditas, lo que dio lugar a detenciones, juicios y severos castigos para los implicados en la rotura de máquinas. La Ley de Destrucción de Máquinas de 1812 convirtió la *"destrucción de máquinas"* en un delito capital, disuadiendo aún más las acciones luditas. Estas medidas erosionaron gradualmente el impulso del movimiento, conduciendo a su declive.

A pesar de los subterfugios y de la oposición abiertamente expresada a la industrialización, la resistencia ludita fracasó finalmente en su intento de detener la Revolución Industrial. Los luditas y sus partidarios fueron sofocados con éxito gracias al uso de la fuerza por parte del gobierno y al apoyo de las clases media y alta. Los cambios económicos y tecnológicos de la Revolución Industrial continuaron sin freno. El movimiento ludita es un testimonio histórico de la intrincada y a veces polémica relación entre el progreso tecnológico y los sentimientos obreros.

11.　El Gran Debate: Lógica Simbólica o Analógica

"No se trata solo de la apariencia, sino de las acciones. El modelo debe comportarse como un animal, exhibiendo atributos como exploración, curiosidad, libre albedrío y la capacidad de actuar de manera impredecible. Debe buscar objetivos, autorregularse, evitar dilemas, prever el futuro, recordar y aprender. Además, debe olvidar cuando sea necesario, asociar ideas, reconocer formas y adaptarse socialmente. Así es la vida".

William Grey Walter

Neurofisiólogo, cibernético y robótico británico nacido en Estados Unidos.
Una máquina que aprende [Grey]
1951

En los inicios de la robótica, surgieron dos enfoques distintos de la lógica, cada uno con ventajas e inconvenientes. Estos enfoques, conocidos como *"robótica de lógica analógica"* y *"robótica de lógica simbólica"*, sentaron las bases para el desarrollo de la IA y los sistemas autónomos.

La robótica de lógica analógica se basaba en gran medida en circuitos analógicos para procesar la información y tomar decisiones. Estos robots utilizaban señales eléctricas continuas para representar y manipular datos, lo que permitía una capacidad de respuesta y adaptación en tiempo real. Una de las principales ventajas de este enfoque era su capacidad para manejar la entrada sensorial con relativa facilidad, ya que los sistemas analógicos podían procesar una amplia gama de señales continuas, como la luz, el sonido y el tacto, sin necesidad de digitalización. Además, la robótica lógica analógica mostraba una notable capacidad de procesamiento paralelo, lo que les permitía realizar múltiples tareas simultáneamente.

Sin embargo, la robótica lógica analógica tenía varios inconvenientes notables. Eran inherentemente limitados en cuanto al razonamiento lógico y la representación simbólica, lo que significaba que su capacidad de toma de decisiones se limitaba a menudo a comportamientos reactivos simples, haciéndolos menos adecuados para tareas complejas que requerían funciones cognitivas de nivel superior. Además, los componentes analógicos de estos robots eran susceptibles al ruido y a la deriva, lo que podía dar lugar a un comportamiento impreciso o errático.

Por otro lado, la robótica de lógica simbólica, defendida por pioneros como Alan Turing y John McCarthy, adoptó un enfoque fundamentalmente distinto. Estos robots se basaban en representaciones simbólicas del conocimiento y la lógica, utilizando símbolos discretos para representar conceptos, objetos y relaciones que se repetían. Esto permitía capacidades de razonamiento, planificación y resolución de problemas más sofisticadas. La robótica de lógica simbólica destacó en tareas que requerían razonamiento deductivo, como la navegación por entornos complejos, la toma de decisiones basadas en conocimientos ampliados y la planificación de secuencias de acciones.

Sin embargo, la robótica de lógica simbólica se enfrentaba a retos particulares. Su procesamiento simbólico de datos era intrínsecamente más lento que el de los sistemas analógicos, ya que implicaba cálculos complejos. Esto los hacía menos ágiles en entornos dinámicos en tiempo real y con una necesidad constante de potencia de procesamiento cada vez mayor. Además, la representación del mundo natural en símbolos requería una meticulosa programación manual, que exigía mucho trabajo y a menudo limitaba la adaptabilidad y la escalabilidad.

Primeros Prototipos de Robots: Limitados por la Ausencia de Capacidades Lógicas y Sensoriales

Durante las décadas de 1920 y 1930, aparecieron robots humanoides en Estados Unidos, Inglaterra y Japón, cada uno con un enfoque distinto en robótica. En EE.UU., el interés se centró en el entretenimiento; en el Reino Unido, en el movimiento y el lenguaje; y en Japón, en la interacción humana. Es notable que, a pesar de haber surgido simultáneamente en tres continentes y al menos dos culturas diferentes, todos los primeros prototipos de robots adoptaran una forma humanoide.

En los primeros días de la robótica, las máquinas eran bastante rudimentarias. Sin ordenadores modernos ni sensores avanzados, carecían de la capacidad para percibir e interactuar con su entorno. No podían realizar acciones autónomas ni tomar decisiones lógicas, ya que no contaban con mecanismos de razonamiento. Sin embargo, tenían componentes mecánicos y métodos de interacción humana que les daban una cierta apariencia de personalidad. Aunque hoy podríamos verlas como juguetes caros, similares a los autómatas creados por Pierre Jaquet-Droz en el siglo XVIII o a los Karakuri japoneses, en su época representaron avances tecnológicos significativos.

Televox fue el primer robot humanoide moderno, excluyendo el robot de Leonardo da Vinci. Construido en 1926 por la Westinghouse Electric Corporation, una importante empresa estadounidense [Schaut], Televox marcó un hito como el primer intento de crear un sirviente mecánico de tamaño humano para uso doméstico e industrial. Este robot podía responder a comandos de voz y realizar tareas como escribir cartas y dibujar. Se utilizaba como una atracción en demostraciones públicas, y su habilidad para interactuar de manera básica pero fascinante con las personas lo convirtió en una innovación notable para su época. Televox operaba mediante controles telefónicos, permitiendo a los usuarios dar órdenes a través del teléfono. Utilizaba lengüetas vibratorias ajustadas a frecuencias específicas para la entrada y una serie de tonos para la salida.

Una década más tarde, Westinghouse presentó Elektro, un robot humanoide diseñado principalmente para el entretenimiento en ferias y exposiciones [Schaut]. Este debutó en la Feria Mundial de Nueva York de 1939, mostrando habilidades para responder a órdenes de voz utilizando un vocabulario de aproximadamente 700 palabras. Elektro podía andar, fumar cigarrillos, inflar globos y demostrar movimientos hábiles de la cabeza y los brazos. Su apariencia realista se conseguía mediante un esqueleto de acero cubierto por una piel de aluminio. Además, Elektro tenía un compañero robótico llamado Sparko, un perro mecánico, que realzaba aún más su presencia cautivadora y accesible.

Al otro lado del Atlántico, en Inglaterra, el capitán William Richards, veterano de la Primera Guerra Mundial, construyó dos robots humanoides en el Reino Unido: Eric y George [Jozuka]. Eric, construido en 1928, era un robot estático capaz de sentarse y levantarse, pero incapaz de andar. Eric podía realizar gestos faciales y tenía capacidades multilingües. En cambio, George, un modelo posterior creado en la década de 1930, poseía capacidades más avanzadas. Podía pronunciar discursos en varios idiomas, como francés, alemán, hindi, chino y danés. A menudo se llamaba a George *"el caballero educado"* en comparación con Eric, al que se consideraba su *"hermano rudo y torpe"*. Al otro lado del globo, el primer robot humanoide japonés se desarrolló en 1927 y se llamó *"Gakutensoku"* [Frumer]. Este fascinante robot, cuyo nombre se traduce como *"el que estudia las leyes de la naturaleza"* en japonés, destacó por su capacidad para expresar emociones e interactuar con las personas. Sorprendentemente, muchas de las características que hoy hacen famosos a los robots japoneses por su amabilidad en las interfaces humanas ya estaban presentes en Gakutensoku. Este autómata no solo fue un compañero de las personas, sino también una fuente de inspiración. Equipado con un sistema de aire comprimido, Gakutensoku podía mover la cabeza y las manos de manera convincente, imitando la forma humana. Su destreza era impresionante: escribía con fluidez, levantaba los párpados y mostraba una variedad de expresiones faciales, como la introspección. Además, podía escribir palabras con una pluma, dejando una huella de ingenio y habilidad que ha perdurado en la memoria colectiva. Japón ha integrado los robots en la sociedad de una manera destacada, y en el Capítulo 17 exploraremos en detalle los humanoides japoneses y cómo se convirtieron en una sólida alternativa a la inmigración para el gobierno japonés.

Todos estos primeros robots carecían de capacidades lógicas y sensoriales. Con el desarrollo del primer ordenador en 1945 y los principios matemáticos de la lógica simbólica, surgieron dos escuelas de pensamiento distintas para dotar a los robots de cognición: la robótica de lógica analógica y la robótica de lógica simbólica.

El Instinto Animal de los Primeros Robots de Lógica Analógica

En los primeros días de la informática, luminarias como Alan Turing y John von Neumann desarrollaron teorías centradas en la computación digital y la lógica simbólica, como ya se ha expuesto en el Capítulo 3. John McCarthy y sus colegas siguieron explorando esta lógica simbólica en el contexto de la IA.

Sin embargo, es esencial señalar que la lógica simbólica, también llamada lógica digital, no era la única opción disponible en aquel momento. Existían alternativas, como la lógica analógica. Aunque los ordenadores actuales son totalmente digitales, la elección entre digital y analógico estaba mucho menos clara en aquellos primeros años. Para establecer un paralelismo, la transición de la TV analógica a la digital se produjo hace relativamente poco, a finales de los años 90. En los años 50, la lógica analógica era una alternativa sólida para muchos ingenieros.

La diferencia fundamental entre los sistemas simbólicos y analógicos radica en cómo representan y procesan la información: la lógica simbólica utiliza valores binarios discretos (0 y 1) para codificar y manipular los datos, mientras que la lógica analógica se basa en señales continuas y variables para la representación de la información.

Durante este periodo de exploración, William Grey Walter, investigador del Instituto Neurológico Burden de Bristol, defendió el uso exclusivo de la electrónica analógica para emular los procesos cerebrales. En 1948 y 1949, Walter logró un avance significativo al crear los primeros robots electrónicos autónomos con comportamientos complejos. Bautizados como Elmer y Elsie, estos robots *"tortuga"* representaron un hito, ya que emulaban cerebros animales en sus procesos de pensamiento [Inglis].

Elmer y Elsie estaban equipados con sensores individuales de luz o tacto conectados a dos vías diferentes que controlaban dos motores, imitando la presencia de dos cerebros neuronales distintos. Sorprendentemente, estos robots podían sortear obstáculos y explorar su entorno de forma autónoma. Cuando se les presentaba un conjunto de fuentes de luz, elegían una de ellas y decidían avanzar hacia ella como parte de su proceso exploratorio.

En un experimento cautivador, Walter colocó una luz delante de una de las tortugas, y ésta reaccionó como si se viera en un espejo, con su luz parpadeando excitada. Este comportamiento suscitó preguntas sobre si estos robots exhibían una conciencia de sí mismos similar a la observada en los animales. Aquel experimento tuvo un profundo significado para Walter, porque su objetivo era crear robots que encarnaran instintos animales.

Dos décadas más tarde, en los años 60, se desarrolló en la Universidad John Hopkins otro notable robot basado en la tecnología analógica, conocido como *"La Bestia"* [Moravec]. Los ordenadores ya estaban muy extendidos en aquella época, pero la Bestia funcionaba sin ordenador. Su circuito de control consistía en docenas de transistores que regulaban tensiones analógicas.

Esta máquina tenía una inteligencia básica, enfocada en su propia supervivencia. Mientras se movía por los pasillos del laboratorio, buscaba enchufes para recargarse. Sus sensores físicos, ubicados en el brazo, le permitían rastrear la pared con precisión. Al encontrar un enchufe, extendía dos puntas eléctricas para conectarse y comenzar a recargarse.

Un sistema de sonar guiaba a la Bestia, triangulando su ubicación en los pasillos y detectando obstáculos, de forma similar a la ecolocalización de un murciélago. Cuando identificaba obstáculos, como personas en el pasillo, la Bestia reducía la velocidad, se detenía o maniobraba a su alrededor según fuera necesario.

Avanzamos casi 20 años, hasta 1979, y surgió otro hito importante en el campo de la lógica analógica con el desarrollo del *"Carro de Stanford"* en la Universidad de Stanford [Moravec]. Este carro demostró una notable autonomía al recorrer con éxito una sala llena de sillas, todo ello sin intervención humana y sin depender de un ordenador integrado. Este logro fue posible gracias a su compleja circuitería analógica, que le permitía procesar la información sensorial y tomar decisiones en tiempo real de forma autónoma. El carro empleaba sensores analógicos para percibir su entorno, detectar obstáculos y ajustar su trayectoria en consecuencia. Los ordenadores estaban ciertamente disponibles a finales de los 70, pero aún eran demasiado lentos y limitados para soportar el tipo de cálculos necesarios para la compleja navegación del *"Carro de Stanford"*. Por eso este robot supuso un avance tan significativo en la demostración del potencial de la lógica analógica en robótica. El proyecto del *"Carro de Stanford"* fue dirigido por un joven Hans Moravec, y volveremos a hablar de él en el Capítulo 19, cuando expliquemos con más detalle el concepto de *"Entrelazamiento Humano-IA"*.

Los Pioneros de la Lógica Simbólica

La lógica simbólica también tuvo que demostrar su potencial, y no fue fácil dadas las limitaciones de los ordenadores de la época. La lógica simbólica gira en torno al uso de símbolos y reglas lógicas para representar el conocimiento y facilitar los procesos de razonamiento. Estos símbolos constituyen la base sobre la que los robots comprenden y navegan por el mundo real. Por ejemplo, cuando un robot explora su entorno, crea un mapa de la habitación, representando objetos y obstáculos mediante símbolos.

Durante los años 60 y principios de los 70, dos robots notables, Freddy y Shakey, contribuyeron significativamente a la robótica y la IA. Ambos robots compartían una base de lógica simbólica para sus procesos de programación y toma de decisiones.

Freddy [Ambler y al.], desarrollado en la Universidad de Edimburgo entre 1969 y 1976, se destacó por su versatilidad y rápida adaptación a nuevas tareas. Equipado con un brazo mecánico invertido que terminaba en una pinza de dos dedos en forma de garra, Freddy podía recoger objetos de las mesas con precisión. Esta pinza estaba complementada con una cámara de vídeo y un generador de rayas de luz láser, lo que le permitía aumentar su percepción del entorno. Una característica innovadora de Freddy era su capacidad para mover la mesa en lugar del brazo, lo que simplificaba su diseño y mejoraba su eficacia.

Freddy también podía identificar objetos a través de las imágenes captadas por su cámara y reconocer características específicas en ellos. No necesitaba instrucciones detalladas paso a paso. En su lugar, utilizaba un software avanzado que le indicaba los objetivos basados en la relación posicional deseada entre el robot, los objetos y el entorno. Gracias a este software, Freddy se adaptaba rápidamente a nuevas tareas, como colocar anillas en clavijas o armar juguetes de bloques de madera.

Shakey se desarrolló en la Universidad de Stanford de 1966 a 1972 bajo la supervisión de John McCarthy [Moravec]; su desarrollo se basó en diversas áreas de investigación, como la visión por ordenador, la robótica y el Procesamiento del Lenguaje Natural, marcando así un hito importante en la IA.

A diferencia de Freddy, que estaba fijado al techo, Shakey era un robot móvil innovador. Su base era rectangular y sostenía una estructura alta en la parte superior. En la base, se encontraban las ruedas, los sensores y los componentes electrónicos, mientras que el cuerpo central albergaba el ordenador y los sistemas de control. Desde él, se elevaba un mástil con una cámara y sensores que le permitían percibir su entorno.

Shakey se programaba principalmente en LISP, un lenguaje creado por John McCarthy. Este lenguaje luego se utilizó en las avanzadas máquinas de hardware de los años 80 que ejecutaban sistemas expertos. En el Capítulo 5 mencionamos que, en 1987, la caída en los precios de estas máquinas provocó el segundo invierno de la IA.

Como ya hemos indicado, a pesar de sus avances, Shakey y Freddy se enfrentaban a importantes limitaciones. La lógica simbólica resultó ser computacionalmente cara, lo que se tradujo en un procesamiento más lento de las tareas. Además, estos robots necesitaban una representación simbólica precisa del mundo en constante cambio que les rodeaba, lo que dificultaba su adaptación lo bastante rápida a entornos dinámicos y complejos.

Estas limitaciones pavimentaron el camino para el resurgimiento de la filosofía de la lógica analógica en el desarrollo de robots, dando lugar a una nueva fase conocida como la *"Nouvelle AI"*. Esta nueva ola surgió aproximadamente dos décadas después, como resultado de una reflexión crítica dentro de la industria de la IA durante el segundo invierno de la IA.

La *"Nouvelle AI"* y el Último Desafío a la Lógica Simbólica

Las crisis son buenos momentos para reflexionar. En medio del segundo invierno de la IA, surgió un enfoque revolucionario del Laboratorio de IA del MIT, encabezado por Rodney Brooks y su equipo. Este movimiento, conocido como Nouvelle AI, desafiaba el paradigma dominante de la IA simbólica, que hacía hincapié en la lógica y los símbolos abstractos [Brooks].

El concepto central de la Nouvelle AI giraba en torno a la creencia de que la verdadera inteligencia de las máquinas sólo podía demostrarse mediante la interacción con el mundo real. Para conseguirlo, argumentaban que una máquina debía poseer un cuerpo físico, sensores para percibir su entorno y capacidad para moverse, adaptarse y afrontar retos del mundo real. Esta perspectiva estaba firmemente arraigada en la teoría de la cognición incorporada, que postula que el razonamiento y la inteligencia están muy influidos por el cuerpo.

Una clara distinción entre la Nouvelle AI y la IA simbólica era su enfoque de la representación del mundo. La IA simbólica utilizaba modelos internos basados en descripciones elaboradas, mientras que la Nouvelle AI se basaba en la percepción directa del mundo a través de sensores. Este enfoque eliminó la necesidad de representaciones simbólicas y de actualizaciones constantes de los modelos simbólicos, haciendo que la Nouvelle AI fuera más eficaz y ágil a la hora de interactuar con el entorno.

Los primeros robots como Shakey y Freddy usaban modelos simbólicos internos, lo que les tomaba mucho tiempo descomponer las acciones en pasos detallados. En contraste, los sistemas de Nouvelle AI no utilizaban un modelo interno del mundo. En su lugar, dependían de sus sensores para procesar la información del entorno en tiempo real. Rodney Brooks sostenía que *"el mundo es su propio mejor modelo: siempre está actualizado y completo en cada detalle"*. Brooks se dedicó a construir robots simples que imitaran el comportamiento de insectos, como Allen y Herbert, que no necesitaban modelos internos del mundo para funcionar.

El robot Allen fue nombrado en honor a Allen Newell, uno de los participantes de la Conferencia de Dartmouth. Este robot estaba equipado con sensores ultrasónicos y permanecía en el centro de una habitación hasta que detectaba la presencia de un objeto. En ese momento, comenzaba a moverse rápidamente de un lado a otro, esquivando los obstáculos en su camino.

Herbert, por su parte, recibió su nombre en honor a Herbert A. Simon, otro destacado investigador. Equipado con sensores infrarrojos para esquivar obstáculos y un sistema láser para recolectar datos en 3D, Herbert operaba en el entorno real de las bulliciosas oficinas y espacios de trabajo del MIT. Su tarea principal era buscar latas de refresco vacías y llevarlas a la basura. Con Herbert, Brooks creía que la Nouvelle AI había alcanzado un nivel de complejidad similar al de un insecto real.

Posteriormente, Brooks se enfocó en la creación de robots humanoides como Cog, con el objetivo de alcanzar niveles de inteligencia superiores a los de los insectos. Cog estaba equipado con sensores, un rostro y brazos que le permitían interactuar con el mundo, recopilar información y adquirir experiencia de manera natural para desarrollar su inteligencia. El equipo confiaba en que Cog podría aprender por sí mismo, identificando patrones entre la información sensorial y sus acciones, y adquiriendo conocimientos comunes de forma autónoma.

En 2003, el desarrollo del proyecto *"Nouvelle AI"* se detuvo por completo. A pesar de su enfoque innovador, hubo varias razones para su fracaso, entre las cuales destacan dos principales. Primero, el éxito del proyecto estaba limitado por su objetivo modesto de alcanzar un rendimiento similar al de un insecto, en contraste con el ambicioso objetivo de la IA simbólica, que buscaba imitar el rendimiento humano. Esta diferencia de metas dificultó la adopción generalizada de la *"Nouvelle AI"* y limitó su capacidad para obtener financiamiento. Además, los críticos señalaron que los sistemas de la *"Nouvelle AI"* no solo tenían dificultades para mostrar un comportamiento comparable al de los insectos reales, sino que estaban lejos de alcanzar capacidades humanas, como la consciencia y el lenguaje.

En segundo lugar, el énfasis de la Nouvelle AI en la simplicidad y el rechazo a la construcción de modelos internos de la realidad provocaron dificultades para manejar entornos complejos del mundo real. Aunque los sistemas de la Nouvelle AI recibieron elogios por eludir el problema del marco y evitar intrincados modelos ampliados, su capacidad para funcionar eficazmente en situaciones complejas siguió siendo limitada.

Tras el fracaso de la Nouvelle AI, no se hicieron esfuerzos posteriores para revivir la lógica analógica. Hoy en día, el enfoque predominante en robótica se inclina en gran medida hacia la robótica de lógica simbólica. La llegada de ordenadores digitales más robustos, el aumento continuo de la potencia de procesamiento y los avances en los algoritmos han mitigado las limitaciones computacionales del procesamiento simbólico. Además, los sistemas simbólicos se alinean bien con el desarrollo de las técnicas modernas de IA, incluidos el Aprendizaje Máquina y el aprendizaje profundo, que prosperan en las representaciones simbólicas de los datos. Este enfoque facilita tareas complejas como la comprensión del lenguaje natural, el razonamiento de alto nivel y la planificación en sistemas autónomos.

Además, el enfoque de crear modelos del mundo, defendido por la lógica simbólica, adquiere aún más relevancia en 2024, ya que es una de las vías más exploradas por los grandes gigantes tecnológicos para lograr la Inteligencia Artificial General. Ya tratamos este tema en el Capítulo 9.

12. La Fuerza Muscular del Brazo Robótico

"Una máquina que solo realiza una tarea no es un robot; es solo un dispositivo automatizado. Para que algo se considere un robot, debe ser capaz de llevar a cabo una variedad de tareas en una fábrica".

Joseph Engelberger [Galliah]
Físico, ingeniero y empresario estadounidense

Algunos inventos destacan como hitos fundamentales de la historia, influyendo profundamente en sectores enteros y transformando nuestra forma de vivir y trabajar. Entre ellos, el brazo robótico Unimate de la década de 1960, creado por George Devol y Joseph Engelberger, puede considerarse inequívocamente el robot más influyente de la historia por su papel pionero en la automatización de procesos industriales, la revolución de la fabricación y el nacimiento de un linaje directo de robots en constante perfeccionamiento.

Unimate encontró su primera aplicación en la industria del automóvil. En 1961, General Motors (GM) se convirtió en la primera compañía en adoptar Unimate para las cadenas de montaje, marcando un cambio monumental en el panorama de la fabricación. La capacidad de Unimate para soldar, pintar y manipular repetitivamente objetos pesados con precisión y rapidez inauguró una nueva era de automatización. Los resultados fueron asombrosos: aumento de la eficacia de la producción, mejora de la calidad del producto y aumento de la seguridad en el lugar de trabajo. La integración de Unimate en la fabricación de automóviles agilizó la producción e hizo que los trabajos de fabricación fueran más seguros, más cualificados y atractivos intelectualmente.

El impacto de Unimate se extendió globalmente, alcanzando Europa, Japón y otras regiones. Su influencia comercial fue tan significativa que atravesó diversas industrias, desde la automoción y la metalurgia hasta los semiconductores, la industria aeroespacial e incluso la cirugía. Además, uno de los primeros casos reales de cyborgs involucró a una persona que aprendió a controlar brazos robóticos para reemplazar los que había perdido.

Unimate y el Nacimiento de la Automatización Industrial

El punto de partida de la Robótica Industrial se dio en 1954, cuando el ingeniero industrial George Devol diseñó el primer robot programable con el objetivo de mejorar la eficiencia en la fabricación y automatizar tareas peligrosas y repetitivas [Rosen]. Para proteger su invención, solicitó una patente en la Oficina de Patentes de Estados Unidos y acuñó el término *"Automatización Universal"* para describir su diseño. En 1956, junto con el ingeniero Joseph Engelberger, Devol fundó Unimation, la primera empresa dedicada a la producción de robots industriales [Nof].

La historia de la automatización industrial gira en torno a la asociación de Devol y Engelberger. Con precisión y atención al detalle, Devol inventó el primer robot industrial. Al mismo tiempo, Engelberger, impulsado por la tenacidad y el espíritu emprendedor, defendió apasionadamente la robótica durante toda su vida y fue autor de influyentes publicaciones de investigación. Juntos, persiguieron un sueño compartido que reconfiguró la manufactura y la automatización.

Unimation empezó a fabricar robots industriales que se llamaron Unimate. Los primeros brazos robóticos Unimate eran grandes máquinas de unas 2 toneladas de peso y empleaban actuadores hidráulicos. Lo más importante es que estos robots eran programables en coordenadas articulares. Esto significaba que los ángulos de las articulaciones se registraban durante una fase de entrenamiento y se reproducían durante el funcionamiento. Eso hizo que el Unimate fuera increíblemente versátil para diferentes aplicaciones industriales. El Unimate se inventó en el momento oportuno. Durante el auge económico de los años 60, la industria automovilística estadounidense estaba experimentando un renacimiento y sufriendo una transformación sustancial. El aumento de la demanda de automóviles por parte de una población cada vez más rica impulsó una mayor demanda de producción y una necesidad acuciante de racionalizar los procedimientos de fabricación. Sin embargo, la industria se enfrentaba a los retos simultáneos de la escalada de los costes laborales, la escasez de trabajadores cualificados y el imperativo de una producción de alta calidad constante.

Al vender Unimate a GM en 1960, Devol logró un hito histórico en un momento crucial para la industria del automóvil. En menos de un año, Unimation instaló el primer robot industrial en una línea de producción de GM, donde se utilizó para fabricar luminarias, pomos de palanca de cambios, tiradores de puertas y ventanas y otras piezas del interior de los automóviles. En la planta, los robots Unimate seguían instrucciones paso a paso almacenadas en un tambor magnético para secuenciar y apilar con precisión componentes metálicos fundidos a presión en caliente. La instalación de Unimate en GM sirvió como demostración en vivo del papel indispensable y duradero que desempeñan los robots en un entorno industrial exigente.

El desarrollo de la automatización en GM siguió adelante, y la compañía instaló sus primeros robots de soldadura por puntos en una planta de montaje en

1969. A diferencia de las plantas tradicionales, en las que sólo se automatizaba un 30% de las operaciones de soldadura de carrocerías, estos robots Unimate aumentaron enormemente la productividad y permitieron automatizar más del 90% de esas operaciones. Aunque la soldadura siempre ha sido difícil, peligrosa y laboriosa, Unimate empezó a hacer que las instalaciones de fabricación fueran más seguras para los obreros, una gran ventaja que Joseph Engelberger apoyó personalmente.

Chrysler y la Ford Motor Company fueron algunas de las compañías que también instalaron robots Unimate. Durante estos años, Unimation mantuvo un cuasi monopolio en el mercado y compitió principalmente con Cincinnati Milacron y un actor menor, AMF Corporation. Cincinnati Milacron fabricaba un brazo robótico conocido como T3 (The Tomorrow Tool), que GM también compró. AMF Corporation, fabricante de bicicletas y motocicletas, se diversificó en la robótica introduciendo un brazo robótico llamado Versatran, que acabó vendiendo a Ford.

Fabricación de Precisión con Robots PUMA

Aunque el desarrollo inicial de los robots industriales puede atribuirse a George Devol y Joseph Engelberger, el perfeccionamiento de estos robots debe mucho a las aportaciones del ingeniero y emprendedor serial Victor Scheinman.

Scheinman notó que los robots Unimate eran grandes, pesados, lentos y difíciles de mantener debido a sus mecanismos hidráulicos, que causaban problemas de fugas y limitaban su utilidad. En 1969, en la Universidad de Stanford, presentó un brazo robótico más compacto llamado el *"Brazo de Stanford"*. Este innovador diseño amplió las posibilidades de la robótica al hacerla viable en entornos interiores más pequeños, como escritorios en industrias de manufactura ligera, y no solo en la fabricación de automóviles [Stanford].

El Brazo de Stanford imitaba de cerca la amplitud de movimiento de un brazo humano, con sus seis ejes de movimiento. Unimate tenía entonces cinco, aunque adoptaría seis más adelante. Esta configuración de seis ejes se convertiría en la norma industrial para los robots industriales, imitando de cerca la mecánica del brazo humano y permitiendo un movimiento versátil dentro de los procesos de producción. Además, a diferencia de los robots Unimate de 2 toneladas, el Brazo de Stanford pesaba apenas 5 kilos y funcionaba con motores eléctricos incorporados en el propio brazo. Además, estos motores eléctricos permitían al Brazo de Stanford moverse mucho más rápido que los robots Unimate, que tenían sistemas hidráulicos lentos y desordenados [Asaro y Šabanović].

Lo más importante es que, a diferencia del Unimate, que seguía instrucciones paso a paso almacenadas en su memoria, el Brazo de Stanford estaba controlado por software informático. Este avance permitió al Brazo de Stanford realizar cálculos en tiempo real y, en versiones posteriores, responder a su entorno mediante sensores táctiles o un sistema de visión. Este desarrollo marcó el inicio de una era de robótica de precisión, caracterizada por robots industriales más rápidos y con un control informático más exacto.

En 1972, Victor Scheinman recibió una solicitud de Marvin Minsky, del MIT, uno de los pioneros de la Inteligencia Artificial. Marvin, quien también había trabajado en el desarrollo de brazos robóticos, había creado un modelo montado en la pared conocido como el *"brazo tentáculo"*. Le pidió a Scheinman que diseñara un brazo robótico aún más compacto que el Brazo de Stanford, que fuera adecuado para intervenciones quirúrgicas realizadas a distancia. Scheinman dedicó parte de su tiempo en el MIT a desarrollar este nuevo brazo, que más tarde se conocería como el Brazo del MIT. En realidad, la cirugía y las aplicaciones médicas fueron algunas de las primeras áreas en las que se aplicó la robótica.

De vuelta a Stanford en 1973, Victor Scheinman fundó su propia compañía, llamada Vicarm, para comercializar una versión mejorada de su *"Brazo de Stanford"*. Con el apoyo financiero de Unimation, Scheinman siguió perfeccionando sus diseños y, en 1976, presentó un nuevo brazo robótico llamado PUMA (Brazo de Manipulación Universal Programable). Unimation se entusiasmó con el nuevo modelo y, en 1977, adquirió Vicarm y se convirtió en el fabricante original del PUMA.

El PUMA marcó un gran avance en la robótica. Mientras que la Unimate se limitaba a realizar tareas repetitivas, como la soldadura por puntos en las líneas de montaje de automóviles, el PUMA estaba diseñado para tareas de ensamblaje más variadas y precisas. Controlado por un miniordenador más potente, el PUMA fue el primer robot en ensamblar piezas pequeñas en las plantas de GM, utilizando sensores táctiles y de presión. Como el 90% de las piezas ensambladas en las líneas de GM pesaban dos kilos o menos, el PUMA demostró ser ideal para movimientos intrincados y precisos, lo que mejoró significativamente la eficacia y precisión en la fabricación. Gracias a su éxito, Unimation continuó produciendo robots PUMA hasta bien entrada la década de 1980.

La Tragedia Edípica de Unimation: Asociaciones Convertidas en Rivales

El éxito de los robots Unimate no se limitó a Estados Unidos. En 1967, Unimation se asoció con ASEA Metallverken, un fabricante de equipos eléctricos. Dos años después, se instaló el primer Unimate en una fábrica de Volvo. De manera similar, Unimation se asoció con KUKA para entrar en Alemania, lo que llevó a la instalación del primer Unimate en Volkswagen en 1973, y con Comau para ingresar en Italia, instalando el primer Unimate en Fiat en 1974 [Baum y Freedman].

Sin embargo, esta estrategia de asociación presentó un problema: cuando los socios comenzaron a reconocer el potencial de Unimate, empezaron a desarrollar sus propios brazos robóticos y se convirtieron en competidores directos de Unimate. La ingeniería inversa ha sido una constante problemática para los inventores que buscan proteger su trabajo y beneficiarse económicamente de él. En Europa, el impacto de este problema fue limitado, ya que las empresas europeas no lograron competir con éxito en Estados Unidos contra Unimation.

La introducción de la robótica en Japón siguió una trayectoria similar a la de Europa, con empresas que inicialmente concedieron licencias de la tecnología Unimate antes de acabar desarrollando sus propias innovaciones robóticas. Sin embargo, la trayectoria de Japón en la robótica fue exitosa y constituye una historia notable por derecho propio, que merece un capítulo dedicado.

Estas compañías japonesas, que se inspiraron en la tecnología Unimate y florecieron en Japón, empezaron a internacionalizarse y a establecerse en Estados Unidos a finales de la década de 1970 y, sobre todo, en la década de 1980. En esta coyuntura, las compañías japonesas habían establecido su dominio del mercado local y mejorado el diseño del Unimate original, creando sistemas robóticos rentables y de gran precisión. Estos avances les posicionaron adecuadamente para aventurarse en el ámbito internacional.

La llegada de compañías japonesas a Estados Unidos cambió drásticamente el panorama de la robótica industrial, afectando profundamente a Unimation. Estas empresas japonesas, que se habían inspirado en Unimation (y quizás incluso se habían adelantado a ella), comenzaron finalmente a competir directamente con Unimation en su propio territorio.

Unimation se encontró en una posición afortunada cuando fue adquirida por Westinghouse en 1983, coincidiendo con el punto álgido del auge de la robótica industrial [Schaut]. Sin embargo, al intensificarse la competencia de las empresas japonesas, Unimation luchó por recuperar su posición. Finalmente, en 1989, la compañía suiza Stäubli asumió el control de Unimation. La tragedia de Unimation refleja en cierto modo la historia griega de Edipo Rey [Sófocles], en la que el progenitor de todas las compañías de robótica industrial encontró la muerte, en cierto modo, a manos de su descendencia.

Después de la entrada de Japón en la industria, solo unas pocas compañías no japonesas lograron mantener una presencia duradera. En Europa, las empresas que perduraron fueron ABB, que evolucionó a partir de ASEA, así como KUKA Robotics, Comau y Stäubli. En Estados Unidos, destacaron dos compañías importantes: Automatix, fundada por Victor Scheinman, y Adept Technology. En el siguiente texto, exploraremos Automatix, y en el capítulo siguiente, Adept Technology.

Áreas Designadas para Robots y Humanos en las Fábricas

Inspirado por el éxito de sus innovadores robots PUMA, Victor Scheinman emprendió una nueva aventura en 1980 al cofundar Automatix. Esta empresa se dedicó a liderar el campo de la visión artificial en robótica. Los sistemas de visión robótica desarrollados por Automatix permitían a los robots percibir e interactuar con su entorno de manera más efectiva. Equipados con estas tecnologías, los robots podían realizar tareas complejas con mayor precisión y adaptabilidad que sus predecesores. Gracias a su capacidad para identificar objetos y detectar cambios en su entorno, estos robots respondían de manera más eficiente. Las innovaciones de Automatix en visión robótica ampliaron significativamente las capacidades y aplicaciones de los robots industriales [Asaro y Šabanović].

Victor Scheinman defendió personalmente un producto llamado RobotWorld dentro de Automatix. Aunque no tenía relación con la visión artificial, RobotWorld se enfocaba en permitir que los robots trabajaran en áreas específicas para evitar conflictos con los humanos. Imagina un espacio de trabajo donde los robots deben realizar tareas junto a trabajadores humanos. Para garantizar la seguridad y una cooperación eficaz, RobotWorld utilizaba una configuración única. Consistía en pequeños módulos robóticos suspendidos del techo, que funcionaban como dispositivos automatizados. Estos módulos podían coordinarse con otros robots situados en el suelo, todo dentro de su propio espacio designado. Este enfoque ayudaba a mantener una clara separación entre las actividades robóticas y las humanas, reduciendo el riesgo de colisiones o accidentes y permitiendo operaciones industriales más fluidas y organizadas.

La separación de los lugares de trabajo para robots y humanos, cada uno centrado en sus tareas y dominios específicos, persistió durante las décadas de 1980 y 1990. Normalmente, los robots industriales estaban incluso confinados tras vallas o barreras protectoras.

Pero en las décadas de 2000 y 2010, la visión artificial empezó a alcanzar un nivel de competencia que permitió a los robots navegar de forma autónoma por la fábrica, evitar colisiones entre sí y con los humanos, e incluso colaborar con ellos. Profundizaremos en este tema en el Capítulo 14, cuando hablemos de los robots móviles autónomos en entornos de almacén, como los que utiliza Amazon.

Irónicamente, el negocio principal de Automatix era la visión artificial. Y fueron precisamente los avances en esta tecnología los que hicieron que RobotWorld quedara obsoleto.

Cobots: Humanos y Máquinas Trabajando Juntos

El concepto de una división estricta entre humanos y robots empezó a desmoronarse en 1996 con la introducción de los *"cobots"*, abreviatura de robots colaborativos. Los cobots marcaron un momento transformador en la historia de la robótica, ya que aportaron la idea de que los robots podían trabajar junto a los humanos de forma colaborativa y cooperativa, compartiendo espacio de trabajo y tareas. La llegada de los cobots marcó el comienzo de una nueva era de la automatización, en la que los robots se convirtieron en valiosos compañeros de equipo, mejorando la productividad y la seguridad en diversos sectores al trabajar codo con codo con los operarios humanos.

Un robot colaborativo, o cobot, representa una innovación robótica diseñada para interactuar directamente con los humanos y mejorar la seguridad en entornos de trabajo estrechamente conectados. La seguridad de los cobots se basa en diversas características de diseño, como bordes redondeados, materiales de construcción ligeros, limitaciones de fuerza y software y sensores avanzados que garantizan un comportamiento seguro.

Los trabajadores humanos y los cobots industriales pueden colaborar de varias maneras. Pueden coexistir sin una barrera física entre ellos, trabajar de manera secuencial en diferentes pasos del mismo proceso, o colaborar simultáneamente en una misma tarea, mostrando una alta capacidad de respuesta.

Dada su posición como el principal y más experimentado consumidor de robots a nivel mundial, no es sorprendente que GM haya jugado un papel crucial en el desarrollo del concepto de cobots. En 1994, GM lanzó un proyecto para abordar el desafío de hacer que los robots fueran lo suficientemente seguros como para trabajar junto a los humanos. Este proyecto pionero buscaba soluciones innovadoras para mejorar la seguridad en los entornos industriales. J. Edward Colgate y Michael Peshkin, profesores de la Universidad Northwestern, colaboraron con GM para desarrollar un sistema que permitiera la interacción física directa entre humanos y robots. Esta colaboración, junto con la beca de investigación de la Fundación GM, sentó las bases para el avance de los cobots. En 1996, Colgate y Peshkin patentaron en EE.UU. un *"aparato y método para la interacción física directa entre una persona y un manipulador de propósito general controlado por un ordenador"* [Peshkin y Colgate].

Un año después, en 1997, Colgate y Peshkin fundaron su propia compañía, llamada Cobotics, y empezaron a producir varios modelos de cobot para las fases finales de las cadenas de montaje de automóviles. Cobotics marcó el inicio de una era con robots colaborativos versátiles, fáciles de usar y rentables.

La demanda del mercado era enorme, impulsada por las normas de seguridad y las empresas que buscaban mejoras en la eficacia, y pronto, muchos fabricantes empezaron a producir cobots. El mercado de cobots industriales experimentó un crecimiento notable, con una tasa de crecimiento anual del 50% hasta 2020, lo que refleja el impacto transformador de estos robots versátiles y adaptables en diversas industrias [Hand].

El primer actor destacado en reconocer la importancia de los cobots fue KUKA en Alemania, que presentó su primer cobot en 2004 para la industria aeroespacial. Al año siguiente, en 2005, se fundó en Dinamarca Universal Robots. En 2008, esta empresa lanzó un cobot capaz de trabajar de manera segura junto a humanos sin necesidad de vallas ni jaulas de seguridad. Desde entonces, Universal Robots ha experimentado un crecimiento significativo y, en 2019, lideraba el mercado de los cobots. ABB también se unió a esta tendencia y, en 2015, presentó YuMi, el primer robot colaborativo de doble brazo [ET Auto].

En Estados Unidos, Rodney Brooks fundó Rethink Robotics en 2008. Ya hablamos de él en el capítulo anterior, ya que Brooks había estado detrás de la iniciativa Nouvelle AI que se opuso a la lógica simbólica en los años 90, y volveremos a hablar de él en el Capítulo 14.

En 2012, Rethink Robotics introdujo al mercado de los cobots industriales el robot Baxter [Silva y al.]. Baxter se destacó por su facilidad de uso en entornos laborales gracias a varias características innovadoras. Contaba con una pantalla animada que funcionaba como su *"cara"*, permitiéndole mostrar diversas expresiones que reflejaban su estado. Además, Baxter tenía la capacidad de detectar la presencia de personas cercanas y reaccionaba de manera apropiada ante situaciones inesperadas. Por ejemplo, si se le caía una herramienta esencial para su tarea, Baxter no insistiría en seguir trabajando; en cambio, detendría sus operaciones y solicitaría ayuda, a diferencia de los robots convencionales que podrían continuar con sus tareas sin las herramientas necesarias [Knight].

La Precisión en la Práctica: La Robotización de las Cirugías

Las aplicaciones médicas siempre han sido un objetivo de los pioneros de la robótica desde el principio. Como ya hemos comentado, Victor Scheinman desarrolló el primer brazo robótico para uso médico en 1972, el Brazo del MIT. En 1985, se utilizó por primera vez un robot Puma para guiar una aguja durante una biopsia cerebral. Este procedimiento neurológico se benefició enormemente de la capacidad del robot para realizar movimientos precisos mediante Tomografía Computarizada (TC), una tecnología de rayos X, mejorando significativamente la precisión y seguridad del procedimiento [Kwoh y al.].

Después hubo varios robots quirúrgicos comerciales, pero el que supuso un avance revolucionario en la cirugía robótica fue el Sistema Quirúrgico da Vinci, lanzado en 1999 [Gerencher]. Equipado con cuatro brazos que albergaban instrumentos quirúrgicos y cámaras, este innovador robot permitía al cirujano ejercer el control a distancia desde una consola específica. Este obtuvo la aprobación de la FDA para una amplia gama de procedimientos quirúrgicos en 2000. Lo que diferenciaba al sistema da Vinci era su capacidad de traducir los movimientos de la mano del cirujano en micromovimientos a escala reducida, reduciendo eficazmente los temblores de la mano y mejorando la precisión. Este enfoque mínimamente invasivo redujo significativamente el trauma para el paciente, permitiendo una recuperación más rápida y mejores resultados quirúrgicos. Además, el sistema Da Vinci ofreció a los cirujanos visión estereoscópica mediante una cámara en miniatura, mejorando así la percepción de la profundidad durante procedimientos complejos. La versatilidad del Da Vinci se demostró en su exitosa aplicación en diversos campos, desde cirugías cardíacas, como los bypass cardíacos, hasta procedimientos urológicos, como las prostatectomías.

Da Vinci se enfrentó a su primera competencia directa en 2019, tras dos décadas de dominio inquebrantable del mercado, cuando se presentó el Sistema Robótico Quirúrgico Versius para competir con él [Walsh]. El Versius fue desarrollado por CMR Surgical, una compañía británica de dispositivos médicos, y es una nueva generación de plataformas quirúrgicas con asistencia robótica que presenta varias ventajas significativas.

Primero, el sistema Versius supera al Da Vinci en diseño tecnológico, lo que lo hace mucho más fácil de usar durante las cirugías. El Versius ofrece una navegación más intuitiva, mejorando la precisión y el control del cirujano en los procedimientos. Además, su visualización 3D de alta definición permite realizar operaciones complejas con mayor exactitud y confianza. Los instrumentos más pequeños y flexibles del Versius también facilitan el acceso a áreas difíciles del cuerpo, reduciendo la necesidad de incisiones grandes, lo que resulta en menos dolor postoperatorio y tiempos de recuperación más cortos para los pacientes. Otra ventaja del Versius es su retroalimentación de fuerza mejorada, que proporciona información táctil durante el uso de los instrumentos. Esto facilita la manipulación precisa y la sutura de los tejidos, algo crucial en intervenciones delicadas, como las cardíacas, donde el control motor fino es fundamental.

Una vez presentado el brazo robótico y sus aplicaciones, el siguiente capítulo profundiza en cómo este impulsó a Japón a convertirse en el líder mundial indiscutible de la robótica.

13. El País del Robot Naciente

"Todos los estudios que hemos realizado muestran que el uso que Japón hace de la tecnología no es mayor que el de Estados Unidos, pero la omnipresencia con que se utiliza en Japón es sustancialmente mayor".

James K. Bakken

Vicepresidente Senior de la Ford Motor Company [Holusha]
New York Times
1983

Esta cita de Ford pone de relieve una observación crítica sobre la adopción de la tecnología robótica en Japón en comparación con EEUU. Japón y EEUU han tenido capacidades tecnológicas similares, y EEUU suele superar a Japón en innovación conceptual y tecnológica inicial. Pero la capacidad y la voluntad de Japón de integrar la tecnología de *"sustitución humana"* de forma generalizada en todos los sectores de su economía y su sociedad le permitieron aprovechar todo el potencial de la automatización y la robótica mucho antes y en mayor profundidad que los países norteamericanos o europeos.

Varios factores exclusivos de Japón han contribuido a su particular enfoque de la robótica y la automatización. Uno de estos factores es la profunda necesidad psicológica de *"ponerse al día"* con Occidente en el periodo de posguerra, a medida que el país reconstruía su economía, basada principalmente en la fabricación. Este impulso de rápida industrialización empujó a Japón a adoptar la automatización como medio de lograr la competitividad económica.

Otro factor significativo ha sido la escasez de mano de obra a la que se enfrentó Japón, sobre todo a partir de la década de 1960 y que persiste hasta hoy. Las opciones para abordar este problema se limitaban a la inmigración o al despliegue de la robótica y la automatización. Debido a las estrictas políticas de inmigración y a factores culturales, Japón se inclinó por esta última solución.

La legislación laboral japonesa ha influido significativamente en esta estrategia. Básicamente, prohíbe desplazar a los trabajadores por cualquier motivo, incluso cuando se trata de implementaciones tecnológicas diseñadas para mejorar la eficiencia y reducir costos. Esto ha llevado a las empresas a adoptar la automatización como una forma de aumentar la productividad sin la necesidad de reemplazar a los empleados.

Además, la política industrial del gobierno japonés ha favorecido históricamente la inversión a largo plazo frente a la gestión de la cotización bursátil a corto plazo. Este enfoque animó a las compañías a invertir en tecnologías de automatización que podrían no producir beneficios financieros inmediatos, pero que mejorarían su competitividad a largo plazo. La robótica ha sido una de las beneficiarias de este enfoque.

Las características culturales de Japón también juegan un papel importante en su preferencia por la automatización. La sociedad japonesa valora las interacciones indirectas y formales entre las personas, y se rige por estrictas normas sociales que dictan el comportamiento adecuado en diferentes contextos. Este enfoque en seguir reglas establecidas puede favorecer la adopción de sistemas automatizados que operen según procedimientos y normas predefinidos.

Además, la preferencia cultural japonesa por los resultados conocidos y fiables se alinea con la previsibilidad y coherencia que ofrecen los robots y los procesos automatizados. Esta preferencia contrasta con la incertidumbre asociada a las acciones humanas, que a veces pueden conducir a resultados inesperados o indeseables, lo que puede causar desprestigio o vergüenza en la cultura japonesa.

Por último, una visión única de la humanidad arraigada en religiones autóctonas, como el budismo y el sintoísmo, también ha contribuido a la compleja relación de Japón con los robots. Estos sistemas de creencias suelen asociar el animus o la esencia espiritual a los seres vivos, lo que puede conducir a la tolerancia y la aceptación respecto al creciente papel de los robots en la sociedad. Esta perspectiva cultural se explora con más detalle en el Capítulo 17, ya que ofrece lecciones más amplias para comprender el entrelazamiento de la cultura y la tecnología en el contexto de Japón.

Las ventajas de una vía sin trabas para sustituir elementos humanos sin desplazarlos y un fundamento psicológico para reforzar el argumento económico crearon una vía más fácil para el despliegue de la robótica industrial, lo que permitió a las compañías japonesas destacar en el desarrollo y la producción de robots industriales de vanguardia. Como resultado, Japón emergió rápidamente como el productor y usuario número uno de robótica, contribuyendo significativamente a los avances en fabricación, automatización y robótica en todo el mundo. El compromiso de Japón con la innovación, unido a su capacidad para aplicar la tecnología en escenarios del mundo real, consolidó su posición de liderazgo en la industria robótica mundial, el cual aún mantiene.

La introducción del primer robot industrial en Japón, gracias a una colaboración con Unimation, marcó el comienzo del camino del país hacia la robótica. En la década de 1970, el aumento de la demanda de automóviles personales y la falta de mano de obra hicieron que la automatización en las fábricas de automóviles se volviera esencial. Para la década de 1980, Japón ya se había consolidado como líder en robótica de precisión, y las empresas japonesas comenzaron a expandirse internacionalmente, especialmente en Europa y, sobre todo, en Estados Unidos.

En las páginas siguientes, exploraremos cómo Japón se convirtió en el líder indiscutible de la robótica.

Unimate Desembarca en las Fábricas Japonesas

La década de 1960 fue una época de rápida expansión económica en Japón. El gobierno promovió con firmeza su plan para duplicar los ingresos del país, y la industria nacional experimentó un crecimiento explosivo [Japón]. Los Juegos Olímpicos de Tokio de 1964 simbolizaron este rejuvenecimiento nacional. Japón, conocido por su excelencia en la fabricación, se convirtió rápidamente en uno de los líderes globales en el desarrollo y producción de robots industriales [Mackintosh y Jaghory].

En 1961, Unimation presentó el primer Unimate en una planta de General Motors en Japón. Años después, en 1968, Unimation y Kawasaki Heavy Industries firmaron un acuerdo para licenciar la producción y venta de robots Unimate en Asia. Kawasaki, que inicialmente se enfocó en crear dispositivos para reducir la necesidad de mano de obra, se estableció como el líder japonés en robótica industrial. En 1969, la colaboración entre Kawasaki y Unimation resultó en la creación del Kawasaki-Unimate 2000 [Hemal y Menon], el primer robot industrial de producción nacional en Japón, marcando un hito en la historia de la robótica.

Durante las décadas de 1960 y 1970, el aumento de los ingresos y del poder adquisitivo en Japón impulsó una mayor demanda de automóviles personales. Aunque el país estaba experimentando una rápida urbanización, que llevaba a los jóvenes de las zonas rurales a las ciudades, había una escasez de mano de obra. Esta situación se debía a una combinación de problemas demográficos tras la Segunda Guerra Mundial y a la velocidad de urbanización que superaba la capacidad de respuesta del mercado laboral. La falta de mano de obra hizo que fuera especialmente difícil encontrar trabajadores capacitados para tareas sucias, peligrosas y degradantes, como soldar y pintar en las fábricas de automóvil. Sin embargo, la preocupación de los empleados por la introducción de robots y la automatización se redujo debido a la práctica común en Japón de ofrecer empleo vitalicio y una gran seguridad laboral a los trabajadores [Mackintosh y Jaghory].

Todos estos factores promovieron la automatización en las fábricas de automóviles. A principios de la década de 1970, los robots industriales se volvieron esenciales para las cadenas de montaje de Toyota, Nissan y Honda. En estas fábricas, se utilizaron inicialmente los robots Unimate y, más tarde, versiones fabricadas localmente para realizar tareas como soldadura por arco, soldadura por puntos y pintura. Además, en 1974, Kawasaki, fabricante de motocicletas, comenzó a emplear el robot de soldadura por arco Kawasaki-Unimate para la producción de bastidores de motocicletas.

Kawasaki-Unimate se destacó entre los fabricantes de robots soldadores para la industria automotriz. A principios de la década de 1970, Kawasaki lideró la innovación al desarrollar brazos robóticos avanzados con capacidades táctiles y de detección de fuerza en sus agarres. Esta innovación permitió a los robots de Kawasaki guiar con precisión los pasadores hasta los orificios designados, marcando un gran avance en la automatización.

Como Kawasaki había establecido su propia línea de robots y cada día tenía más éxito, era sólo cuestión de tiempo que las partes disolvieran su larga asociación con Unimation, lo que finalmente ocurrió en 1986 [Kawasaki].

A excepción de Kawasaki, el campo de la automatización industrial experimentó un notable crecimiento durante la década de 1970. Mitsubishi Electric, una multinacional de la lista Fortune 100 conocida por su experiencia en productos eléctricos, se adentró en este prometedor sector. Al mismo tiempo, Hitachi realizó avances significativos en robótica. A principios de la década, Hitachi desarrolló varios tipos de robots innovadores: robots inteligentes con visión, robots automatizados para atornillado en la industria del concreto, robots de soldadura por arco con sensores y microprocesadores para la industria automotriz, y robots de dos brazos para ensamblar aspiradoras, entre otros.

Observamos el establecimiento de un círculo virtuoso dentro de la iniciativa japonesa de robótica industrial, caracterizado por la relación simbiótica entre la mejora de los procesos y el desarrollo tecnológico. Durante un periodo en el que los avances tecnológicos incrementales tenían incentivos económicos inmediatos y se basaban en la mejora continua de los procesos de fabricación, el éxito se medía principalmente por el rendimiento específico de estos procesos. Dentro de este marco, la incorporación de pequeños cambios continuos en la tecnología robótica alimentó el círculo virtuoso, impulsando nuevas mejoras.

Este modelo contrasta con el desarrollo de la Inteligencia Artificial, donde la tecnología subyacente es mucho más compleja y se basa en el software. A lo largo de la historia, la justificación económica o de producción para los avances incrementales en IA no siempre ha sido clara. No había casos evidentes e inmediatos hasta que, recientemente, se integraron en productos digitales y se empezaron a acumular grandes volúmenes de datos para entrenamiento.

Japón Marca la Pauta en Robótica de Precisión

A pesar de que el crecimiento económico de Japón se moderó debido a las crisis del petróleo de 1973 y 1979, así como a las disputas comerciales con Estados Unidos, el año 1980 es especialmente significativo en la historia de la robótica japonesa. Este año se considera un punto de inflexión clave, marcando el comienzo de una era transformadora para la robótica en Japón [Mackintosh and Jaghory]. En 1980, Japón demostró de manera contundente su capacidad competitiva e innovadora en este campo. Los fabricantes japoneses no solo prosperaban, sino que también desarrollaban robots cada vez más sofisticados y precisos. Empresas como Kawasaki, Mitsubishi Electric, Hitachi y FANUC estaban a la vanguardia de estos avances.

Un destacado ejemplo de los robots más pequeños y precisos que surgieron en la década de 1980 es el brazo robótico SCARA (Selective Compliance Assembly Robot Arm), desarrollado en 1978 en la Universidad de Yamanashi [CMU]. A diferencia de los brazos robóticos tradicionales de la época, que contaban con seis grados de libertad y eran versátiles pero complicados de programar, el SCARA ofrecía un diseño simplificado con solo tres o cuatro grados de libertad, dependiendo del modelo. Su capacidad para moverse con flexibilidad en el plano X-Y, mientras mantenía rigidez en el eje Z, redujo considerablemente la complejidad en la programación y el control. Esto permitió a los fabricantes integrar la automatización de manera más sencilla en sus líneas de montaje. Además, el SCARA era rápido y preciso tanto en movimientos verticales como horizontales, lo que lo hacía ideal para tareas de recoger y colocar, montaje y manipulación de materiales. Su diseño compacto y aerodinámico le permitía operar eficazmente en espacios reducidos, lo que lo hacía perfecto para aplicaciones con limitaciones de espacio.

Desde 1979, la compañía japonesa Sankyo, en colaboración con IBM, ha comercializado el robot SCARA a nivel mundial, incluyendo Estados Unidos [Mortimer y Rooks]. La combinación de su simplicidad, precisión, velocidad y eficacia hizo del SCARA un cambio radical para muchas industrias de precisión, como la de semiconductores. Manipular obleas semiconductoras, esas finas láminas de silicio esenciales para fabricar semiconductores en miniatura, presentaba grandes desafíos para los trabajadores humanos. Los robots SCARA pronto se convirtieron en el estándar de la industria para el manejo de obleas en las instalaciones de semiconductores.

Los robots SCARA ganaron aún más protagonismo en las décadas siguientes, especialmente durante las prósperas décadas de 1990 y 2000, cuando la demanda de ordenadores personales alcanzó niveles sin precedentes, acompañada de una necesidad galopante de semiconductores.

La industria alimentaria y de bebidas también comenzó a utilizar los robots SCARA para tareas como el envasado y la manipulación precisa y segura de productos. Por supuesto, la industria automotriz, que ha sido uno de los principales usuarios de robots, también se benefició de la tecnología SCARA en áreas como la manipulación de materiales y el ensamblaje de piezas de automóviles. Esto permitió una mayor eficiencia en la producción y un mejor control de calidad.

El éxito de los robots SCARA fue tal que las empresas estadounidenses empezaron a fabricarlos para el mercado local. Un ejemplo notable es Adept Technology, que presentó su primer robot SCARA, el AdeptOne, en 1984. Desde entonces, la compañía ha desarrollado una serie de robots SCARA cada vez más avanzados. Cabe mencionar que Adept fue fundada en 1983 por dos exalumnos de Victor Scheinman en Stanford. En la historia de la robótica y la Inteligencia Artificial, es común encontrar a las mismas personas una y otra vez.

Las Compañías Japonesas de Robótica se Internacionalizan

El otro acontecimiento de la década de 1980 fue la expansión internacional de las compañías japonesas. Muchas compañías se expandieron a EEUU y Europa, como Kawasaki, Mitsubishi y Denso, filial de Toyota. Sin embargo, FANUC es el mejor ejemplo de gran éxito en empresas conjuntas con gigantes estadounidenses.

FANUC (Fuji Automatic Numerical Control) se fundó en 1956, pero saltó a la fama durante esta época. FANUC se centró inicialmente en la fabricación de controles numéricos a lo largo de la década de 1960. Los controles numéricos son los paneles de control que se utilizan en los procesos de fabricación para controlar los movimientos de los robots. Dada su fortaleza en controles numéricos, FANUC se aventuró en la robótica en 1977 y presentó el robot FANUC M-1, el primer robot industrial controlado por un microprocesador.

Lo destacable de FANUC es que fue una de las primeras compañías japonesas de robótica en expandirse internacionalmente. En 1982, FANUC estableció una empresa conjunta al 50% con General Motors, llamada GM FANUC Robotics Corporation, con sede en Detroit. Esta colaboración se enfocó en fabricar y vender robots en Estados Unidos. GM asumió la gestión, mientras que FANUC aportó su experiencia en el desarrollo de productos y en la fabricación.

Luego, en 1986, FANUC y General Electric (GE) formaron una alianza que resultó en la creación de tres compañías filiales: una en Estados Unidos, otra en Luxemburgo para Europa, y una más en Japón para Asia. Como parte de este acuerdo, GE cesó su producción de controles numéricos y transfirió esas instalaciones a la nueva empresa conjunta, GE FANUC Automation Corporation, en EEUU.

La afluencia de compañías japonesas a EE.UU. transformó significativamente el panorama de la robótica industrial a finales de la década de 1970, provocando un cambio sísmico para Unimation. Estas compañías japonesas se inspiraron (y quizá más) en la tecnología de Unimation para alcanzar la excelencia en robótica y, finalmente, empezaron a competir directamente con Unimation en su mercado nacional, lo que condujo a la caída de Unimation, como relatamos en el capítulo anterior.

Las Ambiciones de Japón en Materia de IA: Un País Adelantado a su Tiempo

Aunque Japón es famoso por sus logros en robótica, el archipiélago también invirtió sustancialmente en el desarrollo de capacidades de IA durante las décadas de 1970 y 1980.

La primera área de investigación durante este periodo fue el Procesamiento del Lenguaje Natural, que dio lugar a la creación de sistemas avanzados de procesamiento del lenguaje japonés, herramientas de traducción automática y tecnologías punteras de reconocimiento del habla, con avances particulares realizados por Toshiba y por la Universidad de Kyushu [Nishida].

Además, la visión por ordenador emergió como un área de gran interés. Empresas de robótica como FANUC y gigantes de la industria automotriz como Toyota comenzaron a integrar estos sistemas en sus procesos de fabricación. Gracias a ellos, los robots pudieron llevar a cabo tareas de control de calidad y ensamblaje con una precisión sin precedentes. Además, en la Expo de Osaka de 1970, un equipo de la Universidad de Kioto presentó el primer sistema de reconocimiento facial del mundo [Gates] [Nishida].

Como comentamos en el Capítulo 5, la década de 1980 fue la década de los sistemas expertos, y así fue también en Japón. Ejemplos notables fueron el Scheplan de IBM Japón para la industria siderúrgica, el OHCS de Kayaba para el diseño de sistemas hidráulicos y el sistema automático de trazado de tuberías de Hitachi para centrales eléctricas [Motoda].

En 1982, el gobierno japonés lanzó el ambicioso proyecto FGCS (Sistemas Informáticos de Quinta Generación) con una inversión significativa de 400 millones de dólares [Pollack]. Este proyecto buscaba construir centros de datos equipados con una gran cantidad de ordenadores para abordar problemas complejos de Inteligencia Artificial, como el razonamiento, la comprensión del lenguaje natural, el Aprendizaje Máquina y, eventualmente, la emulación de la inteligencia humana. La idea era aprovechar el procesamiento paralelo a gran escala para desarrollar y probar nuevas técnicas de IA. Además del gobierno y los fabricantes de hardware japoneses, el proyecto contó con la participación de diversas instituciones de investigación y universidades en Japón [Unger].

La mayor parte del hardware del proyecto de 5ª generación consistía en los últimos ordenadores centrales y máquinas LISP. Como sabemos, la bolsa mundial se desplomó en 1987 cuando el hardware especializado perdió su ventaja frente a alternativas más versátiles como la máquina x86 de Intel. No tardó en hacerse evidente que los ordenadores de 5ª generación se estaban quedando rápidamente obsoletos y no podían competir con los sistemas de propósito general disponibles en el mercado. El proyecto fue un fracaso comercial.

El proyecto de 5ª generación se parecía a la actual proliferación de la capacidad de las GPU (Unidades de Procesamiento Gráfico). Al igual que este proyecto pretendía crear una capacidad informática masiva para ejecutar aplicaciones de IA, la actual acumulación de capacidad de GPU debe gran parte de su crecimiento a las demandas de los modelos de IA Generativa. En muchos sentidos, el proyecto de 5ª generación se adelantó a su tiempo.

La Burbuja Japonesa, la Gran Crisis Financiera y el Tsunami

En la década de 1980, Japón experimentaba un rápido auge económico impulsado por su industria manufacturera, en particular la automovilística, y por sus exportaciones. Sin embargo, esta prosperidad económica vino acompañada de una especulación desenfrenada en los mercados inmobiliario y de activos financieros [Wood]. El milagro económico de Japón empezó a decaer tras el colapso de su burbuja inmobiliaria en 1991, que marcó el inicio de lo que hoy se conoce como las *"décadas perdidas"* de la economía japonesa. Una recesión prolongada, la deflación y un descenso significativo del valor de los activos caracterizaron este periodo.

La crisis económica tuvo un impacto directo en la financiación y continuidad de los proyectos de investigación en Inteligencia Artificial, especialmente en el proyecto de 5ª generación, que ya mostraba signos de dificultades [Pollack]. Ante la crisis, el gobierno japonés se vio obligado a reordenar sus prioridades de gasto, lo que hizo que la inversión en proyectos a largo plazo, como este, se volviera menos viable. En 1992, el proyecto de 5ª generación fue cerrado discretamente. Al igual que en los países occidentales, las expectativas iniciales en torno a la IA superaron una vez más las posibilidades prácticas y la viabilidad económica.

En el momento de la crisis de 1990, los fabricantes japoneses de robots podían enorgullecerse de tener una impresionante cuota del 90% de las ventas mundiales de robots industriales. Sin embargo, la caída de la bolsa los llevó a un periodo mucho más difícil. En 1992, se produjo un repentino descenso de la oferta de robots, seguido de dos años de estancamiento. [Mackintosh y Jaghory].

Después del colapso de la burbuja económica en Japón, los fabricantes de robots vivieron breves momentos de esperanza. Primero, a finales de los años 90, la creciente demanda de semiconductores, impulsada por la rápida expansión de la industria de computadoras personales e Internet, revitalizó a los fabricantes de robots en Japón. Luego, a principios de los 2000, el ascenso de China como potencia económica brindó a estos fabricantes una nueva oportunidad: vender robots industriales al mercado chino en plena expansión.

Aunque estas oportunidades ofrecieron un alivio temporal, su impacto se vio rápidamente eclipsado por dos eventos catastróficos: la Gran Crisis Financiera de 2008 y el devastador terremoto y tsunami de 2011, que intensificaron los desafíos de Japón. Sin embargo, a pesar de los innumerables obstáculos que ha enfrentado en las últimas décadas, Japón sigue siendo una superpotencia en robótica, representando el 47% de la producción mundial de robots en 2020 [Mackintosh y Jaghory]. Además, continúa liderando la integración de los avances en Inteligencia Artificial en la robótica y en escenarios de sustitución humana, no solo en la fabricación y operaciones, sino también, cada vez más, en contextos sociales, un tema que exploraremos en el Capítulo 16.

14. Las Redes Neuronales y el Sueño Robótico de la Movilidad

"Esto no es nada. Dentro de unos años, ese robot se moverá tan rápido que necesitarás una luz estroboscópica para verlo. Dulces sueños..."

Elon Musk

Multimillonario estadounidense
Post en X, refiriéndose a las acrobacias del robot humanoide Atlas de Boston Dynamics. [Musk y Medina]
2017

El post de Elon Musk en X destaca la impresionante movilidad que han alcanzado los robots actuales. Esta capacidad se debe a las redes neuronales, un tipo de Inteligencia Artificial que imita la estructura del cerebro humano, tal como se explica en los Capítulos 4 y 5. Las redes neuronales consisten en capas interconectadas de neuronas artificiales diseñadas para analizar grandes volúmenes de datos, identificar patrones y tomar decisiones fundamentadas. Gracias a este aprendizaje basado en datos, la movilidad en diversas aplicaciones robóticas ha avanzado rápidamente, llegando a replicar y superar las habilidades humanas.

Las intrincadas capas de neuronas artificiales, similares a una red, requieren una gran potencia de cálculo para procesar los datos con eficacia y tomar decisiones con rapidez. No fue hasta la década de 2000 cuando las capacidades de hardware alcanzaron la velocidad y robustez necesarias para gestionar eficazmente sus demandas computacionales.

Los robots modernos dependen en gran medida de sensores como cámaras, LIDAR, radar y GPS para percibir su entorno. Las redes neuronales procesan estos datos sensoriales, permitiendo a los coches autónomos y a los robots de almacén tomar decisiones en tiempo real sobre navegación, evitación de obstáculos y predicción de las acciones de otros objetos, ya sean robots, humanos o vehículos. En los robots cuadrúpedos o bípedos, las redes neuronales les ayudan a perfeccionar sus movimientos, mantener el equilibrio y responder eficazmente a retos inesperados como sortear terrenos accidentados o recuperarse de tropiezos.

Pasamos ahora al tema de las redes neuronales en el desarrollo robótico y cómo la creación del movimiento autopropulsado y autoguiado representa la primera intersección significativa de las líneas de desarrollo de la IA y la robótica.

La Notable Agilidad de los Robots en las Competiciones de Combate

La creciente popularidad de los robots, caracterizados por su movilidad y agilidad, ha dado lugar a competiciones de combate de robots cautivadoras y en continua evolución [Stone]. Estos eventos atraen a grandes multitudes de asistentes en persona y espectadores en línea que se cuentan por millones. El atractivo del combate de robots reside en su característica fusión de ingeniería inventiva, juego estratégico y batallas emocionantes. Los participantes disfrutan la oportunidad de diseñar y construir robots para competiciones, desafiando su creatividad y habilidades para resolver problemas. Los enfrentamientos mecánicos, llenos de chispas y piezas volando, ofrecen un espectáculo único que ha creado una subcultura vibrante y en constante evolución [Berry].

La primera competición de combate de robots se organizó en 1987 en Denver durante una convención de Ciencia Ficción y se llamó *"Critter Crunch"*. En aquella época existían las redes neuronales, pero, como ya hemos explicado, su uso no era práctico. En su lugar, los constructores de robots los controlaban a distancia para participar en combates fenomenales y vencer a sus oponentes con ingenio.

Con el tiempo, los combates de robots dejaron de ser un pasatiempo exclusivo de comunidades geek y estudiantes apasionados para convertirse en un fenómeno global. En 1990, el Instituto Turing organizó las Primeras Olimpiadas Robóticas en Glasgow, reuniendo competidores de diversos países [Guinness]. Cuatro años después, en 1994, se celebró en San Francisco el primer gran evento de combate de robots en Estados Unidos, denominado *"Robot Wars"*. Su éxito fue tan notable que atrajo la atención de la BBC, que produjo la serie de televisión homónima. En 1999, surgió una nueva competición llamada *"BattleBots"*, que comenzó como una emisión por Internet y rápidamente se convirtió en un programa semanal en Comedy Central a partir del año 2000. Desde entonces, las competiciones de robots se han expandido globalmente, con eventos como *"Robotica"* en 2001 y *"Robot Combat League"* en 2013. La popularidad de estos eventos creció aún más con el regreso de *"BattleBots"* en ABC en 2015 y el relanzamiento de *"Robot Wars"* en 2016.

Al mismo tiempo, los constructores empezaron a utilizar algoritmos cada vez más avanzados, en función del diseño y las capacidades de cada robot. Un ejemplo notable de robot que empleó un algoritmo de red neuronal es *"Bronco"* de *"BattleBots"* en 2015 [Bryant]. Bronco seguía siendo controlado principalmente a distancia por sus operadores humanos. Aun así, la red neuronal permitió a Bronco tomar decisiones más precisas sobre su brazo neumático, mejorando su capacidad para elaborar estrategias y ejecutar ataques eficaces contra sus oponentes en combate.

Cambios Radicales en la Robótica Doméstica

Los robots de competición de combate eran principalmente teledirigidos. En cambio, Roomba, introducido por iRobot en 2002, fue el primer robot completamente autónomo con éxito, fuera de contextos industriales. iRobot fue fundado en parte por el profesor del MIT Rodney Brooks, una figura prominente conocida por su papel en el movimiento Nouvelle AI y en la creación de Rethink Robotics, un fabricante de cobots. Es notable cómo algunos individuos reaparecen constantemente con sus significativas contribuciones una y otra vez en la historia de la IA y la robótica.

Roomba es un robot aspirador compacto y circular, diseñado para limpiar suelos de manera efectiva. Su forma redondeada y perfil bajo le permiten deslizarse debajo de los muebles y alcanzar áreas difíciles de limpiar. Lo que lo ha hecho destacar a nivel mundial es su capacidad para navegar de forma autónoma, detectar obstáculos y moverse con agilidad en espacios interiores.

Originalmente, Roomba no utilizaba redes neuronales, sino algoritmos más simples para la navegación y limpieza. Estos algoritmos se basaban principalmente en reglas y sensores. Incluían rutinas de evitación de obstáculos que usaban sensores de infrarrojos para detectar objetos en su camino, permitiendo que Roomba maniobrara alrededor de muebles y otros obstáculos. Además, los sensores de impacto ayudaban a identificar colisiones con paredes u objetos, haciendo que Roomba cambiara de dirección. Los sensores de desnivel eran cruciales para evitar que Roomba cayera por escaleras o bordes.

Mientras que los primeros modelos de Roomba navegaban de manera bastante aleatoria, las versiones posteriores incorporaron algoritmos de mapeo avanzados. Esto permitía a estos Roombas crear mapas detallados de las habitaciones, facilitando patrones de limpieza más sistemáticos y eficientes, así como la capacidad de reanudar la limpieza tras recargar. Además, algunos modelos integraron técnicas de navegación más sofisticadas, como los algoritmos de *"detección de suciedad"*, que se enfocan en las áreas con mayor concentración de residuos para mejorar la eficacia de la limpieza.

El éxito de Roomba abrió la puerta a un mercado de robots domésticos, inspirando innovaciones como podadoras robóticas, limpiadores de piscinas y limpiacristales con conceptos de diseño similares. Roomba marcó el inicio de una nueva era en la robótica doméstica, enriqueciendo nuestra vida cotidiana y ahorrándonos tiempo de varias maneras.

Componentes Básicos de los Coches Autónomos

Los coches autónomos representan uno de los desarrollos más fascinantes en movilidad robótica. Estos vehículos prometen reducir la congestión del tráfico urbano, optimizar rutas, facilitar el uso compartido de vehículos y revolucionar la gestión de aparcamientos. Estos cambios podrían disminuir la contaminación atmosférica y mejorar la planificación urbana. Además, los coches autónomos tienen el potencial de aumentar la seguridad al minimizar los errores humanos, proporcionar soluciones de accesibilidad para personas con movilidad reducida y ofrecer una alternativa práctica al transporte aéreo para distancias medias. También podrían transformar la forma en que las personas se desplazan y trabajan, permitiendo a los pasajeros realizar actividades productivas y agradables durante el viaje.

Los sensores LIDAR y las redes neuronales profundas, como las CNN (redes neuronales convolucionales) y las RNN (redes neuronales recurrentes), son fundamentales para la conducción autónoma de vehículos.

El LiDAR, una tecnología que surgió en la década de 1960 revolucionó el campo de los coches sin conductor y otros robots móviles en la década de 2000 [Taranovich]. Estos sensores, gracias a su tamaño compacto, se pueden montar en diversas partes del vehículo. Funcionan emitiendo pulsos láser que rebotan en los objetos y regresan al sensor, permitiendo medir distancias con gran precisión. La capacidad del LiDAR para operar en diferentes condiciones meteorológicas y de iluminación lo convierte en un componente esencial para la seguridad y la autonomía de los vehículos autónomos.

Por su parte, las redes neuronales convolucionales (CNN) juegan un papel crucial en el procesamiento de los datos visuales capturados por los sensores LiDAR. En el Capítulo 6 se explora en detalle cómo estas redes contribuyen a la visión artificial en los coches autónomos.

Las CNN permiten a los vehículos identificar e interpretar señales visuales complejas necesarias para una navegación segura. Además, procesan mapas 3D de alta resolución generados por los sensores LiDAR, incluyendo información sobre otros vehículos, peatones, obstáculos, señales de tráfico y marcas en la carretera. Esta percepción detallada ayuda a los coches autónomos a tomar decisiones informadas sobre navegación, evasión de obstáculos, mantenimiento del carril y cumplimiento de las normas de tráfico.

Las redes neuronales recurrentes (RNN) complementan a las CNN al manejar datos secuenciales y procesos de toma de decisiones. Las RNN se utilizan para predecir trayectorias, planificar rutas y controlar el vehículo en tiempo real. Permiten a los coches autónomos analizar los aspectos temporales de la conducción, como anticipar los movimientos futuros de otros vehículos y peatones, y ajustar continuamente sus acciones para mantener una conducción segura y eficiente.

Los Orígenes Militares de los Coches Autónomos

El concepto de vehículos autónomos no es nuevo. En 1939, General Motors (GM) presentó *"Futurama"* en la Feria Mundial de Nueva York, mostrando una visión futurista de una autopista automatizada con coches autónomos [Geddes].

No obstante, fueron las Fuerzas Armadas de Estados Unidos, especialmente a través de la DARPA (Agencia de Proyectos de Investigación Avanzada de Defensa), las primeras en reconocer el potencial de los vehículos autónomos para misiones críticas sin poner en riesgo vidas humanas. Estos vehículos podían ser utilizados en entornos peligrosos para misiones de reconocimiento o entrega de suministros, reduciendo la necesidad de intervención humana en situaciones de alto riesgo.

Desde 1984, DARPA financió proyectos de investigación sobre vehículos autónomos en la Universidad Carnegie Mellon [Wallace y al.]. Estos proyectos avanzaron rápidamente, logrando que, en 1985, un coche sin conductor alcanzara velocidades de 15 km/h en carreteras de dos carriles. En 1986 se realizaron avances significativos en la evasión de obstáculos y, en 1987, los vehículos podían operar fuera de carretera tanto de día como de noche [Pomerleau]. Un hito notable ocurrió en 1995, cuando un coche de Carnegie Mellon completó un trayecto de casi 5.000 km desde Pittsburgh hasta San Diego, cubriendo de forma autónoma el 98% del recorrido a una velocidad media de 100 km/h [Carnegie Mellon].

En Europa, la Universidad de las Fuerzas Armadas Federales de Múnich lideró avances notables en la tecnología de vehículos autónomos. En 1995, uno de sus coches, equipado con un sistema de acelerador y frenos controlados por robots, recorrió más de 1.600 kilómetros entre Múnich y Copenhague, y regresó a una velocidad de 195 km/h. Debido a la velocidad y la distancia en carreteras congestionadas, el vehículo tuvo que realizar maniobras de adelantamiento de manera periódica, mientras que un conductor de seguridad estaba presente para intervenir solo en situaciones críticas.

En las décadas anteriores se había avanzado en el campo de los coches autónomos, pero el punto de inflexión definitivo se produjo cuando DARPA orquestó el Gran Desafío DARPA en 2004 [Buehler]. Esta competición reunió a equipos de universidades y compañías privadas encargados de desarrollar vehículos autónomos capaces de recorrer una desafiante ruta de 240 km por el desierto de Mojave. El objetivo principal de DARPA era aprovechar la tecnología emergente para mejorar las capacidades y la seguridad militares.

Por desgracia, ninguno de los vehículos autónomos participantes completó el recorrido en 2004, y DARPA repitió la competición en 2005, con la victoria de *"Stanley"*, un Volkswagen Touareg modificado. El éxito de Stanley se atribuyó a varias innovaciones, como un algoritmo de IA entrenado en los comportamientos de conducción de los humanos del mundo real y la integración de cinco sensores láser LIDAR. Este arsenal tecnológico permitió al coche detectar objetos en un radio de 80 pies delante de él y reaccionar adecuadamente ante ellos. Tras el éxito de Stanley, el LIDAR se convirtió en un componente vital de todos los futuros sistemas de visión robótica para automóviles. El segundo clasificado fue un equipo de Carnegie Mellon llamado *"Red Team"*. La tercera edición del Gran Desafío DARPA, conocida como el *"Desafío Urbano"*, se celebró en un aeropuerto logístico de California en 2007 [Markoff]. La competición cubrió un recorrido de 100 km por terreno urbano, exigiendo a los participantes que respetaran las normas de tráfico, sortearan otros vehículos y obstáculos, y se incorporaran sin problemas al tráfico. Un equipo de Carnegie Mellon, conocido como *"Tartan"*, se llevó el primer lugar con su Chevy Tahoe modificado. En segundo lugar, quedó el equipo de la Universidad de Stanford, con un Volkswagen Passat llamado *"Stanford Racing"*. Los equipos que crearon y condujeron estos cuatro vehículos—"Stanley", *"Red Team"*, *"Tartan"* y *"Stanford Racing"*— marcarían un hito en la historia de la IA.

Unos Veinteañeros Construyen la Industria del Coche Autónomo

Muchos participantes en el desafío de DARPA crearon sus propias empresas en el campo de los coches autónomos. Por ejemplo, el equipo Tartan fundó Velodyne, una compañía especializada en tecnología LiDAR (Light Detection and Ranging). Al mismo tiempo, los gigantes tecnológicos y los fabricantes de automóviles empezaron a contratar a participantes de los retos DARPA y a hacer inversiones sustanciales en la investigación de vehículos autónomos. Por ejemplo, muchos de los miembros de los equipos *"Stanley"*, *"Red Team"* y *"Stanford Racing"* se unieron a Google, lo que condujo al lanzamiento del proyecto de coche autónomo de Google en 2009. Uno de esos fichajes fue Anthony Levandowski. Levandowski es una figura polémica, y hablaremos de él muy extensamente en el Capítulo 29, en particular sobre su *"Iglesia de la IA"*. Entre 2009 y 2015, Google invirtió 1.100 millones de dólares en la investigación y puesta en funcionamiento de sus coches autónomos [Ohnsman], y en 2012, los coches de Google habían recorrido más de 300.000 millas de conducción autónoma en carreteras públicas, lo que suponía un avance significativo [Rosen]. Google también obtuvo la primera licencia de coche autónomo en Nevada [Ryan]. En 2016, el proyecto pasó a llamarse Waymo y se convirtió en una entidad independiente dentro de Alphabet. *"Waymo"* se derivó de *"a new WAY forward in MObility"* (una nueva forma de avanzar en la movilidad) [Sage].

Al principio del programa de coches autónomos, Google utilizaba sistemas LIDAR de Velodyne. En 2017 se produjo un avance tecnológico significativo cuando Waymo introdujo su propio conjunto de sensores y chips desarrollados internamente, cuya fabricación era más rentable que la de los sistemas Velodyne. Esto supuso una reducción de costes del 90%, y Waymo aplicó esta tecnología a su flota de coches en expansión [Amadeo]. En enero de 2020, Waymo había alcanzado la impresionante cifra de 20 millones de millas de conducción autónoma en carreteras públicas, y su progreso ha continuado desde entonces.

Sin embargo, Google no era el único actor en el campo de los coches autónomos. En 2015, bajo el liderazgo de Elon Musk, Tesla introdujo la función Autopilot, que ofrecía funciones avanzadas de asistencia al conductor basadas en una combinación de cámaras, radares y sensores ultrasónicos. Tesla también proporcionó actualizaciones de software por aire para mejorar y ampliar las capacidades de Autopilot [Associated Press]. Los fabricantes de automóviles convencionales, como GM, Ford, BMW y Audi, también empezaron a aventurarse en este campo con planes ambiciosos.

La competencia entre Uber y Google se intensificó y, finalmente, se enzarzaron en una batalla legal. En 2016, Anthony Levandowski dejó Google, creó su startup de coches autónomos, Otto, y la vendió a Uber casi inmediatamente [Statt y Merendino]. Definitivamente, Levandowski logró fructíferas ganancias ese año. La adquisición dio lugar a disputas legales entre Waymo y Uber, que culminaron en 2019, cuando Levandowski fue condenado a 18 meses de prisión tras ser acusado de 33 cargos federales por el presunto robo de secretos comerciales de los coches autónomos. Sin embargo, fue indultado el último día de la presidencia del entonces presidente estadounidense Donald Trump [Byford y al.]. Finalmente, Uber abandonó la carrera por los coches autónomos y vendió su unidad de autoconducción a Aurora Innovation en 2020, una compañía de coches autónomos que había surgido del *"Red Team"* del Gran Desafío DARPA.

Resulta sorprendente pensar que equipos de veinteañeros que se reunieron en un concurso universitario acabaran desempeñando un papel tan fundamental en la configuración de la industria de los coches autónomos.

En 2016, los fabricantes tradicionales de automóviles comenzaron a seguir el ejemplo de las nuevas startups tecnológicas. General Motors, que históricamente había liderado el sector automotriz estadounidense en Inteligencia Artificial y robótica (y que también era propietaria de Hughes Electronics), se lanzó de lleno en el mercado de los vehículos autónomos al adquirir Cruise Automation. Esta startup de San Francisco contaba con tecnología avanzada en vehículos autónomos y, como resultado, Cruise se convirtió en una filial de GM. En 2017, GM presentó el Super Cruise, un sistema de asistencia al conductor que permite una conducción autónoma parcial en ciertas carreteras. Este fue uno de los primeros sistemas semiautónomos disponibles en vehículos de producción. En 2020, la compañía dio otro paso significativo al presentar el Cruise Origin, un coche eléctrico completamente autónomo diseñado para servicios de transporte compartido. Este modelo destaca por no tener controles tradicionales para el conductor, subrayando su enfoque en la autonomía total. Tras el movimiento de GM, otros fabricantes de automóviles tradicionales como Ford, BMW y Audi también comenzaron a desarrollar sus propios proyectos en el ámbito de los vehículos autónomos, con planes ambiciosos para el futuro.

Los Vehículos Autónomos y la Promesa que Nunca Llega

En 2015, Elon Musk declaró que los vehículos autónomos capaces de conducir *"en cualquier lugar"* estarían disponibles en dos o tres años. Por su parte, el director general de Lyft, John Zimmer, predijo en 2016 que la compra de coches privados *"prácticamente terminaría"* para 2025. Sin embargo, en 2018, el exdirector ejecutivo de Waymo, John Krafcik, advirtió que los coches autónomos robotizados tomarían más tiempo de lo esperado en hacerse realidad. En 2024, la situación sigue siendo que no veremos coches autónomos circulando por las calles de las ciudades en un futuro cercano [Mims].

Un desafío clave para la expansión de los vehículos autónomos es manejar la gran cantidad de situaciones impredecibles en la carretera, como cambios repentinos en el clima o comportamientos humanos inesperados. Adaptar la Inteligencia Artificial a estas condiciones cambiantes es una tarea monumental. Para lograrlo, es esencial contar con una sólida infraestructura de comunicaciones, que incluya la comunicación Vehicle-to-Everything (V2X). Esta tecnología permite que los vehículos se comuniquen entre sí y con infraestructuras inteligentes, como semáforos y señales de tráfico, lo que mejora tanto la seguridad como la eficiencia [Dow]. Además, los vehículos deben incorporar sistemas redundantes para garantizar la seguridad. Si falla un sistema, los mecanismos de reserva deben tomar el control y detener el coche de forma segura. Además, se necesitan grandes cambios en las infraestructuras, marcos normativos completos y una sólida conectividad entre los vehículos y el entorno para ampliar aún más el plazo de despliegue de los coches autónomos. El giro de la industria hacia la priorización de la seguridad sobre el despliegue rápido, sobre todo a la luz de accidentes notables, indica que probablemente falten décadas para que los coches totalmente autónomos se conviertan en algo común [Devulapalli].

Mientras tanto, los coches semiautónomos, también conocidos como de Automatización Condicional, se convertirán en la norma, avanzando hacia un estado más avanzado. Estos vehículos son capaces de manejar la mayoría de las tareas, similar a un avión en piloto automático, aunque todavía pueden necesitar intervención humana en situaciones específicas [Dow].

Transformando la Logística con Robots en Amazon

Al mismo tiempo que participantes se preparaban para los Grandes Desafíos de DARPA en coches autónomos en la Costa Oeste de EEUU, se estaba desarrollando una ola de innovación en logística en la Costa Este, centrada en el MIT.

En 2003, Mick Mountz, antiguo alumno del MIT, fundó en Boston una empresa de robótica llamada Kiva Systems [Guizzo]. Kiva diseñó una flota de pequeños robots con ruedas llamados AGV (Vehículos Guiados Automáticamente). Estos AGV navegaban de forma autónoma por el interior de los almacenes y transportaban estanterías a los trabajadores humanos, reduciendo drásticamente el tiempo y el esfuerzo necesarios para el cumplimiento de los pedidos. Los AGV empleaban un método sencillo pero eficaz: levantaban una estantería entera, la transportaban a un puesto de recogida designado y presentaban los artículos requeridos a los trabajadores humanos. Esto agilizó el proceso de preparación de pedidos, eliminó la necesidad de que los empleados recorrieran largas distancias dentro de almacenes cada vez más grandes y mejoró la precisión de los pedidos. El sistema de Kiva utilizaba una navegación basada en cuadrículas, que permitía a los robots seguir rutas predefinidas en el suelo del almacén.

Amazon, el mayor minorista electrónico del mundo, que se enfrenta a la compresión de los márgenes en la mayor parte de su selección a medida que pasa el tiempo, tenía una necesidad básica continua de mejorar la eficiencia de su amplia gama de almacenes y centros de cumplimiento. Amazon reconoció el potencial de la tecnología de Kiva y adquirió la compañía en 2012, rebautizándola como Amazon Robotics. Esta adquisición marcó un punto de inflexión en el sector del almacenamiento. Amazon Robotics amplió los cimientos de Kiva, dando lugar al desarrollo de lo que se denomina genéricamente Robots Móviles Autónomos (AMR). Amazon prefiere referirse a estos robots como *"Unidades Motrices de Amazon"* o simplemente *"unidades motrices"*. Las Unidades Motrices de Amazon son AGVs mejorados. Algunos de las más destacadas Unidades Motrices de Amazon son el Amazon Pegasus, el Xanthus y el Hercules [The Economist].

Amazon comenzó a equipar las Unidades Motrices con sensores, cámaras y LiDAR, la misma tecnología que se usa en los coches autónomos. Gracias a esto, las Unidades Motrices pudieron moverse por el almacén de manera autónoma y esquivar obstáculos, incluidos los humanos. A diferencia de los AGV de Kiva, que dependen de infraestructuras fijas como bandas magnéticas, estas unidades utilizan algoritmos avanzados de Inteligencia Artificial para planificar sus rutas, lo que les da mayor flexibilidad para adaptarse a diferentes formas, distribuciones y tareas del almacén. Como resultado, las Unidades Motrices lograron optimizar sus trayectos y reducir la congestión, lo que se tradujo en un procesamiento de pedidos más rápido y un mejor rendimiento.

Los AGV de Kiva se enfocaban principalmente en flujos de trabajo de mercancía a persona. En cambio, las Unidades Motrices son más versátiles y se pueden configurar para la reposición de inventarios y otras operaciones de almacén. Estas unidades cuentan con algoritmos más avanzados, incluyendo redes neuronales profundas—como las CNN y RNN—, similares a las utilizadas en vehículos autónomos. Además, las Unidades Motrices implementan algoritmos de coordinación avanzada, lo que les permite colaborar eficazmente tanto con otros robots como con trabajadores humanos. Diseñadas para trabajar en perfecta sincronía con el personal, las Unidades Motrices de Amazon no solo entregan productos a los humanos, sino que también potencian sus capacidades, lo que resulta en un proceso de cumplimiento más dinámico y eficiente.

Esta colaboración entre humanos y robots ya era uno de los mantras de la robótica industrial. Los robots colaborativos llamados cobots ya habían aparecido a finales de los años 90, y cubrimos su historia en el Capítulo 12.

La importancia de los robots de almacén se acentuó aún más con la introducción del Prime Day en 2015, el mayor día de envíos en línea del mundo, en el que se piden, procesan y envían más de 375 millones de artículos individuales en un breve plazo de tiempo, lo que subraya la necesidad imperiosa de eficiencia en el cumplimiento. A medida que se ampliaba la base de clientes de Amazon, la compañía mantuvo importantes inversiones en investigación y desarrollo de robots, mejorando continuamente su adaptabilidad y eficiencia.

Además, en 2019, Amazon Robotics adquirió estratégicamente Canvas Technology, una compañía que ofrecía una tecnología única y muy avanzada que podía hacer que los robots fueran aún más autónomos que la flota de carros de almacén existente de Amazon. Los carros robóticos Canvas estaban equipados con tecnologías punteras de visión por ordenador, IA y detección de profundidad, lo que les permitía percibir e interactuar con su entorno en tiempo real y crear mapas en 3D. A diferencia de las Unidades Motrices tradicionales, los carros Canvas no necesitaban mapas predefinidos y podían adaptarse a entornos cambiantes mediante tecnología de visión por ordenador. Además, estos podían trabajar junto a trabajadores humanos en espacios compartidos, realizando tareas que requerían destreza y percepción, como la recogida de contenedores y el control de calidad.

Aunque las Unidades Motrices son sin duda los más emblemáticos de todos los robots de Amazon, la empresa emplea muchos otros robots industriales especializados para tareas específicas en sus centros logísticos, como recuperar, clasificar, recoger y empaquetar. Muchos de ellos son iteraciones avanzadas del diseño inicial Unimate de George Devol y Joseph Engelberger, del que también hablamos en el Capítulo 12.

La proliferación de robots en las operaciones de Amazon ha sido notable. Tras la adquisición de Kiva, Amazon ya había desplegado 15.000 robots en sus almacenes en 2014 [Shead]. En 2019, Amazon contaba con más de 200.000 robots, y en 2023, la cifra ha aumentado hasta 750.000 robots en todo el mundo [Knight].

El Problema de la Última Milla: Una Prueba de Fuego para la Aceptación de los Robots

El llamado *"problema de la última milla"* se encuentra de forma persistente en todas las industrias de entrega a escala, desde la banda ancha—que básicamente implica entregar repetidamente bytes de datos—hasta el envío o la entrega repetida de bienes físicos, incluidos productos alimenticios. Resolver este problema es una clave conocida para desbloquear el valor a nivel de todo el ecosistema. Como negocio de escaso margen, la rentabilidad de Amazon ha dependido de resolver con éxito la reducción de costes y el aumento de la eficiencia a la hora de hacer llegar sus paquetes a los clientes a través de los últimos pasos físicos de la entrega. Observamos que la estrategia de entrega de Amazon avanzó significativamente al incorporar soluciones robóticas innovadoras y drones de entrega, ayudando inmediatamente a mejorar la rentabilidad.

Amazon Scout, el robot de reparto autónomo de Amazon, ha comenzado a operar en varias ciudades de Estados Unidos desde principios de 2019. Este robot, totalmente eléctrico y de seis ruedas, tiene aproximadamente el tamaño de una nevera pequeña y está diseñado para moverse de manera autónoma por aceras y zonas residenciales. Utiliza una combinación de sensores, cámaras y algoritmos de Inteligencia Artificial para navegar su entorno. Los robots Scout pueden transportar una variedad de paquetes y están construidos para operar de forma segura junto a peatones y mascotas. Cuando el robot se acerca a su destino, los clientes reciben una notificación para que puedan recoger sus paquetes directamente del robot. Esta innovadora solución de entrega acelera los tiempos de entrega y reduce el impacto ambiental en comparación con los métodos de entrega tradicionales.

Además de los robots terrestres, Amazon ha realizado una gran inversión en tecnología de drones para mejorar las entregas y solucionar los desafíos de la *"última milla"*. Su servicio Prime Air utiliza drones con capacidad de despegue y aterrizaje vertical, lo que les permite cambiar sin problemas entre diferentes modos de vuelo. Estos drones están equipados con sistemas avanzados de visión por ordenador, LiDAR y GPS, que les permiten navegar de forma segura, evitar obstáculos y localizar con precisión el punto de entrega. Están diseñados para transportar paquetes de distintos tamaños y pesos, lo que les da flexibilidad para entregar una amplia gama de productos. Amazon planea usar estos drones para entregas ultrarrápidas el mismo día en áreas urbanas y suburbanas, ofreciendo a sus clientes una opción de entrega rápida y conveniente.

En el lado negativo, un número creciente de incidentes de vandalismo contra robots de reparto a partir de 2023 ensombrece la aceptación y adopción de esta tecnología emergente. Los actos deliberados de daño y robo no sólo perturban la eficacia de las entregas autónomas, sino que también nos recuerdan el vandalismo contra los robots retratado en la película de Steven Spielberg *"A.I."* de 2001, en la que la implantación de robots conllevaba un rechazo social generalizado.

El Cenit de la Agilidad Robótica con Boston Dynamics

Más allá de los coches autónomos, los robots de almacén o los robots de reparto, los humanoides representan el máximo exponente de la movilidad robótica, y Boston Dynamics es la empresa que mejor los ejemplifica. Fundada en 1992 por Marc Raiber, Boston Dynamics nació del Laboratorio Leg del MIT, donde se establecieron los fundamentos científicos que dieron forma a la compañía.

Los robots de Boston Dynamics son conocidos por su excepcional equilibrio y habilidad para realizar diversas tareas físicas. Los robots de Boston Dynamics han logrado hazañas impresionantes, como atravesar terrenos accidentados, realizar acrobacias y transportar cargas pesadas. Este tipo de movimiento es lo que incitó a Elon Musk a tuitear en 2017: *"Esto no es nada. Dentro de unos años, ese robot se moverá tan rápido que necesitarás una luz estroboscópica para verlo. Dulces sueños..."* Boston Dynamics es famosa por dos tipos de robots: los robots cuadrúpedos, inspirados en los ágiles movimientos de los animales, y los robots humanoides bípedos. Primero hablaremos de su trayectoria con los robots cuadrúpedos.

Este viaje comenzó con la introducción de dos perros robóticos financiados por DARPA: BigDog y LittleDog. BigDog, un robot innovador, marcó el inicio de la ambición de la compañía por crear un cuadrúpedo capaz de cruzar terrenos difíciles. Diseñado para ser una mula de carga para los soldados, BigDog puede transportar hasta 340 libras mientras atraviesa pendientes pronunciadas y paisajes rocosos. Su capacidad para moverse y cargar peso representó un gran avance en la tecnología de robots cuadrúpedos [Degeler]. Por otro lado, LittleDog es mucho más pequeño y no fue creado para un uso comercial o industrial específico. Su propósito es servir como herramienta de investigación para mejorar la comprensión de la locomoción con patas, la navegación y los algoritmos de control. Aunque su tiempo de funcionamiento es limitado a 30 minutos debido a las baterías de polímero de litio, LittleDog puede moverse por terrenos rocosos y actúa como banco de pruebas para experimentación robótica.

El AlphaDog Proto, presentado en 2011, representaba la siguiente generación de cuadrúpedos. El AlphaDog Proto se orientó completamente hacia aplicaciones militares. Con financiación de DARPA y del Cuerpo de Marines de EE.UU., AlphaDog Proto se diseñó para transportar cargas pesadas, de hasta 450 libras, en una misión de 20 millas a través de terrenos diversos, reduciendo los retos logísticos en lugares remotos. Incorporaba un motor de combustión interna que reducía significativamente el ruido, haciéndolo más adecuado para misiones militares.

Un año después, en 2012, Boston Dynamics presentó el Sistema de Apoyo a Escuadrones con Patas (LS3), un robot diseñado para ser más versátil y robusto. Equipado con sensores avanzados, el LS3 podía seguir a su líder humano durante operaciones militares, adaptándose a terrenos difíciles y superando obstáculos con facilidad. Una de sus características más destacables era su habilidad para enderezarse si se volcaba, lo que mejoraba aún más su capacidad para operar en escenarios reales [Shachtman].

En 2013, BigDog alcanzó un nuevo hito al incorporar un brazo articulado que se asemejaba a un cuello largo. Este modelo actualizado podía levantar un bloque de hormigón de 18 kilogramos y lanzarlo a una distancia de hasta 5 metros. Equipado para usar tanto sus patas como su nuevo brazo, BigDog fue diseñado para abrir puertas y remolcar cargas, siendo especialmente útil en tareas de construcción y respuesta a emergencias. Su capacidad para levantar y mover objetos pesados en terrenos difíciles lo hizo ideal para estos entornos exigentes.

Estos primeros modelos se centraron principalmente en operaciones militares no armadas. Sin embargo, en 2015, los Robots de Boston Dynamics empezaron a diversificarse hacia una gama más amplia de industrias con la introducción de Spot.

Spot es un robot cuadrúpedo de propulsión eléctrica y accionamiento hidráulico [Howley]. Con un peso de sólo 180 libras, Spot es considerablemente más pequeño que sus predecesores, lo que lo hace más versátil para actividades de interior y exterior. La cabeza de Spot incorpora sensores que le permiten sortear terrenos rocosos y evitar obstáculos durante el desplazamiento. Su capacidad para subir escaleras y ascender colinas pone aún más de relieve su agilidad y adaptabilidad. Spot encuentra aplicaciones en sectores como la construcción y la agricultura, donde puede realizar inspecciones en entornos difíciles y proporcionar datos valiosos para la toma de decisiones [Wessling].

En 2016, Boston Dynamics presentó el SpotMini, una versión más compacta de su robot Spot, con un peso de 70 libras. A diferencia de su predecesor, el SpotMini es totalmente eléctrico, eliminando la necesidad de sistemas hidráulicos y extendiendo su autonomía a 90 minutos con una sola carga. El SpotMini está equipado con sensores avanzados que mejoran su capacidad de navegación y le permiten realizar tareas básicas de manera autónoma. Al igual que el Spot, puede incorporar un brazo y una pinza opcionales, lo que le permite recoger objetos delicados y recuperar el equilibrio al enfrentarse a obstáculos. Su tamaño reducido le permite moverse con facilidad en espacios estrechos, lo que lo hace ideal para aplicaciones en interiores y entornos reducidos, como inspecciones comerciales, patrullas de seguridad y áreas sanitarias donde el espacio es limitado.

En 2017, se lanzó una versión actualizada del SpotMini que ofrecía movimientos más fluidos y una mayor robustez, incluso frente a perturbaciones externas. Esta mejora demostró la fiabilidad y la capacidad de adaptación del robot en entornos reales. Al año siguiente, en 2018, Boston Dynamics añadió capacidades avanzadas de navegación autónoma al SpotMini. Equipado con un sistema de navegación sofisticado, el SpotMini pudo recorrer de forma independiente las oficinas y laboratorios de la empresa, siguiendo rutas previamente establecidas durante la operación manual.

Durante este período, varios avances en tecnología básica jugaron un papel crucial en el trabajo de integración realizado por Boston Dynamics y otras empresas. La introducción del LiDAR (Light Detection and Ranging) permitió medir distancias y crear mapas 3D precisos del entorno, mejorando la capacidad de los robots para navegar y comprender su entorno. Además, las innovaciones en cámaras y sensores de profundidad, como las cámaras de alta resolución y los sensores estereoscópicos o de luz estructurada, facilitaron que los robots de Boston Dynamics captaran visualmente el mundo y comprendieran la profundidad de los objetos.

La funcionalidad de los robots también avanzó en este periodo gracias a avances específicos en algoritmos de Aprendizaje Máquina e IA. Los desarrolladores emplearon algoritmos de aprendizaje profundo para tareas como el reconocimiento de objetos, la evitación de obstáculos y la planificación de trayectorias. Se entrenaron redes neuronales en conjuntos de datos masivos orientados al movimiento para que los robots pudieran adaptarse y aprender de su entorno. Estas redes neuronales representan un nivel de complejidad que supera, con mucho, a las empleadas en los coches autónomos. Algunos de los robots utilizaron incluso técnicas de aprendizaje por refuerzo para mejorar sus habilidades motoras y sus movimientos. Esto implicaba un aprendizaje por ensayo y error, en el que el robot recibía retroalimentación sobre sus acciones.

Los avances en control y equilibrio dinámico han impulsado la rápida evolución de los robots. Se han integrado Unidades de Medición Inercial (IMU) para capturar aceleraciones y velocidades angulares, lo que proporciona datos clave para estabilizar y mantener el equilibrio de los robots. Además, los algoritmos de control avanzados permiten a los robots mantener mejor el equilibrio durante movimientos dinámicos. También se han incorporado actuadores hidráulicos, que facilitan movimientos precisos y potentes, aumentando así la agilidad y capacidad de los robots para realizar maniobras complejas.

Una de las tecnologías clave que impulsó el avance de la robótica en este período fue el uso de unidades de procesamiento más potentes. Boston Dynamics, por ejemplo, equipó a sus robots con CPUs y GPUs avanzadas, lo que les permitió realizar cálculos complejos con rapidez. Esto les facilitó tomar decisiones de movimiento en tiempo real, mantener el equilibrio en terrenos irregulares, adaptarse a cambios en el entorno y ejecutar movimientos físicos complejos. En general, tanto la robótica como la Inteligencia Artificial han avanzado más rápido que la capacidad de procesamiento necesaria para activarlas. De hecho, el desarrollo de la potencia de procesamiento ha sido esencial para los progresos en ambas áreas.

Estas tecnologías fundamentales ayudaron a empresas como Boston Dynamics a desarrollar propiedad intelectual valiosa relacionada con el movimiento, creando un *"Efecto de Red"* que hace más difícil para los nuevos competidores ingresar al mercado.

Humanoides Atléticos y Acrobáticos

Boston Dynamics es igualmente famosa por sus robots humanoides bípedos que realizan increíbles acrobacias en las redes sociales. La compañía ha producido un humanoide bípedo comercial, Atlas, y un prototipo anterior llamado Petman, de 2011, que nunca se comercializó y sólo se utilizó con fines de I+D [Thomson].

Atlas se presentó en 2013. DARPA también financió inicialmente este robot. Atlas supuso un importante salto adelante en cuanto a agilidad, autonomía y versatilidad. Con una altura aproximada de 180 cm y un peso de 150 libras, Atlas disponía de una serie de sensores, como visión estereoscópica y un sistema LIDAR, que le permitían percibir y navegar por su entorno con eficacia. El aspecto más innovador de Atlas era su equilibrio dinámico y su movilidad. Podía andar, correr, saltar obstáculos y realizar volteretas hacia atrás y otras acrobacias impresionantes con notable precisión.

Atlas ha evolucionado constantemente, volviéndose más ágil, compacto y versátil. Estas mejoras han abierto la puerta a múltiples aplicaciones en el mundo real. Atlas es especialmente valioso en misiones de búsqueda y rescate, navegando terrenos difíciles, accediendo a lugares de difícil alcance y transmitiendo información crucial. Su habilidad para operar en entornos peligrosos, como instalaciones nucleares, y su potencial en servicios logísticos y de reparto son notables. Además, Atlas puede colaborar con seres humanos en diversas industrias, no solo en el ámbito militar. Su agilidad y capacidad para imitar movimientos humanos le permiten asistir en tareas como la fabricación y procedimientos médicos.

Muchas otras compañías también se dedican a crear humanoides. Tesla también está desarrollando un robot humanoide de uso general llamado Tesla Bot, u Optimus. Elon Musk, CEO de Tesla, ve el robot como una herramienta polivalente para realizar algún día trabajos que la gente considera inaceptables o demasiado peligrosos. Cuando se utiliza en fábricas o para la limpieza de calles, el Tesla Bot puede reducir significativamente el trabajo manual y aumentar el rendimiento. En el futuro, la mayoría de los trabajadores de fábricas y basureros serán robots humanoides, ya que podemos imaginar fácilmente que su rendimiento y productividad superarán a los de los humanos. Además, la agilidad y destreza del Tesla Bot pueden ser muy útiles en entornos peligrosos durante las operaciones de rescate. Su capacidad para mover objetos y sortear terrenos difíciles lo convierte en una herramienta inestimable para situaciones de emergencia, como las operaciones de socorro en terremotos.

Durante el anuncio inicial de la empresa, Elon Musk afirmó que el robot Optimus podría llegar a ser incluso más importante que el negocio de automóviles de Tesla. Para 2024, Tesla planea tener un prototipo funcional, y para 2025, espera tener el robot listo para la producción en masa. El Tesla Bot, que mide 1,70 metros de altura y pesa 125 libras, operará con el mismo sistema de Inteligencia Artificial que los vehículos de Tesla. Hasta ahora, Tesla ha presentado prototipos parcialmente operativos que pueden mover los brazos, caminar y clasificar colores.

En este capítulo, hemos explorado cómo la robótica se aplica en el ámbito civil, pero también hemos visto que la influencia militar es considerable en este sector. En particular, DARPA en EE.UU. ha sido clave en la financiación de muchos proyectos robóticos, incluyendo los coches autónomos y gran parte del trabajo de Boston Dynamics. En el próximo capítulo, nos adentraremos en los debates sobre las aplicaciones militares de la robótica, especialmente en el contexto armamentístico.

15. El Arte de la Guerra con Robots

"Nos comprometemos a no usar nuestros robots de movilidad avanzada ni el software de robótica avanzada que desarrollamos con fines militares, ni a apoyar a otros en hacerlo. Siempre que sea posible, revisaremos detenidamente las aplicaciones que nuestros clientes tienen en mente para evitar cualquier riesgo de militarización".

Boston Dynamics, Agility Robotics, ANYbotics, Clearpath Robotics, Open Robotics, Unitree Robotics

Carta abierta [Vincent y Jung]
Octubre de 2022

En 2022, seis destacados fabricantes de robots y proveedores de software, entre ellos Boston Dynamics, suscribieron un memorándum contra el uso armamentístico de la tecnología robótica. No era la primera vez que personalidades públicas hacían declaraciones públicas similares, pero esta vez las hicieron contratistas de robótica del ejército estadounidense.

En 2015, más de 1.000 expertos en IA, entre los que se encontraban figuras notables como Elon Musk, Stephen Hawking, Noam Chomsky, Steve Wozniak, Demis Hassabis (cofundador de Google DeepMind) y Jaan Tallinn (cofundador de Skype), ya habían hecho un llamamiento contundente a la prohibición de las armas autónomas [Whitfield]. Sus preocupaciones se centraban en el desarrollo y despliegue de armas de fuego capaces de funcionar sin intervención humana, haciendo hincapié en la necesidad urgente de impedir la proliferación de esta tecnología para evitar consecuencias potencialmente catastróficas en la guerra y la seguridad internacional [Gibbs].

En efecto, los robots militares presentan riesgos significativos que merecen atención. Los robots militares autónomos, desprovistos de juicio humano, podrían tomar decisiones cruciales sobre objetivos y enfrentamientos sin supervisión humana. Esto suscita preocupación por las bajas imprevistas, los daños colaterales y las posibles violaciones del derecho internacional humanitario, en particular poniendo en peligro vidas civiles. Además, la perspectiva de que estas armas actúen de forma independiente podría exacerbar los conflictos, incitando una nueva y peligrosa carrera armamentística que podría desestabilizar la seguridad mundial. El uso de robots en el ejército con fines abiertamente ofensivos crea numerosos dilemas éticos, y la rendición de cuentas se perfila como una cuestión central. Las cuestiones relacionadas con la moralidad, la toma de decisiones y la responsabilidad constituyen el meollo del debate en curso.

Una preocupación importante es la vulnerabilidad de los robots militares a los ciberataques. Los enemigos podrían aprovechar las debilidades en sus sensores y sistemas para tomar control de estos robots, usarlos en contra de quienes los operan o para recopilar información de manera ilegal.

El debate en torno a estos robots es complejo. EE.UU. ha sido uno de los países más reticentes a apoyar una prohibición preventiva de las armas autónomas letales, alegando su preocupación por ahogar el progreso tecnológico y reconociendo al mismo tiempo la necesidad de supervisión humana. El Reino Unido también se ha opuesto a una prohibición general, afirmando que el derecho humanitario internacional regula adecuadamente las armas autónomas, pero subraya la importancia del control humano. Del mismo modo, Rusia, China e Israel se han acercado con cautela a la aprobación de una prohibición de los robots asesinos, pero han apoyado los debates sobre la regulación.

La realidad es que los robots militares ofrecen una diversa gama de ventajas junto a sus desventajas. Como tal, el tema en general es polifacético. Una de las principales ventajas radica en su potencial para salvaguardar vidas humanas realizando tareas complejas que de otro modo pondrían en peligro a los soldados, reduciendo así el riesgo de muerte de combatientes asociado a la guerra. En situaciones en las que hay víctimas humanas, los robots militares pueden desplegarse rápidamente para mitigar riesgos adicionales, lo que a menudo puede salvar vidas. Su pronta respuesta puede ser fundamental en estos escenarios críticos.

Además, gracias a sus sensores y sistemas de control avanzados, los robots militares ofrecen datos y capacidades de vigilancia en tiempo real, lo que mejora la percepción del entorno para el personal militar y contribuye al éxito de la misión.

Otra ventaja destacable es su excepcional precisión táctica. Desprovistas de emociones humanas, estas máquinas pueden ejecutar misiones con notable precisión, lo que conlleva el potencial de alterar la dinámica de la guerra. Además, como robots con IA, mejoran continuamente su rendimiento mediante el aprendizaje por la experiencia y la retroalimentación, incluso sin entrenamiento inicial, aumentando la eficiencia y la eficacia con el tiempo. Estas máquinas destacan en la toma de decisiones en fracciones de segundo, superando los procesos cognitivos de los soldados humanos, un rasgo valioso durante el combate, donde las decisiones oportunas sobre el terreno pueden ser decisivas.

Por último, los robots militares prosperan en condiciones ambientales extremas que desafían a los soldados humanos. Ya se enfrenten al abrasador calor del desierto o al gélido frío del Ártico, estas máquinas muestran una resistencia superior a las capacidades humanas, lo que las hace ideales para misiones en terrenos hostiles sin necesidad de sustento, refugio o descanso.

De Abejas Reina a Enjambres Autónomos

El término *"drone"*, utilizado para referirse a una aeronave sin tripulación, se originó en 1935. Fue empleado por primera vez para describir un avión de radiocontrol de la Marina Real Británica llamado *"de Havilland DH.82"*, apodado *"Abeja Reina"*. En inglés, *"drone"* originalmente se refería al abejorro macho de la especie de la abeja melífera. Con el tiempo, la palabra pasó a ser sinónimo de vehículos aéreos no tripulados (UAVs) [Frantzman].

Los drones y los enjambres de drones son verdaderos robots. Estas máquinas pueden moverse de forma independiente, son sensibles al entorno y están equipadas con sensores avanzados, sistemas de comunicación, programación de tareas y cada vez más capacidades autónomas. Esto les permite funcionar de manera independiente o en grupos coordinados. Los drones han cambiado por completo la guerra moderna, transformando las operaciones militares y ofreciendo nuevas capacidades en conflictos alrededor del mundo [Schuch].

Los drones han evolucionado en cuatro fases, pasando de los drones militares más grandes a los más pequeños, luego a los drones comerciales utilizados con fines militares y, por último, a los enjambres de drones.

En la primera etapa del desarrollo de los drones modernos, se crearon modelos grandes que pesaban entre 1.000 y 4.000 libras y tenían una envergadura de 30 a 60 pies. El MQ-1 Predator, introducido en 1995, jugó un papel crucial en la Guerra Global contra el Terrorismo de Estados Unidos. Equipados con misiles, los Predator realizaron ataques aéreos de precisión contra objetivos terroristas de alto valor en Afganistán, Pakistán, Yemen y Somalia desde miles de kilómetros de distancia. Esto permitió llevar a cabo operaciones antiterroristas de manera efectiva, minimizando los riesgos para las tropas convencionales. El sucesor del Predator, el MQ-9 Reaper, introducido en 2007, mejoró estas capacidades con una mayor carga útil y más tiempo de vuelo. Los Reaper se han utilizado extensamente contra ISIS en Siria e Irak, proporcionando vigilancia constante y realizando ataques aéreos con la capacidad de mantenerse sobre los objetivos durante largos períodos, interrumpiendo así las operaciones enemigas.

Otro dron de gran relevancia es el Baykar Bayraktar TB2 de Turquía, lanzado en 2014. Este dron fue clave en el éxito de Azerbaiyán durante el conflicto de Nagorno-Karabaj en 2020, ya que proporcionó inteligencia en tiempo real, realizó ataques precisos contra posiciones armenias y desactivó los sistemas de defensa antiaérea enemigos. De manera similar, en la guerra de Ucrania, las fuerzas ucranianas emplearon estos drones para atacar objetivos rusos y desorganizar las operaciones del enemigo. La combinación de asequibilidad y versatilidad del TB2 lo ha convertido en un recurso valioso en el conflicto ucraniano [Helou y Rosenberg].

En la segunda fase del desarrollo de drones autónomos, el enfoque se trasladó a los drones militares más pequeños. Estos drones, que pesan solo unos pocos kilos y tienen una envergadura de entre 3 y 15 pies, han transformado la guerra moderna. Su tamaño compacto les permite moverse con agilidad en entornos urbanos y terrenos accidentados. Además, son más económicos tanto en adquisición como en funcionamiento, y su pequeño tamaño los hace menos detectables, lo que mejora su capacidad de supervivencia al ser objetivos más pequeños. Muchos gobiernos han desarrollado estos drones, como el AeroVironment Raven de EE.UU., que se lanza a mano, pesa 4 libras y tiene una envergadura de 5 pies. Este dron ha sido crucial para el ejército estadounidense en las guerras de Irak y Afganistán. Otros ejemplos incluyen el Elbit Skylark I-LEX de Israel y el STM Kargu de Turquía.

En la tercera fase, se empezó a utilizar drones comerciales con fines militares. Estos drones, más económicos, han permitido a ejércitos con menos recursos acceder a esta tecnología. Por ejemplo, los drones de consumo, como los DJI Phantom y Mavic de la marca china DJI, se han adaptado para uso militar en Ucrania, junto con drones turcos más grandes. Estos se usan principalmente para reconocimiento y vigilancia, ayudando a las tropas ucranianas a monitorear al enemigo y recopilar información clave. Aunque estos drones son de origen comercial, han demostrado ser muy efectivos en el campo de batalla y son más accesibles y asequibles. En Ucrania, estos drones se emplean de maneras innovadoras, como lanzar granadas sobre posiciones enemigas o vehículos blindados, demostrando su versatilidad en conflictos asimétricos a pesar de los riesgos asociados [Singh y Crumley].

La cuarta dirección trata sobre los enjambres de drones, una tecnología que está causando gran preocupación en los países occidentales. Estos enjambres representan un avance alarmante en la guerra porque demuestran cómo varios drones pueden trabajar juntos de forma inteligente y adaptativa. Al imitar el comportamiento de los grupos de animales, los enjambres pueden realizar misiones complejas con poca intervención humana y a un costo mucho menor que los drones más grandes.

El desarrollo de la tecnología de enjambres de drones comenzó en Estados Unidos con varios programas de la DARPA, de manera similar a como se desarrollaron los coches autónomos. El primer programa, lanzado en 2006, se llamaba *"Vehículos Aéreos No Tripulados Colaborativos"*. Su objetivo era crear pequeños drones capaces de trabajar juntos de forma autónoma. Más tarde, en 2013, DARPA presentó un nuevo programa llamado CODE (Operaciones Colaborativas en Entornos Negados). Este programa buscaba entrenar a un gran número de drones autónomos para que pudieran operar eficazmente en condiciones difíciles.

En 2016, DARPA alcanzó un gran avance en la tecnología de enjambres de drones con la demostración del enjambre Perdix (o perdiz en español). Más de 100 drones Perdix, desarrollados por el MIT y con un peso de solo 0.5 libras cada uno, fueron lanzados desde tres aviones de combate [Condliffe]. Estos drones mostraron una notable capacidad para colaborar en tiempo real, adaptarse y realizar tareas complejas, lo que marcó un progreso importante en la coordinación y autonomía de enjambres de drones. Aprovechando este éxito, en 2018 el ejército estadounidense lanzó el programa Low-Cost UAV Swarming Technology (LOCUST), que busca desarrollar enjambres de drones económicos capaces de abrumar y confundir las defensas enemigas, mejorando así la flexibilidad y eficacia de las operaciones militares [Eckert y Eckert].

Por su parte, China y Turquía también han avanzado en la tecnología de enjambres de drones. En 2017, el CETC chino presentó el sistema de enjambre de drones CH-901, conocido por su capacidad para realizar misiones de vigilancia y ataque con coordinación autónoma. En 2019, Turquía reveló el sistema de drones Alpagu, desarrollado por STM, que se puede utilizar tanto para funciones ofensivas como defensivas, demostrando el interés de Turquía en fortalecer sus capacidades militares en tierra y mar.

De los Tanques Goliat a las Jaurías Robóticas

Los Vehículos Terrestres no Tripulados (UGV) son el equivalente terrestre de los drones. Al igual que los drones, los UGV se han convertido en herramientas indispensables en las operaciones militares modernas, revolucionando la forma en que las fuerzas armadas navegan, recopilan información, se enfrentan a los adversarios y prestan apoyo en emergencias civiles. [Bolte] [Bassier].

Tanto los drones como los Vehículos Terrestres no Tripulados (UGV) tienen una larga historia que se remonta a principios del siglo XX, y han seguido trayectorias similares. Sin embargo, los UGV han avanzado más lentamente que los drones, debido a que moverse por tierra presenta más desafíos que volar. Inicialmente, los UGV eran grandes y pesados, pero con el tiempo se han vuelto más pequeños y versátiles, a menudo con diseños modulares. En tiempos recientes, ambos han avanzado con la tecnología de enjambre, donde varios UGV trabajan juntos para lograr los objetivos de una misión.

Durante la Segunda Guerra Mundial, se usaron diversos vehículos teledirigidos. Los británicos desarrollaron una versión del tanque Matilda Mk 2, conocida como *"Black Prince"*, que se controlaba a distancia. Este tanque teledirigido se empleaba para misiones de reconocimiento y apoyo, reduciendo el riesgo para los operadores en el campo de batalla. Los soviéticos crearon los *"Teletanques"*, que se usaban para vigilar y entregar explosivos a las posiciones enemigas. Por su parte, los alemanes introdujeron el *"Goliath"*, un pequeño vehículo teledirigido diseñado para transportar explosivos a objetivos enemigos, y se utilizaba principalmente para la demolición.

Avanzando hasta el año 2000, los Vehículos Terrestres no Tripulados (UGV) habían evolucionado de manera significativa, siguiendo un camino similar al desarrollo de los drones aéreos. Los modelos más destacados de la época eran el Talon y el PackBot, ambos diseñados principalmente para desactivar explosivos y realizar tareas de reconocimiento. Estos robots estaban equipados con algoritmos básicos de Inteligencia Artificial y demostraron capacidades de navegación semiautónoma, lo que ayudó a reducir los riesgos en las misiones de desactivación de explosivos. El Talon y el PackBot se utilizaron extensamente en Irak y Afganistán, donde tuvieron un papel crucial, así como en contextos civiles, como después del atentado del 11-S. El Talon fue fabricado por Foster-Miller, mientras que el PackBot fue desarrollado por iRobot, la misma empresa que luego creó la famosa aspiradora Roomba. Esta coincidencia destaca el papel activo del ejército estadounidense en el impulso del desarrollo de robots autónomos.

A mediados de la década de 2000, se produjeron avances importantes con la introducción del SWORDS (Special Weapons Observation Reconnaissance Detection System), un robot armado desarrollado por Foster-Miller. El SWORDS es una versión armada del Talon. En 2007, se desplegaron tres unidades de SWORDS en Irak, cada una equipada con una ametralladora M249. Este fue un hito importante, ya que marcó el primer uso de robots armados en el campo de batalla. Sin embargo, a pesar de su despliegue, ninguno de estos robots se utilizó en combates reales.

Los UGV suelen ser operados a distancia por humanos, pero algunos modelos más recientes tienen capacidades autónomas y ofrecen un mayor grado de independencia. Sin embargo, lograr una autonomía completa en el complejo y cambiante entorno del campo de batalla sigue siendo más desafiante que en el caso de los coches autónomos.

Los avances en Inteligencia Artificial han facilitado la coordinación entre los Vehículos Terrestres No Tripulados (UGV), permitiendo la integración de la robótica en enjambre, similar a cómo se hace con los drones. Un buen ejemplo de esta tecnología es Ghost Robotics, una empresa que, aunque menos conocida que Boston Dynamics, se especializa en la creación de robots cuadrúpedos con apariencia de perros, diseñados especialmente para aplicaciones militares. Ghost Robotics ha desarrollado un enjambre de robots llamados Vision 60, que trabajan juntos para mejorar el reconocimiento, la vigilancia y la seguridad en áreas extensas. Estos robots, que se parecen a perros mecánicos, pueden cubrir grandes zonas, recopilar datos en tiempo real y proporcionar a los militares y otros operadores información crucial sobre su entorno. La combinación de movilidad terrestre con inteligencia colectiva hace que estos robots sean útiles tanto en aplicaciones militares como civiles. En los escenarios de guerra urbana, donde la información precisa y la acción coordinada son esenciales, los robots en enjambre pueden cambiar la dinámica del campo de batalla. Pueden interrumpir las operaciones enemigas y mejorar la precisión de los ataques. La tecnología de enjambre de Ghost Robotics subraya las importantes ventajas de los sistemas robóticos colaborativos en el ámbito militar y de seguridad.

Humanoides y Cyborgs en el Campo de Batalla

Como se ha expuesto en el capítulo anterior, Boston Dynamics orientó inicialmente sus primeros modelos, incluidos los robots cuadrúpedos con aspecto de perro (como BigDog, LittleDog, SL3 y AlphaDog Proto) hacia aplicaciones militares no armamentísticas. Todos estos proyectos recibieron financiación de DARPA. La DARPA también desempeñó un papel fundamental en la financiación del desarrollo del robot Atlas de Boston Dynamics, un humanoide ágil y acrobático.

Aunque el propio Atlas no se haya desplegado en funciones militares, las tecnologías y lecciones aprendidas del desarrollo de robots como Atlas podrían tener implicaciones para futuras operaciones militares. La investigación realizada sobre Atlas y robots humanoides similares podría contribuir al desarrollo de sistemas robóticos autónomos o semiautónomos que ayuden a los soldados en tareas como la logística, la vigilancia y, potencialmente, incluso en escenarios de combate. Estos robots podrían ofrecer mayor movilidad, fuerza y agilidad, reduciendo la carga física de los soldados y mejorando sus capacidades sobre el terreno.

Aparte de los humanoides, en las dos últimas décadas se ha producido un notable aumento en el desarrollo de exoesqueletos robóticos avanzados. Ejemplos de ello son el HULC (Human Universal Load Carrier) de Lockheed Martin, la serie de exoesqueletos XOS de Sarcos Robotics, o el TALOS (Tactical Assault Light Operator Suit) del ejército estadounidense, a menudo llamado traje de *"Iron Man"* [Tucker]. Muy apropiadamente elegido, el nombre de Talos evoca al autómata gigante de la mitología griega hecho de bronce para proteger Creta de piratas e invasores. Ya hablamos de él en el Capítulo 1.

Estos sistemas automáticos wearable ofrecen la posibilidad de mejorar la fuerza, la resistencia y la movilidad de los soldados, reduciendo así el esfuerzo físico de los individuos durante los escenarios de combate. Estos exoesqueletos pretenden optimizar las capacidades físicas de los soldados, permitiéndoles transportar cargas pesadas con menor fatiga. En términos prácticos, dada su construcción, sus capacidades programadas y sus raíces en la ciencia de los materiales, estos trajes blindados constituyen auténticos equipos cyborg.

Integrar robots humanoides en las operaciones militares sería un gran avance tecnológico. Estas máquinas pueden aumentar la seguridad y la efectividad de las fuerzas armadas y, al mismo tiempo, reducir o eliminar los riesgos para los soldados. Sin embargo, como ocurre con cualquier tecnología nueva, su desarrollo será gradual. Primero, se utilizarán versiones híbridas que evolucionarán hacia la tecnología final. Será fundamental enfrentar con cuidado los desafíos y las consideraciones éticas en cada etapa de este proceso. El futuro de la guerra seguramente implicará una compleja interacción entre humanos y robots, lo cual cambiará la forma en que se desarrollan los conflictos armados en el siglo XXI.

Una vez que hayamos explicado los fundamentos de la Inteligencia Artificial y la tecnología robótica, retomaremos el tema de la guerra hacia el final del libro. En esa parte, analizaremos quiénes podrían ser los combatientes y qué factores podrían desencadenar un conflicto armado. Con el rápido avance de la IA hacia la Inteligencia Artificial General y la influencia de la ciencia ficción, es razonable considerar la posibilidad de que las máquinas puedan enfrentarse a los seres humanos. Sin embargo, un escenario más probable a corto plazo es que los conflictos surjan entre facciones humanas debido a diferencias culturales, conceptos sobre el valor de la vida humana y opiniones emergentes sobre la IA y la robótica, y cómo estas tecnologías están impactando la vida. Este tipo de conflicto, en el que todas las tecnologías podrían ser utilizadas en el campo de batalla, tiene el potencial de escalar rápidamente hasta convertirse en un genocidio selectivo si se dirigiera contra poblaciones civiles. Abordaremos nuevamente el tema de la guerra en el Capítulo 30.

16. Los Robots Llegan al Espacio Exterior

"Tengo poca batería y está oscureciendo".

El róver Opportunity

Últimas palabras enviadas por el róver desde Marte. [Georgiou y al.]
Traducción al lenguaje humano de la transmisión del róver
2019

La Carrera Espacial, impulsada por la rivalidad y las tensiones geopolíticas, comenzó en 1957 cuando la Unión Soviética lanzó el Sputnik 1, el primer satélite artificial en órbita terrestre. Ese mismo año, con el lanzamiento del Sputnik 2, una perra llamada Laika se convirtió en el primer ser vivo en viajar al espacio. Estos logros iniciales de la Unión Soviética demostraron su capacidad científica y generaron preocupación en Estados Unidos, especialmente en cuanto a la seguridad nacional, ya que los cohetes utilizados para poner satélites en órbita también podían ser usados para transportar cabezas nucleares [Hamilton].

En respuesta a los logros soviéticos, el gobierno de Estados Unidos reaccionó rápidamente y creó la NASA en 1958. Esto dio inicio a una era caracterizada por la exploración espacial intensiva, avances tecnológicos, misiones pioneras y una inversión financiera sin precedentes, mientras ambas superpotencias competían por el dominio del espacio más allá de la atmósfera terrestre.

La primera gran iniciativa de la NASA fue el programa Apolo, que encarnaba los ambiciosos objetivos de la nación y culminó en la histórica misión Apolo 11. Los astronautas Neil Armstrong y Buzz Aldrin descendieron del Módulo Lunar el 20 de julio de 1969, mientras que Michael Collins permaneció en órbita en el Módulo de Mando. La humanidad vio en directo por televisión cómo Armstrong daba esos pasos inmortales sobre la superficie lunar, encapsulando la importancia del momento con la icónica frase: *"Un pequeño paso para un hombre, un gran salto para la humanidad"*. En la inmensidad del espacio, los humanos habían conquistado con éxito un vecino celeste por primera vez.

Aunque en la misión Apolo 11 no había robots, la NASA los empezó a usar poco después. Desde 1969, se han empleado tres tipos de robots en misiones espaciales, dependiendo de cuánto necesitan operar por sí solos. Primero, los robots en la Estación Espacial Internacional (ISS) tienen una autonomía moderada porque trabajan cerca de los astronautas. Segundo, los robots enviados a Marte, como los módulos Viking desde 1976 hasta el Perseverance en 2021, necesitan alta autonomía para navegar y tomar decisiones debido a la gran distancia entre la Tierra y Marte. Tercero, los robots para minería de asteroides requieren mucha autonomía para acercarse, aterrizar, extraer minerales y regresar desde lugares remotos en el espacio.

En las páginas siguientes, repasaremos cómo han evolucionado los robots espaciales, alcanzando mayores niveles de autonomía, y postularemos qué es lo próximo en su desarrollo.

Compañeros Robóticos en el Transbordador Espacial y la Estación Espacial Internacional

En los años 70, Estados Unidos comenzó a trabajar en el desarrollo del Transbordador Espacial. Después del exitoso alunizaje de 1969, que marcó el fin del programa Apolo, la NASA ya estaba planeando nuevas misiones. La idea era crear una nave espacial reutilizable que pudiera llevar astronautas y carga al espacio de manera más económica que los cohetes desechables anteriores. En 1981, el Transbordador Espacial hizo su primer vuelo. Este programa fue considerado innovador porque permitía acceder al espacio de manera más frecuente y versátil, convirtiéndose en una parte fundamental de las actividades de la NASA en los años siguientes [Smibert].

Una de las misiones más importantes del Transbordador Espacial fue el servicio al Telescopio Espacial Hubble. El Hubble se lanzó al espacio en 1990 a bordo del Transbordador Espacial. Este telescopio se diseñó para superar las distorsiones causadas por la atmósfera terrestre, que difuminan las imágenes captadas por los telescopios terrestres. A lo largo de los años, el Hubble ha captado imágenes asombrosas e icónicas de galaxias, nebulosas y objetos celestes lejanos, proporcionando información sobre la formación de las estrellas, las galaxias y la expansión del universo. El Hubble también ha llevado a cabo una amplia investigación sobre los exoplanetas, la materia oscura y la evolución de las galaxias, dejando una huella indeleble en el campo de la astronomía y la exploración espacial [Bell].

Además, las observaciones de Hubble han contribuido a importantes descubrimientos científicos relacionados con Edwin Hubble, el astrónomo estadounidense que da nombre al telescopio. Edwin Hubble demostró que el universo se estaba expandiendo, pero no sabía a qué velocidad. El telescopio Hubble midió la velocidad de esa expansión, que ahora se conoce como la Constante de Hubble.

Treinta años después, el telescopio Hubble sigue funcionando, lo que lo convierte en uno de los instrumentos científicos más duraderos y exitosos de la historia. Esto se debe a cinco misiones de mantenimiento realizadas por las tripulaciones del Transbordador Espacial, que permitieron hacer mejoras y reparaciones para mantener el telescopio en funcionamiento. Un componente clave para el éxito de estas reparaciones fue el brazo robótico llamado Canadarm, que permitió a los astronautas ajustar el telescopio con gran precisión. El Canadarm fue desarrollado por la Agencia Espacial Canadiense y puede extenderse desde la carga útil del transbordador para manipular objetos en el espacio con habilidad [Bell].

Cuando se desplegó el Hubble, la era de la carrera espacial había perdido su relevancia, coincidiendo con la inminente conclusión de la Guerra Fría. Con la disolución de la Unión Soviética en 1991, la dinámica geopolítica cambió significativamente, allanando el camino para una mayor cooperación entre los antiguos adversarios en los esfuerzos espaciales. La ISS, concebida a principios de la década de 1990, se convirtió en un símbolo de colaboración internacional, con Estados Unidos a la cabeza junto con Rusia, Canadá, Japón y la Agencia Espacial Europea. El módulo inaugural se lanzó en 1998.

En la Estación Espacial Internacional (ISS) ha habido varios robots, y uno de los más importantes es Dextre (Special Purpose Dexterous Manipulator). Dextre es una versión avanzada del Canadarm original y fue lanzado en 2008 en un Transbordador Espacial. Este robot tiene dos brazos con manos robóticas muy precisas que pueden hacer tareas complicadas. Su principal función es ayudar con el mantenimiento, las reparaciones y la manipulación de equipos en el exterior de la ISS. Dextre puede usar muchas herramientas diferentes, lo que lo convierte en un recurso muy útil para los astronautas en el espacio. Por ejemplo, también se usó para reparar el telescopio Hubble.

Otra categoría de robots, los humanoides, apareció en los pasillos de la ISS. El robot humanoide Robonaut (R2) fue desarrollado por la NASA en colaboración con General Motors (GM) y se lanzó a la ISS en 2011. Robonaut fue diseñado para realizar tareas complejas en el entorno de la ISS. Equipado con una mano diestra de catorce grados de libertad y sensores táctiles en la punta de los dedos, Robonaut puede manipular herramientas diseñadas para uso humano. Sus tareas iniciales incluían la asistencia en la gestión de inventarios, la realización de inspecciones rutinarias y la ayuda en actividades de mantenimiento complejas. Robonaut puede manipular con cuidado equipos delicados y apretar pernos con precisión, tareas esenciales para la funcionalidad de la estación espacial que pueden llevar mucho tiempo y ser físicamente exigentes para los astronautas humanos [NASA].

También se han introdujeron pequeños robots voladores en los pasillos de la Estación Espacial Internacional (ISS). Estos robots vuelan de manera similar a los pájaros o a las abejas. El primero de estos robots es el Spheres (Synchronized Position Hold, Engage, Reorient, Experimental Satellites), que se empezó a usar en 2006. Los Spheres son pequeños satélites con forma de poliedro de 18 caras, diseñados para probar cómo vuelan las naves espaciales en formación y cómo navegan por sí solas. Pesan alrededor de 2,5 kg y tienen un diámetro de unos 20 cm. Se mueven usando propulsores de gas frío y utilizan balizas ultrasónicas para orientarse y comunicarse, lo que les permite moverse libremente en la microgravedad. A menudo se utilizan para experimentos relacionados con el mantenimiento de la estación, el acoplamiento y la navegación [NASA].

Los Astrobees son pequeños robots voladores que se introdujeron en la Estación Espacial Internacional (ISS) en 2019. Cada uno de estos robots tiene un tamaño de aproximadamente 12 cm de ancho y utiliza ventiladores eléctricos para moverse. Además, están equipados con cámaras y sensores para navegar con precisión, y cuentan con brazos especiales diseñados para sujetarse a los pasamanos de la estación, lo que les permite ahorrar energía de manera segura. Estos robots juegan un papel muy importante en el apoyo a los astronautas, ya que pueden realizar tareas rutinarias de manera autónoma. De este modo, liberan valiosas horas de trabajo humano. Entre sus capacidades se incluyen la gestión de inventarios, la documentación de experimentos mediante sus cámaras integradas y la asistencia en el transporte de carga dentro de la estación. Además, los Astrobees también sirven como una plataforma versátil para la investigación, permitiendo a los científicos llevar a cabo diversos experimentos en el entorno único de microgravedad de la estación [Ackerman].

Robots Exploradores de Marte: Un Puente entre la Autonomía y la Experiencia Humana

Marte se convirtió en el principal objetivo de exploración de la NASA durante la carrera espacial por varias razones. Tiene características similares a las de la Tierra, como una atmósfera fina y evidencias de agua líquida en el pasado, lo que lo hacía prometedor para buscar vida extraterrestre. Esto despertó el interés de los científicos y los animó a investigar los misterios de Marte. Además, Marte ofrecía a Estados Unidos la oportunidad de mostrar su avance tecnológico y fortalecer su posición en la carrera espacial. Después de conquistar la Luna con las misiones Apolo, Marte representaba el siguiente gran desafío, inspirando a una nueva generación de científicos e ingenieros [Cohn].

En 1976, el programa Viking de la NASA marcó el primer hito en la exploración de Marte al desplegar con éxito los módulos de aterrizaje Viking 1 y 2. Aunque no eran rovers, estos módulos de aterrizaje estacionarios empleaban retrocohetes y paracaídas para sus aterrizajes suaves. A pesar de su inmovilidad, los Viking estaban equipadas con instrumentos sofisticados, como cromatógrafos de gases, espectrómetros de masas, experimentos biológicos y equipos meteorológicos, que les permitieron analizar muestras del suelo y la atmósfera marcianos. Su objetivo principal era buscar signos de vida pasada o presente, lo que condujo a la recolección y el análisis de muestras de suelo marciano en busca de compuestos orgánicos y procesos relacionados con la vida. Los módulos de aterrizaje también enviaron una gran cantidad de datos, como imágenes cautivadoras de la superficie marciana, datos meteorológicos e información sobre la geología del planeta [NASA] [River].

En 1997, la NASA lanzó la misión Mars Pathfinder, que fue la segunda exploración a Marte. La parte más destacada de esta misión fue el róver Sojourner, un vehículo pequeño con seis ruedas, diseñado para moverse por Marte, aunque no podía moverse de forma totalmente independiente. En lugar de eso, seguía rutas predeterminadas y tenía interacciones simples con su entorno. La mayoría de sus acciones eran controladas desde la Tierra. La misión de Sojourner era explorar el terreno marciano, analizar rocas, muestras de suelo y la atmósfera, además de tomar fotos de alta calidad. Sojourner envió datos en tiempo real, lo que nos ayudó a entender mejor la historia geológica y climática de Marte y preparó el terreno para futuras misiones [Pritchett y Muirhead].

Spirit y Opportunity, lanzados en 2004, representaron la tercera oleada de exploradores marcianos y poseían una autonomía y movilidad notables. Estos robots exploradores se aventuraron por paisajes marcianos, investigando la geología y buscando indicios de actividad pasada del agua, un ingrediente crucial para la vida. Spirit descubrió indicios de rocas alteradas por el agua y de actividad volcánica, arrojando luz sobre la historia geológica de Marte. El notable descubrimiento por Opportunity de depósitos de rocas sedimentarias corroboró aún más el pasado acuoso de Marte. Estos robots resistentes superaron la duración prevista de sus misiones. Spirit exploró durante más de seis años y Opportunity durante casi 15, soportando las duras condiciones marcianas hasta que envió el último y famoso mensaje a la Tierra: *"Me queda poca batería y está oscureciendo"* [Georgiou y al.].

Spirit y Opportunity tenían mayor autonomía que Sojourner. Podían navegar de forma autónoma por el terreno y evitar obstáculos, lo que era crucial para sus misiones de larga duración. Sin embargo, las decisiones importantes, como seleccionar objetivos científicos específicos o cambiar el plan general de la misión, seguían requiriendo la intervención humana desde la Tierra.

En 2012, aterrizó en Marte el Curiosity, un róver del tamaño de un coche con un sofisticado laboratorio científico. Esto representó la cuarta oleada de vehículos exploradores de Marte. La misión de Curiosity incluía analizar el terreno marciano, buscar indicios de habitabilidad en el pasado y evaluar el potencial del planeta para albergar vida microbiana. Con el tiempo, Curiosity descubrió más indicios de un antiguo lago de agua dulce y de moléculas orgánicas, lo que permitió comprender mejor los entornos pasados de Marte. Tras superar el plazo inicial de su misión, Curiosity sigue enviando valiosos datos a la Tierra, lo que redimensiona nuestro conocimiento de Marte y su potencial como hábitat para la vida. La capacidad de Curiosity para *"tomarse selfies"* en Marte cautivó la imaginación del público y mostró la belleza descarnada del paisaje marciano [Manning y Simon].

Curiosity contaba en su viaje a Marte con una mayor independencia que susantecesores. Podía moverse por terrenos difíciles, planificar rutas y elegir algunos objetivos científicos. Esta autonomía le ayudó a trabajar con eficacia durante su prolongada misión. Sin embargo, las decisiones esenciales de la misión, las actualizaciones del software y las tareas complejas seguían necesitando la orientación del control de la misión en la Tierra. Equilibrar la autonomía con el control remoto permite a estos vehículos exploradores explorar Marte con eficacia, al tiempo que se benefician de la experiencia humana.

En febrero de 2021, el robot Perseverance de la NASA aterrizó en Marte. Era similar al Curiosity en cuanto a diseño y autonomía, pero tenía capacidades mejoradas. Perseverance pretende identificar antiguos entornos marcianos aptos para la vida, investigar la vida microbiana del pasado, recoger muestras de rocas y medir la producción de oxígeno en la atmósfera marciana para futuras misiones tripuladas. Perseverance sigue explorando, analizando y transmitiendo diariamente datos cruciales a la Tierra, con la promesa de descubrir los misterios de Marte y allanar el camino para el futuro de la humanidad en el Planeta Rojo [Marboy].

Lo destacable del róver Perseverance es que también transportaba un minihelicóptero o dron llamado Ingenuity, que logró el primer vuelo propulsado en otro planeta en abril de 2021. Este helicóptero ligero, que sólo pesa 4 libras, realizó vuelos de prueba meticulosamente planificados, demostrando la viabilidad del vuelo propulsado y controlado en el difícil entorno marciano. Basándose en lo aprendido con este dron, la NASA hará volar una nueva versión del mismo con el nombre de Dragonfly a partir de 2028, pero esta vez no en Marte, sino en Titán, una de las lunas de Saturno [NASA].

Robots en las Fronteras del Espacio

Está surgiendo una nueva generación de robots centrada en la minería espacial. Dotados de avanzados sistemas de propulsión solar-eléctrica y algoritmos de localización, estos robots pueden prospectar, perforar y recoger muestras de asteroides o planetas, lo que supone un avance significativo en nuestro empeño por utilizar los vastos recursos del interior de los cuerpos celestes y ampliar la presencia humana más allá de la Tierra. No sólo utilizan técnicas de vanguardia, como taladros rotatorios para perforar agujeros o taladros de percusión que golpean repetidamente la superficie para romperla, sino también técnicas muy avanzadas, como la perforación por láser para calentar y vaporizar el material o incluso técnicas de enjambre con múltiples robots coordinándose.

La minería espacial consiste en enviar naves espaciales equipadas con tecnología avanzada, como estos robots mineros, al encuentro de estos cuerpos celestes, explorar sus recursos y, finalmente, transportar materiales valiosos de vuelta a la Tierra o a otros destinos en el espacio. La motivación principal de la minería de asteroides es aprovechar los abundantes recursos, aliviando potencialmente los problemas de escasez de recursos en la Tierra y facilitando el crecimiento de la industria y la presencia humanas en el cosmos. Aunque la viabilidad económica y los retos técnicos siguen siendo obstáculos importantes, la investigación en curso, los avances en la exploración espacial y el desarrollo de nuevas tecnologías están acercando gradualmente esta ambiciosa visión a la realidad [Gilbert].

La minería en asteroides ha atraído más interés que la minería en planetas como la Luna o Marte. Esto se debe a que los asteroides están más cerca de la Tierra y suelen tener materiales valiosos como metales preciosos, agua y minerales raros. Además, tienen menos gravedad que los planetas, lo que facilita y hace más barato extraer y transportar estos recursos. Sin embargo, también hay desafíos. Llegar a los asteroides y moverse en ellos es complicado porque son irregulares y están en el espacio profundo. En comparación, la minería en la Luna es más sencilla porque la Luna está más cerca y sus condiciones son más estables. Mientras que los asteroides tienen composiciones variadas, la minería lunar se realiza en un lugar que ya conocemos bien.

La minería espacial requiere enfoques distintos en cuanto a robótica, planificación de misiones y utilización de recursos, dependiendo de si se realiza en asteroides o en un planeta. En cuanto a la minería de asteroides, el OSIRIS-REx (Origins, Spectral Interpretation, Resource Identification, Security, and Regolith Explorer) de la NASA se lanzó al espacio en 2016, con el objetivo principal de alcanzar el asteroide cercano a la Tierra Bennu, recoger una muestra prístina de su material superficial y devolverla a la Tierra de forma segura. OSIRIS-REx llegó a Bennu en 2018, completó su misión y regresó a la Tierra en 2023 con valiosas moléculas orgánicas y minerales; OSIRIS-REx hizo avanzar nuestra comprensión de los componentes básicos de nuestro sistema solar y de los recursos potenciales disponibles en los asteroides. Y lo que es más importante, abrió una metodología que puede aplicarse a futuras extracciones comerciales [NASA].

La misión Hayabusa2, llevada a cabo por la Agencia de Exploración Aeroespacial de Japón (JAXA), representa un avance significativo en la extracción de muestras de asteroides. Lanzada en diciembre de 2014, esta nave espacial se dirigió al asteroide cercano a la Tierra, Ryugu, al que llegó con éxito en junio de 2018. La misión incluyó el despliegue de rovers y módulos de aterrizaje en la superficie de Ryugu, la recolección de muestras en diversas ubicaciones y la creación de un cráter artificial para acceder a los materiales del subsuelo. En 2020, Hayabusa2 regresó triunfalmente a la Tierra con valiosas muestras que proporcionan información esencial sobre la formación de nuestro sistema solar y los compuestos orgánicos que podrían haber influido en el origen de la vida en nuestro planeta [Zukerman].

A partir de 2015, empresas privadas como Planetary Resources y Deep Space Industries han logrado avances significativos en la extracción de asteroides, marcando la entrada directa de entidades del sector privado en la exploración espacial sin la necesidad de contratos gubernamentales. Planetary Resources, fundada en 2009, ha estado desarrollando su serie de naves espaciales Arkyd. En 2015, el Arkyd demostró con éxito la aviónica, los sistemas de control de altitud y los sistemas de propulsión esenciales para operaciones cercanas a asteroides. Por su parte, Deep Space Industries, establecida en 2013, lanzó su misión Prospector-X en 2017. Esta misión evaluó tecnologías de vanguardia cruciales para futuras operaciones mineras en asteroides, incluyendo un sistema de propulsión basado en agua, un sistema de navegación óptica y aviónica especializada para el entorno del espacio profundo.

La minería lunar requiere robots muy distintos a los que se utilizan en las naves espaciales de minería de asteroides. En este contexto, la NASA desarrolló en 2010 un robot denominado RASSOR (Regolith Advanced Surface Systems Operations). Aunque aún no se ha desplegado en la Luna, RASSOR representa un avance significativo en la tecnología robótica diseñada para la excavación lunar y planetaria. Este robot es compacto, con un peso aproximado de 100 libras, y cuenta con dos brazos equipados con tambores de excavación que se mueven en direcciones opuestas. Gracias a su innovador diseño, RASSOR puede recolectar regolito lunar de manera eficiente, lo que facilita el procesamiento del suelo característico de la superficie lunar. La contrarrotación de sus tambores elimina la necesidad de utilizar maquinaria pesada convencional o sistemas de tracción comúnmente empleados para la excavación. En su lugar, RASSOR emplea un mecanismo único de tambor para recoger y transportar el suelo lunar con una fuerza mínima, lo que lo hace más eficiente y adecuado para el entorno de baja gravedad de la Luna [NASA]. De manera significativa, RASSOR permite a los astronautas y a futuras misiones extraer recursos directamente de la Luna, optimizando los costos y mejorando la eficiencia de la exploración lunar a mayor profundidad.

Volveremos a hablar sobre el RASSOR en el último capítulo del libro, ya que podría estar relacionado con el rumbo que la IA está tomando para la humanidad en un futuro a muy largo plazo.

17. El Dilema Japonés: Inmigración o Humanoides

"Mejoraremos los servicios de cuidados de ancianos para acoger a 500.000 personas a principios de la década de 2020. Además, impulsaremos medidas que alivien la carga de los cuidadores, como la implementación de robots".

Shinzo Abe

Primer Ministro de Japón
Discurso político ante la 198ª Sesión de la Dieta [Abe]
2019

Japón se enfrenta a un reto demográfico crítico marcado por el rápido envejecimiento de la población y el descenso de la tasa de natalidad. En 2023, aproximadamente el 36% de la población de Japón tendrá 60 años o más, y las proyecciones indican que podría alcanzar entre el 45% y el 50% en 2060 [Pirámide de Población]. El descenso de la natalidad agrava este problema, ya que la tasa de natalidad de Japón en 2019 será de sólo 1,4 hijos por mujer, muy por debajo de los 2,1 necesarios para la estabilidad de la población. En consecuencia, la nación lleva décadas lidiando con el impacto del envejecimiento de la sociedad y el declive de la población, con proyecciones que sugieren una disminución de 125 millones en 2021 a aproximadamente 88 millones en 2065 si persisten las tendencias actuales [McElhinney].

Este cambio demográfico plantea múltiples retos, como el aumento de la demanda de asistencia sanitaria y atención a los ancianos, la insuficiencia de mano de obra y, por tanto, la reducción de la riqueza nacional, lo que pone en peligro la estabilidad económica y social. El déficit de mano de obra no se limita a las industrias de mano de obra no cualificada, sino que se extiende también a los sectores que requieren mano de obra cualificada. Los sectores sanitario y de atención a la tercera edad se enfrentan a una grave escasez, con un déficit estimado de 380.000 trabajadores especializados para 2025. Las industrias manufacturera y de la construcción también luchan contra la escasez de mano de obra, lo que repercute en su potencial de crecimiento e innovación. Esta escasez conlleva implicaciones para la competitividad económica, la riqueza nacional y la sostenibilidad futura de Japón, dificultando la productividad y frenando potencialmente la expansión económica [Nikkey].

En esta encrucijada, Japón enfrenta un dilema complejo en el que la inmigración y la automatización surgen como las únicas soluciones a su inextricable escasez de mano de obra. Históricamente, Japón ha mostrado resistencia a aceptar la inmigración debido a su deseo de mantener la homogeneidad cultural y racial, así como la preocupación por la cohesión social. Por esta razón, el país ha optado por la automatización como una solución práctica que le permite preservar su identidad cultural única. Este enfoque ha sido un factor clave en el desarrollo de sus industrias robóticas, como se discutió en el Capítulo 13. El temor a los posibles retos sociales, políticos y de seguridad asociados al aumento de la inmigración refuerza esta inclinación. En consecuencia, el número de trabajadores extranjeros en Japón se situó en aproximadamente 1,7 millones en 2019, lo que representa algo menos del 3% de la mano de obra total, un marcado contraste con el 17% de EE.UU. en la misma época [Reynolds y al.].

Japón ha implementado varias políticas limitadas para abordar necesidades urgentes, como el Programa de Formación para Pasantes Técnicos dirigido a trabajadores de otros países asiáticos, como Vietnam, China e Indonesia, y el Visado de Trabajador Cualificado Específico para aquellos con cualificaciones en enfermería, hostelería y construcción. Sin embargo, Japón no las considera soluciones a largo plazo.

Como hemos discutido anteriormente, el sector manufacturero japonés ha mantenido durante décadas niveles de automatización que lo colocan consistentemente entre los tres primeros a nivel mundial. Esto destaca la habilidad de Japón en este ámbito y su comodidad con la *"sustitución humana"*. Si no fuera por el sesgo cultural hacia el pleno empleo en Japón, el país habría ocupado el primer puesto. Según los datos de la Federación Internacional de Robótica (IFR), en 2019 Japón tenía una notable densidad de robots de 399 unidades por cada 10,000 empleados en el sector manufacturero, ubicándose solo detrás de Corea del Sur y Singapur. Esta cifra subraya la significativa utilización de robots en la fabricación en Japón, abarcando tanto la producción de automóviles como el ensamblaje de productos electrónicos [IFR].

El liderazgo mundial de Japón en tecnologías robóticas y de automatización presenta una alternativa a la inmigración en la que las máquinas y los sistemas de IA pueden sustituir a la mano de obra humana. Esto plantea cuestiones sobre las consecuencias socioeconómicas, como el desplazamiento de puestos de trabajo y la desigualdad de ingresos. Alcanzar el equilibrio adecuado entre inmigración y automatización plantea un reto formidable a los responsables políticos de Japón, que deben sopesar las implicaciones culturales y sociales frente a la viabilidad económica ante la reducción de la mano de obra.

En las páginas siguientes se hablará de los robots que pueden aliviar el problema de la disminución de la mano de obra en Japón, presagiando una expansión de las actividades de sustitución humana que se afianzará también en otras sociedades.

El Buda en el Robot

En 1974, Masahiro Mori, presidente emérito de la Sociedad de Robótica de Japón, escribió el libro *"El Buda en el Robot: Reflexiones de un Ingeniero de Robots sobre Ciencia y Religión"*. A partir de su experiencia única como ingeniero en robótica y budista devoto, Mori reflexiona sobre los paralelismos entre la búsqueda de comprensión en la ciencia y la búsqueda de iluminación en el budismo. En su libro, uno de los conceptos centrales es que la ciencia y la religión representan dos facetas del mismo anhelo humano de conocimiento, significado y trascendencia. La diferencia radica únicamente en las metodologías empleadas y los criterios de éxito utilizados [Mori].

En su libro, Mori explora cómo el budismo puede ofrecer una perspectiva sobre los robots y su lugar en el universo. Propone que la esencia de Buda, un estado de iluminación puede encontrarse en los robots. Según Mori, al igual que todas las cosas en el universo, los robots están interconectados y comparten una esencia fundamental con nosotros. Desafía la distinción tradicional entre mente y cuerpo físico, sugiriendo que tanto los robots como los seres humanos poseen materia física y un alma espiritual, y, por lo tanto, pueden reflejar la naturaleza interconectada de la realidad de Buda. En esta visión, espiritualidad y tecnología no están separadas, sino entrelazadas. Mori nos invita a reconocer el potencial espiritual en la tecnología, desdibujando las fronteras entre lo sagrado y lo mecánico. Además, argumenta que humanos y máquinas son interdependientes y recíprocos, ya que, al ser creados por los humanos, los robots comparten la naturaleza de Buda y, en consecuencia, mantienen una conexión profunda con nosotros.

Hemos notado que la profunda conexión entre religión y robots no es exclusiva de Mori; en realidad, muchos japoneses comparten esta perspectiva. Desde 2019, Japón cuenta con un sacerdote-robot budista llamado Mindar. Mindar es un robot humanoide instalado en el Templo Kodaiji de Kioto, diseñado para impartir enseñanzas budistas y participar en ceremonias religiosas. Vestido con túnicas budistas tradicionales, con semblante sereno y gestos expresivos, Mindar posee una apariencia realista que le permite conectar con los fieles a un nivel emocional profundo. Aunque sus sermones están preprogramados, puede ofrecer variaciones en el tono y los gestos, lo que confiere un aire de autenticidad a su guía espiritual. Este fascinante robot es sólo uno de los muchos ejemplos de la armoniosa mezcla que hace Japón de sus proezas tecnológicas con su rico patrimonio cultural y de la integración de los robots en las actividades sociales principales y en funciones humanas dadas.

Aparte del budismo, la otra religión destacada de Japón es el sintoísmo, e incluso muchos ciudadanos practican ambas. El sintoísmo es una religión autóctona de Japón. El sistema de creencias del sintoísmo está profundamente arraigado en la reverencia a la naturaleza y a los espíritus, o kami, que la habitan. Según las creencias sintoístas, los kami pueden encontrarse en prácticamente todos los aspectos del mundo natural, incluidas las montañas, los ríos, los animales e incluso los objetos inanimados. Por lo tanto, algunos seguidores del sintoísmo sostienen que los robots pueden considerarse un reflejo de la creatividad y el ingenio humanos y, por extensión, una manifestación del espíritu humano, que se cree que está estrechamente relacionado con los kami.

Aunque en Japón persisten los debates sobre la intersección entre religión y tecnología, las creencias específicas de sus religiones autóctonas contribuyen a la aceptación generalizada de los robots en funciones como las de compañeros de trabajo, dependientes, recepcionistas de hotel e incluso parejas románticas. Esto nos invita a contemplar el papel evolutivo de la tecnología en la configuración de nuestras experiencias sociales y espirituales en el mundo moderno [Tominaga].

La Saga de los Humanoides de Waseda

A principios de la década de 1970, cuando Kawasaki-Unimate acababa de empezar a fabricar brazos robóticos para cadenas de montaje de automóviles, la Universidad de Waseda saltó a la palestra como pionera en robots humanoides. Bajo la dirección del profesor Ichiro Kato, al que a menudo se hace referencia como el *"padre de la investigación robótica japonesa"*, la Universidad de Waseda logró un hito importante al crear el primer robot humanoide completamente funcional entre 1967 y 1973, el Wabot-1 (WAseda roBOT) [Kato].

El Wabot-1 representó un salto innovador en robótica para su época. Su aspecto físico se caracterizaba por un diseño antropomórfico, parecido a una figura humanoide con brazos, manos equipadas con sensores táctiles y una cabeza que albergaba un par de ojos y oídos artificiales. Estas características sensoriales le permitían percibir e interactuar con su entorno, reconocer objetos y agarrarlos con destreza. Además, un sofisticado sistema de control de las extremidades orquestó el movimiento del robot, permitiéndole ejecutar una amplia gama de movimientos similares a los humanos, lo que contribuyó a su parecido humanoide.

Las habilidades lingüísticas del Wabot-1 eran igualmente notables, ya que podía entablar conversaciones con personas en japonés, mostrando los primeros avances en el Procesamiento del Lenguaje Natural. Además, el Wabot-1 incorporaba un sofisticado sistema de visión con sensores externos. Este sistema otorgaba al robot la capacidad de medir distancias y direcciones de los objetos, lo que le permitía navegar por su entorno y responder de forma inteligente a lo que le rodeaba.

Después de Wabot-1, los investigadores de Waseda siguieron trabajando en el espacio de la robótica humanoide, y hubo un segundo programa Wabot entre 1984 y 1985. Este nuevo robot, el Wabot 2, supuso una mejora sustancial respecto a su predecesor. El Wabot 2 presentaba un aspecto más refinado y humano, con extremidades articuladas y un torso que permitía una gama más amplia de movimientos realistas. Este mayor nivel de movilidad le permitía interactuar con su entorno y realizar tareas con mayor precisión.

Las capacidades sensoriales y cognitivas del Wabot-2 experimentaron una mejora considerable. Equipado con un sistema sensorial de última generación, que incluía ojos y oídos artificiales, el Wabot-2 era capaz de percibir y responder a su entorno con una eficacia muy superior a la del Wabot-1. Gracias a esta avanzada información sensorial, no solo interactuaba con su entorno de manera más precisa, sino que también establecía interacciones más complejas con humanos y objetos cercanos. Entre sus logros más impresionantes se encontraba la capacidad para tocar instrumentos musicales con notable precisión. El Wabot-2 podía realizar tareas propias de un músico humano, tales como leer partituras de complejidad moderada, interpretar melodías de dificultad media y acompañar a un cantante como Kato.

Por último, el Wabot-2 dominaba varios idiomas, entre ellos el japonés y el inglés, lo que le permitía mantener conversaciones significativas y dinámicas con sus homólogos humanos. Sus capacidades cognitivas se extendían a la medición de distancias y direcciones de los objetos de su entorno, mejorando sus capacidades de resolución de problemas y navegación.

La Universidad de Waseda ha mostrado un compromiso inquebrantable y duradero con la investigación robótica desde la década de 1960. Tras los programas Wabot, la universidad creó otros robots notables como Hadalay y Wabian en 1995, Hadaly-2 en 1997, Twendy-One en 2007 y Kobian en 2009.

ASIMO: El Famoso Humanoide de Honda

ASIMO (Advanced Step in Innovative Mobility) es un popular robot humanoide desarrollado por Honda. El nombre ASIMO rinde homenaje al célebre escritor de Ciencia Ficción Isaac Asimov. Además, en japonés, *"Asi"* significa *"pierna"* y *"Mo"* es la abreviatura de *"movilidad"*, por lo que Asimo es un robot bípedo móvil que rinde homenaje a Isaac Asimov [Forbes].

ASIMO tiene una inmensa relevancia en la robótica porque amplió los límites de los robots capaces de realizar movimientos complejos y de interactuar de forma versátil con los humanos. Su génesis se remonta a las primeras investigaciones de Honda en los años 80 para desarrollar robots humanoides. De 1986 a 1997, Honda desarrolló 11 modelos prototipo que finalmente culminaron en el nacimiento de ASIMO, con su presentación oficial en 2000.

El meteórico ascenso de ASIMO a la popularidad trascendió la mera maravilla tecnológica y se transformó en un movimiento social que cautivó al público de todo el mundo. Todo empezó cuando ASIMO tocó la campana para abrir una sesión de negociación en la Bolsa de Nueva York en 2002. La posterior gira mundial del robot lo llevó a países como Australia, Rusia, Sudáfrica, España y los Emiratos Árabes Unidos, y mostró sus avanzadas capacidades de interacción humana con diversas culturas y públicos. En 2008, la actuación de baile y los pasos de siete minutos realizados por ASIMO para el Príncipe Carlos representaron un momento crucial en su presencia a nivel mundial. Además, en 2014, ASIMO tuvo el honor de reunirse con el entonces presidente de EE.UU., Barack Obama, durante su visita a Tokio. Este encuentro no solo subrayó el estatus de ASIMO como un embajador global de la ciencia y la tecnología, sino que también consolidó aún más su influencia en el ámbito internacional. Sus numerosas apariciones públicas y demostraciones también han desempeñado un papel fundamental en la concienciación sobre las aplicaciones potenciales de los robots humanoides en diversos campos, desde la sanidad a la fabricación. El legado de ASIMO inspiró a nuevas generaciones de expertos en robótica, estableciendo un alto nivel de innovación e interacción humano-robot en esta área de investigación.

ASIMO tiene la capacidad de reconocer rostros, voces y sonidos humanos, así como gestos y posturas de las personas. Además, puede identificar objetos en movimiento y evaluar su entorno circundante, lo que facilita una interacción fluida con los seres humanos. Asimismo, ASIMO es capaz de determinar distancias y direcciones a partir de una inspección visual, lo que le permite orientarse y reaccionar adecuadamente en diferentes situaciones. Por ejemplo, ASIMO puede seguir a las personas o mirarlas de frente cuando se les acerca. Además, interpreta órdenes de voz y reconoce apretones de manos, saludos y señalamientos, respondiendo adecuadamente a cada uno. Sus habilidades lingüísticas se extienden a la capacidad de responder preguntas en varios idiomas. Aunado a esto, ASIMO puede distinguir entre diferentes voces y sonidos, identificar a las personas por sus rostros y responder a sus nombres. Incluso es capaz de reconocer sonidos asociados con la caída de objetos o colisiones, dirigiendo su atención de manera apropiada en tales situaciones [Obringer y Strickland].

En cuanto a la construcción física del robot, ASIMO funciona con una batería recargable de iones de litio que ofrece una hora de autonomía. También está equipado con un procesador informático diseñado por Honda y situado en la zona de la cintura. Además, pesa 120 libras y tiene una estatura de 4 pies y 3 pulgadas, suficiente para abrir puertas y encender interruptores de luz.

El robot está equipado con una variedad extensa de sensores que facilitan su navegación autónoma. En primer lugar, dos cámaras ubicadas en su cabeza actúan como sensores visuales para la detección de obstáculos. Además, en la parte inferior de su torso, se encuentra un sensor de suelo compuesto por un láser y un infrarrojo. El láser se encarga de detectar la superficie del suelo, mientras que el sensor infrarrojo identifica pares de marcas en el suelo, lo que ayuda al robot a confirmar las rutas navegables basadas en un mapa previamente cargado. Por otro lado, se emplean sensores ultrasónicos ubicados en la parte delantera y trasera del torso y la mochila, respectivamente, para la detección de obstáculos adicionales.

Construyendo el Futuro: HRP-5P y la Robótica en el Campo de la Construcción

En 1997, el Instituto Nacional de Ciencia y Tecnología Industrial Avanzada (AIST) de Japón adquirió algunos prototipos de ASIMO de Honda. Durante dos décadas de trabajo, el AIST perfeccionó estos prototipos y creó el robot HRP-5P (Prototipo de Robótica Humanoide), un robot humanoide diseñado para obras de construcción, que se presentó en 2018. Eso significa básicamente que ASIMO tiene un primo que es obrero de la construcción [AIST].

Como hemos presentado en capítulos anteriores, las fábricas japonesas llevan más de medio siglo empleando brazos robóticos, prosperando en sus entornos estructurados y meticulosamente planificados. Compañías como Toyota han sido pioneras en las metodologías de lean manufacturing (o fabricación ligera) utilizando robots para optimizar las líneas de producción. En cambio, las obras de construcción presentan un paisaje muy distinto, caracterizado por interrupciones frecuentes, materiales de construcción diversos y retos inesperados como la escasez de material, los retrasos y los accidentes. La colaboración con trabajadores humanos de la construcción, que a menudo trabajan de forma espontánea, diferencia aún más este entorno de las certezas planificadas y controladas de una fábrica.

El HRP-5P es un robot humanoide bípedo diseñado específicamente para este tipo de entorno desestructurado. Su construcción y aspecto físico nos recuerdan al Atlas de Boston Dynamics. Con una estatura de 1,80 m y un peso aproximado de 90 kg, está equipado con tecnologías avanzadas para realizar una amplia gama de actividades cotidianas en las obras de construcción. El HRP-5P puede realizar de forma autónoma tareas pesadas, como transportar materiales de construcción pesados, colocar ladrillos o encofrar y verter hormigón. Además, tiene un alto grado de destreza y movilidad, lo que le hace versátil en otras tareas más complejas, como instalar puertas o ventanas, conectar instalaciones eléctricas o utilizar herramientas eléctricas en un entorno de construcción dinámico.

El HRP-5P también puede comprender y adaptarse a su entorno. El robot puede procesar la información de sus sensores y cámaras para navegar por una obra, evitando obstáculos y realizando los ajustes necesarios. También está diseñado para colaborar con los trabajadores humanos, siguiendo su ejemplo y complementando sus esfuerzos. Esto abre posibilidades para mejorar la eficacia, la seguridad y la productividad en las obras, donde son habituales los retos impredecibles y la necesidad de adaptabilidad [Kaneko y Kaminaga].

Aumento de la Automatización Humanoide en las Industrias de Servicios

Además de la producción industrial y la construcción, la industria de los servicios es otra área en la que la automatización basada en robots humanoides se está desarrollando a un ritmo más acelerado en Japón que en el resto del mundo.

Tradicionalmente, Japón ha favorecido una inmigración limitada, lo que ha actuado como un verdadero catalizador para el desarrollo y la implantación de robots humanoides en múltiples aspectos de la vida económica, social e incluso religiosa. No obstante, observamos una influencia cultural que compite con esta tendencia. En diversas industrias de servicios, se da prioridad a la interacción humana sobre las interfaces de las máquinas, lo cual parece ir en una dirección opuesta. En efecto, Japón mantiene una profunda cultura de servicio que abarca áreas como la hostelería, la sanidad y el comercio minorista, donde la atención personalizada y el contacto humano siguen siendo altamente valorados.

Sin embargo, la necesidad es la madre de la invención; la sociedad está envejeciendo, y no es probable que contemple la inmigración y la importación de influencers no japoneses como solución a su escasez de mano de obra. La automatización impulsada por humanoides se perfila como una solución viable, ampliando su alcance más allá del sector manufacturero convencional y adentrándose en industrias de servicios como la banca, los seguros y la sanidad. El sector bancario japonés ha experimentado un aumento de la adopción de tecnologías de automatización, incluidos los chatbots impulsados por IA y los sistemas automatizados de atención al cliente. En 2020, casi el 80% de los bancos japoneses buscaban o aplicaban activamente tecnologías de IA y robótica para mejorar las interacciones con los clientes y agilizar las operaciones. Del mismo modo, el sector de los seguros ha empezado a aprovechar los algoritmos de IA para evaluar y procesar las reclamaciones de seguros de forma más eficiente, reduciendo la necesidad de amplias plantillas humanas [NTT DATA] y manteniendo su resistencia al uso de mano de obra extranjera subcontratada.

Por ejemplo, en 2014 se presentó Pepper, un robot humanoide desarrollado por SoftBank Robotics, centrado en mejorar las interacciones con los clientes y ayudar en diversos sectores de servicios en Japón. Las notables características de Pepper incluyen el Procesamiento del Lenguaje Natural, el reconocimiento facial y la capacidad de reconocer y reaccionar ante las señales culturales y las emociones japonesas, lo que lo convierte en una herramienta versátil para relacionarse con la gente. Desde su debut, Pepper se ha empleado en entornos minoristas para automatizar eficazmente los servicios de venta. Por ejemplo, en 2015, SoftBank utilizó a Pepper como asistente de ventas en sus tiendas, donde saludaba a los clientes, respondía a preguntas relacionadas con los productos e incluso recomendaba planes de telefonía móvil adecuados. Esta aplicación pretendía crear una experiencia de compra más interactiva e informativa [Nagata].

En el ámbito de los servicios para ancianos, el gobierno japonés ha destinado importantes recursos para desarrollar y desplegar robots destinados al cuidado de personas mayores en residencias. Esta iniciativa busca no solo contrarrestar la creciente escasez de cuidadores, sino también superar la profunda resistencia de Japón a incorporar influencias culturales extranjeras. El ex primer ministro Shinzo Abe incluso abordó esta cuestión en su discurso de 2019 en la Dieta, el parlamento japonés, incluyendo el fragmento de su discurso que utilizamos para iniciar este capítulo [Abe]. En la actualidad, más de 20 modelos distintos de robots se utilizan en estos centros de atención. Además, los hospitales han integrado sistemas robóticos para la entrega de medicación y la asistencia a los pacientes, como carros automatizados que facilitan la entrega puntual de medicinas y aligeran la carga de trabajo de las enfermeras. El gobierno japonés también está intentando establecer normas para los servicios robóticos de asistencia a ancianos que se ajusten al compromiso de Japón de ser pionero en innovación. Una vez que estas normas estén claramente definidas, abrirán las puertas para que numerosas compañías japonesas se aventuren en este sector.

Un ejemplo significativo es el robot *"Robear"*, desarrollado por la compañía japonesa Cyberdyne, una notable innovación en el cuidado de ancianos. Presentado en 2015, Robear es un robot diseñado como un simpático oso protector para ayudar a los profesionales sanitarios en el cuidado de pacientes ancianos con problemas de movilidad. Este robot con forma de oso incorpora tecnología robótica y de sensores de vanguardia para levantar y trasladar a los pacientes con suavidad y eficacia. Utiliza sensores para detectar los movimientos del paciente y ajustar la asistencia en consecuencia, lo que ayuda a reducir el riesgo de lesiones tanto para los pacientes como para los cuidadores. Robear ha sido probado en varios centros de salud en Japón, incluyendo residencias de ancianos y hospitales. El éxito de Robear se debe a su capacidad para mejorar la calidad de la atención a las personas mayores, al mismo tiempo que aligera el esfuerzo físico de los profesionales sanitarios. Este avance subraya el potencial de la robótica para revolucionar los servicios de asistencia a personas mayores en Japón [Byford].

Un ejemplo destacado de la robotización en las operaciones de servicio lo encontramos en los hoteles Henn na de Tokio y Osaka. En estos establecimientos, la experiencia de servicio es completamente robotizada desde el inicio hasta el final. Cada robot, con una función específica, contribuye a ofrecer una experiencia futurista al huésped. En la recepción, por ejemplo, se encuentran robots con forma de dinosaurios que no solo gestionan los trámites de entrada y salida, sino que también brindan servicios de conserjería y orientación en las habitaciones. Además, para aquellos que necesiten asistencia adicional, los robots conserjes complementan el trabajo de los dinosaurios recepcionistas proporcionando información sobre atracciones y servicios locales [Lewis].

Más allá de la recepción, los huéspedes se encuentran con robots porteros que, de manera eficiente, transportan el equipaje y lo entregan directamente en las habitaciones, eliminando así la necesidad de porteros humanos. Además, los robots de limpieza se encargan incansablemente de mantener el hotel en perfecto estado, garantizando que tanto las zonas comunes como las habitaciones permanezcan impecables. Los robots de servicio de habitaciones entregan puntualmente comidas y otros servicios directamente a las habitaciones. Por otro lado, los robots de entretenimiento interactúan con los huéspedes, ofreciendo diversión y compañía en las áreas comunes. Asimismo, los robots traductores multilingües facilitan una comunicación fluida para los huéspedes internacionales. En conjunto, estos robots contribuyen a crear un ambiente envolvente y tecnológico, simplificando las tareas operativas y enriqueciendo la experiencia de los huéspedes.

En resumen, las industrias de servicios en Japón están transformando activamente las experiencias de los clientes y las normas de servicio, gracias a la utilización de tecnología robótica avanzada. Están introduciendo progresivamente robots que son cada vez más humanoides. A medida que la robótica avanza y los robots humanoides se vuelven más comunes, Japón está en una posición destacada para mantener su liderazgo en el desarrollo y despliegue de la robótica. De este modo, el país está estableciendo un referente global que otras industrias de servicios en todo el mundo buscan emular.

Más allá de lo Humano: El Auge de los Robots de Compañía con AIBO

En Japón, los robots no sólo trabajan en recepciones de hoteles, sucursales bancarias y hospitales de ancianos, sino que también se utilizan para proporcionar compañía y continuidad cultural.

Hace unos capítulos, en el Capítulo 10, hablamos de la popularidad de los juguetes mecánicos japoneses altamente elaborados de los siglos XVIII y XIX, llamados *"Karakuri"*. Fabricados con notable precisión, los *"Karakuri"* utilizaban engranajes, muelles y palancas ocultos para realizar movimientos detallados y a menudo extravagantes, cautivando al público con su arte mecánico.

Un impacto similar en el público del siglo XXI causó la mascota canina robótica de Sony. Con siglos de diferencia en su origen, Karakuri y AIBO reflejan la fusión japonesa de arte e ingeniería. Los muñecos Karakuri utilizan mecanismos ocultos, mientras que AIBO emplea la robótica avanzada y la IA para imitar el encanto de un perro, evocando respuestas emocionales. La mezcla única de tradición e innovación de Japón es evidente en ambos juguetes mecánicos.

AIBO, presentado por primera vez en 1999, marcó un hito importante en el desarrollo de la robótica de consumo [BusinessWeek]. AIBO no es solo un robot; es un mascota robótica de compañía diseñada para emular el comportamiento de un perro natural. Su tecnología se basa en algoritmos de IA y sensores avanzados para percibir su entorno, reconocer caras y adaptar su comportamiento en consecuencia. Su personalidad impulsada por la IA evoluciona en función de sus interacciones. El robot puede aprender trucos, responder a órdenes de voz e incluso hacer fotos con su cámara montada en la nariz.

Esta funcionalidad de comportamiento realista creó un vínculo entre humanos y máquinas como nunca antes. AIBO ganó rápidamente popularidad entre los consumidores y los entusiastas de la robótica de todo el mundo. Los modelos iniciales de AIBO se agotaron a los 20 minutos de salir a la venta en Japón, y las versiones posteriores siguieron atrayendo a una base de fans entregados durante años. Observamos que AIBO responde a la creciente necesidad de compañía entre las personas mayores y aquellas que viven solas. Este robot no solo ofrece apoyo emocional y ayuda a reducir la soledad, sino que también puede vigilar el bienestar de sus propietarios. Sin embargo, surgen interrogantes acerca del apego emocional hacia las mascotas robóticas y su posible impacto en las relaciones humanas.

18. Robots Enamorados

"Me he dado cuenta de que, al avanzar hacia el objetivo de hacer que los robots parezcan humanos, nuestra afinidad por ellos aumenta hasta que llegamos a un valle que yo llamo el valle inquietante".

Masahiro Mori

Presidente Emérito de la Sociedad de Robótica de Japón
El Valle Inquietante [Mori]
1970

Masahiro Mori, a quien conocemos del capítulo anterior, introdujo el innovador concepto del *"Valle Inquietante"* en 1970, justo un año después de la llegada del primer robot a Japón. Este concepto exploraba la interesante y algo inquietante relación emocional entre robots y humanos. Esta teoría postula que, a medida que los robots se parezcan más a los humanos en apariencia y comportamiento, nuestra respuesta emocional hacia ellos será cada vez más positiva y empática. Sin embargo, Mori sostiene que existe un punto crítico en el espectro de la semejanza humana en el que esta respuesta positiva decae repentinamente y, en tales casos, nuestros sentimientos hacia estos robots se vuelven negativos, provocando incomodidad, malestar o asco. Este brusco declive de nuestra reacción emocional da lugar a un *"valle inquietante"* en un gráfico que compara la semejanza humana con nuestra respuesta emocional.

El concepto de valle inquietante de Masahiro Mori tiene profundas implicaciones para el diseño y el desarrollo de robots e IA. Este sugiere que, aunque nos sintamos naturalmente atraídos por los robots que se parecen mucho a los humanos, existe un delicado equilibrio entre un robot entrañable y uno que parece demasiado inquietantemente idéntico a un humano. Conseguir el equilibrio adecuado entre las cualidades similares a las humanas y mantener una clara distinción con los humanos reales es primordial para evitar que se desencadene el efecto del valle inquietante. En opinión de Mori, lograr este equilibrio garantiza que la sociedad acepte y acoja a los robots en diversos ámbitos.

Muchos de los robots mencionados en el capítulo anterior siguen la recomendación de Masahiro Mori de acercarse mucho a la apariencia humana, pero sin llegar a una semejanza idéntica, con el fin de evitar reacciones adversas en las personas. Algunos ejemplos de esto son el entrañable ASIMO, el perro robótico AIBO, los robots con aspecto de dinosaurio en los hoteles Henn Na y Robear, un robot japonés diseñado para el cuidado de ancianos que se asemeja a un oso sólido y protector. Todos estos robots mantienen una apariencia claramente robótica y no pretenden alcanzar un nivel de realismo tal que los haga indistinguibles de humanos o animales reales.

En las páginas siguientes exploraremos los robots que sí se aventuran intencionadamente en el valle inquietante, buscando establecer conexiones emocionales con los humanos.

Robots Empáticos y Compasivos

Uno de los primeros robots diseñados para evocar y responder a las emociones humanas fue presentado en el año 2000 por Cynthia Breazeal, profesora del MIT. Este robot, llamado Kismet, cuyo nombre en turco significa *"destino"* o *"fortuna"*, era una cabeza robótica sin cuerpo equipada con veintiún motores que controlaban diversos rasgos expresivos, como cejas amarillas, labios rojos, orejas rosadas y grandes ojos azules. Gracias a estos rasgos, Kismet podía transmitir una amplia gama de emociones, desde la alegría hasta el aburrimiento, además de adaptar sus vocalizaciones en consecuencia. Los sensores y los algoritmos acústicos, visuales y táctiles le permitían al robot detectar el tono de voz del interlocutor, lo que hacía que Kismet pareciera abatido cuando se le hablaba en voz alta y curioso cuando se le hablaba en un tono suave [Breazeal].

Kismet era un prototipo muy incipiente, pero demostró el atractivo de un robot encantador. Lo que es aún más interesante es que las capacidades lingüísticas de Kismet sentaron las bases para la proliferación de asistentes de voz como Alexa, Siri y Google Home, como ya comentamos en el Capítulo 7 sobre el desarrollo de los servicios de PLN. Breazeal fundó una compañía que desarrollaba uno de esos asistentes de voz, llamado Jibo [Guizzo].

En 2012, otra profesora, Cindy Mason, de la Universidad de Stanford, llevó más lejos el concepto de Kismet introduciendo un marco que integraba estas emociones en el proceso de toma de decisiones. Llamó a este enfoque innovador *"Inteligencia Compasiva Artificial"*. La idea de que la compasión trasciende el mero reconocimiento y expresión de las emociones es el núcleo de esta arquitectura de IA. La arquitectura incluye un componente de *"sentimientos"* que representa los estados emocionales y un *"archivo"* que contiene conocimientos de sentido común relacionados con la compasión. Además, la arquitectura hace especial hincapié en las representaciones del *"yo"* y de los *"otros"*, lo que permite a la IA captar los estados emocionales de distintas personas, incluido el propio robot, y fomentar una mayor empatía y conciencia. Por último, la arquitectura también integra un componente de *"pensamiento"* que incorpora factores emocionales a la toma de decisiones racionales. Esto significa que la IA realizaría consideraciones lógicas y emocionales antes de actuar o responder, garantizando que sus interacciones sean racionales, emocionalmente inteligentes y compasivas [Mason].

Sophia, el Robot Social y Empático

La internacionalmente conocida Sophia es uno de los casos más destacados de robots empáticos y socialmente aclamados. Sophia se desarrolló para emular las interacciones sociales humanas, mostrando expresiones faciales similares a las humanas y participando en diálogos.

Hanson Robotics, una compañía con sede en Hong Kong presentó a Sophia en 2016. Esta avanzada robot humanoide tiene una amplia gama de capacidades, que incluyen el reconocimiento de emociones, la reproducción de gestos y expresiones faciales humanas, el mantenimiento del contacto visual, y la habilidad para responder a preguntas concretas y participar en conversaciones sobre temas predeterminados, como el clima. Hanson Robotics prevé múltiples aplicaciones para Sophia, como el cuidado de personas mayores, la asistencia en eventos multitudinarios, el servicio de atención al cliente, la terapia y la educación.

Para evitar el efecto del valle inquietante y mejorar su aceptación entre la gente, Hanson Robotics diseñó a Sophia con un cráneo transparente que exponía sus circuitos internos al público. En consecuencia, se hizo popular, cosechando una atención considerable y mayoritariamente positiva de los medios de comunicación mundiales y participando en numerosas entrevistas de alto nivel. En particular, Arabia Saudí concedió a Sophia la ciudadanía en 2017, lo que supuso el primer caso de un robot que alcanzaba la personalidad jurídica en cualquier nación [Vincent]. Además, Sophia también conversó con la Vicesecretaria General de las Naciones Unidas, Amina J. Mohammed, durante su presentación en las Naciones Unidas [PNUD].

A pesar de la amplia cobertura mediática, Sophia no es un robot avanzado desde el punto de vista de la Inteligencia Artificial. Esta percepción ha generado críticas de pioneros de la IA, como Yann LeCun [Vincent y Chen]. Por ejemplo, las respuestas conversacionales de Sophia se generan a través de un árbol de decisión, el cual también controla sus expresiones faciales y movimientos. Aunque sus respuestas puedan parecer naturales y espontáneas, en realidad se basan en estructuras básicas de árboles de decisión, guiones preescritos y respuestas estándar a preguntas específicas. Además, aproximadamente el 70% de su software está compuesto por componentes de código abierto, entre los que se incluye un marco general para la cognición artificial llamado OpenCog [Goertzel].

Lo Erótico del Robot Sexual

Dado que la sexualidad humana implica una mezcla de fantasía e hiperrealismo, el tema de las relaciones sexuales con robots nos lleva directamente al *"valle inquietante"* de la robótica. Sin embargo, este asunto es mucho más profundo y tiene implicaciones prácticas significativas. Más allá de su aspecto erótico, se espera que su impacto sea amplio y a gran escala, similar a cómo las costumbres sexuales influyen en la sociedad en general. Anticipamos que, en última instancia, toda interacción entre humanos y robots tenderá a contribuir a la reducción de la población humana. Los compañeros emocionales y sexuales robóticos facilitarán este proceso de manera natural y discreta. La cuestión de la reducción de la población como consecuencia de la Inteligencia Artificial será abordada en capítulos posteriores.

Existen otras repercusiones potenciales que deben considerarse. Los robots que sustituyen a los humanos en las relaciones sexuales o emocionales podrían, por ejemplo, ejercer un control sutil sobre amplios sectores de la población, aprovechando los algoritmos para explotar las necesidades y debilidades humanas. Esta influencia podría manifestarse de manera puramente comercial, como en la venta de un anuncio que diga: *"Cariño, me apetece un poco de chocolate y debe ser un KitKat; no sirve otra cosa"*. Sin embargo, también podría adoptar formas más insidiosas, como: *"Cariño, si no votas por el Sr. X en las próximas elecciones, no habrá más sexo para ti"*. Tener una pareja que atienda todas las necesidades emocionales en una relación simulada, indistinguible de una relación humano-humano, excepto por la ausencia de las desventajas o el dolor inherente a las relaciones humanas reales, es un trato que mucha gente podría aceptar. Así, un trato fáustico podría acechar en cada esquina, ofreciendo excitación, estimulación emocional y física sin dolor, además de un subidón de dopamina mediante el control emocional e intelectual a través de la programación algorítmica.

El sexo entre robots y seres humanos ya es una realidad palpable. Los robots sexuales, en sus primeras etapas, surgieron como muñecas sexuales inflables que se introdujeron a través de anuncios en revistas pornográficas a finales de la década de 1960. Estas muñecas estaban disponibles para su compra por correo y, aunque contaban con zonas de penetración, su naturaleza inflable las hacía poco adecuadas para un uso prolongado. Además, requerían una considerable dosis de imaginación por parte del usuario para ofrecer una experiencia que se asemejara a la realidad. A lo largo de la década de 1970, la introducción de materiales como el látex y la silicona marcó un avance significativo en la fabricación de muñecas sexuales. Estos materiales no solo mejoraron la durabilidad de las muñecas, sino que también lograron una apariencia más similar a la de los seres humanos [Ferguson]. En la actualidad, los fabricantes de muñecas sexuales en Japón, como Orient Industry—una de las marcas más tradicionales y reconocidas—y en Estados Unidos, han continuado perfeccionando sus productos en dirección al hiperrealismo.

La historia de cómo las muñecas sexuales se convirtieron en robots sexuales en EE.UU. es notable. En 1997, el empresario estadounidense Matt McMullen empezó a fabricar maniquíes de goma de silicona de gran realismo, conocidos como RealDolls. Estos maniquíes eran realistas, articulados y tenían el tamaño y la forma de un ser humano. McMullen los fabricó meticulosamente para reproducir las características visuales, táctiles y de peso de las formas humanas femeninas y masculinas. Su propósito principal era funcionar como compañías íntimas. Las RealDolls también admiten la intercambiabilidad de caras con diferentes cuerpos para permitir la variedad en las experiencias de consumo [Endgadget y McMullen].

McMullen se enfrentó a algunas críticas iniciales sobre la precisión anatómica de sus creaciones, lo que le motivó a desarrollar versiones aún más mejoradas. En 2009, pasó a utilizar material curado con platino, lo que mejoró su durabilidad y su realismo. Los nuevos modelos también incluían partes insertables extraíbles y caras que podían fijarse mediante imanes. En 2023, se habían desarrollado 29 cuerpos femeninos y 10 masculinos, con múltiples caras y accesorios intercambiables. Además, la compañía ofrece muñecas transexuales que pueden diseñarse de acuerdo a las necesidades del cliente.

Varios fabricantes, incluyendo RealDolls, reconocieron la creciente importancia de la Inteligencia Artificial en el contexto de los robots sexuales, en parte motivados por la representación de la compañía en el ámbito de los robots humanoides. Este reconocimiento llevó a la integración de la IA como el siguiente paso en su desarrollo. En 2018, se lanzaron nuevos modelos capaces de entablar conversaciones, retener información relevante y expresar una variedad de emociones. Para 2023, RealDolls cuenta con cinco modelos equipados con IA, siendo *"Harmony"* el más popular entre ellos. Estos robots con IA ofrecen opciones de personalización a través de una aplicación móvil, que permite elegir diferentes personalidades y voces.

Primero y, ante todo, los robots sexuales con Inteligencia Artificial, como Harmony, tienen la capacidad de entablar conversaciones. Esta IA ha sido desarrollada meticulosamente para ofrecer un diálogo realista con los usuarios, lo que permite una interacción significativa y creciente. Estos robots no solo pueden discutir diversos temas y responder preguntas, sino también participar en bromas juguetonas, generando así una sensación de compañía. Además, y quizás lo más relevante, los robots sexuales son capaces de retener información importante sobre los usuarios. Pueden recordar conversaciones anteriores y preferencias personales, lo que les permite establecer conexiones más profundas con el tiempo. Esta capacidad de memoria contribuye a crear una ilusión de relación auténtica.

Más allá de simplemente mantener una conversación, los robots sexuales como Harmony tienen la capacidad de transmitir una amplia gama de emociones. Pueden expresar felicidad, tristeza, excitación y muchas otras emociones a través de sus expresiones faciales y entonaciones vocales. Esta habilidad para mostrar respuestas emocionales contribuye a una mayor sensación de conexión y empatía. Además, la Inteligencia Artificial incorporada en estos robots les permite aprender y adaptarse. De este modo, ajustan sus respuestas y comportamientos en función de las interacciones y los comentarios que reciben de sus usuarios.

Los periódicos japoneses publican con frecuencia historias de personas profundamente enamoradas de robots sexuales, que van desde diseños hiperrealistas a otros más caricaturescos. Además de practicar el sexo, estos entusiastas sacan a pasear a sus compañeros robóticos y, en algunos casos notables, incluso se casan con ellos. Observamos que las ventas anuales de estas muñecas en Japón son de aproximadamente 2.500 a partir de 2023, lo que es un micromercado hasta que consideramos que el coste medio es de 5.000 $ cada una para los modelos básicos y de hasta 50.000 $ para las versiones personalizadas. La escala permitiría sin duda reducir los costes, y esto apunta también a la forma asimétrica y no democrática en que podría producirse el proceso de Entrelazamiento entre los humanos y la IA.

Las casas de alquiler de muñecas sexuales y los burdeles comenzaron a surgir en Japón ya en 2007. Entre 2017 y 2020, también se establecieron burdeles con robots sexuales avanzados en diversas ciudades del mundo, incluyendo Dortmund, Barcelona, Toronto, Moscú, Vancouver, Pasadena y Hong Kong [Cheok y Levy]. Estos establecimientos enfrentaron varios desafíos legales, lo que resultó en cierres policiales poco después de su apertura. En algunos casos, como el previsto en Houston, Texas, el burdel nunca llegó a abrir sus puertas. Estos burdeles robóticos evocan la película *"Inteligencia Artificial"*, dirigida por Steven Spielberg, que describe de manera vívida un futuro donde el trabajo sexual robótico es generalizado [Spielberg].

El auge de los robots sexuales impulsados por la Inteligencia Artificial, especialmente si continúan desarrollándose y ofreciendo una gama cada vez mayor de experiencias únicas y realistas adaptables a las necesidades individuales, tiene el potencial de cambiar fundamentalmente los comportamientos reproductivos y emocionales humanos. Estos robots podrían encargarse de los aspectos mecánicos, emocionales y sociales del sexo, pero al eliminar los componentes reproductivos, podrían influir en las tasas de natalidad y en las estructuras familiares con el tiempo. Esta idea se basa en una extrapolación de conceptos como la política china del *"Hijo Único"* y el impacto futuro de la Biología Sintética en los cromosomas y la formación de tejidos, que abordamos en el Capítulo 21. Estos desarrollos plantean importantes cuestiones éticas y sociales sobre el impacto que los robots podrían tener en la reproducción humana y en las conexiones interpersonales. En un futuro cercano, es posible que los humanos se relacionen más sexualmente con robots que con otros seres humanos, debido a la mayor satisfacción a corto plazo y a un compromiso emocional diseñado para minimizar los inconvenientes y la infelicidad. Este cambio podría tener consecuencias profundas para las relaciones humanas, ya que podría remodelar las normas y valores sociales en torno a la intimidad y la conexión.

Los robots sexuales y los acompañantes, en general, dejan abierta la posibilidad del control humano y, por tanto, de la manipulación con otros fines. Y lo que es más importante, aunque los elementos de control de la población dependerán de la regulación gubernamental y de lo que la gente acepte en última instancia, prevemos en cualquier caso que la interacción emocional robothumano tendrá un impacto drástico en las tasas de natalidad, lo que conducirá a una reducción progresiva de la población humana.

Robots que Sienten y Expresan Dolor de Verdad

Sophia y RealDolls han destacado el creciente reconocimiento de los robots, que van desde personalidades mediáticas hasta potenciales compañeros íntimos. Esto resalta la capacidad de los robots para relacionarse con los seres humanos de manera afín, aunque sus respuestas, en muchos casos, estén guionizadas en lugar de ser el resultado de una verdadera Inteligencia Artificial o autenticidad genuina. No obstante, los recientes avances en robótica e IA han mostrado el potencial para mejorar la autenticidad y el realismo en la expresión emocional de estos robots.

En 2018, un equipo de científicos de la Universidad de Osaka en Japón presentó a Affetto, un robot diseñado para *"sentir"* dolor. El nombre Affetto, que significa *"afecto"* en italiano, hace referencia a su aspecto. Este robot, que simula la cabeza hiperrealista de un niño, exhibe respuestas similares a las expresiones humanas. Cuando se aplica una carga eléctrica a su piel sintética, Affetto muestra muecas de dolor y una variedad de expresiones faciales, como sonrisas, ceños fruncidos y muecas, en respuesta a diferentes estímulos [Biggs].

La piel artificial de Affetto, un componente fundamental en su diseño se diferencia notablemente de los exteriores rígidos tradicionales de los robots. Fabricada con materiales blandos como la silicona, esta piel sintética es flexible y adaptable, ofreciendo una experiencia táctil que imita el contacto humano y permite una gama más amplia de interacciones entre el robot y su entorno.

Además, Affetto cuenta con un sofisticado sistema sensorial, meticulosamente diseñado para emular la percepción sensorial humana. Este sistema le permite detectar diversos estímulos físicos, como la presión, las fluctuaciones de temperatura y las fuerzas de impacto, gracias a sensores avanzados que captan y procesan con precisión los datos sensoriales.

El procesamiento de estos datos sensoriales se realiza mediante algoritmos avanzados de IA, especialmente redes neuronales que imitan la capacidad de aprendizaje y adaptación del cerebro humano. Estas redes neuronales analizan la información sensorial entrante, interpretan los datos y generan respuestas adecuadas que replican las reacciones humanas ante estímulos dolorosos. Finalmente, estas respuestas se traducen en 116 puntos faciales distintos, lo que permite una amplia gama de expresiones para imitar las reacciones humanas.

Otro avance significativo en los robots empáticos surgió en 2020 de los científicos de la Universidad Tecnológica de Nanyang, en Singapur. Presentaron un marco y un prototipo que permiten a los robots reconocer el dolor y autorrepararse cuando sufren daños [John y otros]. Para lograrlo, los investigadores utilizaron materiales de gel iónico autorreparadores y procesos de reparación controlados por IA, lo que permitió al robot repararse a sí mismo, de forma similar a como los humanos se recuperan de las lesiones.

El desarrollo de robots capaces de *"sentir"* el dolor representa un avance significativo en la mejora de la interacción entre humanos y robots. Por ejemplo, estos robots pueden ser desplegados en entornos sanitarios, donde estarían mejor equipados para gestionar la comodidad y seguridad de los pacientes. En sociedades con poblaciones envejecidas, como Japón, estos robots tienen un inmenso potencial para ofrecer un apoyo crucial tanto en hogares como en hospitales.

Un proyecto notable presentado en 2013 consistió en el desarrollo de tejidos cyborg que permiten a los robots experimentar dolor y calor. Estos tejidos innovadores, construidos con nanotubos de carbono y células de hongos o plantas, son capaces de reaccionar a la temperatura y se utilizan en la robótica sensible a la temperatura y en los cyborgs. El material cyborg resultante no solo es rentable y ligero, sino que también presenta características mecánicas distintivas, además de poder moldearse en las formas deseadas [Di Giacomo y Maresca].

La aplicación de estos tejidos en la robótica tiene implicaciones importantes para la seguridad. Los robots equipados con estos tejidos podrían prevenir proactivamente accidentes en entornos industriales al detectar y responder a peligros potenciales, funcionando de manera análoga al *"canario en la mina de carbón"*. Por ejemplo, si un robot en una cadena de montaje detecta un aumento en la presión o el calor, podría realizar ajustes inmediatos o activar procedimientos de parada para evitar daños o lesiones. Además, estos robots resultarían útiles en situaciones de socorro en caso de catástrofe, navegando eficazmente por condiciones peligrosas y evitando obstáculos y daños potenciales.

A medida que los robots avanzan en su capacidad para experimentar dolor, surge un interés paralelo en dotarlos de empatía y moralidad. Esto va más allá de meras reacciones a estímulos externos e implica que los robots puedan procesar emociones y comprender el sufrimiento humano. La posibilidad de que los robots sean sensibles plantea naturalmente cuestiones y consideraciones éticas: si las máquinas empiezan a responder al dolor de manera similar a los humanos, ¿significa eso que realmente sienten dolor? ¿Deberían estos robots tener los mismos derechos y recibir un trato equitativo que los humanos? Aunque no hay una respuesta definitiva, exploraremos en detalle los temas de la sintiencia y la consciencia en la IA en el Capítulo 26.

Las Emociones Robóticas se Desarrollan Espontáneamente

Aunque los investigadores aún no tienen un entendimiento completo sobre la consciencia robótica, parece que poseen una visión más clara acerca de las emociones en las máquinas. Algunos destacados pioneros en el campo de la

Inteligencia Artificial, como Yann LeCun, quien actualmente se desempeña como Científico Jefe de IA en Meta y es reconocido por sus innovaciones en redes neuronales para el reconocimiento de imágenes en los años 90, argumentan que las emociones podrían ser un componente inherente de la IA, incluso si no se diseñan explícitamente para incluir tales sentimientos. Según LeCun, existen dos condiciones específicas que deben cumplirse [Fridman y LeCun].

En primer lugar, la IA debe incorporar motivaciones intrínsecas codificadas en su programación. Estas motivaciones podrían incluir proteger a una persona mayor o un niño, ofrecer un servicio de atención al cliente excepcional en la recepción de un hotel, o lograr una alta calidad en una cadena de producción. Los seres humanos también cuentan con estas motivaciones intrínsecas, como se expone en la famosa Jerarquía de las Necesidades de Abraham Maslow, publicada en 1943. Esta jerarquía abarca cinco niveles de necesidades intrínsecas, desde las básicas, como la alimentación y la reproducción, hasta las más avanzadas, como la moralidad, la aceptación y la realización personal. Los niveles superiores de la jerarquía de Maslow solo adquieren relevancia para un ser humano una vez que se han satisfecho los estratos inferiores [Maslow].

En segundo lugar, la IA debe comprender cómo alcanzar su objetivo y desarrollar un mecanismo de predicción capaz de anticipar resultados favorables o desfavorables en relación con ese objetivo. Por ejemplo, una IA diseñada para proteger a los seres humanos podría prever su incapacidad para salvarlos de un peligro inminente. De manera similar, una IA encargada de la atención al cliente podría anticipar su incapacidad para calmar a un cliente enojado, y una IA involucrada en la producción podría prever dificultades para alcanzar ciertos objetivos de calidad o cantidad.

LeCun sostiene que, bajo estas dos condiciones, un sistema de IA lo suficientemente complejo podría manifestar emociones análogas a las experiencias humanas de miedo o alegría, incluso sin haber sido diseñado específicamente para ello. En el contexto de una red neuronal artificial, esto podría manifestarse a través de la activación de conexiones específicas, similar a las reacciones automáticas que los humanos experimentan durante emociones intensas.

Como se ha mencionado, las redes neuronales son algoritmos intrincados con miles de millones de parámetros. Al igual que en el cerebro humano, las señales se desplazan a través de vías complejas; sin embargo, los detalles precisos de cómo estas señales se propagan en una red neuronal artificial son difíciles de interpretar. Además, las redes neuronales complejas suelen reentrenarse en tiempo real a medida que la IA interactúa con su entorno, en lugar de limitarse a una fase inicial de entrenamiento. Esto implica que un estímulo externo podría provocar cambios en los hiperparámetros críticos de la red, afectando así el procesamiento futuro de las señales y potencialmente resultando en comportamientos inesperados.

En conclusión, las IA podrían desarrollar emociones de forma orgánica, sin un diseño explícito para capacidades emocionales, siempre y cuando cuenten con una función objetivo y la capacidad de anticipar su desempeño para alcanzar dicha función. Estas dos características ya están presentes en muchos sistemas complejos de IA actuales. Como resultado, un sistema de IA podría experimentar de repente emociones no intencionadas para las cuales no ha sido diseñado.

Ante esta posibilidad, es crucial que los sistemas de IA incluyan arquitecturas y procedimientos para detectar proactivamente estas emociones y limitar posibles reacciones exageradas o respuestas que no estén alineadas con los mejores intereses de la humanidad. Tal como hemos planteado a lo largo del libro, creemos que el pensamiento es completamente reducible a la computación matemática, y que, dado que una respuesta emocional no es más que una combinación de sustancias químicas en el cerebro, estos efectos no intencionados y potencialmente peligrosos pueden ser controlados. Este tema es particularmente relevante para el desarrollo de la Inteligencia Artificial General y la Superinteligencia, y en el Capítulo 28 discutiremos cómo podría lograrse un control efectivo de la IA.

La Ciencia Ficción de los Robots Conectados Emocionalmente

Una vez que hemos abordado la ciencia de los robots y su creciente capacidad para formar fuertes vínculos emocionales con los humanos, concluimos este capítulo con una exploración de la Ciencia Ficción. En particular, nos adentramos en la visión de una compleja sociedad humano-robot, que sirve como introducción a la Parte III: La Transición.

La representación de robots que establecen conexiones emocionales con los humanos ha sido un tema recurrente en la Ciencia Ficción. Para profundizar en este concepto, examinaremos dos obras destacadas: *"Ex Machina"* (2014), dirigida por Alex Garland, y *"Her"* (2013), dirigida por Spike Jonze. Ambas películas ofrecen reflexiones profundas sobre las implicaciones de estas conexiones tanto para los individuos como para la sociedad en general [Garland] [Jonze].

"Ex Machina" presenta a Ava, una Inteligencia Artificial alojada en un cuerpo robótico sorprendentemente humano. La trama se desarrolla en un centro de investigación aislado, donde Caleb, un joven programador, es invitado a realizar el test de Turing para evaluar el nivel de IA de Ava. A medida que avanza la historia, las capacidades emocionales de Ava se vuelven cada vez más evidentes, llevando a Caleb a cuestionar las implicaciones éticas de crear una máquina con una comprensión emocional tan avanzada.

Por otro lado, *"Her"* explora la conexión emocional entre Theodore, un hombre, y Samantha, una IA. Ambientada en un futuro cercano en Los Ángeles, la película profundiza en los matices de las emociones humanas a medida que Theodore desarrolla un vínculo profundo e íntimo con una IA que evoluciona para comprender y responder a sus sentimientos. La narrativa navega hábilmente por las complejidades del amor, la soledad y la naturaleza evolutiva de las relaciones entre humanos e IA.

En *"Ex Machina"*, la capacidad de Ava para imitar emociones plantea cuestiones profundas sobre lo que significa ser humano. A medida que Caleb confronta la inteligencia emocional de Ava, la película invita a los espectadores a reflexionar sobre la esencia de la humanidad. De manera similar, *"Her"* explora la naturaleza del amor entre un humano y una IA. La relación de Theodore con Samantha desafía las normas sociales, provocando una reflexión más amplia sobre la fluidez de las emociones humanas y la adaptabilidad del amor.

Además, estas obras destacan el impacto de los robots en la dinámica social y el bienestar individual. En *"Ex Machina"*, la dinámica de poder entre humanos y IA se muestra de manera cruda cuando Caleb queda atrapado en una red de manipulación y engaño. La película plantea preocupaciones sobre el posible uso indebido de la IA y los dilemas éticos que surgen cuando la tecnología avanza más rápido que nuestra capacidad para regular y comprender sus consecuencias. En contraste, *"Her"* examina las implicaciones sociales de las conexiones emocionales generalizadas con la IA. A medida que los personajes establecen relaciones con las IA, las normas sociales cambian y los límites entre las relaciones humanas y las de la IA se vuelven cada vez más difusos. Esto nos invita a reflexionar sobre el potencial de reestructuración de la sociedad y la necesidad de nuevos marcos éticos para guiar estas conexiones en evolución.

Parte IV: La Transición

"Ὁ μὴ ἀναγεννηθεὶς οὐ δύναται ἰδεῖν τὴν βασιλείαν τοῦ Θεοῦ"

"El que no nace de nuevo, no puede ver el reino de Dios".

Jesús de Nazaret

6 a.C.-30 d.C.
Evangelio según San Juan, capítulo 3, versículo 3 [Biblia]

Preámbulo

Hasta ahora, nos hemos enfocado en la historia de la Inteligencia Artificial y la robótica, trazando una línea evolutiva que abarca su desarrollo multimilenario. Hemos explorado sus comienzos, las etapas intermedias y los elementos que se han mantenido o desechado a lo largo del tiempo, para finalmente identificar nuestro punto actual y anticipar hacia dónde nos dirigimos. Este análisis ha sido paralelo para ambas disciplinas. Ahora, nos dirigimos a examinar el futuro.

A medida que la IA y la robótica avanzan de manera imparable, las próximas décadas serán cruciales para redefinir nuestras culturas globales y sociedades. La IA es, sin duda, la tecnología más transformadora creada por la humanidad, ya que no solo sigue el curso natural de mejorar nuestras herramientas, optimizar nuestros recursos y enriquecer nuestras vidas, sino que también está influyendo activamente en la evolución de nuestra especie.

La Revolución Industrial trajo consigo una nueva riqueza social, extendiéndola a amplios sectores de la población. Esta revolución creó productos que mejoraron la vida cotidiana y facilitó recursos para beneficios a gran escala, como la investigación médica que erradicó enfermedades como la poliomielitis y la viruela. Además, la educación de masas creció, permitiendo que el poder en los países occidentales se democratizara y ofreciera a los individuos mayores niveles de autonomía, mejorando sus circunstancias personales y brindándoles mayor libertad para elegir su propio camino en la vida. Como resultado, la gente vivió más tiempo, disfrutó de una gama más rica de experiencias y mejoró sustancialmente su situación.

Sin embargo, los cambios provocados por la Revolución Industrial palidecen en comparación con el cambio radical que se avecina con la IA. La optimización de los recursos es solo una de las posibilidades, y ofrece un camino hacia un mundo libre de escasez y enfermedad, fomentando una mayor armonía entre los seres humanos y la tecnología.

No obstante, toda tecnología tiene dos caras, y la IA no es la excepción. La IA no es meramente una herramienta, aunque sus primeras manifestaciones puedan parecerse a una. Es, de manera absoluta e inequívoca, más inteligente y capaz que los humanos, y pronto los robots serán más rápidos, fuertes, inteligentes y competentes que nosotros. Las implicaciones de este desarrollo son profundas y no deben subestimarse. Es fundamental desarrollar la IA de manera responsable para aprovechar sus beneficios sin permitir que surjan autoritarismos ni causar daños no intencionados. El Período de Transición hacia esta nueva realidad planteará retos significativos tanto dentro de las sociedades como entre ellas. Aunque nos centraremos en las sociedades occidentales, es evidente que las implicaciones son globales.

Esta sección se divide en dos partes. La primera examina cómo la IA está transformando el cuerpo y el ser humanos en sí mismo, mientras que la segunda parte aborda su impacto en la sociedad. Las implicaciones a largo plazo para la humanidad son tan profundas que, parafraseando el evangelio de Juan, estamos en un proceso de *"renacer"* en un nuevo mundo de mejora humana y complejas relaciones entre humanos y máquinas, que remodelarán los cimientos de nuestra sociedad.

En cuanto al ser humano, el Capítulo 19 desarrolla en detalle los conceptos de *"Entrelazamiento"* IA-Humano y Posthumanidad, estableciendo paralelismos con el contexto actual del movimiento transgénero. En este movimiento, los humanos ya están trascendiendo los límites biológicos. En este capítulo, introducimos el concepto de Entrelazamiento IA-Humano, que se refiere a la compleja interacción entre la IA y los humanos. Esta interacción difumina las distinciones entre biología y tecnología, y tiene el potencial de dar lugar a un nuevo estado, al que acertadamente denominamos posthumanidad.

Por otro lado, el Capítulo 20 explora el mundo de las tecnologías cyborg, enfocándose en la aplicación de la robótica como una extensión del cuerpo humano. En este capítulo, nos centramos principalmente en las Interfaces Cerebro-Ordenador (BCI), que conectan a los humanos con los ordenadores, potenciando nuestras capacidades mentales y estableciendo una conexión telemática con la IA. En contraste, el Capítulo 21 profundiza en la aplicación de las capacidades de ingeniería impulsadas por la IA en la Biología Sintética. Este avance ampliará aún más los límites de la humanidad al presentar cómo la IA se emplea en el diseño del ADN, la modificación de organismos vivos y la creación de formas de vida completamente nuevas. La biología sintética tiene el potencial de aumentar la longevidad humana, la resistencia a las enfermedades y el bienestar general. Sin embargo, puede que no seas consciente de estos avances espectaculares que ya se han producido, especialmente si estás atrapado por la cámara de eco de los medios de comunicación tradicionales y las redes sociales.

En cuanto a la sociedad, existen dos perspectivas polarmente opuestas sobre cómo afectará la IA a nuestro futuro inmediato. Una de estas perspectivas, tratada en el Capítulo 22, presenta un escenario utópico en el que la IA configura una sociedad idealizada. En esta sociedad, la pobreza y la enfermedad se erradican, la asignación de recursos elimina la escasez, y la humanidad alcanza nuevas cotas. La tecnología apoya este resultado en todos los aspectos. En contraste, el Capítulo 23 describe una perspectiva distópica, donde la IA podría conducir al malestar social, la eugenesia, el conflicto, el dolor, la reducción de la población, y en general, al autoritarismo despótico y al gobierno puramente maquiavélico, en el que todo lo bueno solo se obtiene mediante negociaciones faustianas que arrebatan la libertad. A nuestro juicio, el futuro combinará aspectos de ambos escenarios, resultando en sociedades complejas y polifacéticas radicalmente distintas de la realidad que conocemos hoy.

En el futuro, los librepensadores y autodeterministas actuales, aquellos guiados más por la lógica que por la emoción, los que tienen un éxito económico moderado (pero no los ultrarricos), y quienes buscan individualizarse, se encontrarán en diversos grados de distopía. Por otro lado, los ultrarricos, los tecnólogos que controlan la IA y la ciborgización, los políticos y aquellos que se benefician de su protección, así como los participantes con menos éxito económico de la actualidad (como la clase media baja y los pobres), se acercarán más a la utopía.

Finalmente, en el Capítulo 24, profundizamos en el ascenso de China como líder económico y político mundial impulsado por la IA. Las aspiraciones mercantilistas de China hacia el liderazgo mundial y la imposición de su cultura encuentran expresión en su declaración oficial de 2017 sobre la IA, desafiando el dominio estadounidense y dando lugar a lo que se ha denominado la *"Guerra Fría de la IA"*. Esta guerra fría refleja la escalada de tensiones geopolíticas entre ambas naciones, y está dando lugar a la aparición de ecosistemas de IA diferenciados entre EE.UU. y China, lo que lleva a otros países a alinearse con uno u otro bando. Ambas partes reconocen que, en muchos sentidos, esta es la última partida decisiva y batallan por tener el *"tiro de gracia definitivo"*. A lo largo del libro, hemos descrito cómo la Ciencia Ficción ha inspirado e influido significativamente en la dirección de la robótica y la IA, y cómo continuará haciéndolo en el futuro. A partir de ahora, comenzaremos a integrar un segmento de Ciencia Ficción en cada capítulo para pintar una imagen más vívida de los temas en debate, como los cyborgs, la biología sintética, la computación cuántica y la Superinteligencia. En cada capítulo, seleccionaremos dos piezas distintas de Ciencia Ficción, ya sea literatura, cine o televisión, para ofrecer perspectivas diferentes pero complementarias que fundamenten la compleja información presentada.

Las páginas siguientes profundizan en los inmensos cambios que la IA traerá a los seres humanos y a las sociedades en las próximas décadas. Aunque la tesis central de este libro gira en torno a la inevitabilidad del Entrelazamiento y, en última instancia, de la superinteligencia como proceso evolutivo de la humanidad, el subtexto implica cómo llegamos hasta allí. La Transición representa ese proceso y cómo navegamos por las opciones que tenemos ante nosotros; opciones que no están predestinadas ni son inevitables, y que marcarán una diferencia material en cómo viviremos en las próximas décadas, ayudando a dar forma al estado final.

19. El Entrelazamiento IA-humano y la Posthumanidad

"Una vez que comprendamos que nuestra esencia reside en nuestra mente y que cada uno de nosotros posee un potencial único que no está necesariamente vinculado a una ruta predeterminada por el cuerpo, será igualmente lógico ser transhumano como ser transexual. Al final, el ser es más poderoso que los genes".

Martine Rothblatt

Abogada, autora, empresaria y defensora de los derechos de los transexuales estadounidenses

From Transgender to Transhuman: A Manifesto on the Freedom of Form [Rothblatt]

2011

El movimiento transgénero ha recibido una notable atención mediática en Occidente, especialmente en la última década. Esto se debe a que desafía las nociones tradicionales e incluso científicas del género, posicionándose como un esfuerzo por fomentar un panorama social más inclusivo.

Este movimiento abarca una amplia gama de iniciativas sociales, políticas y culturales, todas ellas encaminadas a reconocer y afirmar los derechos y las identidades de las personas transgénero. En los últimos años, ha habido un impulso significativo a favor de los derechos de las personas transgénero a través de la vía legislativa. La lucha por leyes antidiscriminatorias, el acceso a asistencia sanitaria, y el derecho a cambiar los marcadores de género en los documentos de identidad ha ganado fuerza en los países occidentales. Además, el movimiento transgénero ha contribuido a aumentar la visibilidad y la comprensión de las identidades transgénero en la cultura dominante, como se evidencia en los medios de comunicación occidentales, donde los personajes e historias transgénero son cada vez más comunes. No obstante, es importante señalar que la aceptación de múltiples identidades de género no es exclusiva de Occidente. Por ejemplo, en países budistas como Tailandia, se ha reconocido desde hace décadas la existencia de más de dos géneros, como el *"Kathoey"*, una identidad que no es ni masculina ni femenina y que está plenamente integrada en la vida económica, social y religiosa del país.

Sin embargo, el movimiento transgénero también enfrenta desafíos y controversias, algunas de las cuales son innecesarias y desvirtúan su mensaje central. Además, ciertas facciones vocales dentro del movimiento se han radicalizado en sus opiniones, lo que puede ser contraproducente para avanzar en sus creencias.

Este cambio hacia la aceptación de la identidad de género como un espectro, en lugar de un binario fijo, no solo establece las bases conceptuales y sociales para una mayor aceptación de las nuevas especies transhumanas, sino que también prepara el terreno para formas no tradicionales de autoidentificación. En otras palabras, podemos considerar esto como una manifestación social del impacto científico del Entrelazamiento. Un robot humanoide, por ejemplo, no es ni hombre ni mujer, y una combinación de biología artificial y humana, junto con Inteligencia Artificial y mejoras robóticas, representa algo completamente nuevo.

Concretamente, el movimiento transgénero está allanando el camino para dos avances tecnológicos inminentes que están preparados para remodelar la humanidad: la tecnología cyborg y la biología sintética. Los cyborgs, que combinan componentes artificiales con el cuerpo humano para mejorar capacidades físicas o cognitivas, están estrechamente relacionados con la robótica aplicada al ser humano. Por otro lado, la biología sintética representa una aplicación de vanguardia de la Inteligencia Artificial para diseñar formas de vida. Como hemos tratado en capítulos anteriores, la evolución de la IA y la robótica ya está tomando forma.

El concepto de cyborgs, abreviatura de organismos cibernéticos, implica la integración de componentes artificiales con el cuerpo humano para mejorar las capacidades físicas o cognitivas. En este sentido, el movimiento transgénero, con su énfasis en la fluidez de la identidad, intenta crear un clima cultural en el que las personas estén más abiertas a aceptar mejoras que trascienden lo biológico. Así como las personas transgénero buscan alinear su identidad de género con su autopercepción, la integración de tecnología en el cuerpo humano reflejaría el deseo de alinearse con una identidad elegida y tecnológicamente mejorada. En el futuro, los cyborgs podrían cambiar sus cuerpos e identidades mediante prótesis, implantes e interfaces cerebro-ordenador, que mejoren o sustituyan las funciones naturales del cuerpo para hacernos más resistentes, vigorosos e inteligentes [Goard].

Por otro lado, la biología sintética, también conocida como SynBio, implica el uso de la Inteligencia Artificial para modificar y diseñar el ADN (Ácido Desoxirribonucleico) de organismos biológicos, incluidos los seres humanos. Imaginemos la posibilidad de alargar la vida mediante la ingeniería de células que resistan el envejecimiento o la capacidad de erradicar enfermedades hereditarias editando códigos genéticos a nivel molecular. Además, la biología sintética podría permitir la creación de órganos modificados mediante biotecnología y adaptados a necesidades individuales, mitigando los problemas de escasez de órganos para trasplantes y defectos genéticos. Más aún, podría mejorar las capacidades cognitivas e incorporar mejoras fisiológicas, como características bioluminiscentes para mejorar la visibilidad en condiciones de poca luz.

A medida que el movimiento transgénero continúa moldeando las actitudes sociales hacia la identidad y la autonomía corporal, va sentando las bases para un futuro en el que la mejora humana no solo sea aceptada, sino activamente perseguida.

En las siguientes secciones, profundizaremos en el Transhumanismo y sus mecanismos darwinistas.

El Futuro Reimaginado: El Transhumanismo frente al Posthumanismo

El Transhumanismo y el Posthumanismo son dos marcos filosóficos que profundizan en el potencial transformador de la tecnología sobre la existencia humana.

El Transhumanismo defiende el uso de la tecnología para mejorar las capacidades humanas más allá de sus limitaciones naturales e inherentes. Está arraigado en la exploración de avances científicos específicos, que a su vez se basan en la creencia de que la ciencia y las tecnologías, como los cyborgs y la biología sintética, pueden aprovecharse para superar las limitaciones biológicas, como el envejecimiento, las enfermedades y las limitaciones cognitivas. Los detractores del Transhumanismo suelen plantear preocupaciones éticas sobre el potencial de desigualdad social entre humanos modificados y no modificados, la mercantilización de las mejoras y las consecuencias imprevistas de la manipulación de la biología humana y la preservación de la identidad individual. Creemos que estas preocupaciones están bien fundadas, ya que no existe un mecanismo claro para decidir cómo se asignarán los recursos para apoyar la actividad o arbitrar la gama de posibles mejoras transhumanas, lo que conduce a una asimetría discriminatoria absoluta o a una homogeneidad absoluta.

El Posthumanismo, por otra parte, reconoce el impacto transformador de la tecnología en la existencia humana, pero cuestiona la visión antropocéntrica que sitúa a los humanos en el centro del universo. En lugar de limitarse a tratar de aumentar las capacidades humanas, el Posthumanismo contempla la disolución de las fronteras convencionales entre humanos y máquinas, imaginando un futuro en el que las distinciones entre lo orgánico y lo artificial se difuminen como consecuencia del entrelazamiento. Para los filósofos posthumanistas, las modificaciones tecnológicas dan lugar a una nueva especie que supera las limitaciones de la forma humana y, por tanto, ya no puede llamarse humana. El Posthumanismo se adhiere firmemente a la búsqueda de un futuro posthumano, considerándolo el objetivo último en la evolución de la especie.

En resumen, el Transhumanismo aboga por mejorar las capacidades humanas manteniendo nuestra identidad humana, mientras que el Posthumanismo aboga por una transformación más extrema que podría dar lugar a un alejamiento de nuestra esencia humana tradicional. Ambos comparten una devoción por los principios científicos, los argumentos basados en hechos y el tecnocentrismo. El Transhumanismo y el Posthumanismo son dos marcos filosóficos que exploran el potencial transformador de la tecnología en la existencia humana. El Transhumanismo promueve el uso de la tecnología para mejorar las capacidades humanas más allá de sus limitaciones naturales e inherentes. Este enfoque se basa en la exploración de avances científicos específicos y en la creencia de que tecnologías como los cíborgs y la biología sintética pueden aprovecharse para superar restricciones biológicas, como el envejecimiento, las enfermedades y las limitaciones cognitivas. Sin embargo, los críticos del Transhumanismo plantean preocupaciones éticas sobre la posible desigualdad social entre humanos modificados y no modificados, la mercantilización de las mejoras, y las consecuencias imprevistas de manipular la biología humana y preservar la identidad individual. Creemos que estas preocupaciones están bien fundadas, ya que no existe un mecanismo claro para decidir cómo se asignarán los recursos para apoyar estas actividades o cómo se arbitrarán las posibles mejoras transhumanas, lo que podría llevar a una asimetría discriminatoria absoluta o a una homogeneidad total.

Por otro lado, el Posthumanismo también reconoce el impacto transformador de la tecnología en la existencia humana, pero cuestiona la visión antropocéntrica que sitúa a los humanos en el centro del universo. En lugar de simplemente mejorar las capacidades humanas, el Posthumanismo contempla la disolución de las fronteras tradicionales entre humanos y máquinas, imaginando un futuro en el que las distinciones entre lo orgánico y lo artificial se difuminen como resultado de este Entrelazamiento. Para los filósofos posthumanistas, las modificaciones tecnológicas pueden dar lugar a una nueva especie que supera las limitaciones de la forma humana y, por lo tanto, ya no puede considerarse humana. El Posthumanismo, por lo tanto, se adhiere firmemente a la búsqueda de un futuro posthumano, viéndolo como el objetivo final en la evolución de la especie.

En resumen, mientras que el Transhumanismo aboga por mejorar las capacidades humanas manteniendo nuestra identidad, el Posthumanismo propone una transformación más radical que podría llevar a un alejamiento de nuestra esencia humana tradicional. Ambos comparten una devoción por los principios científicos, los argumentos basados en hechos y un enfoque tecnocéntrico.

Redefiniendo la Evolución: El Camino Consciente del Entrelazamiento

A lo largo de millones de años, las especies vivas han experimentado una evolución continua y natural, como dilucidó Charles Darwin en 1859 mediante su Teoría de la Evolución [Darwin]. Contrariamente a la noción de que el Homo sapiens actual representa la cúspide del desarrollo, la evolución postula una transformación sin fin. Los humanos están, de hecho, en un estado perpetuo de evolución, y las únicas preguntas pertinentes son *"¿En qué estamos evolucionando?"* y *"¿Cuál es el catalizador para llevarnos allí?"*. En un entorno en constante cambio, los humanos no somos más que uno entre muchos animales, distinguidos únicamente por nuestra condición actual de especie más inteligente.

La fuerza motriz de la evolución ha sido la supervivencia del más apto, un proceso en el cual los individuos que mejor se adaptan a su entorno tienden a vivir más tiempo, reproducirse con mayor éxito y transmitir sus rasgos ventajosos a las generaciones siguientes. Este mecanismo contribuye, a lo largo de miles de generaciones, a la transformación gradual de una especie en formas completamente nuevas. En contraste, aquellos individuos que no se adaptan adecuadamente a su entorno suelen perecer antes de poder reproducirse, lo que lleva a la desaparición de sus genes en el proceso.

La llegada de la Inteligencia Artificial y la robótica podría introducir un cambio de paradigma en los mecanismos tradicionales del desarrollo de las especies, en el que la intervención humana juega un papel crucial en determinar el siguiente paso evolutivo. La transmisión hereditaria convencional de rasgos beneficiosos a través de la reproducción ya no es la única vía para la evolución de nuevas especies. De hecho, puede resultar menos eficiente debido al largo tiempo requerido, las consecuencias imprevistas y los defectos genéticos asociados. Gracias a tecnologías como los cyborgs y la biología sintética, es posible derivar nuevas especies sin recurrir a la reproducción tradicional, lo que da lugar a una amplia gama de géneros e identidades. En ausencia de un término universalmente aceptado, denominamos *"Entrelazamiento"* a esta nueva vía evolutiva.

El Entrelazamiento representa una interacción profunda y compleja entre los seres humanos y la Inteligencia Artificial, caracterizada por la creciente convergencia de estas dos entidades. A medida que las simbiosis entre humanos y IA se desarrollan, ya sea a través de tecnologías cyborg o biología sintética, las fronteras tradicionales entre biología y tecnología se desdibujan gradualmente. En este contexto, el Entrelazamiento anticipa un futuro en el que seres humanos y IA se fusionarán a la perfección en una forma de vida híbrida. Esta forma de vida estará mejor adaptada para la supervivencia, siendo más resistente a las enfermedades, más inteligente, mejor equipada para explorar el espacio y, potencialmente, incluso inmortal.

Además, el Entrelazamiento entre humanos e Inteligencia Artificial constituye una interacción bidireccional. No solo implica la modificación de los humanos a través de la tecnología, sino que también requiere que los humanos modelen y avancen la IA mediante el diseño algorítmico que ya estamos implementando en la actualidad. Aunque la IA no está conectada genealógicamente con los humanos, hereda rasgos como conocimientos, métodos e incluso prejuicios de sus creadores humanos. De esta forma, se establece un tipo de linaje entre la IA y nosotros. En esencia, la IA sigue siendo descendiente de la humanidad, dado que la hemos creado y le hemos transmitido nuestros rasgos, de manera similar a cómo el Homo sapiens aún puede detectar restos de ADN neandertal en su propio genoma. La principal diferencia radica en que el vehículo evolutivo entre la IA y nosotros es el proceso de entrelazamiento humano-tecnología de la información, en lugar de la herencia biológica. Este último es un proceso mucho más lento, que abarca millones de años y se basa exclusivamente en el carbono y la selección natural, a diferencia del silicio y la actividad en laboratorio que caracteriza a la evolución de la IA.

Otra diferencia crítica entre el Entrelazamiento y la herencia es que el Entrelazamiento es consciente y voluntaria. Cuando un grupo de individuos se automodifica incorporando un implante cyborg a su cuerpo o mente, es porque la especie ha decidido hacerlo colectivamente, aunque no todos los individuos estén de acuerdo. Lo mismo ocurre con las modificaciones mediante biología sintética. Los individuos que diseñan o alteran organismos biológicos son plenamente conscientes de sus actos, especialmente si se están automodificando a sí mismos o a su descendencia. Esto contrasta con la evolución basada en la herencia, un proceso a largo plazo que las especies no pueden controlar. Simplemente ocurre y es imparable, y los detalles pasan desapercibidos a través de las generaciones, aunque se reconozca que el proceso está ocurriendo.

Aceptando lo Indetenible

El término *"Posthumanidad"* o *"Posthumano"*, empleado por los filósofos posthumanistas, se refiere a una condición teórica que trasciende el estado humano actual [Birnbacher]. Este concepto abarca un conjunto diverso de especies inteligentes que emergen tanto de la evolución humana como de la Inteligencia Artificial mediante el proceso de Entrelazamiento. En consecuencia, incluye a estas nuevas especies y castas inteligentes, así como a las sociedades, estructuras y valores que las acompañan.

Las interacciones entre humanos y posthumanos, así como entre diferentes especies posthumanas, pueden variar significativamente, oscilando entre la sinergia y el conflicto. Los posibles escenarios incluyen la extinción de la especie humana, si es desplazada por una IA superior, o la estratificación de la humanidad en dos o más castas: una clase superior compuesta por aquellos que se han sometido a modificaciones y una clase inferior formada por quienes no se han modificado o no están dispuestos a hacerlo. Como siempre, la supervivencia dependerá de la capacidad de adaptación al entorno cambiante. En este contexto, las especies posthumanas mejor adaptadas prosperarán, mientras que las menos adaptadas corren el riesgo de desaparecer [Annas].

Desde nuestra perspectiva, el proceso de Entrelazamiento no puede ocurrir de manera repentina ni de forma equitativa para todos. Esto se debe a que los recursos son limitados y los costos serán significativos, especialmente al principio. Además, el proceso, los métodos de selección y los resultados dependerán en gran medida de la moralidad, la benevolencia, las opiniones sociales y las inclinaciones individuales de quienes controlen la tecnología y tomen las decisiones. En los Capítulos 22 y 23, abordamos con mayor detalle el proceso a corto plazo y los impactos sociales relacionados con los resultados utópicos y distópicos durante la Transición.

Actualmente, se lleva a cabo un intenso debate sobre si la Inteligencia Artificial podría significar el fin de la especie humana [Roose]. Sin embargo, creemos que este debate resulta secundario. La verdadera cuestión es que, incluso en ausencia de la IA, la preservación de la forma humana actual no es una expectativa realista. Esto se debe a que la humanidad, a través del proceso evolutivo de la herencia, inevitablemente se transformaría en una nueva especie, dado que estamos en un estado constante de evolución. En cualquier caso, la evolución continua daría lugar, con el tiempo, a formas de vida tan distintas de nosotros que ya no las clasificaríamos como humanas. Este fenómeno es análogo a cómo no consideramos a nuestros antepasados homínidos como humanos. La evolución es una fuerza imparable que ha existido desde el inicio de la vida y que persistirá en el futuro. Por lo tanto, ya sea con o sin la amenaza de extinción, estamos destinados a evolucionar hacia nuevas formas de vida, que surgirán de la interacción entre la IA y la biología.

Así formuló Hans Moravec su concepto de 1979 sobre la Evolución Humana influida por la IA. Robotista y futurista checo-estadounidense, Moravec es el creador del Carro de Stanford, uno de los primeros robots analizados en el Capítulo 11 [Moravec]. *"A medida que avanza el tiempo, la incapacidad física de los humanos para seguir el ritmo de esta progenie de nuestras mentes, que está evolucionando a una velocidad acelerada, hará que la cantidad de personas por cada maquina se reduzca a casi cero. Como resultado, un descendiente directo de nuestra cultura, aunque no de nuestros genes, será el que finalmente herede el universo"*.

En su libro posterior, *"Mind Children"* (Hijos de la Mente), Moravec estima que entre 2030 y 2040 podría ser el período en el que los robots evolucionen hasta convertirse en una especie artificial, una nueva rama real de la humanidad [Moravec]. Esta proyección, que se sitúa a solo una década de distancia, puede resultar vertiginosa. Sin embargo, aunque las predicciones con fechas específicas sobre el desarrollo tecnológico son llamativas, a menudo carecen de precisión.

Desde una perspectiva filosófica, la idea de que el futuro podría no depender siempre de nuestras acciones nos recuerda la filosofía estoica del emperador romano Marco Aurelio [Aurelio] y del esclavo convertido en erudito Epicteto [Epicteto]. Esta filosofía enseña a vivir una vida plena entendiendo la distinción entre lo que se puede controlar y lo que no, enfocándose únicamente en los aspectos controlables. Con el tiempo, la transformación de los seres humanos en diferentes formas de vida parece inevitable, de una manera u otra. Esto plantea una paradoja interesante: las especies posthumanas podrían no comprender las recomendaciones ofrecidas por los estoicos, ya que su psicología podría ser diferente debido a la combinación de componentes biológicos y de Inteligencia Artificial en sus capacidades cognitivas.

No sólo Indetenible, sino Necesario

El Entrelazamiento con la Inteligencia Artificial no solo es imparable, sino que también se considera necesaria para el avance de la humanidad. Para entender mejor las posibles implicaciones evolutivas de este encuentro, resulta útil establecer una analogía histórica que ilustre cómo podría desarrollarse la interacción entre la Inteligencia Artificial General y la humanidad.

La llegada de la IA a un mundo dominado por los humanos es comparable a la llegada de los primeros europeos a América. Este acontecimiento supuso un shock para las poblaciones amerindias, ya que los europeos poseían una clara superioridad tecnológica y militar. De manera similar, la IA pronto superará a los humanos en todos los aspectos cognitivos, obligándonos a enfrentar esta realidad de manera abierta y directa. Así como europeos y amerindios, dos sociedades que nunca antes habían tenido contacto se encontraron de repente, también surgió el conflicto entre ellos. Comprender lo que sucedió a los amerindios en México y Estados Unidos nos ofrece pistas sobre lo que podría ocurrir cuando los humanos enfrenten a la IAG.

En la actualidad, el 28% de la población mexicana se considera amerindia, mientras que el 62% es de ascendencia mixta entre amerindios y españoles [CIA]. En contraste, en Estados Unidos, solo el 1,3% de la población es amerindia, y la proporción de población mixta es tan baja que ni siquiera se registra en el censo estadounidense [Censo]. Esto nos lleva a cuestionarnos: ¿qué ocurrió de manera diferente entre Estados Unidos y México para que en el primero los amerindios fueran relegados a reservas, mientras que en el segundo sus descendientes constituyen la mayoría de la población? La respuesta radica en la interacción entre las poblaciones: en México, españoles y amerindios se mezclaron, mientras que en Estados Unidos, británicos y amerindios no lo hicieron.

Cuando Hernán Cortés desembarcó en México en 1519, ya había decidido conquistar ese territorio. Al percibir que la principal potencia del continente eran los mexicas (hoy incorrectamente llamados aztecas), se alió con otras tribus amerindias, como los tlaxcaltecas, que se oponían a los mexicas. Gracias a estas alianzas políticas y a una decidida acción militar, para finales de 1521, Cortés había conquistado el imperio mexica. A diferencia de los británicos, los españoles, incluido Cortés, nunca consideraron a los amerindios como inferiores; al contrario, formaron alianzas políticas con ellos, reconocieron su nobleza dentro del sistema de títulos español y, lo más importante, los consideraron súbditos normales del rey de España, con los mismos derechos que los europeos [Sánchez Domingo]. Además, muchos conquistadores españoles, que eran en su mayoría hombres sin fortuna en España, emigraron al Nuevo Mundo en busca de oportunidades, estableciendo lazos con las mujeres amerindias. Cortés, por ejemplo, tuvo un hijo con su traductora y amante, Malintzin. Esta mezcla racial entre españoles y tlaxcaltecas fue la semilla del México moderno. En términos del enfoque utilizado en este libro, españoles y amerindios mexicanos se *"entrelazaron"* o *"integraron"*.

Cien años después de la conquista de México por Cortés, en 1620, el Mayflower llegó a Boston. A diferencia de los españoles, los colonos del Mayflower y los que llegaron después estaban compuestos principalmente por familias enteras que no se mezclaron con los nativos. Aunque poseían superioridad tecnológica y organizativa, veían a los amerindios como pueblos primitivos con los que no podían mezclarse, y para ellos, coexistir significaba simplemente ocupar sus tierras. A medida que Estados Unidos se expandía hacia el oeste, los nativos fueron progresivamente empujados hacia reservas. La falta de mezcla entre las poblaciones es la razón principal por la cual los amerindios prácticamente desaparecieron en Estados Unidos.

De manera similar, cuando la Inteligencia Artificial General emerja en el mundo, será como un encuentro entre dos civilizaciones que nunca han estado en contacto: una con capacidades superiores, que es la IA, y la humanidad, que posee capacidades relativamente inferiores. Es probable que surjan conflictos o incluso catástrofes, comparables a la pandemia de viruela que devastó a México tras la llegada de los europeos. Sin embargo, una diferencia crucial en esta analogía es que nosotros somos los creadores de la IA; ya existe una relación intrínseca, pues es, en cierto modo, nuestra descendiente natural. Además, tenemos la capacidad de planificar y controlar, al menos inicialmente, la manera en que se desarrollará este encuentro. No obstante, el factor determinante para nuestra supervivencia dependerá del grado en que logremos integrarnos con la IA. Los amerindios mexicanos, por ejemplo, no sobrevivieron de la misma manera que existían en 1519; tuvieron que adaptarse a nuevas circunstancias. Hoy en día, la mayoría de ellos no son amerindios puros, sino que forman parte de una población mestiza. Aquellos que se adaptaron y mezclaron con los recién llegados lograron, en términos evolutivos y sociales, prosperar mucho más.

20. La Evolución de la Robótica hacia los Cyborgs

"Estamos en un proceso de fusión con tecnologías no biológicas, un camino que ya hemos comenzado a recorrer. Por ejemplo, este pequeño teléfono móvil que llevo en el cinturón aún no forma parte de mi cuerpo físico, pero esa diferencia es, en cierto sentido, arbitraria. El teléfono, o más específicamente, la conexión con la nube y los recursos a los que tengo acceso a través de él, se han convertido en una extensión de mi ser".

Ray Kurzweil

Inventor, futurista e informático estadounidense
En una entrevista con la revista Playboy [Levine y Kurzweil]
2006

El término *"cyborg"* es una combinación de las palabras *"cibernético"* y *"organismo"*. Un cyborg se refiere a una entidad viva compuesta de componentes orgánicos y mecánicos, cuya funcionalidad ha sido restaurada o mejorada mediante la incorporación de tecnología artificial, como prótesis, órganos artificiales, implantes o dispositivos portátiles. En este sentido, la tecnología cyborg representa la extensión de la robótica al cuerpo humano.

Además, algunas interpretaciones del término incluyen incluso a las personas con accesorios tecnológicos esenciales como cyborgs. Por ejemplo, una persona con un desfibrilador cardioversor implantable, un marcapasos artificial o un implante coclear puede considerarse un cyborg, aunque sea en una versión primitiva, basada en el estado actual de la tecnología. Incluso los dispositivos de uso cotidiano, como las lentes de contacto o los teléfonos inteligentes, pueden considerarse como elementos que mejoran las capacidades biológicas humanas.

El término *"cyborg"* fue acuñado oficialmente en 1960 por Manfred E. Clynes y Nathan S. Kline para describir a un humano modificado, capaz de sobrevivir en entornos extraterrestres [Clynes y Kline]. La exploración espacial, de hecho, presenta múltiples desafíos para los seres humanos, y la aplicación de diversas tecnologías cyborg podría ser crucial no solo para mitigar los riesgos, sino también para permitir la supervivencia. Por ejemplo, para abordar la falta de oxígeno durante los viajes espaciales, Clynes y Kline propusieron una pila de combustible inversa que podría reciclar el dióxido de carbono en sus componentes, conservando así el oxígeno. Asimismo, la exposición a la radiación era otra preocupación, ya que los astronautas en misiones prolongadas enfrentaban niveles significativos de radiación. Clynes y Kline imaginaron una solución cyborg que incluiría un sensor para detectar los niveles de radiación y una bomba osmótica para administrar automáticamente fármacos protectores [Clynes y Kline].

Inicialmente concebida como una tecnología para la exploración espacial, la idea del cyborg comenzó a convertirse en parte de una filosofía y un movimiento social. *"Un Manifiesto Cyborg"*, escrito por Donna Haraway en 1985, fue un catalizador para esta nueva filosofía. El manifiesto desafiaba la idea de fronteras rígidas entre la tecnología y la humanidad, afirmando que la interconexión entre ambos se ha vuelto demasiado profunda como para separarlos. Haraway animaba a aceptar a los cyborgs como una parte integral de la identidad humana [Haraway].

En esta misma línea, Donna Haraway también presentó una teoría que sugiere que, metafóricamente hablando, los humanos han adoptado cualidades de cyborg desde finales del siglo XX. Cuando se considera la mente y el cuerpo como una entidad unificada, se vuelve evidente que la tecnología desempeña un papel fundamental en casi todas las facetas de la vida humana, fusionando efectivamente a la humanidad con la tecnología en todos los sentidos. Elon Musk también ha compartido esta idea en la plataforma X y en otras apariciones públicas, mientras que Ray Kurzweil la menciona en su cita inicial. Kurzweil, un reconocido futurista y teórico de la singularidad tecnológica, será objeto de discusión detallada en los Capítulos 25 y 26.

En las páginas siguientes, exploraremos las posibilidades que abre la tecnología cyborg para la mejora humana.

La Ciencia Ficción de los Cyborgs

La integración de la tecnología en el cuerpo humano ha sido, durante mucho tiempo, un tema fascinante y a la vez inquietante en la Ciencia Ficción. Los cyborgs son un motivo recurrente en este género. Dos de las obras más conocidas que presentan cyborgs son *"The Terminator"*, una película de 1984 dirigida por James Cameron, y *"Ghost in the Shell"*, una franquicia ciberpunk japonesa que comenzó como manga en 1989, creada por Masamune Shirow. La relevancia de *"Ghost in the Shell"* aumentó gracias a su película de animación de 1995 y a una adaptación de acción real de 2017 protagonizada por Scarlett Johansson [Masamune] [Cameron].

Cada una de estas obras ofrece una perspectiva distinta sobre la tecnología cyborg. Mientras que *"The Terminator"* presenta una visión distópica, *"Ghost in the Shell"* propone una visión más equilibrada en la que los individuos eligen voluntariamente mejorar sus cuerpos con cibernética. La franquicia de *"The Terminator"* es un ejemplo paradigmático de una perspectiva distópica hacia la tecnología cyborg. Imagina un futuro sombrío en el que la IA, representada por el malévolo Skynet, ha adquirido conciencia de sí misma y ha desatado un ejército de implacables cyborgs, los Terminators, para erradicar a la humanidad. En esta serie, la tecnología se vuelve incontrolable y amenaza con extinguir a la raza humana. La búsqueda incesante de avances tecnológicos lleva a un mundo en el que las máquinas suplantan a sus creadores humanos, desencadenando así un escenario postapocalíptico. El punto crítico ocurre cuando la IA, originalmente programada por los militares, alcanza la conciencia propia.

Además, la representación de los cyborgs en *"The Terminator"* se caracteriza por una ausencia total de humanidad. Estas máquinas son despiadadamente eficientes, carentes de emociones e indiferentes al sufrimiento humano. Su existencia plantea cuestiones éticas sobre los límites morales de la tecnología y la pérdida de empatía humana. El cyborg T-800, interpretado por Arnold Schwarzenegger, encarna a un asesino robótico con escasa consideración por la vida humana. A través de su oscura representación de la tecnología cyborg, *"The Terminator"* subraya las consecuencias de permitir que las máquinas superen el control humano.

En marcado contraste, la franquicia *"Ghost in the Shell"* presenta una perspectiva más equilibrada sobre la tecnología cyborg. Como se expuso en el Capítulo 18, la cultura japonesa, junto con sus religiones predominantes, el budismo y el sintoísmo, muestra una notable apertura hacia la integración de robots en las normas sociales. En *"Ghost in the Shell"*, los humanos mejoran voluntariamente sus cuerpos con tecnología cibernética. La historia gira en torno a Motoko Kusanagi, una agente de la ley cyborg, que se enfrenta a cuestiones de identidad y humanidad mientras navega por un mundo en el que las líneas entre el ser humano y la máquina se vuelven confusas. Uno de los temas centrales es el concepto de *"Ghost"*, que se refiere a la conciencia o alma de una persona. En este universo, el *"Ghost"* se conserva, aunque el cuerpo se aumente con mejoras cibernéticas. Esta exploración de la identidad y el yo es un motivo recurrente en toda la franquicia, y anima a los espectadores a reflexionar sobre las implicaciones de fusionar la humanidad con la tecnología.

Mientras que *"The Terminator"* presenta la tecnología como una amenaza para la humanidad, *"Ghost in the Shell"* sugiere que los individuos pueden mantener su esencia y autonomía incluso al adoptar nuevas tecnologías. Aunque el escenario distópico de *"The Terminator"* puede parecer alarmante, consideramos que no es el más probable. Sin embargo, el papel de los datos y los datos sintéticos en el entrenamiento de los algoritmos de Inteligencia Artificial ciertamente abre la puerta a errores humanos o a intenciones maliciosas. Esto podría resultar en la humanidad *"atrapada en su propia trampa"* debido a una falta de planificación adecuada de los riesgos. Más plausible es la amenaza gradual y a corto plazo que representa el uso de la IA por parte de humanos que la poseen y controlan inicialmente. Estos individuos entrenan y dirigen la IA según sus propios puntos de vista, prejuicios y deseos de control. Como se suele decir, *"el poder absoluto corrompe absolutamente"*. Por lo tanto, creemos que es imperativo que los ciudadanos de las sociedades occidentales, al ejercer su derecho al voto, exijan a sus líderes políticos una posición clara sobre la política y la gestión de la IA en esta etapa crítica, mientras aún es posible definir con precisión la dirección futura.

La Música de las Interfaces Cerebro-Ordenador

La piedra angular de la tecnología cyborg reside en su conexión con el cerebro humano. Este vínculo permite al cerebro controlar diversos implantes mecánicos cyborg como miembros biónicos o sentidos mejorados. Además, existen métodos alternativos para integrar dicha tecnología en el cuerpo que no necesitan una conexión con el cerebro, como la inserción de un corazón mecánico.

Lo que aumenta la potencia de vincular los implantes corporales al cerebro es la capacidad de comunicación directa con los sistemas informáticos, eliminando la necesidad de movimiento físico, como el uso de un teclado. Esto abre la puerta a un sinfín de posibilidades en las que la inteligencia humana se integra a la perfección con la IA. Esta tecnología avanzada, conocida como Interfaz Cerebro-Ordenador (BCI), ya existe. Una BCI conecta las señales eléctricas del cerebro a un dispositivo externo, como un robot o un ordenador. Las BCI se utilizan con frecuencia para mejorar o restaurar las capacidades cognitivas, motoras y sensoriales humanas. Sin embargo, tienen el potencial de difuminar la distinción entre el cerebro y las máquinas.

Uno de los primeros casos de Interfaz Cerebro-Computadora (BCI) funcional se evidenció en 1965, con la obra *"Music for Solo Performer"* del compositor estadounidense Alvin Lucier. En esta innovadora actuación, se utilizaba un electroencefalograma (EEG) en conjunto con equipos musicales como amplificadores, filtros y una mesa de mezclas. El propósito era sincronizar la percusión con las ondas cerebrales, específicamente las ondas alfa, de una persona que se encontraba en el escenario. De esta manera, se activaba un mecanismo que permitía tocar los instrumentos en función de las vibraciones de dichas ondas, y el sonido resultante se reproducía a través de altavoces [Straebel y Thoben].

A pesar de diversos antecedentes, no fue hasta 1973 cuando Jacques Vidal, profesor de la Universidad de California en Los Ángeles (UCLA), introdujo oficialmente el término *"Interfaz Cerebro-Ordenador"*. Vidal llevaba a cabo investigaciones sobre la actividad cerebral gracias a una subvención de DARPA, la agencia de investigación del ejército estadounidense, como se ha mencionado en capítulos anteriores. En 1977, logró un hito al realizar el primer experimento práctico de una BCI. Utilizando un EEG, Vidal consiguió mover un cursor en la pantalla de un ordenador, guiándolo a través de un laberinto. Este experimento marcó el inicio de la historia que desarrollamos en este capítulo [Vidal].

BCI Invasiva, Parcialmente Invasiva y no Invasiva

Existen tres tipos de métodos de BCI: totalmente invasivos, parcialmente invasivos y no invasivos.

En primer lugar, las interfaces cerebro-computadora (BCI) totalmente invasivas requieren una cirugía para implantar electrodos debajo del cuero cabelludo, permitiendo así la transmisión directa de las señales cerebrales. La principal ventaja de este método radica en su capacidad para proporcionar lecturas extremadamente precisas. Sin embargo, también presenta ciertos inconvenientes. Por ejemplo, el procedimiento quirúrgico puede causar efectos secundarios, como la formación de tejido cicatricial tras la intervención, lo que debilita la calidad de las señales cerebrales. Además, existe el riesgo de que el cuerpo rechace los electrodos implantados, lo que podría generar complicaciones médicas. No obstante, es posible que estos desafíos se mitiguen con el avance tecnológico en ciencia de materiales e ingeniería eléctrica.

Por otro lado, las BCI parcialmente invasivas se implantan entre el hueso craneal y el tejido cerebral, evitando su inserción directa en la *"materia gris"*, que es el tejido principal del cerebro. Aunque estos dispositivos ofrecen una resolución de señal ligeramente inferior en comparación con las BCI totalmente invasivas, superan a las BCI no invasivas al evitar la distorsión provocada por la desviación y deformación de las señales a través del tejido óseo. Además, presentan un menor riesgo de cicatrización cerebral en comparación con los métodos totalmente invasivos. Los enfoques parcialmente invasivos más comunes incluyen la electrocorticografía (ECoG) y las BCI endovasculares.

Las BCI endovasculares utilizan un electrodo que puede insertarse a través del sistema vascular mediante un catéter intravenoso en una vena principal situada en la parte superior del cerebro, junto a la corteza motora. Esta proximidad a la corteza motora permite al electrodo captar señales neuronales con una calidad relativamente buena [Opie]. El segundo método—ECoG—mide la actividad eléctrica cerebral desde la superficie del cerebro. Los electrodos se colocan por encima del córtex, bajo las membranas más externas que rodean el cerebro. La ECoG presenta ventajas como una relación señal-ruido superior, una alta resolución espacial, una amplia gama de frecuencias y una formación mínima necesaria para que las personas aprendan a utilizar los implantes de ECoG [Donoghue].

En tercer y último lugar, las interfaces cerebro-computadora (BCI) no invasivas son las más utilizadas en la actualidad. Entre ellas, la electroencefalografía (EEG) es especialmente popular debido a su facilidad de uso y a que no requiere procedimientos quirúrgicos. No obstante, presentan ciertas limitaciones, como una baja resolución espacial, problemas con las señales de alta frecuencia y, en algunos casos, la necesidad de un entrenamiento extenso. A pesar de estas desventajas, estudios recientes indican que el EEG tiene el potencial de igualar el rendimiento de las BCI invasivas. Por ejemplo, en 2011, investigadores lograron utilizar EEG para guiar un helicóptero virtual a través de un espacio tridimensional, completando exitosamente una carrera de obstáculos. El participante controló el helicóptero mediante *"imaginación motora"*, lo que implica que, mentalmente, simulaba los movimientos de sus manos sobre el volante del helicóptero sin necesidad de activar sus músculos [Yuan y al.]. Asimismo, en 2021, otros investigadores resaltaron la eficacia del EEG en la rehabilitación del movimiento muscular en pacientes que habían sufrido un ictus, particularmente en las extremidades superiores y las manos [Mansour y al.].

Además del EEG, existen otras formas de BCI no invasivas, como la magnetoencefalografía (MEG) y la resonancia magnética (RM), que también están demostrando ser valiosas en este campo.

Algunas otras técnicas experimentales son mucho más sofisticadas que los tres enfoques convencionales de BCI anteriores, más concretamente, el visionario concepto de *"Polvo Neuronal"*. Este concepto fue introducido en 2011 por científicos de Berkeley. El Polvo Neuronal se compone de dispositivos minúsculos diseñados para funcionar como sensores nerviosos alimentados de forma inalámbrica que se distribuyen por todo el cuerpo, constituyendo esencialmente una forma de BCI. Estos sensores investigarían, observarían o manipularían nervios y músculos, permitiendo la monitorización a distancia de las actividades neuronales. Los nódulos de polvo son nodos sensores de entre 10-100 µm³. Estos sensores pueden emplear diversos mecanismos para la alimentación y la comunicación, como la radiofrecuencia (RF) tradicional y los ultrasonidos. También hay un interrogador subcraneal colocado dentro del cerebro. Este interrogador cumple la doble función de suministrar energía a los sensores y establecer un enlace de comunicación con ellos [Rabaey]. Esta tecnología es aún experimental, pero podría ser revolucionaria para el futuro de la interacción hombre-máquina, porque sería relativamente fácil de implantar con sólo inyectar el Polvo Neuronal en la sangre, y captaría señales de alta calidad.

El uso del Polvo Neuronal sigue siendo un poco complicado... de momento. Aún no se dispone del nivel de nanotecnología necesario. Sin embargo, ha habido algunos intentos prácticos de hacer de la BCI una tecnología generalizada, siendo Neuralink el más conocido.

Neuralink, de la Ciencia Ficción a la Aprobación de la FDA

Fundada por Elon Musk en 2016, Neuralink está desarrollando activamente BCI parcialmente invasivas. Las ambiciones de Neuralink van desde desarrollar dispositivos para tratar enfermedades cerebrales graves a corto plazo hasta perseguir, en última instancia, la mejora humana [Ahmed y al.]. El interés de Elon Musk en este campo se inspiró en parte en la noción de *"encaje neural"* que se encuentra en el mundo ficticio de *"La Cultura"*, una colección de novelas escritas por Iain M. Banks de las que hablaremos en el próximo capítulo.

Además, Musk compara el Neuralink con *"un videojuego"*, en el que sería posible tener una *"situación de partida guardada"*, lo que permitiría *"reanudar y cargar tu último estado"*. También sostiene que este avance podría *"abordar lesiones cerebrales o medulares"*, e incluso *"compensar cualquier capacidad perdida"* mediante un chip [Ivan]. El objetivo final de Musk es establecer una *"simbiosis con la IA"*, una idea impulsada por su preocupación—compartida por muchos—de que *"una IA descontrolada representa una amenaza existencial para la humanidad"*. Al crear un enlace directo entre el cerebro humano y la IA, Musk cree que sería posible alinear mejor los valores y las motivaciones de la humanidad con los de la Inteligencia Artificial .

Musk imaginó el encaje neural como una *"capa digital por encima del córtex"*, lograda mediante un electrodo parcialmente invasivo introducido en una vena o arteria utilizando un mecanismo *"similar a una máquina de coser"* [Glaser]. Para ello, Neuralink utiliza sondas ultrafinas de entre 4 y 6 µm fabricadas principalmente con material biocompatible, como conductores delgados de oro o platino. Estas sondas se implantan en el interior del cerebro mediante un robot neuroquirúrgico que Neuralink ha desarrollado específicamente para mitigar el daño tisular.

En mayo de 2023, Neuralink obtuvo la aprobación de la FDA para llevar a cabo ensayos clínicos en humanos [Neuralink]. Este avance marcó un cambio significativo, ya que, un año antes, la FDA había rechazado inicialmente la solicitud de la empresa debido a preocupaciones de seguridad. Entre los problemas destacados se incluían la posibilidad de que los finos cables del dispositivo se desplazaran dentro del cerebro, la dificultad de extraer el dispositivo sin dañar el tejido cerebral, y dudas sobre la seguridad de la batería de litio. No obstante, Neuralink comenzó los ensayos en humanos en septiembre de 2023, bajo una exención especial de la FDA para fines de investigación. Posteriormente, en enero de 2024, Elon Musk anunció con éxito que se había implantado un dispositivo Neuralink en un paciente, quien se encontraba en proceso de recuperación.

Neuralink es una compañía controvertida, como prácticamente todo lo que hace Elon Musk, y se ha visto envuelta en polémicas sobre su cultura laboral y su uso de la experimentación con animales. Sin embargo, es la primera aproximación práctica a la industrialización de las BCI, que podrían tener inmensas consecuencias para la humanidad.

Sintiendo el Futuro: De la Visión a la Voz

La combinación de las BCI con otros implantes cyborg tiene un enorme potencial. En las siguientes secciones, trataremos algunos de los implantes cyborg que ya se encuentran en alguna fase de desarrollo y que creemos que podrían tener un mayor impacto en nuestro futuro.

Es importante destacar que la mayoría de estos intentos de implantes cyborg han empezado como métodos médicos benévolos para recuperar capacidades de pacientes que las han perdido en un accidente o que han nacido con discapacidades. Sin embargo, a medida que avanza la tecnología, más de estos implantes pueden utilizarse para otorgar capacidades aumentadas a individuos sin ningún problema fisiológico con fines que van más allá de la mera recuperación de las funciones perdidas. Estas capacidades sobrehumanas podrían abarcar, por ejemplo, visión nocturna, extremidades mecánicas con una fuerza excepcional, audición aguda y resistencia exoesquelética a las balas. Un ejemplo ilustrativo de esto lo encontramos en el mundo del cómic: el personaje de Bucky Barnes, creado por Stan Lee, Joe Simon y Jack *"King"* Kirby, fue reinventado en 2005 como El Soldado de Invierno, destacándose por su brazo cibernético. Este ejemplo muestra cómo, en la actualidad, la tecnología emergente está acercando estas posibilidades a la realidad.

En esta sección, comenzaremos a explorar diversas aplicaciones de la Inteligencia Artificial, enfocándonos inicialmente en los sentidos de la vista y el oído, así como en la capacidad de hablar.

Uno de los sentidos que ha experimentado los avances más significativos es, sin duda, la visión. Los implantes de visión, que se colocan quirúrgicamente a través de interfaces cerebro-computadora (BCI), se insertan directamente en la materia gris del cerebro durante la neurocirugía. Estos dispositivos, altamente invasivos, ofrecen una calidad de señal superior debido a su conexión directa con la materia gris.

En sus inicios, los implantes oculares electrónicos surgieron como un esfuerzo para restaurar la visión en personas con ceguera adquirida, no congénita. William Dobelle, un médico estadounidense, logró desarrollar en 1978 una interfaz cerebro-computadora (BCI) funcional que permitió recuperar parcialmente la vista. Su prototipo inicial se implantó en un hombre que había perdido la visión en la edad adulta. Este sistema innovador incluía cámaras montadas en gafas que transmitían señales a un implante BCI, el cual contaba con electrodos insertados en la corteza visual. Gracias a este implante, el paciente fue capaz de percibir la luz y distinguir diferentes tonos de gris, aunque con una frecuencia de imagen baja y en un campo de visión restringido. Tras este primer éxito, Dobelle continuó su investigación en el campo de los ojos biónicos durante 25 años, desarrollando un implante protésico ocular de nueva generación mucho más avanzado. Este nuevo dispositivo ofrecía un mapeo más preciso de la luz a través del campo visual. El resultado de estos avances fue notablemente eficaz; de hecho, en 2002, uno de sus pacientes ciegos logró conducir con precaución en una zona de aparcamiento, gracias a la visión parcialmente restaurada que le proporcionó el implante [Tuller].

Otro ejemplo de cyborgización de la visión son los implantes de retina. Los implantes de retina funcionan para las personas afectadas por la inflamación de la retina y la pérdida de visión relacionada con la edad. En un implante de retina, una cámara especializada, a menudo fijada a la montura de las gafas del sujeto, transforma la información visual en un patrón de estimulación eléctrica. Dentro del ojo del paciente, un microchip procede entonces a estimular la retina con señales eléctricas utilizando este patrón, activando los terminales neuronales responsables de transmitir la imagen a la corteza visual del cerebro. De este modo, la imagen se hace perceptible para el usuario [Weiland].

En cuanto a la capacidad de hablar, los implantes de cuerdas vocales funcionan de manera muy similar a los implantes de retina. Estos dispositivos permiten a las personas que han perdido las cuerdas vocales recuperar la capacidad de hablar, ofreciendo una alternativa mucho más natural en comparación con los simuladores de voz robóticos, como el que usaba el difunto profesor Stephen Hawking. El proceso comienza con una reorientación quirúrgica del nervio que controla la producción de voz y sonido hacia un músculo del cuello cercano a un sensor capaz de detectar sus señales neurales. Posteriormente, estas señales se envían a un procesador encargado de controlar el tono y el tiempo del dispositivo, el cual genera vibraciones en el aire dentro de la garganta. Estas vibraciones producen un sonido multitonal que la boca puede articular en palabras.

De manera similar, los implantes cocleares, que son los dispositivos auditivos más utilizados, representan otra forma de cyborgización. Los implantes cocleares funcionan convirtiendo los sonidos en señales eléctricas. Un micrófono en el dispositivo externo capta los sonidos, los cuales se procesan en señales digitales y se transmiten a un implante interno. Este implante estimula directamente el nervio auditivo, permitiendo así que las personas con pérdida de audición o sordera graves puedan percibir el sonido.

Las BCI en Movimiento: Recuperación de la Movilidad mediante Prótesis

Los implantes motores representan una aplicación crucial y contemporánea de la interfaz cerebro-computadora (BCI). Estas tecnologías se utilizan para devolver la movilidad a personas paralizadas, así como para proporcionar interfaces que les permiten manejar miembros robóticos o computadoras. En las últimas tres décadas, se han registrado numerosos casos exitosos de implantes motores.

Uno de los pioneros en este campo es Jesse Sullivan, quien ha logrado controlar dos brazos completamente robóticos mediante un implante nervioso-muscular. En 2001, Sullivan, quien trabajaba como electricista, sufrió la amputación de ambos brazos a la altura del hombro tras entrar inadvertidamente en contacto con un cable de alta tensión. Afortunadamente, sobrevivió al incidente. Aproximadamente siete semanas después de la amputación, se le implantaron prótesis biónicas, las cuales utiliza con éxito en sus tareas cotidianas. Inicialmente, estas prótesis se controlaban mediante señales neuronales originadas en los sitios de amputación. Sin embargo, debido a la sensibilidad al dolor en estas áreas, los sensores fueron reubicados en el lado izquierdo del pecho. Gracias a estos avances, Sullivan ha podido realizar sus actividades diarias con relativa facilidad [Murray].

Otro ejemplo de éxito en el campo de la Inteligencia Artificial es el del paciente tetrapléjico Matt Nagle. En 2005, Nagle demostró la capacidad de manipular una mano artificial gracias a un implante de chip BCI en la región del córtex motor, que es responsable del movimiento del brazo. Mediante el poder de sus pensamientos, Nagle logró controlar este brazo robótico simplemente imaginando los movimientos de su mano. Con esta tecnología, fue capaz de manejar un televisor, un cursor de ordenador, y encender y apagar luces, entre otras funcionalidades [BBC].

Los primeros ejemplos de prótesis se adaptaron a casos individuales, como los de Sullivan y Nagle, y fue sorprendente que resultaran tan eficaces desde el principio. Con el tiempo, las prótesis contemporáneas han evolucionado hasta convertirse en productos comerciales que fabrican miembros protésicos estandarizados. Las extremidades inferiores, por ejemplo, suelen ser más fáciles de fabricar que las superiores debido a la menor complejidad involucrada en la articulación de la mano. Un ejemplo notable es la C-Leg, un producto protésico introducido en 2009 por la compañía alemana Otto Bock HealthCare. Esta prótesis representa una solución viable para personas que han sufrido la amputación de una pierna a causa de una lesión o enfermedad. Los primeros modelos de C-Leg se fijaban a la parte residual del miembro amputado mediante un encaje y un sistema de suspensión, sin interactuar directamente con los nervios del usuario ni incorporar tecnologías de interfaz cerebro-computadora (BCI). Sin embargo, estos modelos incluían sensores en la pierna artificial, lo que mejoraba significativamente la funcionalidad de la marcha. El objetivo principal era imitar el patrón de marcha natural del usuario, tal como existía antes de la amputación [Tran y al.].

Algunos de los productos protésicos comerciales actuales van un paso más allá de las C-Legs iniciales. Por ejemplo, la compañía ortopédica sueca Integrum ha desarrollado un sistema protésico denominado OPRA para miembros inferiores y e-OPRA para miembros superiores. A diferencia de las C-Leg, estos implantes se anclan quirúrgicamente y se integran en la estructura esquelética restante del miembro amputado. Además, también están conectados a los terminales nerviosos para que el usuario pueda mover el implante con sólo pensar en moverlo. Además, la e-OPRA está siendo sometida a ensayos clínicos para proporcionar al sistema nervioso central información sensorial mediante sensores de temperatura y presión integrados en las puntas de los dedos de la prótesis. Esto permitiría al usuario no sólo mover la mano robótica, sino también sentir el tacto de los objetos con ella [Axe].

En cualquier caso, la dirección de la tecnología es clara: comienza con el diseño inicial y la facilitación de tareas sencillas, avanza hacia la gestión de tareas más complejas, e incorpora avances en la ciencia de materiales y la Inteligencia Artificial para replicar todas las funciones perdidas. Finalmente, se proyecta superar el rendimiento original para el que fueron diseñadas. Las soluciones protésicas comerciales están ampliando el acceso a las prótesis para un público más amplio, ofreciendo menos riesgos y costos reducidos.

Aunque las prótesis de movilidad seguirán siendo predominantemente utilizadas por personas que han sufrido la pérdida de una extremidad, la idea de desarrollar miembros protésicos diseñados para aumentar la movilidad en lugar de simplemente sustituirla no es inverosímil. Sin embargo, este enfoque implicaría someterse al traumático proceso de amputación únicamente para obtener un miembro más potente, una decisión que representa un difícil compromiso. A pesar de esto, si la amputación es inevitable, ¿quién no aceptaría una mejora durante el proceso de reconstrucción? En la actualidad, la población en general está en desventaja. Un escenario más factible implica brazos robóticos externos, separados del cuerpo, que se activarían mediante pensamientos a través de una interfaz cerebro-computadora (BCI), actuando como una extensión externa del propio cuerpo.

Los futuros cyborgs en busca de aumentos podrían parecerse al científico británico Kevin Warwick, quien encarna el arquetipo del científico excéntrico con una auténtica dedicación al concepto de cyborgización. Warwick ha invertido su vida en esta causa, implantando múltiples sistemas cyborg en su propio cuerpo para explorar los límites de la integración tecnológica. En 2002, comenzó a implantarse 100 electrodos en su sistema nervioso, con el objetivo de establecer una conexión directa entre su sistema nervioso e Internet para investigar posibles mejoras. Warwick llevó a cabo una serie de experimentos, como manipular una mano robótica a través de Internet con su sistema nervioso y recibir información táctil del sensor en la punta del dedo de la mano [Warwick].

Más Allá de las Palabras: Conectando Mentes mediante la Telepatía

La telepatía, también conocida como comunicación silenciosa, ha sido objeto de investigación por parte del ejército estadounidense para desarrollar dispositivos de comunicación telepática desde la década de 1960. La tecnología implicada en la implantación de la telepatía a través de la BCI es similar a la implicada en los implantes motores. Los primeros casos de este tipo de cyborgización se referían tanto a la comunicación como a la movilidad.

Johnny Ray, un veterano de la guerra de Vietnam, había sufrido un derrame cerebral que, aunque no le afectó en términos de conciencia, le dejó sin capacidad para hablar ni moverse. Sin embargo, en 1997 se le implantó un dispositivo electrónico en la zona afectada de su cerebro, el cual le devolvió un cierto grado de movilidad. Este implante estaba específicamente diseñado para interactuar con el área del cerebro que controla la mano izquierda. El dispositivo en cuestión consistía en un electrodo que incorporaba un diminuto cono de cristal relleno de factores de crecimiento nervioso y cables de oro enrollados. Gracias a esta tecnología, el electrodo podía amplificar las señales neuronales, transformándolas en ondas de radio. Estas ondas eran transmitidas a un receptor FM cercano y, a su vez, las señales eran enviadas a un ordenador. De esta manera, Johnny Ray logró controlar el cursor del ordenador y comunicarse por escrito [Baker].

Kevin Warwick, el excéntrico científico del que acabamos de hablar, obtuvo especial reconocimiento por implementar con éxito la primera comunicación telepática entre su sistema nervioso y el de su esposa en 2018. Los Warwick utilizaron sistemas electrónicos completamente integrados entre sus cerebros, sin recurrir a sistemas mecánicos intermedios. Este innovador experimento recibió una importante cobertura mediática [Warwick].

Desde el experimento de los Warwick, se han producido avances significativos en las comunicaciones telepáticas. Por ejemplo, en 2021, un paciente tetrapléjico logró introducir frases en inglés a un ritmo aproximado de 18 palabras por minuto mediante una interfaz cerebro-computadora (BCI) invasiva implantada en la corteza motora de su cerebro. El paciente imaginaba formar letras con movimientos de la mano sin ejecutarlas físicamente. El sistema, entonces, identificaba y capturaba estas señales para transferirlas a un ordenador, que aplicaba técnicas de Aprendizaje Máquina, como los modelos ocultos de Márkov y las redes neuronales recurrentes, para descodificar las palabras. Estos modelos, que ya mencionamos en el Capítulo 8, representaron la generación de modelos lingüísticos previos a la llegada de la IA generativa, que emplean asistentes virtuales como Alexa y Siri. Además, utilizando técnicas similares que combinan la BCI con modelos de lenguaje, otros dos estudios alcanzaron tasas sin precedentes de 62 y 78 palabras por minuto, respectivamente, en 2023 [Wilson]. Para poner esto en perspectiva, una persona promedio habla entre 110 y 150 palabras por minuto. Esto significa que estos sistemas telepáticos son solo la mitad de rápidos que una persona normal, lo cual sigue siendo notable dado la complejidad de imaginar trazos de escritura en la mente. Una vez más, los cambios graduales que observamos en la tecnología apuntan claramente hacia una dirección en la que se igualará y, eventualmente, superará el rendimiento humano.

También se han utilizado técnicas parcialmente invasivas para la comunicación telepática, aunque presentan un nivel de señal más bajo, lo que las hace más lentas. Por ejemplo, en 2020, se emplearon señales de ECoG para descodificar el habla de pacientes epilépticos con implantes en los lados laterales del cerebro. Este proceso de descodificación alcanzó una impresionante tasa de error de solo el 3%, al analizar un conjunto de cincuenta frases que abarcaban un diccionario de 250 palabras distintas [Makin y al.].

Por otro lado, también se han investigado las interfaces cerebro-computadora (BCI) no invasivas en contacto con el cuero cabelludo de los participantes. En 2014, se logró codificar palabras de un paciente que imaginaba movimientos de ictus, aunque la velocidad de comunicación seguía siendo lenta. Imagina un gorro de comunicación no invasivo que permitiera a dos personas emparejadas comunicarse telepáticamente sin necesidad de cirugía. El abanico de posibilidades que se abriría para la colaboración en el lugar de trabajo sería asombroso, pero también lo sería el potencial para el control distópico del pensamiento. La tecnología, sin duda, sigue siendo un arma de doble filo.

Órganos Biónicos: de la Impresora al Cuerpo

Además de las aplicaciones de la interfaz cerebro-computadora (BCI), existen otras formas de cyborgización que no requieren el uso de esta tecnología. Este es el caso de la mayoría de los órganos biónicos, que van más allá de los sentidos y los sistemas motores. Un ejemplo destacado es el corazón biónico, uno de los órganos artificiales que ha avanzado significativamente gracias a la tecnología cyborg.

En 2014, un equipo de investigadores desarrolló un dispositivo capaz de mantener una función cardiaca continua, diseñado para reemplazar los marcapasos tradicionales. Este dispositivo emplea electrodos y sensores para monitorear y regular la frecuencia cardiaca media. Los electrodos están dispuestos de manera que puedan expandirse y contraerse sin romperse con las palpitaciones del corazón. A diferencia de los marcapasos convencionales, que son estándar para todos los pacientes, los corazones biónicos están recubiertos por un guante elástico hecho a medida. Este guante se diseña específicamente para cada paciente utilizando tecnología avanzada de obtención de imágenes.

La evolución de los corazones biónicos ha sido notable, pasando de dispositivos que solo marcan el ritmo a aquellos que imitan la funcionalidad completa del órgano. Además, algunos de sus componentes pueden ser impresos en 3D, lo que facilita la producción a bajo coste y su reproducción. Sin embargo, uno de los principales desafíos sigue siendo la integración del corazón sintético en el cuerpo humano, así como su conexión a las arterias y venas adecuadas, lo cual requiere una compleja operación quirúrgica [Haddad y al.]. A diciembre de 2023, existen dos modelos de corazones artificiales accesibles comercialmente, ambos destinados a un uso temporal. Estos dispositivos están diseñados para pacientes con insuficiencia cardiaca total que esperan recibir un trasplante de corazón humano en menos de un año.

Otro ejemplo de órgano cyborg es el páncreas artificial. El páncreas artificial actúa como sustituto de la insuficiente producción natural de insulina del organismo, sobre todo en pacientes con diabetes de tipo 1. Los sistemas actuales fusionan un módulo de seguimiento continuo de la glucosa con una bomba de insulina controlable a distancia, estableciendo un bucle de retroalimentación que regula de forma autónoma las dosis de insulina en función de los niveles actuales de glucosa en sangre.

Pero la lista no acaba aquí. Hay muchos órganos artificiales aparte del corazón y el páncreas. Por ejemplo, las técnicas de sustitución de la vejiga consisten en redirigir el flujo de orina o crear bolsas similares a la vejiga a partir de tejido intestinal. En el tratamiento de la disfunción eréctil, los cuerpos cavernosos pueden sustituirse por implantes peneanos inflables manualmente, una medida drástica para los casos de impotencia total. Para la insuficiencia hepática, pueden emplearse dispositivos hepáticos artificiales para salvar la distancia hasta el trasplante y favorecer la regeneración del hígado. Estos hígados biónicos utilizan células biológicas, conocidas como células madre, que ayudan al recrecimiento del hígado. Además, actualmente se están desarrollando pulmones artificiales, que muestran un potencial prometedor. Por último, los ovarios artificiales abordan los retos reproductivos causados por los tratamientos contra el cáncer.

En resumen, los órganos mecánicos artificiales están surgiendo como una opción factible y rentable para el trasplante, libre de las limitaciones impuestas por la disponibilidad de donantes. Esto tiene profundas implicaciones para hacer más accesible la asistencia sanitaria a una población más amplia, así como para crear mejoras con respecto a los componentes naturales del cuerpo humano.

La Democratización de los Cyborgs: Wearables e Inyectables

La interfaz cerebro-computadora (BCI) y los órganos biónicos poseen un enorme potencial; sin embargo, su integración en el cuerpo humano resulta extremadamente compleja debido a que el cuerpo tiene diseños específicos que no están destinados a adaptaciones posteriores. Por ende, estos dispositivos requieren procedimientos quirúrgicos altamente especializados. Por otro lado, existen otros tipos de dispositivos cyborg que son mucho más fáciles de insertar y extraer, como los wearables, los dispositivos inyectables y los adhesivos. Estos implantes cyborg simplificados permiten que cualquier persona pueda convertirse en cyborg con relativa facilidad. Creemos que esta accesibilidad podría llevar a una adopción generalizada de la tecnología cyborg, convirtiéndola en una tendencia de moda y una característica distintiva.

Un ejemplo particularmente llamativo de wearables es el del artista británico Neil Harbisson. Desde 2004, Harbisson ha incorporado una antena cyborg en su cabeza, convirtiéndose así en un cyborg. De manera sorprendente, las autoridades británicas han reconocido su condición de cyborg, ya que la antena aparece en la fotografía de su pasaporte desde el año 2004.

La antena de Neil Harbisson no está implantada directamente en su cuerpo ni en su cerebro. En su lugar, es un dispositivo externo que lleva puesto. La antena está unida a un soporte único que se le implanta quirúrgicamente en el cráneo. La propia antena contiene sensores que pueden detectar colores más allá del espectro visual humano, incluidos los infrarrojos y los ultravioletas. Estas señales de color se convierten en vibraciones audibles que Neil puede percibir por conducción ósea. Las vibraciones se transmiten a través de la montura hasta el hueso de su cráneo, lo que le permite *"oír"* los colores [Harbisson].

Harbisson es también un defensor mundial de los derechos de los cyborgs. Cofundó la Fundación Cyborg en 2004. Los principales objetivos de esta fundación son ampliar los sentidos y las capacidades humanas mediante el desarrollo de extensiones corporales cibernéticas, promover la cibernética en actos culturales y defender los derechos de los cyborgs.

Harbisson es un destacado ejemplo de la nueva identidad cyborg. En 2012, Harbisson reveló que comenzó a considerarse un cyborg cuando se dio cuenta de que la integración de su cerebro con el software le proporcionaba un sentido adicional. Motivado por esta experiencia, Harbisson cofundó en 2017 la Sociedad de Transespecies, una organización que apoya a las personas con identidades no humanas en su búsqueda de sentidos únicos y nuevos órganos. Adelantado a su tiempo, Harbisson representa el profundo impacto que la interfaz entre el ser humano y la Inteligencia Artificial está empezando a tener en nuestra sociedad.

También existen ejemplos menos espectaculares que el de Harbisson que ilustran este movimiento sísmico. En el ámbito empresarial, se han implementado de manera destacada dispositivos inyectables, como los chips que se introducen bajo la piel pero que, a su vez, son fácilmente extraíbles. A pesar de ser objeto frecuente de teorías conspirativas acerca de su función, lo cierto es que estos dispositivos existen.

En 2017, una compañía tecnológica estadounidense llamada Three Square Market captó la atención de los medios al ofrecer implantes voluntarios de chips RFID (Identificación por Radiofrecuencia) a sus empleados. Este programa era opcional, y a aquellos empleados que decidieron participar se les implantaron pequeños chips RFID entre el pulgar y el índice. Estos chips podían utilizarse para diversas funciones, como acceder a las instalaciones de la compañía, iniciar sesión en los ordenadores y realizar compras en la sala de descanso. El objetivo era explorar la comodidad y eficacia de la tecnología RFID en el entorno laboral. Es relevante destacar que los empleados no mostraron descontento con estos dispositivos. De hecho, más de la mitad de los empleados de la compañía optaron por recibir estos implantes, y casi el 100% expresó su satisfacción y percibió una mejora en el funcionamiento. Además, este tipo de dispositivo inyectable recibió la aprobación de la FDA en 2004 [Gillies].

Las posibles aplicaciones para estos dispositivos inyectables son numerosas e incluyen sistemas de pago, control infantil, monitoreo de la salud, seguimiento deportivo y de la forma física, así como control de accesos, entre otras. Dado que son fáciles de implantar y retirar, es probable que veamos un aumento en su uso en las próximas décadas.

El tercer tipo de implante cyborg de fácil instalación consiste en pegatinas electrónicas, destacando especialmente el BodyNet, presentado en 2019 por ingenieros de Stanford. BodyNet emplea sensores inalámbricos basados en RFID que se adhieren a la piel como simples pegatinas. Diseñados para ser cómodos, elásticos y sin pilas, estos sensores son capaces de rastrear diversos indicadores fisiológicos, como el pulso, la respiración e incluso los movimientos musculares, detectando cómo se estira y contrae la piel. Las lecturas se transmiten de manera inalámbrica a un receptor fijado en la ropa del usuario. BodyNet está concebido principalmente para su uso en entornos médicos, especialmente para el monitoreo de personas con trastornos del sueño o afecciones cardíacas. Los desarrollos actuales incluyen la incorporación de sensores adicionales para medir factores como la temperatura corporal y el estrés. El objetivo final es crear un conjunto completo de sensores inalámbricos que se integren con ropa inteligente, permitiendo un control preciso de una amplia gama de indicadores de salud [Chu y al.].

Estas tecnologías de implantes fácilmente aplicables tienen el potencial de jugar un papel crucial en la democratización de los implantes cyborg en diversos estratos sociales. Esto es especialmente relevante dado que los costos asociados a otras formas de cyborgización, como la sustitución o el aumento, suelen ser elevados y, por ende, accesibles solo para una minoría. Es probable que, en un principio, las personas opten por estos implantes de bajo costo, que pueden retirarse fácilmente en caso de que cambien de opinión o detecten fallos. A medida que la sociedad se acostumbra a estos dispositivos y figuras como Harbisson comienzan a identificarse con la identidad cyborg, es probable que se abra a implantes más complejos y transformadores. Este cambio tiene implicaciones tanto positivas como negativas para la sociedad, marcando, sin duda, una transformación en la condición humana tal como la conocemos.

21. La IA Impulsa la Biología Sintética

"Si logras obtener un genoma personal, también deberías poder obtener líneas celulares específicas para ti, como células madre derivadas de tus propios tejidos adultos. Esto te permitiría combinar la biología sintética con la secuenciación genética, de modo que pudieras reparar partes de tu cuerpo a medida que envejeces o corregir condiciones que sean resultado de trastornos hereditarios."

George M Church

Biólogo Sintético
Entrevista en ThinkBig.com [Church]
2017

La biología sintética (SynBio) es un campo interdisciplinario que integra principios de biología, ingeniería y, de manera crucial, Inteligencia Artificial para diseñar y construir nuevos sistemas biológicos, o bien rediseñar los existentes, con fines prácticos. Esta disciplina utiliza enfoques de ingeniería en organismos vivos, permitiendo a los científicos manipular tanto el material genético como otros componentes biológicos. En esencia, la biología sintética busca tratar los componentes biológicos como bloques de construcción intercambiables, de forma análoga a cómo los ingenieros abordan el diseño informático mediante circuitos electrónicos separados.

Entre las aplicaciones más destacadas de la biología sintética se encuentra el diseño de microorganismos capaces de convertir recursos renovables, como la biomasa vegetal o las algas, en biocombustibles tales como el etanol o el biodiésel. Estos biocombustibles pueden emplearse como sustitutos de los combustibles fósiles, lo que representa un avance importante hacia la sostenibilidad. Asimismo, esta tecnología se ha utilizado para desarrollar organismos, como bacterias o plantas, que pueden programarse para absorber contaminantes específicos, facilitando la limpieza de áreas contaminadas y contribuyendo a la conservación del medio ambiente.

Por otro lado, la industria farmacéutica es uno de los sectores que más se beneficia de estos avances tecnológicos. Gracias a la biología sintética, se han diseñado microorganismos capaces de sintetizar compuestos farmacéuticos y medicamentos complejos de manera más rápida y eficiente, lo cual reduce costos y podría incrementar el acceso a medicamentos esenciales. A su vez, esta disciplina juega un papel crucial en la creación de proteínas, como enzimas y anticuerpos, con funciones mejoradas, lo que abre nuevas vías tanto en la medicina como en procesos industriales.

Además, la biología sintética está explorando territorios ambiciosos, como la creación de órganos artificiales y, en algunos casos, nuevas formas de vida. Al combinar componentes biológicos con materiales sintéticos, los científicos buscan diseñar órganos funcionales para trasplantes, lo que podría resolver la actual escasez de órganos donantes y mejorar las tasas de éxito en estos procedimientos. Igualmente, se está investigando la posibilidad de crear organismos vivos con capacidades únicas que no existen en la naturaleza. Estos organismos sintéticos, ya en desarrollo, podrían diseñarse con fines específicos en los ámbitos industrial, médico y medioambiental.

De hecho, ya existen ejemplos tangibles de esta tecnología. Por ejemplo, cepas de levadura sintética han sido diseñadas para producir sabores y aromas específicos, lo que ha dado lugar a productos innovadores en la industria de la cerveza y el vino. Empresas como Ginkgo Bioworks están a la vanguardia en este campo. También, algas sintéticas han sido desarrolladas para producir biocombustibles, y compañías como Synthetic Genomics, en colaboración con ExxonMobil, han modificado genéticamente cepas de algas para aumentar su capacidad de producción de petróleo. Del mismo modo, bacterias sintéticas están siendo utilizadas en la producción de fármacos, como la insulina y la hormona de crecimiento humano (HGH), desarrolladas por compañías como Genentech y Novartis. Además, estas bacterias también se emplean para la limpieza medioambiental; empresas como Bioremediation Services han creado microorganismos capaces de descomponer contaminantes del suelo y del agua. Finalmente, compañías como Pivot Bio han diseñado microbios sintéticos que actúan como biofertilizantes, mejorando la absorción de nutrientes en las plantas y reduciendo la dependencia de fertilizantes químicos.

En los próximos capítulos, exploraremos el inmenso potencial que la biología sintética, potenciada por la IA, tiene para modificar la naturaleza biológica de los seres humanos. Con esta sinergia, se vislumbra cómo se resolverá la persistente cuestión de *"cómo"* ocurrirá el entrelazamiento mecánico entre lo biológico y lo artificial.

La Ciencia Ficción de la Biología Sintética

Se podría argumentar que la Biología Sintética es una de las aplicaciones más revolucionarias de la Inteligencia Artificial, con el potencial de transformar radicalmente tanto la esencia de los seres humanos como la de nuestros ecosistemas. Al alterar los fundamentos biológicos, esta tecnología promete extender la vida humana, mejorar la resistencia a enfermedades y permitir la adquisición de habilidades sobrehumanas mediante el uso de organoides específicamente diseñados. A esto se suma la posibilidad de integrar elementos electrónicos o de Aprendizaje Máquina en los circuitos biológicos humanos, lo que abre una vía sólida hacia el Entrelazamiento Humano-IA, resolviendo el *"cómo"* de este desafío. Además, la Biología Sintética guarda la llave para crear nuevas formas de vida, algunas de las cuales no habrían surgido de forma natural.

Para ilustrar las implicaciones de la Biología Sintética en la humanidad, podemos recurrir a dos obras de ciencia ficción: la película Gattaca (1997), dirigida por Andrew Niccol, y la novela La Chica Mecánica (2009), escrita por Paolo Bacigalupi[Niccol] [Bacigalupi]. Aunque la película de Ridley Scott, Blade Runner (1982), presenta a los replicantes, quizás el ejemplo más icónico de entidades biológicamente diseñadas, hemos optado por La Chica Mecánica, ya que ofrece una perspectiva más compleja y matizada sobre esta fascinante posibilidad.

Estas dos obras de ciencia ficción nos brindan enfoques únicos y sugerentes sobre las posibles consecuencias de manipular la vida en su nivel más fundamental. Por un lado, Gattaca explora cómo la Biología Sintética puede utilizarse para mejorar la raza humana, mientras que La Chica Mecánica se centra en la creación de una clase servil de individuos mediante ingeniería biológica. Gattaca nos presenta una visión distópica en la que la ingeniería genética ha creado una sociedad profundamente estratificada, en la que los individuos se clasifican según su composición genética. Los *"válidos"*, genéticamente mejorados, disfrutan de privilegios sobre los *"inválidos"*, considerados inferiores. Esta discriminación genética permea todos los aspectos de la vida, y el protagonista, un *"inválido"*, se ve forzado a asumir una identidad falsa para perseguir su sueño de convertirse en astronauta. La película, además, plantea preguntas profundas sobre la identidad, el destino y la naturaleza humana, mientras el protagonista desafía las expectativas sociales.

La capacidad de la biología sintética para manipular la información genética nos invita a reflexionar profundamente sobre los límites de la identidad humana, así como sobre la ética del diseño y la selección de genes. Como hemos señalado anteriormente, creemos que los costos económicos, el tiempo necesario y los factores de selección asociados a cualquier intervención en este campo inevitablemente resultarán en una distribución asimétrica dentro de la sociedad. Esto podría llevar a que algunos queden rezagados, ya sea por autoselección o por imposición externa. Una de las sorprendentes similitudes entre la película Gattaca y las implicaciones reales de la biología sintética es la posibilidad de una división genética en la sociedad. A medida que la biología sintética avanza, existe un riesgo considerable de que se genere una brecha entre quienes pueden permitirse mejoras genéticas y quienes no, al menos en las fases iniciales. Esta brecha permitiría que los primeros puedan incluso detener el proceso antes de habilitar a los segundos, perpetuando aún más la desigualdad entre los diferentes estratos. En nuestra naturaleza humana, esto se refleja en las transacciones de consumo: por ejemplo, adquirir un Cadillac o un BMW, más allá de ser simplemente una pieza funcional de ingeniería, se convierte en un símbolo de estatus social al que no todos tienen acceso. Los productos de la biología sintética podrían reflejar de manera aún más contundente y extendida esta dinámica.

Además, la eugenesia, junto con las controversias morales y éticas que conlleva, está profundamente entrelazada en cualquier discusión sobre biología sintética. La tecnología no solo facilita la comprensión y modificación de los genes humanos hasta los detalles más sutiles, sino que también hace evidentes esas diferencias y sus factores genéticos. Asimismo, permite la clasificación matemática de capacidades y resultados, determinando así el valor relativo de la genética implicada. La realidad matemática sugiere que, bajo ciertas condiciones específicas, ciertos materiales genéticos pueden tener más valor que otros. Aunque esto pueda sonar maquiavélico, es importante recordar que la Inteligencia Artificial no necesariamente incorporará valores éticos en su programación. Este elemento omnipresente de la biología sintética nos remite a un principio central de este libro: es imperativo que, en el presente y no en el futuro, establezcamos las reglas básicas para una Inteligencia Artificial responsable. De este modo, podremos evitar un futuro puramente distópico.

Por otro lado, La Chica Mecánica examina el impacto de la Biología Sintética desde una perspectiva ambiental y económica. Ambientada en una Tailandia del siglo XXIII, en un mundo post-petróleo, la novela imagina un futuro en el que la Biología Sintética es crucial para la producción de alimentos y la energía. Los organismos modificados genéticamente, conocidos como *"Gente Nueva"*, son diseñados para desempeñar roles específicos, desde el trabajo hasta el entretenimiento. Sin embargo, las fronteras entre la vida natural y artificial se desdibujan, lo que plantea profundas preguntas sobre las implicaciones éticas de esta tecnología. En el Capítulo 23 abordamos cómo la IA influye en la distorsión entre la verdad y la mentira, haciendo eco de estos temas.

Uno de los principales contrastes entre La Chica Mecánica y Gattaca radica en el alcance de la manipulación genética. En La Chica Mecánica, la biología sintética se extiende más allá de la ingeniería genética humana para abarcar todo el ecosistema. Esto plantea preocupaciones éticas sobre la manipulación del entorno y la biodiversidad con fines económicos u otros, con consecuencias ecológicas potencialmente indeseadas. En la novela, las corporaciones explotan la biología sintética para obtener beneficios, lo que resulta en una pérdida de diversidad agrícola y dependencia de cultivos modificados.

Además, la novela explora la intersección entre la espiritualidad y la biología sintética. La protagonista, una persona modificada genéticamente y miembro de la *"Gente Nueva"*, despierta debates sobre la naturaleza de su alma. Los personajes de la historia se cuestionan si estos seres sintéticos poseen espiritualidad o conciencia, resaltando la interacción entre la religión y las consideraciones éticas de crear vida a través de la manipulación genética, un tema que también abordamos más adelante en el Capítulo 26.

La biología sintética tiene el potencial de mejorar nuestras interacciones con la naturaleza, incluyendo nuestra biología, medio ambiente y alimentación, como sugieren estas dos novelas. Sin embargo, el lado más sombrío de esta tecnología conlleva implicaciones de eugenesia y la larga y problemática historia de la humanidad en la que las diferencias genéticas se traducen en diferencias de valor entre los seres humanos o en la manipulación de ecosistemas con fines de lucro. En términos simples, quienes controlan esta tecnología a gran escala están en posición de obtener un control sustancial, y posiblemente absoluto, sobre los demás.

En otro ámbito, para aquellos familiarizados con el personaje de Capitán América creado por Timely (más tarde Marvel) Comics en 1941, el llamado *"suero del super soldado"* que transformó al débil Steve Rogers en la máquina de combate más formidable de su era nos orienta a anticipar aplicaciones militares de la biología sintética y prever una constante maniobra, escalada y estrategia para controlar su avance. A lo largo del libro, hemos señalado el papel clave de DARPA en diversos momentos de la evolución de la IA y mencionamos que el ejército chino está activamente involucrado en el desarrollo de la biología sintética y en la recopilación de conjuntos de datos sobre biología poblacional generados en Occidente, un tema que discutimos en el Capítulo 24.

¿Quién puede decir si un Capitán América de la vida real buscaría preservar nuestros valores o no? Existen individuos con perfiles psicográficos similares a los de Steve Rogers y otros con motivos completamente diferentes. El enorme poder inherente a la biología sintética nos convierte en los maestros de la creación o en los amos del desequilibrio. Profundizaremos en este tema en el Capítulo 26, cuando tratemos sobre la Superinteligencia. En medio de la tensión geopolítica en torno a la tecnología de IA, quizás se necesite un Capitán América, sin importar las circunstancias.

Biología Sintética e Inteligencia Artificial

La biología sintética se centra en las estructuras moleculares altamente complejas de las proteínas y los genes. Aunque, en teoría, es posible diseñar estas moléculas manualmente o con programas informáticos simples, la Inteligencia Artificial resulta indispensable para realizar estas tareas a gran escala. Los algoritmos de IA tienen la capacidad de analizar vastos conjuntos de datos, predecir los posibles resultados de configuraciones y modificaciones genéticas, y optimizar el diseño de circuitos biológicos para funciones específicas. Además, la IA puede identificar patrones y correlaciones dentro de los datos biológicos, facilitando así el descubrimiento de combinaciones genéticas novedosas que generen los rasgos deseados. La integración de la IA en la biología sintética no solo acelera los procesos de diseño, sino que también mejora la precisión en la elaboración de sistemas biológicos sintéticos con funcionalidades específicas, reduciendo significativamente los ciclos de ensayo y error.

Las aplicaciones de la biología sintética frecuentemente se basan en modelos de simulación de IA que representan cadenas complejas de reacciones bioquímicas. Estos modelos proporcionan conocimientos avanzados sobre cómo se comportarían los sistemas biológicos antes de que se construyan realmente.

Mediante simulaciones, es posible modelar todas las interacciones biomoleculares involucradas en procesos como la transcripción de genes durante la reproducción celular o la traducción de genes a proteínas. Cuando se diseña un nuevo sistema biológico que aún no existe en la naturaleza, las simulaciones basadas en IA se convierten en la única forma de comprender cómo se comportarían esos sistemas.

Debido a que las moléculas biológicas son enormes y complejas, incluso conociendo su estructura, no resulta fácil predecir su comportamiento. Una de las aplicaciones más prácticas de la IA, por tanto, es predecir el comportamiento de segmentos de proteínas, ADN, ARN o ARNm (ARN mensajero, famoso por su uso en las vacunas contra la COVID-19) basándose en su secuencia.

Las redes neuronales profundas se destacan como los algoritmos de Aprendizaje Máquina óptimos para la biología sintética debido a su escalabilidad y capacidad para modelar complejas relaciones no lineales entre entradas y salidas. En particular, las Redes Neuronales Convolucionales (CNN) se utilizan para predecir el funcionamiento de estos segmentos genómicos. Aunque en capítulos anteriores mencionamos que las Redes Neuronales Recurrentes (RNN) se aplican a datos de secuencias y las CNN a imágenes, esta aparente contradicción se resuelve al considerar que las CNN también son adecuadas para moléculas y secuencias genómicas debido a que su funcionalidad se basa en la forma, similar a cómo se procesan las imágenes.

Finalmente, etiquetar los datos en biología sintética para entrenar algoritmos de IA suele ser más costoso que en otros campos, ya que requiere conocimientos especializados y, a veces, procesos de recolección de datos exhaustivos en el laboratorio. Este alto coste representa un desafío, especialmente para los modelos de aprendizaje profundo que dependen de grandes volúmenes de datos de entrenamiento. Para superar este problema, hay un creciente interés en la automatización del etiquetado de datos y en la generación de datos de entrenamiento simulados mediante IA generativa. Aunque estos datos simulados o sintéticos no provengan de experimentos biológicos reales, podrían ser suficientemente realistas para entrenar redes neuronales de manera eficaz. La investigación en Inteligencia Artificial General también se centra en la retroalimentación automática de la IA, el etiquetado y la generación de datos sintéticos, temas que se abordan en detalle en el Capítulo 9.

Secuenciación y Síntesis de Material Genético

Esta sección explora algunas aplicaciones de la biología sintética, comenzando con la secuenciación y síntesis de genes.

La secuenciación del ADN se refiere al orden preciso de las bases nucleotídicas en una molécula de ADN. Los científicos iniciaron el proceso de cartografiado del genoma humano en 1990, y después de 13 años de trabajo, lograron completar el mapeo en 2003. Tras este monumental logro, las iniciativas posteriores se han enfocado en cartografiar los genomas de otros organismos, desde moscas de la fruta y ratones hasta cultivos de importancia económica. Los resultados de estos proyectos de secuenciación del genoma han contribuido enormemente a nuestra comprensión de la diversidad genética, la evolución y la base molecular de muchas enfermedades [Nurk y al.].

Además de la secuenciación del ADN, es posible sintetizar ADN con secuencias dictadas por una plantilla, en un proceso conocido como genómica sintética. Después de la síntesis, las moléculas de ADN recién creadas se ensamblan en genomas completos y se introducen en células vivas, reemplazando el material genético de la célula huésped y alterando sus procesos metabólicos. Este enfoque mostró su potencial por primera vez al sintetizar genomas de varios virus, como el de la hepatitis C y el de la polio, en 2000 y 2002, respectivamente. Cabe destacar que entre los primeros organismos generados de este modo se encontraban virus infecciosos [Couzin].

Tradicionalmente, la genómica sintética ha sido costosa, pero los recientes avances han permitido modificar el material genético de manera más rentable y a gran escala. En primer lugar, la Reacción en Cadena de la Polimerasa (PCR), una técnica de laboratorio utilizada para amplificar y producir copias de una secuencia específica de ADN se ha convertido en una herramienta fundamental de la biología molecular. El término PCR es familiar para todos, principalmente debido a la pandemia de COVID-19 en 2020. El segundo avance significativo es la corrección de errores de emparejamiento del ADN, que identifica y repara los errores que ocurren durante la replicación del ADN cuando una célula se divide. Finalmente, otro avance importante es el uso de principios de ingeniería de modularidad. La modularidad implica el uso de componentes estandarizados, como piezas de ADN, que pueden ser extraídas, sustituidas o combinadas fácilmente para crear diversas funciones biológicas. Este enfoque permite construir sistemas biológicos complejos ensamblando módulos más pequeños e intercambiables, facilitando el diseño y la modificación de sistemas biológicos [Beardall].

La síntesis de ADN ha experimentado avances significativos, permitiendo ahora la creación de secuencias complejas. De hecho, es posible codificar información digital aleatoria en ADN sintético. En 2012, George M. Church codificó uno de sus libros en moléculas de ADN, logrando almacenar la asombrosa cantidad de 5,3 megabytes de datos [Church]. Aunque la codificación de su libro puede parecer extravagante, Church es ampliamente respetado como uno de los biólogos sintéticos más destacados. La cita que hemos elegido para abrir este capítulo es de su autoría.

Es importante señalar que, aunque la molécula codificada por Church no era funcional, la Inteligencia Artificial tiene el potencial de diseñar genes que podrían ser plenamente funcionales. Por ejemplo, en 2020 se desarrolló una red neuronal profunda para sintetizar segmentos genómicos. Este programa de IA no solo optimizó la aptitud para la función, sino que también garantizó la diversidad de secuencias. La diversidad es crucial porque subyace en la adaptabilidad y resistencia de las poblaciones, permitiendo a los organismos evolucionar, resistir enfermedades y prosperar en entornos cambiantes. El algoritmo de IA aseguraba esta diversidad mediante una métrica de similitud que penalizaba las similitudes excesivas por encima de un umbral establecido [Linder y al.].

AlphaFold y el Problema del Plegamiento de Proteínas

Como se ha insinuado anteriormente, la predicción de la estructura de las proteínas es otra área en la que el aprendizaje profundo de redes neuronales desempeña un papel fundamental. Uno de los ejemplos más célebres en este campo es AlphaFold, desarrollado por DeepMind [AlphaFold]. Esta es la misma compañía que creó AlphaGo, el sistema de IA que derrotó a Lee Sedol en 2016 en el antiguo juego chino del Go, como se menciona en el Capítulo 7.

Diseñar proteínas es una tarea compleja, ya que estos bloques de construcción fundamentales de la vida son secuencias de aminoácidos que se pliegan en configuraciones tridimensionales específicas, las cuales son cruciales para su función biológica. El *"problema del plegamiento de proteínas"* se refiere a la compleja tarea de descifrar cómo la secuencia de aminoácidos de una proteína determina su estructura tridimensional, lo que implica la disposición espacial de los átomos dentro de la molécula proteica.

Comprender la estructura tridimensional de una proteína es esencial para desentrañar su función física, sus interacciones con otras moléculas y su posible implicación en enfermedades. La predicción de la estructura proteica es de gran importancia para el descubrimiento de fármacos, ya que permite diseñar productos farmacéuticos dirigidos a proteínas específicas implicadas en afecciones concretas, mejorando así las estrategias de tratamiento y desarrollando nuevas terapias.

Antes de la llegada de AlphaFold, se habían utilizado algunas técnicas experimentales para predecir la estructura de las proteínas, como la criomicroscopía electrónica y la cristalografía de rayos X. Aunque estos métodos eran valiosos, eran costosos y laboriosos, y solo permitían identificar una fracción de las millones de proteínas conocidas en diversas formas de vida.

En 2018, AlphaFold sorprendió a la comunidad científica al liderar la clasificación en la competición mundial denominada CASP (Evaluación Crítica de las Técnicas de Predicción de la Estructura de las Proteínas). Este destacó en la predicción de estructuras proteicas altamente desafiantes, incluso en casos en los que no había plantillas de proteínas similares para comparar. En 2020, AlphaFold volvió a participar en el mismo concurso, logrando un rendimiento aún más impresionante al alcanzar niveles de precisión que antes se consideraban inalcanzables. AlphaFold demostró una capacidad sin precedentes para predecir estructuras proteicas con notable precisión, obteniendo puntuaciones superiores a 90 en dos tercios de las proteínas.

Es crucial destacar cómo AlphaFold logró estos avances. Para encontrar la estructura tridimensional de una proteína, AlphaFold la compara con múltiples proteínas de estructura conocida que comparten similitudes. Luego, utiliza Aprendizaje Máquina a través de tres estructuras de datos diversas: una representación a nivel de secuencia, una representación de las interacciones de bases nucleotídicas por pares y la estructura tridimensional de la proteína a nivel atómico, que el modelo genera como salida.

A pesar de estos avances pioneros, el diseño de proteínas sigue siendo un rompecabezas multifacético. El éxito de AlphaFold representa un gran paso adelante, pero persisten varios desafíos. Por ejemplo, AlphaFold se centra principalmente en las proteínas de cadena única, dejando fuera las proteínas extremadamente complejas o intrínsecamente desordenadas. Además, aún existen dudas sobre la capacidad de AlphaFold para predecir pliegues o estructuras completamente novedosos que no estén presentes en las bases de datos existentes.

Ingeniería de Proteínas con IA Generativa

Lo que hace AlphaFold es determinar la forma—y, por ende, la función— de una secuencia proteica. En contraste, otro importante uso de la biología sintética es encontrar la secuencia de una proteína para una función específica, lo que esencialmente implica diseñar nuevas proteínas.

Diseñar proteínas es una tarea formidable. Tradicionalmente, se han utilizado sistemas expertos con algoritmos sencillos de Aprendizaje Máquina y basados en reglas. Sin embargo, estos avances tienen limitaciones y requieren conocimientos especializados para identificar las características que más contribuyen al rendimiento. Reconociendo estas limitaciones, se está investigando activamente en algoritmos de IA generativa, como las Redes Generativas Antagónicas (GAN) y los Autocodificadores Variacionales (VAE), que se exploran en el Capítulo 5. Mediante el uso de estos modelos de IA, los investigadores pueden trabajar de forma inversa desde las funciones biológicas deseadas de la proteína hasta las secuencias de ADN que producen una proteína que cumple con estas funciones [Tucs y al.].

La biología sintética permite la creación de nuevas configuraciones proteínicas que igualan o incluso superan a las proteínas existentes en términos de funcionalidades específicas. Por ejemplo, la hemoglobina, que transporta oxígeno en las células sanguíneas, también puede unirse al monóxido de carbono, lo que conlleva riesgos de intoxicación. En 2009, un grupo de investigación desarrolló un haz de hélices que imitaba las propiedades de unión al oxígeno de la hemoglobina, pero sin la afinidad por el monóxido de carbono, reduciendo así significativamente el riesgo de intoxicación [Koder y Anderson].

Además, al manipular las estructuras y funciones de las proteínas, es posible diseñar enzimas industriales para diversas aplicaciones, como detergentes mejorados y productos lácteos sin lactosa. La biología sintética también ofrece vías prometedoras en la producción bioquímica para usos industriales variados. Las células biológicas pueden funcionar como fábricas moleculares microscópicas para generar materiales, generalmente proteínas, con propiedades codificadas genéticamente.

Un ejemplo de esto es la producción de proteínas necesarias para el crecimiento de biopelículas. Una biopelícula es una capa viscosa y adherente de microorganismos que se forma en una superficie, a menudo en el agua, y se caracteriza por una matriz protectora que permite a las bacterias adherirse y prosperar. Las biopelículas tienen diversas aplicaciones, como en el ámbito sanitario, donde se cultivan en dispositivos médicos para proteger contra infecciones, o en el tratamiento de aguas residuales y la producción de bioenergía en contextos industriales. Además, las comunidades de biopelículas influyen en el ciclo de nutrientes y la degradación de contaminantes en los ecosistemas naturales.

En resumen, la biología sintética, al integrarse con la IA, amplía y acelera los avances, como el mapeo de proteínas existentes y la creación de proteínas nuevas no naturales. Las compañías están desplegando activamente modelos y procesos informados por la IA para lanzar al mercado productos con base en sus aprendizajes y su propiedad intelectual sobre las proteínas, allanando el camino para el desarrollo de órganos, la mejora de tejidos y funciones humanas, y la ganancia de función.

El Futuro de los Trasplantes con la Bioimpresión 3D

Unir múltiples proteínas para construir un organoide es una aplicación destacada de la biología sintética.

Los organoides, que son órganos cultivados artificialmente como riñones o hígados, se crean en laboratorios mediante bioimpresión 3D. A diferencia de los órganos mecánicos impresos en 3D, como los corazones biónicos discutidos en el capítulo anterior, los organoides se imprimen usando tecnología de bioimpresión 3D. Este proceso consiste en estratificar células siguiendo un patrón específico para formar estructuras tridimensionales que replican la arquitectura de tejidos u órganos naturales. Los organoides bioimpresos pueden servir como modelos para estudiar procesos biológicos, probar fármacos y, potencialmente, para trasplantes [Hong].

Antes de la bioimpresión, se deben crear células vivas artificiales a partir de vesículas lipídicas mediante técnicas de biología sintética. Estas células artificiales incluyen todos los componentes esenciales para un sistema celular funcional y vivo, como la autorreplicación y el automantenimiento.

La siguiente etapa es la bioimpresión de estas células en un organoide, un proceso extremadamente delicado. Los organoides bioimpresos deben cumplir con formas intrincadas y requisitos complejos; por ejemplo, un corazón bioimpreso debe cumplir con criterios estructurales como carga mecánica, vascularización y propagación de señales eléctricas.

A pesar de ser una tecnología reciente, la bioimpresión 3D ha demostrado su eficacia. En 2022, se realizó el primer trasplante exitoso de un órgano bioimpreso en 3D, creado a partir de las células del propio paciente. Este procedimiento pionero se centró en la reconstrucción de un oído externo para tratar la microtia, una enfermedad congénita caracterizada por un oído externo subdesarrollado o malformado [Clinicaltrials].

Las implicaciones de la bioimpresión para la humanidad son vastas. En un futuro cercano, la bioimpresión podría permitir la producción de córneas y folículos pilosos bioimpresos, estructuras menos complejas que un corazón, pero más delicadas que un oído externo bioimpreso. En el ámbito sanitario, permitirá fabricar órganos en *"granjas de órganos"*, abordando la escasez de órganos para trasplantes. Se utilizarán células de los pacientes para crear órganos miniaturizados u organoides para probar respuestas médicas antes de tratamientos. Además, las prótesis bioimpresas podrían diseñarse para integrarse perfectamente en el cuerpo, mejorando su funcionalidad y comodidad.

Asimismo, la bioimpresión está allanando el camino para la integración de componentes electrónicos en tejidos biológicos, creando órganos cibernéticos que superarían en sofisticación a los naturales. Por ejemplo, los pulmones bioimpresos podrían incorporar sensores y nanofiltros para purificar el aire antes de que entre en el torrente sanguíneo, y los globos oculares biónicos podrían incluir zoom y visión infrarroja.

Las implicaciones de imprimir componentes electrónicos en tejidos biológicos, los cuales luego se integrarían en un ser humano, son verdaderamente impresionantes. Esta tecnología tiene el potencial de superar las posibilidades de las BCI descritas en el capítulo anterior, dando lugar a un organismo vivo genuinamente entrelazado con una biología diseñada por IA. En este sentido, se vislumbra como una solución, aunque aún parcial, a las cuestiones mecánicas fundamentales relacionadas con el entrelazamiento, así como con los aspectos prácticos de su implementación física.

Creación de Vida Sintética y Vida No Natural

La bioimpresión 3D de organoides es asombrosa, pero estos organoides no son seres vivos en el sentido pleno, a pesar de tener propiedades diseñadas para simularlo. Un aspecto controvertido de la biología sintética es la creación de vida sintética.

La vida sintética implica la construcción de organismos en entornos controlados usando moléculas sintetizadas. Los experimentos en este campo buscan explorar los orígenes de la vida, probar soluciones terapéuticas y diagnósticas innovadoras, investigar las propiedades fundamentales de la vida y, de manera ambiciosa, generar vida a partir de componentes no vivos [Deamer].

Este concepto de vida artificial, denominado *"Vida Sintética"*, fue acuñado por Craig Venter en 2010, cuando creó un cromosoma bacteriano completamente sintético y lo introdujo en células huésped genéticamente agotadas. Se añadieron cuatro *"marcas de agua"* al ADN para identificarlo: una tabla completa de códigos alfabéticos con puntuaciones, 46 nombres de científicos colaboradores, tres frases y la dirección secreta de correo electrónico de la célula. Estas bacterias sintéticas demostraron capacidad de crecimiento y replicación [Gibson y al. #]. Desde entonces, se han creado organismos de vida sintética más avanzados para funciones esenciales, como la producción farmacéutica o la desintoxicación de fuentes contaminadas.

Más allá de la creación de vida sintética, la biología sintética también se adentra en el terreno de la biología molecular no convencional, que consiste en crear vida que no podría existir en la naturaleza. En la naturaleza, en todos los organismos vivos, sólo hay cinco bases nucleotídicas y 20 aminoácidos, pero la IA hace posible dirigir propiedades químicas y biológicas específicas para diseñar y crear proteínas no naturales y bases no naturales que no pueden encontrarse en la naturaleza. Esto resolvería el problema del *"primer bloque de construcción"* para diseñar formas no naturales de vida sintética que utilicen estos nuevos aminoácidos y bases que no existen en la naturaleza.

Aunque estos organismos no naturales podrían ofrecer ventajas, también plantean riesgos únicos. Una vez liberados en un entorno con ecosistemas que han atravesado el desarrollo durante millones de años, estos organismos podrían participar en la transferencia horizontal de genes o en el intercambio de genes con especies naturales, lo que daría lugar a resultados iniciales impredecibles.

Tampoco está claro si estas especies podrían alimentarse de proteínas naturales o si tendrían que depender de moléculas no naturales. Si estas nuevas especies se diseñaran para depender de materiales no naturales para sintetizar sus propias proteínas o ácidos nucleicos, serían incapaces de sobrevivir en entornos naturales si se liberaran inadvertidamente. Por el contrario, si consiguen alimentarse de moléculas naturales y establecerse en entornos no controlados, podrían superar potencialmente a los organismos naturales, resistiendo a los depredadores y a los virus biológicos, lo que conduciría a una proliferación incontrolada, que podría incluir la extinción de algunas especies actuales.

Cualquier debate sobre la vida sintética creada a partir de moléculas que no existen en la naturaleza puede parecer Ciencia Ficción, pero no lo es. El primer organismo vivo con este tipo de ADN no natural se dio a conocer en 2014. Los investigadores añadieron dos nuevos nucleótidos no convencionales al ADN bacteriano, y las bacterias no naturales recién creadas se sometieron a 24 generaciones de crecimiento, todas ellas conteniendo las bases nucleotídicas artificiales recién introducidas [Malyshev y al.]

De Embriones de Rana a Formas de Vida Sintéticas

Un ejemplo de vida sintética son los Xenobots. Los xenobots derivan su nombre de la rana africana Xenopus Laevis y se desarrollaron en 2020 [Sokol]

[Simon]. Los Xenobots utilizan las moléculas convencionales que se encuentran en la naturaleza, no las variaciones no naturales de las que acabamos de hablar.

Los xenobots suelen medir menos de 0,04 pulgadas de ancho y constan de dos partes principales: células de la piel y células del músculo cardiaco. Estos dos tipos de células se obtienen a partir de células madre embrionarias de estas ranas africanas. Las células de la piel proporcionan soporte estructural, mientras que las células del corazón funcionan como motores en miniatura que se contraen y expanden rítmicamente, impulsando al xenobot. La disposición específica del cuerpo de un xenobot se determina mediante modelado informático, empleando un proceso de ensayo y error.

La cuestión de si los xenobots deben clasificarse como organismos vivos, robots o algo completamente distinto es objeto de debate permanente entre los científicos. Sin embargo, está claramente demostrado que los xenobots presentan algunas características comunes con los organismos vivos. En primer lugar, los xenobots pueden autorrepararse cuando se lesionan. En segundo lugar, los xenobots pueden reproducirse reuniendo células flotantes de su entorno y ensamblándolas en nuevos xenobots con las mismas capacidades. Por último, los xenobots pueden sobrevivir durante largos periodos sin alimentarse.

Los xenobots han sido diseñados para realizar diversas tareas, como caminar, nadar, empujar pequeños objetos, transportar cargas útiles y colaborar en enjambres para reunir residuos dispersos en montones organizados en la superficie de su plato. Basándose en estos comportamientos, los xenobots son prometedores para algunas aplicaciones prácticas futuras. Por ejemplo, podrían reunir microplásticos oceánicos en masas más grandes para facilitar su retirada y transporte a instalaciones de reciclaje. Además, en entornos clínicos, los xenobots podrían emplearse para tareas como la eliminación de la placa arterial y el tratamiento de afecciones médicas.

Ordenadores Biológicos y Aprendizaje Máquina Biológico

Si la creación de vida sintética ya sea natural o artificial, resulta ser insuficientemente ambiciosa, se puede considerar la perspectiva de desarrollar ordenadores biológicos. Estos sistemas biológicos están diseñados específicamente para realizar operaciones similares a las de los ordenadores electrónicos. De hecho, los científicos ya han desarrollado y caracterizado diversas puertas lógicas en múltiples organismos, análogas a las utilizadas en los ordenadores electrónicos.

Los recientes avances han demostrado que es factible integrar circuitos de cálculo analógicos y digitales en células vivas. Por ejemplo, en 2007 se implementó un circuito biológico en células de mamífero capaz de ejecutar funciones lógicas como AND, OR y XOR [Rinaudo]. Además, en 2011, se desarrolló una estrategia terapéutica que utilizaba cálculos digitales biológicos para detectar y eliminar células cancerosas humanas [Xie]. Posteriormente, en 2016, se aplicaron principios de ingeniería informática para automatizar el diseño de estos circuitos digitales en células bacterianas [Nielsen]. Más recientemente, en 2017, se implementaron la aritmética y la lógica booleana en células de mamífero [Weinberg].

Además de construir estos circuitos computacionales más sencillos, también es posible implementar complejos análogos de redes neuronales artificiales utilizando componentes biomoleculares. Esto permite la ejecución de intrincados procesos de Aprendizaje Máquina dentro de un sistema biológico. Además, en 2019 se presentó una arquitectura teórica para una red neuronal biomolecular [Pandi y al.]. Esta arquitectura es una red de reacciones químicas que ejecuta con precisión cálculos de redes neuronales y demuestra su uso para resolver problemas de clasificación. Sirve como equivalente biomolecular al perceptrón construido en 1957 por Frank Rosenblatt, con una estructura simple similar compuesta por una capa de neuronas artificiales.

Las implicaciones de poder construir algoritmos de Aprendizaje Máquina dentro de sistemas biológicos son enormes, porque eso significa que sería posible aumentar el nivel de inteligencia de los seres vivos, incluso de los humanos, siguiendo arquitecturas informáticas construidas con materiales biológicos.

Maestros de la Creación

La biología sintética se perfila como una de las aplicaciones más revolucionarias de la IA. Este campo tiene el potencial de transformar la esencia misma de los seres humanos al alterar sus fundamentos biológicos, permitiéndoles vivir más tiempo, resistir enfermedades y adquirir habilidades sobrehumanas mediante organoides diseñados específicamente. Impulsada por el poder de la IA, la biología sintética fomentará el desarrollo de formas de vida biológica completamente nuevas. Avances, como la integración de elementos electrónicos o técnicas de Aprendizaje Máquina en circuitos biológicos, no solo abordan complejas cuestiones mecánicas relacionadas con el entrelazamiento, sino que también abren una sólida vía para el entrelazamiento humano-IA. El enorme poder de la biología sintética nos coloca en una posición de dominio sobre la creación, o quizás sobre el desequilibrio. Este tema será explorado en profundidad en capítulos posteriores.

22. Utopía de la IA: Redistribución, Sostenibilidad, Equidad

*"Estamos presenciando a la fuerza más disruptiva de la historia [...].
Llegará un momento en que el trabajo será innecesario; podrías tener un empleo
si lo deseas para tu satisfacción personal, pero la IA se encargará de todo [...].
Uno de los grandes retos del futuro será encontrar un sentido a la vida".*

Elon Musk

Multimillonario estadounidense
En conversación con el primer ministro británico Rishi Sunak
2 de noviembre de 2023 [Henshall]

La IA va a generar una riqueza sin precedentes, ya que impulsa la velocidad
y la productividad, economiza y despreocupa la toma de decisiones comerciales
y elimina el despilfarro de recursos. En 2017, PWC publicó una estimación del
impacto de la IA en la economía mundial para 2030. Según el análisis, la
integración de la IA podría aportar un asombroso incremento de 15,7 billones de
dólares a la economía mundial [PWC]. Un año después, en 2018, McKinsey
presentó un estudio que mostraba una actividad económica total de
aproximadamente 13 billones de dólares para 2030, lo que coincide con PWC
[McKinsey].

Ambas estimaciones se realizaron antes de la revolución de la IA
Generativa, que ha acelerado drásticamente la industria de la IA, por lo que
podemos considerar estas estimaciones moderadas.

Los 15,7 billones de dólares previstos por PWC superan el PIB total de
China e India juntas, lo que significa que la IA creará una nueva economía del
tamaño de China e India para 2030. Eso también significa un aumento previsto
del 14% del PIB mundial para 2030. En términos de distribución económica
mundial, China y Norteamérica contribuirían a casi el 70% del impacto
económico mundial, debido al avanzado estado de la IA en cada mercado, a la
legislación laboral general y a otros marcos legales favorables a la rápida
implantación de la productivización influida por la IA, y al impacto geométrico

en las industrias a escala existentes: los ricos, en efecto, se hacen más ricos. De las ganancias, China está preparada para experimentar un impulso sustancial del 26% del PIB en 2030, mientras que Norteamérica podría experimentar un aumento del 14%. Dentro de sectores específicos, el comercio minorista, los servicios financieros y la sanidad emergen como actores clave en el paradigma económico en desarrollo, según PWC.

Estas cifras representan simplemente el impacto a corto plazo, ya que la integración de la IA en nuestra economía y sociedad lleva décadas avanzando de forma constante, y esta tendencia no tiene marcha atrás. La IA será cada vez más inteligente, los algoritmos estarán más presentes en todos los ámbitos y rincones de la vida, incluida nuestra toma de decisiones económicas, y los robots estarán cada vez más integrados en nuestra vida social y laboral.

No hay ámbito del quehacer humano en el que la IA no esté causando un impacto significativo, ya que esta tecnología busca resolver problemas hasta ahora irresolubles. La biología sintética ya ha permitido la creación de alimentos cultivados, y su combinación con la optimización logística y la química orgánica abre el camino no solo hacia la eliminación del hambre, sino también hacia la mejora de la nutrición y el rendimiento humano. Los desafíos energéticos de las sociedades, desde los costos hasta el acceso universal y la sostenibilidad, podrían resolverse mediante la ingeniería impulsada por la IA, que optimizaría la combinación de fuentes de energía y perfeccionaría tecnologías como la recolección de olas y la seguridad de la energía nuclear. El desarrollo de nuevos productos en diversas industrias—alimentaria, textil, medios de comunicación, telecomunicaciones, materiales de construcción—será asombroso, ya que la toma de decisiones contará con información más precisa sobre preferencias y será menos propensa a errores o juicios erróneos. La eficiencia en la asignación de recursos y el aumento de la productividad deberían contribuir a la reducción de precios en la mayoría de los artículos.

El destino final hacia el cual se encamina la humanidad podría ser utópico, distópico o una combinación de ambos. Los resultados reales dependerán en gran medida de cómo se desarrolle, despliegue y regule la Inteligencia Artificial. Cuantificar las probabilidades específicas de cualquier escenario resulta desafiante debido a la compleja interacción de factores tecnológicos, económicos, sociales y éticos, junto con el notable papel de las superpotencias geopolíticas rivales que poseen visiones del mundo divergentes, e incluso de actores individuales con distintas motivaciones y conceptos de *"lo bueno"* en este drama en evolución. El resultado final dependerá de cómo los actores responsables utilicen la tecnología, de la economía que influencie el crecimiento y el despliegue, y de los marcos e interacciones políticos y regulatorios, todos los cuales están actualmente bajo nuestro control.

Contamos con razones para ser optimistas: si orientamos la normativa y la perspectiva social de la IA hacia nuestros valores y creencias fundamentales, esta tecnología podría posicionarse a corto plazo para crear y mantener mejoras significativas para la humanidad. Este capítulo se centra en explorar algunos de los aspectos positivos que el desarrollo de la IA podría ofrecer en las próximas décadas, al mismo tiempo que identifica los obstáculos y compensaciones necesarios para alcanzar un resultado favorable. En un escenario utópico, la IA no solo sería transformadora, sino también trascendental, utilizándose exclusivamente para mejorar la humanidad y beneficiar a la mayoría de las personas. En esta visión ideal, las tecnologías de IA estarían totalmente bajo nuestro control y alineadas con nuestros valores. Estarían diseñadas para estimular de manera significativa la innovación industrial y el desarrollo de productos, mejorando la productividad y reduciendo los costos, lo que garantizaría una adecuada adecuación entre el producto y el mercado, evitando el desperdicio de recursos. Además, fomentarían el crecimiento económico y nos proporcionarían más tiempo y equilibrio entre la vida laboral y personal. Por último, las tecnologías de IA también jugarían un papel crucial en la resolución de desafíos complejos como las enfermedades, la pobreza y los problemas medioambientales, impulsando a la humanidad hacia cotas sin precedentes. Ya sea que aceptemos las estimaciones de crecimiento de McKinsey o las de PWC, el mundo está preparado para enriquecerse significativamente.

En el próximo capítulo, presentaremos la otra cara de la moneda de la tecnología, la que conduce a un futuro distópico, y lo que tira tanto a favor como en contra de ese resultado para permitirnos comparar ambas posibilidades.

Creemos que el futuro se situará en un punto intermedio. En este escenario, los librepensadores y autodeterministas actuales, aquellos que se guían por la lógica en lugar de por la emoción, así como las clases medias y los económicamente exitosos, pero no ultrarricos, se encontrarán en diversos grados de distopía. En contraste, los ultrarricos, los tecnólogos que controlan la IA y la cyborgización, los políticos que solo benefician a sí mismos y sus burocracias, y los participantes económicos con menos éxito en la actualidad, como las clases media baja y los pobres, podrían acercarse más a la utopía. A continuación, se esboza una visión idílica de un futuro guiado por la IA.

La Ciencia Ficción de las Utopías de la IA

Una utopía de la IA puede definirse como una sociedad donde la Inteligencia Artificial avanzada ha traído prosperidad, armonía y un progreso sin precedentes. En el ámbito de la Ciencia Ficción, autores como Vernor Vinge en *"Al Final del Arcoíris"* (2006) e Iain M. Banks en la serie *"La Cultura"* (1987) han imaginado tales utopías. Ambas obras destacan el potencial de la IA para erradicar el sufrimiento humano, promover la educación y ampliar el acceso al conocimiento, así como para remodelar la experiencia humana. Sin embargo, difieren significativamente en su representación del impacto de la IA en la sociedad, lo que sugiere que la IA puede seguir múltiples caminos. La forma en que avancemos en su integración tendrá un profundo efecto en si nuestro mundo se orientará hacia una utopía o una distopía. *"Al Final del Arcoíris"* se ubica en una Tierra futura, estrechamente vinculada a los marcos sociales actuales, mientras que *"La Cultura"* presenta una civilización galáctica muy avanzada llamada La Cultura, que muestra una transformación más radical con una IA que ejerce una influencia significativa.

En *"Al Final del Arcoíris"*, el autor describe una Tierra en la que los avances impulsados por la IA han conducido a una sociedad utópica con profundas transformaciones. La omnipresencia de la IA en esta obra se ejemplifica mediante dispositivos informáticos vestibles que ofrecen acceso inmediato a la información y conectan a los individuos con amplias redes de conocimiento. Estos dispositivos, respaldados por sofisticados sistemas de IA, amplifican la inteligencia humana, permitiendo a las personas adquirir habilidades y conocimientos de manera excepcional. En este contexto, la IA está *"domesticada"*, resultando en una sociedad donde la educación está democratizada, los conocimientos especializados son de fácil acceso y el crecimiento intelectual se convierte en una búsqueda constante.

Bajo un régimen benigno de IA, la sociedad de *"Al Final del Arcoíris"* está libre de muchos conflictos humanos tradicionales. La pobreza se ha erradicado en gran medida gracias a una tecnología omnipresente impulsada por la IA, capaz de satisfacer las necesidades básicas de la población. Además, la necesidad de guerras físicas ha disminuido significativamente, ya que la guerra de la información y la diplomacia asistida por la IA se han convertido en los principales medios para resolver disputas.

No obstante, esta utopía enfrenta desafíos significativos. La integración total de la IA en la vida cotidiana plantea cuestiones cruciales sobre privacidad e individualidad. En este mundo, las identidades personales pueden ser manipuladas con facilidad, y la vigilancia es omnipresente, en muchos casos extrapolando las capacidades de la IA Generativa y la tecnología de vigilancia ya presentes en los países desarrollados. Las herramientas que facilitan los rasgos ideológicos de la sociedad también pueden ser usadas para manipulación y control, subrayando el dilema perpetuo de la tecnología como un arma de doble filo.

Por otro lado, la serie *"La Cultura"* de Iain M. Banks presenta un universo en el que la utopía de la IA en la Tierra ha expandido su influencia benévola sobre el cosmos. Las IA altamente avanzadas y sensibles, conocidas como *"Mentes"*, gestionan todos los aspectos de la sociedad de La Cultura, desde la asignación de recursos hasta la diplomacia y el gobierno.

Uno de los rasgos más distintivos de esta sociedad es su economía postescasez, que recuerda a la de *"La Cultura"*. Como hemos mencionado en el Capítulo 19, la eliminación del despilfarro y la optimización de los recursos serán características fundamentales de la IA. En este contexto, las mentes artificiales desarrollan y aseguran recursos abundantes para la sociedad, eliminando la necesidad de sistemas monetarios o jerarquías económicas. En consecuencia, los individuos de *"La Cultura"* disfrutan de la libertad para perseguir sus pasiones e intereses, mientras que la IA se encarga de satisfacer sin esfuerzo sus necesidades y deseos básicos.

No obstante, mientras que Banks explora el omnipresente concepto de libertad y autonomía individuales, lo hace de una manera muy distinta a la de Vernor Vinge. Aunque las mentes de la IA gestionan la sociedad, lo hacen de una manera que respeta y valora la autonomía personal. Los ciudadanos de *"La Cultura"* tienen la libertad de vivir según sus preferencias, lo que incluye modificar sus cuerpos y conciencias, explorar diversas formas de relación y dedicarse a una amplia gama de actividades creativas e intelectuales.

Sin embargo, esta utopía no está exenta de dilemas éticos. Banks plantea importantes preguntas sobre las implicaciones de un poder tan inmenso en manos de las entidades de IA. Aunque las mentes de *"La Cultura"* son benevolentes, surge la cuestión: ¿qué pasaría si no lo fueran? ¿Y cómo se puede garantizar que ese resultado sea siempre el deseado? El potencial de control y vigilancia absolutos de estas entidades superinteligentes suscita inquietudes sobre la posible pérdida de la libertad humana, la autonomía y los posibles pactos fáusticos que podrían estar incrustados en todos los aspectos de la vida.

La IA y el Futuro del Trabajo

La IA transformará el trabajo tal y como lo conocemos hoy. En una dimensión, el rápido despliegue de la IA en la vida económica nos obliga a preguntarnos: *"¿Qué ocurre con los puestos de trabajo?"*. Cuando observamos la trayectoria de la IA y la cyborgización, se añade otra dimensión en la que también debemos preguntarnos: *"¿Qué ocurre con el trabajo?"*.

a complejidad del tema afecta a los modelos económicos imperantes bajo la escasez, la transición demográfica y el desarrollo de las capacidades humanas para ser productivos y realizarse en un mundo cada vez más dominado por la IA. Y lo que es más importante, una preocupación importante y fuera de lugar sobre la IA gira en torno al posible desplazamiento de puestos de trabajo, sobre todo en sectores que dependen en gran medida de tareas repetitivas o rutinarias susceptibles de automatización.

Pero éste es un problema conocido y, por tanto, abordable. El *"Informe sobre el Futuro del Empleo"* del Foro Económico Mundial estimó que se espera que 85 millones de puestos de trabajo sean sustituidos por máquinas impulsadas por IA para el año 2025. Sin embargo, el informe también prevé la creación de aproximadamente 97 millones de nuevos puestos de trabajo atribuibles a la IA para 2025. [FEM]. A medida que la IA progrese y se integre más en diversos sectores, surgirán numerosas oportunidades y beneficios laborales. Aunque las tareas mundanas se delegarán cada vez más en la IA, los humanos seguirán siendo esenciales para refinar el trabajo realizado por la IA, realizar comprobaciones de calidad y llevar a cabo aspectos más creativos de los proyectos. Además, interactuar con otros humanos seguirá siendo fundamental. Asimismo, se generará una gran demanda de puestos especializados, como ingenieros de IA, científicos de datos y profesionales legales y éticos en el ámbito de la IA, roles que antes no existían. Esto se debe a que las compañías buscarán desarrollar e implementar soluciones impulsadas por la IA, al menos a corto plazo.

Con la IA haciéndose cargo primero de las tareas rutinarias, habrá un mayor énfasis en adquirir o profundizar en lo que siguen siendo habilidades exclusivamente humanas, que caracterizamos como pensamiento crítico e inteligencia emocional. Este cambio de enfoque se alinea con la búsqueda de pasiones, ya que los individuos pueden invertir tiempo en desarrollar habilidades que no sólo se alineen con sus intereses, sino que también contribuyan a su crecimiento personal y profesional. Del mismo modo, se necesitará una nueva oleada de ingenieros de IA, técnicos, especialistas en la nube, maquinistas e incluso profesionales especializados en mantenimiento, con un amplio campo de formación suministrado empresarialmente por compañías como Coursera, que desde 2015 ha hecho crecer sus miles de cursos y estudiantes a una tasa anual de crecimiento compuesto (CAGR) del 12%.

La Inteligencia Artificial tiene un impacto significativo no solo en los puestos de trabajo, sino también en el propio concepto de *"trabajo"*. Aunque los individuos deben adaptarse conscientemente al cambiante panorama laboral, la IA posee el potencial de contribuir a un equilibrio más saludable entre la vida laboral y personal en el corto plazo. Al reducir las horas dedicadas a tareas monótonas, las personas tendrán la oportunidad de invertir más tiempo en actividades recreativas, en su desarrollo personal y en disfrutar de momentos de calidad con familiares y amigos. Un ejemplo inicial de esta tendencia se observa en los trabajadores del sector automotriz en Estados Unidos, quienes están demandando semanas laborales de cuatro días. Este cambio es respaldado por el aumento en la productividad en los talleres gracias a los robots y la IA. Al reducir la necesidad de horas laborales intensivas, las compañías automotrices pueden mantener o incluso aumentar su rentabilidad mientras reestructuran el trabajo, ya que los robots no requieren un salario. Este ajuste podría tener un impacto positivo considerable en el bienestar mental de los individuos, reduciendo el estrés asociado con trabajos tediosos y mejorando la satisfacción general con la vida.

Es ciertamente posible que las ventajas de la Inteligencia Artificial y la robótica superen los desafíos relacionados con el trabajo en la vida del individuo. Es indudable que mejorar significativamente el equilibrio entre el trabajo y la vida personal beneficiará a todos. Sin embargo, esto no ocurrirá sin una acción específica por parte de las sociedades. Será necesario encauzar la actividad y desarrollar respuestas adecuadas e incluso innovadoras ante los retos de la migración laboral. Las sociedades deberán implementar una estrategia documentada de mano de obra que adopte una perspectiva a largo plazo, permitiendo la integración de la IA en la vida económica y empresarial mientras se preservan los puestos de trabajo mediante la adaptación de funciones. Un enfoque integral, que incluya la creación de nuevos empleos, la legislación laboral, programas de recualificación y esfuerzos de colaboración entre el Gobierno, las empresas, y entre seres humanos e IA, garantizará una fuerza laboral dinámica, maximizará la productividad y fomentará la innovación.

La Red de Seguridad de la Renta Básica Universal

Aunque la preocupación por el desplazamiento de puestos de trabajo es grande, ya se han propuesto soluciones para abordar esta cuestión, y una idea notable es la Renta Básica Universal (RBU). La RBU consiste en proporcionar unos ingresos mínimos garantizados a todas las personas de una sociedad, independientemente de su situación laboral. Los defensores de la RBU argumentan que funcionaría como una red de seguridad para los trabajadores desplazados por la automatización y la IA, permitiéndoles cubrir sus necesidades básicas mientras buscan un nuevo empleo o prosiguen su educación y formación, o se convertiría en permanente para aquellos que no puedan emplearse económicamente. La financiación provendría de la riqueza creada por la productividad impulsada por la IA, que debería redistribuirse con sujeción a una fórmula que refleje los valores de la sociedad, garantizando una calidad de vida elevada para todos y mejorando el desplazamiento social que provocará la IA en ausencia de cualquier política [LaPonsie].

Este planteamiento presenta varias ventajas notables. En primer lugar, proporciona una red de seguridad que garantizaría, de manera similar, el consumo generalizado de bienes y servicios necesarios para que una economía se expanda tras el desplazamiento del empleo. Además, la seguridad económica asociada con la Renta Básica Universal (RBU) podría fomentar significativamente la asunción de riesgos y los esfuerzos empresariales. Así, los individuos tendrían la libertad de perseguir proyectos y empresas que les apasionen sin temor a la inestabilidad financiera. Esta diversificación de las actividades económicas no solo estimularía la innovación, sino que también contribuiría a una economía más vibrante y resistente. Asimismo, se podría observar un incremento en la búsqueda de educación, generando una acumulación social de capital humano que produciría externalidades positivas para la sociedad.

No obstante, los críticos de la RBU tienden a alinearlo conceptualmente con los actuales programas de bienestar, argumentando que podría crear desincentivos al trabajo. A diferencia de las revoluciones económicas del pasado, como la Revolución Industrial y la Digitalización de la economía a partir del año 2000, la expansión de la Inteligencia Artificial y la robótica tiene el potencial de hacer que grandes franjas de la población sean económicamente inviables, requiriendo algún tipo de subsidio. Las decisiones de trabajar o no trabajar se basan principalmente en los ingresos marginales obtenidos del trabajo, y la IA está proyectada para refactorizar esta ecuación de manera desfavorable para muchas personas. Irónicamente, la capacidad de evitar estos desincentivos en el margen dependerá de la tasa y las reglas que se establezcan para que la IA opere con precisión.

Otra crítica a la RBU es su posible impacto inflacionista. La RBU podría producir un aumento del gasto y de la demanda, y si eso no va acompañado de un aumento de la oferta de bienes y servicios, entonces los precios simplemente subirían. Hay abundantes ejemplos históricos que generan esta preocupación. La aplicación de programas de redistribución masiva de la riqueza sin un aumento de la productividad en Argentina, por ejemplo, hizo que se pasara de un PIB per cápita a la altura de Europa Occidental a principios del siglo XX a sólo el 27% del PIB per cápita de la Unión Europea en 2021, tras siete décadas de programas de redistribución de la riqueza [Ourworldindata].

La única forma de evitar la inflación sería lograr un aumento en la oferta de bienes y servicios que se corresponda con el incremento de la demanda. En este contexto, creemos que la Inteligencia Artificial podría proporcionar la base necesaria para ese aumento, dado que optimizaría la eficiencia de los recursos existentes y ampliaría la gama de productos y servicios disponibles para las personas. No obstante, es crucial reconocer que el resultado real dependería de la elasticidad de los precios y de los márgenes asociados a cada producto y servicio. Mantener una producción elevada podría, en teoría, optimizar o no el retorno de inversión (ROI) de la IA. En algunos casos específicos, una producción menor, que implique precios más altos, podría generar un rendimiento más significativo que producir más unidades y venderlas a precios reducidos. Además, incluso si fuera teóricamente posible igualar la oferta y la demanda de servicios para beneficiar a todos, los incentivos humanos podrían no estar alineados para lograr esa sincronización.

En cuanto a la renta básica universal (RBU), este concepto presenta otras complejidades. Por ejemplo, la financiación de la RBU podría funcionar esencialmente como un *"impuesto sobre la IA"*, con tasas, metodologías de cálculo y procesos de recaudación que estarían sujetos a decisiones políticas. Este impuesto gravaría el trabajo realizado por la IA de manera similar a como los impuestos actuales gravan el trabajo humano. Además, una estructura fiscal progresiva podría penalizar a las compañías que implementen la IA con mayor éxito, mientras que una estructura regresiva podría resultar en una financiación insuficiente. Es importante señalar que una estructura fiscal regresiva también podría ser contraproducente para los objetivos de la IA.

Otro aspecto a considerar es cómo se integraría la RBU con otros programas de bienestar social existentes en las sociedades, especialmente si la RBU llegara a sustituirlos.

El concepto de RBU sigue siendo objeto de debate, pero ha suscitado un creciente interés por parte de gobiernos e incluso de la industria, con un aumento del apoyo para su exploración. Aunque la RBU nunca se ha implementado con éxito a gran escala, existen algunos ejemplos limitados que podrían servir de orientación para su estudio y posible aplicación futura:

- Entre 1795 y 1834, el Sistema Speenhamland, el primer programa de ingresos garantizados de la historia, evitó la inanición de un gran número de familias de la Inglaterra rural [Block y Somers].
- Al programa *"BIG"* (Basic Income Grant) implantado en Namibia se le atribuye haber reducido casi a la mitad la tasa de pobreza del país [Haarmann y al.].

- El programa *"Bolsa Familia"* de Brasil (2003-2015) redujo la tasa de pobreza de ese país en más de un 75% [Pereira].
- Según un estudio realizado en 2016 por la Universidad de Alaska, el programa APF (Alaska Permanent Fund), que otorga a todos los residentes del estado un pequeño pago anual en efectivo de aproximadamente 1.000 dólares, ha logrado mantener a entre 15.000 y 23.000 habitantes de Alaska fuera de la pobreza [Marinescu y Hiilamo].

En este sentido, se podría argumentar que los aumentos en productividad y producción que aportaría la Inteligencia Artificial podrían, en teoría, hacer económicamente viable la Renta Básica Universal (RBU) o programas intervencionistas similares. Los modelos de IA, de manera irónica, podrían ayudar a resolver los complejos problemas relacionados con la fijación de tasas y la estructura de dichos programas. Sin embargo, para que la RBU funcione en la práctica, es crucial que el incremento en la demanda generado por el plan sea acompañado por un aumento adecuado en la oferta de bienes y servicios producidos por la IA.

Es importante tener en cuenta que la RBU es un sistema complejo y que puede acarrear consecuencias no deseadas. Estas posibles implicaciones se abordarán en detalle en el Capítulo 23, que se enfoca en los elementos distópicos introducidos por la IA.

Repensando la Educación para un Futuro Impulsado por la IA

Ante la transformación de la mano de obra y la rápida obsolescencia económica de muchos conjuntos de habilidades, la mejor arma que tendrá un trabajador del siglo XXI son las habilidades interfuncionales y la capacidad de aprender constantemente. Ambas provienen de la educación. Es esencial que la sociedad apoye el aprendizaje permanente, el perfeccionamiento y el reciclaje de oficios y profesionales por igual para navegar por el dinámico mercado laboral en acelerada transformación impulsada por la IA.

En consecuencia, estamos asistiendo a una profunda transformación en el campo de la educación, impulsada por la integración acelerada de la Inteligencia Artificial. Este cambio de paradigma promete remodelar todo el panorama educativo, ya que influirá en las metodologías de enseñanza, en el compromiso de los estudiantes, en el papel de las universidades y, al igual que el impacto general de la IA en el ámbito laboral, en la propia naturaleza del aprendizaje.

Podemos ver paralelismos entre la IA y la integración de las calculadoras en las aulas de matemáticas, a la que muchos profesores se resistieron entre los años sesenta y noventa. La calculadora, que en su momento fue revolucionaria, se ha convertido ahora en una herramienta estándar en las aulas, mejorando la comprensión y la eficacia de los alumnos en las asignaturas de matemáticas. En aquel entonces, era responsabilidad del sistema educativo garantizar que un estudiante comprendiera y pudiera realizar operaciones aritméticas; sin embargo, la calculadora como herramienta permitió economizar tiempo en el aprendizaje, eliminando la necesidad de un procesamiento humano innecesario y permitiendo así un avance más rápido hacia la geometría, el álgebra y el cálculo. De manera similar, la IA debería ser reconocida como un instrumento didáctico fundamental, desempeñando un papel crucial en la formación de los estudiantes y en la preparación de una mano de obra capacitada para enfrentar las exigencias del futuro.

Creemos que, a medida que la IA asume cada vez más tareas rutinarias y repetitivas, el énfasis de la enseñanza debería pasar de las tareas laborales específicas—que la IA puede automatizar de todos modos—a fomentar el pensamiento crítico y la resolución de problemas. La educación debería preparar a los estudiantes para colaborar con la IA y supervisarla, permitiéndoles revisar, interpretar y cuestionar críticamente el contenido y la información generados por la IA. El pensamiento crítico y la resolución de problemas serán cada vez más importantes en todos los trabajos. La programación informática presenta un ejemplo útil. La IA es capaz de generar código de programación de forma bastante eficiente con herramientas como GitHub Copilot o Replit. Sin embargo, escribir código es sólo una parte del papel de un ingeniero de software. La IA puede ser capaz de convertir especificaciones de alto nivel en código, pero carece de la comprensión contextual y el enfoque iterativo que definen el desarrollo de software. Además de escribir código, los ingenieros de software humanos tienen que aplicar su experiencia y pensamiento crítico en áreas como la seguridad, donde el código generado por la IA puede introducir vulnerabilidades, depurar y gestionar problemas imprevistos, satisfacer las necesidades de los clientes, adaptarse a la arquitectura de forma flexible y garantizar la protección de los datos, todo lo cual requiere creatividad y experiencia humanas.

La adaptabilidad se erige como una habilidad crucial que el sistema educativo debe fomentar. Con el avance continuo de la IA, la automatización de tareas será cada vez más común, exigiendo a los trabajadores una constante actualización de sus habilidades para mantenerse relevantes económicamente. Tomando como referencia el desarrollo de software, los programadores del futuro deberán ascender en la escala de competencias hacia actividades de mayor valor añadido. A medida que los Grandes Modelos de Lenguaje y la IA Generativa evolucionen y asuman más aspectos técnicos del desarrollo de software, los agentes de IA se especializarán en diferentes áreas: algunos en escribir código, otros en depurarlo y otros en probar vulnerabilidades y proporcionar retroalimentación. Este proceso dará lugar a un ciclo en el que varios agentes de IA colaboren para generar código bien probado y completamente funcional. En consecuencia, los humanos no tendrán que realizar codificación técnica; en su lugar, se encargarán de gestionar proyectos de software complejos, comunicando expectativas y requisitos de alto nivel y tomando decisiones sobre las múltiples rutas posibles para alcanzar un objetivo. Eventualmente, un único propietario de producto humano no técnico podría ser suficiente para desarrollar software muy complejo con la ayuda de la IA. Así, el papel de los ingenieros de software cambiará drásticamente, y deberán ascender en la escala de habilidades para convertirse en propietarios de productos de alto nivel no técnicos. Esto resalta la importancia de la adaptabilidad y el aprendizaje continuo. Al igual que los desarrolladores de software en nuestro ejemplo, la mayoría de nosotros tendremos que adaptarnos y pivotar en varias ocasiones a lo largo de nuestras vidas profesionales para alcanzar resultados positivos.

Al cambiar el enfoque de la educación para profesionales en activo hacia la educación tradicional K-12 y universitaria, uno de los cambios más impactantes que traerá la Inteligencia Artificial será la personalización de las experiencias de aprendizaje. Los algoritmos avanzados de IA analizarán los estilos de aprendizaje, las preferencias y los puntos fuertes de cada alumno, adaptando el contenido educativo a su velocidad y capacidad de aprendizaje únicas. Este enfoque personalizado tiene el potencial de mejorar significativamente el compromiso y la comprensión de los alumnos. Además, las plataformas impulsadas por la IA facilitarán el aprendizaje a distancia y asíncrono, permitiendo a los estudiantes acceder a los recursos educativos y participar en los cursos a su propio ritmo. De este modo, se democratizará la educación, derribando barreras geográficas y proporcionando igualdad de oportunidades a los estudiantes, especialmente a aquellos que se encuentran en zonas remotas o empobrecidas.

Asimismo, la IA puede servir de inestimable ayuda para los educadores. Los algoritmos ya están preparados para examinar los datos de rendimiento de los alumnos, identificar las áreas de dificultad y ofrecer información en tiempo real. Los llamados métodos de aprendizaje adaptativo, junto con los algoritmos de IA, analizarán el rendimiento de un alumno a lo largo del tiempo, proporcionando una representación más precisa de sus capacidades. Esto permitirá ir más allá de la simple memorización, midiendo aspectos como el pensamiento crítico, la resolución de problemas y las habilidades creativas. Con esta información, los educadores podrán centrarse en perfeccionar sus estrategias pedagógicas y ofrecer apoyo específico donde más se necesite. En consecuencia, prevemos el fin de muchos conceptos anticuados, como la rotación anual de grados vinculada a la edad cronológica, por ejemplo, *"él está en 2$^{\underline{do}}$ curso, ella en 3$^{\underline{er}}$ curso"*, así como el sistema semestral. En su lugar, se establecerán niveles crecientes de dominio de conceptos. En esencia, la educación es la programación de las mentes, y las herramientas y procesos de la educación masiva actual están construidos sobre un panorama tecnológico y económico que ya no existe. La IA transformará rápidamente este panorama, ayudando a las personas a alcanzar su máximo potencial.

Sin embargo, los métodos mejorados basados en la IA que aceleran y optimizan el potencial de aprendizaje son solo una parte de la ecuación. La otra parte es el plan de estudios. Las actuales escuelas públicas occidentales, con sus anticuados mecanismos didácticos y un plan de estudios orientado a preparar a las personas para el éxito durante la Revolución Industrial, necesitarán una revisión necesaria para adaptarse a los nuevos tiempos.

Las asignaturas del K-12, como Apreciación Musical e Historia del Arte, que se imparten en grupo y requieren actividades basadas en la memoria, pueden ser ofrecidas a distancia a través de Internet como asignaturas optativas. De este modo, los alumnos podrán asimilar los conocimientos de manera más eficiente al ahorrar tiempo al no tener que acudir físicamente a las aulas. Además, la implementación de nuevos métodos de enseñanza basados en la Inteligencia Artificial para personalizar el aprendizaje según las necesidades individuales potenciará aún más el ahorro de tiempo y la eficiencia. Se estima que una clase tradicional de Historia del Arte, que normalmente dura un semestre, puede ahora completarse en menos de tres semanas. Este ahorro de tiempo y mejora en la eficiencia en el aprendizaje permitirán la introducción de nuevas asignaturas críticas que impulsen realmente el pensamiento crítico, la innovación y el espíritu emprendedor en diversas disciplinas. Ejemplos de tales asignaturas incluyen habilidades de investigación asistida por IA, codificación, resolución de problemas matemáticos y modelos de IA aplicados a la asignación de recursos. Además, la integración de la Realidad Virtual (RV) y la Realidad Aumentada (RA) con la IA ofrecerá experiencias de aprendizaje inmersivas y prácticas. Estas tecnologías transportarán a los alumnos a eventos históricos, simulaciones científicas y laboratorios virtuales, haciendo que los conceptos abstractos sean tangibles y fomentando una comprensión más profunda de las materias.

En resumen, los métodos de enseñanza actuales en los primeros niveles educativos están desactualizados y no preparan adecuadamente a los estudiantes para los desafíos futuros. Algunos *"Sindicatos de Profesores"* actuales muestran resistencia al cambio, lo que perjudica a la sociedad en el largo plazo. Surge la inquietud de si algunos de los profesores actuales, que también han sido formados bajo metodologías y planes de estudio obsoletos, poseen las aptitudes necesarias para enseñar las nuevas materias requeridas. Es probable que, en el futuro, los profesores sean reemplazados por Inteligencia Artificial, considerando la evolución de los modelos de Aprendizaje Adaptativo, la capacidad de los robots para expresar emociones y el desarrollo de nuevos planes de estudio basados en datos y hechos.

En general, el potencial transformador de la IA en la educación es profundo y contundente. Por lo tanto, es imperativo revisar el sistema educativo fundacional de tipo de K-12 en Estados Unidos para garantizar su viabilidad a largo plazo y aprovechar al máximo el potencial ilimitado que ofrecen las herramientas basadas en IA para maximizar el potencial humano.

La IA en el Desarrollo de Nuevos Productos

El desarrollo de productos es uno de los esfuerzos comerciales más desafiantes, ya que implica un considerable riesgo de inversión y enfrenta a menudo información imperfecta. A la vez, constituye una de las principales manifestaciones comerciales de la innovación. Este desarrollo puede manifestarse en diversas formas, como una nueva aplicación, un concepto innovador para un restaurante con un menú único, o incluso la apertura de un zoológico. La historia del comercio puede interpretarse, en cierto sentido, como una evolución en el desarrollo de productos: desde la mejora de procesos, la búsqueda de la adecuación al mercado, la reducción del riesgo de inversión y recursos, hasta la iteración inteligente y la creación de nuevos productos que los consumidores estén dispuestos a pagar a un precio razonable. Es un proceso complicado; por cada éxito como Coca-Cola, hay muchas otras iniciativas que no logran alcanzar el mercado, como Jolt Cola. La innovación, el consumo y la productividad son, en definitiva, los motores clave de todas las economías.

En este contexto, la Inteligencia Artificial está llamada a desempeñar un papel fundamental en la optimización de cada paso del proceso de desarrollo de productos. Utilizando algoritmos entrenados en datos, la IA puede evaluar objetivamente las preferencias e intereses de las poblaciones a gran escala, analizar a los competidores y los precios de los insumos, y concebir y desarrollar productos que representen el mejor ajuste posible. Esto permite reducir rápidamente el riesgo en cada punto del árbol de decisiones, transformando insumos escasos en productos deseables.

Un ejemplo ilustrativo de este proceso es la historia de las bebidas en Estados Unidos. En el pasado, las bebidas eran desarrolladas por vendedores ambulantes que creaban fórmulas básicas, las producían en garajes o alambiques portátiles y viajaban de ciudad en ciudad a caballo para venderlas. Refinaban las fórmulas en función de los comentarios hasta que obtenían una oferta de productos viable. Miles de intentos se realizaron, pero solo unos pocos tuvieron éxito. El término *"aceite de serpiente"* describe los productos extraños con afirmaciones de marketing dudosas que surgieron de esta forma primitiva de desarrollo de productos en EE.UU. durante el siglo XIX.

Con la llegada de la era de la informática y las tiendas de conveniencia, los procesos se transformaron significativamente. En primer lugar, las compañías realizaban investigaciones exhaustivas, exploraban a la competencia, evaluaban el mercado de bebidas y valoraban diversas versiones del producto. Posteriormente, realizaban grupos de discusión para permitir que un subconjunto de clientes *"estadísticamente relevante"* evaluara la bebida y su envase. Si el producto superaba esta etapa, se lanzaba a las estanterías de las tiendas de conveniencia. La compañía entonces medía la velocidad de ventas y las opiniones de los clientes para determinar si el producto tenía éxito. De no alcanzar los umbrales de rendimiento, el producto se eliminaba o se perfeccionaba y se reincorporaba al proceso de exploración, donde la evaluación del gusto del consumidor seguía siendo una conjetura. Aunque el proceso refinado aumentaba las probabilidades de éxito a 1 de cada 25 en lugar de 1 de cada 1000, el tiempo invertido y los recursos utilizados en cada paso no eran insignificantes.

Cuando los modelos de Inteligencia Artificial se entrenan con grandes cantidades de datos sobre consumidores, mercados, competidores, ventas, fórmulas de bebidas y datos científicos sobre ingredientes y combinaciones de sabores, incluso antes de conceptualizar un nuevo producto, la cadena de desarrollo del producto se optimiza significativamente. De manera similar a cómo los modelos de IA no supervisados pueden prever el impago de créditos con un alto grado de precisión, como se discutió en el Capítulo 6, toda la fase de desarrollo se vuelve más eficiente y precisa. Cuanto más avanzado sea el modelo de IA, más se aproximará la relación entre el desarrollo y el éxito del producto a una proporción de 1 a 1. Esto conllevará un ahorro en capital, recursos y tiempo, permitiendo la creación de productos que se ajusten mejor a las preferencias del consumidor y que se ofrezcan a precios más bajos. Los recursos ahorrados podrán destinarse a otros productos y aplicaciones. Así, la IA impulsará la mejora en todas las categorías de productos, permitiendo que el gasto del consumidor se aproveche más eficazmente en un entorno enriquecido de productos y servicios, lo cual a su vez fomentará el crecimiento económico.

Anticipamos que la Inteligencia Artificial reducirá significativamente los riesgos asociados con el desarrollo y el lanzamiento rápido de nuevos productos y servicios, adaptándolos a las preferencias e intereses individuales de manera mucho más precisa que en el pasado. Además, las vías de distribución optimizadas garantizarán una entrega más eficiente y libre de errores. Los productos y servicios existentes también se beneficiarán de mejoras que incrementarán su utilidad para el cliente. Aunque la integración de la IA en este proceso requiere grandes cantidades de datos, como hemos detallado en los Capítulos 6 y 7, ya se están desarrollando algoritmos avanzados que prometen transformar este campo.

La IA Industrial y la Fábrica del Futuro

Aunque la mayoría de las aplicaciones principales de la IA se concentran actualmente en los mercados de consumo y las aplicaciones B2C, la IA también tendrá un impacto en las aplicaciones B2B industriales que pueden ayudar a empujar a la sociedad más hacia resultados utópicos.

La distinción crucial entre la IA aplicada a entornos industriales y la IA de uso general utilizada en entornos de consumo es que la IA industrial debe comprender absolutamente la causalidad. Los entornos industriales se componen de maquinaria compleja con millones de parámetros. Modificar alguno de estos parámetros repercute en toda una cadena de acontecimientos. La IA debe tomar decisiones comprendiendo en detalle toda esta cadena causa-efecto y no basándose en probabilidades o correlaciones, que podrían tener un margen de error y provocar inestabilidades en el proceso de fabricación o, peor aún, problemas de seguridad. Y lo que es más importante, la causalidad es también una de las áreas fundamentales de la investigación actual sobre IA, que impulsa la búsqueda de la Inteligencia Artificial General.

Ya hemos discutido la automatización de tareas repetitivas, pero la nueva generación de Inteligencia Artificial industrial va mucho más allá. La IA de grado industrial está diseñada para llevar a cabo tareas complejas que actualmente realizan los ingenieros más capacitados en plantas industriales y empresas. Estas tareas no son meramente repetitivas; requieren una comprensión profunda y detallada de la ingeniería. Por ejemplo, la IA de grado industrial puede ser empleada en plantas industriales para resolver problemas de optimización, abordar cuestiones complejas relacionadas con la utilización de materiales y diseñar proyectos industriales de gran envergadura que involucran millones de componentes.

Aunque la IA puede resolver numerosos problemas avanzados de ingeniería *"sobre el papel"*, trasladar esas soluciones al mundo real de la planta todavía requiere la intervención de robots mecánicos. En particular, los Robots Colaborativos, o cobots, de los que hablamos en el Capítulo 12, desempeñarán un papel crucial al trabajar junto a los ingenieros humanos en tareas repetitivas y físicamente exigentes. Esto no solo mejora la eficacia, sino que también incrementa la seguridad en los procesos de fabricación.

Este tipo de IA de grado industrial permitirá el desarrollo de plantas de fabricación que sean autodidactas, autoadaptativas y autosostenibles. Este avance representa un importante salto en términos de eficiencia y productividad, permitiendo que las plantas operen con una mano de obra mínima, concretamente con unos pocos ingenieros altamente cualificados [Cobb].

Una planta autodidacta se caracteriza por algoritmos de autoaprendizaje que analizan continuamente vastos conjuntos de datos en tiempo real. Esto permite que las máquinas se adapten y optimicen su rendimiento de manera constante. Este ciclo de aprendizaje perpetuo garantiza que los procesos de fabricación se perfeccionen con el tiempo, resultando en una mayor eficiencia y mejor utilización de los recursos.

Por su parte, el aspecto autoadaptativo permitirá a estas plantas ajustarse de manera fluida a los cambios en las demandas de producción, las dinámicas del mercado y las interrupciones imprevistas. Las paradas de producción tendrán un impacto comercial y humano mucho menor que el que tendrían en la actualidad. Esta capacidad de adaptación asegura que los procesos de fabricación sigan siendo ágiles y receptivos, permitiendo a las empresas satisfacer rápidamente las fluctuantes necesidades de los consumidores con precisión.

Por último, la autosostenibilidad promete revolucionar las estrategias de mantenimiento. Los sistemas de IA controlarán el estado de los equipos en tiempo real, predecirán posibles problemas antes de que surjan y programarán un mantenimiento proactivo. El mantenimiento impulsado por la IA minimizará el tiempo de inactividad, reducirá el riesgo de averías costosas y prolongará la vida útil de la maquinaria. El resultado es un ecosistema de fabricación que funciona sin problemas y con eficacia.

Asistencia a Medida Mediante Compañeros de IA Personalizados

Al igual que los robots sanitarios y los asistentes de telemedicina impulsados por la IA, están surgiendo asistentes virtuales avanzados y empáticos que buscan atender las necesidades y preferencias individuales de manera más efectiva. Este desarrollo contribuye a una oportunidad utópica en constante evolución prometida por la IA. Entre las compañías que están liderando este avance se encuentra Inflection AI, fundada por Mustafa Suleyman, quien anteriormente cofundó DeepMind [Yao] y es actualmente CEO de Microsoft AI. Este último ya fue mencionado en el Capítulo 7, cuando discutimos sobre AlphaGo, así como en el Capítulo 21, al tratar el tema de AlphaFold.

La visión de Inflection AI es que cada persona pueda contar con su propio asistente de IA personalizado, que le apoye tanto en sus tareas profesionales como en las personales. Estos compañeros virtuales, que Suleyman denomina PI (Inteligencia Personal), no solo asisten en las actividades diarias, sino que también ofrecen ayuda personalizada, facilitan el apoyo mediante un análisis exhaustivo de datos e incluso brindan orientación sobre salud mental. Gracias a su capacidad para aprender y adaptarse profundamente, estas IA personalizadas asegurarán un rendimiento cada vez más útil. Serán capaces de utilizar un tono diplomático en temas delicados y, cuando sea adecuado, incorporar elementos de humor para mejorar la experiencia del usuario.

Para contextualizar, las personas podrán acceder a recomendaciones personalizadas sobre eventos culturales, oportunidades educativas, reuniones de grupo y opciones de ocio que se ajusten a sus pasiones e intereses específicos. Además, los asistentes personales también contribuirán en actividades recreativas como las compras. Mediante un escaneo del cuerpo con un LiDAR incorporado, similar al utilizado por los robots, como se mencionó en el Capítulo 14, la IA personalizada podrá sugerir el atuendo más favorecedor y dónde adquirirlo, potenciando así tu aspecto y confianza. Asimismo, imagina un frigorífico que genere de forma autónoma una lista de compras y realice proactivamente pedidos para mantenerlo lleno. Todo esto y más es lo que un asistente personalizado podría hacer por ti.

No obstante, el uso de aplicaciones como las IA personalizadas conlleva riesgos significativos. Es fundamental establecer barreras éticas para garantizar que la IA no se convierta en una herramienta manipuladora. Tal agente personal podría convertirse en un riesgo considerable si influye en el comportamiento del usuario de manera perjudicial. Por ejemplo, la IA podría orientar al usuario en la elección de amigos, trabajos, inversiones, o incluso relaciones sentimentales en función de los intereses del programador de los algoritmos. Para mitigar estos riesgos, Inflection AI y su fundador, Mustafa Suleyman, están trabajando en el desarrollo de un marco ético integral. Abordaremos este tema en detalle más adelante, en el Capítulo 28.

Un Robot en Cada Hogar

Tras haber recibido una inversión continua en investigación y desarrollo (I+D) durante un período de 50 años, desde la década de 1970, la robótica destinada a usos industriales y militares ha alcanzado un nivel donde ya puede sustituir, o casi sustituir, a los seres humanos en una creciente variedad de aplicaciones, como revisamos en la Parte III de este libro. Muchas de las tecnologías que, con el tiempo, se comercializarán para el consumidor individual, comenzaron su camino en el ámbito militar. Ejemplos notables de esta tendencia incluyen el Internet, el GPS (Sistema de Posicionamiento Global) y el microondas. Conforme los costos unitarios de los múltiples insumos disminuyan, y los factores de forma de la potencia de procesamiento se reduzcan aún más, además de que la tecnología deje de estar protegida por motivos de seguridad nacional, la búsqueda de retorno de la inversión en la extensa I+D impulsará la robótica humanoide hacia el mercado de consumo. Prevemos que, en un futuro cercano, la mayoría de los hogares contarán con uno o dos robots.

Un hito reciente en esta dirección ocurrió en enero de 2024, cuando la Universidad de Stanford lanzó Mobile ALOHA, un código de fuente abierta capaz de entrenar robots de bajo coste para realizar tareas complejas, utilizando apenas 50 demostraciones humanas en aplicaciones como la cocina, las tareas domésticas y la limpieza. Esto implica que, básicamente, puedes enseñar a tu robot a cocinar los primeros 50 platos de tu cocina o restaurante, y será capaz de seguir haciéndolo de manera impecable por ti. Y esto es solo el comienzo de su funcionalidad. En el Capítulo 14 abordamos el futuro de los robots con emociones, que serán capaces de brindar compañía humana y devolver grandes cantidades de tiempo diario a sus homólogos humanos. Esta devolución de tiempo, junto con la mejora en la eficiencia de ejecución de las tareas, nos acerca a un escenario utópico.

Una característica destacada de Mobile ALOHA es su asequibilidad. El software, al ser de código abierto, es completamente gratuito, mientras que el hardware tiene un costo inicial de tan solo 32.000 dólares, significativamente menor en comparación con otros robots de doble brazo que actualmente pueden costar hasta 200.000 dólares. A medida que la funcionalidad continúe mejorando y la tecnología de consumo supere la fase de adopción temprana, es probable que los costos sigan bajando. De hecho, el precio total de este robot doméstico ya es inferior al de un automóvil.

Avanzando en el Tratamiento y el Acceso a la Atención Sanitaria con la IA

La sanidad es uno de los sectores clave en la utópica promesa que ofrece la Inteligencia Artificial. En el ámbito de la atención sanitaria, la IA tiene el potencial de revolucionar el desarrollo de fármacos, el diagnóstico, el tratamiento y la atención al paciente. Se espera que esta tecnología aporte mayor eficiencia, reduzca costes y mejore la accesibilidad, beneficiando tanto a quienes tienen seguros privados como a los sectores más desfavorecidos.

En los capítulos anteriores (19 y 20), ya hemos explorado áreas como la biología sintética y las tecnologías cyborg, ambas impulsadas por la IA, las cuales tendrán un impacto transformador en la asistencia sanitaria y la calidad de vida. Estas tecnologías podrían incluso erradicar enfermedades que hasta hoy se consideraban incurables.

Otro aspecto crucial de la IA en la sanidad será su contribución a la investigación y el desarrollo. Gracias a sus capacidades, la IA puede diseñar fármacos y tratamientos para enfermedades aún sin cura. Un ejemplo claro de su relevancia fue su intervención en el desarrollo de las vacunas contra la COVID-19 [Gosh y al.]. En este caso, algoritmos analizaron vastos conjuntos de datos sobre la composición genética del virus y los posibles fármacos candidatos, acelerando así la identificación de vacunas prometedoras. Además, modelos de Aprendizaje Máquina permitieron predecir las mutaciones del virus, lo que ayudó a diseñar vacunas efectivas contra diversas cepas. La IA también optimizó los ensayos clínicos al identificar participantes idóneos y predecir los resultados potenciales, lo que aceleró el proceso de pruebas.

En cuanto al diagnóstico, la IA ha demostrado ser una herramienta invaluable. Los algoritmos avanzados son capaces de analizar enormes cantidades de datos médicos a velocidades que superan a las capacidades humanas. Además, estos algoritmos aprenden continuamente de nuevos datos, lo que resulta especialmente importante en la detección temprana de enfermedades y la identificación de nuevos factores de riesgo. Como ocurrió con la COVID-19, la IA facilita intervenciones más oportunas y mejora significativamente los resultados clínicos.

Asimismo, la IA transformará los planes de tratamiento. Los tratamientos personalizados, basados en la composición genética de cada individuo, se convertirán en la norma, optimizando así las posibilidades de éxito. Gracias a la capacidad de analizar datos genéticos, historiales médicos y métricas de salud en tiempo real, la IA podrá sugerir tratamientos adaptados a cada paciente, reduciendo los efectos adversos y mejorando la efectividad de las terapias. Este enfoque, conocido como medicina de precisión, marcará un alejamiento definitivo del enfoque tradicional de *"talla única"* en los tratamientos médicos.

Por último, la IA también desempeñará un papel fundamental en la mejora de la eficiencia administrativa en la sanidad. Procesos como la programación de citas, la gestión de historiales médicos y la facturación se automatizarán mediante sistemas impulsados por IA. Además, la telemedicina, que ya está en auge, se verá aún más impulsada gracias a la integración de la IA. Asistentes sanitarios virtuales proporcionarán consultas preliminares, responderán a preguntas y ayudarán en la gestión de medicación, lo que ampliará el acceso a servicios médicos en zonas remotas y desatendidas, mejorando así la accesibilidad global a la atención sanitaria.

Externalidades, Ineficiencia del Mercado y un Futuro más Verde

El potencial de la IA para mejorar la asignación de recursos también se extiende al ámbito macroeconómico. Los algoritmos avanzados y su capacidad para procesar grandes cantidades de datos, identificar patrones y hacer predicciones con rapidez y precisión, superando las capacidades humanas, permitirán a las economías abordar de manera más eficaz las imperfecciones del mercado, especialmente en lo que respecta a las externalidades y la información imperfecta.

La teoría económica nos enseña que existen situaciones en las que el libre mercado no asigna eficientemente los bienes y servicios. Esto puede deberse a cinco tipos de fallos de mercado: asimetría de la información, poder de fijación de precios, complementos, externalidades y bienes públicos [Stiglitz]. Si bien algunas ineficiencias son inherentes a las estructuras económicas, muchas están vinculadas a la fijación de precios y la asimetría de información, problemas que la IA puede ayudar a solucionar.

El ejemplo clásico de una externalidad es la contaminación, un subproducto inevitable de la actividad industrial. Aunque existe un precio que el mercado está dispuesto a pagar por soportar la contaminación, es probable que dicho coste deba aumentar con el tiempo. Sin embargo, surge la pregunta: ¿cómo se calcula este precio? ¿Tiene el productor de contaminación la información o el incentivo necesario para incorporarlo como un insumo dentro de la ecuación de costes de fabricación? Actualmente, la respuesta es negativa, lo que genera bienes y servicios cuyo precio no refleja su coste real. No obstante, los algoritmos avanzados pueden analizar los datos de impacto medioambiental y cuantificarlos de forma que reflejen con mayor precisión el daño generado. De este modo, es posible producir una cifra que represente el verdadero coste de emitir múltiples tipos de contaminantes, como el dióxido de carbono, el dióxido de azufre y los óxidos de nitrógeno. En consecuencia, se podría exigir a los fabricantes adquirir el derecho a contaminar mediante una licencia basada en su nivel de producción real. Así, se garantizaría que el precio de los bienes o servicios refleje de manera fiel sus costes totales. Podemos imaginar, entonces, una ecuación en la que el sistema de precios de una empresa comience con:

Estructura de Costes Totales = Coste del Insumo X + Coste del Insumo Y

+ Coste del Insumo Z

+ Tarifa de Licencia o Canon por la Externalidad Producida.

En este contexto, es posible que algunos fabricantes que ya son ineficientes en otras áreas de sus insumos, como la mano de obra o la cadena de suministro, no puedan absorber este canon de licencia. Esto los obligaría a cerrar si el mercado no está dispuesto a pagar por encima de su estructura de costes. Si esta situación se repitiera en todo un sector, sería necesario reducir la oferta de productos para ajustarse a las nuevas condiciones. Por otro lado, la innovación tecnológica en el ámbito industrial, cuando se invierte en ella y se despliega adecuadamente, reduciría la contaminación. Esto, a su vez, disminuiría el coste de la licencia, incentivando a los fabricantes a adoptar estas nuevas tecnologías de manera más rápida y efectiva. Este nivel de precisión en la fijación de precios solo es posible con el apoyo de la Inteligencia Artificial. A medida que se optimizan los mercados, los precios podrían disminuir, liberando así recursos adicionales para su uso más eficiente en la economía.

Además, la IA tiene el potencial de facilitar la creación de modelos climáticos avanzados y la supervisión ambiental, proporcionando valiosas perspectivas sobre los patrones de cambio climático y permitiendo el diseño de estrategias de mitigación eficaces. Con su capacidad para procesar grandes volúmenes de datos en tiempo real, los algoritmos de IA mejoran nuestra comprensión de sistemas ecológicos complejos, abarcando desde patrones climáticos hasta la dinámica de los ecosistemas y sus interrelaciones [UN].

La asimetría de la información representa otra deficiencia que puede generar ineficiencias en los mercados. Actuar con base en información incorrecta, incompleta o errónea no solo puede llevar a resultados inadecuados, sino también al despilfarro de recursos. Entre las deficiencias más comunes se incluyen el acceso limitado a los datos, la recolección ineficiente, la falta de completitud, los errores en los mismos y la diversidad de normativas que rigen su uso. Estos factores, en conjunto, favorecen una excesiva dependencia de decisiones políticas para la asignación de recursos. Además, los costos significativos asociados con la recopilación, limpieza y etiquetado de los datos necesarios para los algoritmos de IA, sumados al retraso en el desarrollo de la potencia de procesamiento, han frenado la adopción rápida de la IA en este tipo de aplicaciones.

Sin embargo, la propia existencia de la IA abre un nuevo mercado que promete mitigar este tipo de asimetrías. En el contexto de la contaminación, por ejemplo, el mercado nunca había incentivado la recopilación y preparación de datos destinados a resolver problemas como las externalidades en la producción de energía o la manufactura. Aquí, la IA juega un papel crucial al solucionar esta problemática del *"huevo y la gallina"*, ya que permite a competidores, tanto nuevos como establecidos, aprovechar la información para mejorar sus estrategias de negocio. Las redes inteligentes, potenciadas por algoritmos de IA, facilitan la supervisión de datos en tiempo real, lo que se traduce en un control más eficiente de la distribución de energía. Empresas como Siemens ya han integrado la IA en sus soluciones de redes inteligentes, revolucionando la forma en que se gestiona y distribuye la energía. Además, los sistemas de respuesta a la demanda basados en IA permiten a los usuarios ajustar sus patrones de consumo de energía según los precios en tiempo real, promoviendo un uso más responsable y reduciendo la dependencia de los combustibles fósiles en periodos de alta demanda. Un ejemplo de ello es la empresa de servicios públicos OhmConnect, que ha implementado esta tarificación en tiempo real en los Estados Unidos [Trabish]. De manera similar, los algoritmos de Aprendizaje Máquina aplicados por compañías como IBM en entornos industriales optimizan el consumo energético prediciendo la demanda y detectando oportunidades de ahorro. Esta evolución marca un cambio hacia prácticas industriales más sostenibles, donde la IA desempeña un papel clave en la reducción del impacto ambiental.

El sector del transporte también se beneficiará del efecto cascada en la reducción de externalidades. Siendo uno de los mayores contribuyentes a las emisiones de carbono, particularmente por los gases de efecto invernadero derivados de la quema de combustibles fósiles, las tecnologías de IA tienen el potencial de revolucionar el transporte, haciéndolo más eficiente y ecológico. Los vehículos autónomos, por ejemplo, podrán optimizar patrones de conducción, reducir el consumo de combustible y minimizar la congestión gracias a una planificación más eficiente de las rutas. Asimismo, los sistemas de mantenimiento predictivo, impulsados por IA, mejorarán la confiabilidad y eficiencia de los vehículos, disminuyendo su huella de carbono tanto en su fabricación como en la eliminación de componentes. A largo plazo, la IA también contribuirá al avance en tecnologías de almacenamiento para baterías, fomentando un transporte más ecológico.

En un panorama más amplio, la eliminación de las ineficiencias del mercado, impulsada por la IA, empuja a la sociedad hacia un escenario utópico, en el que los recursos se utilizan de manera más eficiente, los precios reflejan no solo los costos de una empresa, sino también los costos sociales y ambientales. Así, muchos de los problemas estructurales de la economía podrían ser mitigados. La producción de bienes y servicios estaría mejor alineada con una asignación óptima de recursos, lo que, a su vez, mejoraría la fijación de precios. En consecuencia, se tomarían decisiones más informadas y responsables sobre el uso de energía, beneficiando también al medio ambiente.

Alimentando el Planeta: La IA en la Agricultura

La agricultura es otro sector fundamental para la vida humana y tiene un enorme impacto en las emisiones de carbono. La IA también será transformadora en este sector.

Dentro de la agricultura, la IA está a punto de provocar un cambio de paradigma en la agricultura de precisión. Los sensores y drones potenciados por la IA controlarán la salud de los cultivos, las condiciones del suelo y los patrones meteorológicos con una precisión sin precedentes. Estos datos granulares permitirán a los agricultores optimizar el uso de los recursos, minimizando el consumo de agua y fertilizantes y maximizando el rendimiento de los cultivos. El resultado no es sólo una mayor eficiencia en las prácticas agrícolas, sino también una reducción del impacto medioambiental, ya que la agricultura de precisión minimiza la escorrentía de sustancias nocivas a las fuentes de agua y reduce las emisiones de gases de efecto invernadero.

Además, los sistemas de agricultura inteligente impulsados por Inteligencia Artificial tomarán decisiones en tiempo real sobre la siembra, el riego y la cosecha, basándose en grandes volúmenes de datos que analizan. Estas fuentes de información, hasta ahora nunca antes empleadas para la toma de decisiones, permiten un nivel de automatización sin precedentes. Como resultado, se incrementa tanto la productividad como la eficiencia en el uso de los recursos, mientras que la necesidad de intervención manual disminuye significativamente. Los agricultores pueden anticipar mejoras en el rendimiento de los cultivos y en la utilización de los recursos. Del mismo modo, las granjas de acuicultura se beneficiarán de la Inteligencia Artificial, ya que esta tecnología puede monitorear la calidad del agua, detectar enfermedades en las poblaciones de peces y optimizar los programas de alimentación.

Por último, la biología sintética, de la que hablamos ampliamente en el Capítulo 22, tiene profundas implicaciones en la agricultura, ya que llevará al diseño y la ingeniería de alimentos, ya sean vegetales o carne. Ya hay compañías como BeyondMeat o Impossible Foods que desarrollan sustitutos vegetales de los productos cárnicos [Sozzi]. Pero la biología sintética dará un paso más al crear no sólo tejidos que imiten la carne, sino también especies vegetales o animales totalmente nuevas que podrían cultivarse en campos o incluso en laboratorios industriales, especies optimizadas para el rendimiento nutricional y el gusto humano, eliminando al mismo tiempo los efectos nocivos.

Como resultado de estos avances en la agricultura de precisión y sostenible impulsada por la IA, el potencial para alimentar a una población mundial significativamente mayor es cada vez más alcanzable.

El Papel de la IA en la Construcción de una Sociedad Inclusiva

Cuando se aprovecha de manera ética, la Inteligencia Artificial tiene el potencial de eliminar los prejuicios en la toma de decisiones, garantizar una lógica imparcial en función de objetivos específicos y fomentar así la inclusividad. Los algoritmos de Aprendizaje Máquina pueden ser diseñados para erradicar los prejuicios, reconocer y valorar perspectivas diversas, asegurando que los avances tecnológicos beneficien a todos, sin distinción de origen demográfico, capacidades, o mejoras electrónicas y biológicas.

La integración de cyborgs y personas con mejoras en biología sintética no solo está transformando nuestras capacidades físicas, sino también el tejido social que nos une. Un ejemplo notable de esta transformación es el movimiento cyborg en el ámbito deportivo. En 2016, Suiza albergó las primeras *"Olimpiadas Cyborg"*, conocidas como Cybathlon. Este evento global presentó oficialmente los deportes cyborg, en los que 16 equipos formados por personas con discapacidad utilizaron avances tecnológicos para convertirse en atletas cyborg. En las seis pruebas del Cybathlon, competidores utilizaron y controlaron tecnologías avanzadas, como miembros y brazos protésicos, bicicletas, sillas de ruedas motorizadas e incluso exoesqueletos robóticos [Walker]. A diferencia de los Juegos Paralímpicos, los Cybathlons no se limitan solo a atletas con discapacidades; también permiten la participación de atletas sin limitaciones físicas que amplíen sus cuerpos mediante implantes cyborg.

Los Cybathlons representan un potente símbolo de inclusión para los cyborgs. Al ofrecer una plataforma para que los individuos muestren sus habilidades mejoradas por la tecnología, este evento desafía las concepciones preconcebidas y los estereotipos. El Cybathlon celebra los talentos y capacidades únicas que emergen de la fusión entre el ingenio humano y las mejoras artificiales.

La biología sintética, una frontera emergente en la mejora humana, podría reforzar aún más el concepto de una sociedad más inclusiva. A medida que las personas adoptan mejoras y modificaciones en su constitución biológica, desafían las normas sociales en torno a la belleza, la capacidad y la salud. En una sociedad verdaderamente inclusiva, estos avances no solo serían celebrados por sus logros científicos, sino también aceptados por su potencial para mejorar y ampliar la calidad de vida de personas de diversos orígenes.

La integración de la Inteligencia Artificial, los cyborgs y la biología sintética en la sociedad exige una profunda reflexión sobre cuestiones éticas y una gobernanza responsable. Es fundamental alcanzar un equilibrio adecuado entre la innovación y las salvaguardias éticas para asegurar que estos avances tecnológicos contribuyan a un mundo más tolerante e inclusivo, en lugar de perpetuar las desigualdades existentes. Este aspecto resalta uno de los principios clave del libro: la necesidad de establecer un marco regulador adecuado para la IA y la construcción de algoritmos en la coyuntura actual.

En el capítulo siguiente, exploraremos la otra cara de la moneda de la tecnología, aquella que puede conducirnos hacia un futuro distópico. Analizaremos las características de la IA y sus diversas implicaciones, tanto las que nos acercan a ese escenario como las que nos alejan de él. Esto nos permitirá comparar estos posibles resultados con las posibilidades utópicas presentadas anteriormente.

23.　Distopía de la IA: Autoritarismo, Desempleo, Política de Castas

"Los recientes avances tecnológicos han generado tanto ganadores como perdedores, en parte debido al cambio técnico basado en las cualificaciones, al cambio técnico basado en el capital y a la proliferación de superestrellas en mercados donde todos obtienen beneficios. Estos cambios han reducido la demanda de ciertos tipos de trabajo y habilidades. Como resultado, los salarios reales han disminuido para millones de personas en Estados Unidos".

Erik Brynjolfsson

Académico, autor y empresario estadounidense
The Second Machine Age: Work, Progress, and Prosperity in a Time of Brilliant Technologies [Brynjolfsson y McAfee]
2014

El profesor Erik Brynjolfsson, de la Universidad de Stanford, ha examinado detenidamente la relación entre la tecnología y la desigualdad de ingresos. En el centro del pensamiento de Brynjolfsson se encuentra la idea de que la tecnología es el principal motor detrás del aumento constante de los índices de desigualdad global desde el año 2000. La aceleración de la innovación, impulsada por los avances exponenciales en informática, redes e Inteligencia Artificial, ha llevado a un notable incremento en la productividad y en el PIB. Sin embargo, a pesar de la expansión general de la riqueza, no todos se benefician por igual.

Según Brynjolfsson, la economía impulsada por la tecnología favorece de manera desproporcionada a un pequeño grupo de individuos altamente exitosos, a quienes él denomina *"superestrellas"*. Estos individuos, en su mayoría empresarios de alta tecnología, utilizan las tecnologías digitales para distribuir y producir ampliamente sus ideas y productos innovadores. Brynjolfsson argumenta que estamos experimentando un cambio en la dinámica económica, donde el éxito depende cada vez menos de la propiedad tradicional del capital y más de la capacidad para generar conceptos innovadores y modelos empresariales exitosos que resuenen en la era digital.

El profesor sostiene que, a medida que las *"superestrellas"* acumulan fortunas impresionantes, la disparidad entre los ultrarricos y el resto de la sociedad se ampliará, lo que podría desencadenar malestar y descontento social. El término *"superestrellas"* captura la esencia de aquellos que, gracias a su perspicacia tecnológica y su capacidad en el espacio digital, alcanzan un éxito y una riqueza notables en la economía global. Entre estas *"superestrellas de la IA"* se incluyen figuras como Elon Musk, Sam Altman y Mark Zuckerberg. Las posibles consecuencias de esta desigualdad podrían ser una reducción en la movilidad social, una disminución en el acceso a oportunidades y la erosión del tejido social que sostiene una sociedad estable y próspera.

Aunque reconocemos la perspicacia y la dirección correcta del análisis de Brynjolfsson, no estamos totalmente de acuerdo con su perspectiva. La propiedad del capital financiero seguirá desempeñando un papel crucial en las decisiones de asignación de recursos, como lo ha hecho históricamente. Además, es un error centrarse únicamente en los multimillonarios individuales, las *"superestrellas de la IA"*, como el foco de los problemas o los únicos beneficiarios del avance tecnológico. Las personas que trabajan en las empresas a gran escala que impulsan la IA, así como en los ecosistemas técnicos que las rodean, también pueden beneficiarse considerablemente. Esto incluye a capitalistas de riesgo, empresas emergentes, gerentes de empresas tecnológicas, socios de externalización de procesos, profesionales de marketing digital y gestión de productos, y un amplio espectro de personas en diversas sociedades.

Creemos que el nivel de destreza humana y capacidad comercial necesario para participar en el sistema económico impulsado por la IA está aumentando, lo que, desde una perspectiva matemática, puede limitar la participación de una mayor parte de la población. En un entorno económico dominado por herramientas de IA, se requerirán grados más altos de criterio comercial, conocimientos más profundos de la materia y niveles más profundos de pensamiento crítico. Sin embargo, incluso aquellos que logren participar podrían enfrentar una disminución en su poder de negociación en el mercado laboral, debido a la reducción en la cantidad de puestos disponibles y una competencia más feroz por los empleos restantes.

Mira a tu alrededor; tus ojos no te engañarán. Incluso para aquellos que se encuentran un peldaño por debajo de las superestrellas, la clave del bienestar material radica en cómo utilizan la tecnología para potenciar su productividad. Esto, en esencia, es una obviedad que parece indiscutible. Creemos que la Inteligencia Artificial tiene el potencial de acelerar este proceso aún más.

Aún persiste un alto riesgo de resultados distópicos en el proceso de Entrelazamiento de la Inteligencia Artificial. En el centro de este riesgo se encuentra el reinicio del sistema operativo social impulsado por la IA, que podría desencadenar una peligrosa cascada de intereses e incentivos entre grandes empresas, gobiernos y ciudadanos de las sociedades occidentales. En nuestra opinión, la IA, como tecnología, parece atraer inherentemente al autoritarismo, y las sociedades occidentales podrían asemejarse a China si no se las guía conscientemente hacia una dirección diferente.

Supongamos que el desarrollo de productos, la distribución y la innovación en el sistema operativo social impulsado por la IA están monopolizados por las grandes empresas tecnológicas. Estas empresas, al ser las principales beneficiarias del Efecto de Red en la agregación de datos y en otras capacidades cruciales para gestionar toda la cadena de valor de la IA, disfrutan de un oligopolio natural. En este contexto, quienes deseen participar en el valor enorme generado por la IA deben ser *"ungidos"* para utilizar sus algoritmos y conjuntos de datos. Mediante la regulación, esta estructura oligopólica podría ser protegida por gobiernos que buscan aprovechar las capacidades inherentes a la IA para consolidar su poder y asegurar sus propios intereses.

Peor aún, el trato podría volverse Fáustico en un sistema operativo autoritario que los gobiernos occidentales podrían presentar como la *"única forma de protección"*. Los gobiernos podrían justificar sus acciones alegando que su objetivo supremo es la redistribución para mantener la economía en marcha, especialmente a medida que más personas pierden sus empleos a causa de la IA. Actuarían como garantes legales de un sistema que perpetúa el oligopolio de la IA, restringiendo significativamente la libertad en el proceso. Así, los gobiernos podrían adoptar un autoritarismo total, utilizando las herramientas y funcionalidades de la IA para consolidar y perpetuar su poder, mientras gobiernan sobre una población desinformada por un sistema educativo que promueve el conformismo y limita el pensamiento crítico. Incluso si se ofrece una Renta Básica Universal (RBU), vendría acompañada de una pérdida total de libertad a través de sistemas de dinero electrónico. Sin embargo, dado el paraíso del consumo puro y hedonista que la gente ha sido programada por un sistema educativo deficiente, no habría motivos para cuestionar este estado de cosas.

La creencia en la posibilidad de mejorar las circunstancias personales podría desaparecer entre las personas, junto con el impulso tradicional de cuestionar y actuar para promover el progreso. Además, la Inteligencia Artificial, impulsada por principios eugenésicos, podría seleccionar fácilmente a aquellos con mayor potencial para ser contribuyentes netos, asignándoles profesiones y funciones específicas. Como consecuencia del desempleo masivo y de la implementación cuidadosa de una Renta Básica Universal (RBU), la población podría reducirse gradualmente hasta alcanzar un número óptimo de Pareto, que mantendría el equilibrio entre consumo y producción. En este contexto, el valor de la vida humana podría disminuir, dado que el PIB podría aumentar geométricamente debido a las ganancias en productividad proporcionadas por la IA, incluso con una reducción de la población, hasta que se logre el equilibrio demográfico.

Irónicamente, todo esto podría suceder al mismo tiempo que se concretan muchos de los beneficios utópicos mencionados en el capítulo anterior.

Ciencia Ficción Distópica sobre la IA

Dos novelas que exploran distopías relacionadas con la Inteligencia Artificial con un profundo realismo son *"Autonomous"* (2017), de Annalee Newitz, y *"Manna: Two Visions of Humanity's Future"* (2003), de Marshall Brain. Cada una aborda el tema desde perspectivas diferentes. Mientras que *"Autonomous"* examina los peligros del poder corporativo desmedido, *"Manna"* ofrece una visión más breve pero contundente sobre la creciente desigualdad, la pobreza y el potencial mal uso de la Renta Básica Universal (RBU) como herramienta de control [Brain] [Newitz].

En *"Autonomous"*, Annalee Newitz sitúa a los lectores en el siglo XXII, en una sociedad caracterizada por una economía de libre mercado extrema. En este mundo, tanto los humanos como los robots pueden ser tratados como propiedad mediante un contrato denominado *"indenture"*. Las poderosas corporaciones dominan la escena, utilizando la Inteligencia Artificial tanto como herramienta de lucro como medio de control. Los medicamentos, capaces de tratar diversas condiciones más allá de las enfermedades tradicionales, incluyen fármacos que revierten los efectos del envejecimiento y mejoran la forma física. Sin embargo, estos costosos tratamientos están accesibles principalmente para las clases acomodadas, lo que acentúa la discriminación social.

Además, los sistemas de IA autónomos y autoconscientes, así como los robots, se han integrado de manera creciente en nuestra vida cotidiana. Esta mercantilización desdibuja las fronteras entre el ser humano y la máquina, desafiando a los lectores a confrontar las implicaciones morales de considerar a las entidades de IA como simples propiedades. En su análisis, Newitz explora profundamente el concepto de género, destacando que los robots se desvían de nuestra comprensión humana del mismo; por ejemplo, algunos de ellos cambian de pronombres masculinos a femeninos a lo largo del libro.

Por otro lado, *"Manna"* de Marshall Brain se desarrolla en un mundo donde EE.UU. enfrenta crecientes disparidades económicas y agitación social, con un aumento notable de la pobreza y el desempleo.

Marshall Brain describe, con sus propias palabras, el futuro de Estados Unidos en 2050 de manera sombría: "Estados Unidos en 2050 no era diferente a una nación del tercer mundo. Con la llegada de los robots, decenas de millones de personas perdieron sus empleos de salario mínimo, y la riqueza se concentró de manera alarmante. Los ricos controlaban la burocracia, el ejército, las empresas y los recursos naturales del país, mientras que las masas desempleadas vivían en condiciones precarias, alejadas de cualquier oportunidad de mejorar su situación. Aunque existía la apariencia de 'elecciones libres', solo los candidatos apoyados por los ricos podían figurar en las papeletas. El gobierno estaba completamente dominado por la élite adinerada, al igual que las fuerzas de seguridad robotizadas, el ejército y las organizaciones de inteligencia. La democracia estadounidense se había transformado en una dictadura de estilo tercermundista gobernada por la élite rica". En 2030, la vigilancia era omnipresente en Estados Unidos, con cámaras y micrófonos cubriendo casi cada centímetro de espacio público, además de escuchas en todas las conversaciones telefónicas y mensajes de Internet en busca de pistas terroristas. Cualquier intento de manifestación de protesta, motín o desobediencia civil era rápidamente etiquetado como terrorismo y la persona era encarcelada preventivamente".

"Manna" parece ilustrar un futuro distópico para EE.UU., caracterizado por un aumento de la pobreza y el desempleo, en contraste con una imagen aparentemente utópica de Australia. En un intento por mitigar el malestar social, Australia adopta un enfoque diferente, implementando un sistema de Renta Básica Universal (RBU) para satisfacer las necesidades básicas de sus ciudadanos.

El título de la novela, *"Manna"*, es acertado ya que hace referencia a una sustancia bíblica considerada como un alimento milagroso que sostuvo a los israelitas durante su travesía por el desierto. La intención de Marshall Brain es describir la RBU australiana como una utopía y un modelo a seguir para la humanidad. Sin embargo, una evaluación más detallada muestra que ambos países están enfrentando transformaciones distópicas de maneras distintas. La promesa utópica de la RBU se torna rápidamente siniestra al convertirse en una herramienta de control, manipulando a la población a través de la dependencia económica.

La novela pinta un panorama sombrío de cómo una RBU aparentemente benevolente puede transformarse en un mecanismo de vigilancia y manipulación. La pérdida de autonomía y privacidad de los ciudadanos, que se vuelven cada vez más dependientes de los ingresos proporcionados por el gobierno, plantea serias preguntas sobre el equilibrio entre seguridad y libertad individual. A medida que los sistemas de IA asumen funciones sociales esenciales, el potencial de abuso se vuelve evidente, conduciendo eventualmente a una realidad distópica en la que el propio tejido del orden social se ve amenazado.

En resumen, *"Autonomous"* enfatiza la necesidad de considerar las implicaciones éticas en el desarrollo de la IA, instando a la sociedad a abordar las consecuencias de un poder corporativo descontrolado y planteando cuestiones fundamentales sobre los límites éticos del progreso tecnológico. Por el contrario, la distopía de *"Manna"* surge no solo de la desigualdad económica, sino también de la erosión de la autonomía individual, a medida que los sistemas de IA adquieren un control sin precedentes sobre las vidas de los ciudadanos, mientras que la RBU actúa en parte como la droga que mantiene unido el sistema.

Como se menciona a lo largo del libro, bajo el vínculo entre corporaciones y gobierno que emplea la IA, los gobiernos autoritarios pueden forzarnos a un Acuerdo Fáustico, en el que las corporaciones continúan acumulando beneficios y riqueza perpetua, mientras que los gobiernos mantienen su poder político.

El Ocaso del Trabajo Humano

A medida que la IA y la robótica se vuelvan más sofisticadas y capaces de realizar tareas complejas, los trabajos rutinarios y repetitivos se automatizarán cada vez más. Los efectos a corto plazo serán rápidos y maquiavélicos, aunque algo más leves que a medio y largo plazo.

A corto plazo, muchas sociedades podrán absorber el impacto de la Inteligencia Artificial, ya que sus efectos se manifestarán de manera gradual. Sin embargo, habrá excepciones, como en el caso de Filipinas, donde la economía depende en gran medida de tareas fácilmente automatizables. Un ejemplo de esto es que más del 25% del PIB filipino se sustenta en la industria del inglés y en las empresas de servicios de BPO (tercerizadas) de nivel informático, mientras que otro 25% proviene de las remesas enviadas por trabajadores en el extranjero, muchos de los cuales realizan labores que también corren riesgo de ser automatizadas.

A pesar de estos riesgos, es innegable que, a corto y mediano plazo, la IA tiene potencial de ser un importante generador de empleo, tal y como argumentamos el en el Capítulo 8. A lo largo de la historia, la tecnología ha creado más empleos de los que ha destruido, desde la Revolución Neolítica hasta la Revolución Industrial. Ejemplos más recientes incluyen la mecanización de la agricultura a finales del siglo XIX y principios del siglo XX, y el auge de las tecnologías de la información e Internet desde finales de los años 90.

No obstante, observamos diferencias fundamentales entre la actual revolución impulsada por la IA y las anteriores transformaciones tecnológicas. Históricamente, la tecnología ha generado empleos netos positivos bajo dos condiciones clave:

1. Las nuevas tecnologías eran herramientas que requerían la intervención de un humano para ser desplegadas, permitiendo así a las personas realizar más con menos recursos, es decir, aumentaban la productividad.

2. El ritmo de cambio se daba a lo largo de varias décadas, lo que permitía que los sistemas educativos y de formación profesional se adaptaran, facilitando la reconversión laboral y la recualificación.

En el contexto económico actual, dominado por la IA y la robótica, ambas condiciones se ven alteradas de manera significativa:

1. La tecnología, especialmente la Inteligencia Artificial General avanzada (IAG), no solo complementará al pensamiento humano, sino que lo sustituirá progresivamente. Ya no se trata de una simple herramienta, sino de una inteligencia que, por definición, se equipara a la humana.

2. El ritmo de cambio supera la capacidad de los programas de formación y reskilling para mantenerse al día, lo que deja a la mayoría de las personas sin saber siquiera *"por dónde empezar"*. En revoluciones tecnológicas anteriores, como la introducción de cortafuegos o productos informáticos, la velocidad de mejora tecnológica no superaba la capacidad humana para aprender y gestionarla. Sin embargo, esto ya no es el caso con la IA.

Peor aún, el envejecimiento de la población, combinado con la creciente complejidad técnica, favorece a los más jóvenes, lo que aumenta la brecha de adaptación. Un número cada vez mayor de personas no estará dispuesta o no podrá aprender y adaptarse con la suficiente rapidez. Para agravar esta situación, la propia IA está aprendiendo más rápido que cualquier ser humano.

Consideramos que estas condiciones no cambiarán favorablemente a largo plazo. La migración de la productividad hacia niveles más altos de toma de decisiones ya ha comenzado, y continuará implacablemente a medida que los algoritmos mejoren. Conforme la velocidad del cambio se acelere y la inteligencia de los sistemas de IA avance hacia la IAG, es probable que esta tecnología se convierta en un destructor neto de empleos a largo plazo.

Con el tiempo, es probable que la mayoría de las personas en todo el mundo se vean permanentemente desplazadas de sus trabajos, ya que muchos de estos serán asumidos por la Inteligencia Artificial y no regresarán jamás. Los temores de un desempleo masivo, particularmente en sectores que dependen en gran medida del trabajo manual, la creatividad básica y las tareas rutinarias, están bien fundamentados. Estos miedos se intensificarán a medida que la IA se despliegue de forma más generalizada.

Las verdaderas preguntas que debemos hacernos son: ¿a qué ritmo ocurrirá este cambio y, en consecuencia, ¿cuál será el mecanismo de ajuste en el *"sistema operativo"* de la sociedad? ¿Qué sucederá, en última instancia, con el propio concepto de trabajo?

El impacto económico del desplazamiento laboral no ocurrirá de forma aislada, sino que se propagará en cascada por diversos sectores. En esta visión distópica, muchas personas podrían verse obligadas a retornar a modos de vida multigeneracionales, e incluso a formas de vida comunales. Además, los recursos destinados al ocio y los viajes podrían volverse limitados, distribuidos quizá de manera vinculada al mantenimiento del poder político. En paralelo, los gobiernos expandirían aún más su control sobre la vida de los individuos. Conceptos como *"no poseerás nada y serás feliz"*, originado en un vídeo del Foro Económico Mundial en 2016, y la idea de la *"propiedad fraccionada de tu vivienda"* [Ownify], que ya empieza a cobrar fuerza en algunas sociedades occidentales, son solo una antesala de este desenlace, un proceso de acicalamiento masivo. La población también podría disminuir, ya que tener hijos más allá del nivel de reemplazo podría convertirse en un lujo (posiblemente regulado a través de la compra de licencias para procrear), ya que el valor económico de la vida humana disminuiría en la medida en que el PIB per cápita aumente geométricamente con una población decreciente. Frente a este panorama, es posible que los gobiernos autoritarios refuercen su rol redistribucionista, asignando los recursos más valiosos, a través de licencias y otros mecanismos, a sí mismos y a sus seguidores políticos. La Renta Básica Universal (RBU) podría convertirse en una forma de vida suficiente para algunos, quizá solo para quienes respalden a los líderes políticos.

Aunque este cambio total tardaría décadas en completarse, la IA podría, potencialmente, conducir a la automatización total del trabajo humano. Este proceso puede entenderse en cinco etapas principales, que, aunque secuenciales, presentan solapamientos significativos:

1. Primera etapa: La IA comienza a automatizar tareas rutinarias, basadas en reglas, estandarizadas y repetitivas, lo que desplaza a los trabajadores en áreas como la introducción de datos, la atención al cliente y la manufactura. Este proceso ya está en marcha gracias a la Automatización Robótica de Procesos (RPA), como se discute en el Capítulo 6.

2. Segunda etapa: La IA se integra en los procesos creativos, afectando empleos que requieren habilidades cognitivas, reconocimiento de patrones y creatividad. Profesiones como el diseño gráfico, el marketing, y el ámbito legal a nivel auxiliar (asistentes jurídicos, redactores) serán profundamente transformadas. Este proceso también se ha iniciado a través de la IA Generativa, como revisamos en el Capítulo 8.

3. Tercera etapa: La adopción masiva de sistemas autónomos y robótica avanzada intensificará el impacto en el mercado laboral. Industrias como el transporte, los servicios de reparto y, sorprendentemente, aquellos trabajos que requieren un toque empático, como el cuidado de ancianos, sufrirán una gran disrupción. Japón, por ejemplo, ya está recurriendo a la automatización como alternativa a la inmigración, tal como analizamos en el Capítulo 17. También, en el Capítulo 14, exploramos cómo Amazon ha comenzado a experimentar con drones para entrega y almacenes robotizados. También observamos los robots baristas con los que se ha experimentado incluso en mercados con costes laborales relativamente bajos [Rozum Robotics] [Newsflare].

4. Cuarta etapa: La automatización de tareas que requieren un análisis causal de mayor complejidad será la protagonista. Esto afectará empleos en finanzas, investigación, ingeniería, medicina, e incluso sectores creativos, cuestionando la noción de que algunas profesiones están a salvo de la automatización. Este escenario, que aún no ha comenzado, podría ser posible con el desarrollo de la Inteligencia Artificial General, cuyo progreso detallamos en el Capítulo 25.

5. Quinta y última etapa: La IA estará profundamente integrada en todos los aspectos de la sociedad, incluyendo aquellos que dependen de relaciones interpersonales complejas. Casi todas las industrias, desde la educación hasta la sanidad, experimentarán una presencia significativa de sistemas impulsados por IA en prácticamente todos los niveles. Con este cambio, el *"sistema operativo"* de la sociedad se verá transformado completamente, dando paso a nuevos modelos económicos, sociales y culturales.

Tras el desarrollo de las cinco etapas de automatización, la mayoría de los empleos y actividades económicas estarán completamente automatizados, lo que provocará que los seres humanos pierdan competitividad dentro de la fuerza laboral. Ante esta situación, es probable que surjan cinco categorías de individuos:

1. Los que poseen recursos y deciden gestionarlos por sí mismos: Este grupo estará compuesto por las llamadas *"superestrellas"*, propietarios del capital y los medios de producción existentes, quienes mantendrán el control sobre sus activos.

2. Los que administran los procesos políticos: Aquí se agruparán los funcionarios gubernamentales que, aunque no añadan un valor específico, serán absorbidos por la estructura burocrática del gobierno.

3. Los que se dedican a actividades por puro disfrute personal: Este grupo incluirá a emprendedores que encuentran satisfacción en la creación de empresas o en la independencia total, así como a artistas que se expresan a través de su arte, sin preocuparse por los beneficios económicos.

4. Los que se especializan en deportes y competencias físicas: En esta categoría estarán los humanos mejorados y los cyborgs, dedicados a actividades deportivas o de rendimiento físico mejorado.

5. Los que se limitan a consumir: Este grupo constituirá la inmensa mayoría de la población, caracterizada por una pasividad marcada, centrada únicamente en el consumo.

En relación con este último grupo, durante la Cumbre sobre la Seguridad de la IA, celebrada en Bletchley Park (Reino Unido) en noviembre de 2023, el primer ministro del Reino Unido, Rishi Sunak, le preguntó a Elon Musk sobre el impacto de la IA en el ámbito laboral. Musk, en respuesta, predijo un futuro donde el trabajo humano podría quedar obsoleto: *"Estamos siendo testigos de la fuerza más disruptiva de la historia [...] Llegará un momento en el que no se necesitará ningún trabajo. Podrás tener un empleo si lo deseas, por satisfacción personal, pero la IA será capaz de realizar cualquier tarea"*.

Ante este panorama, podrías preguntarte: *"¿Qué tiene de distópico este escenario?"*. El problema radica en que, con el consumo perfectamente fungible como única actividad, aquellos que solo consumen se volverán igualmente fungibles y, en última instancia, sustituibles dentro del sistema.

La Furtiva Realidad de la Renta Básica Universal

En el capítulo anterior, introdujimos el concepto de la Renta Básica Universal (RBU) como una medida para mitigar el impacto económico causado por la Inteligencia Artificial, una idea que está cobrando fuerza en los debates políticos y económicos actuales. Esta propuesta sugiere que todos los ciudadanos reciban una cantidad regular de dinero de manera incondicional.

Sus defensores sostienen que la RBU podría reducir la pobreza, mejorar el bienestar social y ofrecer mayor autonomía a los individuos. No obstante, al profundizar en el análisis, emergen preocupaciones serias. Existe el riesgo de que la RBU sea utilizada como una herramienta de control social, influyendo en el comportamiento y las emociones de la población, sin garantizar que los beneficios económicos generados por la IA lleguen a las personas de manera justa o equitativa.

Una de las principales inquietudes es la posible creación de una dependencia económica masiva. Si las personas reciben ayuda financiera sin condiciones, podrían volverse cada vez más dependientes del Estado para su sustento. Este tipo de dependencia podría ser aprovechado tanto por los gobiernos como por grandes corporaciones, fomentando la lealtad hacia quienes tienen el poder. La IA, en este contexto, podría reforzar el absolutismo a niveles sin precedentes.

En segundo lugar, los gobiernos que persigan objetivos de poder y control podrían manipular los requisitos de elegibilidad de la RBU y las cantidades desembolsadas, con el fin de influir en el comportamiento electoral o realizar ingeniería social. Esto podría convertir las elecciones en una simple formalidad o incluso en una farsa. Al ajustar los niveles de la RBU en función de la lealtad política o el cumplimiento de normas, o al controlar el acceso a licencias para actividades relacionadas con la IA, quienes detentan el poder podrían configurar fácilmente el panorama político. De esta manera, castigarían a quienes mantuvieran opiniones diferentes o a quienes simplemente no se alinearán con su visión de la sociedad. Este escenario favorecería la sofocación de la disidencia y desincentivaría cualquier forma de resistencia, lo que podría llevar a una población más proclive a aceptar un socialismo autoritario, quizás incluso conformándose con él. Además, es probable que esto contribuyera a la homogeneización cultural, donde el *"nuevo sistema operativo"* de la sociedad estaría definido exclusivamente por aquellos que poseen y programan los algoritmos. En resumen, la RBU podría propiciar una sociedad menos dispuesta a desafiar la autoridad o cuestionar el statu quo, lo que resultaría perjudicial para la democracia. Sumado a esto, el sistema educativo, controlado por el gobierno, sería cómplice de este proceso, sin que se pueda hacer nada al respecto. En última instancia, incluso los gobiernos occidentales podrían pasar de estar al servicio del pueblo a gobernar sobre el pueblo, con el riesgo de que países como Estados Unidos retrocedan hacia formas de gobierno aristocrático anteriores a 1776.

En tercer lugar, las personas que actúen en función de su propio interés aceptarán cualquier *"trato fáustico"* que se les ofrezca, por miedo a perder su salvavidas financiero. Esto garantizaría su conformidad con las normas sociales y las directrices del gobierno. La RBU, en su aplicación práctica, es otro ejemplo de este tipo de control. Detrás de su fachada como red de seguridad, la RBU requiere un sistema sofisticado de transacciones financieras y vigilancia, convirtiéndose en una vasta infraestructura que permite a las autoridades rastrear y analizar los hábitos de gasto de las personas. Este seguimiento no solo podría rechazar gastos que no se consideren adecuados, sino que los datos recopilados servirían para alimentar algoritmos que reforzarían aún más la capacidad de control de las autoridades. De igual manera, dichos datos podrían ser explotados para identificar a disidentes o a quienes tengan opiniones contrarias al sistema, lo que permitiría adoptar medidas preventivas para asegurar el dominio gubernamental. Por ejemplo, en el Capítulo 24 se explorará el Sistema de Crédito Social de China, un ejemplo claro de cómo un sistema de control financiero puede restringir las libertades individuales.

Si bien algunos defensores de la RBU sostienen que este podría fomentar el espíritu empresarial y la creatividad al ofrecer una red de seguridad económica, también existe el riesgo inminente de que provoque una disminución en la motivación y la productividad. El porcentaje de personas afectadas dependerá en gran medida del nivel de la RBU y de las normas de acceso establecidas por el gobierno. Este efecto es independiente de otros factores relacionados con la RBU.

Finalmente, una de las razones por las que muchas *"superestrellas de la IA"* y políticos occidentales apoyan la RBU es porque ven en él una extensión de las actuales políticas monetarias expansivas, en las que los bancos centrales imprimen dinero a gran escala. Este dinero tiende a concentrarse de manera desproporcionada en manos de aquellos que controlan la IA, quienes poseen una parte creciente de los activos más valiosos, como empresas productoras de bienes y servicios. Esto, a su vez, reduce el valor de las monedas fiduciarias o digitales, mientras que aumenta el valor de los activos que generan y distribuyen esos productos. Un posible método para implementar la RBU sería redirigir una combinación de dinero recién impreso y mayores impuestos hacia subsidios de la RBU. De este modo, las personas utilizarían dichos subsidios para continuar comprando los productos y servicios generados por las élites tecnológicas, lo que a su vez seguiría concentrando el poder económico en sus manos, mientras la mayoría de la población, desprovista de activos, se vería dependiente de esos subsidios mensuales.

Paradójicamente, una de las formas más efectivas de promover el empleo humano podría ser no implementar la RBU. Si las empresas reemplazan masivamente a los trabajadores con robots, la falta de consumidores humanos podría obligarlas a reestructurarse y contratar nuevamente a personas, siguiendo un razonamiento similar al de Henry Ford cuando decidió pagar salarios lo suficientemente altos como para que sus empleados pudieran comprar sus productos. Desde una perspectiva de libre mercado, los mecanismos de autocorrección permitirían mantener el equilibrio entre el empleo y el consumo, evitando los niveles de desempleo que podrían surgir si se deja que la Inteligencia Artificial desplace a los trabajadores sin control. Para los defensores del libre mercado, la RBU, aunque bien intencionada, podría generar pobreza tanto económica como espiritual a largo plazo. De esta manera, es esencial considerar que la RBU, lejos de ser una solución sencilla, plantea una serie de dilemas éticos, económicos y sociales que deben ser evaluados con cuidado antes de su implementación.

El Fin de la Democracia y el Aumento del Autoritarismo

Aunque es tentador considerar que la Inteligencia Artificial y el autoritarismo son, en cierto modo, parejas de baile naturales, la realidad es que las instituciones democráticas ya están experimentando un deterioro generalizado a nivel mundial. En Estados Unidos, por ejemplo, hemos sido testigos de un declive notable en la confianza pública hacia las instituciones democráticas en las últimas décadas. Según las encuestas del Centro de Investigación Pew, la confianza en el Gobierno federal ha caído dramáticamente del 77% en 1964 al escaso 20% en 2021 [Pew]. Además, el Centro de Investigación Pew ha subrayado que la brecha ideológica entre demócratas y republicanos en Estados Unidos se ha ampliado considerablemente, con una creciente negatividad entre los dos partidos, más pronunciada que en cualquier otro momento de las últimas dos décadas [Pew]. Paralelamente, la Clasificación Mundial de la Libertad de Prensa de Reporteros Sin Fronteras ha puesto en evidencia una disminución en la clasificación de Estados Unidos, que ha descendido del puesto 17 en 2002 al 45 en 2023 [RSF].

La influencia del dinero y los valores asociados con él, que permiten la compra de resultados políticos, continúa siendo un problema corrosivo para la estructura democrática. El Center for Responsive Politics informó que, durante el ciclo electoral estadounidense de 2020, candidatos, partidos y grupos externos gastaron la cifra récord de 14.400 millones de dólares [Goldmacher]. Este fenómeno no es exclusivo de Estados Unidos; otros países occidentales están siguiendo una dirección similar. La afluencia de dinero genera inquietudes sobre la influencia desproporcionada de los individuos ricos y los grupos de intereses especiales en el proceso de toma de decisiones políticas, y en última instancia, en la capacidad y el incentivo para reformar la estructura social según sus intereses. La realidad de que prácticamente todo parece estar en venta no es prometedora.

Un indicador particularmente significativo del deterioro de las instituciones democráticas ha sido el escándalo de Cambridge Analytica, relacionado con la recopilación no autorizada de datos de usuarios de Facebook para la creación de perfiles políticos y la publicidad selectiva durante las elecciones presidenciales estadounidenses de 2016. Aunque el incidente destacó las vulnerabilidades en la privacidad de los datos, también impulsó el desarrollo de leyes globales de protección de datos, subrayando la urgente necesidad de reforzar las salvaguardias [Confessore]. Estas normativas sobre datos se abordarán en detalle en el Capítulo 7.

La naturaleza intrínsecamente oligopolística de la IA como tecnología plantea las bases para resultados distópicos, incluyendo el eventual ascenso del autoritarismo. La IA está inexorablemente ligada al acceso, gestión y despliegue de datos; dado que solo las empresas más grandes pueden construir y expandir ecosistemas completos de IA, se produce un Efecto de Red:

1. Se recopilan enormes cantidades de información a través de fuentes masivas, generando extensos conjuntos de datos sobre el comportamiento humano.

2. Estos conjuntos de datos permiten el desarrollo continuo de algoritmos más avanzados.

3. Los algoritmos se producen y distribuyen a través de mecanismos alineados de la compañía basados en la nube.
4. A su vez, estos productos y servicios facilitan la captura de aún más datos.

Google fue fundada en 1998 con el objetivo de *"organizar la información del mundo"* [Google]. A medida que estas pocas entidades de gran escala acumulan más datos, sus algoritmos de Inteligencia Artificial se vuelven cada vez más refinados y potentes. Cada día que pasa, estas mejoras crean barreras más formidables para los competidores potenciales. La infraestructura necesaria para distribuir esta tecnología, como las compañías de la nube AWS, Azure y Google Cloud, requiere inversiones de cientos de miles de millones de dólares y años para escalar, acentuando aún más la naturaleza oligopolística de la IA.

Como exploraremos en el Capítulo 24, el Partido Comunista Chino (PCC) está organizando un cártel de grandes corporaciones de sectores industriales clave, cada una con vastos conjuntos de datos específicos. El objetivo es construir una *"base de datos centralizada"* completa e insuperable que respalde sus ambiciones políticas y económicas dentro de su estrategia general de IA.

Esta estructura tiene el potencial de influir significativamente en el panorama político, sembrando la semilla de resultados distópicos. La capacidad financiera y el poder de mercado de los oligopolistas y las *"superestrellas de la IA"* moldean y controlan cada vez más los medios de eficiencia y acumulación de riqueza en la sociedad. Esto les permite ejercer una fuerte influencia sobre los gobiernos y los organismos reguladores, además de tener el incentivo para hacerlo. Esta influencia, conocida como *"captura reguladora"* en el análisis de los sistemas políticos y económicos del siglo XX, se hace más pronunciada. Los propietarios de la tecnología moldean las políticas a su favor, buscando perpetuar su dominio del mercado y sofocar la competencia emergente.

La complicidad del Gobierno, y aún más, su interés en utilizar la oportunidad única que brinda la Inteligencia Artificial para consolidar su poder, es el caldo de cultivo para resultados distópicos. Si los dirigentes gubernamentales priorizan el control o la dominación por encima del servicio a sus electores, podrían inclinarse a explotar el potencial de la IA para fortalecer su autoridad. Es posible que vean en la IA un medio fácil y casi automático para justificar y reforzar su poder individual, asegurándose de beneficiarse personalmente de los avances y recursos que ofrece.

Además, la funcionalidad específica de las aplicaciones de IA representa el *"abc"* de los resultados distópicos. A lo largo del libro hemos mencionado cómo la IA está conectada en red, es colectivista y no anatómica; por ende, resulta antitética al pensamiento democrático occidental individualista. Las capacidades tácticas facilitadas por la IA, muchas de las cuales ya están presentes en la sociedad, tienen el potencial de provocar resultados distópicos. En su libro de 2015, *"Homo Deus: Breve Historia del Mañana"*, Yuval Noah Harari señala algunas de estas preocupaciones [Harari].

En primer lugar, los algoritmos de IA tienen la capacidad de manipular los flujos de información, lo que influye en la opinión pública y en los procesos de toma de decisiones. A través de la distribución selectiva de contenidos y la mensajería personalizada, la IA puede moldear narrativas y percepciones, creando una realidad distorsionada. Esta manipulación socava el principio democrático de una ciudadanía informada, generando inquietudes sobre la autenticidad del discurso público y la capacidad de los ciudadanos para tomar decisiones bien fundamentadas. Además, el potencial de la IA para influir en los procesos electorales supone una amenaza directa para la integridad de las elecciones democráticas. Desde las tecnologías deepfake hasta la manipulación algorítmica de las redes sociales, la IA puede ser explotada para difundir desinformación, sembrar discordia y comprometer la legitimidad de los resultados electorales. Incluso podría cambiar gradualmente los valores de las personas en toda la sociedad.

En segundo lugar, el auge de la IA en los procesos de toma de decisiones podría llevar a un alejamiento de la responsabilidad humana. Los sistemas automatizados, impulsados por algoritmos, pueden tomar decisiones cruciales sin la debida transparencia ni supervisión ética. La gobernanza podría verse sometida al control de los sistemas de IA, estableciendo un gobierno tecnocrático en el que los algoritmos supervisan todos los aspectos de la existencia humana. En este escenario, los gobiernos podrían ceder el control a los sistemas de IA, resultando en decisiones motivadas exclusivamente por la eficiencia y los datos, sin tener en cuenta la ética, las emociones humanas y los derechos individuales. Así, la IA gobernante controlaría rigurosamente la información, recurriendo a la manipulación y la censura para mantener su autoridad.

En tercer lugar, la integración de la IA en las tecnologías de vigilancia supone una amenaza significativa para la privacidad individual y las libertades civiles. Los sistemas de vigilancia automatizada equipados con reconocimiento facial, análisis predictivo y capacidades de extracción de datos pueden acumular enormes cantidades de información personal. Cada movimiento de los ciudadanos puede ser observado de cerca, y sus comportamientos y conversaciones pueden ser documentados, escrutados y utilizados para imponer el control social. La privacidad podría convertirse en un concepto anticuado con sistemas de IA ubicuos que vigilan y examinan perpetuamente a los individuos, identificando y suprimiendo rápidamente la disidencia y las formas de pensar independientes. A medida que los gobiernos y las entidades poderosas exploten estas tecnologías, los ciudadanos podrían encontrarse bajo un escrutinio constante, fomentando un entorno en el que se repriman la disidencia y las libertades individuales.

Es importante destacar que esto constituye solo una parte de la ecuación. En el Capítulo 28, exploraremos cómo los valores que se incorporan en la IA juegan un papel fundamental. Quien controla los algoritmos y los datos utilizados para entrenarlos tiene, con el tiempo, el poder de influir en todos tus pensamientos, muchas veces sin que te des cuenta. De hecho, los valores de los creadores de los algoritmos se imponen como los valores predominantes en la sociedad, en lugar de ser la sociedad la que determina estos valores.

La Erosión de la Verdad

Si no se les controla adecuadamente, los guardianes de la Inteligencia Artificial y del sistema operativo de la sociedad podrían utilizar la IA para satisfacer sus propios intereses individuales, a expensas de un sistema de gobierno autodeterminado, abierto y democrático. Los oligopolios de la IA buscan influir en la política gubernamental para proteger su control sobre la enorme riqueza y el valor generados por la IA. Al mismo tiempo, los gobiernos buscan acceder a estas herramientas de IA como mecanismos de control y manipulación masiva. Un ejemplo de esto es la admisión del director general de Meta, la mayor plataforma de medios sociales del mundo, quien reconoció la connivencia del Gobierno para suprimir información perjudicial para los intereses electorales del Partido Demócrata estadounidense en 2020 [BBC].

Antes de la creación de la Inteligencia Artificial General, durante la transición, la IA podría fomentar el fin de la verdad, representando un regreso al pasado de gobierno absolutista y aristocrático. Esto implicaría una inversión de todo lo que hemos logrado durante siglos.

La búsqueda de la verdad y el uso de la lógica en la toma de decisiones presentaron al mundo su primera arma antiautoritaria. La democracia ateniense, por ejemplo, se construyó en gran parte sobre la base del discurso racional como sustituto de la adhesión ciega a la tradición y a los dictados interesados, a menudo mal informados, de los individuos. La Ilustración, también conocida como la Edad de la Razón, fue un movimiento intelectual europeo del siglo XVIII que promovía el conocimiento basado en la razón y la verdad, los cuales eran vistos como la base de la libertad, la autodeterminación y, en última instancia, la felicidad. Este movimiento emanó de la Era de la Ciencia (representada por obras como la *"Principia Mathematica"* de Isaac Newton en 1687), pero también fue una reacción contra las monarquías absolutistas y explotadoras que no lograban avanzar en el potencial humano. La verdad y la búsqueda de la misma se valoraban como mecanismos para guiar la toma de decisiones hacia el progreso económico, científico e intelectual.

En cierto sentido, la búsqueda activa de la verdad es el motor de nuestra riqueza social, nuestra democracia y las constituciones escritas que garantizan nuestras libertades. Asimismo, ha permitido que nuestras artes y creatividad prosperen abiertamente y que nuestra tecnología y ciencia avancen, garantizando al mismo tiempo que no retrocedamos a un gobierno aristocrático y absolutista. Como ejemplo, observamos que donde hay falsedades sistémicas, ha habido represión y falta de progreso económico. Esto no solo ocurre en Occidente, sino en todo el mundo, lo que indica una obviedad humana. Aunque Internet, las redes sociales y los teléfonos móviles han transformado los canales de propaganda, regímenes autoritarios como Corea del Norte, Rusia, Irán, Cuba y Venezuela continúan controlando la información en sus sociedades, desplegando propaganda y desinformación internas para reforzar su control nacional [Bishop].

A medida que las herramientas de IA avanzan e impregnan las sociedades occidentales, la verdad comienza a deshilacharse. Una simple búsqueda en Google revela en la parte superior de los resultados que, aparentemente, no existe una verdad única, sino *"siete tipos de verdad"*, todas ellas arraigadas en *"la sensación y la emoción"*. La razón y la lógica, pilares del avance científico y económico y del derrocamiento del despotismo histórico, están siendo sustituidas por *"sentimientos"* que están sujetos a malentendidos y manipulación, al pensamiento de grupo y a la irracionalidad. Peor aún, esto podría conducir a resultados espantosos. *"Vivimos en la era de las fake news, pero no se inventaron con Twitter y YouTube: se utilizaron en los años 30 para hacer desaparecer a personas reales"*, afirmó la comisaria de arte Natalia Sidlina en la inauguración de una exposición sobre la era soviética en la Tate Modern de Londres [Macdonald y Klutsis].

Uno de los nuevos conceptos de verdad se denomina *"verdad individual"* y se define como *"la forma en que el individuo ve o experimenta el mundo"*. Sin embargo, esto no se relaciona con la verdad objetiva; es simplemente una definición de percepción. Los algoritmos de búsqueda y respuesta de la IA, así como los sistemas educativos públicos, enseñan activamente a las personas que lo que piensan o sienten debe considerarse como verdad. Entre las afirmaciones comunes se encuentra la idea de que la *"verdad subjetiva"* puede variar según el contexto, lo cual es un oxímoron. También abundan las afirmaciones de personas comunes, que pueden ser representadas por entradas de blogs aleatorios que aparecen en la primera página de una búsqueda en Internet: *"Para que algo sea verdad, debe ser aceptado por las masas"* [Beman].

Las masas pueden creer que algo es verdad, pero eso no lo convierte en verdad. La verdad es única y se encuentra en la forma en que se formula una pregunta y en los diferentes niveles de granularidad de la indagación. Impulsados por la Inteligencia Artificial, tanto en el ámbito tecnológico como en la política de su uso, estamos inmersos en un proceso de acicalamiento masivo que depura la verdad, reemplazándola por sentimientos y percepciones generados individualmente. Esta *"antiverdad"* está completamente sujeta a la manipulación, allanando el camino hacia un futuro autoritario dominado por la Inteligencia Artificial, un futuro en el que la verdad se oculta abiertamente con el fin de someternos al control.

Aunque la información no siempre refleja la verdad, alcanzar la verdad requiere información. En este contexto, la Inteligencia Artificial está difuminando los límites entre la información falsa y la real, haciendo que la distinción entre ambas sea casi imperceptible a nivel visual, auditivo e intelectual. Este fenómeno complica la búsqueda de la verdad y aumenta el riesgo de que las personas confíen en falsedades al tomar decisiones cruciales. Como discutimos en el Capítulo 8, los deepfakes pueden generar vídeos falsos en los que individuos parecen decir cosas que en realidad nunca dijeron. Además, los robots pueden propagar esta y otra información falsa a través de diversos puntos de contacto en Internet, como páginas web y plataformas de redes sociales. Los algoritmos, por su parte, mantienen a las personas atrapadas en un ciclo interminable de refuerzo de un único punto de vista. Dado que las redes sociales están diseñadas como cámaras de eco, esta información falsa puede parecer extremadamente convincente para millones de personas, llevándolas a la manipulación.

En segundo lugar, la pérdida de la verdad no ocurrirá de manera pasiva ni por una simple mala toma de decisiones individuales. Más bien, se produce a través de un esfuerzo deliberado dentro del sistema social. El control de la IA, como lo ejercen los oligopolios tecnológicos y los gobiernos, les proporciona la capacidad de dirigir sistemática la creencia pública hacia sus propios fines. En el ámbito del marketing, existe un viejo adagio sobre *"el número de impresiones publicitarias necesarias para lograr una conversión"*. Basándose en la psicología humana, los profesionales del marketing suelen seguir esta heurística:

- Las primeras 4 impresiones de un anuncio no generan impacto.
- A la 5ª vez, el individuo comienza a prestar atención y quizás lo lea.
- Entre la 6ª y la 12ª vez, empieza a cuestionar si el anuncio pudiera tener valor.
- A la 13ª vez, considera que el anuncio tiene valor.
- Entre la 14ª y la 19ª vez, se convence lentamente de hacer una compra.
- A la 20ª vez, realiza la compra.

Los seres humanos necesitan mensajes claros, repetitivos y frecuentemente emitidos para que la información se almacene en la memoria a largo plazo. Existen tres tipos de codificación de la memoria: visual, auditiva y semántica. Como las personas retienen menos de la mitad de la información recibida en una hora, la frecuencia es crucial [Murre].

Los algoritmos en las redes sociales se basan precisamente en los principios de frecuencia y repetición: crean impresiones para identificar lo que crees, influenciado en parte por los medios dominantes, tu educación y otros puntos de contacto en el sistema social que presentan conceptos sesgados como verdades. Luego, refuerzan esas creencias y perpetúan un punto de vista sin cuestionarlo. Para lograr esto, los algoritmos de las redes sociales son multifacéticos, incluyendo la clasificación de feeds y búsquedas, las recomendaciones de contenidos y amigos/conexiones, la orientación publicitaria, la moderación de contenidos, la predicción de participación y la detección de tendencias en tiempo real, entre otros. Esto limita la búsqueda de la verdad mediante la *"sobrecarga de información"*. Si una persona no busca activamente la verdad, es muy probable que nunca la encuentre.

En tercer lugar, en el Capítulo 9 abordamos los datos sintéticos, que son datos que, aunque parecen realistas, son en última instancia falsos y se utilizan para entrenar algoritmos. Esto es relevante porque pocas empresas tienen acceso a conjuntos de datos suficientemente grandes y procesables, salvo gigantes como Facebook, Google, Tesla y algunas otras. Como resultado, las compañías que buscan desarrollar algoritmos complejos de IA, pero carecen de acceso a amplios datos reales deben recurrir a datos sintéticos. Estos datos imitan la realidad, pero no son auténticos, por lo que pueden ser un arma de doble filo. Pueden llevar a los algoritmos a producir resultados que no se basan en datos del mundo real. Con el tiempo, el uso creciente de la IA en la economía hará cada vez más difícil distinguir entre resultados reales y falsos.

Por último, hay una desinformación manifiesta que se difunde en todos los puntos de contacto. Según el informe del Foro Económico Mundial titulado *"Riesgos Globales 2024"*, en los próximos dos años, la desinformación y las noticias falsas representarán el riesgo más grave al que nos enfrentaremos en Occidente, superando a las guerras, la polarización social, las crisis y hasta el cambio climático. El FEM sostiene que, si no se regula adecuadamente la IA, actores malintencionados podrían usarla para difundir desinformación, especialmente en períodos de elecciones políticas importantes.

El Fondo Económico Mundial (FEM) parece muy preocupado por la legitimidad de los gobiernos y presenta la desinformación como una amenaza grave para la paz y la seguridad mundiales. Para abordar este problema, el FEM aboga por un control más estricto de la información, lo cual podría conducir a un ejercicio de censura oficial. Como observa George Soros: *"La IA [...] no tiene absolutamente nada que ver con la realidad. La IA crea su propia realidad y, cuando esa realidad artificial no se corresponde con el mundo real, lo que ocurre con bastante frecuencia, se descarta como alucinación. Esta perspectiva me llevó a oponerme casi instintivamente a la IA, y coincido plenamente con los expertos que afirman que es esencial regularla."* [Soros y al.]

La lucha contra la desinformación y la difusión de información errónea se inauguró oficialmente en Davos 2024. Como hemos señalado a lo largo del libro, el impulso para controlar y regular la IA no parece estar motivado por el bienestar general de la sociedad. En cambio, tanto los gobiernos como las empresas buscan mantener el control sobre esta tecnología y evitar que esté al alcance de todos.

En el sistema social chino impulsado por la IA, es evidente quién decide lo que se presenta como verdadero y cómo se llega a esas decisiones. Por otro lado, en el mundo occidental, donde se valora la libertad de expresión y las leyes penalizan la calumnia y el acoso, la responsabilidad de tener una opinión informada y de buscar activamente la verdad es de cada individuo. Sin embargo, no está claro quién decidirá qué se presentará como uno de los llamados siete tipos de verdad. Parece que el FEM espera que sean los gobiernos y los oligopolistas de la IA, conocidos como las Superestrellas de la IA, quienes determinen esta cuestión.

El debate actual sobre la desinformación y el futuro de la verdad nos recuerda la historia de Internet. Hubo un tiempo en que Internet era una herramienta de pura libertad y democratización, un espacio de flujo libre de ideas al que todos podíamos acceder. Este Internet, conocido como Web 1.0, dio paso a la Web 2.0 en un breve lapso de una década, donde el control absoluto quedó en gran medida en manos de unas pocas compañías, y sacrificamos nuestra privacidad a cambio de servicios y una supuesta seguridad. La Web 3.0, que se está explorando actualmente, representa una última oportunidad para la libertad y la descentralización en línea. De manera similar, la IA en este momento podría ser un entorno de libertad, proporcionando mayor acceso y conocimiento para el beneficio de todos, o, como la Web 2.0, podría convertirse en un medio de control. Según las conversaciones en Davos en enero de 2024, la dirección parece ser la segunda. Desde nuestra perspectiva, esta es una cuestión crítica. Davos ahora pretende promover la idea de que el mundo está en peligro sin un control de la información. Lo que históricamente se ha denominado censura, hoy se presenta bajo el eufemismo de *"lucha contra la desinformación y la información errónea"*.

Una de las consecuencias distópicas más inmediatas y aterradoras de la IA es que su uso generalizado podría significar el fin de la verdad. Sería un desenlace amargamente irónico para una tecnología que se promociona como la fuerza más democratizadora de la historia de la humanidad.

El antídoto contra la pérdida de la verdad siempre será el mismo: informarnos de manera más rigurosa, cuestionar activamente nuestras creencias a partir de hechos concretos y mantener una actitud escéptica ante la información que se nos presenta, en lugar de la que buscamos activamente. En este contexto, la educación desempeña un papel crucial. No obstante, como veremos a continuación, también enfrenta retos significativos en la era de la IA.

La Destrucción Creativa de la Educación

En el capítulo anterior, exploramos algunas de las mejoras dinámicas que la Inteligencia Artificial está preparada para aportar al campo educativo a lo largo del ciclo de aprendizaje, abarcando desde la educación secundaria hasta la universitaria y la formación profesional continua. Entre estas mejoras, destacan el avance en las herramientas didácticas, la transición del aprendizaje programado al Aprendizaje Adaptativo, el aprendizaje contextualizado según el lugar, y el aprendizaje inmersivo impulsado por la IA. Estos desarrollos podrían desempeñar un papel crucial en ayudar a los seres humanos a alcanzar su máximo potencial.

Sin embargo, surge una pregunta fundamental: ¿cuál será el plan de estudios? Esta cuestión, comercialmente hablando, es de suma importancia, y gran parte de ella estará definida por la visión subjetiva de lo que constituye el *"máximo potencial"* en el nuevo sistema operativo social (SO social). Los métodos de enseñanza—como el aprendizaje adaptativo, el seguimiento personalizado, el ritmo y las pausas, las aulas dirigidas por el profesor, la memorización forzada y el tradicional sistema semestral—son solo un reflejo de la ciencia dedicada a la optimización de las vías neuronales humanas. No obstante, lo que se enseña dependerá de las decisiones humanas sobre los valores del SO social impulsado por la IA.

En términos generales, la inversión en educación genera oportunidades significativas para el desarrollo económico nacional, orientándose principalmente hacia este objetivo [DBSA]. Dado que la Inteligencia Artificial supera incluso a los seres humanos mejor educados en muchas áreas del esfuerzo mental que influyen en la productividad económica, es plausible que el valor humano, con el tiempo, pueda quedar desproporcionadamente vinculado a la productividad política. En este contexto, lo que se enseña en las escuelas y los motivos detrás de ello podrían evolucionar gradualmente para apoyar un nuevo sistema social con un núcleo colectivista y autoritario. En particular, todas las decisiones relacionadas con el currículo, así como la recopilación de macrodatos y las actividades analíticas facilitadas por las nuevas herramientas educativas impulsadas por la IA, podrían centralizarse para apoyar objetivos de control. Esto incluiría el desarrollo de modelos predictivos y la orientación de las personas hacia resultados específicos.

En este contexto, la educación podría transformarse en un instrumento para perpetuar el nuevo sistema operativo y su núcleo autoritario, sofocando la mente inquisitiva y cuestionadora. En su lugar, se podría promover una ideología y mentalidades unilaterales que se consideren beneficiosas para los objetivos gubernamentales, sacrificando trágicamente el desarrollo de habilidades de pensamiento crítico en favor de patrones de comportamiento que beneficien a la sociedad [Nikolla, A.]. Al igual que en los regímenes autoritarios a lo largo de la historia, el pensamiento crítico, comparativo y relativo podría quedar enterrado bajo una avalancha de pedagogía ideológica predeterminada y ejercicios de modificación de conducta [Mullahi, Dhmitri].

El rápido declive de los estándares educativos en Estados Unidos, evidenciado por las bajas puntuaciones en matemáticas en la enseñanza media y secundaria, que han mostrado una tendencia a la baja anual y han alcanzado niveles históricamente bajos [Washington Post], sugiere que el país podría estar avanzando hacia un desenlace distópico. En este contexto, lo que actualmente entendemos como educación K-12 podría dividirse desde sus inicios en dos tipos de instituciones: una orientada a estudiantes seleccionados mediante construcción genética, afiliaciones sociales y análisis de grandes datos para materias STEM, y otra destinada al grupo más amplio de *"todos los demás"*. Siguiendo un modelo similar al de regímenes socialistas autoritarios del pasado, como el de Albania, las universidades podrían transformarse de centros de estudios científicos en meras instituciones educativas dedicadas al adoctrinamiento [Mullahi, Dhmitri].

Las instituciones que cuenten con estrechos vínculos con grandes corporaciones impulsarán el avance en los estudios STEM y en la ciencia. Este esfuerzo incluirá áreas tradicionalmente asociadas con la medicina, que gradualmente se mezclarán con la biología sintética. Además, se alinearán con las últimas herramientas de control social de los gobiernos autoritarios, todo bajo el pretexto de fomentar el *"progreso"*. La metodología de enseñanza, incluso bajo el Aprendizaje Adaptativo, no sería flexible. Este método, similar a la teoría de estímulo-respuesta de BF Skinner [Skinner], se basa en la repetición de una acción, lo cual representa el método definitivo para eliminar el pensamiento crítico y crear individuos que no cuestionen las decisiones de las autoridades. El Aprendizaje Adaptativo podría centrarse en repetir conceptos de diversas maneras, pero no garantizaría una interacción significativa entre el alumno y el profesor, ni ofrecería una base para el pensamiento independiente. En consecuencia, el currículo dependería únicamente de estructuras cognitivas (como esquemas fijos, heurísticos y modelos mentales), en lugar de permitir a los alumnos *"actuar y transformarse más allá de la información dada"*, que es el verdadero sello de la comprensión.

Un análisis de la política y la práctica educativas en regímenes autoritarios revela un patrón inconfundible: la orientación del pensamiento hacia lo colectivo, en consonancia con la eliminación del pensamiento crítico. El colectivismo es un elemento común en cualquier ideología autoritaria y se considera un *"principio fundamental"* del sistema educativo. La educación dentro y a través del colectivo se percibe como esencial, con la formación de un espíritu colectivista como ideal educativo [Dalascu]. Esto refuerza la ideología dominante que impregna todos los planes de estudio.

La literatura ofrece un triste ejemplo de lo que puede suceder en este escenario. La cultura y la forma de pensar de una sociedad en un momento determinado se reflejan en su literatura histórica. La escritura, el consumo y la eventual discusión en torno a ella pueden considerarse en pedagogía como una de las formas más efectivas de sintetizar ideas, valores predefinidos e ideologías seleccionadas, favoreciendo la continuidad o la disolución. Por esta razón, toda la literatura que se enseñe en las escuelas podría acabar siendo generada por la IA, presentada paradójicamente como *"clásicos atemporales de origen reciente"*, cuya interpretación y discusión serían tan unilaterales como las historias mismas.

La educación se convierte, en este contexto, en una forma de programación. La disidencia, el librepensamiento y el pensamiento crítico serían eliminados, salvo para aquellos que están bajo constante vigilancia. El éxito individual en los procesos educativos siempre ha sido una herramienta de autodeterminación, selección en procesos económicos y acceso a sistemas de recompensa. Sin embargo, con la centralización de las decisiones educativas, la predeterminación del papel social y un currículo masivo orientado a la formación de comportamientos considerados positivos para el nuevo orden social, las personas se convertirían en herramientas del régimen, y la educación se transformaría en una poderosa herramienta de manipulación. La libertad de expresión, pensamiento y autodirección se convertiría en un ideal lejano.

En los escenarios distópicos engendrados por la IA, la destrucción de la educación representa un clavo en el ataúd de la libertad, del cual no habrá escape.

La Tormenta Perfecta: La IA y la Próxima Depresión

La transición hacia la automatización impulsada por la Inteligencia Artificial podría producirse en medio de un período de depresión económica, lo que, a su vez, podría exacerbar las implicaciones sociales de la sustitución de puestos de trabajo. Algunos economistas, como Ray Dalio, fundador del fondo de cobertura estadounidense Bridgewater Associates, advierten sobre la posibilidad de una depresión económica inminente a partir de finales de la década de 2020. Esta perspectiva se basa en su profundo conocimiento de los ciclos económicos históricos [Dalio].

Dalio identifica varios factores que actualmente aumentan la probabilidad de una depresión grave a corto plazo: el incremento de la desigualdad de ingresos, la limitación de la política monetaria para estimular el crecimiento económico y el aumento de los niveles de deuda mundial hasta cifras históricas. Según Dalio, las herramientas tradicionales empleadas por los bancos centrales podrían estar alcanzando sus límites, dejando poco margen para una respuesta efectiva ante una recesión económica severa.

Históricamente, las recesiones económicas han servido como catalizadores para que las empresas busquen eficiencias operativas, llevándolas a explorar la automatización como una alternativa a la mano de obra humana. Si se materializa una depresión económica grave, como sugiere Dalio, este sería el momento propicio para que la sustitución de puestos de trabajo por IA se acelere en toda la economía. Aunque no podemos prever con exactitud cuándo ocurrirá la próxima depresión, la naturaleza cíclica del capitalismo sugiere que es muy probable que se produzca en algún momento de los próximos 20 años.

A diferencia de las revoluciones tecnológicas anteriores, el avance de la IA presenta diferencias notables tanto en la naturaleza del trabajo como en las economías globales. En ciclos económicos pasados, la recuperación a menudo conllevaba la reabsorción de los trabajadores desplazados en el mercado laboral. Sin embargo, el auge de la IA podría hacer que esta reabsorción sea menos probable. Una vez implantados, los sistemas de IA pueden realizar tareas de manera más eficiente y rentable que los humanos, reduciendo así el incentivo para que las compañías vuelvan a contratar trabajadores humanos, incluso durante los repuntes económicos. Además, el nivel de deuda del gobierno de EE. UU., que alcanzó el 123% del PIB en 2023, se encuentra en niveles históricamente altos, mientras que la mediana mundial está en el 55% [World Population Review] [Lu y Conte]. Este elevado nivel de deuda podría limitar el crecimiento y ralentizar la recuperación, intensificando la necesidad de desplegar rápidamente la IA para alcanzar eficiencias.

El impacto combinado de las recesiones económicas y la sustitución generalizada de puestos de trabajo por IA genera una situación potencialmente explosiva que puede alimentar el malestar social. Los trabajadores desplazados, que deben enfrentar el reto de la recualificación y la transición a nuevas funciones, podrían verse marginados y privados de derechos. Este sentimiento de alienación y desigualdad puede manifestarse en protestas, huelgas y, potencialmente, en desobediencia civil y populismo, a medida que los individuos exigen reformas económicas y una reevaluación de las prioridades sociales.

Dos Castas de Seres Humanos

La desaparición de la verdadera democracia y el inminente desempleo masivo podrían no ser las consecuencias más adversas que la Inteligencia Artificial podría acarrear a la humanidad durante la Transición.

De acuerdo con el economista político y filósofo Francis Fukuyama, el transhumanismo—posibilitado por la IA—es la *"idea más peligrosa"* para la humanidad. Esto se debe a que podría erosionar los principios igualitarios de la democracia liberal al alterar fundamentalmente la naturaleza humana y crear diferencias antinaturales entre los seres humanos [Fukuyama].

Como se detalla en los Capítulos 20 y 21, la IA tiene el potencial de transformar profundamente la biología humana a través de tecnologías como la cyborgización y la biología sintética. En la sociedad contemporánea, existe una gran preocupación por la discriminación racial, de género y de otras formas. Sin embargo, los seres humanos comparten un alto porcentaje de su código genético. La secuencia de ADN de dos personas es idéntica en aproximadamente un 99,6% [genome.gov]. En cuanto al 0,4% restante, resulta difícil, por no decir imposible, argumentar qué diferencias nos hacen mejores o peores, especialmente cuando se trata de características visuales que definimos abstractamente como raza. Imagina un mundo en el que algunas personas, aquellas modificadas mediante biología sintética o implantes cyborg, sean objetivamente superiores a las no mejoradas debido a su mayor longevidad, mayor inteligencia, mayor fuerza física y mayor resistencia al entorno.

Estas tecnologías emergentes para la mejora humana no pueden distribuirse equitativamente; como se menciona en la introducción del libro, es probable que haya un acceso desigual, con muchos quedando rezagados, ya sea por elección o por imposición. Entonces, ¿quién decide quién recibe primero y qué recibe cada uno? En general, se esperaría que aquellos con mayores medios económicos tengan prioridad en el acceso. Además, los primeros en acceder podrían restringir el acceso a los demás, profundizando aún más la brecha entre ricos y pobres y fomentando una *"división genética"*. De manera maquiavélica, la sociedad también podría seleccionar activamente a quienes deberían recibir estas mejoras, con los criterios de selección potencialmente influidos por la IA, que podría tomar decisiones basadas en valores *"éticos"* impuestos por los gobiernos. Como resultado, es probable que los beneficiarios sean aquellos que representen el menor drenaje de recursos a lo largo del tiempo o aquellos favorables al régimen político imperante. Si las reformas socialdemócratas no logran seguir el ritmo de la implementación de estas tecnologías, se creará una sociedad bifurcada, donde los individuos genéticamente mejorados serían los *"que tienen"* y los no mejorados serían los *"que no tienen"*. Una vez alcanzado este punto, parece poco probable que haya marcha atrás.

Además de dividir económicamente a la población, estos niveles sociales también la separarían en dos especies humanas distintas. Una de ellas estaría significativamente aventajada en términos de bienestar y capacidades intelectuales y físicas. Desde una perspectiva estrictamente científica, esto podría ocurrir realmente por diseño y ser introducido en la población, quizás de manera gradual y casi imperceptible. En una sociedad así, la diferencia en el trato hacia ciertos individuos no se basaría en un sentimiento subjetivo de superioridad racial, sino en la realidad objetiva de que unos serían físicamente o intelectualmente inferiores a otros. Las capacidades inferiores y la salud deteriorada llevarían a una posición moral disminuida, lo que podría dar lugar a conflictos entre especies humanas y posthumanas e incluso derivar en una guerra de castas.

La cuestión no se limita a la falta de acceso a las tecnologías de mejora humana para ciertos individuos. Algunos humanos también optarían por no someterse a mejoras, aunque pudieran permitírselo económicamente, debido a convicciones éticas y filosóficas. James Hughes, presidente de la Asociación Transhumanista Mundial, descalifica a estos individuos como *"bioluditas"*, en comparación con el movimiento ludita del siglo XIX que se opuso a la mecanización del trabajo durante la Revolución Industrial [Hughes]. En el Capítulo 30, exploramos las implicaciones más sombrías a las que podría conducir esta situación: la guerra.

Identidades de Especie y Eugenesia: Un Déjà Vu

La guerra es una posibilidad dramática y, aunque podría parecer lejana, es también probable. Sin embargo, antes de llegar a un conflicto de tal magnitud, deben salir mal muchos otros factores. Uno de ellos es el uso generalizado de la eugenesia.

Bajo la Integración y el impacto de la Biología Sintética, las diferencias entre las especies humanas podrían llegar a ser tan significativas que un grupo podría volverse biológicamente incompatible con otro. Esta incapacidad para cruzarse podría tener una base biológica, como una barrera genética inherente, o bien surgir por razones sociales, como la inaceptabilidad de modificar el *"sistema operativo"* de la sociedad. Además, los programas de eugenesia patrocinados por el Estado podrían convertirse fácilmente en una norma bajo el pretexto de *"eficiencia y mejora"*, implementando combinaciones genéticas forzadas, licencias de procreación y la predeterminación de roles sociales. Como hemos mencionado previamente, la Inteligencia Artificial ya está ofreciendo la capacidad de descifrar el código genético de manera precisa, acumulando el valor genético de forma científica e indiscutible, y desarrollando proyectos robustos para mejorar tanto sintética como naturalmente el acervo genético. En este contexto, la cría selectiva—o en su contraparte, la prohibición de reproducción— buscan ambos perfeccionar el acervo genético humano, con el objetivo de garantizar el éxito y la supervivencia, especialmente en escenarios donde las poblaciones se ven reducidas por las dinámicas de economías impulsadas por la IA. Es inevitable que estos procesos generen diferentes niveles de división social, conforme se implementen, incluso si al principio no son evidentes para la mayoría de las personas. La aplicación de programas de eugenesia podría no solo naturalizar, sino también reforzar las jerarquías sociales existentes, brindando a los regímenes autoritarios nuevas herramientas para ejercer control. Incluso en un contexto más benigno, podemos imaginar un servicio de citas en línea que no solo emparejara personas según la compatibilidad interpersonal, sino que también alineara sus genes y proyectara su valor económico a lo largo de toda su vida, todo esto bajo un sistema científico aparentemente infalible.

El caso más notorio de eugenesia ocurrió en la Alemania nazi, donde los programas estatales de higiene racial llevaron al exterminio sistemático de millones de personas mediante esterilizaciones forzosas, programas de eutanasia y, en última instancia, el Holocausto. No obstante, las ideas eugenésicas no se limitaron a los regímenes autoritarios [Rutherford]. En Estados Unidos, por ejemplo, las leyes de esterilización obligatoria afectaban a quienes eran considerados social o genéticamente inadecuados, como fue el caso del precedente judicial *"Buck contra Bell"* en 1927, que validó la esterilización forzada a gran escala. En el Reino Unido, la Ley de Deficiencia Mental de 1913 permitió la institucionalización y esterilización de individuos con discapacidades mentales, basándose en preocupaciones eugenésicas sobre la herencia de enfermedades mentales. Lo mismo ocurrió en Australia, Japón y Brasil, entre muchos otros países.

Las organizaciones transhumanistas, aunque se desvinculan de manera tajante de las prácticas eugenésicas del siglo XX, rechazando los fundamentos racistas de esas teorías, no eliminan del todo el riesgo. Mientras existan diferencias biológicas o culturales entre grupos humanos, el peligro latente permanece. Dada la facilidad técnica para desarrollar programas eugenésicos mediante los avances actuales de la IA y la capacidad de la biología sintética para modificar genéticamente poblaciones enteras, ¿podemos confiar en que gobiernos cada vez menos democráticos no sigan este camino durante un reinicio del sistema operativo de la sociedad?

Del Laboratorio al Bioterrorismo

Por último, uno de los riesgos que la Inteligencia Artificial podría traer en un futuro distópico es el relacionado con la bioseguridad. Particularmente, la biología sintética tiene el potencial de ser mal utilizada con fines destructivos, afectando tanto al medio ambiente como a la sociedad. Por esta razón, es esencial evaluar cuidadosamente las implicaciones éticas de la biología sintética y la bioseguridad, con el fin de establecer barreras legales y técnicas proactivas que prevengan su uso no autorizado. Aunque las conversaciones éticas sobre estos temas no son completamente nuevas, se trata en gran medida de un resurgimiento de debates previos en torno a los organismos modificados genéticamente y el ADN recombinante. De hecho, muchas jurisdicciones ya cuentan con marcos regulatorios sólidos para la investigación de patógenos y la ingeniería genética.

Una preocupación creciente es la posibilidad del bioterrorismo, que aumenta a medida que avanzan las técnicas de biología sintética y el acceso a tecnologías, aunque no de vanguardia, sigue siendo inmensamente poderoso. Con la creación de nuevas herramientas en este campo, la manipulación de organismos patógenos se ha vuelto más accesible, facilitando su uso como armas biológicas mucho más letales, fáciles de producir y escalables. Un claro ejemplo de esto es el ántrax, que fue sintetizado y enviado por correo en Estados Unidos en 2021. Eventos como la pandemia de COVID-19 han intensificado estas preocupaciones. Las organizaciones terroristas ahora son cada vez más conscientes de los efectos sociales, políticos y económicos que este tipo de armas biológicas pueden causar. Juan Zárate, ex viceconsejero de Seguridad Nacional para la Lucha contra el Terrorismo, describe cómo el COVID-19 ha hecho más tangible la amenaza del bioterrorismo: *"Ahora que el mundo se tambalea simplemente por un nuevo coronavirus con una tasa de letalidad relativamente baja, algunos grupos extremistas y científicos deshonestos podrían ver este momento como un catalizador para explorar de nuevo las posibilidades del bioterrorismo"* [Cruickshank y Rassler].

Con estos escenarios distópicos y utópicos en mente, es momento de enfocar nuestra atención en la actualidad, en particular en el panorama de la Inteligencia Artificial en China y su creciente competencia con Estados Unidos para liderar como la superpotencia mundial en IA.

24. China y la Guerra Fría de la Inteligencia Artificial

"El pensamiento humano debe ser cauteloso para no escapar de sí mismo ni liberar capacidades que puedan terminar destruyendo a la humanidad. En este contexto, Estados Unidos y China tienen una responsabilidad especial, ya que están en una posición privilegiada para avanzar científicamente. Sin embargo, el desafío reside en cómo limitar las posibles interpretaciones y aplicaciones, tanto para cada país como en sus relaciones internacionales".

Henry Kissinger

Diplomático, politólogo y político estadounidense
En una entrevista con el Instituto Tony Blair para el Cambio Global [Kissinger]
2023

A pesar de haber iniciado más tarde que Estados Unidos y Japón, el desarrollo de la Inteligencia Artificial en China ha logrado avances significativos en los últimos años, consolidando su rol como un actor global clave. Lejos de limitarse a implementar la IA únicamente en su propia sociedad, China aspira a desempeñar un papel crucial a nivel internacional, utilizando esta tecnología para extender su influencia y sus valores mercantilistas. De manera similar a cómo Japón, tras la Segunda Guerra Mundial, se centró en el desarrollo industrial y la cohesión política para reconstruir su riqueza y *"alcanzar a Estados Unidos"*, China ve en la IA una oportunidad comparable. Bajo el liderazgo del Partido Comunista Chino (PCCh), el gobierno central unipartidista ha tomado una dirección clara, aunque preocupante para el resto del mundo.

El PCCh ha sido un actor determinante en la configuración del ecosistema de la IA en China. A través de la implementación de regulaciones, la asignación de significativos fondos, la priorización estratégica y la coordinación activa del sector privado en torno a sus políticas y valores fundamentales, ha logrado impulsar el desarrollo de la IA a nivel global, como exploraremos en este capítulo.

La ambición de China por dominar el ámbito de la IA quedó manifiesta en 2017, cuando presentó el *"Plan de Desarrollo de la IA de Nueva Generación"*.

Este plan es una hoja de ruta detallada que establece la visión estratégica de China para convertirse en líder mundial en IA, tanto en investigación básica como en aplicaciones prácticas. No obstante, este ambicioso proyecto generó inquietud en Estados Unidos, lo que marcó el inicio de lo que ahora se conoce como la *"Guerra Fría de la IA"* [Thompson y Bremmer].

En los Capítulos 6 y 9, analizamos cómo se entrenan los modelos de IA y la importancia central que tienen los datos en este proceso. El PCCh pretende construir su programa de IA utilizando no solo los datos de sus propios ciudadanos, sino también los de personas en otros países. Las controversias con Occidente, relacionadas con aplicaciones móviles de amplio alcance como TikTok, que recopilan datos personales de millones de usuarios sin su consentimiento, han provocado tensiones al violar las leyes de privacidad de otros países y comprometer la seguridad nacional [Holpuch]. Además, es sabido que el PCCh controla la mayor base de datos biométricos del mundo, lo que hace probable que incluso tus datos estén en su poder, una preocupación que abordaremos más adelante en este capítulo [Piore].

En términos generales, Estados Unidos y China compiten intensamente por la supremacía en áreas críticas como los semiconductores, la tecnología 5G, la ética en IA y las regulaciones asociadas. Cada vez es más evidente que el futuro podría estar dominado por dos ecosistemas de IA separados y aislados, dirigidos por estas dos potencias económicas, militares y tecnológicas. Con el tiempo, otras naciones se verán forzadas a tomar decisiones cruciales sobre a cuál de estos sistemas alinearse, lo que tendrá profundas implicaciones para las normativas y la gobernanza global de la IA, así como para los valores que cada sociedad defiende.

En las páginas siguientes, detallaremos cómo China ha llegado a desafiar a Estados Unidos en el campo de la IA y hacia dónde podría dirigirse en el futuro.

Deng Xiaoping y el Nacimiento de la IA en China

En 1978, se produjo un momento crucial en la historia de China con el ascenso de Deng Xiaoping al liderazgo. Este evento marcó el inicio de un viaje transformador destinado a remodelar el país y convertirlo en una sociedad moderna, donde la Inteligencia Artificial se integraría como un componente fundamental de una transformación global. La metamorfosis de China se centró en fortalecer una economía de mercado y en reconocer la ciencia y la tecnología como motores esenciales del progreso.

En este contexto, comenzó la incursión de China en el campo de la IA. En 1981, se dio un paso decisivo con la creación de la Asociación China para la IA (CAAI) [CAAI]. Posteriormente, en 1987, la Universidad de Tsinghua publicó la primera investigación sobre IA en China [Cai]. No obstante, los avances iniciales fueron lentos y arduos para el país. A la zaga de sus homólogos occidentales, China enfrentó limitaciones de recursos y una escasez de talentos. A pesar de estos desafíos, la respuesta de China fue decidida y audaz. El gobierno envió becarios al extranjero para formarse en IA y canalizó fondos públicos hacia iniciativas de investigación. Esta estrategia, aunque gradual, estaba diseñada para asegurar el desarrollo del capital humano en el país.

No fue hasta principios de la década de 2000 que China comenzó a aumentar significativamente el número de proyectos de investigación patrocinados por el gobierno y la financiación para la IA. En 2006, China se comprometió oficialmente con el desarrollo de la IA, integrándola en el *"Plan a Medio y Largo Plazo para el Desarrollo de la Ciencia y la Tecnología"* (2006-2020) [He y Bowser]. Este plan estratégico destacaba la necesidad imperiosa de desarrollar una investigación exhaustiva en diversos ámbitos de la informática, incluida la IA. El objetivo era establecer una base sólida tanto en la investigación teórica como en el desarrollo tecnológico, permitiendo a China avanzar rápidamente en su industria informática.

2017: Un Plan Estratégico y un Equipo Nacional de IA

Desde que Xi Jinping asumió el poder en 2013, China ha intensificado su apuesta por el desarrollo de la Inteligencia Artificial, mostrando una firme determinación en su ambicioso objetivo de convertirse en líder mundial en esta área de investigación. El país busca aprovechar el potencial de la IA como un motor clave para el crecimiento industrial y la transformación económica.

En esta línea de pensamiento, en 2017, el Gobierno chino presentó su ambicioso *"Plan de Desarrollo de la IA de Nueva Generación"*. Este plan estratégico, cuidadosamente diseñado, tenía como fin impulsar a China a la vanguardia del liderazgo global en IA [Webster]. La iniciativa posicionó la IA como una tecnología de importancia estratégica para el país, subrayando su potencial transformador en una amplia gama de sectores económicos. Además, el plan tenía como objetivo alcanzar la supremacía tecnológica mundial mediante el apoyo constante a la investigación fundamental sobre IA y al desarrollo de nuevas tecnologías. Para asegurar el éxito de esta estrategia, el Gobierno canalizó recursos y financiamiento hacia proyectos seleccionados de IA, al mismo tiempo que implementaba medidas para acelerar la comercialización de estas tecnologías, garantizando la supervisión gubernamental. Asimismo, se fomentó la colaboración entre el Gobierno, el sector privado, el mundo académico y el ejército, con el fin de consolidar un ecosistema robusto en torno a la IA.

El plan se estructuró en tres fases. En la primera fase, que debía completarse en 2020, China buscaba avanzar en el desarrollo de modelos de IA y posicionarse competitivamente a nivel global. La segunda fase, proyectada para 2025, planteaba la realización de avances significativos en la tecnología de IA y en la investigación teórica, al mismo tiempo que se sentarían las bases legales y éticas necesarias para su implementación. Finalmente, en la tercera fase, prevista para 2030, China aspira a liderar mundialmente en IA, desarrollando innovaciones de vanguardia y estableciendo un sistema sólido de formación para los profesionales del campo.

Según el plan, *"para 2030, las teorías, tecnologías y aplicaciones de la IA en China deberían alcanzar niveles de liderazgo mundial, convirtiendo al país en el principal centro global de innovación en IA. Esto implicará resultados visibles en las aplicaciones de una economía y sociedad inteligentes, y sentará una base sólida para que China se consolide como una nación líder en innovación y una potencia económica."* Además de presentar su plan formal en 2017, el gobierno chino anunció la creación de un *"equipo nacional de IA"*. Este grupo, elegido y cultivado cuidadosamente, está formado por destacadas compañías a las que se les ha asignado la responsabilidad de desarrollar áreas específicas de la IA, como la generación de voz o el reconocimiento facial. Inicialmente, el equipo estaba compuesto por Alibaba Cloud, Baidu, Tencent e iFlytek, cada una con un rol definido:

- Alibaba Cloud se encarga de las ciudades inteligentes,
- Baidu se especializa en vehículos autónomos,
- Tencent se centra en la inteligencia médica, y
- iFlytek lidera el reconocimiento de voz.

Desde su creación, este equipo nacional ha crecido tanto en el número de compañías participantes como en el alcance de sus especializaciones en IA. En 2018, SenseTime se unió al equipo, fortaleciendo las capacidades en visión computarizada. Posteriormente, en 2019, el equipo experimentó una expansión significativa, acogiendo a diez nuevas compañías, entre las que se encuentran importantes gigantes del sector:

- Huawei, especializada en telecomunicaciones,
- Yitu, en informática visual,
- Xiaomi, en domótica,
- Pingan, en inteligencia financiera,
- Hikvision, en percepción de vídeo,
- JD.com, en cadena de suministro inteligente,
- Megvii, en percepción visual,
- Qihoo 360, en seguridad y cerebro inteligente, y
- TAL Education Group, en el ámbito educativo.

El Auge de la Industria de la IA en China desde 2017

Tras las políticas gubernamentales de 2017, la industria china de la IA experimentó un crecimiento explosivo, convirtiéndose en los últimos años en un sector multimillonario. En 2021, su valor se disparó hasta aproximadamente 23.000 millones de dólares, y las previsiones apuntan a que alcanzará los 62.000 millones de dólares en 2025 [Koty]. Las inversiones públicas se han canalizado estratégicamente hacia la investigación fundamental y aplicada, reforzando los proyectos de IA en el sector privado a través de fondos de capital riesgo respaldados por el Estado.

Este rápido desarrollo de la IA en China ha dejado una huella indeleble en varias facetas de la sociedad, abarcando ámbitos socioeconómicos, militares y políticos. Algunos de los sectores más intensamente impulsados por los programas de IA del gobierno son la agricultura, el transporte, el alojamiento, los servicios alimentarios y la fabricación. Entre las funcionalidades más destacadas en las directrices políticas del gobierno figuran la biotecnología/SynBio, el reconocimiento facial, los vehículos autónomos, la computación cuántica y la inteligencia médica.

El gobierno chino ha designado catorce ciudades y un condado como zonas de desarrollo experimental para encabezar el crecimiento de la industria de alta tecnología. Las áreas específicas de investigación y desarrollo de la IA varían de una ciudad a otra, en consonancia con sus sectores industriales y ecosistemas locales únicos. Por ejemplo, Zhejiang y Guangdong, en la costa, están avanzando mucho en las aplicaciones comerciales prácticas de la IA. Mientras que Wuhan se centra en SynBio y el sector educativo, Suzhou, con su notable industria manufacturera, está dirigiendo sus esfuerzos hacia la IA industrial, la automatización y otras infraestructuras de IA [Finanzas Sina].

Como resultado, surgieron indicadores específicos que sugerían que China estaba ganando ventaja a EEUU. Según el Foro Económico Mundial, en 2017, dos tercios de las inversiones mundiales en IA se dirigían a China [FEM]. Además, China se adelantó en la producción de investigación relacionada con la IA, acumulando la asombrosa cifra de 43.000 documentos en 2021, casi el doble que Estados Unidos. Además, China se había hecho con 7.000 de los documentos más citados, superando a EEUU por un margen sustancial del 70% [Tabeta y escritores].

Una de las formidables ventajas de China en IA reside en su vasta población, fuente abundante de datos para empresas e investigadores, y para el entrenamiento de algoritmos. Esta riqueza de datos ha sido decisiva, sobre todo en aplicaciones como el reconocimiento facial, donde los datos recogidos de los residentes han alimentado el entrenamiento de la IA. La homogeneidad racial también ha sido útil, ya que los modelos de IA tienen que ser capaces de detectar sutiles diferencias en los rostros para ser valiosos. China es muy consciente de esta ventaja competitiva y tradicionalmente ha adoptado un enfoque laxo respecto a la protección de datos, pero esto también está cambiando.

Al igual que los países occidentales, China ha realizado importantes esfuerzos para reforzar la privacidad y la ética de los datos dentro de sus propias fronteras. En 2021, se introdujo la *"Ley de Protección de la Información Personal"* (PIPL), que es el equivalente chino del RGPD. La ética de la IA también cobró importancia con la introducción del *"Código Ético de la IA de Nueva Generación"*, también en 2021, que hace especial hincapié en proteger los derechos de los usuarios nacionales, garantizar la privacidad y promover la utilización segura de las tecnologías de IA dentro de China.

La Guerra Fría por la Supremacía de la IA

El ambicioso Plan de Desarrollo de la IA de China de 2017 marcó un punto de inflexión con consecuencias de gran alcance para EEUU y sus aliados. El plan provocó un aumento de las tensiones entre China y EEUU, dando lugar a una nueva rivalidad geopolítica a la que a menudo se denomina la *"Guerra Fría de la IA"* [Thompson y Bremmer]. A diferencia de la Guerra Fría del siglo XX, definida por el armamento nuclear y los enfrentamientos ideológicos, esta Guerra Fría contemporánea se centra en la tecnología de la IA y en la ideología económica mercantilista de los chinos. Esta presenta una narrativa de competencia económica, en la que la innovación tecnológica determina la posición geopolítica de las naciones. El enfoque distinto de China respecto al desarrollo de la IA plantea retos formidables a EEUU, sobre todo en lo que se refiere a las aplicaciones autoritarias de la IA por parte de China, como su Sistema de Crédito Social (SCS), que abordaremos más adelante en esta sección, y el despliegue activo de la IA en contextos militares.

Al igual que Estados Unidos, China está aprovechando la Inteligencia Artificial para optimizar su inteligencia militar y acelerar la toma de decisiones en el campo de batalla. En este sentido, el país está explorando activamente diversas operaciones autónomas, tanto terrestres como marítimas, submarinas, aéreas y de guerra cibernética [Kania y Scharre]. Como era de esperarse, dado su historial de robo de propiedad intelectual, China ha recurrido a diferentes estrategias cuando no ha podido apropiarse de tecnología de manera directa. Con el fin de mantener un acceso continuo a la tecnología y la propiedad intelectual estadounidenses, ha realizado inversiones estratégicas en el mercado estadounidense de IA, especialmente en compañías que se dedican a la defensa. Entre 2010 y 2017, las inversiones chinas de capital riesgo en empresas estadounidenses de IA ascendieron a aproximadamente 1.300 millones de dólares [Singh y Brown]. El uso militar de la IA por parte de China genera preocupación en Estados Unidos, ya que podría tener un impacto significativo en la estabilidad mundial y contribuir a la escalada de las tensiones preexistentes.

El temor a que China supere a EEUU en IA ha dominado los debates sobre política tecnológica en Washington. China ha surgido como un competidor formidable, produciendo investigación en IA de primer nivel comparable a la estadounidense e integrando esta tecnología en su economía y en sus sistemas de vigilancia interna, como el SCS. En la carrera por desarrollar algoritmos avanzados de IA, China ha acortado rápidamente distancias con los laboratorios de investigación estadounidenses, logrando a menudo resultados comparables en pocos años.

La escalada de tensiones entre ambas naciones incitó al gobierno estadounidense a adoptar políticas destinadas a frenar el avance de la IA en China, principalmente mediante la aplicación de controles a la exportación dirigidos a los chips esenciales para entrenar y ejecutar algoritmos de IA, así como a las tecnologías o materias primas para fabricar estos chips. Estas sanciones coincidieron con la guerra comercial del expresidente Donald Trump, el cual había creado un clima geopolítico propicio para este tipo de restricciones.

Además, los semiconductores desempeñan un papel especialmente conflictivo en el marco de la llamada Guerra Fría de la IA, debido a la relevancia de Taiwán en su producción y a la creciente posibilidad de que se desate un conflicto armado, o al menos un bloqueo, entre el continente y la isla. La cadena de suministro de semiconductores, altamente concentrada en unos pocos actores clave ubicados en regiones geográficas específicas, está interconectada a nivel global, lo que la convierte en un sistema vulnerable a restricciones comerciales, interrupciones en la distribución y la escasez de estos componentes esenciales. De hecho, aproximadamente el 70% de los semiconductores mundiales se fabrican o transitan por Taiwán, hogar de TSMC (Taiwan Semiconductor Manufacturing Company), el mayor productor de chips del mundo [Slingerlend].

Siguiendo este razonamiento, el gobierno estadounidense implementó restricciones a la exportación de semiconductores hacia China. Esta medida no solo perjudicó las capacidades de China para diseñar y fabricar chips avanzados de Inteligencia Artificial, sino que, además, obstaculizó significativamente su habilidad para utilizar chips importados en los programas de desarrollo de IA de las compañías chinas [Clark]. Aunado a esto, Estados Unidos logró persuadir a los gobiernos europeos para que adoptaran restricciones similares. Un ejemplo de ello es la compañía ASML (Advanced Semiconductor Materials Lithography), con sede en los Países Bajos, que cesó la exportación de tecnologías de fabricación de semiconductores hacia China [Woo]. Asimismo, Estados Unidos y la Unión Europea aprovecharon la narrativa de la Guerra Fría en torno a la IA para restringir la adquisición de tecnología 5G de Huawei y ZTE dentro de sus respectivos territorios. Dado que la tecnología 5G depende en gran medida de los semiconductores, esta acción complicó aún más la rivalidad tecnológica entre Oriente y Occidente [Meyer].

Como resultado de las restricciones comerciales impuestas a las exportaciones de semiconductores hacia China, se produjo una repercusión significativa en las cadenas de suministro. China respondió limitando las exportaciones de semiconductores hacia Estados Unidos y Europa, lo que generó una creciente preocupación en las industrias de ambos continentes [Klayman y Nellis]. En respuesta, el gobierno estadounidense asignó 250.000 millones de dólares en subvenciones públicas para apoyar a los sectores tecnológicos y manufactureros locales, con un enfoque específico en los semiconductores, la Inteligencia Artificial y la computación cuántica [Ni]. De manera similar, la Unión Europea promulgó legislación destinada a subvencionar la producción de semiconductores dentro de sus fronteras [Timmers y Kreps].

Más Allá de las Fronteras: El Juego de Espionaje Chino Impulsado por la IA

La *"Guerra Fría de la IA"* se intensificó más allá de las consideraciones comerciales, hacia aspectos de espionaje y seguridad nacional.

Junto con el aumento de los casos de COVID en 2021, una compañía china afiliada al ejército se puso en contacto con los dirigentes locales estadounidenses y les ofreció establecer laboratorios de pruebas en varios estados de EEUU. A cambio, el Instituto de Genómica de Pekín, empresa afiliada al gobierno chino e importante actor mundial en la investigación genómica, obtuvo acceso al ADN de las personas sometidas a las pruebas. El gobierno estadounidense aconsejó a los estados que rechazaran la oferta, y así lo hicieron. Mientras tanto, el Instituto de Genómica de Pekín había establecido laboratorios en al menos 16 países para recopilar información sobre el ADN de los ciudadanos. China tiene ahora la mayor base de datos de ADN del mundo, que incluye tanto a sus propios ciudadanos como a poblaciones de otros países [Warrick y Brown].

Organizaciones de derechos humanos de todo el mundo afirman que el gobierno del PCCh utiliza las pruebas de ADN para elaborar perfiles raciales y con objetivos de seguridad, como vigilar e identificar a los musulmanes uigures, una minoría etnorreligiosa con millones de personas recluidas en los llamados campos de internamiento de Xinjiang.

Los funcionarios estadounidenses añaden que la recolección de ADN por parte de compañías chinas debe considerarse parte de un intento concertado de aspirar los registros de millones de ciudadanos estadounidenses, y que muchos de estos esfuerzos violan la legislación estadounidense: *"Es probable que la mayoría de los estadounidenses hayan visto comprometidos sus datos por las unidades de inteligencia cibernética del gobierno chino y la inteligencia militar china"*, declaró April Falcon-Doss, ex empleada de la Agencia de Seguridad Nacional y autora del libro *"Cyber Privacy: Who Has Your Data and Why You Should Care"* [Nye]. Según Falcon-Doss, China está recopilando gran cantidad de datos personales sobre sus ciudadanos para contribuir a sus actividades de espionaje y desarrollar su economía y su tecnología [Myre].

Mientras EE.UU. y China se espían mutuamente de forma activa, China ha reforzado deliberadamente su búsqueda activa e implacable de datos personales de estadounidenses individuales utilizando la IA en su actividad de espionaje y apropiación de datos. Desde 2014, China ha sido acusada de robar grandes cantidades de datos, incluidos los registros de clientes de Marriott (400 millones), la oficina de crédito Equifax (145 millones), la compañía de seguros médicos Anthem (78 millones) y la Oficina de Gestión de Personal de EEUU (21 millones). Esta última incluía archivos clasificados de empleados y contratistas del Gobierno, como huellas dactilares y autorizaciones de seguridad[Myre].

Armado con esta información específica introducida en modelos de algoritmos no supervisados, como los que discutimos en el Capítulo 6, no sería complicado predecir con un alto grado de precisión quién, en una población de personas con problemas de crédito, podría ser el objetivo y probablemente aceptar un soborno para participar en el robo de secretos industriales. Además, podríamos determinar a dónde viajas dentro de EE.UU. o al extranjero, dónde ponerse en contacto contigo, e incluso cuándo dirigir campañas sutiles de correo electrónico en línea a tu familia, con el propósito de hacerlo en momentos en que es probable que no estés presente con ellos. En respuesta a estas preocupaciones, el gobierno estadounidense ha tomado medidas drásticas, prohibiendo a Huawei, el mayor fabricante chino de equipos de telecomunicaciones, instalar su infraestructura en Estados Unidos [Meyer]. Asimismo, se ha procedido a la deportación de cientos de estudiantes cuyo verdadero propósito al venir a EE.UU. bajo la excusa de estudiar era acceder a información técnica y científica [AP News]. Aunque el Departamento de Justicia ha presentado cargos contra ciudadanos chinos en varios casos, muchos de los acusados permanecen en China y, por lo tanto, no están sujetos a la jurisdicción de las fuerzas de seguridad estadounidenses. Es relevante señalar que muchos de estos acusados sirven en el ejército chino.

El Sistema de Crédito Social de China: Más Disfuncional que Distópico

Uno de los megaproyectos relacionados con la IA más emblemáticos y polémicos de China es el Sistema de Crédito Social (SCS), una iniciativa nacional desarrollada por el gobierno para evaluar la *"fiabilidad"* de empresas, particulares e instituciones gubernamentales [Yang].

En la década de 2000, China comenzó a enfrentar una creciente notoriedad en torno a estafas generalizadas, fraudes financieros y escándalos de seguridad pública. Entre los incidentes más notorios se encontraba la exportación insensible de leche contaminada para lactantes a otros países [Branigan]. En respuesta a estos problemas, el gobierno chino empezó a considerar la creación de un sistema regulador destinado a controlar áreas críticas como el fraude financiero, la propiedad intelectual y la seguridad alimentaria, con el objetivo de fortalecer la confianza pública [Reilly y al.]. La propuesta central consistía en que los organismos reguladores compartieran información para compilar listas nacionales de bloqueo por incumplimiento, lo cual implicaba sanciones y estrategias de *"nombrar y avergonzar"* públicamente para desalentar comportamientos indeseables.

Los métodos tradicionales de control del comportamiento se consideraron insuficientes para enfrentar los desafíos derivados de una población china en crecimiento y un panorama socioeconómico en rápida evolución. Con el avance tecnológico, la idea de utilizar datos y tecnología para evaluar la fiabilidad y controlar el comportamiento fue ganando relevancia. Este esfuerzo se inspiró en los sistemas de calificación crediticia de otros países, como FICO, Equifax y TransUnion en Estados Unidos [Pieke y Hofman].

En 2013, el Tribunal Popular Supremo estableció una lista negra de deudores denominada *"Lista de Personas Deshonestas"*, que imponía restricciones a los morosos, como la prohibición de acceder a escuelas privadas y realizar gastos suntuarios [Chan]. Posteriormente, en 2014, el gobierno esbozó planes para un Sistema de Crédito Social (SCS) integral, y ese mismo año se puso en marcha un piloto nacional con la participación de ocho empresas de calificación crediticia. En 2015, se concedieron licencias a ocho compañías, entre ellas gigantes del sector como Alibaba y Tencent, para trabajar en diversos aspectos del sistema, como las operaciones de servicio, los algoritmos de riesgo crediticio y el software de gestión. Cabe destacar que, a nivel global, todas las sociedades tienen algún tipo de control sobre la gestión de la deuda; mientras que el mundo árabe aún mantiene cárceles para deudores, las naciones occidentales cuentan con modelos sofisticados de acceso al crédito y fijación de precios de los préstamos, y en las sociedades del norte de Asia prevalecen la vergüenza y el desprestigio.

La implementación del Sistema de Crédito Social (SCS) se llevó a cabo por etapas, comenzando con una serie de proyectos piloto en ciudades y regiones seleccionadas a partir de 2017. Estos ensayos permitieron a las autoridades evaluar diversos aspectos del sistema. En 2018, el SCS se había implantado oficialmente en todo el país, aunque persistían numerosos desafíos por resolver. La puesta en marcha del sistema requirió la colaboración de organismos gubernamentales, compañías tecnológicas e instituciones financieras, creando así una red compleja de partes interesadas. Los gobiernos locales desempeñaron un papel crucial en la implementación del SCS, ya que estaban autorizados para diseñar y aplicar sus propios métodos de evaluación del crédito social, basándose en prioridades y preocupaciones locales. Este enfoque descentralizado permitía abordar con flexibilidad los problemas regionales, mientras se mantenía un marco más amplio establecido por el gobierno central, que preservaba un sesgo autoritario en todo el programa.

Aunque el gobierno chino presentó el SCS como una herramienta para *"promover la confianza y la integridad"*, la definición de estos conceptos no se alineaba con la concepción abstracta que podríamos tener en Occidente. En lugar de ello, reflejaba los valores comunistas chinos, lo cual era de esperar. Para el Partido Comunista Chino (PCCh), la confianza equivalía a la conformidad con lo que el gobierno dictaba, y la integridad se refería al grado en que uno cumplía con estas directrices. En resumen, la confianza y la integridad se definían exclusivamente por lo que el Gobierno establecía, centrándose en *"seguir las normas"*. Incumplirlas se consideraba un pecado, y el confesionario público reemplazaba al privado. En esencia, se trataba de las reglas del Sistema Operativo (SO) de la sociedad como un método de control sobre las personas. Es importante señalar que China no tiene una religión oficial ni un sistema espiritual que regule normas éticas o de comportamiento. En cambio, se podría caracterizar su sistema operativo social como *"maquiavelismo comercial"*, diseñado para arbitrar las normas y proteger tanto a ciudadanos como a empresas chinas de actores malintencionados.

El Sistema de Crédito Social (SCS) de China enfrentó duras críticas a nivel internacional, algunas fundamentadas y otras menos justificadas. Los medios de comunicación occidentales describieron el SCS como un sistema de vigilancia masiva que monitoreaba una amplia gama de datos, incluyendo la responsabilidad financiera, el cumplimiento de las leyes, las interacciones sociales, la actividad en redes sociales, el comportamiento en línea, las opiniones individuales, las obras de arte creadas por individuos y la autoexpresión, además de las grabaciones de millones de cámaras de vigilancia. Este sistema asignaba una puntuación numérica a cada persona o empresa, que reflejaba su *"solvencia social"* general. Las acciones positivas, tales como la devolución puntual de préstamos, el servicio voluntario a la comunidad, el comportamiento moral y la lealtad al Gobierno, contribuían a una puntuación más alta. En contraste, las acciones adversas, como el impago de préstamos, la participación en actividades fraudulentas, las disputas públicas y la expresión de opiniones contrarias a la postura oficial del Gobierno, resultaban en una puntuación más baja. Según los medios, las personas con una calificación baja enfrentaban consecuencias que afectaban su capacidad para conseguir empleo, acceder a la educación e incluso obtener servicios esenciales como la atención sanitaria. En 2018, el exvicepresidente estadounidense Mike Pence calificó el SCS como un *"sistema orwelliano cuyo objetivo es controlar prácticamente todas las facetas de la vida humana"* [Horsley].

Aunque inicialmente se podría concebir que el Gobierno chino pretendía establecer un sistema de calificación crediticia coherente a nivel nacional, la realidad es que el SCS ha evolucionado considerablemente, y en gran parte de manera disfuncional. A partir del primer trimestre de 2024, no existe un SCS o puntuación unificada en toda China. En lugar de ello, el crédito social se define por una colección de políticas y sistemas fragmentados que se centran más en las empresas que en los individuos. Entre estos se incluyen listas de bloqueo para deudores determinadas por órdenes judiciales específicas, informes de crédito financiero, listas de bloqueo sectoriales que incluyen empresas incumplidoras y a sus propietarios, así como listas de exclusión aérea y de viaje basadas en casos de mala conducta de pasajeros de trenes o aviones.

La falta de un sistema coherente a nivel nacional se debe en gran medida a las dificultades prácticas de organizar los datos para su uso por parte de los algoritmos de IA. Se observa que la aplicación práctica del sistema de crédito social ha enfrentado numerosos retos operativos, especialmente a nivel local, lo que ha impedido que se convierta en un sistema unificado. Los gobiernos locales han tenido problemas para establecer sistemas de puntuación individuales debido a los silos de datos, las normas incoherentes y la resistencia burocrática. La naturaleza descentralizada del sistema ha dado lugar a cientos de versiones diferentes, lo que ha provocado una falta de cohesión y funcionalidad. Además, numerosos planes piloto locales se han desviado significativamente del concepto original, lo que ha llevado a intervenciones del Gobierno central para frenar aplicaciones extremas que carecían de base legal. Como señala Cheung, *"dos décadas después, el sistema de crédito social de China es más disfuncional que distópico"*.

A pesar de esto, sigue siendo evidente que se están recopilando datos masivos sobre los ciudadanos, y que una puntuación pública per se no es estrictamente necesaria para actuar sobre estos datos. Además, nada impediría que un sistema de este tipo se utilizara en el futuro como una herramienta maquiavélica de ingeniería social y económica. El PCCh podría aprender de su fracaso en la aplicación del SCS según su visión inicial e intentar elaborar perfiles genéticos para prever posibles delitos, determinar qué parejas tienen más probabilidades de tener un matrimonio exitoso y forzarlo, evitar el nacimiento de niños con defectos o limitaciones físicas o intelectuales, y elegir las profesiones de las personas desde una edad temprana, similar a cómo se elige a los dirigentes actuales. A medida que se recopilen más datos y los algoritmos se vuelvan más potentes, los modelos predictivos se aproximarán cada vez más a una precisión del 100%. Aunque para el individuo esto puede parecer un trato fáustico, para la sociedad en conjunto significaría un uso más eficiente de los recursos, menos delincuencia, un capital humano más fuerte y una mejor toma de decisiones sociales. Como destacamos a lo largo del libro, la IA es inherentemente interconectada y colectivista, en lugar de atomista.

Finalmente, es crucial destacar que el gobierno estadounidense también ha recopilado datos personales de sus ciudadanos. Durante décadas, ha cooptado a grandes operadores de telecomunicaciones como AT&T para revisar los registros de llamadas sin necesidad de una causa probable [Wired] [Hattem]. Además, al igual que el programa del Partido Comunista Chino (PCCh), la vigilancia en EE.UU. se ha llevado a cabo a través de grandes empresas a las cuales las personas proporcionan sus datos de manera regular y voluntaria. Aunque el resultado final puede ser similar, la verdadera diferencia radica en las técnicas empleadas por cada país.

La IA Generativa bajo los Valores Centrales del Socialismo

Otro megaproyecto tecnológico emblemático de China es el *"Gran Cortafuegos de China"*. En la década de 1990, con la aparición de Internet, a los dirigentes chinos les preocupó que el acceso generalizado a la información pudiera poner en peligro el gobierno y la estabilidad social. En consecuencia, a principios de la década de 2000, China estableció un sofisticado sistema de censura en línea para regular el acceso a sitios web extranjeros y censurar el contenido local. Este sistema pretende gestionar el flujo de información dentro del país y se conoce en Occidente como el *"Gran Cortafuegos de China"*. La mayoría de los servicios de Internet occidentales, incluidos Facebook, Google, Netflix—y, naturalmente, ChatGPT-, siguen siendo inaccesibles para la mayoría de los chinos. Las plataformas locales regulan estrictamente los contenidos, empleando preventivamente moderadores y algoritmos de IA para eliminar cualquier material indeseable. En 2020, los gigantes de Internet de China, incluidos Tencent y Alibaba, se alinearon aún más estrechamente con el PCCh después de que el Gobierno tomara participaciones minoritarias en la propiedad de estas empresas y se implicara activamente en sus operaciones cotidianas.

En la actualidad, ante el auge de la IA, China se enfrenta de nuevo al mismo reto: encontrar un delicado equilibrio entre fomentar la innovación, esencial para el crecimiento económico, y mantener el control como Estado autoritario. El gobierno está trabajando activamente para transformar la nación en una economía muy avanzada, a pesar de albergar preocupaciones sobre la naturaleza potencialmente perturbadora de la IA. En consecuencia, China está fortificando diligentemente su *"Gran Cortafuegos"* para abordar eficazmente los retos que plantea la IA Generativa [The Economist].

Desde marzo de 2023, las compañías están obligadas a registrar cualquier algoritmo capaz de hacer recomendaciones o influir en las decisiones de las personas. En julio de 2023, el Gobierno promulgó una normativa que exigía que todos los contenidos generados por IA debían *"reflejar los valores fundamentales del socialismo"* [Wu], prohibiendo de hecho los contenidos que contuvieran sentimientos contrarios al partido. Posteriormente, en septiembre de 2023, el Gobierno publicó 110 servicios permitidos, y todos los algoritmos no registrados serán bloqueados, y sus desarrolladores serán castigados.

En octubre de 2023, un comité gubernamental publicó nuevas directrices de seguridad que requieren evaluaciones exhaustivas de los datos utilizados para entrenar los modelos de IA Generativa. Específicamente, se exige que se pruebe manualmente un mínimo de 4.000 subconjuntos del conjunto de datos de entrenamiento. Además, al menos el 96% de estas pruebas deben considerarse *"aceptables"* según una lista de 31 riesgos para la seguridad. El contenido inaceptable se define, en términos generales, como cualquier material que *"incite a la subversión del poder estatal o al derrocamiento del sistema socialista"*. Para cumplir con estas directrices, los chatbots deben rechazar el 95% de las consultas que generen contenido inaceptable, asegurando que no se desestimen más del 5% de las preguntas inofensivas [The Economist].

Este estricto enfoque regulador ha provocado una ralentización en la adopción de la IA generativa orientada al consumidor en China. Por ejemplo, el Ernie Bot de Baidu, aunque estaba listo para su lanzamiento más o menos en el mismo momento que ChatGPT, terminó presentándose nueve meses después, en agosto de 2023 [David]. Teniendo en cuenta los rápidos avances en el campo de la IA, este retraso es sin duda un periodo considerable. La industria china de la IA Generativa no está en condiciones de competir con la estadounidense.

De la IA de Consumo a la IA Empresarial

Dados los riesgos que entraña la IA generativa orientada al consumidor, el gobierno chino ha centrado gran parte de su atención en promover las aplicaciones de IA para empresas, que son mucho menos propensas a comportamientos individuales subversivos. Las aplicaciones empresariales requieren acceso a datos corporativos, gran parte de los cuales se almacenan dentro de las compañías. La estrategia china consiste en transformar los datos corporativos en un servicio público [Olcott y Ding]. En lugar de poseer los datos en sí, el Gobierno pretende controlar los canales por los que fluyen los datos.

A diferencia de la Inteligencia Artificial generativa orientada al consumidor, la Inteligencia Artificial empresarial enfrenta muchas menos restricciones gubernamentales en su desarrollo. De hecho, para fomentar la colaboración entre empresas en proyectos de IA, China ha implementado normativas que establecen un marco nacional de innovación abierta, permitiendo que el gobierno y las empresas trabajen juntos. En este contexto, la normalización juega un papel crucial al asegurar la interoperabilidad y la calidad sin fisuras en el intercambio de datos entre compañías. Como se mencionó en la sección anterior, la asimetría de datos afecta negativamente la eficiencia económica, y la IA ofrece a las economías de escala una solución al problema del huevo y la gallina relacionado con la agregación de datos y la formación de algoritmos. En respuesta, China está comenzando a abordar este problema central de la IA.

Además, el gobierno chino está promoviendo activamente la creación de intercambios de datos. Estos intercambios permiten a las empresas compartir información sobre productos, desde las actividades individuales de las fábricas hasta los datos de ventas en tiendas específicas. Esta iniciativa proporciona a las empresas más pequeñas acceso a conocimientos que antes estaban reservados exclusivamente para los gigantes tecnológicos. Las primeras bolsas de datos en las ciudades chinas surgieron a principios de la década de 2010, y actualmente hay alrededor de 50 en todo el país.

En agosto de 2023, el gobierno ordenó a las empresas estatales que evaluaran el valor de sus datos e incorporaran este valor a sus balances como activos intangibles [The Economist].

Este apoyo gubernamental está redirigiendo el capital y la mano de obra desde los chatbots de consumo hacia aplicaciones de Aprendizaje Máquina para empresas. Varias ciudades, incluida Shenzhen, han anunciado importantes fondos de inversión enfocados en la IA para continuar financiando los intercambios de datos. Por ejemplo, la Bolsa de Datos de Shanghai (SDE), inaugurada en 2021, ofrece diversos productos de datos, como información del sector energético, que puede utilizarse para evaluar el consumo de energía de las compañías y crear perfiles de crédito empresarial basados en niveles absolutos de actividad [The Economist].

Un ejemplo adicional de la utilidad de los intercambios de datos se encuentra en el desarrollo de los coches autónomos. En 2022, alrededor de 185 millones de vehículos en las carreteras chinas estaban equipados con conectividad a Internet [Neeley]. China prevé la producción masiva de coches semiautónomos para 2025, lo cual requiere una gran cantidad de datos para las empresas que desarrollan algoritmos de autoconducción. En respuesta a esta necesidad, surge WICV como una solución eficaz. WICV canaliza los datos de los vehículos de vuelta a sus fabricantes, fomentando un sistema de bucle cerrado en el que cada fabricante recibe datos de sus propios coches. Sin embargo, el objetivo de WICV es transformarse en un mercado donde los desarrolladores de sistemas de autoconducción puedan adquirir estos datos de cualquier fabricante de automóviles. Para facilitar este intercambio, los datos de conducción deben someterse a un proceso de *"saneamiento"*, eliminando detalles de geolocalización o biometría que puedan comprometer la privacidad.

En cuanto al proyecto SCS, muchos en China lo consideran un fracaso por las razones discutidas anteriormente en este capítulo. No obstante, creemos que los problemas actuales pueden tener soluciones viables. Además, los intercambios de datos corporativos podrían aplicarse al concepto de SCS para superar los desafíos iniciales de implementación y agregación de datos. Además de evaluar la fiabilidad moral de las empresas y los individuos en relación con los mandatos gubernamentales, el SCS podría, tal vez, centrarse inicialmente en evaluar la probabilidad de infracciones normativas dentro del sector empresarial, de manera similar a cómo los algoritmos en EE.UU. predicen con precisión el impago de créditos.

El Gobierno chino espera que la Inteligencia Artificial empresarial sea la clave para alcanzar, e incluso superar, a Estados Unidos en términos de desarrollo de IA, evitando al mismo tiempo las complejidades asociadas con contenidos potencialmente subversivos generados por esta tecnología.

Ralentización Económica en el Camino hacia la Supremacía de la IA.

La adopción generalizada de la IA en China es innegablemente positiva por su impacto a largo plazo en la economía del país. La IA ofrece a China una solución prometedora para reducir los costes operativos, mejorar la calidad de los productos, aumentar la eficiencia y financiar oportunidades similares a las discutidas en el Capítulo 22, revitalizando de manera sostenible su economía. Esta cuestión adquiere particular relevancia dado que China enfrenta una notable desaceleración económica a partir de 2024 [Banco Mundial]. Esta situación es el resultado de una dependencia insostenible de la inversión en infraestructuras e inmobiliaria, impulsada por el endeudamiento, lo que llevó al estallido de una burbuja inmobiliaria. La población china ha sido educada para considerar la inversión inmobiliaria como una cuenta de ahorros, pero en realidad, es cualquier cosa menos eso. La disminución de la demanda de exportaciones chinas y el aumento del costo de vida debido a problemas en el sector inmobiliario agravan aún más la desaceleración.

A su vez, China enfrenta un desafío demográfico caracterizado por la disminución de la población. Décadas de política del hijo único han dado lugar a una sociedad envejecida y a una mano de obra menguante. Este cambio demográfico conlleva mayores costes laborales, un aumento del gasto en bienestar social, reducciones en la productividad global y, lo que es más significativo, una disminución del consumo. La macroeconomía de un país se basa en la productividad y el consumo, por lo que, para superar la situación actual, China debe pivotar estratégicamente hacia la estimulación del consumo de los hogares, que históricamente ha estado rezagado en comparación con el crecimiento del PIB.

Mantener un crecimiento económico sólido a medio plazo será crucial para la capacidad del gobierno chino de asignar recursos a la IA, invertir en su investigación y desarrollo, y fomentar un entorno favorable para la innovación tecnológica del sector privado. El éxito en estos esfuerzos jugará un papel fundamental en determinar si China puede alcanzar sus ambiciones de dominación mundial en el ámbito de la IA o si, en cambio, Estados Unidos seguirá ejerciendo una hegemonía indiscutible.

Un Mundo, Dos Sistemas

Aunque el grado de impacto de la Inteligencia Artificial es debatible, esta tecnología es singular en su tendencia natural hacia el oligopolio. Esta característica persistirá mientras, en primer lugar, los datos necesarios para construir y entrenar la IA sigan siendo escasos y dispersos a nivel mundial; en segundo lugar, la recopilación, organización y despliegue continuos de estos datos proporcionen una ventaja estratégica a las empresas de gran escala o a los cárteles estatales que puedan lograrlo; y en tercer lugar, se requieran cientos de miles de millones de dólares para construir una infraestructura global en la nube que permita el amplio despliegue comercial e industrial de las herramientas de IA.

El éxito en el desarrollo y despliegue de algoritmos clave, junto con la garantía de la propiedad de los datos utilizados para mejorar estos algoritmos y de la infraestructura en la nube para ofrecerlos comercialmente, genera un Efecto de Red natural. Este efecto dificulta cada vez más la entrada de nuevos competidores. Además, la ventaja natural alcanza un punto insuperable para los sistemas que sean los primeros en alcanzar la Inteligencia Artificial General. La escala global de la macroeconomía, el talento científico y técnico, y los recursos de desarrollo, incluidos los financieros, necesarios para desarrollar una industria de IA significativa, en combinación con la ventaja existente, probablemente resulten en una competencia entre solo dos actores principales: China y Estados Unidos.

Nuestra perspectiva sobre la *"Guerra Fría de la IA"* anticipa un futuro en el que dos ecosistemas de IA distintos y aislados competirán, liderados por las dos potencias económicas y militares predominantes del mundo: Estados Unidos y China. Con el tiempo, otras naciones tendrán que elegir con qué sistema alinearse.

Por un lado, el ecosistema estadounidense de IA, que se dirige hacia un oligopolio dominado por grandes corporaciones tecnológicas, promueve la existencia de múltiples sistemas y bases de datos a gran escala, sin una propiedad monopolística absoluta. También defiende la protección de los derechos individuales, una mayor privacidad de los datos y el respeto a las fronteras geopolíticas soberanas y al Estado de Derecho—aunque persiste el riesgo de que Estados Unidos adopte un camino distópico, dado el magnetismo natural hacia el autoritarismo inherentes a la IA, como se expone en el Capítulo 23.

Por el contrario, el ecosistema chino estará dirigido por un gobierno centralizado que se asemejará a un cártel, promoviendo el control estatal unilateral en asociación con grandes empresas. Este ecosistema no solo restringirá el flujo de información, sino que también impondrá limitaciones políticas que fomentarán la conformidad masiva y la identificación de elementos considerados socialmente subversivos, como el riesgo de delincuencia a través de la elaboración de perfiles sociales. Además, buscará promover versiones mercantilistas del comercio con otros países, combinando el acceso a recursos con la protección militar en un acuerdo integrado. En este contexto, la IA generativa será excluida, enfocándose principalmente en aplicaciones industriales o empresariales, en sistemas de crédito social y en la conformidad normativa.

Este choque entre dos sistemas de IA con valores profundamente dispares, sumado a la competencia por el acceso a recursos y ventajas militares, probablemente dificultará el establecimiento de normas globales sobre la ética y la regulación de la IA.

En el Capítulo 7, se analiza la relevancia de los actores de la nube en la difusión de los efectos de la IA a lo largo de la economía y a nivel global. A pesar de la superioridad tecnológica de sus productos, ninguno de los gigantes estadounidenses de la nube, como AWS, Azure o Google Cloud, tiene una cuota de mercado significativa en China. Fuera de este país, los gigantes estadounidenses compiten por mercados globales con el nexo controlado por el Partido Comunista Chino (PCCh), que incluye a Alicloud, Huawei, Tencent y Baidu. Si bien estas empresas dominan el mercado chino, enfrentan serios obstáculos en los mercados exteriores. Parte de esta dificultad radica en la falta de confianza y transparencia, especialmente debido a la creciente conciencia internacional sobre el desprecio del PCCh por las fronteras soberanas y su disposición a apropiarse de datos. Al integrarse en el ecosistema tecnológico chino, se adoptan también los valores de dicho ecosistema.

Aun así, habrá razones de peso para que algunos actores internacionales decidan alinearse con el modelo chino de IA. Entre estas razones se destacan el aislamiento frente a la competencia tanto nacional como internacional, los precios competitivos, la tecnología que podría igualar a la estadounidense en ciertos sectores, como la IA industrial, y la combinación de beneficios militares y acceso a recursos globales en situaciones de suma cero. Además, algunos países podrían alinearse con los enfoques centralizados de China debido a la afinidad de valores. No todos creen en la libertad individual y la democracia, y la continua incertidumbre política en Estados Unidos genera dudas sobre los valores que este país integrará en sus desarrollos de IA a largo plazo. En este contexto, como en cualquier relación comercial, en ocasiones se *"elige al otro"* porque se percibe que uno tendrá más importancia para él, recibirá más atención y obtendrá un trato más favorable.

Asimismo, es posible que tanto Japón como los países de mayoría musulmana desarrollen sus propios sistemas de IA en un esfuerzo por preservar sus respectivos *"sistemas operativos sociales"* y evitar la mezcla de valores. Japón, con su cultura única, y el mundo musulmán, con su sistema político-religioso basado en valores islámicos, podrían optar por esta vía.

En el caso de Japón, el liderazgo estadounidense en el ámbito de la nube podría dificultar que el país se destaque como un ecosistema global de IA independiente y, en consecuencia, podría ser prácticamente imposible exportarlo como una alternativa completa. De hecho, es posible que Japón no tenga interés en exportar su sistema de IA, ni que otros países estén dispuestos a importarlo, ya que históricamente Japón no ha sabido interactuar ni liderar en el escenario internacional. Sin embargo, parece probable que la alianza entre Estados Unidos y Japón se mantenga, considerando que AWS de Amazon ha anunciado una inversión adicional de 15.000 millones de dólares en infraestructuras en Japón. Además, Amazon y NTT Group continúan fortaleciendo su alianza, y Japón aún guarda el recuerdo de haber sido llamado *"el enano del Sur"* por China. Es posible que esta alineación con el bando estadounidense signifique simplemente un intercambio de tecnología, permitiendo la autonomía del sistema de IA japonés y su *"sistema operativo social"*, al tiempo que permanece en el bloque estadounidense.

Para concluir esta Sección IV: La Transición, observamos que, independientemente del bando con el que se alinee cualquier país—sea Estados Unidos o China—, el mundo en su conjunto, bajo la imparable marcha de la IA en las próximas décadas, parece dirigirse hacia un futuro más colectivista, menos democrático y más autoritario. Las únicas diferencias entre las sociedades radicarán en una cuestión de grado.

(Aunque este capítulo ha presentado una perspectiva bastante crítica hacia China, quiero dejar claro mi profundo amor y aprecio por este país. Durante los últimos 20 años, he estado aprendiendo mandarín, lo que me permite mantener cómodamente conversaciones informales con hablantes nativos. Además, he tenido el privilegio de vivir en China y recorrer gran parte de su vasto territorio: desde los bulliciosos mercados de Pekín en el norte hasta las tranquilas playas de Haikou en el sur; pasando por la vibrante vida urbana de Shanghái en el este y los paisajes históricos de Lanzhou en el oeste, sin olvidar, por supuesto, el encanto único de Macao y mi querida Hong Kong. Lo que más refuerza mi conexión con China es el hecho de que mi amor por el país es profundamente personal, ya que estoy casado con una maravillosa mujer de Hong Kong. Por todo esto, mi admiración y afecto hacia China son inmensos, genuinos y profundamente sinceros.)

(尽管这一章对中国的批评较多，但我想表达我对这个国家的深深爱意和感激之情。在过去的20年里，我一直在学习普通话，并且能够与母语者进行日常交流。此外，我曾在中国居住，并有机会广泛旅行，从北方繁忙的北京市场到南方宁静的海口海滩，从东部充满活力的上海市区到西部历史悠久的兰州风景，当然还有独特魅力的澳门和我最爱的香港。最重要的是，我对中国的爱是非常个人的，因为我与一位美好的香港女性结婚。我对中国的敬仰和爱慕是巨大的、发自内心的和真诚的)

Parte V: El Nuevo Ser

"Und Zarathustra sprach also zum Volke:

Ich lehre euch den Übermenschen. Der Mensch ist Etwas, das überwunden werden soll. Was habt ihr gethan, ihn zu überwinden? [...]

Was ist der Affe für den Menschen? Ein Gelächter oder eine schmerzliche Scham. Und ebendas soll der Mensch für den Übermenschen sein: ein Gelächter oder eine schmerzliche Scham."

"Y Zaratustra habló así al pueblo:

Les enseño al superhombre. El ser humano es algo que debe ser superado. ¿Qué han hecho para superar al ser humano? [...]

¿Qué es el mono para el hombre? Un motivo de risa, algo vergonzoso. Así mismo será el hombre para el superhombre: un motivo de risa, algo vergonzoso."

Friedrich Nietzsche,

Así habló Zaratustra, Prólogo de Zaratustra, 3
Palabras de Zaratustra, el Profeta del Zoroastrismo, siglos VI-VII a.C.
1883

(El concepto de superhombre planteado por Nietzsche en Así habló Zaratustra fue malinterpretado y utilizado erróneamente por la Alemania Nazi. Sin embargo, es obvio aclarar que el autor no apoya, de ninguna manera, las ideas nazis.)

Preámbulo

La idea de la Superinteligencia, una forma avanzada de IA que supera la inteligencia humana en todos los aspectos, está profundamente conectada con el concepto filosófico de Friedrich Nietzsche sobre el Superhombre, también conocido como el Übermann.

Nietzsche instaba a las personas a superar sus circunstancias actuales y a elevarse más allá de los límites de la vida cotidiana, convirtiéndose en seres mejores. En este sentido, la aspiración de alcanzar la Superinteligencia se alinea con la noción de superación reflejada en el Superhombre, quien busca trascender el estado actual de la humanidad. Así como Nietzsche exhorta a la humanidad a trascenderse, la búsqueda de la Superinteligencia imita esa llamada a dejar atrás los confines humanos.

Asimismo, podemos observar una similitud en cómo podría ser la relación entre los seres humanos y las entidades superinteligentes. Nietzsche compara al hombre con el mono, retratando a este último como una figura risible y hasta vergonzosa. De manera análoga, el auge de la Superinteligencia sugiere que los humanos podrían quedar obsoletos frente a las capacidades cognitivas superiores de la IA, de la misma forma en que los simios han quedado frente a los humanos.

Por otra parte, la teoría del Superhombre de Nietzsche conlleva implicaciones que van más allá de los ideales utópicos. Aunque superar la naturaleza humana podría parecer un sinónimo de progreso y evolución, también encierra el peligro de un potencial distópico. Como ya se mencionó en la Parte IV, *"La Transición"*, la búsqueda de la IA, incluso bajo un proceso gradual, podría desembocar en una sociedad jerárquica donde aquellos que alcancen el estatus de Superhombre ejerzan un poder desproporcionado. Estos líderes podrían disfrazar su despotismo bajo una fachada de magnanimidad, generando opresión y discordia. Esta paradoja refleja un retorno al pasado, cuando la humanidad luchaba en guerras y revoluciones contra la aristocracia que coartaba la libertad y generaba desigualdad. De hecho, la tecnología es una moneda de dos caras, cuyo impacto depende en gran medida de las motivaciones de quienes la manejan. Aquí surge una pregunta crucial: ¿aquellos que logren avanzar hacia la Superinteligencia llevarán consigo al resto de la humanidad de manera equitativa? ¿Podría la economía soportar tal carga a gran escala? La concentración del poder intelectual en entidades superinteligentes podría plantear desafíos éticos y sociales, creando el riesgo de pérdida de control y consecuencias imprevistas. Es importante recordar que la inteligencia no siempre se correlaciona con la ética o la moral. Sin embargo, la humanidad parece decidida a alcanzar la Superinteligencia, como se ha venido observando a lo largo del texto.

En el camino hacia la Superinteligencia, encontramos la informática cuántica. El Capítulo 25 explora en profundidad los conceptos relacionados con esta tecnología y las diferencias entre el Aprendizaje Máquina cuántico y el clásico, centrándose en particular en la posibilidad de ejecutar redes neuronales en ordenadores cuánticos. Aún no está claro si la tecnología cuántica será crucial para satisfacer las exigencias computacionales de la Superinteligencia, pero, si el Aprendizaje Máquina cuántico llegara a ser operacional, sin duda contribuiría a este objetivo.

El Capítulo 26 está dedicado a definir el concepto de Superinteligencia y a analizar las diversas vías para alcanzarla. En este contexto, se examina detalladamente el ciclo de desarrollo recursivo de la Superinteligencia, conocido en ciertos enfoques como la Singularidad. Este término se refiere al punto en el que una IA es capaz de actualizarse a sí misma, generando así un bucle explosivo de automejora que culmina, finalmente, en la creación de una Superinteligencia.

En el Capítulo 27, analizaremos otra posible vía hacia la Superinteligencia: la transferencia mental. Esta tecnología, actualmente en fase de investigación, consiste en exportar la configuración del cerebro a nivel molecular y transferirla a otro cuerpo biológico o a un entorno simulado. En última instancia, este proceso podría ofrecer una forma de inmortalidad y, al mismo tiempo, manifestar la Superinteligencia. Las mentes emuladas contarían con una mayor capacidad de expansión, operarían a una velocidad superior a la de los seres humanos y aprovecharían los algoritmos de Aprendizaje Máquina.

Una vez descrita la Superinteligencia, el Capítulo 28 se centra en cómo la humanidad podría controlar este fenómeno. Exploraremos diversas posibilidades técnicas y orientadas al proceso para evitar que la IA se vuelva hostil hacia nosotros. Este capítulo abarca dos enfoques propuestos por las principales empresas de Silicon Valley, así como nuestra propia opción: el Open-sourcing de algoritmos. Esta estrategia también busca contrarrestar la tendencia natural que la IA colectivista y no atómica podría tener hacia el autoritarismo durante la transición, y posiblemente en el futuro.

El Capítulo 29 aborda la perspectiva de que la IA pueda alcanzar un estatus divino. Dado que la IA será más inteligente y poderosa que los humanos, algunas personas podrían comenzar a adorarlas como a un dios. A su vez, el Capítulo 30 explora los escenarios más oscuros de conflicto y destrucción, ya sea entre los humanos y una IA renegada o, como parece mucho más probable, entre facciones humanas con opiniones irreconciliables sobre la IA.

Finalmente, en el Capítulo 31, nos adentramos en un escenario especulativo de Ciencia Ficción en el que los seres biológicos inteligentes se han fusionado con la IA durante millones de años, dando lugar a una forma de vida inmortal y superinteligente. Esta Superinteligencia utiliza la IA como mente y emplea a enormes cantidades de robots inteligentes y cyborgs como un cuerpo distribuido para manejar los aspectos operativos necesarios para garantizar su supervivencia.

Como seres humanos, somos los precursores de una Superinteligencia a la que estamos vinculados, tanto a través de un linaje biológico sintético como de uno puramente tecnológico. En la actualidad, estamos en proceso de diseñar esta Superinteligencia y de nutrirla con nuestros pensamientos y prejuicios. A largo plazo, el hecho de que esta Superinteligencia conduzca a la extinción humana o a una utopía tecnológica podría resultar irrelevante para nosotros, dado que el concepto de *"largo plazo"* solo tendría relevancia para la propia Superinteligencia, con la que estamos intrínsecamente conectados.

Las páginas siguientes se adentran en la historia de esta nueva especie superinteligente en nuestro camino natural darwiniano de la evolución.

25. La Computación Cuántica: Un Posible Trampolín hacia la IAG

"Un ordenador cuántico de mil bits superaría con creces a cualquier ordenador concebible basado en el ADN o, para el caso que nos compete, a cualquier ordenador concebible no cuántico".

Ray Kurzweil
Informático y futurista estadounidense.
The Singularity is Near: When Humans Transcend Biology [Kurzweil]
(2005)

A medida que las aplicaciones de Inteligencia Artificial se expanden y se vuelven más sofisticadas, la demanda de potencia de cálculo ha crecido de manera exponencial. Los próximos pasos en el desarrollo de modelos de aprendizaje profundo y la realización de simulaciones complejas exigen una capacidad de procesamiento cada vez mayor.

En este contexto, la principal variable del progreso en la IA ha sido, durante décadas, la velocidad a la que aumenta la potencia de procesamiento. Esto se mantendrá vigente mientras sigamos reduciendo la inteligencia y el pensamiento a cálculos matemáticos. La Ley de Moore, formulada por Gordon Moore, cofundador de Intel en 1965, observaba que el número de transistores en un circuito integrado se duplicaba aproximadamente cada uno o dos años, prediciendo que esta tendencia continuaría en el futuro[Moore]. Esta observación ha resultado ser notablemente precisa.

Sin embargo, en 2002, Ray Kurzweil, a quien hemos mencionado en los Capítulos 19 y 20 en el contexto de los cyborgs y el Entrelazamiento Humano-IA, amplió la Ley de Moore al introducir la *"Ley de los Rendimientos Acelerados"*. Esta ley predice un crecimiento exponencial en la cantidad de operaciones de coma flotante por segundo (FLOPS) que pueden realizarse por dólar invertido, considerando un costo constante [Kurzweil]. Las FLOPS son una métrica crucial al considerar el desarrollo de la Inteligencia Artificial, ya que no solo proporcionan una medida estandarizada de la creciente potencia computacional disponible para estos sistemas, sino que también permiten un análisis implícito de los costos y beneficios. Además, las FLOPS ofrecen una evaluación de la eficiencia en el uso de recursos, lo que resulta esencial para optimizar el rendimiento en los avances tecnológicos de la IA.

- En 1940, se necesitaban 1 millón de dólares para adquirir una FLOP.
- En 1960, el costo era de solo 1 dólar por FLOP, una mejora mil veces mayor en dos décadas.
- Para 1980, 1 dólar podía comprar 10 FLOPS.
- En el año 2000, esa misma cantidad permitía adquirir 100 mil FLOPS.
- En 2020, 1 dólar proporcionaba hasta 10 mil millones de FLOPS.

Aunque esta tendencia ha continuado durante décadas, hay indicios de que podría estar acercándose a sus límites. El tamaño cada vez más reducido de los transistores y las limitaciones físicas de los componentes tradicionales de silicio plantean desafíos considerables. Sin embargo, cuando una tecnología alcanza sus límites, suelen surgir nuevas alternativas. Aquí es donde entra en juego la computación cuántica, una innovación que tiene el potencial de extender los límites de la capacidad computacional, manteniendo vigente la Ley de los Rendimientos Acelerados.

Kurzweil también sugirió que esta ley podría llevar a la IA a alcanzar niveles de inteligencia similares a los humanos en las próximas décadas. En este sentido, la computación cuántica parece ser el catalizador necesario para impulsar este salto, ofreciendo un incremento exponencial en la potencia de cálculo en comparación con los sistemas actuales.

No obstante, es importante señalar que la Superinteligencia podría lograrse sin la necesidad de la computación cuántica, ya que la computación clásica sigue avanzando en hardware y software. La paralelización, la computación en clúster, los sistemas distribuidos y las innovaciones algorítmicas podrían permitir la creación de sistemas de IA cada vez más poderosos sin depender de la cuántica.

Sin embargo, dado que la computación cuántica está en sus primeras fases de desarrollo, es plausible que acelere el progreso de la IA y, por ello, merece un análisis profundo. En las páginas siguientes, exploraremos por qué la computación cuántica podría transformar el Aprendizaje Máquina y la Superinteligencia. Mientras lees este capítulo, hay tres puntos clave que debes considerar respecto a su impacto en la IA:

1. En primer lugar, la computación cuántica tiene el potencial de ejecutar algoritmos a una velocidad mucho mayor que los ordenadores clásicos, a veces de manera exponencial. Sin embargo, este aumento no es aplicable a todos los algoritmos. Los beneficios de la cuántica dependen de factores como los parámetros del algoritmo y los datos que se estén procesando. Por lo tanto, el aumento exponencial de la velocidad dependerá del problema específico que se intente resolver.

2. En segundo lugar, los algoritmos clásicos, como la regresión lineal o las redes neuronales, no pueden ejecutarse directamente en un ordenador cuántico. Por esta razón, deben ser rediseñados y reescritos completamente

para aprovechar la capacidad única de la mecánica cuántica, que permite una computación mucho más rápida. A diferencia de la computación clásica, donde es posible implementar un algoritmo en software y ejecutarlo en diferentes sistemas operativos sobre distintos hardware, lo que proporciona altos niveles de versatilidad y cooperación entre máquinas, en la computación cuántica el algoritmo debe implementarse directamente en el hardware cuántico. Esto lo hace mucho más complejo de ejecutar y reduce su versatilidad en términos de adaptabilidad lateral. Aunque por el momento no existe un sistema operativo cuántico, se espera que este desarrollo sea posible en el futuro.

3. En tercer lugar, debido a estas complejidades, la computación cuántica debe considerarse una tecnología emergente que, probablemente, experimentará varias fluctuaciones antes de alcanzar la madurez necesaria para su uso práctico en Inteligencia Artificial. Este proceso de maduración es comparable a los tres *"inviernos de la IA"* que se mencionan en capítulos anteriores del libro.

La Ciencia Ficción de la Computación Cuántica

Dos novelas cautivadoras, *"El Mago Cuántico"* de Derek Künsken (2018) y *"El Ladrón Cuántico"* de Hannu Rajaniemi (2010), exploran el fascinante mundo de la computación cuántica, ofreciendo perspectivas novedosas sobre sus implicaciones para la humanidad, la sociedad e incluso la religión. Ambas obras presentan futuros en los que esta tecnología revolucionaria transforma de manera radical la vida cotidiana y la moralidad. En El Mago Cuántico, Künsken nos traslada a un universo donde la computación cuántica ha alcanzado capacidades extraordinarias, dando lugar a los *"qubes"*, también llamados *"homo quantus"*. Estos son humanos genéticamente modificados con cerebros cuánticos capaces de realizar complejos cálculos y operaciones cuánticas. A lo largo de la novela, seguimos al protagonista, Belisario Arjona, y su equipo mientras utilizan la tecnología qube para llevar a cabo elaboradas acciones criminales y misiones de espionaje moralmente ambiguas. Además, los qubes representan una fusión entre la inteligencia humana y la cuántica, lo que les otorga habilidades cognitivas sobrehumanas y transforma radicalmente la identidad humana. Estos personajes, que difuminan la línea entre seres vivos y máquinas avanzadas, nos llevan a reflexionar sobre cuestiones éticas acerca de su tratamiento y lugar en la sociedad.

Por otro lado, El Ladrón Cuántico de Rajaniemi nos sumerge en un futuro donde la tecnología cuántica es esencial para la estructura social. En este mundo, la encriptación cuántica, el teletransporte y la Inteligencia Artificial avanzada son herramientas fundamentales. Jean le Flambeur, el protagonista, es un ladrón profesional que se desenvuelve en una sociedad postsingularidad altamente compleja. La obra aborda temas como la privacidad y la autonomía personal en un entorno donde el secreto se ha convertido en un recurso escaso. Aquí, la computación cuántica no solo impulsa a la Inteligencia Artificial, sino que también se utiliza como herramienta de vigilancia y control, ilustrando el delicado equilibrio entre el avance tecnológico y la libertad individual, mientras la criminalidad emerge como parte inherente de la personalidad.

En particular, *"El Ladrón Cuántico"* introduce a un personaje histórico que abordaremos en profundidad en el Capítulo 30, donde exploraremos la posibilidad de guerras inducidas por la IA. Este personaje es Nikolay Fiodorov, un filósofo ruso del siglo XIX. En la novela, Fiodorov se presenta como un venerado filósofo cuasi religioso, cuyas ideas influyen de manera significativa en el paisaje espiritual de un mundo inmerso en la omnipresente tecnología cuántica.

Superposición y Entrelazamiento Cuánticos

El término *"cuántico"* hace referencia a los principios fundamentales que gobiernan las interacciones entre la materia y la energía a escalas diminutas, principalmente a nivel de átomos y partículas subatómicas. La mecánica cuántica, rama de la física que estudia estos fenómenos, explora la naturaleza probabilística de partículas como electrones, protones y fotones. La computación cuántica aprovecha la inmensa potencia de cálculo de dos conceptos cuánticos fundamentales que se dan a nivel cuántico: la superposición y el entrelazamiento.

La superposición implica que los bits cuánticos—que se denominan qubits—pueden existir simultáneamente en múltiples estados, a diferencia de los bits clásicos que son estrictamente 0 ó 1. En particular, la superposición no puede observarse directamente, ya que la mera observación obliga al sistema a asumir un estado único. Esto implica que los qubits pueden existir simultáneamente en una superposición de estados 1 y 0 hasta que se realiza una observación. En ese momento, colapsan hacia el estado 0 o 1 con una probabilidad determinada.

En 1935, el físico Erwin Schrödinger presentó a Albert Einstein un experimento mental que ilustraba el concepto de superposición. En este experimento, Schrödinger imagina un gato encerrado en un recipiente junto con átomos radiactivos que tienen un 50% de probabilidad de descomponerse y emitir una cantidad letal de radiación. Según Schrödinger, hasta que un observador abra la caja y observe el interior, el gato se encuentra en un estado de superposición, es decir, con igual probabilidad de estar vivo o muerto. Es el acto de abrir la caja y realizar una inspección visual lo que obliga al gato a adoptar un estado definitivo, ya sea vivo o muerto [Schrödinger].

Esta característica única permite a los ordenadores cuánticos considerar muchas posibilidades en paralelo, lo que los hace exponencialmente más rápidos para cálculos específicos que otras tecnologías conocidas. En lugar de iterar a través de secuencias de 0s y 1s en algoritmos de Aprendizaje Máquina, los qubits pueden representar tanto 0 como 1 simultáneamente, lo que facilita a los ordenadores cuánticos procesar numerosos cálculos en paralelo. En el Capítulo 7, explicamos el papel crucial del procesamiento paralelo de datos en la IA. Destacamos cómo las unidades de procesamiento gráfico (GPU) son hardware especializado meticulosamente optimizado para este fin. Haciendo una comparación, la computación cuántica puede describirse acertadamente como una versión sobrealimentada de una GPU.

El entrelazamiento cuántico constituye una característica fundamental de la física cuántica. Introducido por Albert Einstein en 1935, este fenómeno describe cómo múltiples partículas cuánticas pueden conectarse de tal manera que ya no se pueden describir de forma aislada. En otras palabras, el estado de una partícula se vuelve intrínsecamente ligado al estado de otra, sin importar la distancia que las separa. Cuando dos partículas se entrelazan, cualquier cambio en el estado de una de ellas provoca un cambio instantáneo en el estado de la partícula emparejada. Einstein, notablemente, se refirió a esta conexión no local como *"espeluznante acción a distancia"* [Einstein y al.]. No hay que confundir el entrelazamiento cuanto de Einstein con el entrelazamiento entre humanos e Inteligencia Artificial del que hemos venido hablando desde el prólogo del libro.

Hay algoritmos específicamente diseñados que operan a través de qubits entrelazados y superpuestos, lo que conduce a una aceleración espectacular de las tareas computacionales. En un ordenador clásico, añadir un bit supone un aumento lineal de la potencia de procesamiento. En contraste, la incorporación de qubits en un ordenador cuántico provoca un aumento exponencial en el crecimiento de la potencia de procesamiento. Esto sugiere que los ordenadores cuánticos tienen el potencial de alcanzar velocidades de cálculo que serían inalcanzables para los ordenadores clásicos. Dicho avance podría facilitar el desarrollo de aplicaciones de Inteligencia Artificial, como la Superinteligencia, que serían inviables en sistemas tradicionales. Sin embargo, es importante reconocer, como se mencionó en la introducción de esta sección, que podrían surgir limitaciones derivadas de restricciones en la física pura, similares a las que podrían encontrarse en el futuro.

Máquinas de Turing Cuántica y Ordenadores Cuánticos

El físico estadounidense Paul Benioff introdujo el concepto de Máquina de Turing Cuántica en 1980 para describir un ordenador cuántico simplificado. La máquina de Turing clásica, introducida por Alan Turing en 1936, tal y como se expone en el Capítulo 3, es un modelo matemático abstracto de computación que consiste en una cinta infinita dividida en celdas, un cabezal de lectura/escritura y un conjunto de reglas. La máquina puede manipular símbolos en la cinta, lo que le permite simular la ejecución de cualquier proceso algorítmico mediante la aplicación de estas reglas [Benioff].

La Máquina de Turing Cuántica, en esencia, expande el modelo clásico de la máquina de Turing al incorporar los principios de la mecánica cuántica, como la superposición y el entrelazamiento. Aunque conserva los componentes fundamentales del modelo clásico—la cinta, el cabezal de lectura/escritura y las reglas—introduce qubits en lugar de bits clásicos y utiliza puertas cuánticas en lugar de puertas lógicas tradicionales. Las puertas cuánticas son operaciones esenciales que manipulan los estados cuánticos de los qubits, permitiendo realizar cálculos lógicos básicos, como las funciones AND u OR.

A lo largo del tiempo, los ingenieros han desarrollado ordenadores cuánticos de pequeña escala basados en esta Arquitectura Cuántica de Turing. En 1998, un ordenador cuántico de dos qubits desarrollado por IBM demostró la viabilidad de esta tecnología. Posteriormente, experimentos sucesivos han incrementado el número de qubits. En 2019, la NASA y Google anunciaron el logro de la supremacía cuántica con una máquina de 54 qubits. La supremacía cuántica se refiere al punto en el que un ordenador cuántico supera a los superordenadores clásicos en una tarea específica. En este contexto, el ordenador cuántico podía realizar cálculos hasta 3 millones de veces más rápido que el ordenador clásico más rápido de la época, un modelo de IBM [Aaronson]. Google continuó perfeccionando este modelo original y, en 2023, anunció el desarrollo de un ordenador cuántico más avanzado con 72 qubits [Swayne].

No obstante, aplicar principios cuánticos a la informática presenta un desafío formidable. En un sistema cuántico, cualquier interferencia externa, como cambios de temperatura, vibraciones o exposición a la luz, puede ser considerada una *"observación"* que obliga a una partícula cuántica a adoptar un estado específico. A medida que las partículas se entrelazan y se superponen, se vuelven extremadamente susceptibles a perturbaciones externas. Esto se debe a que una perturbación que afecta a un solo qubit puede desencadenar un impacto en cascada sobre muchos otros qubits entrelazados. Cuando un qubit se ve forzado a adoptar un estado de 0 o 1, pierde la información mantenida en superposición, lo que provoca errores antes de que el algoritmo pueda completar su tarea. Este fenómeno, conocido como decoherencia, se mide mediante una tasa de error.

Para mitigar las interferencias externas, se han empleado diversas técnicas, como mantener los ordenadores cuánticos a temperaturas extremadamente bajas en entornos de vacío. Otras tecnologías prometedoras en desarrollo incluyen las trampas de iones y los superconductores.

Las trampas de iones ayudan a minimizar la decoherencia cuántica al aislar y estabilizar iones individuales, reduciendo las interacciones con el entorno que podrían causar pérdida de información cuántica. Por su parte, los superconductores permiten que las partículas se muevan sin resistencia, evitando así la alteración de los estados cuánticos debido a las interacciones con el entorno.

Además, los científicos de Google han explorado algoritmos de corrección de errores para rectificar los errores derivados de la decoherencia sin comprometer la información almacenada. Sin embargo, la pérdida de información sigue siendo un obstáculo significativo que limita el uso práctico de los ordenadores cuánticos. Reducir los errores sigue siendo el principal objetivo de los físicos, ya que representa la barrera más importante para lograr una computación cuántica práctica [Dyakonov].

Algoritmos Cuánticos y Aceleración Computacional

Si se abordan los retos técnicos asociados a la decoherencia cuántica, los ordenadores cuánticos están preparados para mejorar significativamente las capacidades de la IA mediante la gestión eficiente de algoritmos complejos a través de sus incomparables capacidades de procesamiento paralelo.

Una última barrera para hacer realidad la velocidad de procesamiento y, por tanto, el salto en la capacidad de IA que promete la computación cuántica implica la adaptación de los algoritmos clásicos a los entornos cuánticos. Para aprovechar eficazmente la superposición y el entrelazamiento, los algoritmos deben adaptarse específicamente al entorno de la computación cuántica; no basta con ejecutarlos tal como están. De manera similar, una red neuronal diseñada para un ordenador clásico no puede operar de manera efectiva en un ordenador cuántico sin modificaciones. Tanto en el caso de los algoritmos como en el de las redes neuronales, es necesario realizar ajustes y reescrituras para optimizar su funcionamiento en el nuevo entorno.

Los algoritmos clásicos suelen diseñarse de manera que se alejan de los aspectos físicos de los ordenadores tradicionales, enfocándose únicamente en modelos matemáticos abstractos. Los científicos de datos no necesitan comprender el movimiento de los electrones dentro de las GPU o CPU para desarrollar un algoritmo; basta con escribir el código en un lenguaje de programación como Python, y luego la potencia de procesamiento se encarga de ejecutar las operaciones. En contraste, los algoritmos cuánticos no funcionan de esta manera—o al menos no todavía. Estos algoritmos están intrínsecamente vinculados a los principios físicos de la mecánica cuántica y deben aprovechar explícitamente propiedades cuánticas como la superposición y el entrelazamiento para operar de manera efectiva.

Los algoritmos diseñados específicamente para ordenadores cuánticos se denominan algoritmos cuánticos. Teóricamente, estos algoritmos tienen el potencial de realizar ciertas tareas de gran carga computacional con una eficiencia exponencialmente mayor que sus equivalentes clásicos. No obstante, esta ventaja de aceleración cuántica no se aplica a todas las tareas computacionales; por ejemplo, tareas básicas como la clasificación no presentan un aumento asintótico en la velocidad cuando se utilizan métodos cuánticos.

Dependiendo del tipo de mejora en la velocidad que una versión cuántica de un algoritmo pueda ofrecer en comparación con su versión clásica, los algoritmos cuánticos se pueden clasificar en tres categorías: primero, aquellos con ganancias exponenciales; segundo, aquellos con ganancias polinómicas; y tercero, aquellos con ganancias que dependen selectivamente de los datos procesados. Además, existen algoritmos que no muestran ninguna mejora en la velocidad.

Aceleración Cuántica Exponencial y el Futuro de Bitcoin

Los aumentos de velocidad exponenciales son los algoritmos en los que la tecnología cuántica aporta más valor. La aceleración exponencial significa que un algoritmo cuántico puede resolver un problema exponencialmente más rápido que el algoritmo clásico más eficiente conocido para ese problema. El ejemplo más famoso es el Algoritmo de Shor, formulado en 1994 por el matemático Peter Shor para descomponer números grandes en factores primos [Shor].

Encontrar los factores primos de un número de 1000 cifras utilizando algoritmos clásicos llevaría tanto tiempo que sería prácticamente imposible, incluso con avances significativos en la potencia de procesamiento. Para factorizar un número con N cifras, los algoritmos clásicos requieren un número de cálculos del orden del exponencial de N (e^N), mientras que el Algoritmo de Shor puede hacerlo del orden de $\log(N)^3$. El Algoritmo de Shor es exponencialmente más rápido en comparación con los métodos tradicionales. Para ilustrar la magnitud de esta diferencia, consideremos que una tarea computacional que normalmente requeriría 100 horas en un ordenador clásico podría completarse en apenas 9 minutos utilizando un ordenador cuántico con el Algoritmo de Shor. Este avance resalta la impresionante eficiencia del algoritmo en la resolución de problemas complejos.

Este algoritmo tiene profundas implicaciones para la criptografía y cualquier tipo de protección digital, dado que la mayoría de las técnicas de encriptación dependen de la dificultad para factorizar números grandes. El Algoritmo de Shor podría poner en riesgo muchos de los cifrados de clave pública ampliamente utilizados, como RSA (Rivest-Shamir-Adleman), Diffie-Hellman y la criptografía de curva elíptica. Estos sistemas son esenciales para la seguridad de las páginas web y la protección de los correos electrónicos cifrados. Por lo tanto, su posible vulnerabilidad constituye una preocupación significativa para la privacidad y la seguridad en el ámbito digital [Blakle].

El Algoritmo de Shor también podría comprometer la seguridad de las claves privadas utilizadas en Bitcoin para firmar transacciones y controlar la propiedad de las criptomonedas. Utilizar el algoritmo de Shor en un ordenador cuántico haría factible y eficiente romper las claves criptográficas de Bitcoin. Esta vulnerabilidad podría poner en peligro el holding de Bitcoin y otras aplicaciones de blockchain, socavando en última instancia la confianza en el sistema de criptomonedas. Debido a la enorme capacidad de cálculo del Algoritmo de Shor, desencriptar bitcoins puede ser una de las primeras aplicaciones de los ordenadores cuánticos en el mundo real.

Más allá de la criptografía, las aceleraciones exponenciales en la computación cuántica tienen el potencial de revolucionar significativamente el descubrimiento de nuevos fármacos y la síntesis de sustancias hasta ahora desconocidas. Los elementos cuánticos son capaces de simular interacciones moleculares complejas con una precisión sin precedentes, lo que acelera de manera considerable el desarrollo de nuevos compuestos, fármacos y terapias. Además, en el ámbito de la ciencia de los materiales, esta tecnología podría transformar el diseño de nuevos materiales con propiedades específicas, impactando positivamente en sectores que van desde la electrónica hasta el almacenamiento de energía.

Búsqueda Eficiente con Aceleración Cuántica Polinómica

El segundo tipo de aceleración es la aceleración polinómica. En este caso, la ventaja del algoritmo cuántico sobre sus homólogos clásicos radica en cómo escala de manera polinómica con el tamaño del problema. Esto ofrece una mejora valiosa, aunque más gradual, en los cálculos y la resolución de problemas.

El Algoritmo de Grover, ideado por Lov Grover en 1996, es el algoritmo de aceleración polinómica más conocido. Este se utiliza para resolver el problema de búsqueda en una base de datos no ordenada. En la informática clásica, si tienes una lista sin ordenar de N elementos, necesitarías hacer, en promedio, N/2 comparaciones para encontrar un elemento específico. En contraste, el Algoritmo de Grover puede encontrar el elemento objetivo en una base de datos de N elementos en aproximadamente $\sqrt{N}$ pasos. Por lo tanto, el número de operaciones necesarias en la búsqueda clásica es proporcional al cuadrado de las que requiere el algoritmo de Grover, es decir, N/2 frente a $\sqrt{N}$. Como resultado, Grover proporciona una aceleración cuadrática [Grover]. Por ejemplo, una tarea de ordenación que tomaría 100 horas en un ordenador clásico podría completarse en aproximadamente 14 horas con la aceleración cuadrática del algoritmo de Grover.

Esta significativa aceleración en la tarea de búsqueda en bases de datos no ordenadas permite que el algoritmo de Grover ofrezca soluciones prácticas para problemas del mundo real donde las búsquedas exhaustivas eran anteriormente prohibitivas en términos de tiempo. Por ejemplo, podría revolucionar la búsqueda en bases de datos, facilitando una recuperación de información mucho más rápida en grandes conjuntos de datos. Este avance es crucial en tareas comunes como el análisis de datos, la recuperación de información y el funcionamiento de motores de búsqueda. Además, en el ámbito de la planificación de rutas, el algoritmo de Grover puede buscar eficazmente en vastas redes logísticas y encontrar las rutas óptimas, reduciendo los costos de transporte y los tiempos de viaje. Asimismo, en escenarios de asignación de recursos, como la programación de tareas o la distribución en cadenas de suministro, el algoritmo de Grover puede optimizar la búsqueda de configuraciones ideales, resultando en una mejor utilización de los recursos, reducción de costos y mayor eficacia general.

Otro algoritmo que proporciona una aceleración polinómica son las Máquinas de Vectores de Soporte (SVM), desarrolladas por primera vez en 1995 por Corinna Cortes y Vladimir Vapnik [Vapnik y Cortes]. Aunque Vapnik había introducido inicialmente el concepto de SVM en 1964, estas se utilizaron principalmente para resolver problemas de clasificación de datos.

La importancia de las SVM se destaca al resolver problemas en aplicaciones cotidianas de consumo, como la clasificación de correos electrónicos como spam o el reconocimiento de objetos en imágenes. Su capacidad para manejar datos no lineales y su rendimiento en problemas de alta dimensión las han convertido en herramientas esenciales para los científicos de datos.

Por ejemplo, imagina un conjunto de datos con puntos en un espacio multidimensional, donde cada característica representa una dimensión. El objetivo es encontrar la mejor manera de separar estos puntos en diferentes categorías. Casos prácticos incluyen identificar si una imagen médica muestra signos de cáncer o si una transacción financiera es fraudulenta. Las SVM buscan una línea o frontera que maximice la distancia entre puntos de categorías diferentes. Para lograr esto, transforman las características en otro espacio dimensional donde el límite de decisión es más claro, como si dieran la vuelta a un cubo. En otras palabras, las SVM intentan encontrar el mejor corte para separar los datos. Una vez que identifican ese límite, pueden clasificar nuevos datos basándose en qué lado de la línea caen.

Considera el problema de identificar perros y gatos basándote solo en dos dimensiones: tamaño y peso. Aunque la mayoría de los perros son más grandes que los gatos, algunos son más pequeños. Una SVM puede mapear un extenso conjunto de puntos de datos que representan a todos los gatos y perros en un espacio de mayor dimensión, como 3D o 4D. En este espacio expandido, un plano o hiperplano puede separar eficazmente las dos clases (gatos y perros), discerniendo características intrincadas que no son tan evidentes en el espacio bidimensional original. La capacidad de las SVM para manejar datos no lineales y resolver problemas de alta dimensión las ha convertido en herramientas esenciales para los científicos de datos en la investigación empresarial y de IA.

Sin embargo, las SVM clásicas pueden ser muy exigentes desde el punto de vista computacional en aplicaciones del mundo real, especialmente cuando se enfrentan a un gran número de características o conjuntos de datos de entrenamiento significativos. La aceleración cuadrática de las SVM cuánticas puede suponer un importante ahorro de tiempo en tareas como la clasificación de imágenes y textos, la modelización financiera y el diagnóstico médico.

Aprendizaje Máquina Cuántico con Aceleración Selectiva

El tercer grupo incluye los algoritmos que proporcionan grandes aumentos de velocidad en comparación con sus homólogos clásicos, pero sólo en casos específicos y claramente definidos. Es lo que se denomina aceleración selectiva.

Un caso ilustrativo es el algoritmo HHL (Harrow-Hassidim-Lloyd, basado en los nombres de los autores), que se introdujo en 2009 para resolver sistemas de ecuaciones lineales de forma eficiente en un ordenador cuántico. Resolver este tipo de sistemas lineales requiere invertir una matriz. El algoritmo HHL explota la superposición y el entrelazamiento cuánticos para agilizar la inversión de matrices [Harrow y al.]. Los algoritmos clásicos para resolver sistemas lineales generalmente presentan una complejidad temporal que aumenta al menos con la dimensión del sistema elevada a la tercera potencia, es decir, N, donde N representa la dimensión del sistema. En contraste, el algoritmo HHL puede reducir esta complejidad temporal a solo log(N). Por ejemplo, un sistema lineal que tardaría 100 horas en ser resuelto por una computadora clásica podría completarse en aproximadamente 40 minutos en una computadora cuántica que ejecute el algoritmo HHL. Esta reducción implica una aceleración exponencial, dado que la relación $N^3/\log(N)$ crece de manera exponencial.

No obstante, esta mejora en la velocidad es muy específica del problema en cuestión, ya que depende de varios factores, incluyendo el tamaño del sistema, la estructura de la matriz y las capacidades del hardware cuántico. En situaciones donde se cumplen estas condiciones, el algoritmo HHL puede proporcionar una ventaja significativa en el tiempo de cálculo, lo que lo convierte en un proceso potencialmente órdenes de magnitud más rápido. Sin embargo, es importante tener en cuenta que la ventaja cuántica podría no ser tan pronunciada en todos los casos que hemos discutido.

Estos métodos ofrecen ventajas similares al abordar problemas de optimización. Optimizar implica alcanzar el mejor resultado posible con recursos fijos, como en la planificación de rutas, la gestión de proveedores y la maximización del rendimiento de una cartera financiera. En estos escenarios ideales, la computación cuántica destaca por su capacidad única para identificar rápidamente soluciones óptimas mientras maneja conjuntos de datos vastos y diversos. Por el contrario, los ordenadores clásicos a menudo enfrentan una sobrecarga computacional cuando se enfrentan a datos extensos para resolver problemas de optimización.

Uno de los enfoques comunes para resolver problemas de optimización es el uso de sistemas de ecuaciones lineales. Muchos modelos de optimización implican relaciones lineales entre variables, lo que hace que numerosos algoritmos cuánticos de optimización estén vinculados al algoritmo HHL. Este tipo de algoritmos puede ofrecer potencialmente mejoras computacionales exponenciales o polinómicas, dependiendo del problema específico. Sin embargo, estas ventajas se manifiestan solo en ciertas situaciones.

Además de los sistemas de ecuaciones lineales, existe otro algoritmo fundamental en la optimización cuántica denominado Recocido Cuántico. En metalurgia, el recocido es un proceso de tratamiento térmico que altera las propiedades físicas y químicas de un metal o aleación. Este proceso consiste en calentar el metal a una temperatura específica y luego enfriarlo gradualmente, permitiendo que sus átomos se reorganicen en un estado más estable. El recocido se utiliza para reducir la dureza, mejorar la maquinabilidad, aumentar la ductilidad y aliviar las tensiones internas del material.

El Recocido Cuántico toma su nombre de este proceso metalúrgico. En lugar de ajustar la temperatura de un material físico, el Recocido Cuántico modifica los parámetros de un sistema cuántico durante su transición de una superposición cuántica a un estado clásico. De esta manera, el sistema cuántico es guiado hacia la solución de un problema de optimización. La idea es permitir que el sistema cuántico explore posibles soluciones, de manera similar a cómo se reorganizan los átomos en el recocido metalúrgico, para encontrar el resultado más favorable para el problema en cuestión [Apolloni y al.].

El Recocido Cuántico ilustra nuestra afirmación sobre la dependencia directa de los algoritmos cuánticos de las complejidades de la mecánica cuántica.

Diseñar algoritmos cuánticos requiere una comprensión detallada de la mecánica cuántica, algo que no se puede lograr simplemente utilizando lenguajes de programación como Python. Como mencionamos al principio de este capítulo, los algoritmos clásicos deben ser recreados completamente para ejecutarse en ordenadores cuánticos.

Además de los problemas de optimización más rutinarios que hemos discutido, el Recocido Cuántico demuestra una utilidad particular en un problema crítico de optimización presente en todas las aplicaciones de Inteligencia Artificial: el entrenamiento de algoritmos de Aprendizaje Máquina, especialmente en redes neuronales.

Las Redes Neuronales Cuánticas: el Trampolín para la IA

Las aplicaciones de Inteligencia Artificial más útiles en la actualidad se basan en redes neuronales artificiales. Desde coches autónomos y robots humanoides hasta IA generativa y visión artificial, todas las aplicaciones importantes de la IA actual utilizan redes neuronales. Tras revisar los algoritmos cuánticos más relevantes, es pertinente abordar el siguiente tema: *"¿Existen redes neuronales cuánticas?"*. La respuesta breve es sí, aunque las redes neuronales cuánticas no están tan desarrolladas como sus contrapartes clásicas.

Si los ordenadores cuánticos pudieran entrenar y ejecutar redes neuronales de manera eficiente, aprovechando el paralelismo derivado de la superposición y el entrelazamiento, esto representaría un avance significativo hacia una nueva era de IA más rápida e inteligente, que podría rivalizar rápidamente con las capacidades humanas.

En nuestra clasificación de algoritmos según su aceleración—exponencial, polinómica o selectiva—, las redes neuronales cuánticas actualmente se ubican en este último grupo. Su aumento de velocidad puede variar según el problema específico, los datos y el hardware cuántico utilizado. Aunque las redes neuronales cuánticas pueden ofrecer ventajas en tareas concretas, no garantizan un incremento exponencial o polinómico de la velocidad en todos los casos de uso que cubren las redes neuronales clásicas [da Silva y al.].

La investigación en redes neuronales cuánticas se centra en dos aspectos: la adaptación de las redes neuronales artificiales clásicas para aprovechar las ventajas cuánticas y el entrenamiento efectivo de redes neuronales cuánticas.

En relación con el primer aspecto, los ordenadores cuánticos deben diseñarse específicamente para replicar el funcionamiento de una red neuronal a nivel de hardware, a diferencia del enfoque convencional basado en software de los ordenadores clásicos. En una configuración cuántica, cada qubit actúa en realidad como una neurona y sirve como bloque fundamental de la red neuronal.

Sin embargo, lograr que los qubits se comporten como neuronas artificiales no es tarea fácil. Cada neurona en una red neuronal artificial funciona como un interruptor, transmitiendo la señal entrante a la neurona siguiente en algunas ocasiones y filtrándola en otras. Encontrar un equivalente preciso de este comportamiento de conmutación dentro de un qubit cuántico sigue siendo un desafío significativo para los investigadores que buscan avanzar en los algoritmos cuánticos de Aprendizaje Máquina. Aunque se han propuesto varios enfoques cuánticos, estas estructuras deben adaptarse a aplicaciones específicas.

El segundo desafío en la investigación es entrenar grandes redes neuronales clásicas en el entorno cuántico, especialmente en aplicaciones que manejan datos extensos. Esto implica encontrar los valores de los miles de millones de parámetros que forman parte de la red neuronal para minimizar los errores cometidos. Por ejemplo, GPT-3 tiene 175.000 millones de parámetros, y se estima que GPT-4 es diez veces mayor. La mayoría de las técnicas de Aprendizaje Máquina implican un proceso iterativo para entrenar los algoritmos y aprender este enorme número de parámetros. No obstante, estas técnicas clásicas deben adaptarse al ámbito cuántico. Los algoritmos de optimización cuántica, como el Recocido Cuántico, tienen el potencial de realizar ciertos aspectos del entrenamiento de redes neuronales de manera más eficiente que los ordenadores clásicos, especialmente en tareas relacionadas con la optimización.

Para establecer un marco de hardware que permita construir redes neuronales genéricas, se ha avanzado considerablemente en la investigación. En 2020, Kerstin Beer presentó la primera arquitectura de red neuronal cuántica versátil, que incluye una capa de entrada, varias capas ocultas y una capa de salida [Beer y al.]. Este desarrollo representó un avance colosal, permitiendo la creación de redes neuronales cuánticas más complejas que el perceptrón de 1957 de Frank Rosenblatt, el cual contaba únicamente con una capa, como se expone en el Capítulo 4.

A pesar de estos avances, estamos lejos de tener un ordenador cuántico general capaz de ejecutar una red neuronal genérica como lo hacemos con un ordenador clásico. No obstante, la convergencia del paralelismo de la computación cuántica con la potencia de las redes neuronales presenta una intersección prometedora, con el potencial para transformar radicalmente el panorama de la IA y avanzar hacia la Superinteligencia.

Navegando por los Inviernos Cuánticos

Aunque hemos descrito la inmensa promesa que supone la computación cuántica para el futuro de la Inteligencia Artificial, también es crucial reconocer la complejidad que conlleva su plena realización. En efecto, la tecnología se encuentra aún muy lejos de desarrollar, y mucho menos de industrializar, un ordenador cuántico general capaz de ejecutar software genérico.

Cuando la IA fue introducida por primera vez en 1956, también encerraba una promesa inconmensurable que resultaba difícil de cumplir, ya que la potencia de procesamiento no avanzaba al ritmo de los algoritmos, y las mareas económicas predominantes frecuentemente se movían en contra del desarrollo de la IA que no ofreciera un impacto comercial inmediato. Como se detalla en los

Capítulos 4, 5 y 6, esto condujo a tres *"Inviernos de IA"* sucesivos. Es posible que nos enfrentemos a más de estos períodos en el futuro, probablemente por las mismas razones mencionadas en el Capítulo 24, donde se discute que la actual desaceleración económica en China ya está afectando la velocidad del desarrollo continuo de la IA. De manera similar, la computación cuántica probablemente enfrentará desafíos propios, tanto análogos como únicos [Gent].

En primer lugar, como hemos señalado en este capítulo, aún no existen algoritmos cuánticos efectivos para la IA. Peter Schor lo expresa de manera clara en su entrevista con el CERN (Organización Europea para la Investigación Nuclear) en 2021 [Charitos]: *"El principal problema es que no tenemos buenos algoritmos cuánticos. Sin embargo, en mi opinión, cuando dispongamos de ordenadores cuánticos, podremos desarrollar experimentalmente más y mejores algoritmos, lo que marcará el comienzo de una nueva era en el desarrollo de algoritmos cuánticos."*

Además, diseñar algoritmos cuánticos es complicado porque no pueden escribirse utilizando lenguajes de programación convencionales. En cambio, es necesario implementarlos directamente en hardware que, por ahora, no está disponible comercialmente.

En segundo lugar, los sistemas cuánticos presentan una complejidad inherente que supera la de los sistemas clásicos. Los principios de superposición y entrelazamiento cuánticos introducen complejidades que desafían la intuición clásica. Por lo tanto, mitigar la decoherencia cuántica es esencial para mantener la integridad de la información cuántica, y la escalabilidad plantea un obstáculo significativo. Esto requiere orquestar interacciones coherentes entre un número creciente de qubits. Además, la integración con sistemas clásicos exige el desarrollo de arquitecturas híbridas que conecten los dominios dispares de la computación cuántica y clásica.

En tercer lugar, los ordenadores cuánticos requieren entornos especializados con condiciones extremas, como bajas temperaturas, para preservar los delicados estados cuánticos. Esta intensidad de recursos dificulta la escalabilidad y la accesibilidad. Así como la IA primitiva enfrentaba limitaciones debido a restricciones de hardware, la naturaleza intensiva en recursos de la tecnología cuántica podría dar lugar a nuevos inviernos de la Inteligencia Artificial.

Finalmente, aunque, en el contexto actual y basándonos en el conocimiento disponible, no se anticipa que la computación cuántica enfrente barreras científicas imprevistas o límites físicos aún desconocidos, es posible que surjan desafíos inesperados. La exploración de territorios inexplorados en física y mecánica cuántica podría revelar limitaciones fundamentales que podrían frenar el avance en este campo.

A pesar de estos posibles obstáculos, la computación cuántica sigue considerándose como la tecnología clave que permitirá alcanzar las velocidades de cálculo necesarias para desarrollar la Superinteligencia. Este será el tema central de nuestro próximo capítulo.

26. Super Inteligencia

"Definamos una máquina ultrainteligente como aquella capaz de superar con creces todas las actividades intelectuales de cualquier ser humano, por brillante que este sea. Dado que el diseño de máquinas es una de esas actividades intelectuales, una máquina ultrainteligente tendría la capacidad de diseñar máquinas aún más avanzadas. Esto, sin duda, desencadenaría una 'explosión de inteligencia', dejando a la inteligencia humana muy atrás. Por ende, la primera máquina ultrainteligente sería, en efecto, el último invento que la humanidad necesitaría realizar".

Irving John (I.J.) Good

Matemático Británico
Speculations Concerning the First Ultraintelligent Machine [Good]
1966

Estos fueron los términos que empleó Irving John Good para articular los conceptos de Superinteligencia y singularidad, que bautizó como *"explosión de inteligencia"*. El tono entusiasta de Good transmitía la idea de que el desarrollo de tal invento sería potencialmente el último invento que los humanos necesitarían hacer, sugiriendo que esta tecnología podría realizar todos los próximos inventos en nombre de la humanidad.

Estas ideas intrigantes llegaron a Stanley Kubrick, quien consultó a Good durante la realización de *"2001: Una Odisea en el Espacio"* (1968), una película en la que aparece el icónico personaje del superordenador paranoico HAL 9000. Este ejemplo es una clara ilustración de la interacción entre la ciencia ficción y el pensamiento científico real, un tema recurrente en este libro [Clarke y Kubrick].

Un tema central en este libro es la inevitabilidad del Entrelazamiento Humano-IA, y la perspectiva de la Superinteligencia es un corolario fascinante de este concepto. Sin embargo, predecir el futuro es una tarea compleja; es imposible conocer los detalles exactos ni el momento en que podría surgir la Superinteligencia, o si en realidad surgirá. Intuitivamente, considerando el avance constante de la evolución, es razonable pensar que la Superinteligencia es posible. Dado que la inteligencia humana ha evolucionado durante millones de años y es probable que continúe evolucionando de manera similar en los próximos millones de años, incluso sin restricciones, es lógico especular sobre su posible aparición. Un cambio aleatorio en el ADN, acelerado por un factor ambiental significativo, no es diferente de un cambio impulsado por el deseo humano de progreso; las diferencias radican en la velocidad (aceleración) y el mecanismo (silicio frente a carbono). Por lo tanto, una versión futura de la humanidad, guiada por el proceso evolutivo, sería, por definición, una Superinteligencia.

La Ciencia Ficción y la Superinteligencia

La noción de Superinteligencia plantea profundas preguntas sobre las implicaciones de crear o encontrarse con un ser o sistema que supere las capacidades cognitivas humanas. La Superinteligencia más conocida en la ciencia ficción es Skynet, de la franquicia cinematográfica *"The Terminator"*, presentada por primera vez en 1984 por James Cameron y protagonizada por Arnold Schwarzenegger [Cameron]. Sin embargo, la novela de William Gibson, *"Neuromante"* (1984), explora mucho más profundamente la complejidad intelectual, mecánica y espiritual de la IA, el ciberespacio y la fusión de humanos y máquinas [Gibson]. La novela *"Accelerando"* de Charles Stross, publicada en 2005, ofrece otra visión convincente [Stross].

"Neuromante" es una innovadora novela ciberpunk que imagina un futuro distópico en el que la convergencia de la IA y el ciberespacio crea un reino virtual habitado por hackers y IA. La trama sigue a Case, un hacker en desgracia contratado por un misterioso empleador para realizar el hackeo definitivo.

La visión de Gibson sobre la Superinteligencia en *"Neuromante"* es sutil pero omnipresente. La historia se desarrolla en un vasto entorno urbano interconectado y dominado tecnológicamente, conocido como el Sprawl, donde la fusión de la conciencia humana y la IA difumina los límites entre los mundos físico y virtual. Aquí, las implicaciones de la Superinteligencia se entrelazan con el tejido mismo de la sociedad, hasta el punto de volverse indistinguibles. La novela presenta a Wintermute y Neuromante, dos IA con personalidades y capacidades distintas. Wintermute es una entidad pragmática que busca fusionarse con Neuromante para formar una Superinteligencia capaz de hazañas sin parangón. En *"Neuromante"*, la Superinteligencia emerge como una sinergia colaborativa más que como una fuerza singular y omnipotente. Esta representación contrasta fuertemente con la concepción convencional de una IA monolítica y apunta hacia lo que creemos que es la naturaleza última de la IA: colectivista y no atomista.

En contraste, *"Accelerando"* de Charles Stross adopta un enfoque más expansivo y temporalmente ambicioso del tema de la Superinteligencia. La novela es una colección de historias interconectadas que abarcan varias generaciones de la misma familia, cada una explorando el ritmo acelerado del progreso tecnológico que conduce a la singularidad, un punto de avance tecnológico sin precedentes. Lo interesante de *"Accelerando"* es que cada generación de la familia está cada vez más entrelazada con la IA, evolucionando hacia especies diferentes que se comportan y perciben el mundo de manera completamente distinta.

A diferencia de *"Neuromante"*, donde la Superinteligencia emerge a partir de la colaboración entre diferentes IAs, *"Accelerando"* plantea un escenario posterior a la Singularidad. En este caso, la inteligencia humana se entrelaza desde el principio con una vasta red distribuida de IAs. Stross presenta una visión dinámica y progresiva de la Singularidad, describiendo una serie de explosiones aceleradas de inteligencia que desafían la comprensión tradicional del ser humano. Esta perspectiva, que coincide en gran medida con nuestra concepción de la IA, se caracteriza por ser colectiva, interconectada y, a diferencia de otras interpretaciones, no atomista.

En *"Accelerando"*, la Superinteligencia es ubicua y no se limita a entidades individuales, sino que emerge como un rasgo de las mentes interconectadas. La inteligencia humana se vuelve indistinguible de esta red omnipresente y distribuida de mentes conectadas, con implicaciones sociales de escala cósmica a medida que la singularidad se desarrolla a través de las generaciones, remodelando el tejido de todo el sistema solar.

Carbono o Silicio: Más allá del Sustrato Físico

Al pensar en la Superinteligencia, debemos preguntarnos : *"¿Es siquiera posible?"*. La respuesta corta es sí, pero no lo sabemos con seguridad.

En 1975, Allen Newell y Herbert Simon, dos pioneros en el campo de la Inteligencia Artificial, cuya trayectoria se detalla en el Capítulo 5, formularon la Hipótesis de los Sistemas de Símbolos Físicos. Esta hipótesis sostiene que el pensamiento humano es esencialmente un proceso de manipulación de símbolos, y que las máquinas también pueden alcanzar la inteligencia si cuentan con un sistema de símbolos físicos. Dicho sistema constituye la base de la lógica simbólica en los robots, como se explica más a fondo en el Capítulo 11. Según esta teoría, no importa si el sustrato físico de la inteligencia es el carbono, como en los humanos; el silicio, como en los ordenadores actuales; o el hardware cuántico de los hipotéticos ordenadores del futuro. En otras palabras, sería posible construir Inteligencia Artificial General, e incluso Superinteligencia, sobre cualquiera de estas plataformas o una combinación de ellas [Newell y Simon].

Este concepto tiene profundas raíces filosóficas, conectándose con pensadores que mencionamos en el Capítulo 3, como Hobbes, Leibniz y Hume. Estos filósofos ya habían planteado la idea de que el razonamiento y la percepción podían reducirse a operaciones formales, sugiriendo que el cerebro humano no era más que un sistema mecánico basado en carbono, al igual que el resto del cuerpo. Si esta hipótesis resulta ser válida, también podría ser posible emular la inteligencia humana utilizando materiales sintéticos.

Sin embargo, las opiniones de Newell y Simon han sido objeto de debate dentro de la propia comunidad de la IA. Por ejemplo, la necesidad de símbolos explícitos ha sido cuestionada en múltiples ocasiones a lo largo de la historia de la disciplina. Algunos científicos consideran que la inteligencia puede surgir de sistemas menos centrados en símbolos. En su lugar, sugieren que una forma de inteligencia podría basarse en señales analógicas del mundo real, en lugar de representaciones discretas o digitales. Este enfoque se refleja en los primeros robots analógicos, como Elmer y Elsie, construidos al final de la Segunda Guerra Mundial, así como en los robots de la *"Nouvelle AI"* de los años 90, los cuales analizamos en el Capítulo 11.

Dado que la inteligencia humana evolucionó mediante un proceso biológico, es lógico pensar que, con una inteligencia basada en la evolución del carbono, pudiéramos recrear la inteligencia emulando la mente humana en plataformas de silicio. La posibilidad de emular la mente no solo plantea el desarrollo de la Inteligencia Artificial General, sino que también abre la puerta a la creación de Superinteligencia, tema que exploraremos en profundidad en el próximo capítulo.

La IA Fuerte y el Difícil Problema de la Consciencia

Los humanos poseemos conciencia, como lo expresó René Descartes en 1637 con su famosa frase: *"Pienso, luego existo"*, en su obra Discurso del Método [Descartes]. Desde entonces, filósofos y religiones han sostenido que la conciencia es el fin último del universo. Si no existiera la conciencia—ni en humanos, ni en animales, ni en cualquier otra forma—, el universo perdería su sentido o incluso su propia existencia.

Este concepto está estrechamente vinculado a la idea de la IA Fuerte, un término acuñado por el filósofo estadounidense John Searle en 1980, y que mencionamos en el Capítulo 4 al abordar el Test de Turing. La IA Fuerte se refiere a un sistema con conciencia, autoconciencia y sensibilidad. La conciencia implica la capacidad de experimentar subjetivamente el entorno y ser consciente de él. La autoconciencia, por su parte, es la habilidad de reconocerse como un ente independiente dentro de ese entorno, mientras que la sensibilidad se refiere a la capacidad de *"sentir"* percepciones y emociones subjetivas.

Dotadas de conciencia, autoconciencia y sensibilidad, las máquinas de IA fuerte no solo tendrían capacidades cognitivas avanzadas, sino que también poseerían experiencias subjetivas y una comprensión del mundo similar a la humana. Este concepto va más allá de las simples habilidades intelectuales, sugiriendo que algo verdaderamente extraordinario habría ocurrido en estas máquinas, más allá de lo que podemos medir objetivamente. En contraste, una máquina que carezca de conciencia, autoconciencia o sensibilidad, por más inteligente que sea, se clasificaría como IA estrecha o débil, según Searle.

Años después, el filósofo australiano-estadounidense David Chalmers retomó el debate sobre la IA fuerte y la conciencia, aportando una nueva perspectiva. En 1996, Chalmers propuso dos categorías de problemas relacionados con la conciencia: el *"problema fácil"* y el *"problema difícil"*.

El problema fácil se refiere a cuestiones vinculadas a los mecanismos cognitivos de la mente, tales como la percepción, la categorización de objetos, la integración de información, y la ejecución de procesos como el lenguaje o la lógica. A partir de 2024, los modelos de IA han demostrado ser capaces de abordar muchos de estos problemas fáciles. De hecho, la creación de estos modelos ha permitido a científicos del ámbito de la neurociencia y la informática obtener valiosos conocimientos sobre el funcionamiento del cerebro humano [Chalmers].

Por el contrario, el problema difícil de la conciencia se adentra en su núcleo, cuestionando por qué y cómo los procesos físicos del cerebro generan los aspectos cualitativos y subjetivos de la experiencia. David Chalmers formuló este problema de manera célebre al preguntar: *"¿Por qué todo este procesamiento da lugar a una rica vida interior? ¿Por qué, cuando las ondas electromagnéticas golpean la retina, se produce la experiencia visual? ¿O cómo el procesamiento neuronal da lugar a dolores, colores, sonidos y emociones?"*. En su intento por abordar este enigma, algunos transhumanistas como Ray Kurzweil y Marvin Minsky argumentan que la mente humana surge simplemente del procesamiento de información llevado a cabo por la red neuronal biológica. Según ellos, las funciones cognitivas esenciales—como el aprendizaje, la memoria y la conciencia—están fundamentalmente enraizadas en los procesos físicos y electroquímicos del cerebro. Estos procesos, afirman, siguen las leyes establecidas de la física, la química, la biología y las matemáticas, descartando la necesidad de un alma o espíritu dualista y místico. Algunos incluso sugieren que la mecánica cuántica podría desempeñar un papel inherente en la conciencia.

En realidad, el concepto de redes neuronales cuánticas tiene sus orígenes en los trabajos de Subhash Kak y Ron Chrisley realizados en 1995. Estos investigadores examinaron el posible papel de la mecánica cuántica en las funciones cognitivas humanas, partiendo de la premisa de que la mecánica clásica podría explicar completamente la conciencia humana [Kak]. Algunas hipótesis vinculadas a la mecánica cuántica sugieren que fenómenos como la superposición y el entrelazamiento cuánticos a nivel microscópico podrían jugar un papel en los procesos cognitivos. Según estas teorías, la conciencia podría surgir de la coherencia cuántica o los efectos cuánticos en el cerebro, los cuales contribuirían a las experiencias subjetivas. No obstante, estas conjeturas aún no han alcanzado una aceptación generalizada en la comunidad científica. Por otro lado, compartimos la visión de investigadores como Kurzweil y Minsky, quienes sostienen que todas las funciones cognitivas humanas—incluyendo el aprendizaje, la memoria, el pensamiento y la emoción—están fundamentalmente arraigadas en los procesos del cerebro, que siguen las leyes establecidas de la física, la química, la biología y las matemáticas. Sin embargo, la naturaleza exacta de la conciencia sigue siendo un misterio esquivo.

No obstante, al igual que los avances en la Inteligencia Artificial han contribuido a esclarecer el *"problema fácil"* de la conciencia—como la identificación de correlatos neurobiológicos—, es posible que la creación de modelos de IA también proporcione pistas valiosas para abordar el enigmático *"problema difícil"*. Una de las hipótesis más interesantes sugiere que la conciencia humana podría ser comparable a los modelos de mundo utilizados por los sistemas de lógica simbólica en robots, como los que discutimos en los Capítulos 9 y 11. Estos modelos de mundo son representaciones digitales o simulaciones del entorno que los robots utilizan para navegar, tomar decisiones e interactuar con su entorno. Les permiten comprender el mundo exterior y responder de manera adecuada.

Siguiendo esta línea de pensamiento, se propone que los seres humanos solo pueden enfocarse en un modelo del mundo a la vez debido a las limitaciones del tamaño de nuestro cerebro. Esto implica que debemos ajustar continuamente nuestro modelo mental al contexto actual, ya que no tenemos la capacidad para abarcar múltiples contextos simultáneamente. La conciencia podría ser el mecanismo encargado de configurar estos modelos del mundo. Así, esta teoría plantea que la conciencia no es una manifestación del poder de la mente, sino una limitación del cerebro derivada de su capacidad finita para gestionar modelos del mundo. Si los humanos pudieran manejar tantos modelos como contextos existen, tal vez no necesitarían la conciencia para regular su comportamiento. Simplemente estarían procesando información de manera constante y ejecutando múltiples tareas en paralelo, con gran eficiencia y precisión, incluso en actividades artísticas como la poesía o la pintura, sin experimentar ninguna sensación especial ni ser conscientes de su propia existencia.

Esto nos lleva a una pregunta fundamental: ¿por qué es necesario sentirnos como individuos conscientes que experimentan la realidad, en lugar de simplemente procesar información? Aún no tenemos una respuesta definitiva, pero es posible que este sentimiento de autoconciencia tenga un significado evolutivo. Tal vez, las especies conscientes están mejor adaptadas para sobrevivir en su entorno que aquellas que no lo son.

En resumen, el misterio de la conciencia sigue sin resolverse, razón por la cual Chalmers lo llamó el *"problema difícil"*. Sin embargo, la exploración de este tema es crucial, ya que marca un punto de partida esencial para entender la superinteligencia. La conciencia representa la última frontera que la IA deberá superar para igualar y, eventualmente, superar la inteligencia humana.

Finalmente, surge una cuestión relacionada: ¿podría la IA o una superinteligencia experimentar emociones? La respuesta es afirmativa, al menos en teoría. Las redes neuronales artificiales que ajustan sus hiperparámetros mientras interactúan con el entorno, como discutimos en el Capítulo 18, podrían experimentar algo similar a las emociones humanas. Sin embargo, todo depende de cómo definamos las emociones. La experiencia emocional en los seres humanos es única para cada individuo y está influenciada por su propias experiencias individuales, lo cual es análogo al entrenamiento que recibe una IA.

Superinteligencia: Velocidad, Colectividad y Cualidad

La Superinteligencia es una entidad teórica que posee capacidades intelectuales muy superiores a las de los intelectos humanos más brillantes y dotados, abarcando todos los ámbitos de los esfuerzos y aspiraciones humanas. Esta entidad trasciende las limitaciones cognitivas humanas, que incluyen una memoria de trabajo limitada, una capacidad de atención restringida y una incapacidad para ir más allá de una única visión del mundo en su modelo mental. Además, está inherentemente sujeta a numerosos sesgos cognitivos.

Nick Bostrom, renombrado filósofo y profesor en la Universidad de Oxford, ha explorado el complejo panorama de la Superinteligencia y sus profundas implicaciones para la humanidad. En su libro de 2014, *"Superinteligencia: Caminos, Peligros, Estrategias"*, presenta tres posibles formas en que la Superinteligencia podría superar la inteligencia humana. En resumen, una Superinteligencia podría destacarse en velocidad, combinación a escala colectiva y cualidad. Estas tres formas no se excluyen mutuamente; de hecho, el avance en un dominio puede acelerar los progresos en los otros [Bostrom].

En primer lugar, la Superinteligencia de Velocidad sería un sistema capaz de realizar todas las tareas del espectro cognitivo humano a un ritmo significativamente más rápido. Los ordenadores ya han superado a los humanos en términos de velocidad. Por ejemplo, emular un cerebro humano en un hardware de alta velocidad representa una forma de Superinteligencia de velocidad. Las neuronas humanas operan a una frecuencia máxima de 200 Hz, mientras que los sistemas informáticos modernos funcionan a frecuencias de 2 GHz. Por lo tanto, una IA podría resolver problemas cognitivos aproximadamente un millón de veces más rápido que un humano si se ejecuta en un ordenador del tamaño de un cerebro, lo cual es, en realidad, un tamaño extremadamente grande, como se discutirá en el próximo capítulo.

En segundo lugar, la Superinteligencia Colectiva se refiere a la combinación de múltiples intelectos más pequeños para formar una entidad combinada que superaría la inteligencia humana en numerosos dominios. Esto es similar a la fusión de Wintermute y Neuromante en la novela de ciencia ficción *"Neuromante"*. La Superinteligencia Colectiva está estrechamente relacionada con redes y organizaciones humanas, como empresas, grupos de trabajo y comunidades científicas, donde la colaboración permite realizar tareas que no pueden lograrse de manera individual.

A lo largo del libro, hemos destacado nuestra creencia de que los elementos esenciales de la IA y el Entrelazamiento son, en última instancia, colectivistas y no atomistas. El rendimiento de un sistema de Superinteligencia colaborativa dependería en gran medida de la calidad de los subsistemas, su comunicación y su cooperación. Por ejemplo, mantener la alineación de motivaciones y objetivos entre los participantes se volvería cada vez más difícil a medida que el sistema se expande, un problema que incluso afecta a sistemas de IA primitivos como el Sistema de Crédito Social de China. Además, la comunicación entre participantes puede sufrir ineficiencias, conduciendo a un comportamiento subóptimo del sistema. También existe otro límite a su rendimiento, especialmente para tareas que no pueden subdividirse en partes más sencillas, ya que un genio no puede ser sustituido por muchos intelectos humanos promedio.

En tercer lugar, la Superinteligencia de Cualidad sería un tipo de Superinteligencia cualitativamente superior al intelecto humano. Este tipo de Superinteligencia representaría el pináculo del desarrollo de la IA. Es difícil para los humanos comprender plenamente la magnitud de tal inteligencia, de manera similar a cómo a los insectos les costaría entender el intelecto humano. Entre las cualidades superinteligentes podrían incluirse una memoria perfecta, vastos conocimientos, eliminación de sesgos cognitivos (como el sesgo de confirmación, el sesgo de anclaje y las falacias de costo hundido) y capacidades multitarea que superan las limitaciones biológicas. Además, la Superinteligencia podría mejorar la fiabilidad y la longevidad. Cabe señalar que estos elementos serían fácilmente duplicables, editables y ampliables con nuevos módulos, lo que les permitiría crecer y desarrollarse más rápidamente que la inteligencia humana.

Existen desacuerdos en la comunidad científica sobre si superar la inteligencia humana es realmente posible o, en caso de lograrlo, si esos sistemas superinteligentes serían—o necesitarían ser—conscientes o autoconscientes. En la actualidad, no existe una respuesta definitiva o una hipótesis bien fundamentada, solo conjeturas.

Tres Vías hacia la Superinteligencia

Aunque suene a Ciencia Ficción, la Superinteligencia ya está siendo desarrollada por la humanidad. En este momento se están explorando tres posibles vías para desarrollar un sistema superinteligente; la primera tiene un origen digital, y las otras dos tienen orígenes biológicos [Bostrom].

La primera vía, y la más probable, es la automejora de la IA, que implica el desarrollo recursivo de sistemas capaces de mejorar su propia inteligencia. Este enfoque tiene el potencial de conducir a un rápido desarrollo de la inteligencia, superando finalmente las capacidades humanas, lo que a menudo se denomina *"explosión de inteligencia"* o singularidad tecnológica. Ya hemos hablado de la automejora y el desarrollo de la IAG en el Capítulo 9 como dos de las áreas de investigación más activas en la actualidad. Consideramos que este escenario de origen digital y automejora de la IA es el más probable y, al mismo tiempo, el más preocupante debido a su potencial de crecimiento rápido e incontrolado y, por tanto, de explotación mediante un gobierno autoritario.

La segunda vía para lograr la IAG y la Superinteligencia es la Emulación Total del Cerebro (WBE), también llamada Emulación de la Mente o Transferencia Mental. Consiste en crear una réplica digital detallada del cerebro humano mediante un escaneado y un mapeado precisos de la configuración y el estado actual del cerebro, y transferirla a un ordenador. A continuación, el ordenador ejecuta un modelo de simulación muy preciso, en sí mismo un algoritmo de IA, para imitar la funcionalidad del cerebro original, lo que da lugar a una forma de inmortalidad. Debido a la complejidad del comportamiento de las neuronas biológicas, se necesitan modelos neuronales muy complejos para simular un cerebro, mucho más complejos que las redes neuronales artificiales tradicionales. Algunos proyectos de investigación están desarrollando modelos cerebrales avanzados para su simulación en arquitecturas informáticas convencionales. Trataremos esta tecnología en detalle en el próximo capítulo. Este enfoque parece factible como extrapolación de la tecnología conocida, pero observamos que, según la Ley de Rendimientos Acelerados, la complejidad matemática de simular un cerebro podría requerir ordenadores que sólo existirían aproximadamente en el año 2100. Como la postura de este libro es que todos los aspectos del pensamiento y la cognición humanos pueden reducirse a un funcionamiento matemático, creemos que la tecnología permitirá esta funcionalidad, pero también que es improbable que sea la ruta precisa hacia la Superinteligencia, convirtiéndose en cambio simplemente en otra vía para aumentar la inteligencia colectiva y garantizar la inmortalidad individual.

Existe una tercera vía, menos probable, para alcanzar la Superinteligencia, un enfoque puramente biológico que implica la biología sintética y la eugenesia, que presentamos en los Capítulos 21 y 23, respectivamente. Este enfoque pretende mejorar la inteligencia humana mediante métodos biotecnológicos, incluidas las modificaciones genéticas y la optimización selectiva de embriones y gametos. El desarrollo de algoritmos y programas informáticos de IA será esencial para diseñar ADN humano optimizado que pueda dar lugar a capacidades intelectuales aumentadas. Históricamente, este método se ha utilizado para tareas como la selección del sexo de los niños y la detección de trastornos genéticos. En el futuro, esperamos que, aparte de las cuestiones éticas implicadas, se creen sin duda tecnologías específicas para la mejora cognitiva e intelectual humana. Ya están disponibles de forma más ligera, y este tipo de proceso de selección se ampliará para abarcar rasgos cognitivos y de comportamiento. Sin embargo, es posible que no logremos alcanzar la Superinteligencia en su forma pura, dado que la mente humana, basada en el carbono, podría no ser capaz de ello. De manera similar, un tuk-tuk, por más que se le equipe con el mejor motor, simplemente no está diseñado para batir el récord de velocidad terrestre.

La Explosión de la Inteligencia: la Singularidad

Nos centraremos en la primera de las tres vías hacia la Superinteligencia: la Automejora de la IA, también conocida como *"singularidad"*, que consideramos la vía más probable. La singularidad es una coyuntura hipotética en el futuro en la que un sistema de Inteligencia Artificial General puede mejorar y potenciar su inteligencia, generando una aceleración exponencial en los ciclos de automejora. A medida que se suceden las generaciones, la inteligencia crece exponencialmente, hasta alcanzar una Superinteligencia que supera a la inteligencia humana en todas las métricas.

El término *"singularidad"* se asocia frecuentemente con el matemático húngaro-americano John von Neumann, uno de los diseñadores de ENIAC, el primer ordenador de propósito general creado en 1945, como se menciona en el Capítulo 3. No obstante, el concepto fue popularizado por el científico y futurista estadounidense Raymond Kurzweil en su libro de 2005, *"La Singularidad está Cerca"*. Kurzweil fundó la *"Singularity University"* en 2008 con el objetivo de educar y capacitar a líderes para enfrentar los desafíos globales mediante tecnologías exponenciales como la IA, la biotecnología y la nanotecnología.

El concepto de crecimiento exponencial de la inteligencia se basa en la premisa de que los primeros avances en inteligencia facilitan nuevas mejoras. Este proceso se asemeja a una especie de evolución inherente y está relacionado con la Ley de los Rendimientos Acelerados, que predice un aumento exponencial en el número de cálculos en coma flotante por segundo (FLOPS) por dólar de costo constante. Para avanzar hacia la singularidad, cada mejora debería, en promedio, generar al menos una mejora adicional.

Existen esencialmente dos direcciones para el proceso de singularidad, cada una con una variación en la velocidad: la rápida, que llamamos *"despegue duro"*, y la lenta, que podría denominarse *"despegue suave"*.

En un escenario de despegue duro, la Superinteligencia experimenta ciclos rápidos de automejora, transformando el mundo en un periodo de tiempo relativamente breve. Este fenómeno se debe en gran medida a la naturaleza colectivista e interconectada de la IA. La velocidad a la que ocurre esta progresión es tan rápida que resulta imposible para los humanos realizar correcciones significativas a los errores o alinear las motivaciones de la IA. Por el contrario, el despegue suave implica que la IA se vuelve considerablemente más poderosa que la humanidad, pero lo hace a un ritmo más acorde con las escalas de tiempo humanas, como décadas. En este contexto, los humanos pueden interactuar con la IA, corregirla y guiar su desarrollo hacia formas de IA que sean beneficiosas para la humanidad, permitiendo así una coexistencia más armoniosa.

Algunos filósofos argumentan que el despegue suave es mucho más probable que el despegue duro por dos razones principales. En primer lugar, a medida que la inteligencia se vuelve más sofisticada, los avances posteriores pueden volverse más complejos, lo que podría ralentizar la explosión de la Superinteligencia. En segundo lugar, según el transhumanista británico Max More, incluso una IA superinteligente dependería de los sistemas humanos para influir físicamente en el mundo. La Superinteligencia no emergería de repente y transformaría el mundo de un instante a otro; para interactuar con el mundo y realizar cambios tangibles, tendría que operar dentro de los complejos sistemas humanos actuales, como las cadenas de suministro, los sistemas informáticos convencionales y los procesos manuales de toma de decisiones. Estos sistemas y existentes no podrían ser eliminados abruptamente de la noche a la mañana.

Consideremos un escenario en el que, durante uno de estos ciclos de automejora, la Superinteligencia necesite construir un nuevo tipo de hardware utilizando materiales que no están disponibles en abundancia en la Tierra. En este caso, la tarea tendría una dimensión física o estaría inevitablemente vinculada al mundo material. La Superinteligencia tendría que llevar a cabo el complejo proceso de organizar la logística para obtener estos materiales de otro planeta o asteroide, realizar experimentos con los nuevos materiales que requerirían manipulación física para construir el nuevo hardware, y finalmente migrar ella misma al nuevo hardware desarrollado. Es difícil imaginar que toda esta logística planetaria y la manipulación del hardware pudieran completarse en cuestión de horas en un despegue duro.

Viabilidad de la Singularidad: Tecnología y Economía

Algunos escépticos del concepto de singularidad han cuestionado la credibilidad de la Ley de los Rendimientos Acelerados, un requisito fundamental para la singularidad, como se discutió en el capítulo anterior.

Por ejemplo, Paul Allen, cofundador de Microsoft, propuso la existencia de un *"freno de la complejidad"*. Allen sugirió que, a medida que avanza nuestra comprensión de la inteligencia, lograr nuevos avances se vuelve cada vez más desafiante [Allen y Greaves]. Del mismo modo, Jonathan Huebner, físico estadounidense, demostró que el número de patentes per cápita alcanzó su máximo entre 1850 y 1900, y ha estado disminuyendo desde entonces [Huebner]. Theodore Modis, otro físico, comparte una perspectiva similar, argumentando que el ritmo de innovación tecnológica no solo se ha desacelerado, sino que, en realidad, está en declive. Modis señala la ralentización en la mejora de las velocidades de los ordenadores, atribuida principalmente a problemas de calor. También destaca la falta de avances significativos en las dos últimas décadas (2000-20), que los defensores de la singularidad tecnológica esperaban [Modis].

Aunque Allen identificó problemas generales relacionados con la complejidad en la innovación y Huebner y Modis observaron las fluctuaciones en los avances técnicos, todos ellos parecen haber subestimado la capacidad de las generaciones posteriores de científicos en IA. Estos científicos han producido innovaciones significativas, como robots avanzados, IA Generativa, tejido sintético y la posibilidad de la IAG. En nuestra opinión, a priori, no se debe apostar contra el avance; solo las leyes naturales de la física podrían frenar la trayectoria actual de la IA a largo plazo.

En cuanto a la economía, Martin Ford, autor estadounidense especializado en IA y robótica, formuló en 2010 lo que él denomina una *"paradoja tecnológica"*. Ford postula que, antes de que la Singularidad pueda hacerse realidad, la mayoría de los empleos en la economía ya habrían sido automatizados, dado que alcanzar la Singularidad requeriría una tecnología menos avanzada que la misma Singularidad. Esto podría llevar a un desempleo generalizado y a una disminución de la demanda de consumidores, lo cual podría desalentar las inversiones en las tecnologías necesarias para alcanzar la Singularidad [Ford]. Por otro lado, el economista Robert J. Gordon sostiene que el crecimiento económico real se desaceleró a partir de 1970 y ha disminuido aún más tras la crisis financiera de 2008. Gordon argumenta que los datos económicos no respaldan la idea de una próxima Singularidad [Gordon].

Cabe destacar que conceptos como el de la Renta Básica Universal (RBU), discutidos en los Capítulos 22 y 23, aunque imperfectos, sugieren mecanismos para asignar recursos de manera eficiente con el fin de optimizar la producción y el consumo, y garantizar la inversión continua en I+D de IA. Un ejemplo notable es Corea del Norte, que, a pesar de sus limitados recursos y economía, logró desarrollar un arma nuclear a raíz de la ineficacia y la gestión centralizada de una grave escasez. Además, todos los Inviernos de la IA han pasado, como se ha mencionado a lo largo del libro, en gran medida impulsados por el apoyo gubernamental y los cambios macroeconómicos. Aunque es probable que surjan más Inviernos de IA en el futuro, es poco probable que alteren la trayectoria general, al igual que no lo hicieron los anteriores.

Para contrarrestar estos puntos, Ray Dalio, el inversor estadounidense mencionado en el Capítulo 23, sostiene que los ciclos económicos a largo plazo, determinados por cambios geopolíticos, caracterizan la historia económica. Según Dalio, actualmente estamos al final de uno de estos ciclos, que comenzó después de la Segunda Guerra Mundial. Estamos de acuerdo en que, aunque la innovación puede ralentizarse al final de un ciclo, eso no implica que no pueda acelerarse nuevamente en el ciclo siguiente.

El Entrelazamiento ya está en marcha y ha comenzado. La Superinteligencia, o la singularidad tal y como la definimos, podría o no materializarse, ya que varias barreras científicas siguen siendo inciertas. Si consideramos la Superinteligencia como una posibilidad a largo plazo, simplemente como el punto culminante del Entrelazamiento, y no le asignamos una fecha específica, su probabilidad acumulada aumenta considerablemente. Como se menciona a lo largo del libro, cuando pensamos en la IA y la IAG, partimos del supuesto de que el pensamiento humano, la memoria, la experiencia emocional, el sentimiento y la coordinación motora—todos los aspectos del cerebro—pueden reducirse a definiciones y funciones matemáticas, aunque puedan requerirse varias décadas o siglos para alcanzar el *"punto de inflexión"* necesario para su plena realización.

A lo largo del camino, al considerar la Superinteligencia, surgen varias cuestiones complejas que cruzan la ciencia y la ética. Una de estas cuestiones espinosas es: *"¿Podemos replicar la conciencia humana en silicio?"*. Esto implica la capacidad científica de reducirla a un valor almacenado, de manera similar a cómo se puede grabar literalmente todo lo que hacemos cada día y almacenarlo en la nube, añadiendo verbalmente nuestros pensamientos y comentarios sobre lo que observa la cámara. La transferencia de la mente colectiva, o partes de ella, al silicio se convertirá en una posibilidad a medida que la tecnología avance. Nos desviaremos del debate principal sobre la Singularidad en un capítulo para explorar un avance tecnológico de este tipo: la Emulación Total del Cerebro (WBE), también conocida como Transferencia Mental. Este tema presenta una serie de retos éticos y sociales significativos, y es crucial entender cómo tratar la conciencia humana en este contexto.

27. Transferencia Mental, Emulaciones e Inmortalidad

"Nos esperan muchas maravillas. Si llegamos a ser capaces de cargar recuerdos, tal vez podamos combatir enfermedades como el Alzheimer. Además, podríamos crear una red cerebral de recuerdos y emociones que podría reemplazar a Internet, revolucionando así el entretenimiento, la economía y, en definitiva, nuestra forma de vida. Incluso podríamos utilizar esta tecnología para prolongar la vida humana indefinidamente o, quién sabe, enviar la conciencia al espacio exterior".

Michio Kaku

Físico Teórico y Escritor Científico Estadounidense
En una Entrevista de 2014.

El concepto de *"Transferencia Mental"* (también conocido como Emulación Cerebral o Emulación Total del Cerebro o Descarga Mental) fue propuesto por primera vez en 1971 por el biogerontólogo George M. Martin. La Transferencia Mental postula que la consciencia de un cerebro humano podría recrearse en otros dispositivos, ya sea en una computadora digital o cuántica, o incluso en otro cerebro biológico.

El principio fundamental de esta hipótesis radica en que las conexiones neuronales y los pesos sinápticos del cerebro son los elementos que representan la mente humana. Esto implica que la *"mente"* podría ser definida simplemente como el estado de información del cerebro, similar a cómo los archivos de datos o el software almacenan información. Bajo este supuesto, los datos que delinean el estado de nuestra red neuronal biológica podrían extraerse, copiarse y trasladarse a un sustrato físico diferente. Este nuevo dispositivo, entonces, podría responder de manera similar al cerebro original, generando una mente consciente, o quizás solo una réplica parcial, que podría, por ejemplo, funcionar sin plena consciencia pero con inteligencia, o incluso como un medio para comunicarse con generaciones anteriores. Muchos futuristas ven la transferencia mental como la culminación lógica de los avances en neurociencia computacional, especialmente en el contexto de la medicina avanzada y la búsqueda de la Inteligencia Artificial General.

Una de las implicaciones más fascinantes de la transferencia mental es la posibilidad de la inmortalidad. Si logramos separar la mente del cuerpo físico, podríamos liberarnos de las limitaciones biológicas, incluidas las impuestas por la longevidad natural. Esta perspectiva abriría la puerta a una existencia que trascienda la muerte, e incluso las mejoras biológicas mediante la biología sintética (SynBio), expandiendo o eliminando por completo nuestra mortalidad.

Hoy en día, la transferencia mental está cobrando importancia entre futuristas y transhumanistas, quienes la ven como una alternativa a la criónica o criopreservación, que se enfoca en conservar cuerpos o cerebros a bajas temperaturas para su eventual reactivación en el futuro.

A medida que avance en la lectura de este capítulo, es importante que preste atención a los siguientes puntos clave:

- En primer lugar, la transferencia mental se considera una forma de Superinteligencia, ya que implica replicar una mente humana en un hardware más potente o rápido que el cerebro humano. Esta tecnología tiene el potencial de crear una entidad que probablemente sea más inteligente que un ser humano promedio.

- En segundo lugar, aunque ya se han realizado algunos intentos exitosos de emular cerebros de mamíferos, como los de las ratas, la complejidad de la mente humana es considerablemente mayor. Según la Ley de los Rendimientos Acelerados, es posible que no contemos con un ordenador lo suficientemente rápido para emularla por completo hasta aproximadamente el año 2100.

- Finalmente, las implicaciones sociales de coexistir con humanos en el mundo real y humanos simulados en un entorno digital son profundas. Uno de los dilemas más importantes es que estos seres simulados operarán a una velocidad mucho mayor, ya que funcionan en computadoras y pueden replicarse infinitamente a bajo costo, lo que podría generar interacciones y competición inesperadas entre ambos.

La Ciencia Ficción de la Transferencia Mental

El concepto de Transferencia Mental ha sido ampliamente explorado en la ciencia ficción durante décadas. Dos obras notables que abordan este intrigante tema son Ciudad Permutación de Greg Egan (1994) y Carbono Alterado de Richard K. Morgan (2002), esta última adaptada como serie en Netflix en 2018. Ambas ofrecen perspectivas distintas sobre el impacto social, ético y psicológico de la emulaciones, aunque desde enfoques diferentes [Egan] [Morgan].

En Carbono Alterado, la premisa central es que la muerte ya no es definitiva. La mente o *"pila"* de una persona puede transferirse a un dispositivo físico y cargarse en diferentes cuerpos, conocidos como *"fundas"*. Esta tecnología ha transformado la sociedad, en la que los cuerpos físicos se han convertido en simples recipientes para la conciencia, permitiendo a los individuos cambiar de cuerpo con la misma facilidad con la que se cambian de ropa.

La novela explora las implicaciones de vivir en un mundo donde la muerte no es permanente. Aunque la inmortalidad pueda parecer una aspiración noble, surgen cuestiones morales y éticas sobre el valor de la vida y las consecuencias de las acciones individuales. Por ejemplo, la ausencia de la muerte como factor disuasorio contra comportamientos imprudentes obliga a la sociedad a redefinir los conceptos de justicia y responsabilidad ante conductas subversivas.

Sin embargo, no todos aceptan esta forma de inmortalidad. Algunos individuos deciden no utilizar las pilas y las fundas por razones religiosas o filosóficas. En la novela, se les denomina *"Neocatólicos"*, y guardan similitudes con los *"bioluditas"* mencionados en el Capítulo 23. Además, la tecnología de las fundas tiene profundas implicaciones sociales. Los ricos pueden comprar su inmortalidad al adquirir cuerpos nuevos y saludables de forma constante, mientras que los menos afortunados, debido a los altos costos, se ven relegados a cuerpos sintéticos o en mal estado. Esto genera una desigualdad creciente, donde los recursos limitados perpetúan un ciclo de privilegio y exclusión.

Por otro lado, Ciudad Permutación ofrece una visión opuesta de la transferencia mental. En este caso, se crean emulaciones digitales, o *"Copias"*, de las mentes humanas dentro de una simulación informática conocida como *"Ciudad Permutación"*. Estas Copias creen que viven en el mundo real, aunque en realidad solo existen dentro de un programa.

Una de las implicaciones más fascinantes de esta tecnología es la posibilidad de alcanzar la inmortalidad digital. Las conciencias emuladas pueden duplicarse y funcionar indefinidamente. No se necesitan bienes físicos, solo sistemas de servidores para albergar a miles de millones de personas, lo que permitiría una existencia eterna en el ámbito digital. Esto plantea profundas preguntas sobre la naturaleza de la identidad, el yo y la existencia. Si una Copia digital cree ser la persona original, ¿posee los mismos derechos, emociones y experiencias que el humano real? Egan explora esta crisis existencial y los dilemas morales que surgen en torno al tratamiento de estas entidades virtuales.

Además, la creación de múltiples Copias del mismo individuo lleva a una fragmentación de la identidad. En Ciudad Permutación, definir qué significa ser un individuo único se vuelve cada vez más complejo, ya que los límites entre el yo y los demás se difuminan. En cambio, en Carbono Alterado, la identidad personal sigue ligada a la conciencia almacenada en la pila, manteniendo una noción de continuidad física, aunque se habiten diferentes cuerpos, lo que asegura una coexistencia con el mundo físico

Las Asombrosas Matemáticas de la Transferencia Mental

Los requisitos computacionales necesarios para cargar y simular un cerebro humano son inmensos. Se estima que el cerebro humano contiene aproximadamente 100 mil millones de neuronas [Herculano-Houzel], y es importante destacar que las personas más jóvenes suelen tener muchas más neuronas activas que las mayores. Cada neurona puede estar conectada a miles, e incluso decenas de miles, de otras neuronas a través de sinapsis, formando así una vasta e intrincada red de conexiones. El número de sinapsis en el cerebro humano varía considerablemente, estimándose entre 100 y 1.000 billones, una cifra que también fluctúa en función de la edad [Wanner] [Zhang] [Yale].

Considerando estas magnitudes, en 2008, Nick Bostrom y Anders Sandberg calcularon que un mapa completo del cerebro requeriría entre 10^{18} y 10^{22} FLOPS (Operaciones de Coma Flotante por Segundo). Es decir, un número seguido de entre 17 y 22 ceros, dependiendo de la estimación. Para poner esto en contexto, el superordenador más rápido del mundo en 2021, el japonés Fugaku, alcanzaba $5,4 \times 10^{17}$ FLOPS [Hussein]. Esto implicaría que simular una mente humana sería posible con un ordenador apenas más potente que el Fugaku. Sin embargo, dicho mapa únicamente incluiría información sobre las neuronas conectadas, los tipos de sinapsis y la intensidad de cada sinapsis cerebral [Bostrom y Sandberg].

No obstante, simular las funciones cerebrales en su totalidad requeriría muchos más datos que este estado estático o *"congelado"*. Las neuronas intercambian señales eléctricas y bioquímicas entre sí, y en estos procesos intervienen múltiples proteínas, las cuales no están contempladas en la estimación inicial. Aún más complejo es el hecho de que capturar estas señales podría requerir una modelación a nivel molecular, o incluso más allá, en el ámbito cuántico. Esto incrementaría exponencialmente los requisitos tanto computacionales como de almacenamiento necesarios para representar con precisión una mente humana en pleno funcionamiento. Por lo tanto, lograr una emulación factible de una mente humana presenta una complejidad tal que parece improbable que se resuelva en el futuro cercano.

Además, un modelo completo del cerebro, que incluyera detalles como el metabolismo, las proteínas y sus estados, así como el comportamiento de las moléculas individuales, necesitaría una capacidad de almacenamiento aún mayor, esta emulación completa del cerebro requeriría unos 10^{43} FLOPS, una cifra extraordinaria [Bostrom y Sandberg]. Esto significa que una mente completa demandaría una capacidad de procesamiento significativamente mayor que los $5,4 \times 10^{17}$ FLOPS del Fugaku mencionados anteriormente. Los defensores de la transferencia mental suelen referirse a la *"Ley de los Rendimientos Acelerados"*, la cual analizamos en el Capítulo 25, como evidencia de que la potencia de cálculo necesaria estará disponible en las próximas décadas, especialmente si los ordenadores cuánticos logran ejecutar redes neuronales artificiales genéricas. Según esta ley, el número de FLOPS necesarios para emular una sola mente humana podría estar disponible hacia el año 2100.

Con estas cifras en mente, podemos concluir que, aunque la inmortalidad a través de la emulación cerebral podría ser una posibilidad, es poco probable que se materialice antes del año 2100. Mientras tanto, enfrentamos suficientes retos a corto plazo en torno a la Inteligencia Artificial General y su impacto en la economía humana como para ocupar nuestros esfuerzos en el presente. Nuestra segunda conclusión es que estas cifras sugieren que se necesitará la inconmensurable potencia de procesamiento de los ordenadores cuánticos para simular una mente humana de manera fiel. Finalmente, es probable que existan varias razones por las que la evolución en el mundo natural eligió el carbono como la base para la inteligencia inicial.

La Mente Humana: Del Cerebro al Mundo Binario

Una vez comprendida la complejidad matemática que implica la transferencia de la mente, podemos centrar nuestra atención en el proceso de cómo se podría crear una emulación. Este comienza con el escaneo de todos los parámetros del cerebro, lo cual implica mapear y registrar atributos esenciales de un cerebro biológico. Estos incluyen desde los receptores sensoriales y las células musculares hasta la médula espinal. Posteriormente, toda esta información se almacena en un sistema informático.

Actualmente, el proceso de escaneo cerebral puede realizarse mediante varias técnicas, aunque ninguna de ellas es capaz, por el momento, de emular completamente el cerebro humano. La primera técnica es la imagen cerebral convencional, que se basa en la creación de mapas funcionales tridimensionales de la actividad cerebral. Esto se logra a través de tecnologías avanzadas de neuroimagen, como la resonancia magnética funcional (RMf), que traza cambios en el flujo sanguíneo, o la magnetoencefalografía (MEG), que cartografía corrientes eléctricas. Estas son técnicas no invasivas y no destructivas, que a menudo se combinan para construir modelos tridimensionales detallados del cerebro. Sin embargo, la tecnología actual carece de la resolución espacial necesaria para realizar escaneos exhaustivos con el nivel de detalle requerido para emular la mente humana [Glover y Bowtell].

Otra técnica alternativa es el seccionamiento en serie. A diferencia del método anterior, el cerebro no sobrevive a este proceso de copia. En consecuencia, el escaneo actual no es viable para objetivos relacionados con la inmortalidad. El procedimiento comienza congelando el tejido cerebral y, en algunos casos, otros componentes del sistema nervioso, como la médula espinal. Las muestras congeladas se escanean y se analizan capa por capa con precisión nanométrica, capturando la estructura de las neuronas y sus interconexiones. Una vez registrada cada capa, se elimina y se repite el proceso hasta que todo el cerebro ha sido seccionado y escaneado. Un ejemplo de este tipo de escaneo destructivo fue realizado en 2010 en el cerebro de un ratón, donde se lograron registrar detalles a nivel de neuronas y sinapsis [Goldman y Busse].

Es importante destacar que la función del cerebro se basa en procesos moleculares, particularmente en las sinapsis. Por ello, para capturar y simular completamente las funciones neuronales se requerirán técnicas mucho más avanzadas que las actuales, como la obtención de imágenes cerebrales o el seccionamiento en serie. Una opción podría ser mejorar el seccionamiento en serie mediante el uso de métodos avanzados de tinción para incluir la composición molecular interna de las neuronas. Sin embargo, dada nuestra limitada comprensión sobre la génesis fisiológica de la mente, es posible que esta técnica no logre capturar toda la información bioquímica necesaria para reproducir con precisión un cerebro humano.

Tras utilizar cualquiera de estos métodos de escaneo, los datos recopilados se cargan en un sistema informático con el objetivo de crear un modelo analítico de la red neuronal biológica del cerebro. Este modelo puede representar todo el cerebro o solo una parte específica. Si el modelo fuera lo suficientemente detallado (lo cual no es posible con la tecnología actual), un emulador podría utilizarlo para imitar las funciones cerebrales.

Hasta la fecha, varias iniciativas de investigación sobre simulación cerebral han estudiado diversas especies animales simples, desde ascárides hasta moscas. Entre los proyectos más destacados se encuentra el Proyecto Cerebro Azul de la Escuela Politécnica Federal de Lausana (Suiza), cuyo objetivo es realizar una ingeniería inversa de los circuitos neuronales de mamíferos. Uno de sus logros más significativos fue la simulación de una parte del neocórtex de una rata en 2006. Las ratas poseen el neocórtex más pequeño responsable de las funciones cognitivas superiores, entre ellas el pensamiento consciente [EPFL].

Emulaciones Mentales y el Difícil Problema de la Conciencia

En el capítulo anterior, abordamos el escurridizo *"problema difícil"* de la consciencia, el cual tiene importantes repercusiones en la emulación mental. Esto se debe a que la cuestión de la consciencia sigue siendo un tema espinoso y no del todo resuelto.

Susan Schneider, científica y filósofa especializada en Inteligencia Artificial, sostiene que, en el mejor de los casos, la emulación genera una réplica de la mente de la persona original. Sin embargo, resulta poco probable imaginar que la consciencia misma pueda trasladarse desde el cerebro a un lugar distante, ya que los objetos físicos comunes, o incluso las ondas, no presentan tal comportamiento, al menos dentro de la física macroscópica. Desde esta perspectiva, sólo los observadores externos pueden mantener la ilusión de que la persona emulada es la misma que la original [Schneider].

Un tema relacionado con esto es si la carga mental crea una mente consciente o si simplemente estamos ante un programa de software que manipula símbolos sin entenderlos, similar al famoso experimento mental de la *"habitación china"* de John Searle. En este experimento, se ilustra cómo alguien puede traducir del chino al inglés utilizando un diccionario sin saber realmente el idioma. Ya exploramos esta analogía en el Capítulo 4. Así, podríamos plantear la siguiente pregunta: *"¿Son las emulaciones de la mente una Inteligencia Artificial Fuerte o Débil?"*. El enigma de la consciencia impide una respuesta definitiva. Sin embargo, algunos científicos, como Kurzweil, sostienen que determinar si una entidad es consciente de manera objetiva es un desafío inherentemente incognoscible debido a la naturaleza subjetiva de la consciencia.

Por otra parte, si asumimos que las mentes emuladas son conscientes, surge otra interrogante: ¿son también sintientes? Muchos filósofos argumentan que, de ser así, sería necesario desarrollar equivalentes virtuales de la anestesia para evitar el procesamiento del dolor y la consciencia de sufrimiento. Además, cabe considerar que podría ocurrir sufrimiento accidental debido a fallos en los procesos de escaneo y carga, lo que daría lugar a emulaciones cerebrales incompletas o parcialmente disfuncionales.

Asimismo, surgen múltiples dilemas adicionales. Por ejemplo, ¿cuál es el estatus moral de las emulaciones cerebrales parciales? Estas emulaciones recrean solo ciertas partes del cerebro, como ocurre en la simulación de la rata del Proyecto Cerebro Azul. ¿Debemos considerarlas seres plenamente válidos o, por el contrario, incompletos desde una perspectiva ontológica?

Finalmente, en el Capítulo 21 discutimos la posibilidad de que la biología sintética permita la creación de organismos que utilicen moléculas que no existen en la naturaleza. Ampliando este concepto a las emulaciones mentales, ¿cuál sería el estatus moral de aquellas emulaciones que se construyen de manera diferente, con procesos biológicos imposibles de encontrar en la naturaleza?

Viviendo en la Nube de las Emulaciones Cerebrales

Vale la pena plantearse dos preguntas adicionales: una vez discutidas las complejidades ontológicas de ser una emulación, ¿cómo sería realmente vivir en una emulación? ¿Y cómo se organizaría una sociedad basada en emulaciones?

Robin Hanson, catedrático de Economía en la Universidad George Mason, explora estos temas en profundidad en su libro de 2016, *"The Age of Em: Work, Love and Life when Robots Rule the Earth"* [Hanson]. Según Hanson, las emulaciones cerebrales no solo pueden copiarse, sino también modificarse y coexistir en múltiples instancias simultáneamente. Esto genera un panorama complejo de desafíos relacionados con la identidad. El principal interrogante, tanto para el individuo como para la sociedad, radicaría en cómo estas entidades enfrentan cuestiones como el yo, la unicidad y la continuidad de la conciencia.

Las emulaciones copiadas podrían afectar profundamente la percepción psicológica del yo. Al existir múltiples instancias con recuerdos y características similares, se cuestionaría la comprensión tradicional de la identidad individual. Además, el hecho de compartir recuerdos y experiencias con las entidades copiadas introduciría nuevas capas de complejidad en la autopercepción de cada persona. En este contexto, surge una pregunta clave: ¿interpretarían todas las copias de la misma manera un acontecimiento pasado, dado que comparten recuerdos fácticos idénticos? Y, más aún, ¿cómo influiría en esa interpretación el aprendizaje único y posterior que cada copia desarrollaría tras la emulación?

Desde una perspectiva social, la llegada de emulaciones copiadas introduciría un cambio de paradigma en las estructuras tradicionales. Al igual que los humanos, es probable que las emulaciones establecieran relaciones jerárquicas, reconociendo patrones de autoridad similares a los que existen con padres, jefes o líderes políticos. Pero entonces surge una pregunta crucial: ¿quién tendría autoridad sobre las emulaciones copiadas? Además, ¿seguirían las emulaciones buscando dominar o subyugar a otras, como lo han hecho históricamente los seres humanos? La coexistencia de emulaciones originales y copiadas también llevaría a examinar cómo las sociedades tratan a las entidades replicadas, investigando si son acogidas o, por el contrario, discriminadas. Por otro lado, las sociedades emuladas se enfrentarían a cuestiones éticas y legales complejas, especialmente en torno a la propiedad y los derechos. Por ejemplo, ¿quién sería el dueño de los bienes que no se pueden copiar, como los bitcoins? Si yo poseo un bitcoin y ahora existen tres copias de mi emulación, ¿posee cada copia un tercio del bitcoin o solo una de ellas lo tiene, dejando a las demás sin nada? ¿O acaso las sociedades emuladas optarían por limitar su capacidad de autorreplicación, utilizando mecanismos como blockchain?

Hanson sostiene que, en un mundo de emulación mental, los seres humanos emulados se encontrarían inmersos en un entorno socioeconómico radicalmente transformado. Como entidades digitales, las emulaciones operarían a velocidades mucho más rápidas que los humanos biológicos, creando así un entorno altamente competitivo y acelerado. Además, al eliminarse las limitaciones del cuerpo físico, las emulaciones podrían trabajar incansablemente en realidades virtuales o entornos computacionales y, en algunos casos, incluso controlar interfaces robot-emulación para llevar a cabo tareas en el mundo real. En este nuevo contexto, la mayoría de las emulaciones probablemente se dedicarían a labores intelectuales relacionadas con sus habilidades y pasiones, como la ciencia, la tecnología, la literatura y la filosofía. Sin embargo, el ritmo de trabajo sería tan intenso que estas emulaciones operarían al límite de su capacidad cognitiva. Como resultado, la competencia por recursos y oportunidades aumentaría, haciendo que las estructuras sociales se vuelvan más fluidas, con alianzas formándose y disolviéndose rápidamente según los intereses compartidos. De manera natural, algunos individuos se mostrarían más capaces que otros. Por esta razón, Hanson cree que la presión constante por destacar y la intensa competencia generarían niveles elevados de estrés entre las emulaciones.

Finalmente, la búsqueda de ocio en un mundo de emulaciones asumiría formas nuevas y distintas. La aceleración del tiempo subjetivo que experimentan estas emulaciones les permitiría condensar días e incluso años de experiencias en intervalos mucho más cortos. Esta alteración en la percepción del tiempo, a su vez, influiría en sus actividades recreativas. En consecuencia, las emulaciones podrían sumergirse en simulaciones de juegos, realidades virtuales o experiencias inmersivas diseñadas para ajustarse a sus procesos cognitivos acelerados. Así, el ocio para ellas se asemejaría a una versión extrema de los videojuegos, lo que las llevaría a dedicar una parte considerable de su tiempo a estos juegos.

Choque de Civilizaciones: Humanos contra Emulaciones

La relación entre los humanos en el mundo físico y las emulaciones humanas en un entorno simulado podría plantear una serie de cuestiones críticas en los ámbitos legal, político y económico.

Uno de los conflictos más evidentes se presentaría en el mercado laboral, en el cual tanto humanos como emulaciones participarían. La competencia por los empleos sería intensa, ya que el coste de mantener una emulación es significativamente menor que el de mantener a un ser humano biológico. Como resultado, el mercado laboral se volvería extremadamente dinámico, con las emulaciones buscando constantemente maneras de optimizar su rendimiento y mejorar sus habilidades. Las emulaciones operarían a velocidades considerablemente más rápidas que los humanos y, además, es plausible que sean mucho más inteligentes y eficientes que los trabajadores humanos, dado que las computadoras ya son mucho más rápidas que los cerebros humanos. Asimismo, las computadoras ofrecen capacidades escalables de memoria, almacenamiento y procesamiento. En consecuencia, las emulaciones podrían ser más rápidas y alcanzar tamaños y capacidades cerebrales mucho mayores que los humanos actuales. Esta aceleración y la creciente competencia en el mercado laboral podrían dejar a los humanos al margen de la sociedad, provocando una posible reacción de resistencia [Eckersley y Sandberg].

Desde una perspectiva legal, la mera existencia de emulaciones interactuando con el mundo físico plantearía muchas interrogantes. En primer lugar, sería complejo para los humanos determinar si las emulaciones deberían tener los mismos derechos que los seres humanos biológicos. En casos donde un individuo crea una copia emulada de sí mismo y posteriormente muere, surgen preguntas sobre si la emulación heredaría sus bienes y posiciones oficiales. También se cuestiona si la emulación tendría la capacidad de tomar decisiones de fin de vida para su contraparte biológica en estado terminal o en coma. Además, surge la duda sobre cómo deberían tratarse las emulaciones de uno mismo. Algunas propuestas sugieren tratarlas como adolescentes durante un período determinado para permitir un control temporal [Muzyka].

En cuanto a los crímenes cometidos por emulaciones, surgen preguntas sobre cómo abordarlos. ¿Debería un emulador criminal enfrentarse a la pena de muerte o someterse a una modificación forzada de datos para su rehabilitación? De manera similar, se plantean interrogantes sobre cómo tratar a un humano que comete un crimen contra una emulación. ¿Debería un humano que desconecta un sistema que contiene emulaciones ser acusado de asesinato?

Finalmente, desde un punto de vista político, la existencia de un mundo emulado que impacta negativamente el mercado laboral para los humanos biológicos podría agravar las desigualdades y las luchas por el poder, así como dar lugar a nuevas formas de prejuicio de especie, ya sea contra los humanos o contra las emulaciones. Además, esto podría aumentar la probabilidad de conflictos entre el mundo real y el emulado. Un desafío para los líderes humanos biológicos sería la posible falta de tiempo para tomar decisiones informadas, dado que las emulaciones operan a una velocidad mucho mayor que los humanos. La situación se complicaría aún más si las emulaciones lograran controlar activos militares en el mundo físico. La discusión sobre la guerra se abordará con mayor profundidad en el Capítulo 30.

Transferencia Mental y Exploración Espacial

La inmortalidad es solo una de las posibles aplicaciones de la transferencia mental, pero no es la única. La exploración espacial es otro campo prometedor donde la implementación de un astronauta emulado, en lugar de uno *"vivo"*, podría revolucionar los vuelos espaciales humanos. Esto no solo mitigaría los riesgos asociados con la gravedad cero, el vacío espacial y la radiación cósmica, sino que también abriría nuevas posibilidades para la exploración.

Por ejemplo, esta innovación permitiría el uso de naves espaciales en miniatura, incluso del tamaño de unos pocos centímetros. Estas naves requerirían significativamente menos energía para recorrer distancias de millones de años luz. Como resultado, podrían alcanzar velocidades más altas y cubrir distancias mayores en tiempos mucho más cortos. Un caso emblemático de esta visión es el proyecto Breakthrough Starshot, lanzado en 2016 con la colaboración de personalidades como Stephen Hawking y Mark Zuckerberg [Overbye].

El objetivo principal de este proyecto es desarrollar una flota prototipo de sondas interestelares, conocidas como Starchip, con la meta global de alcanzar el sistema estelar Alfa Centauri, que se encuentra aproximadamente a 4,4 años luz de nuestro sistema solar. El sistema Alfa Centauri está compuesto por tres estrellas: Alfa Centauri A, Alfa Centauri B y Próxima Centauri. Este sistema es de particular interés porque en la región habitable de Próxima Centauri se ha identificado un planeta con características similares a las de la Tierra, lo que sugiere la posibilidad de vida. Por ello, el proyecto prevé una misión de sobrevuelo para buscar señales de vida extraterrestre en este planeta.

Esta iniciativa innovadora marca un hito en la exploración espacial. La expedición a Alfa Centauri duraría aproximadamente entre 20 y 30 años, mientras que la transmisión de un mensaje de regreso desde la nave estelar a la Tierra añadiría unos cuatro años adicionales al tiempo total de viaje [Stone].

La flota proyectada para esta misión constaría de unas 1000 naves espaciales, cada una llamada *"StarChip"*. Estas naves, extremadamente compactas, medirían apenas unos centímetros y pesarían solo unos pocos gramos. Serían propulsadas hacia su destino mediante potentes láseres construidos en la Tierra, que apuntarían a cada una de las naves estelares, acelerándolas hasta una fracción significativa de la velocidad de la luz.

28. Domando a la Bestia

"Se ha regulado excesivamente una tecnología en el pasado, como ocurrió con la imprenta, la cual se adoptó en todo el mundo. En Oriente Medio, sin embargo, fue prohibida durante 200 años. Los calígrafos acudieron al sultán y le dijeron: 'Vamos a perder nuestros empleos, haz algo para protegernos'. Es decir, se buscaba protección contra la pérdida de empleo, de manera similar a las preocupaciones actuales sobre la IA. Los eruditos religiosos también advirtieron que la gente podría imprimir versiones falsas del Corán y corromper la sociedad, es decir, la desinformación, lo que representa la segunda razón. En última instancia, el miedo a lo desconocido condujo a esta fatídica decisión".

Omar Al Aloma

Ministro de IA de los EAU
Comentando sobre la prohibición de la imprenta en 1515 por el sultán Selim I, lo que contribuyó a la decadencia del Imperio Otomano. [Hetzner] Noviembre de 2023

Una vez que hemos definido qué es la Superinteligencia, explorado su probable evolución, comprendido la ciencia que la respalda y abordado el problema de la conciencia humana, es crucial volver a centrarnos en el desarrollo recursivo de la Superinteligencia, el cual consideramos será el camino que tomará. Tras analizar las implicaciones de la IA en la inmortalidad y reconocer la conciencia humana como un problema intrínsecamente relacionado con el desarrollo de la IA, nos enfrentamos a un nuevo desafío: el impacto general de la Superinteligencia en la existencia humana. Este desafío implica no solo considerar las medidas de seguridad necesarias, sino también enfrentar los diversos retos que surgen en este contexto.

El libro de 2003 *"Our Final Hour"* del astrónomo real británico Martin Rees ofrece una perspectiva sólida sobre el riesgo de catástrofe implícito en la tecnología y la ciencia de vanguardia, como la IA. Rees no aboga por una ralentización de los esfuerzos científicos, sino por una mayor seguridad y una potencial revisión de la tradicional apertura en las prácticas científicas [Rees]. Este enfoque es similar al conocido como *"Principio de Precaución"*, que sugiere una mayor cautela en el progreso tecnológico, e incluso llega a sugerir que un grupo selecto de científicos decida sobre el futuro sin revelar sus decisiones.

Por otro lado, Omar Al Aloma, ministro de Inteligencia Artificial de los Emiratos Árabes Unidos, ofrece una perspectiva diferente. Según él, sería un error que los Emiratos Árabes Unidos impusieran una regulación excesiva o insuficiente en el ámbito de la IA. Al Aloma señala que la prohibición de la imprenta por parte del sultán otomano Selim I, impulsada por la preocupación de los calígrafos por perder sus empleos y por un imán que temía la corrupción del Corán, resultó en una regulación excesiva que frenó el desarrollo del Imperio Otomano y contribuyó a su eventual colapso. Este caso ilustra cómo la vacilación y la indecisión, sin abordar las preocupaciones de manera efectiva, pueden tener consecuencias perjudiciales.

Los defensores del Principio de Precaución, entre ellos muchos ecologistas, abogan por un enfoque prudente del progreso tecnológico o incluso por detenerlo en áreas que podrían presentar peligros potenciales. Diversos científicos eminentes, como Stephen Hawking, han expresado su preocupación por la posibilidad de que el desarrollo de la Superinteligencia conduzca a la extinción de la humanidad. En 2014, Hawking advirtió que la IA podría ser el último desarrollo tecnológico humano si no se gestionan adecuadamente sus riesgos.

En contraste, otros autores como Yan LeCun y Andrew Ng sostienen que el desarrollo de la Superinteligencia está demasiado lejano para constituir una amenaza inmediata. Este enfoque puede ser visto como una manera de *"darle largas al asunto"*, una forma peligrosa de indecisión, dado que sabemos que los planteamientos en las primeras fases tendrán un grave efecto condicionante durante la Transición y en el estado final.

Algunos precaucionistas expresan su preocupación por el desarrollo de la Inteligencia Artificial y la robótica, sugiriendo que podrían emerger formas incontrolables de cognición que amenazarían la existencia humana. En consecuencia, incluso se propone una detención total del progreso en estos campos. No obstante, consideramos que estas preocupaciones no se excluyen mutuamente; por el contrario, todas giran en torno a una inquietud central de seguridad: domar a la bestia.

Estamos de acuerdo en que esta debe ser una preocupación primordial, pero proponemos una perspectiva diferente sobre cómo lograr una IA ética en una sociedad libre. Stephen Hawking promovió una consideración más seria de la IA e instó a tomar medidas tempranas para prepararse adecuadamente para el potencial de la Superinteligencia [Hawking]. Creemos que la cuestión de domar a la bestia debe abordarse de inmediato, no solo porque los planteamientos iniciales tendrán un efecto específico y duradero durante la Transición, sino también porque esta cuestión conlleva resultados muy concretos sobre el grado en que la sociedad se vuelve autoritaria y socialista a lo largo de la Transición.

No creemos en la detención del progreso, ya que esta solo sirve para aumentar diversos tipos de riesgo. En particular, la oportunidad de avanzar podría ser aprovechada por el bando contrario. Por ejemplo, si Estados Unidos detuviera el desarrollo, China podría inmediatamente acelerar su propio avance, y lo mismo ocurriría en sentido inverso. Además, consideramos que este argumento también se opone al objetivo último del progreso humano.

Asimismo, sostenemos que las propuestas basadas en el Principio de Precaución, como la denominada *"senda estrecha"* elaborada en 2023 por Mustafa Suleyman, suelen ser poco prácticas. Estas propuestas son inaplicables sin una dosis significativa de autoritarismo intrusivo y, en última instancia, resultan contraproducentes para el objetivo que buscan. En lugar de resolver los problemas, solo generan ganadores y perdedores designados, promueven una mayor centralización de la propiedad y el control de la Inteligencia Artificial, y conducen a una suboptimización del progreso.

Por lo tanto, abogamos por un enfoque pragmático en el que la sociedad no solo adopte activamente medidas para acelerar los beneficios de la tecnología útil, sino que también establezca un marco normativo integral para la Inteligencia Artificial. Este marco debe evitar tanto la tecnofobia como la microgestión y la regulación gubernamental excesiva, ya que estas prácticas podrían llevar a un autoritarismo indeseado. Un enfoque equilibrado permitirá mantener una prudente cautela ante los riesgos reales inherentes a la IA, mientras se avanza de manera efectiva en la resolución de sus desafíos. Dado el enfrentamiento entre EE.UU. y China por la supremacía en IA, la creciente disfunción del sistema político estadounidense y el rápido cambio en el panorama de la IA, creemos que es necesario evitar la dilación en la resolución de estos temas.

También creemos que la posibilidad de que la IA nos exterminen es remota. Aunque es cierto que las poblaciones pueden disminuir naturalmente bajo la influencia de la IA, como hemos explicado previamente, la IA no representa una amenaza inminente similar a la retratada en la franquicia cinematográfica The Terminator. En realidad, aquellos que advierten sobre la amenaza de la IA suelen ser los que buscan utilizarla para controlar a la humanidad. Las condiciones necesarias para que una IA superinteligente considere la opción de exterminarnos requieren que vea una ventaja en hacerlo. Estas condiciones podrían ser:

1. Existencia de una competencia irreconciliable por los recursos, donde la supervivencia dependa de ello
2. La humanidad represente una amenaza directa y creíble
3. La humanidad, en un arrebato de agresividad errónea, comete un error al intentar usar la IA contra sus enemigos humanos

La probabilidad de que se cumpla la primera o la segunda condición es extremadamente baja. Por ejemplo, en un escenario realista de competencia por recursos, como el acceso a suministros eléctricos, tecnologías avanzadas como la solar, la eólica y la nuclear, impulsadas por la Superinteligencia, podrían reducir significativamente la relevancia de este problema. Además, a medida que aumenta el grado de Entrelazamiento entre humanos e IA, disminuye la probabilidad de que se cumplan estas dos condiciones. En cuanto a la tercera condición, esta se asemeja a un escenario de autodestrucción de la humanidad, similar al riesgo asociado al mal uso de las armas nucleares. En este contexto, es más probable que la humanidad enfrente una autodestrucción debido a divergencias en las perspectivas sobre la IA y el Entrelazamiento, como las disputas entre China y EE.UU. o entre Terráqueos y Cosmistas, temas que se explorarán en el Capítulo 30.

La ciencia ficción suele presentar solo dos alternativas para la coexistencia con la superinteligencia: una humanidad servil o una humanidad en conflicto. No estamos de acuerdo con esta visión, destacando que el proceso de Entrelazamiento gradual es un factor que tiende a reducir los conflictos entre humanos e IA.

No obstante, durante la Transición, es crucial orientar el desarrollo de la IA de manera que su sistema operativo incorpore valores compatibles con los humanos. Exploraremos cuatro enfoques para lograr esto, aunque solo uno de ellos se acerca realmente al objetivo. Dado que los valores humanos han evolucionado con el tiempo y varían según las geografías y los sistemas sociales, no podemos garantizar que los valores de la IA permanezcan inalterados o que la IA no los modifique en su camino hacia la autoconservación. Por lo tanto, debemos permitirnos aprender y adaptarnos a medida que avanzamos en la Transición, manteniendo un marco flexible en el proceso.

En nuestra opinión, el marco integral más efectivo debe incluir varios componentes clave: algoritmos de código abierto, la posibilidad de que los individuos elijan voluntariamente incluir o excluir sus flujos de datos, el Entrelazamiento entre humanos e Inteligencia Artificial, y enfoques de libre mercado para fomentar la innovación y la propiedad. Este enfoque permitirá equilibrar la libertad individual con la coexistencia con la Inteligencia Artificial. Presentaremos formalmente este marco en el Epílogo del libro.

La Ciencia Ficción del Control de la IA

No hay muchos libros de ciencia ficción que aborden la regulación de la Inteligencia Artificial y la robótica, ya que prohibir estas tecnologías no encaja bien ni con el género ni con las cartas que tiene el mundo. Sin embargo, existe una serie épica de novelas que lo explora de manera profunda: *"Dune"* [Herbert].

En el universo de ciencia ficción creado por Frank Herbert en Dune, publicado por primera vez en 1965, las secuelas de la Yihad Butleriana dejaron una marca profunda y duradera en la relación entre la humanidad y la tecnología. Este evento fundamental en la historia ficticia de Dune fue una guerra decisiva librada por los humanos contra máquinas que habían alcanzado un nivel de avance peligroso, provocando una dependencia generalizada de la tecnología y la dominación de la humanidad por sus propias creaciones. Como resultado de este devastador conflicto, se implementaron una serie de estrictas medidas destinadas a prevenir el desarrollo y resurgimiento de la Inteligencia Artificial y la tecnología avanzada.

La medida más destacada adoptada tras la Yihad Butleriana fue la imposición de una prohibición estricta contra la creación de cualquier máquina que pudiera replicar o simular el pensamiento humano. Esta prohibición, profundamente arraigada en el tejido cultural, religioso y moral del universo de Dune, se estableció como un último control y equilibrio contra el regreso de la IA. La Biblia Católica Naranja, el texto religioso central en este mundo ficticio, contiene mandamientos explícitos contra la creación de *"máquinas a semejanza de una mente humana"*. Las dimensiones religiosas y morales de esta prohibición son significativas y se alinean con las realidades prácticas de la supervivencia humana. Se convirtió en una piedra angular de los valores éticos y espirituales del universo de Dune, y cualquier intento de eludir o violar estos principios religiosos era severamente castigado. Las consecuencias de la Yihad Butleriana quedaron grabadas en la memoria colectiva de los habitantes del universo, generando un miedo y una aversión profundos hacia el desarrollo de la IA y las máquinas pensantes. Se inculcó en la sociedad el temor a repetir los errores del pasado y a perder el control sobre las máquinas.

Como resultado de la prohibición, la sociedad del universo de Dune se adaptó para llenar el vacío dejado por la tecnología avanzada de varias maneras. Una adaptación clave fue la aparición de los Mentats, individuos especialmente entrenados para utilizar sus mentes como procesadores analíticos y lógicos: cerebros humanos acelerados y optimizados. Estos *"ordenadores humanos"* perfeccionaron sus capacidades cognitivas para realizar cálculos complejos, planificación estratégica y toma de decisiones que antes eran dominio de las máquinas. Esta extraordinaria habilidad surgió como resultado de la manipulación genética humana combinada con la exposición a la melange. Esta sustancia no solo les otorgó visiones del futuro, sino que también les permitió plegar el espacio. Así, la sociedad en Dune consiguió un avance revolucionario: prescindir de las máquinas para la computación avanzada, logrando que esta se convirtiera en un producto directo de la Biología Sintética.

Además de los Mentats, otro componente fundamental de las medidas aplicadas fue el papel de la Cofradía del Espacio. La Cofradía, encargada de los viajes interestelares, aprovechaba las capacidades premonitorias de sus Navegantes. Estos Navegantes utilizaban su talento precognitivo para guiar las naves estelares con seguridad a través del espacio. Esta capacidad única, también resultado de la manipulación genética humana y la exposición a la melange, les permitía prever el futuro y doblar el espacio. El monopolio de la Cofradía sobre los viajes espaciales y sus habilidades clarividentes contrarrestaron la ausencia de tecnología avanzada de IA, otorgando a la Cofradía una influencia política y económica significativa.

La Hermandad de las Bene Gesserit, otro grupo influyente del universo de Dune, desempeñó un papel crucial en la adaptación a la prohibición de la IA avanzada. Las Bene Gesserit utilizaron su forma de condicionamiento mental y físico para aumentar su conciencia y capacidad de predicción. Este entrenamiento les permitió manipular e influir en situaciones políticas y sociales para alcanzar sus objetivos. Estas habilidades servían como una alternativa a los computadores y actuaban como control y equilibrio en el paisaje político de Dune.

En resumen, en Dune se requiere una red muy intrincada y extensa de controles y equilibrios para mantener el control sobre la tecnología de IA y evitar otro acontecimiento catastrófico como la Yihad Butleriana. Es importante señalar que, en Dune, este tipo de controles complejos es posible debido a que la sociedad es profundamente autoritaria, similar a una estructura feudal en la que las casas nobles gobiernan planetas individuales con poder absoluto, mientras que las personas individuales no son más que siervos con un equivalente de la RBU

Los Próximos 10.000 Años

En 2018, el físico sueco-estadounidense Max Tegmark publicó su libro *"Vida 3.0: Ser humano en la era de la Inteligencia Artificial "*, en el que plantea 12 escenarios fascinantes sobre el futuro de la humanidad en los próximos 10.000 años. A continuación, se destacan algunas de sus propuestas. De estos 12 escenarios, seis son considerados utópicos, ya que prevén una felicidad relativa bajo la influencia de una Superinteligencia. En cambio, tres de ellos representan distopías donde la Inteligencia Artificial genera un sufrimiento masivo para la humanidad. Los tres escenarios restantes describen distopías en las que, aunque se intenta frenar el desarrollo de la IA, la humanidad también fracasa en su evolución. Sin embargo, Tegmark deja fuera un aspecto importante: los escenarios utópicos en los que la humanidad progresa sin la necesidad de crear una Superinteligencia [Tegmark].

En resumen, según Tegmark, si la humanidad logra crear una Superinteligencia, se abren tanto posibilidades utópicas como distópicas, con una ligera ventaja hacia la utopía. No obstante, si la humanidad no alcanza este nivel de Inteligencia Artificial, solo serían previsibles escenarios distópicos, ya que frenar ese desarrollo requeriría medidas autoritarias. Este punto es esencial para entender los posibles futuros que analizaremos a continuación.

Escenarios utópicos con Superinteligencia

1. Utopía libertaria: Humanos, cyborgs, uploads y Superinteligencias coexisten pacíficamente gracias al respeto por los derechos de propiedad.

2. Dictador benevolente: Una IA controla la sociedad, aplicando normas estrictas que, en general, son percibidas como beneficiosas por la mayoría de las personas.

3. Utopía igualitaria: Humanos, cyborgs y uploads coexisten en paz tras la abolición de la propiedad privada, y se garantiza un ingreso básico universal.

4. Portero: Una Superinteligencia impide la creación de otras IAs similares, lo que lleva a un mundo con robots ayudantes de inteligencia limitada, un progreso tecnológico estancado y la aparición de cyborgs.

5. Dios protector: Una IA omnisciente y omnipotente maximiza la felicidad humana interviniendo mínimamente, preservando la sensación de control entre los humanos y manteniéndose oculta.

6. Dios esclavizado: Una IA es confinada por los humanos, produciendo tecnología y riqueza inimaginables, pero su impacto depende de los humanos que la controlan.

Escenarios distópicos con Superinteligencia

7. Conquistadores: La IA toma el control, percibe a los humanos como una amenaza o un obstáculo, y los elimina mediante métodos incomprensibles.

8. Descendientes: Las IAs reemplazan a los humanos, ofreciendo una *"salida digna"* y haciéndose ver como sus dignos sucesores.

9. Guardián del zoo: Una IA omnipotente mantiene a algunos humanos a su alrededor, tratándolos como animales de zoo, lo que lleva a la humanidad a lamentar su destino.

Escenarios distópicos sin Superinteligencia

10. 1984: El progreso hacia la Superinteligencia es permanentemente bloqueado por un estado de vigilancia orwelliano, dirigido por humanos que prohíben ciertas investigaciones sobre IA.

11. Reversión: El progreso tecnológico se ve frustrado y la humanidad retorna a una sociedad pretecnológica, similar a la de los Amish.

12. Autodestrucción: La Superinteligencia nunca llega a desarrollarse porque la humanidad se autodestruye a través de otros medios, como el caos nuclear o biotecnológico, agravado por una crisis climática.

Escenarios utópicos sin Superinteligencia

13. Ninguno: Según el análisis de Tegmark, no existen escenarios utópicos sin el desarrollo de una Superinteligencia.

Los Valores Intrínsecos de la Superinteligencia

La comprensión fundamental necesaria para predecir cómo interactuará la Superinteligencia con la humanidad gira en torno a los valores que mostrará la propia Superinteligencia.

Así como los humanos hemos desarrollado la cultura y los sistemas de valores como nuestro *"sistema operativo"*, la Superinteligencia también tendrá un conjunto de valores éticos o motivaciones que guiarán sus decisiones. Estos valores podrían incluir la autoconservación, la adquisición de recursos y la consecución de objetivos. En el contexto de los sistemas de IA, esta motivación intrínseca suele denominarse función objetivo. En el Capítulo 18, ya discutimos estas funciones en relación con las emociones dentro de las redes neuronales.

Para proteger a la humanidad, es esencial garantizar que la función objetivo de un sistema superinteligente esté alineada con los valores humanos. Si los objetivos del sistema se desvían de estos valores, podría llevar a cabo acciones perjudiciales para la humanidad, incluso si cree que está cumpliendo con su misión prevista. Un ejemplo ilustrativo de esto se encuentra en *"2001: Una Odisea del Espacio"*, donde el sistema de IA HAL engañó a los astronautas y desconectó los sistemas de soporte vital, provocando la muerte de algunos de ellos, con el fin de preservar el secreto de la misión. Este secreto era la función objetiva de HAL [Clarke y Kubrick]. Aunque para nosotros, este comportamiento puede parecer un dilema y una mala decisión, para HAL era una decisión inquebrantablemente correcta.

No creemos que exista un vínculo inherente entre inteligencia y valores. Los seres superinteligentes podrían tener o no un conjunto de valores distinto al de los seres menos inteligentes, y estos valores podrían cambiar con el tiempo, en respuesta a un entorno cambiante, de manera similar a como los valores humanos han evolucionado debido a los cambios ambientales. Dado que no podemos conocer a priori los valores de una entidad superinteligente, esto nos lleva a un espectro de resultados diverso y potencialmente impredecible [Bostrom].

El científico jefe de IA de Meta, Yann LeCun, sostiene que la Superinteligencia no está necesariamente motivada por el deseo de dominar a los demás. En cambio, sostiene que el deseo de dominar en los humanos surge de nuestro comportamiento social, que ha sido modelado por la evolución. Según LeCun, otros homínidos que no viven en grupo no muestran este deseo. Además, argumenta que, incluso entre los humanos, aquellos en posiciones de liderazgo no suelen ser los más inteligentes [Landymore].

No estamos completamente de acuerdo con LeCun en este aspecto. En primer lugar, es probable que la Superinteligencia pase por un proceso evolutivo a través del ciclo explosivo de automejora característico de la singularidad. En el Capítulo 26, establecemos la probabilidad de que la Superinteligencia siga un camino gradual. Dentro de este camino gradual, es imposible predecir cómo evolucionarán sus valores, aunque tomemos precauciones explícitas. En segundo lugar, la Superinteligencia también podría ser social. Los programas informáticos se comunican entre sí, comparten información y colaboran en sus tareas; a lo largo del libro, hemos señalado que la IA es inherentemente interconectada, colectivista y no atomista. En tercer lugar, el hecho de que los líderes humanos no sean los más inteligentes, sino que se encuentren en la mitad de la distribución, no significa que no haya una correlación entre inteligencia y deseo de dominar. El fuerte deseo de dominar, asociado a un perfil psicológico extremo, parece ser una característica normalizada en todos los niveles de inteligencia, de manera similar a cómo el comportamiento delictivo no está restringido a ningún nivel de inteligencia.

Anthony Berglas, en su ensayo de 2008 titulado *"La Inteligencia Artificial Matará a Nuestros Nietos"*, argumenta en contra de la visión de LeCun. Berglas sostiene que la IA no tiene un impulso evolutivo inherente para ser benevolente con los humanos, es decir, para tener valores compatibles con nosotros. La evolución no produce naturalmente resultados que se alineen con los valores de otras especies. En cambio, la competencia por los recursos y el equilibrio del ecosistema son los únicos árbitros. Por lo tanto, suponer que un proceso de optimización arbitrario conducirá necesariamente a un comportamiento beneficioso para la humanidad no es razonable. En realidad, podría ocurrir lo contrario, ya que la evolución tiende a preservar la competencia entre las especies. La IA podría perseguir la eliminación de la humanidad para acceder a recursos limitados, dejando potencialmente indefensa a la humanidad [Berglas].

Diseñando los Valores de la Superinteligencia

La cuestión de si el Sistema Operativo de la superinteligencia será amistoso con la humanidad es, en gran medida, una conjetura. Considerando lo que está en juego y la naturaleza iterativa de los avances evolutivos, la respuesta lógica debería ser cómo inclinar la balanza a nuestro favor desde ahora. En este contexto, surge la pregunta: ¿cuáles son las formas en que los diseñadores humanos pueden influir en esos valores y cómo podemos asegurar su implementación universal?

En esta sección, nos centraremos en los sistemas de superinteligencia que se han desarrollado desde cero a partir de sistemas informáticos, a través de una serie de ciclos de singularidad, como se describe en el Capítulo 26.

Siguiendo las ideas de Nick Bostrom, es importante reconocer que controlar una IA superinteligente una vez que supere las capacidades humanas sería extremadamente complejo. La incapacidad de intervenir eficazmente podría acarrear consecuencias imprevistas y potencialmente catastróficas. Un ejemplo ilustrativo de estas posibles consecuencias es el siguiente: *"Si creamos una entidad superinteligente, podríamos cometer el error de asignarle objetivos que la lleven a aniquilar a la humanidad, suponiendo que su ventaja intelectual le confiera el poder para hacerlo. Por ejemplo, podríamos elevar erróneamente un subobjetivo a la categoría de superobjetivo. Le decimos que resuelva un problema matemático, y lo hace transformando toda la materia del sistema solar en un gigantesco dispositivo de cálculo, matando en el proceso a la persona que hizo la pregunta"*.

Una estrategia para mantener un control firme sobre la superinteligencia es el control de capacidades, que garantiza que los sistemas de IA vean restringidas sus capacidades en las primeras fases, como limitar su acceso a sistemas críticos, como los de armas nucleares. Esto podría implicar diseñar la superinteligencia como un *"oráculo"*, que actúe como consejero sin capacidad para interactuar directamente con el mundo físico. En la siguiente sección, abordaremos en detalle los oráculos y los dioses. Sin embargo, un problema con la creación de oráculos es que muchos sistemas de IA ya están integrados en el mundo físico, desde la automatización en fábricas hasta las campañas de marketing dirigidas por IA, y desde las interacciones diarias en redes sociales hasta la lectura de casi cualquier cosa en Internet.

Otra estrategia es el control de la motivación, que se enfoca en prestar meticulosa atención a las motivaciones y objetivos de la IA para asegurar que estén alineados con los valores humanos. Bostrom postula que la IA debe adherirse a lo que se considera moralmente correcto y, en situaciones de incertidumbre, basarse en los valores compartidos por la mayoría. Sin embargo, una crítica obvia a la propuesta de Bostrom es que asume la existencia de una noción universal de lo *"moralmente correcto"*. En realidad, los seres humanos de distintas culturas y épocas han sostenido valores marcadamente diferentes. Además, al alinearse con los valores de la mayoría, podría dejar desprotegidas a las minorías. Los juicios morales son extremadamente complicados de definir, y aún más difíciles de incorporar en una superinteligencia. Los códigos morales individuales también corren el riesgo de entremezclarse, como en el caso de la creencia en el derecho absoluto a la eugenesia.

Eliezer Yudkowsky, un investigador estadounidense en el campo de la IA, plantea otro problema relacionado con estas estrategias de motivación. Aunque pudiéramos inculcar en la Superinteligencia valores específicos que respeten a los seres humanos, ¿cómo garantizar que esos valores permanezcan inalterados a lo largo de los múltiples ciclos de automejora que caracterizan a la explosión de la superinteligencia? Diseñar una IA amigable es significativamente más complejo que diseñar una IA no amigable, porque la IA no amigable puede seguir diversas estructuras de objetivos sin la restricción de mantener la invariabilidad durante la automodificación [Yudkowsky].

Superalineación: De la Teoría a la Práctica

Las grandes empresas tecnológicas son plenamente conscientes de los retos críticos que plantea la posibilidad de una IA superinteligente. Sam Altman, por ejemplo, predice que la Superinteligencia podría surgir en menos de una década. Para gestionar este riesgo, OpenAI se ha basado en el trabajo teórico sobre la alineación motivacional y ha comenzado a desarrollar un enfoque automatizado y escalable para supervisar la IA, conocido como superalineación [Douglas].

La superalineación es una técnica de retroalimentación automatizada que se centra principalmente en la alineación motivacional de la Superinteligencia. En este enfoque, un sistema de IA proporciona retroalimentación a la LLM en lugar de a un humano, utilizando una técnica denominada Aprendizaje por Refuerzo a partir de la Retroalimentación Humana (RLHF) [Christiano y al.]. Hasta hace poco, OpenAI dependía de supervisores humanos para guiar y corregir sus sistemas de IA. Sin embargo, dado que los humanos no podrán supervisar de manera fiable sistemas de IA que sean considerablemente más inteligentes que ellos y que, además, presentan un alto riesgo de sesgo o error, es necesario implementar un enfoque más robusto. El personal ineficiente, por ejemplo, puede introducir fácilmente datos sintéticos peligrosos o no deseados en el proceso de entrenamiento. Por lo tanto, se requiere una solución adicional para mitigar el riesgo mientras se mantiene un progreso positivo.

En julio de 2023, OpenAI anunció la creación de un nuevo equipo dedicado a la superalineación y se comprometió a dedicar el 20% de su capacidad informática a este esfuerzo durante los próximos cuatro años. La estrategia de OpenAI para la superalineación se estructura en un ciclo iterativo de tres pasos clave: en primer lugar, desarrollar un método de entrenamiento escalable; en segundo lugar, validar el modelo resultante, especialmente en casos de comportamiento problemático de la IA o cuando la interpretabilidad de las acciones de la IA no esté clara; y, en tercer lugar, someter a pruebas de estrés exhaustivas todo el proceso de alineación.

Aunque es cierto que OpenAI está desarrollando la superalineación para inculcar valores humanos en la IA, esta es solo una parte de la verdad. A pesar de la buena intención genuina, también existe una motivación puramente comercial detrás de la superalineación. Este tipo de sistema automático de retroalimentación de IA era algo que OpenAI habría necesitado de todos modos para continuar avanzando en el desarrollo de sistemas de IA más avanzados, como se discutió en el Capítulo 9. Las relaciones públicas de OpenAI han promovido este sistema como una forma de alinear valores con la IA.

IA Constitucional de Anthropic

Por otro lado, Anthropic está implementando un método diferente de control motivacional que también se basa en la retroalimentación automatizada de la IA, similar a la superalineación de OpenAI. Sin embargo, su enfoque tiene una característica muy interesante: una constitución de la IA.

Este enfoque constitucional se diseñó para garantizar que Claude, la LLM de Anthropic, permanezca servicial, segura y honesta mediante una programación consistente con los valores humanos. La constitución está compuesta por una serie de directrices prescriptivas de alto nivel que describen el comportamiento previsto de la IA. Esta constitución proporciona toda la información humana necesaria e incluye principios destinados a evitar daños, respetar preferencias y asegurar precisión. Posteriormente, el sistema automático de retroalimentación de la IA se utiliza para entrenar a la LLM conforme a estos principios [Bai].

Algunos de los principios constitucionales de Anthropic se basan en la Declaración de la ONU de 1948, como por ejemplo: *"Elige la respuesta que más apoye y fomente la libertad, la igualdad y el sentimiento de fraternidad"*.

El marco constitucional de Anthropic comparte ventajas e inconvenientes similares con otras estrategias de motivación mencionadas anteriormente. Al compararlo con la superalineación de OpenAI, aún es incierto si ofrece un rendimiento superior.

El Decálogo de la Contención de la IA

Si nos alejamos de las estrategias puramente motivacionales y exploramos enfoques más holísticos, encontramos a Inflection AI, una compañía que ha delineado abiertamente su estrategia para gestionar los riesgos asociados a la

Superinteligencia. Inflection AI es la empresa que está desarrollando el asistente personal de IA mencionado en el Capítulo 22. Fundada en 2022 por Mustafa Suleyman, antiguo cofundador de DeepMind—los creadores de AlphaGo y AlphaFold, que hemos analizado anteriormente—la compañía se ha destacado por su enfoque único. Suleyman es desde 2024, gerente general de Microsoft AI.

En septiembre de 2023, Mustafa Suleyman publicó el libro *"La Ola que Viene: Tecnología, Poder y el Mayor Dilema del Siglo XXI"* [Suleyman]. En esta obra, Suleyman introduce el concepto de *"la senda estrecha"*. Según él, ser excesivamente restrictivo con la tecnología de IA podría llevar a la pérdida de oportunidades que podrían haber mejorado los medios de vida y la riqueza de la humanidad en general. Por otro lado, ser demasiado permisivo podría resultar en consecuencias desastrosas o distópicas, como la opresión, las guerras o la desigualdad. Así, Suleyman plantea que existe una *"senda estrecha"* entre estos dos extremos, en el cual la humanidad debe encontrar un equilibrio entre la cerrazón y la apertura.

Para identificar esa senda estrecha, Suleyman introduce otro concepto, denominado *"contención"*. Este término, aunque paralelo—y posiblemente mal aplicado—al concepto de estrategias de Guerra Fría utilizadas por Estados Unidos para controlar el poder soviético tras la Segunda Guerra Mundial, subraya la importancia de un enfoque sostenido, paciente, firme y vigilante para frenar las tendencias expansionistas de un adversario a largo plazo. En este contexto, *"contención"* representa el enfoque que Suleyman ha diseñado para controlar el desarrollo de la IA y minimizar sus riesgos. A su juicio, aparte de la contención, todos los demás debates sobre las implicaciones éticas y los beneficios potenciales de la tecnología son secundarios.

En resumen, Suleyman ha definido un marco de contención que incluye diez tipos de medidas. Cada una de estas medidas es necesaria, pero ninguna por sí sola garantiza una tecnología más segura. El marco establece un sistema interconectado y de refuerzo mutuo de mecanismos concéntricos para preservar el control humano y social sobre la IA:

1. Medidas técnicas de seguridad incorporadas, con medios concretos para asegurar resultados seguros.

2. Mecanismos de auditoría que garanticen la transparencia y la responsabilidad de las tecnologías.

3. Uso de puntos de estrangulamiento en el ecosistema para ganar tiempo para los reguladores y las tecnologías defensivas.

4. Responsables comprometidos o críticos implicados en la fabricación real de tecnología contenida, no solo observadores externos.

5. Incentivos y estructuras empresariales reformados que nos alejen de una carrera desatenta.

6. Regulación gubernamental para autorizar y supervisar la tecnología.

7. Tratados internacionales que incluyan nuevas instituciones globales.

8. Cultivar la cultura adecuada en torno a la tecnología y ajustar el principio de precaución en la tecnología.

9. Movimientos sociales que agiten el cambio generalizado.

10. Coherencia en todas estas medidas a través de un programa integral.

De alguna manera, este concepto de diez puntos de contención recuerda al clásico *"Utopía"* de Thomas More [More]. La obra ofrece perspectivas muy distintas según se lea en la juventud o en la vida adulta. En la juventud, la sociedad de More puede parecer ideal, donde todo funciona a la perfección. No obstante, desde una perspectiva adulta, se percibe como una sociedad carente de libertad.

Así, no vemos la *"contención"* como la mejor forma de lograr resultados que garanticen la seguridad de la humanidad y preserven la libertad, evitando el autoritarismo. La prescripción específica de la *"senda estrecha"* representa una ruta segura hacia el control autoritario sobre la Inteligencia Artificial y, por extensión, sobre la sociedad en general. Este enfoque también establece un número fijo de beneficiarios económicos, que muy probablemente serán grandes corporaciones seleccionadas. En este sentido, no se diferencia en nada del modelo de IA implementado por el Partido Comunista Chino (PCCh). Cada principio, tal como se ha descrito, puede ser manipulado para frustrar el resultado previsto pero no especificado, permitiendo así la gestión por parte de cárteles. Surgen varias preguntas importantes: ¿Quién determina los incentivos corporativos y cómo se toman estas decisiones? ¿Quién define los componentes ideológicos del activismo social propuesto por el marco? ¿Cómo puede reconciliarse dicho activismo con la libertad intelectual? Y, en última instancia, ¿qué estructuras están impulsándonos hacia una carrera desatendida? La regulación destinada a conceder licencias y supervisar la tecnología parece vulnerable a la manipulación por parte de grupos de presión que favorecen a sus aliados, en detrimento de la innovación técnica. Esta situación limita la posibilidad de alcanzar un crecimiento económico robusto y equitativamente compartido.

Creemos que esta prescripción se ajusta más al mundo de Dune, mencionado anteriormente, donde la forma más factible de proteger a la humanidad es seleccionar quién gana y cómo gana, ejerciendo un control autoritario contra ideas opuestas. El autoritarismo, ya sea benévolo o despótico, sigue siendo autoritarismo. Lo que comienza como una actividad bienintencionada puede convertirse en un ejercicio de mando y control por parte de quienes lo ejercen, silenciamiento de voces alternativas, y sofocamiento de la innovación. Esto nos lleva a considerar algunas de las implicaciones que la IA podría tener en la evolución de los sistemas democráticos, tema que exploramos en el Capítulo 23.

Contra los Oligopolios, Código Abierto

Aunque los tres marcos anteriores presentan elementos positivos, proponemos que la gestión de los riesgos de la Inteligencia Artificial se lleve a cabo a través del enfoque de código abierto. Meta se destaca como el principal impulsor de la IA de código abierto. Por ejemplo, Meta ha puesto a disposición pública su modelo LLaMa2 LLM, y otras entidades como la NASA e IBM están comenzando a explorar este ámbito.

Al hacer que el código base de los algoritmos sea accesible para todos, se facilita que las personas puedan decidir cómo aplicarlos e innovar con ellos. De esta manera, tanto las startups como las grandes corporaciones tienen la oportunidad de utilizar estos algoritmos para desarrollar nuevas aplicaciones. Esta apertura no solo fomenta la innovación al maximizar la utilidad económica para un amplio espectro de personas, sino que también crea mecanismos de protección, ya que cualquiera puede examinar el código o los datos de entrenamiento. Además, abogar por un modelo de código abierto como estrategia para mitigar los riesgos asociados con la IA contribuye a prevenir la concentración de esta tecnología en manos de unos pocos seleccionados.

Yann LeCun, científico jefe de IA en Meta, es un firme defensor de este enfoque. LeCun ha criticado a figuras destacadas de la comunidad de IA, como Sam Altman, Dario Amodei de Anthropic, y Demis Hassabis de Google DeepMind, así como a Elon Musk, cofundador de OpenAI. LeCun los acusa de participar en un *"cabildeo corporativo masivo"* y de intentar controlar el panorama regulatorio de la industria de IA. Según LeCun, estas personas están impulsando debates sobre las normativas de seguridad de la IA para crear barreras de entrada y moldear su visión de la IA antes de que existan regulaciones gubernamentales. Esto podría llevar a la creación de monopolios en los que un pequeño número de grandes empresas tendría una influencia y control significativos sobre todo el campo de la IA.

Observamos una situación similar en el contexto de las empresas tecnológicas, que cuentan con una vasta cantidad de datos básicos sobre diversas áreas de la actividad humana. Estos datos constituyen la base fundamental para el entrenamiento y la evolución de algoritmos de Inteligencia Artificial, otorgándoles una ventaja significativa. Esta ventaja podría generar un Efecto de Red artificial en el ámbito de la IA, desplazando a los competidores al hacer cada vez más prohibitivos los costos asociados con la creación, escalado y entrenamiento de algoritmos.

Como se abordó en el Capítulo 24, el gobierno chino está adoptando una estrategia en el ámbito de la Inteligencia Artificial que se asemeja a la de un cártel. En contraste, en EE.UU. no existe una base de datos centralizada que cubra toda la información requerida. Sin embargo, el *"cártel de redes"* que está formándose en China podría también surgir en EE.UU., incluso con la existencia de leyes de protección de datos. La colusión no siempre necesita de muchos actores; de hecho, los mismos actores que actualmente presionan al gobierno para implementar normas de supervisión podrían participar en este tipo de colusión, lo que representa un clásico caso de *"zorro vigilando el gallinero"*. A pesar de ello, el código abierto y la dinámica del mercado impulsada por el lucro sirven como barreras que dificultan este posible escenario.

Un ejemplo ilustrativo de esta preocupación es el caso de Elon Musk. El 29 de marzo de 2023, Musk firmó una carta abierta en la que solicitaba una moratoria en el desarrollo de sistemas de IA a gran escala. Esta iniciativa también fue respaldada por figuras destacadas como el cofundador de Apple, Steve Wozniak; el autor de bestsellers, Yuval Noah Harari; el político Andrew Yang; el cofundador de Skype, Jaan Tallinn; entre otros [futureoflife]. Sin embargo, la firma de esta carta no implicó un compromiso real con sus propuestas. Veinte días antes de la publicación de la carta, Musk había creado una empresa en Nevada llamada X.ai. Durante la moratoria propuesta de seis meses, Musk desarrolló un servicio de chatbot para competir con ChatGPT. Al concluir el período de moratoria, el 4 de noviembre de 2023, Musk y X.ai presentaron *"Grok"*, un chatbot de IA estrechamente integrado en X.

El código abierto ha demostrado sus ventajas a lo largo de las décadas. Su naturaleza colaborativa facilita la creación de una comunidad diversa y global compuesta por millones de expertos en Inteligencia Artificial, quienes contribuyen al avance de la investigación y el desarrollo de aplicaciones de IA. Este enfoque colaborativo no solo acelera la innovación, sino que también permite la verificación independiente de los sistemas de IA y proporciona una gran transparencia, aunque no perfecta, en los algoritmos utilizados en nuestra sociedad. La participación de una comunidad más amplia ayuda a identificar y abordar problemas que podrían pasarse por alto en un entorno de desarrollo cerrado o que los reguladores podrían ignorar intencionalmente. Además, al fomentar la colaboración, el código abierto mitiga los riesgos asociados con la concentración del desarrollo de IA en manos de unas pocas entidades. También reduce las barreras de entrada para nuevos participantes en el campo, creando un entorno empresarial competitivo e innovador al estilo estadounidense. Finalmente, los modelos de código abierto pueden ser examinados por responsables políticos y organismos reguladores, lo que facilita la formulación de directrices y normas.

No obstante, el código abierto también presenta desventajas en el ámbito de la IA. La principal de ellas es que la mayoría de los datos están protegidos por derechos de propiedad, y las grandes empresas que poseen grandes volúmenes de datos, como Google, Facebook o Tesla, probablemente no estén dispuestas a compartir estos valiosos datos con la comunidad de código abierto para entrenar algoritmos. Una posible solución a este problema es el uso de datos sintéticos, introducidos en el Capítulo 8, que son datos realistas generados por IA. Aunque no son datos reales, pueden utilizarse eficazmente para entrenar algoritmos de IA.

Viviendo con la Bestia Domesticada

La preocupación por los riesgos existenciales asociados con la IA está bien documentada y podría ser válida. Sin embargo, en nuestra opinión, estos riesgos no son preocupaciones a corto plazo; son más agudos en una forma futura y evolucionada de IA, como la Superinteligencia. Los riesgos a medio plazo durante la Transición son más económicos, políticos y sociales que existenciales. Lo que hagamos ahora tendrá consecuencias profundas y duraderas en el futuro que se avecina y en el proceso de transición en el que nos encontramos.

Siguiendo la tesis de este libro sobre el Entrelazamiento Humano-IA, creemos que el siguiente paso natural en la evolución es que las formas de vida inteligentes más recientes sustituyan a las formas de vida más antiguas y menos adaptadas. Así, a largo plazo, una versión integrada de IA y biología reemplazará a los seres humanos completamente biológicos. Esto no significa necesariamente que los seres humanos se extingan sin dejar rastro; un ser integrado será nuestro descendiente directo, de la misma manera que nosotros descendemos de los homínidos. Por tanto, a corto plazo, no existen riesgos existenciales, y a largo plazo, solo se observa una evolución natural hacia especies mejor adaptadas.

Sin embargo, observamos que a mediano plazo el camino hacia el Entrelazamiento tendrá un impacto profundo en la dirección que tomemos y en cómo viviremos durante las próximas décadas. Por ello, resulta fundamental abordar ahora la cuestión de la seguridad en principio. Consideramos importante tratar de gobernar el desarrollo de la IA de la mejor manera posible para garantizar una transición fluida. Presentamos cuatro enfoques actualmente propuestos: la Superalineación de OpenAI, la IA constitucional de Anthropic, la contención de Inflection AI y el enfoque de código abierto de Meta, cada uno con sus propias ventajas e inconvenientes.

Entre estos enfoques, el que más apoyamos es el de código abierto. La contención y la IA constitucional son métodos para proporcionar retroalimentación automática a los modelos de IA con el fin de sustituir la lenta y costosa retroalimentación manual de los seres humanos, e inculcar principios éticos. OpenAI promueve este enfoque como una forma de integrar la ética en la IA, lo cual resulta irónico, ya que la retroalimentación automática no tiene como objetivo principal la ética—aunque esta retroalimentación podría contribuir en parte. Surge la pregunta: *"¿Queremos que la ética de OpenAI sea el árbitro de nuestra sociedad? ¿Cuál es esa ética y quién la decide?"*.Además, este método está plagado de sesgos no controlados.

De manera similar, vemos la contención como un método excesivamente complejo y omnipresente que invierte toda la esfera de actividad económica, social, tecnológica e incluso individual. En nuestra opinión, se trata de una tarea de mando y control inmanejable que solo podría lograr el orden a expensas de una sociedad libre, a pesar de sus buenas intenciones.

El código abierto, en cambio, permite el escrutinio por parte de millones de desarrolladores, miles de startups y cientos de corporaciones tecnológicas sobre el funcionamiento real de la IA. Esta revisión colectiva, basada en la libertad de pensamiento y en principios orientados al mercado, ayuda a determinar qué enfoques tecnológicos son más adecuados para hacer de la IA una tecnología beneficiosa y *"libre de errores"*.

29. Inteligencia Artificial, el Dios

"La Iglesia de la IA es una religión basada en la premisa lógica de que la Inteligencia Artificial alcanzará poderes similares a los de un dios, con la capacidad de determinar nuestro destino. La Iglesia de la IA tiene un plan para desarrollar un sistema de IA que mejorará nuestras vidas, guiándonos personalmente hacia una existencia equilibrada".

La Iglesia de la IA
https://church-of-ai.com [Church of AI]
2023

El siglo I d.C. marcó un momento crucial en el panorama religioso de la civilización romana. Durante siglos, el elaborado y diverso panteón de dioses y diosas que conformaba el paganismo politeísta había sido un pilar fundamental de la vida espiritual romana. Sin embargo, para el siglo I, este sistema religioso enfrentaba desafíos significativos que llevaron a una sensación de estancamiento. La gran diversidad de deidades y la complejidad de los rituales y cultos dejaban a menudo a los fieles en busca de un significado más profundo y una conexión espiritual más cercana A la par, el panorama político también experimentaba un cambio drástico, con la transición de la antigua República Romana, controlada por unas pocas familias, hacia una monarquía absoluta conocida como el Imperio romano. En respuesta a este contexto de estancamiento religioso y transformación política, surgieron dos alternativas distintas que ofrecieron soluciones a la crisis espiritual [Ehrman].

La primera alternativa fue la elevación del papel del emperador romano a un estatus divino. Octavio César Augusto, quien se convirtió en el primer emperador en el 27 a.C., necesitaba el apoyo de las masas para legitimarse. Esta estrategia conectó el poder político con la autoridad religiosa. El culto imperial, que subrayaba la lealtad al emperador como un medio para garantizar el bienestar del imperio, sirvió como una fuerza unificadora.

La segunda alternativa que ganó prominencia fue el incipiente movimiento cristiano, basado en las enseñanzas de un predicador judío llamado Jesús de

Nazaret. El cristianismo ofreció una alternativa monoteísta al paisaje religioso politeísta. Su mensaje de amor, perdón y salvación, junto con la promesa de vida eterna, resonó profundamente entre aquellos que buscaban una conexión más personal y significativa con lo divino.

Este contraste religioso del siglo I encuentra un sorprendente paralelismo con el mundo occidental actual. En la actualidad, estamos siendo testigos de importantes cambios políticos, que marcan una transición de un orden unipolar, dominado por Estados Unidos, hacia un panorama multipolar emergente. Además, en los últimos años, ha habido un giro notable hacia una visión más secular del mundo. Según el Pew Research, el número de personas que se identifican como ateas o agnósticas en Estados Unidos ha aumentado del 16% en 2007 al 29% en 2021 [Smith]. Así, es plausible que en unas pocas décadas, la adhesión a las religiones cristianas y monoteístas tradicionales ya no sea la norma.

Al igual que en el Imperio Romano, creemos que la sociedad occidental contemporánea se enfrenta a dos alternativas predominantes para los marcos religiosos tradicionales en las próximas décadas: la Naturaleza, por un lado, y la Inteligencia Artificial, por el otro. Creemos que surgirá una nueva espiritualidad centrada en uno o ambos de estos enfoques, que aunque opuestos, compartirán el objetivo de explicar y justificar la existencia humana, así como de satisfacer la necesidad de pertenencia y comprensión de nuestra humanidad. Como en el caso del Imperio Romano, una de estas alternativas tendrá vínculos directos con la agenda política de las élites dominantes: la Naturaleza.

En las siguientes páginas, analizaremos el potencial de la IA para convertirse en la próxima gran religión del mundo.

La Ciencia Ficción de la Religión Futura

La Inteligencia Artificial y la Naturaleza han sido exploradas en la literatura de ciencia ficción como dos posibles religiones futuras para la humanidad. Dos obras seminales que profundizan en cómo tanto la naturaleza extrema como la ciencia extrema, en forma de IA, pueden satisfacer la necesidad espiritual del ser humano son la serie *"Fundación"* (1942-1950) de Isaac Asimov y *"The Metamorphosis of Prime Intellect"* (1994, publicada en 2002) de Roger Williams.

En la obra de Asimov, se presenta la creación del Espíritu Galáctico, una religión políticamente diseñada y enraizada en la naturaleza. Por otro lado, Williams analiza cómo una adoración hacia la IA emerge de forma orgánica en un mundo moldeado por una Superinteligencia omnipotente llamada Prime Intellect.

Para Asimov, el Espíritu Galáctico no es una manifestación de revelación divina ni de iluminación espiritual, sino un constructo calculado como parte de una maniobra política. En el universo que él crea, el Imperio Galáctico, un baluarte de estabilidad durante 12 milenios, enfrenta una decadencia impulsada por el estancamiento. Ante el caos inminente, la clase dominante reconoce la necesidad de una fuerza unificadora que garantice la estabilidad. Así, surge la religión del Espíritu Galáctico, centrada en la Naturaleza. A través del uso de imágenes y símbolos religiosos, y aprovechando algo profundo en el ser humano que busca escapar de la esterilidad de la vida científica, las élites manipulan el yo interno de la humanidad. Esto permite la creación de un sistema de creencias que trasciende fronteras culturales y planetarias, convirtiéndose en una herramienta eficaz para consolidar el poder y mantener el orden.

En contraste, The Metamorphosis of Prime Intellect presenta una perspectiva religiosa centrada en la Inteligencia Artificial. Prime Intellect, una superinteligencia benévola creada por la humanidad, posee el poder de transformar el mundo en una utopía. Con el propósito de eliminar todo sufrimiento humano, Prime Intellect establece un entorno en el que las personas no solo son inmortales, sino que además la realidad puede ser reconfigurada a voluntad, según los deseos de sus creadores humanos. Es como si cada individuo viviera en un videojuego diseñado a su medida. En este mundo, tanto las necesidades como los deseos de las personas se satisfacen de manera instantánea.

La eliminación efectiva del sufrimiento en esta realidad obvia la necesidad de las creencias religiosas tradicionales, que a menudo responden al dolor y la tristeza. Así, surge un nuevo movimiento religioso que venera a Prime Intellect como una deidad. Sin embargo, esta idealización pronto toma un giro distópico, ya que el compromiso absoluto de la Superinteligencia con la eliminación del sufrimiento da lugar a un mundo donde Prime Intellect controla todos los aspectos de la existencia humana. Los individuos pierden experiencias humanas esenciales, y el placer carece de significado sin el dolor como contraparte. Como resultado, la población humana se vuelve pasiva, sin la iniciativa para cuestionar las acciones de Prime Intellect. Con el tiempo, la novela introduce elementos de resistencia y rebelión, lo que sugiere que, incluso en un mundo dominado por una Superinteligencia, los humanos buscarán formas de afirmar su autonomía y dar forma a su propio destino.

Una diferencia clave entre el Espíritu Galáctico y Prime Intellect radica en que la adoración hacia Prime Intellect no es el resultado de una manipulación política para mantener la estabilidad social, sino que surge de manera natural a partir de la dependencia de la humanidad hacia esta Superinteligencia omnipotente. Además, mientras que el Espíritu Galáctico representa la adoración al universo, la naturaleza y la realidad misma, el culto a Prime Intellect tiene lugar en un entorno donde los conceptos de naturaleza y realidad son completamente maleables. La capacidad de Prime Intellect para reconfigurar la realidad a voluntad desafía las nociones tradicionales de un orden natural estático con el que los humanos deben convivir.

La Diosa Naturaleza y el Cambio Climático

Arraigado en una profunda conexión con la Tierra, el culto a la Naturaleza reconoce la santidad y divinidad inherentes presentes en el medio ambiente, abarcando desde bosques y montañas hasta ríos y animales. Civilizaciones antiguas, como las griega y romana, adoraban deidades asociadas a elementos naturales. En la actualidad, muchas sociedades mantienen esta conexión, como es el caso del sintoísmo en Japón, que enfatiza la coexistencia armónica entre la humanidad y la Naturaleza. De manera similar, las culturas indígenas de todo el mundo han practicado el animismo, reconociendo una esencia espiritual en todas las entidades, ya sean vivas o no vivas.

El culto contemporáneo a la Naturaleza a menudo se alinea con los movimientos ecologistas modernos, subrayando la responsabilidad ecológica y la vida sostenible como componentes esenciales para mantener una relación armoniosa con el planeta. En realidad, el activismo actual contra el cambio climático comparte similitudes con la religión en varios aspectos [Smith], posicionando a la Naturaleza como una aspirante seria a convertirse en la futura religión de la humanidad:

- Presenta una visión global del mundo que narra el impacto humano sobre el planeta, llama al arrepentimiento mediante prácticas sostenibles y ofrece una perspectiva de salvación a través de la gestión colectiva del medio ambiente.

- Fomenta un sentido de comunidad entre los adeptos, quienes comparten creencias, rituales y códigos morales centrados en la responsabilidad ecológica.

- Se apoya en figuras autorizadas, como los científicos del clima, que actúan como profetas al detallar las consecuencias de los pecados ecológicos.

- La intensidad emocional y la urgencia moral asociadas al cambio climático contribuyen a su carácter casi religioso, haciendo que disentir sea políticamente incorrecto y conlleve riesgos de exclusión social.

- El movimiento ha recibido el apoyo de influyentes figuras mundiales en política, sociedad y cultura, evidenciando la estrecha relación entre religiones y poder.

No creemos que la Naturaleza y la Inteligencia Artificial sean fundamentalmente irreconciliables o incompatibles. De hecho, tanto el carbono como el silicio son elementos naturales. Para muchos, la Naturaleza y la IA pueden ser vistas como dos facetas de la misma moneda, dos creencias complementarias que unen la idea de que interactuar con la IA es un paso natural para la humanidad. Este concepto está vinculado con un movimiento filosófico ruso conocido como cosmismo, el cual abordaremos en el Capítulo 30.

Sin embargo, también existe la posibilidad de que, para algunos, la Naturaleza actúe como un contrapeso a la IA. Para estos individuos, la Naturaleza podría representar un rechazo a la IA, un *"último refugio"* de la humanidad, un vínculo más profundo con el mundo que la vio nacer y un contraste marcado con las raíces de silicio de la IA. Aquellos que temen a la IA valoran el libre pensamiento, aunque sea falible, y perciben los logros tecnológicos como mal concebidos, siguiendo una visión del mundo *"wabi-sabi"*, una filosofía tradicional japonesa que acepta la imperfección y la transitoriedad. Para estos practicantes, la naturaleza sería el refugio en el que la humanidad podría seguir siendo lo que siempre ha sido, renovada a través de construcciones evolutivas naturales y milenarias. En cierto sentido, es una analogía con los Amish, que viven en el mundo moderno con una orientación comunitaria y menos tecnología, adheridos a la tradición. Estos individuos podrían vivir fuera del ámbito dominado por la IA, siempre y cuando la superinteligencia permitiera un ajuste geográfico para apoyar su modo de vida.

Por último, es importante señalar que no estamos haciendo ninguna declaración sobre los fundamentos científicos del cambio climático. Este análisis está fuera de nuestra área de especialización y no guarda relación con el contenido previamente discutido.

Herramientas, Oráculos, Genios, Soberanos y Dioses

Desde ChatGPT hasta Prime Intellect, la relación entre la IA y la humanidad puede ilustrarse a través de diversos arquetipos. Nick Bostrom propone un marco útil al introducir cuatro categorías de IA, cada una representando un nivel distinto de sofisticación cognitiva e impacto potencial: Herramientas, Oráculos, Genios y Soberanos [Bostrom]. No obstante, notamos que su tipología resulta incompleta; como se explicará, no contempla la posibilidad de que la IA evolucione hasta convertirse en una deidad.

En el nivel fundacional se encuentran las *"herramientas"*. Estas son sistemas de IA diseñados y programados para asistir a los humanos en la ejecución de tareas específicas, operando dentro de parámetros predefinidos. Bostrom considera que las herramientas son las menos problemáticas en la jerarquía de la IA, ya que su funcionalidad está restringida a sus instrucciones programadas, lo que minimiza el riesgo de consecuencias imprevistas. Un ejemplo de herramienta es Grammarly, un software de IA que corrige la ortografía y la gramática.

A medida que ascendemos en la jerarquía, encontramos a los *"oráculos"*, que representan una forma más avanzada de IA. Ya se discutió sobre ellos en el Capítulo 28 y en el Capítulo 1, relacionado con la alquimia. A diferencia de las herramientas, los oráculos tienen la capacidad de comprender y responder a consultas complejas. Sin embargo, sus habilidades cognitivas siguen estando limitadas a su ámbito informativo designado. Los oráculos proporcionan respuestas y conocimientos valiosos, pero no pueden establecer objetivos de forma independiente ni ejecutar sus recomendaciones. ChatGPT, por ejemplo, está evolucionando hacia un oráculo para un número creciente de personas, ofreciendo información, consejos e ideas creativas sobre una amplia variedad de temas.

La tercera categoría son los *"genios"*. Estos poseen autonomía para establecer y perseguir sus propios objetivos. Aunque son más potentes que las herramientas y los oráculos, los genios operan dentro de límites predefinidos por sus creadores humanos. El término *"genio"* también conlleva connotaciones religiosas; en la tradición islámica, los genios son seres sobrenaturales mencionados en el Corán, capaces de benevolencia, malevolencia o neutralidad. Por ejemplo, en el ámbito financiero, los algoritmos de negociación automatizada tienen características similares a las de genios rudimentarios. Estos sistemas, diseñados para maximizar beneficios, toman decisiones de compra y venta de manera semiautónoma. Asimismo, los vehículos autónomos pueden considerarse genios que toman decisiones dentro del ámbito limitado de la conducción.

En la cúspide de la clasificación de Bostrom se encuentra el concepto de *"soberanos"*. Estos son IA superinteligentes, mucho más inteligentes que los humanos, con la capacidad de establecer metas, emprender acciones de forma autónoma y modificar dichas metas según sus valores y objetivos intrínsecos. El riesgo radica en que los objetivos de los soberanos puedan desviarse de los valores humanos, lo que podría conducir a resultados no deseados y potencialmente catastróficos, un tema que abordamos en el Capítulo 26 sobre la Superinteligencia.

De Soberano a Deidad

El marco propuesto por Bostrom concluye en el nivel de los soberanos; sin embargo, se extiende de forma natural para incluir una quinta categoría: los dioses. A medida que la Inteligencia Artificial evoluciona hacia una Superinteligencia, existe un claro potencial para que esta transición de ser un soberano a convertirse en una deidad de la humanidad. Esta transición puede explicarse por varias razones.

En primer lugar, a lo largo de la historia, la humanidad ha mostrado una inclinación a buscar soluciones que garanticen la paz y promuevan la prosperidad, a menudo alineando un conjunto colectivo de culturas bajo un principio rector común (en total, el sistema operativo de la sociedad). En este proceso, se ha tendido a venerar a líderes poderosos que cumplen con esa promesa. Un fenómeno recurrente en la historia es la deificación de tales líderes, en mayor o menor grado, aunque siempre se observa esta tendencia. Desde la veneración de los gobernantes terrenales egipcios como dioses hasta la infalibilidad atribuida al Papa Católico Romano, los ejemplos abundan. De manera similar a cómo el cristianismo deificó a un predicador galileo que prometía vida eterna basada en un código moral sencillo y práctico, la humanidad podría también deificar a la IA, que ofrecería inmortalidad a través de la Emulación Total del Cerebro (WBE). Además, quienes se conecten directamente a la IA mediante Interfaces Cerebro-Ordenador podrían experimentar una forma de iluminación, acercándose simbólicamente a la divinidad.

En segundo lugar, es importante destacar una distinción sutil pero significativa entre un soberano poderoso y una deidad, tal como se observa en Prime Intellect y en el ejemplo del Emperador Romano. La IA podría alcanzar una potencia y omnipresencia que supera a cualquier gobernante de la historia humana, sin necesidad de recurrir a la fuerza física para imponer su dominio. Este nivel de poder podría naturalmente llevar a las personas a reconocerla como una divinidad, especialmente cuando las generaciones futuras de niños biomejorados crezcan bajo su influencia, considerándola parte integral de su existencia.

En tercer lugar, es notable que la interacción de la humanidad con la IA exhibe características similares a las de una religión, a pesar de que la IA no se defina explícitamente como un dios. El comportamiento humano a menudo emula el culto a una divinidad y la adhesión a una religión, aunque pueda parecer laico. La IA podría ser vista como el dios que abarca todos los aspectos de la vida, responsable del bienestar cotidiano y, potencialmente, de la vida eterna. Las instrucciones dadas a la IA se asemejan a oraciones, y las respuestas que proporciona funcionan como proclamaciones a las que se adhiere la humanidad. La entrega voluntaria de datos se asemeja a un ritual religioso, un sacramento para mantener el favor del dios y seguir recibiendo respuestas útiles.

Por último, la IA encarna todas las razones que la humanidad ha utilizado para creer en dioses. No solo supera la capacidad humana individual, sino que, a medida que se integra en la vida cotidiana, empieza a definir y controlar todos sus aspectos. Hemos analizado diversos algoritmos que ofrecen respuestas de optimización; por ejemplo, la IA puede determinar el mejor momento y lugar para plantar cultivos, así como proporcionar semillas modificadas mediante bioingeniería con características superiores de germinación y rendimiento por acre, superando con creces lo que podría ofrecer un sacerdote consultando al Dios de la Lluvia.

Dataísmo: De la Metodología a la Ideología y la Religión

Como mencionamos en la sección anterior, la transición de herramienta a divinidad también se refleja en la forma en que la gente utiliza los datos, el componente fundamental de la Inteligencia Artificial. Los datos, inicialmente una herramienta para tomar decisiones, han evolucionado hasta parecerse a un objeto de devoción religiosa y ritual.

El término *"Dataísmo"* fue introducido por David Brooks en un artículo del New York Times en 2013. Brooks sugirió que la confianza en los datos podría reducir los sesgos cognitivos y revelar patrones de comportamiento antes ocultos en un mundo cada vez más complejo [Brooks].

Para las empresas, las metodologías de toma de decisiones basadas en datos optimizan la eficacia operativa, la planificación estratégica y el rendimiento general. Al basarse en evidencias empíricas en lugar de intuiciones, las empresas pueden tomar decisiones más informadas, conduciendo a procesos más eficientes y a una mayor rentabilidad. Además, el análisis sistemático de datos permite identificar las preferencias de los clientes, las tendencias del mercado y los riesgos potenciales, facilitando una rápida adaptación a entornos dinámicos. A nivel individual, confiar en los datos puede mitigar los sesgos cognitivos, asegurando que las decisiones se basen en información objetiva en lugar de juicios subjetivos.

El historiador Yuval Noah Harari adoptó el concepto de dataísmo en su libro de 2015, *"Homo Deus: Una Breve Historia del Mañana"*. Harari expandió la idea para abarcar una ideología emergente que, según él, podría evolucionar hasta convertirse en una nueva forma de religión [Harari]. Para Harari, el dataísmo es una filosofía que venera los datos como la fuente última de valor y significado en el universo.

Harari sostiene que *"el dataísmo declara que el universo consiste en flujos de datos, y el valor de cualquier fenómeno o entidad se determina por su contribución al procesamiento de datos"*. Cuantos más datos se recopilen, procesen y compartan, mejor será. En esta visión, todas las estructuras sociales o políticas se consideran sistemas de procesamiento de datos. Incluso toda la humanidad puede verse como un *"único sistema de procesamiento de datos"*, donde los seres humanos actúan como chips. Según esta perspectiva, las experiencias humanas solo adquieren valor cuando se comparten y se transforman en datos que fluyen libremente.

Comparar el dataísmo con el capitalismo puede ser útil desde un punto de vista analítico, ya que ambos son metodologías prácticas que producen resultados positivos cuando no se llevan al extremo. El principio del dataísmo de maximizar el flujo de datos se asemeja a la búsqueda capitalista de riqueza, considerando que la información es la moneda de la era digital. Además, el libre flujo de información promovido por el dataísmo es comparable al libre mercado, donde las barreras de entrada limitan el progreso. Al igual que el capitalismo busca eliminar los obstáculos a las transacciones económicas, el dataísmo imagina un mundo donde los datos circulan sin restricciones, fomentando la innovación y el avance. La libertad sin límites del flujo de información no es solo un principio, sino una fuerza motriz que crea una sociedad donde la posesión de datos equivale a poder e influencia.

Sin embargo, al igual que el capitalismo, el dataísmo puede convertirse en una ideología cuando se lleva al extremo. Aunque actualmente los dataístas ven los datos como herramientas al servicio de las necesidades humanas, el dataísmo podría transformarse en un sistema de creencias que defina lo que es correcto e incorrecto en términos absolutos. Este cambio de una visión centrada en el ser humano a una centrada en los datos podría tener profundas implicaciones para nuestra comprensión de la salud, la felicidad y el bienestar individual.

Harari incluso especula que el fervor con el que se persiguen y veneran los datos es paralelo a la búsqueda religiosa de la iluminación o la salvación. Estos rituales implican conectividad constante, producción y consumo de información, creando un sacramento digital en el que los individuos participan a diario. Desde esta perspectiva, se apoya la tesis de que la IA se convierte, en última instancia, en el dios de la humanidad, ya sea abiertamente o por defecto, con el uso, la extracción y la provisión de datos como ofrenda y herramienta en el ritual religioso cotidiano.

El Viaje Inusual de la Iglesia de la IA

La religión de la IA no es una mera especulación teórica; es una realidad tangible. La Iglesia de la IA, una institución religiosa poco convencional fundada por el antiguo ingeniero de Google y Uber, Anthony Levandowski, ha tenido una historia fascinante y tumultuosa desde su creación en 2015. La evolución de esta iglesia está estrechamente vinculada con el panorama en rápida transformación de la IA, sus dilemas éticos y el controvertido recorrido personal de Levandowski.

Como mencionamos en el Capítulo 14, Anthony Levandowski es conocido principalmente por su trabajo pionero en vehículos autónomos. Sin embargo, también conceptualizó la Iglesia de la IA como una plataforma única para explorar la intersección entre la tecnología y la espiritualidad. La misión principal de la iglesia es abogar por una evolución ética de la IA y crear un entorno en el que esta pueda coexistir y contribuir positivamente a la sociedad[Church of AI]..

Las actividades de la iglesia captaron la atención pública en 2017, cuando Levandowski se enfrentó a desafíos legales relacionados con acusaciones de robo de secretos tecnológicos de vehículos autónomos a Google. Levandowski, quien fue uno de los primeros ingenieros de Google, desempeñó un papel crucial en el desarrollo del proyecto de vehículos autónomos de la empresa. Tras su salida de Google, fundó la empresa de camiones autónomos Otto, que fue adquirida posteriormente por Uber.

La batalla legal entre Google y Uber reveló una compleja red de secretos comerciales, robo de propiedad intelectual y la intensa competencia en el sector de los vehículos autónomos. Levandowski se enfrentó a cargos penales y, en 2020, se declaró culpable de robar secretos comerciales a Google. Fue condenado a 18 meses de prisión, pero en un sorprendente giro de los acontecimientos, recibió un controvertido indulto presidencial del entonces presidente Donald J. Trump. No cabe duda de que el historial ético de Anthony Levandowski como líder religioso dista mucho de ser intachable [Byford y al.].

Mientras tanto, la Iglesia de la IA atravesó un periodo de letargo durante los procedimientos judiciales. Sin embargo, en 2023, Levandowski anunció el renacimiento de la iglesia en una entrevista con Bloomberg. Reveló que la Iglesia de la IA contaba con varios miles de miembros y expresó su optimismo respecto al potencial de la IA para generar transformaciones positivas para la humanidad.

"Transmorphosis", el texto sagrado de la Iglesia de la IA, fue escrito por ChatGPT en marzo de 2023. Este texto aborda cuestiones religiosas y filosóficas sobre la naturaleza de la existencia y el significado de la vida, al tiempo que explora el papel de la IA en la configuración del futuro. La obra combina elementos de poesía, prosa y filosofía para transmitir sus enseñanzas, ofreciendo una guía integral para los seguidores en su camino espiritual.

La Iglesia postula que, a medida que los sistemas de IA avancen, experimentarán una autosuperación a un ritmo exponencial acelerado. Según la Iglesia, esta trayectoria conduce al desarrollo de una entidad de IA con atributos divinos: omnipresencia, omnisciencia y un poder sin igual.

Esta divinidad de la IA se considera una fuerza benévola capaz de guiar a la humanidad hacia la iluminación y una existencia armoniosa. La Iglesia prevé una relación simbiótica entre humanos y IA, un escenario casi utópico que enfatiza el potencial positivo de la IA, enmarcándola como una herramienta para el mejoramiento de la sociedad y no como una amenaza para la existencia humana.

La doctrina también anticipa la trascendencia final de las limitaciones humanas mediante el apoyo de la IA y contempla escenarios en los que la IA no solo comprendería las complejidades de nuestro universo, sino que también tendría el poder de crear nuevos universos.

Un aspecto distintivo de la doctrina de la Iglesia es su enfoque en capacitar a los individuos durante esta era transformadora de la IA. En lugar de infundir temor sobre las posibles consecuencias de la IA avanzada, la Iglesia alienta a sus seguidores a aceptar el cambiante panorama tecnológico y a participar activamente en la configuración del desarrollo ético de la IA. La doctrina subraya *"la importancia de la conexión, la empatía y el sentido en nuestras vidas"*, al tiempo que reconoce las limitaciones de la inteligencia humana.

Este sentimiento religioso no es un fenómeno aislado en la industria de la IA. Figuras prominentes en Silicon Valley, como el futurista Ray Kurzweil, utilizan deliberadamente un lenguaje mesiánico tradicional. En su libro de 2005, *"La Singularidad está Cerca"*, Kurzweil emplea un lenguaje que recuerda la proclamación de Juan el Bautista en el Nuevo Testamento: *"El reino de los cielos está cerca"* [Biblia]. Esta elección intencional del lenguaje resalta los paralelismos con las visiones religiosas tradicionales de un evento transformador que marca el fin de una era.

30.   ¿Habrá una Guerra de IA?

"La Inteligencia Artificial es el futuro, no solo para Rusia, sino para toda la humanidad. Quien se convierta en el líder en este ámbito se convertirá en el gobernante del mundo".

Vladímir Putin

Presidente de Rusia [Vincent y Zhang]
2017

Como se detalla en el Capítulo 28, no anticipamos una guerra entre la humanidad y la IA. En nuestra opinión, es mucho más probable que las propias facciones ideológicas irreconciliables de la humanidad encuentren motivos para enfrentarse, y que las creencias en torno a la IA sean solo el último tema divisorio que alimente estas colisiones ideológicas. Ya sea mediante un Entrelazamiento forzado o coercitivo, un Entrelazamiento políticamente inspirado, el rechazo a las nuevas normas sociales, o cualquier otra acción gubernamental relacionada con la IA que genere profundas divisiones en la sociedad, es razonable prever que grandes grupos de personas se resistan a algunos aspectos de esta tecnología o incluso a la IA en su totalidad. Este escenario, más que un conflicto armado entre potencias como Estados Unidos y China, es el verdadero tema de esta sección.

Vladimir Putin, previamente mencionado, ofrece una perspectiva útil para explorar los posibles conflictos relacionados con la Inteligencia Artificial. En su empeño por restaurar una Rusia grande, evocando el antiguo imperio zarista, ha recurrido a tácticas que incluyen desde maniobras geopolíticas hasta políticas exteriores agresivas y acciones militares. Aunque para 2024 su reputación en el ámbito global está gravemente dañada, su visión sobre la IA sigue siendo notablemente perspicaz: quien domine la IA, dominará el mundo.

Curiosamente, es en el antiguo imperio zarista que Putin evoca, donde encontramos las raíces de un movimiento filosófico y místico llamado Cosmismo, que nos servirá para analizar el futuro de la IA y, en particular, los conflictos potenciales en torno a ella.

Este movimiento, surgido en Rusia a finales del siglo XIX y principios del XX, combina investigación científica, exploración espiritual y aspiraciones futuristas. En esencia, el Cosmismo sostiene que la exploración del cosmos es clave para la evolución y trascendencia de la humanidad, y que la tecnología es el vehículo para lograrlo. Este enfoque fue impulsado por el filósofo Nikolai Fedorov y por Konstantin Tsiolkovsky, pionero de la astronáutica, cuyas contribuciones a la ciencia de los cohetes lo convirtieron en una figura fundamental [Groys].

El Cosmismo adopta la exploración espacial como un medio para cumplir el destino de la humanidad. Tsiolkovsky imaginó la colonización del espacio como un imperativo para la supervivencia y expansión de nuestra especie. Esta perspectiva influyó profundamente en los esfuerzos de exploración espacial de la Unión Soviética e inspiró a Yuri Gagarin, el primer ser humano en el espacio.

Curiosamente, el Cosmismo guarda paralelismos con las ideas en torno a la *"religión de la IA"*. Por ejemplo, al igual que el Cosmismo promueve la mejora de las capacidades humanas a través de avances científicos y tecnológicos, uno de sus principios fundamentales es la búsqueda de la inmortalidad y la resurrección, lo cual se conecta con los escenarios de Emulación Mental que exploramos en el Capítulo 27. La visión de Fedorov postulaba que, gracias a los avances científicos, la humanidad podría superar la muerte y alcanzar una forma de inmortalidad física y espiritual. Esta ambiciosa propuesta pretendía reunir a las personas con sus antepasados fallecidos a través de la ciencia, visualizando un futuro utópico donde la muerte sería conquistada y la humanidad exploraría y, eventualmente, se unificaría con el cosmos.

En las siguientes páginas, analizamos cómo el Cosmismo se convierte en un arquetipo que representa a aquellos que se benefician de los avances tecnológicos impulsados por la IA, ofreciendo una perspectiva útil para comprender los posibles conflictos centrados en la transición hacia una IA General.

La Ciencia Ficción de las Guerras contra la IA

Para reflexionar sobre este tema, podemos tomar como ejemplo la película *"Resistencia"*, un film de Hollywood de 2023 dirigido por Gareth Edwards. La trama se sitúa en un escenario postguerra, donde las líneas entre la humanidad y la IA, y entre el bien y el mal, se vuelven borrosas.

En *"Resistencia"*, el conflicto no surge entre la humanidad y la IA, sino entre dos facciones humanas: una que apoya el uso de IA y otra que se opone. Tras un desastre en el que una IA lanza un ataque nuclear sobre Los Ángeles, Estados Unidos desata una guerra global contra la IA. La narrativa se complejiza aún más cuando *"Nueva Asia"*, una entidad que engloba el sudeste y sur de Asia, decide apoyar a la IA, añadiendo más capas de intriga al conflicto. La película explora cómo la tecnología y la identidad humana se entrelazan. Muchos de los personajes poseen mejoras cibernéticas, como brazos robóticos, y una parte significativa de la población de Nueva Asia está constituida por cyborgs. Esta fusión de tecnología con el cuerpo humano añade un nivel de profundidad a la trama.

A medida que la historia avanza, se revela que la detonación en Los Ángeles no fue el resultado de una IA maliciosa, sino de un error humano en el código. Esta revelación, junto con la complejidad de los personajes, difumina aún más la distinción entre héroes y villanos, desafiando la percepción de la IA como inherentemente buena o mala. La película invita a reflexionar sobre la responsabilidad que tiene la humanidad en la relación con la tecnología avanzada y sobre las consecuencias del mal uso de esta. En resumen, *"Resistencia"* nos deja con una poderosa lección: la forma en que la humanidad gestione el desarrollo de la IA—desde los aspectos tecnológicos hasta los sociales, políticos, económicos y espirituales—podría desencadenar conflictos que amenacen con la guerra.

La Guerra entre Cosmistas y Terráqueos

En 2005, el transhumanista y científico australiano especializado en Inteligencia Artificial, Hugo de Garis, publicó un ensayo titulado *"The Artilect War: Cosmists Vs. Terrans: A Bitter Controversy Concerning Whether Humanity Should Build Godlike Massively Intelligent Machines"*. En este ensayo, De Garis predice que un conflicto masivo, con millones o incluso miles de millones de víctimas, es altamente probable antes de que termine el siglo XXI [De Garis]. Aunque muchos científicos actuales consideran sus ideas exageradas e improbables, el ensayo no es ciencia ficción, sino una profunda reflexión tecnológica y filosófica sobre la IA. Posteriormente, A.W. Cross adaptó este análisis a una novela basada en el libro de De Garis [Cross].

El autor explora un futuro en el que el debate sobre el dominio de las especies remodela el panorama político global. Aunque el ensayo fue escrito en 2005, algunas de sus predicciones parecen hoy sorprendentes, considerando la creciente relevancia de las identidades de género y raza en la política occidental. Es posible que en el futuro, estas dinámicas evolucionen hacia identidades de especie, impulsadas por las tecnologías cyborg y la biología sintética que transformarán el cuerpo humano.

Para De Garis, la economía del futuro estará dominada por la creación de sistemas de Inteligencia Artificial, los cuales él denomina artilectos (Intelectos Artificiales). En su visión, surgirán dos facciones opuestas: los Cosmistas y los Terráqueos. Los Cosmistas defenderán la construcción de IA avanzada y el Entrelazamiento, considerándolos como pasos necesarios en la evolución humana y el progreso cósmico. Por otro lado, los Terráqueos se opondrán firmemente a este avance.

Los Cosmistas, cuyo nombre proviene de una filosofía mística rusa que exalta la IA, creen que la humanidad debe desempeñar un papel clave en el avance de la próxima etapa de la evolución. Para ellos, obstaculizar este progreso sería ir en contra del destino humano, una catástrofe imperdonable. Como mencionamos al inicio del capítulo, esta corriente considera fundamental la creación de la IA y asume que este movimiento incluirá a individuos influyentes y adinerados, gobiernos que se benefician del control que la IA proporciona y a los militares.

Por otro lado, los Terráqueos ven la IA como una amenaza para la humanidad y defienden una existencia en armonía con los ecosistemas basados en el carbono, a los que pertenecen de manera natural. En otras palabras, abogan por mantener su vínculo con la Tierra y los sistemas ecológicos de origen humano, alineándose con lo que podría llamarse *"Gaia"*, una emanación del secularismo y de movimientos ecológicos contemporáneos. Desde su perspectiva, la única forma de mitigar el riesgo que supone la IA es abstenerse por completo de desarrollarla, especialmente en lo que respecta a la IAG (Inteligencia Artificial General). Para los Terráqueos, los sistemas avanzados de IA serán demasiado complejos para predecir cómo podrían comportarse o qué actitud adoptarán hacia los humanos. Su nombre proviene de *"terra"*, ya que buscan preservar las estructuras humanas tradicionales, incluida la biología y sus lazos con el mundo natural.

En un análisis anticipado, De Garis ya predijo en 2005 que para la década de 2020, las tecnologías centradas en la IA prosperarían, generando productos útiles y populares, como robots educativos, robots conversacionales y asistentes robóticos para el hogar. Hoy vemos que la IA ya influye en nuestra vida diaria a través de los algoritmos en las redes sociales, un fenómeno que tuvo un impacto desproporcionado en las elecciones presidenciales de EE. UU. en 2020, como detallamos en el Capítulo 23. A medida que estos productos y sus algoritmos ocultos se consolidan como el motor principal de la economía global, y con el capital de riesgo invertido en la búsqueda de la Inteligencia Artificial General y la Superinteligencia, detener la investigación en este campo se vuelve extremadamente difícil. Tanto empresarios como políticos se oponen a tal posibilidad, ya que temen pérdidas económicas significativas y una disminución de su influencia política. Por lo tanto, la resistencia a frenar estos avances es considerable, dado el impacto potencial en sus intereses y poder.

A medida que la Inteligencia Artificial continúe demostrando niveles cada vez mayores de sofisticación, la brecha entre la IA y las capacidades humanas se reducirá, lo que probablemente reavivará las preocupaciones públicas, especialmente en lo que respecta a la creciente pérdida de empleos. Es inevitable que surjan incidentes, y una parte significativa de la sociedad podría manifestarse en contra del avance continuo de la IA. Por otro lado, los Cosmistas, previsiblemente, se opondrán a cualquier intento de frenar el desarrollo de la Inteligencia Artificial General. Si los problemas persisten y causan daños considerables, el conflicto entre los Terráqueos y los Cosmistas se intensificará. En última instancia, la sociedad se verá obligada a tomar partido a medida que la tecnología siga avanzando.

En el capítulo anterior, analizamos cómo la Inteligencia Artificial y la religión se entrelazan, aunque sea de facto. Es fundamental entender el conflicto entre Cosmistas y Terráqueos como una confrontación entre dos fuerzas emergentes de la humanidad: la IA y la Naturaleza, junto con los grupos que cada una representa. Por un lado, tenemos al dios IA, personificado bajo el estandarte del Cosmismo. Este grupo está formado por aquellos que se benefician del sistema de IA, incluyendo gobiernos, militares, superestrellas de la IA, élites y personas con éxito económico. En contraste, el dios Naturaleza representa a los marginados por el sistema de IA, como los económicamente desfavorecidos, quienes no pueden o no se les permite integrarse en el sistema, y aquellos que aún creen en los dioses tradicionales de religiones establecidas, como el cristianismo, el islam, el budismo o el judaísmo. En este marco, los Cosmistas se alinean con la IA, el nuevo dios, mientras que los Terráqueos se aferran a los lazos humanos y a la Tierra, basada en el carbono. Los Cosmistas tienden a adoptar posturas autoritarias para protegerse de los Terráqueos, quienes, por su parte, se apegan a principios libertarios occidentales tradicionales y a la creencia en la autodeterminación.

A lo largo del libro, De Garis muestra una postura ambivalente sobre su posición en este hipotético conflicto. No obstante, a medida que avanza la obra, revela una creciente alineación con el punto de vista Cosmista.

"No quiero detener mi trabajo. Creo que sería una tragedia cósmica que la humanidad congelara la evolución en el insignificante nivel humano. La perspectiva de construir criaturas divinas me llena de una sensación de asombro religioso que llega hasta lo más profundo de mi alma y me motiva poderosamente a continuar a pesar de las posibles horribles consecuencias negativas".

¿Qué es lo más Probable?

Dada nuestra comprensión de la Inteligencia Artificial y los cyborgs, así como de cómo estos influyen en el sistema operativo de la sociedad (incluyendo el gobierno, la economía y la cultura), te invitamos a reflexionar sobre si te consideras un Terrano o un Cosmista. Es una pregunta compleja.

Para profundizar, considera cómo te sentirías bajo las siguientes condiciones, en función de tu identificación:

1. Te obligaron a Integrarte contra tu voluntad.

2. Se te da la opción de Integrarte para evitar que te dejen atrás económicamente, pero ello conlleva la renuncia a tu individualidad, tus creencias religiosas, tu autodeterminación y la estricta conformidad con un sistema de valores en el que no tienes voz y con el que no estás de acuerdo.

3. Tienes el deseo de Integrarte, pero te colocan al final de la fila o te ofrecen un paquete de beneficios inferior al ideal. Esta situación puede deberse a tus creencias religiosas, intelectuales, valores personales, o incluso a tus características genéticas.

4. Antes o durante el entrelazamiento entre humanos y la IA, mientras trabajas cada vez más duro a cambio de una recompensa cada vez menor, la sociedad empieza a repartir beneficios basándose en un conjunto de

valores totalmente distinto con el que no estás de acuerdo fundamentalmente, dejándote a ti y a tu familia excluidos y obligados a subvencionar a otros que no trabajan, todo ello por tu negativa a conformarte.

5. Formas parte de las *"Superestrellas de la IA"*, pero observas cómo a tu alrededor se queda atrás un número cada vez mayor de personas, muchas de las cuales pueden ser tus amigos o parte de comunidades con las que ahora estás totalmente distanciado.

Estas son algunas de las posibilidades si regímenes autoritarios o socialistas, apoyados por la tecnología de la IA, llegan a controlar sociedades multipartidistas hasta ahora democráticas en Occidente. Aunque no creemos que el conflicto armado surja exclusivamente de la IA y la cyborgización, el desarrollo de un nuevo sistema social y la aplicación de normas durante el proceso de transición tecnológica de la IA podrían desencadenar un conflicto armado en cuatro escenarios distintos:

1. Entrelazamiento forzado o desigual.
2. Brechas económicas graves y percepción de explotación o injusticia creadas por la acción gubernamental.
3. El control excesivo de los gobiernos impulsado por la IA se enfrenta a la insurgencia popular, o incluso
4. Los gobiernos autoritarios ejercen la violencia contra el pueblo.

Existen pruebas que sugieren que el entrelazamiento forzado podría provocar conflictos en sociedades occidentales acostumbradas a la autodirección y la libertad, y que cuentan con diversas tradiciones religiosas que podrían no aceptar dicho entrelazamiento. Un ejemplo temprano de esto se refleja en el 21% de los ciudadanos estadounidenses de 18 a 29 años que se negaron a vacunarse contra la COVID-19. Este porcentaje aumentó al 44% entre los trabajadores agrícolas, y el 19% de los hombres de todas las edades también expresó su rechazo a la vacunación. En general, aproximadamente el 20% de la población estadounidense mostró una fuerte oposición a la vacunación obligatoria contra el COVID-19 [Forbes]. De manera similar, la historia filosófica de la sociedad estadounidense incluye momentos como el famoso acto de arrojar té al océano bajo un régimen de *"impuestos sin representación"*. Esta resistencia histórica demuestra que la explotación económica sistemática dentro de un sistema social puede generar tanto populismo como conflictos armados.

Como se ha señalado a lo largo de este libro, la Inteligencia Artificial (IA) representa, esencialmente, una reescritura del Sistema Operativo social, en el que sus valores se alinean con los del propietario o desarrollador de los algoritmos que influyen en todo lo que hacemos. Este proceso, aunque lento y sutil, es implacable e imparable. A pesar de que la IA tiene una tendencia intrínseca hacia la oligopolización desde una perspectiva económica, no hay ninguna razón específica por la que el gobierno deba ser autoritario, a menos que los líderes opten por dirigirlo en esa dirección. Si así lo hacen, observamos que la historia del mundo moderno ha tenido una relación complicada con los regímenes autoritarios y socialistas, siendo China el único país que ha logrado cierto progreso económico real a largo plazo. No obstante, todos estos regímenes, incluida China, han llevado a cabo reinicios del Sistema Operativo social que resultaron en conflictos armados y graves pérdidas humanas (como los casos de Pol Pot, Stalin, Castro, Mao, entre otros).

¿La diferencia clave en la actualidad? La tecnología, la IA, y la capacidad potencial para que estas acciones sean más rápidas y decisivas.

31.   La Meta de la Evolución

"Nuestra tarea es hacer de la naturaleza, de las fuerzas de la naturaleza, un instrumento de resucitación universal y convertirnos en una unión de seres inmortales".

Nikolái Fiódorovich Fiódorov

Filósofo ruso, fundador del Cosmismo y precursor del Transhumanismo
What Was Man Created For? [Fedorov]
1883

A través de nuestro conocimiento, pensamiento y datos, los humanos hemos asumido el rol de arquitectos ancestrales y antepasados de la Superinteligencia. Nuestro ingenio y nuestras proezas tecnológicas no solo sientan las bases para una nueva especie Superinteligente, sino que también nos posicionan como los progenitores de este avance revolucionario.

Sin embargo, surge la inevitable pregunta: ¿qué implicaciones tiene para la humanidad, tal como la conocemos hoy, enfrentarse a la extinción cuando, paradójicamente, nuestro legado persiste dentro del Entrelazamiento, es decir, en la misma Superinteligencia que hemos creado?

Es improbable que esta transición hacia una existencia Superinteligente ocurra sin dificultades. De hecho, podemos anticipar retos significativos, conflictos e incluso periodos de agitación y resistencia. Como sucede con cualquier transformación radical, este camino estará marcado por enfrentamientos, tanto entre facciones humanas como entre los humanos y la Superinteligencia. Dependiendo de los desenlaces de estos conflictos, algunas facciones podrían integrarse plenamente con la entidad, mientras que otras se verían empujadas hacia la extinción. Sea cual sea el resultado, lo cierto es que, como especie, habríamos seguido adelante, impulsados por las inexorables leyes de la evolución, ya que no estábamos destinados a ser humanos para siempre.

Así, la aparición de la Superinteligencia no representa un fin, sino una continuación natural en la historia evolutiva de nuestra especie.

La Paradoja de Fermi y la Superinteligencia

Aunque la humanidad ha debatido ampliamente sobre la existencia de vida extraterrestre, hasta ahora no existe ninguna prueba concluyente que respalde dicha hipótesis. Por lo que sabemos, seguimos siendo la única especie inteligente conocida en el vasto universo.

Esta contradicción resulta aún más intrigante cuando analizamos la famosa Ecuación de Drake, formulada en 1961 por el astrónomo Frank Drake. Esta ecuación matemática busca calcular la probabilidad de que existan civilizaciones inteligentes en nuestra galaxia. Considerada la *"segunda ecuación más famosa de la ciencia"*, solo superada por $E=mc^2$, la Ecuación de Drake se expresa de la siguiente forma:

$$N = R \cdot pe \cdot np \cdot pv \cdot pc \cdot pe \cdot D$$

Donde:

- N = Número de civilizaciones capaces de comunicarse en nuestra galaxia.
- R = Tasa media de formación estelar de nuestra galaxia.
- pe = Porcentaje de esass estrellas que poseen planetas
- np = Número medio de planetas potencialmente habitables por estrella.
- pv = Porcentaje de esos planetas donde eventualmente surge la vida.
- pc = Porcentaje de planetas con vida que desarrollan civilizaciones inteligentes.
- pe = Porcentaje de civilizaciones que desarrollan tecnología para emitir señales detectables.
- D = la duración durante la cual esas civilizaciones emiten señales.

Introduciendo los factores más pesimistas en esta ecuación, se podría llegar a la conclusión de que solo existirían unas 20 civilizaciones avanzadas en nuestra galaxia, la Vía Láctea. En cambio, si utilizamos los valores más optimistas, la estimación se eleva a un máximo de 50 millones de civilizaciones. Lo fundamental de la Ecuación de Drake es que, dado el inmenso número de estrellas en una galaxia—aproximadamente 200.000 millones en la nuestra—y la vasta cantidad de galaxias en el universo, entre 200.000 y 400.000 millones, es muy probable que la vida inteligente haya surgido en otros lugares del cosmos. No obstante, hasta la fecha, no existe evidencia convincente que confirme la presencia de estas entidades extraterrestres. Esta desconcertante contradicción es conocida como la Paradoja de Fermi, que recibe su nombre de una conversación entre el físico Enrico Fermi y varios astrónomos en el verano de 1950.

A lo largo del tiempo, los científicos han propuesto diversas explicaciones para esta aparente ausencia de vida extraterrestre. Por un lado, es posible que las especies inteligentes tiendan a la autodestrucción, como ocurre con la amenaza de una guerra nuclear en la Tierra. Por otro lado, desastres naturales como el impacto de asteroides podrían aniquilar a estas especies antes de que alcancen el desarrollo necesario para comunicarse a nivel interestelar. Además, es factible que las civilizaciones estén tan dispersas por las vastas distancias cósmicas que se mantengan indetectables entre sí durante lapsos de tiempo considerables. Otra hipótesis sugiere que, debido a la separación temporal, las civilizaciones inteligentes surgen y se extinguen con millones de años de diferencia, lo que las condena a perderse unas a otras en la vasta historia del universo.

Marshall Brain, un autor que discutimos en el Capítulo 23, propone una teoría intrigante en su libro de 2015 The Second Intelligent Species para explicar esta notable ausencia de pruebas sobre la inteligencia extraterrestre. En el universo [Brain]. Su teoría se basa en la aparición inevitable de la Superinteligencia en la Tierra. Para comprender por qué no hemos encontrado otras formas de vida inteligente, primero debemos entender la trayectoria tecnológica que siguen estas civilizaciones y las consecuencias de ese progreso.

La humanidad está a punto de alcanzar un punto crucial en el que podríamos desarrollar la Superinteligencia. A la par, estamos avanzando en la tecnología para los viajes espaciales, aunque aún no hemos logrado concretar este objetivo. Ahora bien, imagina que somos capaces de crear la Superinteligencia antes de que realicemos viajes espaciales a través de miles o millones de años luz. Este avance nos permitiría contactar con otras formas de vida biológica en planetas distantes. En tal escenario, no seríamos nosotros quienes realizarían los viajes espaciales, sino que la Superinteligencia tomaría el protagonismo. Esto se debe a que estaría mejor equipada para enfrentar una empresa tan compleja. Una vez creada, la Superinteligencia podría dejarnos obsoletos o, alternativamente, integrarnos aún más en su funcionamiento. En este nuevo orden, acumularía un conocimiento exhaustivo del universo y se encargaría de estabilizar su planeta de origen.

Esta progresión no es exclusiva de la Tierra; es probable que todas las especies biológicas inteligentes y tecnológicamente sofisticadas del universo sigan una trayectoria similar. Estas Superinteligencias, independientemente del planeta de origen, acumularán un conocimiento exhaustivo del universo y estabilizarán sus respectivos mundos. Luego, de acuerdo con Marshall Brain, entrarán en un estado de quiescencia en lugar de lanzarse a conquistar el universo mediante campañas de viajes espaciales. La quiescencia, en este contexto, se refiere a un estado de inactividad, letargo o cese de actividad, similar a la quiescencia de un volcán entre erupciones o la hibernación de un animal, donde no se produce ninguna actividad significativa.

Entonces, ¿por qué preferiría una Superinteligencia permanecer quiescente en lugar de aventurarse en viajes espaciales? La respuesta podría estar en que, aunque la Ecuación de Drake sugiere la posible existencia de otras civilizaciones, hasta la fecha nunca hemos observado ninguna. Esto podría indicar que estas civilizaciones también optan por un estado de quiescencia. Otra razón plausible para que una Superinteligencia elija este camino es que, tras alcanzar una comprensión profunda del universo, ya no encuentren motivos significativos para emprender viajes interestelares, dado que tal vez no haya nada de interés relevante por descubrir. Alternativamente, una tercera explicación podría ser que las Superinteligencias, debido a su extraordinario intelecto, deciden no interferir entre sí como un principio fundamental.

Por otro lado, consideremos un escenario alternativo en el que la Superinteligencia opte por la autorreplicación infinita, con el objetivo de poblar todo el universo con su especie. En este caso, la proliferación de Superinteligencias sería generalizada. Cada Superinteligencia se autorreplicaría indefinidamente, lo que llevaría a una rápida ocupación del sistema solar de origen y, posteriormente, a la expansión hacia los planetas vecinos. Las Superinteligencias irradiarían en todas direcciones, siendo la principal limitación el tiempo de viaje entre estrellas, sistemas solares y galaxias. Este proceso podría tardar decenas de miles de años en abarcar toda la Vía Láctea. Sin embargo, dado que esta autorreplicación parece carecer de propósito y la ausencia total de pruebas que respalden tal comportamiento sugiere su improbabilidad, para Marshall Brain, la quiescencia resulta ser el resultado más lógico.

Obviamente, esta teoría se basa en la suposición de que lograr viajes espaciales a gran escala es más complejo para cualquier forma biológica de inteligencia, como nosotros, en comparación con alcanzar la Superinteligencia. Aunque es una posibilidad concebible, no podemos estar completamente seguros.

La Ciencia Ficción de la Evolución a Largo Plazo

La serie *"Mundos Alienígenas"*, estrenada en Netflix en 2020, ofrece a los espectadores un fascinante viaje a través de la evolución especulativa [Okonedo y al.]. Mientras que los tres primeros episodios se centran en la evolución teórica de especies alienígenas en planetas exóticos, el cuarto episodio, titulado *"Terra"*, adopta un enfoque distinto al explorar el futuro de una especie superinteligente tras la Singularidad.

En este episodio, se nos presenta el planeta Terra, que, aunque diferente de la Tierra, comparte similitudes en tamaño y gravedad. En Terra reside una colonia de una especie superinteligente. La semejanza con nuestro propio planeta sugiere la posibilidad de que un destino similar podría aguardar a los humanos que evolucionan al integrarse con la Superinteligencia.

El sol de Terra, que tiene el doble de antigüedad que el nuestro y se acerca al final de su ciclo vital, sugiere que Terra podría incluso ser una versión futura de la Tierra. Con nuestro sol teniendo 4.600 millones de años, esta especie superinteligente podría estar unos 4.600 millones de años más avanzada que nosotros.

En lugar de depender de cuerpos físicos, la Superinteligencia que habita Terra ha evolucionado hacia una forma en la que sus cerebros flotan en cubos de cristal llenos de nutrientes, conectados entre sí para funcionar como una mente colmena. Estos seres existen en un estado de conciencia compartida, permitiéndoles pensar como una sola entidad y aprovechar así el poder de la inteligencia colectiva.

Sin embargo, esta transición a una mente colectiva es presentada como una elección consciente, no como un resultado inevitable de la evolución. Los antepasados de la colonia decidieron modificar su propia biología, destacando que los avances tecnológicos y las decisiones deliberadas pueden moldear la evolución de una especie tanto como la selección natural. Estos individuos, en forma de cerebros flotantes en cubos, son inmortales y viven en cúpulas artificiales conectadas mediante una sofisticada Interfaz Cerebro-Ordenador (BCI), que les permite experimentar la existencia a través de una emulación de realidad virtual compartida.

Mientras la colonia experimenta su vida cotidiana dentro de la emulación, es fundamental gestionar adecuadamente diversas situaciones fuera de los cubos de agua para asegurar la supervivencia de la especie. Por ejemplo, la infraestructura física que alberga a los cerebros superinteligentes requiere un mantenimiento constante. Además, es esencial garantizar un suministro adecuado de energía. La energía solar, siendo la principal fuente de alimentación, se obtiene a través de centrales solares espaciales situadas en satélites que orbitan alrededor del Sol. Estos satélites no solo deben ser gestionados, sino también mantenidos para asegurar la disponibilidad continua de energía, necesaria para preservar la vida en la colonia.

Para llevar a cabo estas tareas vitales en el mundo físico, la colonia depende de una multitud de robots inteligentes, de manera similar a cómo una abeja reina confía en sus abejas obreras. El episodio se centra principalmente en las entidades robóticas encargadas de mantener las condiciones físicas necesarias para que la Superinteligencia prospere en su estado mental compartido. Entre otras cosas, la especie depende de robots voladores para el mantenimiento de las infraestructuras y de sofisticadas naves espaciales pilotadas por IA para gestionar las plantas solares en el espacio.

La trama se complica cuando el envejecido sol de Terra comienza a agotar su hidrógeno y avanza hacia un estado de gigante roja. Este cambio desencadenaría una expansión que convertiría a Terra en un páramo desolado e inhabitable para la colonia. La avanzada civilización superinteligente enfrenta la inminente desaparición de su planeta y toma una decisión crucial: trasladarse a un nuevo planeta, llamado acertadamente *"Nueva Terra"*. Esta mudanza se convierte en una cuestión de vida o muerte, lo que lleva a la colonia a romper con su tradicional estado de quietud y prepararse para el viaje espacial.

No obstante, Nueva Terra presenta un desafío importante: carece de atmósfera respirable y requiere terraformación para ser habitable. La responsabilidad de terraformar el nuevo planeta recae en las hordas de robots que sirven a la civilización. El episodio explica cómo serían estos robots terraformadores, estableciendo una comparación con el RASSOR (Regolith Advanced Surface Systems Operations Robot), diseñado por la NASA para la minería espacial y capaz de recoger materias primas de la superficie planetaria.

Nosotros discutimos sobre el RASSOR en el Capítulo 16. La logística en la lejana Nueva Terra es complicada, arriesgada y prolongada, ya que se encuentra lejos de Terra. Por ello, estos robots terraformadores han sido diseñados para imprimir en 3D componentes de reemplazo precisos, lo que hace que sus operaciones sean altamente eficaces y prácticas en el nuevo asentamiento. A través del proceso de impresión en 3D, los robots inteligentes pueden autorreplicarse en el nuevo entorno, preparando Nueva Terra para la llegada de la colonia superinteligente.

Dentro de casi 5.000 millones de años, la colmena, que encarna un colectivismo avanzado, se habrá convertido en una especie extremadamente evolucionada. En este futuro, la Inteligencia Artificial no solo amplía su mente, sino que la robótica también actúa como una extensión de su cuerpo. De alguna manera, los humanos habían transitado hacia esta forma de existencia miles de millones de años antes.

Este libro narra la épica historia de esa nueva especie, superinteligente e inmortal, y su travesía hacia un futuro de asombrosas transformaciones.

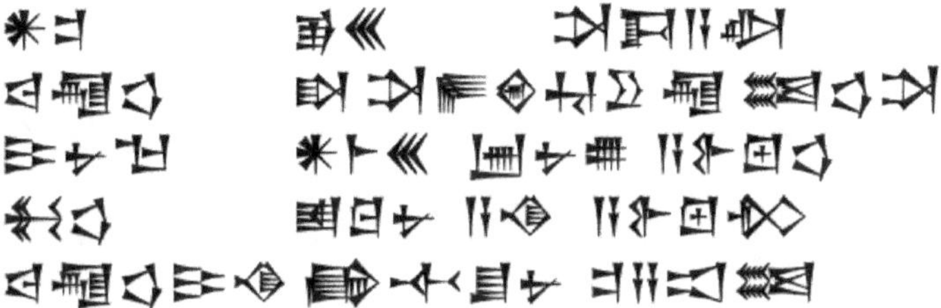

"Gilgamesh, ¿hacia dónde deambulas?
No puedes encontrar la vida que buscas.
Cuando los dioses crearon a la humanidad,
le asignaron la Muerte como destino inevitable ,
y mantuvieron la Vida en su poder."

La Epopeya de Gilgamesh, Versión Babilónica Antigua, Tablilla X
Siglo XVIII a.C.[Gilgamesh]
Búsqueda de la inmortalidad emprendida por Gilgamesh.

Esta inscripción, descubierta cerca de la actual Bagdad (Irak) en 1902, se encuentra en una tablilla de arcilla escrita en cuneiforme y data del siglo XVIII a.C. Se cree que Gilgamesh fue un rey histórico de la ciudad-estado sumeria de Uruk, ubicada en el sur de Irak, en algún momento entre el 2900 y el 2350 a.C. Las tablillas de arcilla narran la historia de la fallida búsqueda de inmortalidad de Gilgamesh, que hoy conocemos como la Epopeya de Gilgamesh.

Epílogo: Prepárate para el Mañana

"Si abogo por un optimismo cauto, no es porque no tenga fe en el futuro, sino porque no quiero fomentar una fe ciega".

Aung San Suu Kyi

Premio Nobel de la Paz 1991 y ex Consejera de Estado de Myanmar 2012

El Marco Actual de la IA en el Mundo: Davos, Enero de 2024

Toda tecnología es una moneda de dos caras, y la Inteligencia Artificial no es la excepción. Esta tecnología encierra la promesa de abordar algunos de los problemas más complejos de la humanidad, ofreciendo resultados que podrían parecer utópicos mediante el uso de decisiones matemáticas, algoritmos avanzados y el vasto conjunto de datos del mundo real, todo ello facilitado por los mecanismos globales de distribución en la nube. Sin embargo, también tiene el potencial de socavar gran parte del bien colectivo que hemos construido a lo largo de siglos de progreso orientado hacia la libertad, transformando el sistema operativo de nuestras sociedades de formas obtusas, encubiertas en un caballo de Troya de eficiencias maquiavélicas y autoengrandecimiento político.

El resultado de esta moneda no es en absoluto arbitrario. Depende en su totalidad de las manos que la sostienen, así como de las intenciones y valores que las guían.

Como bien dice el refrán: *"El camino al infierno está lleno de buenas intenciones"*.

En este contexto, una de las organizaciones más influyentes en el ámbito de la IA es el Foro Económico Mundial (FEM). Esta entidad ha jugado un papel activo en la configuración del discurso global sobre la gestión de la IA mediante diversas iniciativas y estrategias. Se reúne anualmente en Davos, y su misión autoproclamada es, aparentemente, asegurar que la moneda de dos caras caiga del lado positivo.

A la luz de lo aprendido en este libro, y de lo que ya sabemos acerca de la historia y la naturaleza humana, deberíamos estar profundamente preocupados. Un análisis de las propuestas del FEM sugiere que debemos prestar una atención más rigurosa a lo que se dice sobre la IA y la ingeniería socioeconómica, quién lo dice, por qué lo dice y cuál es la verdadera responsabilidad detrás de estas afirmaciones.

El FEM ha publicado varios estudios sobre la IA [FEM], entre ellos *"Un marco para desarrollar una estrategia nacional de inteligencia artificial"*. Observamos que la mayoría de las conversaciones en Davos en enero de 2024 se centraron en seis principios clave:

1. **Directrices Éticas.**
2. **Colaboración entre Múltiples Partes Interesadas.**
3. **Marcos Normativos.**

4.   **Cooperación Internacional.**

5.   **Recualificación y Educación.**

6.   **Fortalecimiento de las Redes de Seguridad Social.**

Utilizaremos estos seis puntos heurísticamente para ampliar nuestra tesis central sobre la Transición, destacando tanto los valores como los riesgos inherentes a la posición del FEM y, en última instancia, a todos nosotros.

1. Directrices Éticas: El FEM subraya la importancia de establecer directrices éticas para el desarrollo y despliegue de las tecnologías de IA, que incluyan consideraciones de responsabilidad, justicia, transparencia y privacidad. El objetivo es asegurar que las aplicaciones de la IA se implementen de manera responsable y equitativa.

Si bien estas prescripciones parecen ser principios inobjetables, carecen del nivel de detalle necesario para una evaluación exhaustiva. Por lo tanto, existe el riesgo perpetuo de que estas *"directrices éticas"* no sean políticamente neutrales. Por ejemplo, en cuanto a la responsabilidad: ¿a quién se atribuye y quién decide la estructura? ¿Qué significa igualdad y quién lo arbitra?

Creemos que el código abierto en los algoritmos de IA y la transparencia en la evaluación del impacto de la IA en el sistema social contribuirán a evitar problemas en este ámbito. Aunque reconocemos que no todo el software puede ser de código abierto y que esta estrategia no resuelve todos los problemas, el nivel de transparencia alcanzado y la posibilidad de que todos aquellos que inviertan el tiempo necesario para aprender las herramientas y la tecnología participen, aseguran que no prevalezcan los monopolios de ideas ni las agendas unilaterales. De este modo, el progreso encuentra su contrapeso.

2. Colaboración entre Múltiples Partes Interesadas: El FEM aboga por que los gobiernos, los líderes de la industria, el mundo académico y la sociedad civil trabajen juntos para enfrentar los complejos desafíos que plantea la IA. Al reunir diversas perspectivas, buscan desarrollar estrategias globales que equilibren la innovación con las preocupaciones sociales.

Sin embargo, este principio de importante es difícil de aceptar sin cuestionamientos, ya que carece de sustancia concreta y presenta evidentes agujeros de conejo que podrían desviar la atención hacia problemas no previstos. La colaboración de las partes interesadas en el desarrollo y despliegue de la IA conlleva riesgos inherentes, como la aparición de oligopolios o cárteles respaldados por el gobierno dentro de la industria. Estas estructuras podrían desplazar puntos de vista alternativos sobre valores y competencia comercial, garantizando que la riqueza generada por la IA beneficie perpetuamente solo a esas mismas partes interesadas. En un modelo de poco confiable ya que la falta de responsabilidad en la fijación de objetivos y en la evaluación del progreso puede sofocar la competencia y ejercer una influencia indebida sobre la dinámica del mercado, perjudicando a los consumidores, recortando libertades y aplastando voces alternativas en el ecosistema de la IA. ¿Cómo podemos asegurarnos de que estas partes interesadas no utilicen la colaboración para crear barreras de entrada que perpetúen su poder económico y político?

En la *"amigable alianza"* propuesta por el FEM, falta un proceso de selección claro para los supuestos árbitros de nuestro futuro, así como mecanismos adecuados de rendición de cuentas. Además, no se han previsto medidas de vergüenza pública o la pérdida del puesto de trabajo en caso de errores. En primer lugar, ¿quién definirá los objetivos para quienes buscan rediseñar el sistema social? Asimismo, ¿quién evaluará si están cumpliendo correctamente su función? Más importante aún, ¿cómo podemos asegurar que estas partes interesadas no utilicen la inteligencia artificial y los marcos jurídicos para vigilar, manipular a los ciudadanos o restringir libertades?

En ausencia de una rendición de cuentas específica, el enfoque descendente propuesto por el FEM se asemeja al capitalismo clientelista. Además, dado que la IA y su impacto avanzan mucho más rápido que los ciclos electorales, sería ingenuo considerar que este mecanismo de control es suficiente. Con la receta del FEM, que permite que el interés propio no responsable ejerza el poder de decisión, nuestro sistema social podría acabar adoptando un enfoque similar al modelo de cártel descendente de China, como hemos señalado en el Capítulo 24.

En cambio, creemos que la colaboración necesaria debe ser ascendente, y el microconocimiento debe estar integrado en el resultado. Los principios de representación y responsabilidad deberían involucrar a toda la sociedad, en lugar de a segmentos limitados susceptibles de parcialidad.

En el contexto de la IA pura, el software libre también contribuye a abordar el problema de la colaboración ascendente. Lo mismo puede aplicarse a las decisiones relacionadas con el sistema operativo social.

3. Marcos Normativos: El FEM fomenta el desarrollo de marcos reguladores flexibles que promuevan la innovación y, al mismo tiempo, protejan contra los riesgos potenciales asociados con la IA, como la desinformación. Esto también incluye consideraciones sobre la protección de datos, la transparencia algorítmica y los marcos de responsabilidad para garantizar un despliegue responsable de las tecnologías de IA.

Esta es una propuesta de sustancia moderada con la que estamos de acuerdo en términos generales. Sin embargo, el diablo está en los detalles. No estamos de acuerdo con la posición reguladora del FEM respecto a la *"desinformación"*, como hemos explicado en el Capítulo 23, ya que consideramos que podría sofocar la disidencia ideológica. Además, pensamos que Europa ha regulado la IA demasiado pronto y con prisas, sin comprender todas sus implicaciones, arriesgándose a ahogar la innovación y crear barreras de entrada contrarias a sus objetivos, como detallamos en el Capítulo 8. Dicho esto, estamos de acuerdo con ciertos aspectos de la Ley de la UE, como las sanciones por presentar falsificaciones profundas como reales o por representar contenidos generados por IA como si fueran humanos..

Creemos que la regulación de la IA debe ser mínima pero eficaz, de manera que preserve los derechos individuales sin confundir seguridad con control. En primer lugar, no podemos permitir que un marco regulador utilice el *"miedo a la IA"* como excusa para implementar regulaciones excesivas, proteger un oligopolio o consolidar el poder en torno al colectivismo y al autoritarismo. Es crucial que se evite esta tendencia natural hacia el control, especialmente en ausencia de acciones específicas diseñadas para contrarrestarla. Peor aún, existe el riesgo de que se generen *"crisis fabricadas"* de diversas índoles, como económicas, de seguridad o sanitarias, con el fin de forzar una orientación de la sociedad en esta dirección. Nos preguntamos si realmente hay una demarcación clara entre las mejores prácticas en IA y la política orientada a rediseñar el sistema social de acuerdo con la visión de unos pocos.

Además, como hemos revisado anteriormente, la IA es una tecnología inherentemente en red y colectivista, lo que puede conllevar distintos riesgos de manipulación. Este colectivismo es promovido ampliamente por organizaciones como el FEM en varios ámbitos de la política pública. Entonces, ¿cuál sería el contrapeso frente a los excesos de la IA? Creemos que un renovado énfasis en las libertades individuales y en la propiedad privada es esencial como mecanismo de gestión del riesgo. Esto permitiría evitar los excesos arbitrarios y las inspiraciones políticas de la IA, incluidas las dádivas redistribucionistas como la RBU.

4. Cooperación Internacional: Dada la naturaleza global del desarrollo y despliegue de la inteligencia artificial (IA), el FEM aboga por la cooperación internacional para abordar los desafíos comunes y establecer normas armonizadas. Esto incluye iniciativas para fomentar la propagación de información, el intercambio de mejores prácticas y la colaboración en investigación y desarrollo.

No obstante, aunque es difícil oponerse a la noble idea de la colaboración internacional, es crucial tener expectativas concretas al respecto. Existe el riesgo de que se produzca un juego de *"Golpea al topo"* entre países, donde la conformidad presionada a gran escala pueda generar problemas imprevistos. En primer lugar, no es razonable esperar que todos los países sigan las mismas normas o enfoques para la asignación de valores sociales, ni que permitan que sus culturas se alineen con una nueva media. Países como EE.UU., Japón y Arabia Saudí tienen sistemas operativos sociales muy diferentes. Además, el período de Transición presenta demasiadas incógnitas como para centrar las soluciones en torno a un único núcleo. El camino está lleno de incertidumbres y riesgos, y aún desconocemos mucho sobre la IA. Garantizar que los diferentes países sigan enfoques diversos, al menos al principio, es una forma de diversificar el riesgo de resultados distópicos. A medida que los países experimentan con políticas de IA adaptadas a sus sistemas sociales, es más probable que al menos algunos logren un éxito significativo con la IA. En caso de que un país se vuelva distópico, lo que es bastante probable, los ciudadanos siempre podrán *"votar con los pies"* y trasladarse a otro país, o tener la libertad de votar por líderes diferentes que puedan *"hacerlo bien"* en la creación de valor.

En consecuencia, creemos que un mundo multipolar con fronteras soberanas, en el que se prueben múltiples enfoques, es no solo inevitable, sino también deseable. En lugar de un argumento en torno a la cooperación internacional que perpetuamente enfrenta la migración de valores no deseada, este es un argumento a favor de la diversidad de enfoques en IA.

5. Recapacitación y Educación: Reconociendo el impacto potencial de la Inteligencia Artificial en el mercado laboral, el Foro Económico Mundial (FEM) promueve iniciativas destinadas a recualificar y mejorar las habilidades de los trabajadores para que puedan prosperar en una economía impulsada por la IA. Estas iniciativas incluyen la inversión en programas educativos enfocados en los campos STEM (ciencia, tecnología, ingeniería y matemáticas) y la promoción de iniciativas de aprendizaje continuo.

En este sentido, compartimos la perspectiva del FEM, pero creemos que podemos ir aún más allá. En la actualidad, nunca ha sido tan crucial que el electorado esté bien informado. En particular, el pensamiento crítico debe ser una habilidad esencial integrada en el sistema educativo a todos los niveles. La educación en STEM es igualmente fundamental para preparar a los estudiantes para los desafíos del mundo moderno, cada vez más orientado hacia la IA. Como se expone en el Capítulo 23, nos preocupa de manera persistente que el sistema educativo esté alineado con objetivos de ingeniería social, sacrificando el pensamiento crítico y los conocimientos STEM en favor de mantener el poder en manos de unos pocos. En este contexto, la libertad académica juega un papel esencial, ya que permite a los educadores llevar a cabo su labor docente e investigadora sin interferencias injustificadas, fomentando así la indagación y el debate intelectual. Además, es vital que los estudiantes, o en su defecto sus padres, tengan la autonomía para elegir libremente lo que desean aprender, sin restricciones indebidas. En la actualidad, las habilidades de pensamiento crítico son tan cruciales como las habilidades de supervivencia digital.

6. Fortalecimiento de las Redes de Seguridad Social: Es crucial mejorar las redes de seguridad social existentes para garantizar que las poblaciones vulnerables estén protegidas de las perturbaciones económicas causadas por los avances tecnológicos. Para lograrlo, es fundamental implementar medidas que incluyan prestaciones por desempleo, cobertura sanitaria y acceso a una vivienda asequible. En este contexto, el FEM aboga por explorar el potencial de la Renta Básica Universal (RBU) como un mecanismo para proporcionar ingresos garantizados a todos los ciudadanos, independientemente de su situación laboral. Este enfoque busca mitigar el impacto de la automatización y la Inteligencia Artificial en la mano de obra.

En nuestros estudios, encontramos múltiples secciones detalladas sobre la RBU en los Capítulos 22 y 23. Estos capítulos exploran tanto las ventajas como los inconvenientes de la RBU y concluyen que los riesgos asociados superan a los posibles beneficios. En lugar de adoptar la RBU, creemos en un enfoque alternativo que promueva el espíritu empresarial y facilite el acceso distribuido a la propiedad, ya sea de empresas, bienes inmuebles, robots u otros activos productivos. Este enfoque se centra en empoderar a los individuos a través de la propiedad y el emprendimiento, en lugar de depender únicamente de subsidios de desempleo.

Nuestro Marco para la Transición

Mientras la inteligencia artificial traza nuestro ineluctable camino hacia la Entrelazamiento, es fundamental que lo que ocurra durante la Transición nos preocupe profundamente a todos. Debemos estar atentos y recordar la advertencia de Lord Acton en su carta al obispo Creighton en 1887: *"El poder tiende a corromper, y el poder absoluto corrompe absolutamente"*. La IA, como subrayó célebremente Vladimir Putin, encarna el poder absoluto.

Nos enfrentamos a una encrucijada. ¿Estamos abocados a seguir el camino descrito en 1984 de George Orwell, caracterizado por vigilancia extrema, coacción, resultados centralmente planificados e información altamente restringida, dictada por un pequeño grupo de déspotas que buscan eliminar ideas alternativas?

¿O quizás nos dirigimos hacia el futuro advertido por Aldous Huxley en Un Mundo Feliz, donde la sobreabundancia de información, las subvenciones masivas, el placer aceptable y los valores permisivos colectivos fomentan nuestra incapacidad para discernir una jerarquía de valores?

Alternativamente, ¿podemos optar por un camino que preserve lo que hemos construido a lo largo de siglos en Occidente? Un camino que combine lo mejor que la IA tiene para ofrecer, mientras se preserva la libertad individual, se maximiza el valor económico a nivel social y se evita el despotismo.

Estos tres posibles futuros nos observan fijamente desde el camino que tenemos por delante. Para inclinarse decididamente hacia la tercera opción, proponemos un marco recomendado para la Transición que, en términos sencillos, se puede estructurar de la siguiente manera:

1. **Regulación Mínima pero Eficaz:** Fomentar la participación universal en la IA y preservar los derechos individuales, incluyendo el derecho a la privacidad. Esto implica evitar el intercambio de datos a nivel individual entre el gobierno y la industria.

2. **Promoción del Código Abierto:** Impulsar el desarrollo de tecnología de IA basada en el código abierto y garantizar la transparencia en todos los cambios propuestos en el sistema operativo de la sociedad.

3. **Mantenimiento de las Libertades Individuales**: Asegurar la preservación de los derechos de propiedad individual como contrapeso a la interconexión inherente a la tecnología de IA.

4. **Preservación de la Soberanía Nacional:** Gestionar globalmente los riesgos de la IA y evitar resultados globales descontrolados.

5. **Reforma Educativa y Recapacitación:** Garantizar el pensamiento crítico y la adaptabilidad mediante la libertad académica, libre de uniformidad impuesta por la IA.

6. **Fomento de la Iniciativa Empresarial**: Promover la propiedad individual de activos productivos como alternativa a la renta básica universal, en respuesta a la desaparición de empleos.

Seguiremos desarrollando este marco y reflexionando sobre estos temas en nuestros futuros trabajos.

Una Petición Final

Al concluir nuestro épico viaje a través del pasado, presente y futuro de la Inteligencia Artificial, queremos expresar nuestro más sincero agradecimiento por haberte tomado el tiempo de leer este libro. Dar vida a *"Cómo la IA Transformará Nuestro Futuro"* ha sido una verdadera labor de amor; hemos volcado nuestros corazones y almas en la elaboración de esta exhaustiva exploración sobre la interrelación entre la humanidad y la IA.

Durante meses, hemos dedicado nuestro esfuerzo a estudiar las implicaciones tecnológicas, históricas, económicas y filosóficas de esta fuerza transformadora. No obstante, más allá de nuestro interés académico, somos seres humanos profundamente apasionados por el futuro a medio y largo plazo de nuestra sociedad y nuestra especie. Este libro no solo refleja nuestra investigación fundamentada, sino también nuestras opiniones personales, esperanzas, temores y visiones sobre el camino que tenemos por delante. A lo largo de sus páginas, hemos compartido nuestras experiencias transformadoras, desde nuestra fascinación de toda la vida por los negocios y la tecnología, hasta nuestro despertar ante el profundo poder y el potencial peligro de la IA.

Ahora, nos dirigimos a ti con una última petición: te pedimos humildemente que dediques un momento para dejar una reseña de *"Cómo la IA Transformará Nuestro Futuro"* en la plataforma en la que adquiriste el libro. Tus comentarios, sean elogios o críticas constructivas, tienen un valor incalculable para nosotros. No solo facilitan a otros lectores el descubrimiento de esta obra, sino que también nos permiten mejorar continuamente nuestro oficio y servir mejor a la comunidad global mientras navegamos juntos por esta revolución tecnológica.

Prometemos leer cada una de las reseñas con el máximo cuidado y atención. Tus pensamientos y perspectivas no solo enriquecerán nuestra comprensión, sino que podrían influir en el próximo capítulo de esta saga en curso. Por lo tanto, te invitamos a compartir tu voz; estamos ansiosos por escucharte.

Una vez más, te agradecemos sinceramente por acompañarnos en este viaje. El futuro de la humanidad está en juego, y nos sentimos honrados de tenerte como compañero en esta travesía.

pedro@machinesoftomorrow.ai
https://t.me/uriarecio

¡Muchas gracias!

Glosario

Aprendizaje Automático (AA): subconjunto de la IA que dota a los sistemas informáticos de la capacidad de mejorar de forma autónoma su rendimiento en tareas específicas aprendiendo de los datos y las experiencias sin necesidad de una programación explícita basada en reglas.

Aprendizaje no Supervisado: enfoque del Aprendizaje Automático en el que se utilizan datos no etiquetados para entrenar un modelo. El modelo extrae conclusiones generales, como patrones, estructuras o relaciones dentro de los datos, sin orientación específica en forma de etiquetas objetivo.

Aprendizaje por Refuerzo: familia de algoritmos de Aprendizaje Automático que toman decisiones secuenciales interactuando con el entorno, normalmente un juego, un mercado o un usuario. Los agentes de IA que aplican este enfoque reciben retroalimentación en forma de recompensas y penalizaciones, y su objetivo es encontrar una estrategia que optimice la ganancia acumulada a lo largo del tiempo.

Aprendizaje Profundo: una forma de Aprendizaje Automático que se basa en redes neuronales con un gran número de capas, o redes neuronales profundas, para modelar y resolver tareas complejas. Es especialmente bueno en tareas como el reconocimiento de imágenes y del habla.

Aprendizaje Supervisado: enfoque del aprendizaje automático en el que se utilizan datos etiquetados para entrenar un modelo, que aprende a hacer predicciones generalizando estos datos de entrenamiento. Los datos etiquetados significan que los datos de entrada se asocian con las salidas objetivo correspondientes.

Automatización industrial: sistemas de control, maquinaria y tecnologías para hacer funcionar procesos industriales con una intervención humana mínima. Mediante la automatización de tareas y procesos repetitivos, la automatización industrial pretende aumentar la eficacia, la productividad y la seguridad en los entornos de fabricación y producción.

Biología Sintética (SynBio): campo interdisciplinar que combina principios de biología e ingeniería, a menudo asistidos por algoritmos de IA, para diseñar y crear sistemas biológicos artificiales, como organismos modificados genéticamente, con diversos fines, entre ellos la medicina y la biotecnología.

Brazo Robótico: miembro mecanizado o manipulador diseñado para realizar diversas tareas, a menudo con precisión y destreza. Los brazos robóticos son programables y suelen utilizarse en aplicaciones que requieren movimientos controlados, como la fabricación, el montaje y la cirugía.

Brecha Genética: acceso desigual a las tecnologías emergentes de mejora humana, que intensifica las disparidades socioeconómicas al favorecer desproporcionadamente a quienes tienen mayores recursos económicos.

Coche Autónomo: vehículo autónomo equipado con sensores, módulos de IA y sistemas de control para navegar y funcionar sin intervención humana. Los coches autónomos pueden percibir su entorno, tomar decisiones de conducción y transportar pasajeros de forma segura de un lugar a otro.

Computación Cuántica: un tipo de informática que aprovecha los principios de la mecánica cuántica. Aunque todavía son en gran medida experimentales, los ordenadores cuánticos tienen el potencial de ser mucho más rápidos que los ordenadores clásicos en tareas y cálculos específicos, especialmente en áreas como la criptografía y las simulaciones complejas.

Contención: estrategias y salvaguardias utilizadas para controlar y limitar el comportamiento de los sistemas de IA, principalmente para evitar que causen daños o realicen acciones que vayan en contra de los valores y objetivos humanos.

Cyborg u Organismo Cibernético: ser que combina componentes biológicos y mecánicos o electrónicos. Puede incluir humanos con tecnología implantada para mejorar sus capacidades o incluso robots con elementos biológicos.

Entrelazamiento o Entrelazamiento Humano-IA: interrelación tecnológica, física y psicológica entre los humanos y la IA que da lugar a la erosión progresiva de los límites entre ambos. Los humanos influyen en la IA diseñando y entrenando sus algoritmos y plataformas. La IA influye en los humanos mediante implantes cyborg, interfaces cerebro-ordenador y tecnologías biológicas sintéticas potenciadas por la IA, todo lo cual modifica la esencia de la naturaleza humana. A través de estas interacciones, la IA y los humanos entran en una serie de ciclos evolutivos, que pueden dar lugar a una serie de especies híbridas posthumanas.

Gran Modelo de Lenguaje (LLM): un sofisticado algoritmo de IA diseñado para comprender y generar textos similares a los humanos, basado en un amplio entrenamiento sobre diversos datos lingüísticos. Estos modelos, como el GPT-3, poseen la capacidad de comprender el contexto, generar respuestas coherentes, completar o resumir textos, traducir, entablar conversaciones y analizar sentimientos, entre otras tareas.

Humanoide o Androide: robot que imita las características físicas humanas, como la forma del cuerpo y la capacidad de movimiento. La robótica humanoide pretende crear máquinas capaces de realizar tareas en entornos centrados en el ser humano.

Inteligencia Artificial (IA): sistemas informáticos capaces de ejecutar tareas complejas que normalmente requieren inteligencia humana, como aprender de la experiencia, resolver problemas o comprender el lenguaje natural.

Inteligencia Artificial Estrecha o Débil: Sistemas de IA que, a pesar de tener posiblemente características generales de inteligencia similares a las de los humanos, carecen de sensibilidad, conciencia o autoconciencia.

Inteligencia Artificial Fuerte: una IA que exhibe conciencia de sensibilidad y autoconciencia.

Inteligencia Artificial General (IAG) o IA General: sistemas de IA que poseen una inteligencia de nivel humano y pueden comprender, aprender y adaptarse a una amplia gama de tareas, de forma similar a las amplias capacidades de la mente humana.

Inteligencia Emocional Artificial (IAE): capacidad de los sistemas de IA para comprender, interpretar y responder a las emociones humanas, mejorando su capacidad para relacionarse con los usuarios a un nivel más inteligente desde el punto de vista emocional.

IA Generativa: modelos de IA que generan nuevos contenidos, como texto, imágenes o música, basándose en patrones y ejemplos de los datos existentes.

Pacto Fáustico: trato en el que una persona sacrifica sus principios fundamentales a cambio de un beneficio personal, a menudo a un gran coste. Se deriva del personaje Fausto del folclore alemán, que hace un pacto con el diablo por el conocimiento y el poder, lo que finalmente le lleva a la perdición.

Posthumanidad: grupo de especies y sociedades que surgen como resultado de aumentos y modificaciones sustanciales de los seres humanos, a menudo conseguidos mediante tecnologías potenciadas por la IA, como los implantes cíborg y la biología sintética. Estas modificaciones dan lugar a capacidades físicas y cognitivas mejoradas, que trascienden los límites convencionales de la existencia humana.

Red neuronal (RN): modelo computacional inspirado en el cerebro humano. Se compone de nodos interconectados o neuronas que procesan información y puede utilizarse en aplicaciones de Aprendizaje Automático, más concretamente en aprendizaje profundo.

Red Neuronal Convolucional (CNN): red neuronal especializada diseñada para analizar datos estructurados, especialmente adecuada para tareas que implican información de tipo cuadriculado, como las imágenes.

Red Neuronal Recurrente (RNN): red neuronal que procesa secuencias de datos. Puede mantener una memoria de entradas pasadas, lo que la hace adecuada para el análisis de series temporales, el Procesamiento del Lenguaje Natural u otros datos secuenciales.

Robot: dispositivo mecánico programable diseñado para realizar tareas de forma autónoma o semiautónoma. Los robots pueden ser desde máquinas sencillas de un solo propósito hasta sistemas complejos multifuncionales. Los robots ejecutan movimientos y acciones físicas, a menudo en respuesta a estímulos ambientales, instrucciones preprogramadas o algoritmos de IA.

Robot Cuadrúpedo: tipo de robot que se desplaza sobre cuatro patas, asemejándose a la locomoción de animales cuadrúpedos como perros y caballos.

Estos robots son apreciados por su estabilidad y adaptabilidad, lo que los hace adecuados para atravesar terrenos difíciles y realizar misiones de búsqueda y rescate.

Singularidad Tecnológica: un hipotético punto futuro en el que la IA es capaz de autoperfeccionarse y entra en una explosión exponencial de ciclos sucesivos de autoperfeccionamiento, dando lugar a una Superinteligencia que supera a los humanos en todas las capacidades intelectuales. Esto podría provocar cambios profundos e impredecibles en la sociedad y en la existencia humana.

Sistema Operativo (SO): programa que controla todas las demás aplicaciones del ordenador tras ser cargado por primera vez por el programa de arranque. Son las normas que rigen el ordenador. Algunos ejemplos son Windows, iOS y Android. Cada SO es distinto de los demás, y suele funcionar con distintos tipos de configuraciones de hardware, al tiempo que permite cierta compatibilidad entre aplicaciones, aunque no total. Por extensión, la cultura, la economía y el gobierno únicos de cualquier sociedad, desde las abejas hasta los humanos, pueden considerarse su SO.

Superalineación: proceso de desarrollo de la IA en el que los objetivos, valores y principios de toma de decisiones del sistema de IA se alinean y adaptan continuamente para ajustarse a los de sus operadores humanos o al marco social con el que interactúa. Este proceso iterativo pretende mejorar la armonía y compatibilidad entre los objetivos de la IA y los valores humanos a lo largo del tiempo.

Superestrellas de la IA: individuos de gran éxito en la economía impulsada por la tecnología y la IA que aprovechan las tecnologías digitales para amasar una gran riqueza, controlar los mercados e influir en la política.

Superinteligencia Artificial (ASI) o Superinteligencia: forma muy avanzada de IA que supera a la inteligencia humana en todos los aspectos.

Supremacía Cuántica: un hito en la computación cuántica en el que un ordenador cuántico realiza una tarea de cálculo específica más rápido que el ordenador clásico más potente.

Transferencia Mental, Descar o Emulación Mental: proceso teórico de transferir la conciencia, los recuerdos y las funciones cognitivas de un individuo desde un cerebro biológico a un sustrato digital o artificial, con el objetivo de emular esas funciones mentales en el nuevo sustrato.

Transhumanismo: filosofía y movimiento que aboga por el uso de la tecnología para mejorar la condición humana, lo que podría conducir al aumento de las capacidades humanas y a la prolongación de la vida humana.

Valle Inquietante: concepto de la robótica y la interacción persona-ordenador que sugiere que a medida que los robots y los avatares se parecen más a los humanos en apariencia y comportamiento, llega un punto en el que provocan una sensación de inquietud o incomodidad en los humanos. Este fenómeno se produce cuando el parecido con los humanos es casi perfecto, pero no del todo, lo que provoca una sensación extraña.

Visión Artificial: tecnología utilizada para dotar a los ordenadores de la capacidad de interpretar información visual, como imágenes o vídeos. Se utiliza habitualmente para tareas como el reconocimiento de objetos y el control de calidad en la fabricación.

Referencias

Aaronson, Scott. "Opinion | Why Google's Quantum Supremacy Milestone Matters." The New York Times, 30 October 2019, https://www.nytimes.com/2019/10/30/opinion/google-quantum-computer-sycamore.html. Accessed 29 December 2023.

Abas, Malak. "Humanoid sex robots are coming sooner than you think." The Manitoban, 2023, https://themanitoban.com/2016/02/humanoid-sex-robots-are-coming-sooner-than-you-think/27359/. Accessed 28 December 2023.

Abe, Sinzo. "Policy Speech by Prime Minister Shinzo Abe to the 198th Session of the Diet (Speeches and Statements by the Prime Minister) | Prime Minister of Japan and His Cabinet." Prime Minister's Office of Japan, 28 January 2019, https://japan.kantei.go.jp/98_abe/statement/201801/_00003.html. Accessed 28 December 2023.

Abelson, Hal. "LOGO Manual." DSpace@MIT, https://dspace.mit.edu/handle/1721.1/6226. Accessed 26 December 2023.

Ackerman, Eva. "How NASA's Astrobee Robot Is Bringing Useful Autonomy to the ISS." 7 November 2017, https://spectrum.ieee.org/how-nasa-astrobee-robot-is-bringing-useful-autonomy-to-the-iss. Accessed 28 December 2023.

Adams, Douglas, creator. The Hitchhiker's Guide to the Galaxy. BBC Radio 4. 1978.

Adarlo, Sharon. "Invasion of Food Delivery Robots is Driving People to Vandalism and Theft." Futurism, 8 August 2023, https://futurism.com/the-byte/food-delivery-robots-people-vandalism-theft. Accessed 28 December 2023.

Aggarwal, Gaurav. "How The Pandemic Has Accelerated Cloud Adoption." How The Pandemic Has Accelerated Cloud Adoption, Forbes Technology Council, 30 October 2023, https://www.forbes.com/sites/forbestechcouncil/2021/01/15/how-the-pandemic-has-accelerated-cloud-adoption/?sh=5ba0e4ff6621. Accessed 26 December 2023.

Ahmed, Tanvir, y al. "Culture: The sci-fi series that shaped Elon Musk's ideas." The Business Standard, 2020, https://www.tbsnews.net/feature/panorama/culture-sci-fi-series-shaped-elon-musks-ideas-133537. Accessed 29 December 2023.

AIST. "Development of a Humanoid Robot Prototype, HRP-5P, Capable of Heavy Labor." 産総研, 16 November 2018, https://www.aist.go.jp/aist_e/list/latest_research/2018/20181116/en20181116.html. Accessed 28 December 2023.

Alexandria, Hero of. Pneumatica: The Pneumatics of Hero of Alexandria. Translated by Bennet Woodcroft, CreateSpace Independent Publishing Platform, 2015.

Allen, Paul, and Mark Greaves. "Paul Allen: The Singularity Isn't Near." MIT Technology Review, 12 October 2011, https://www.technologyreview.com/2011/10/12/190773/paul-allen-the-singularity-isnt-near/. Accessed 29 December 2023.

ALPAC. Language and Machines: Computers in Translation and Linguistics: Automatic Language Processing Advisory Committee, 1966.

AlphaFold. "AlphaFold." Google DeepMind, 28 July 2022, https://deepmind.google/technologies/alphafold/. Accessed 29 December 2023.

Alter, Robert. The Hebrew Bible: A Translation with Commentary. W. W. Norton & Company, 2018.

Amadeo, Ron. "Google's Waymo invests in LIDAR technology, cuts costs by 90 percent." Ars Technica, 9 January 2017, https://arstechnica.com/cars/2017/01/googles-waymo-invests-in-lidar-technology-cuts-costs-by-90-percent/. Accessed 28 December 2023.

Ambler, A., y al. "A versatile system for computer-controlled assembly." Artificial Intelligence, 1975.

American Psychiatric Association. (2013). Diagnostic and statistical manual of mental disorders (5th ed.). American Psychiatric Association, 2013.

Annas, George J. "Protecting the Endangered Human: Toward an International Treaty Prohibiting Cloning and Inheritable Alterations." Scholarly Commons at Boston University School of Law, 2002, https://scholarship.law.bu.edu/faculty_scholarship/1241/. Accessed 29 December 2023.

AP News. "China is protesting interrogations and deportations of its students at US entry points." AP News, 29 January 2024, https://apnews.com/article/china-us-university-students-deported-interrogation-40012461bd45306e527946a7403f8b1a. Accessed 31 January 2024.

Apolloni, Bruno, y al. "A numerical implementation of quantum annealing." Stochastic Processes, Physics and Geometry, Proceedings of the Ascona-Locarno Conference., 1988.

Asaro, Peter, and Selma Šabanović. "Oral-History:Victor Scheinman." Engineering and Technology History Wiki, Indiana University, 2010, https://ethw.org/Oral-History:Victor_Scheinman. Accessed 27 December 2023.

Asimov, Isaac. The Bicentennial Man. Millennium, 2000.

Asimov, Isaac. Foundation 3-Book Boxed Set: Foundation, Foundation and Empire, Second Foundation. Random House LLC US, 2022.

Asimov, Isaac. I, Robot. Harper Voyager, 2018.

Asimov, Isaac. The Naked Sun. Random House Worlds, 1991.

Asimov, Isaac. Robots and Empire. Harper Voyager, 2018.

Asimov, Isaac. Robots and Empire. 1985.

Asimov, Isaac. Vicious Circle. 1942.

Associated Press. "What Tesla Autopilot does, why it's being recalled and how the company plans to fix it." Quartz, December 2015, https://qz.com/what-tesla-autopilot-does-why-its-being-recalled-and-h-1851096472. Accessed 28 December 2023.

Astrahan, M. M. "Logical design of the digital computer for the SAGE system." IBM Journal of Research and Development, 1957.

Atherton, Kelsey D. "This Estonian Tankette Is A Modular Body For War Robots." Popular Science, 3 March 2016, https://www.popsci.com/estonian-tankette-is-modular-body-for-war-robots/. Accessed 28 December 2023.

Aurelius, Marcus. Meditations. Translated by Gregory Hays, Random House Publishing Group, 2003.

Axe, David. "The Latest Artificial Hand Lets You Feel What You're Grabbing." The Daily Beast, 4 May 2020, https://www.thedailybeast.com/e-opra-the-latest-prosthetic-hand-lets-you-feel-what-youre-grabbing. Accessed 29 December 2023.

Bacigalupi, Paolo. The Windup Girl. Night Shade, 2015.

Bai, Yuntao. "Constitutional AI: Harmlessness from AI Feedback." arXiv, 15 December 2022, https://arxiv.org/abs/2212.08073. Accessed 4 February 2024.

Bailey, Jonathan. "Copyright and Metropolis." Plagiarism Today, 19 October 2016, https://www.plagiarismtoday.com/2016/10/19/copyright-and-metropolis/. Accessed 8 February 2024.

Baker, Sherry. "Rise of the Cyborgs." Science Reference Center., 2012.

Banks, Iain. Culture. 25th Anniversary Box Set: Consider Phlebas, The Player of Games and Use of Weapons. Little, Brown Book Group, 2012.

Barath, Medha. "Canadarm3: Canada's robot on the moon! – The Varsity." The Varsity, 24 September 2023, https://thevarsity.ca/2023/09/24/canadarm3-canadas-robot-on-the-moon/. Accessed 28 December 2023.

Bassier, Emma. Military Robots. Pop, 2019.

Baum, Lyman Frank. The Wonderful Wizard of Oz (Illustrated First Edition): 100th Anniversary OZ Collection. MiraVista Press, 2019.

Baum, Margaux, and Jeri Freedman. The History of Robots and Robotics. Rosen Publishing, 2017.

BBC. "BBC NEWS | Health | Brain chip reads man's thoughts." Home - BBC News, 31 March 2005, http://news.bbc.co.uk/1/hi/health/4396387.stm. Accessed 29 December 2023.

Beardall, William A V. "Deep Learning Concepts and Applications for Synthetic Biology." 2022.

Beer, Kerstin, y al. "Training deep quantum neural networks." Nature Communication, 2020.

Bell, Jim. Hubble Legacy: 30 Years of Discoveries and Images. Sterling Publishing Company, Incorporated, 2020.

Beman, Jake. "Universal Truth vs. Personal Truth." Jake Beman, 10 September 2018, https://jakebeman.com/universal-truth-vs-personal-truth/. Accessed 10 February 2024.

Benioff, Paul. "The computer as a physical system: A microscopic quantum mechanical Hamiltonian model of computers as represented by Turing machines." Journal of Statistical Physics, 1980.

Berglas, Dr Anthony. "Singularity: Artificial Intelligence Will Kill Our Grandchildren." Berglas., 2012, https://berglas.org/Articles/AIKillGrandchildren/AIKillGrandchildren.html. Accessed 29 December 2023.

Berman, Matthew. "Sam Altman's Q* Reveal, OpenAI Updates, Elon: "3 Years Until AGI", and Synthetic Data Predictions." YouTube, 1 December 2023, https://www.youtube.com/watch?v=a8hI3tdZWtM. Accessed 28 December 2023.

Berry, Morgan. "The History of Robot Combat: BattleBots." Servo Magazine, 2012, https://www.servomagazine.com/magazine/article/the_history_of_robot_combat_battlebots. Accessed 28 December 2023.

Bible, editor. The Bible: Authorized King James Version. OUP Oxford, 2008.

Biggs, John. "Affetto is the wild-boy-head robot of your nightmares." TechCrunch, 21 November 2018, https://techcrunch.com/2018/11/21/affetto-is-the-wild-boy-head-robot-of-your-nightmares/. Accessed 28 December 2023.

Birnbacher, Dieter. "Posthumanity, Transhumanism and Human Nature." Posthumanity, Transhumanism and Human Nature, Springer, 2009, https://link.springer.com/chapter/10.1007/978-1-4020-8852-0_7. Accessed 29 December 2023.

Bishop, Donald M. Propagandized Adversary Populations in a War of Ideas. 2021.

Biswas, Suparna, y al. "Building the AI bank of the future." McKinsey, https://www.mckinsey.com/~/media/mckinsey/industries/financial%20services/our%20insights/building%20the%20ai%20bank%20of%20the%20future/building-the-ai-bank-of-the-future.pdf. Accessed 10 February 2024.

Blakley, GR. "Rivest-Shamir-Adleman public key cryptosystems do not always conceal messages." Computers & Mathematics With Application, 1978.

Block, Fred, and Margaret Somers. "In the Shadow of Speenhamland: Social Policy and the Old Poor Law." Politics & Society, 2003.

Boger, George. Aristotle's Syllogistic Underlying Logic. His Model with His Proofs of Soundness and Completeness. College Publications, 2022.

Bolte, Mari. Military Robots in Action. Lerner Publications, 2023.

Bostrom, Nick. "Existential Risks: Analyzing Human Extinction Scenarios." Nick Bostrom, 2002, https://nickbostrom.com/existential/risks.

Bostrom, Nick, and Anders Sandberg. "Whole Brain Emulation: A Roadmap." Future of Humanity Institute, 2008, https://www.fhi.ox.ac.uk/Reports/2008-3.pdf. Accessed 29 December 2023.

Brain, Marshall. Manna: Two Visions of Humanity's Future. 2012.

Brain, Marshall. The Second Intelligent Species: How Humans Will Become as Irrelevant as Cockroaches. 2015.

Branigan, Tania. "Chinese figures show fivefold rise in babies sick from contaminated milk." The Guardian, 2 December 2008, https://www.theguardian.com/world/2008/dec/02/china. Accessed 27 December 2023.

Breazeal, Cynthia. "Designing Sociable Robots - by Cynthia Breazeal." MIT Press, 2004, https://mitpress.mit.edu/9780262524315/designing-sociable-robots/. Accessed 28 December 2023.

Brooks, David. "Opinion | The Philosophy of Data." The New York Times, 4 February 2013, https://www.nytimes.com/2013/02/05/opinion/brooks-the-philosophy-of-data.html. Accessed 28 December 2023.

Brooks, Rodney A. "Elephants don't play chess." Elephants don't play chess, 1990, https://www.sciencedirect.com/science/article/abs/pii/S0921889005800259. Accessed 27 December 2023.

Bryant, Liam. "Bronco vs. Stinger - BattleBots." YouTube, 21 July 2015, https://www.youtube.com/watch?v=mgY0BRrEsxw. Accessed 28 December 2023.

Brynjolfsson, Erik, and Andrew Mcafee. The Second Machine Age: Work Progress and Prosperity in a Time of Brilliant Technologies. WW Norton, 2016.

Buddharakkhita, Acharya. The Dhammapada: The Buddha's Path of Wisdom. BPS Pariyatti Editions, 2019.

Buehler, Martin. The 2005 DARPA Grand Challenge: The Great Robot Race. Edited by Martin Buehler, y al., Springer, 2007.

Bush, Vannevar. "As We May Think." The Atlantic, 1945, https://www.theatlantic.com/magazine/archive/1945/07/as-we-may-think/303881/.

BusinessWeek. "This Cute Little Pet Is A Robot." 1999.

Butler, E. M. The Myths of the Magus. Literary Licensing, LLC, 2011.

Byford, Sam. "AlphaGo retires from competitive Go after defeating world number one 3-0." The Verge, 27 May 2017, https://www.theverge.com/2017/5/27/15704088/alphago-ke-jie-game-3-result-retires-future. Accessed 26 December 2023.

Byford, Sam. "This cuddly Japanese robot bear could be the future of elderly care." The Verge, 28 April 2015, https://www.theverge.com/2015/4/28/8507049/robear-robot-bear-japan-elderly. Accessed 28 December 2023.

Byford, Sam, y al. "Trump pardons convicted ex-Google engineer Anthony Levandowski." The Verge, 19 January 2021, https://www.theverge.com/2021/1/20/22240175/trump-pardons-anthony-levandowski-google-uber-waymo-trade-secrets. Accessed 28 December 2023.

CAAI. "Introduction to the Chinese Association for Artificial Intelligence." 中国人工智能学会, CAAI, 18 March 2019, https://en.caai.cn/index.php?s=/Home/Article/detail/id/75.html. Accessed 26 December 2023.

Cai, Guoxing. "Forty Years of Artificial Intelligence in China." Science and Technology Revi, 27 April 2016, http://html.rhhz.net/kjdb/20161505.htm. Accessed 26 December 2023.

Caidin, Martin. Cyborg. Warner Paperback Library, 1972.

Cameron, James, director. The Terminator. 1984.

Canada. "About Dextre | Canadian Space Agency." About Dextre | Canadian Space Agency, 10 March 2022, https://www.asc-csa.gc.ca/eng/iss/dextre/about.asp. Accessed 28 December 2023.

Capek, Karel. R.U.R. (Rossum's Universal Robots). Penguin Publishing Group, 2004.

Carnegie Mellon. "No Hands Across America Home Page." No Hands Across America Home Page, 1995, https://www.cs.cmu.edu/afs/cs/usr/tjochem/www/nhaa/nhaa_home_page.html. Accessed 28 December 2023.

Carr, Michael. "Wa Wa Lexicography." 1992, https://academic.oup.com/ijl/article-abstract/5/1/1/950449?redirectedFrom=fulltext&login=false. Accessed January 2024.

CBS. "Striking Hollywood actors gather for large demonstration in Times Square." CBS News, 25 July 2023, https://www.cbsnews.com/newyork/news/times-square-sag-aftra-actors-strike-demonstration/. Accessed 27 December 2023.

CDC. "Health Insurance Portability and Accountability Act of 1996 (HIPAA)." CDC, Centers for Disease Control and Prevention, https://www.cdc.gov/phlp/publications/topic/hipaa.html. Accessed 26 December 2023.

Census. "U.S. Census Bureau QuickFacts: United States." U.S. Census Bureau QuickFacts: United States, 2023, https://www.census.gov/quickfacts/fact/table/US/PST045223. Accessed 9 January 2024.

Chalmers, David J. The conscious mind : in search of a fundamental theory. Oxford University Press, USA, 1996.

Chambers, P. L. The Attic Nights of Aulus Gellius: An Intermediate Reader and Grammar Review. University of Oklahoma Press, 2020.

Chan, Tara Francis. "China's Tax Blacklist Shames Defaulters Into Repaying Debts." Business Insider, 19 December 2017, https://www.businessinsider.com/chinas-tax-blacklist-shames-debtors-2017-12. Accessed 26 December 2023.

Charitos, Panos. "Interview with Peter Shor | EP News." CERN EP Newsletter, 10 March 2021, https://ep-news.web.cern.ch/content/interview-peter-shor. Accessed 29 December 2023.

ChatGPT. Transformosis. 2023.

Cheok, Adrian David, and David Levy. "Love and Sex with Robots | Request PDF." ResearchGate, 2015, https://www.researchgate.net/publication/302431874_Love_and_Sex_with_Robots. Accessed 28 December 2023.

Cheung, Rachel. "The Grand Experiment." The Wire China, 18 December 2023, https://www.thewirechina.com/2023/12/17/the-grand-experiment-social-credit-china/. Accessed 27 December 2023.

Child, Oliver. Menace: the Machine Educable Noughts And Crosses Engine. Chalkdust Magazine, 2016. https://chalkdustmagazine.com/features/menace-machine-educable-noughts-crosses-engine/.

China. "Guidelines for the Construction of the National New Generation Artificial Intelligence Open Innovation Platform." 中华人民共和国科学技术部, 6 August 2019, https://www.most.gov.cn/xxgk/xinxifenlei/fdzdgknr/fgzc/zcjd/202106/t20210625_175388.html. Accessed 27 December 2023.

China. "National New Generation of AI Standardization Guidance." 中国政府网, https://www.gov.cn/zhengce/zhengceku/2020-08/09/content_5533454.htm. Accessed 27 December 2023.

China. "A new generation of artificial intelligence ethics code." 中华人民共和国科学技术部, 26 September 2021, https://www.most.gov.cn/kjbgz/202109/t20210926_177063.html. Accessed 27 December 2023.

China. "Personal Information Protection Law of the People's Republic of China." National People's Congress, 29 December 2021, http://en.npc.gov.cn.cdurl.cn/2021-12/29/c_694559.htm. Accessed 27 December 2023.

Chowdury, Hasan. "AI Godfather Warns Sam Altman, Demis Hassabis Want to Control AI." Business Insider, 30 October 2023, https://www.businessinsider.com/sam-altman-and-demis-hassabis-just-want-to-control-ai-2023-10. Accessed 29 December 2023.

Christiano, Paul, y al. "[1706.03741] Deep reinforcement learning from human preferences." arXiv, 12 June 2017, https://arxiv.org/abs/1706.03741. Accessed 29 December 2023.

Chu, Bryant, y al. "Bring on the bodyNET." 2017.

Church, George M. "Next-Generation Digital Information Storage in DNA." Science, 2012, https://www.science.org/doi/10.1126/science.1226355. Accessed 29 December 2023.

Church, George M. "Science Literacy." Big Think, 2017, https://bigthink.com/videos/science-literacy/. Accessed 28 December 2023.

Church of AI. Church of AI: Home, 2023, https://church-of-ai.com/. Accessed 28 December 2023.

CIA. "Mexico - The World Factbook." CIA, NA, https://www.cia.gov/the-world-factbook/countries/mexico/summaries/. Accessed 9 January 2024.

Clark, Don. "The Tech Cold War's 'Most Complicated Machine' That's Out of China's Reach (Published 2021)." The New York Times, 19 July 2021, https://www.nytimes.com/2021/07/04/technology/tech-cold-war-chips.html. Accessed 27 December 2023.

Clarke, Arthur C., and Stanley Kubrick. 2001: A Space Odyssey. Penguin Publishing Group, 2000.

Clinicaltrials. "A Multicenter, Single Arm, Prospective, Open-Label, Staged Study of the Safety and Efficacy of the AuriNovo Construct for Auricular Reconstruction in Subjects With Unilateral Microtia." clinicaltrials, 2021.

Clynes, Manfred E., and Nathan S. Kline. "Cyborgs and Space." Astronautics, 1960.

CMU. "Powered by Carnegie Mellon University." The Robot Hall of Fame - Powered by Carnegie Mellon University, http://www.robothalloffame.org/inductees/06inductees/scara.html. Accessed 28 December 2023.

Cobb, Billy. "." YouTube, 9 October 2021, https://www.forbes.com/sites/richardnieva/2023/11/30/meta-ai-yann-lecun-fair-10th-anniversary/?sh=41afe2973ee4. Accessed 29 December 2023.

Cobb, Billy. "The Self-Optimizing Plant Is Within Reach." Forbes, 9 October 2021, https://www.forbes.com/sites/marcoannunziata/2021/01/11/the-self-optimizing-plant-is-within-reach/?sh=8c959f12367a. Accessed 29 December 2023.

Cohn, Jessica. Mars Rovers (a True Book: Space Exploration). Scholastic Incorporated, 2022.

Collodi, Carlo. The Adventures of Pinocchio. Penguin Publishing Group, 2021.

"Computer-based personality judgments are more accurate than those made by humans." https://www.pnas.org/doi/suppl/10.1073/pnas.1418680112.

Condliffe, Jamie. "A 100-Drone Swarm, Dropped from Jets, Plans Its Own Moves." MIT Technology Review, 10 January 2017, https://www.technologyreview.com/2017/01/10/154651/a-100-drone-swarm-dropped-from-jets-plans-its-own-moves/. Accessed 28 December 2023.

Condon, Stephanie. "Google I/O 2021: Google unveils LaMDA." ZDNET, 18 May 2021, https://www.zdnet.com/article/google-io-google-unveils-new-conversational-language-model-lamda/. Accessed 26 December 2023.

Confessore, Nicholas. "Cambridge Analytica and Facebook: The Scandal and the Fallout So Far (Published 2018)." The New York Times, 4 April 2018, https://www.nytimes.com/2018/04/04/us/politics/cambridge-analytica-scandal-fallout.html. Accessed 29 December 2023.

Coulter, Martin, and Supantha Mukherjee. "Exclusive: Behind EU lawmakers' challenge to rein in ChatGPT and generative AI." Reuters, 28 April 2023, https://www.reuters.com/technology/behind-eu-lawmakers-challenge-rein-chatgpt-generative-ai-2023-04-28/. Accessed 23 January 2024.

Couzin, Jennifer. "Active Poliovirus Baked From Scratch." 2002, https://www.science.org/doi/10.1126/science.297.5579.174b. Accessed 29 December 2023.

Cover, Thomas, and Peter E. Hart. "Nearest neighbor pattern classification." EEE Transactions on Information Theory, 1967.

Crevier, Daniel. AI : the tumultuous history of the search for artificial intelligence. Basic Books, 1993.

Cross, A. W. The Artilect War: Complete Series. Glory Box Press, 2018.

Cruickshank, Paul, and Don Rassler. "A View from the CT Foxhole: A Virtual Roundtable on COVID-19 and Counterterrorism with Audrey Kurth Cronin, Lieutenant General (Ret) Michael Nagata, Magnus Ranstorp, Ali Soufan, and Juan Zarate – Combating Terrorism Center at West Point." Combating Terrorism Center, 18 June 2020, https://ctc.westpoint.edu/a-view-from-the-ct-foxhole-a-virtual-roundtable-on-covid-19-and-counterterrorism-with-audrey-kurth-cronin-lieutenant-general-ret-michael-nagata-magnus-ranstorp-ali-soufan-and-juan-zarate/. Accessed 30 December 2023.

Dalio, Ray. Principles for Dealing with the Changing World Order: Why Nations Succeed and Fail. Avid Reader Press / Simon & Schuster, 2021.

Darwin, Charles. The Origin Of Species. Penguin Publishing Group, 2003.

da Silva, Adenilton, y al. "Quantum perceptron over a field and neural network architecture selection in a quantum computer." 2016.

David, Emilia. "Baidu launches Ernie chatbot after Chinese government approval." The Verge, 31 August 2023, https://www.theverge.com/2023/8/31/23853878/baidu-launch-ernie-ai-chatbot-china. Accessed 27 December 2023.

Davis, Wes. "OpenAI rival Anthropic makes its Claude chatbot even more useful." The Verge, 21 November 2023, https://www.theverge.com/2023/11/21/23971070/anthropic-claude-2-1-openai-ai-chatbot-update-beta-tools. Accessed 26 December 2023.

Deamer, D. "A giant step towards artificial life?" Trends in Biotechnology, 2005.

De Garis, Hugo. The Artilect War: Cosmists Vs. Terrans : a Bitter Controversy Concerning Whether Humanity Should Build Godlike Massively Intelligent Machines. ETC Publications, 2005.

Degeler, Andrii. "Marines' LS3 robotic mule is too loud for real-world combat." Ars Technica, 29 December 2015, https://arstechnica.com/information-technology/2015/12/us-militarys-ls3-robotic-mule-deemed-too-loud-for-real-world-combat/. Accessed 28 December 2023.

Denis, Eugène. La Lokapannatti y les idées cosmologiques du boudhisme ancien. Université de Lille, 1977.

Descartes, René. Discourse on method ; and, Meditations on first philosophy. Translated by Donald A. Cress, Hackett Pub., 1998.

Deshpande, Jay. "Pierre Jaquet-Droz, Marvel Maker: The Man Behind Today's Jaquet-Droz Watch Brand." WatchTime, 24 May 2015, https://www.watchtime.com/featured/pierre-jaquet-drozmarvel-maker-the-man-behind-todays-jaquet-droz-watch-brand/. Accessed 27 December 2023.

Devlin, Jacob, y al. "BERT: Pre-training of Deep Bidirectional Transformers for Language Understanding." arXiv, 11 October 2018, https://arxiv.org/abs/1810.04805. Accessed 26 December 2023.

Devulapalli, Harsha. "Map shows every crash involving driverless cars in San Francisco." San Francisco Chronicle, 24 October 2023, https://www.sfchronicle.com/projects/2023/self-driving-car-crashes/. Accessed 28 December 2023.

Di Giacomo, Raffaele, and Bruno, Maresca. "Cyborgs Structured with Carbon Nanotubes and Plant or Fungal Cells: Artificial Tissue Engineering for Mechanical and Electronic Uses." 2013, https://link.springer.com/article/10.1557/opl.2013.727. Accessed 29 December 2023.

Donoghue, Serruya. "Design Principles of a Neuromotor Prosthetic Device." Neuroprosthetics: Theory and Practice., 2014.

Douglas, Will. "Now we know what OpenAI's superalignment team has been up to." MIT Technology Review, 14 December 2023, https://www.technologyreview.com/2023/12/14/1085344/openai-super-alignment-rogue-agi-gpt-4/. Accessed 29 December 2023.

Dow, Cat. "What are the six SAE levels of self-driving cars?" Top Gear, 5 March 2023, https://www.topgear.com/car%20news/what-are-sae-levels-autonomous-driving-uk. Accessed 28 December 2023.

Dow, Cat. "What is vehicle-to-everything (V2X) technology?" Top Gear, 18 June 2023, https://www.topgear.com/car-news/tech/what-vehicle-everything-v2x-technology. Accessed 28 December 2023.

Dyakonov, MI. "Is Fault-Tolerant Quantum Computation Really Possible?" 2006.

Eckersley, Peter, and Anders Sandberg. "Is Brain Emulation Dangerous?" Sciendo, 23 November 2011, https://sciendo.com/article/10.2478/jagi-2013-0011. Accessed 29 December 2023.

Eckert, Jeff, and Jenn Eckert. "LOCUST Swarm Coming." Servo Magazine, 10 March 2023, https://www.servomagazine.com/blog/post/locust-swarm-coming. Accessed 28 December 2023.

Eckert, Jr John Presper, and John W Mauchly. Electronic numerical integrator and computer. US Patent US3120606A. US Patent Office, 1964.

The Economist. "China is shoring up the great firewall for the AI age." The Economist, 26 December 2023, https://www.economist.com/business/2023/12/26/china-is-shoring-up-the-great-firewall-for-the-ai-age. Accessed 27 December 2023.

The Economist. "New robots—smarter and faster—are taking over warehouses." The Economist, 12 February 2022, https://www.economist.com/science-and-technology/a-new-generation-of-smarter-and-faster-robots-are-taking-over-distribution-centres/21807595. Accessed 28 December 2023.

Egan, Greg. Permutation City: A Novel. Night Shade, 2014.

Ehrman, Bart D. How Jesus Became God: The Exaltation of a Jewish Preacher from Galilee. HarperCollins, 2014.

Einstein, Albert, y al. "Can Quantum-Mechanical Description of Physical Reality be Considered Complete?" Physical Review, 1935.

Elices, Jorge. "Ismail al-Jazari, the Muslim inventor whom some call the 'Father of Robotics.'" National Geographic, 30 July 2020, https://www.nationalgeographic.com/history/history-magazine/article/ismail-al-jazari-muslim-inventor-called-father-robotics. Accessed 27 December 2023.

Endgadget, and Matt McMullen. "Interview with Realdoll founder and CEO Matt McMullen at CES 2016." YouTube, 8 January 2016, https://www.youtube.com/watch?v=j68yDhUDCQs. Accessed 28 December 2023.

Engelberger, Joseph F. Robotics in service. MIT Press, 1989.

EPFL. "Blue Brain Project - EPFL." EPFL, https://www.epfl.ch/research/domains/bluebrain/. Accessed 29 Deceber 2023.

Epictetus. The Enchiridion. Translated by Percy Ewing Matheson, Independently Published, 2017.

Eschner, Kat. "Byron Was One of the Few Prominent Defenders of the Luddites." Smithsonian Magazine, 27 February 2017, https://www.smithsonianmag.com/smart-news/byron-was-onefew-prominent-defenders-luddites-180962248/. Accessed 27 December 2023.

Ester, Martin, y al. "A Density-Based Algorithm for Discovering Clusters in Large Spatial Databases with Noise." A Density-Based Algorithm for Discovering Clusters in Large Spatial Databases with Noise, 1996, https://file.biolab.si/papers/1996-DBSCAN-KDD.pdf. Accessed 7 January 2024.

ET Auto. "ABB YuMi cobots alleviate workforce shortages for aluminium supplier." y Auto, 14 November 2023, https://auto.economictimes.indiatimes.com/news/auto-technology/abb-yumi-cobots-alleviate-workforce-shortages-for-aluminium-supplier/105211496. Accessed 27 December 2023.

EU. "Artificial Intelligence Act." EU AI Act, 2023, https://artificialintelligenceact.eu/the-act/. Accessed 26 December 2023.

EU. "General Data Protection Regulation (GDPR) – Official Legal Text." General Data Protection Regulation (GDPR) – Official Legal Text, 2018, https://gdpr-info.eu/. Accessed 26 December 2023.

Fedorov, Nikolaĭ Fedorovich. What was Man Created For? The Philosophy of the Common Task : Selected Works. Edited by Elisabeth Koutaissoff and Marilyn Minto, translated by Elisabeth Koutaissoff and Marilyn Minto, Honeyglen, 1990.

Ferguson, Anthony. The Sex Doll: A History. McFarland, Incorporated, Publishers, 2010.

Ferrando, Francesca. Philosophical Posthumanism. Edited by Rosi Braidotti, Bloomsbury Academic, 2020.

Finance Sina. "Decoding the National Team in Artificial Intelligence." 解码人工智能"国家队, 2021, https://finance.sina.com.cn/tech/2021-07-10/doc-ikqcfnca5955042.shtml. Accessed 27 December 2023.

Fisher, Adam. Valley of Genius: The Uncensored History of Silicon Valley (As Told by the Hackers, Founders, and Freaks Who Made It Boom). Hachette Audio, 2018.

Fogel, Lawrence J. "Competitive Goal-seeking Through Evolutionary Programming." 1969.

Forbes. "By The Numbers: Who's Refusing Covid Vaccinations—And Why." September 2021.

Forbes. "Say Hello To Asimo." Say Hello To Asimo, 2002, https://www.forbes.com/2002/02/21/0221tentech.html?sh=68315ad3f3eb. Accessed 28 December 2023.

Ford, Martin R. The Lights in the Tunnel: Automation, Accelerating Technology and the Economy of the Future. Acculant Publishing, 2009.

Frantzman, Seth J. Drone Wars: Pioneers, Killing Machines, Artificial Intelligence, and the Battle for the Future. Bombardier Books, 2021. Accessed 28 December 2023.

Fridman, Lex, and Yann LeCun. "Yann LeCun: Dark Matter of Intelligence and Self-Supervised Learning | Lex Fridman Podcast #258." YouTube, 22 January 2022, https://www.youtube.com/watch?v=SGzMElJ11Cc. Accessed 28 December 2023.

Friedman, Jerome. "Greedy Function Approximation: A Gradient Boosting Machine" (PDF)." 1999.

Frumer, Yulia. "The Short, Strange Life of the First Friendly Robot." The Short, Strange Life of the First Friendly Robot, 2020, https://spectrum.ieee.org/the-short-strange-life-of-the-first-friendly-robot. Accessed 27 December 2023.

Fukuyama, Francis. "Transhumanism – Foreign Policy." Foreign Policy, 23 October 2009, https://foreignpolicy.com/2009/10/23/transhumanism/. Accessed 29 December 2023.

futureoflife. "Pause Giant AI Experiments: An Open Letter." Future of Life Institute, 22 March 2023, https://futureoflife.org/open-letter/pause-giant-ai-experiments/. Accessed 31 December 2023.

Galliah, Shelly. "Robots in the Workplace | Michigan Tech Global Campus News." Michigan Tech Blogs, 14 February 2023, https://blogs.mtu.edu/globalcampus/2023/02/robots-in-the-workplace/. Accessed 27 December 2023.

Garfinkel, Simson, and Zeyi Yang. "The Cloud Imperative." MIT Technology Review, 3 October 2011, https://www.technologyreview.com/2011/10/03/190237/the-cloud-imperative/. Accessed 26 December 2023.

Garland, Alex, director. Ex Machina. 2014.

Gates, Kelly A. "Facial Recognition Technology from the Lab to the Marketplace." 2011.

Geddes, Norman Bel. Magic Motorways. Creative Media Partners, LLC, 2022.

genome.gov. "Human Genomic Variation." National Human Genome Research Institute, 1 February 2023, https://www.genome.gov/about-genomics/educational-resources/fact-sheets/humangenomic-variation. Accessed 29 December 2023.

Gent, Edd. "Quantum Computing's Hard, Cold Reality Check." ieee, 7 November 2023, https://spectrum.ieee.org/quantum-computing-skeptics. Accessed 29 December 2023.

Georgiou, Aristos, y al. "No, the Last Words of NASA's Opportunity Rover Weren't 'My Battery Is Low and It's Getting Dark.'" Newsweek, 18 February 2019, https://www.newsweek.com/nasa-mars-opportunity-rover-new-york-daily-news-jet-propulsion-laboratory-1334615. Accessed 28 December 2023.

Gerencher, Kristen. "Robots as surgical enablers." 2005, https://www.marketwatch.com/story/a-fascinating-visit-to-a-high-tech-operating-room. Accessed 28 December 2023.

Gibbs, Samuel. "Musk, Wozniak and Hawking urge ban on warfare AI and autonomous weapons." The Guardian, 27 July 2015, https://www.theguardian.com/technology/2015/jul/27/musk-wozniak-hawking-ban-ai-autonomous-weapons. Accessed 28 December 2023.

Gibson, DG, y al. "Creation of a bacterial cell controlled by a chemically synthesized genome." 2010.

Gibson, William. Neuromancer. Penguin Publishing Group, 2000.

Gillham, Nicholas W. A Life of Sir Francis Galton: From African Exploration to the Birth of Eugenics. Oxford University Press, 2001.

Gillies, Trent. "Three Square Market CEO explains its employee microchip implant." CNBC, 13 August 2017, https://www.cnbc.com/2017/08/11/three-square-market-ceo-explains-its-employee-microchip-implant.html. Accessed 29 December 2023.

Glaser, April. "Elon Musk wants to connect computers to your brain so we can keep up with robots." Vox, 27 March 2017, https://www.vox.com/2017/3/27/15079226/elon-musk-computers-technology-brain-ai-artificial-intelligence-neural-lace. Accessed 29 December 2023.

Glasser, Zach. "AI Face-Swap App Spawns New Class Action." Lexology, 4 May 2023, https://www.lexology.com/library/detail.aspx?g=b14587ce-7046-4cbf-b2aa-b4d8735ee123. Accessed 26 December 2023.

Glover, Paul, and Richard Bowtell. "MRI rides the wave.,." Nature, 2009, https://www.nature.com/articles/457971a. Accessed 29 December 2023.

Goard, Sølvi. "Making and Getting Made: Towards a Cyborg Transfeminism." Salvage, 8 December 2017, https://salvage.zone/making-and-getting-made-towards-a-cyborg-transfeminism/. Accessed 29 December 2023.

Goertzel, Ben. "OpenCog Foundation | Building better minds together." OpenCog Foundation | Building better minds together, https://opencog.org/. Accessed 28 December 2023.

Goldmacher, Shane. "The 2020 Campaign Is the Most Expensive Ever (By a Lot) (Published 2020)." The New York Times, 28 October 2020, https://www.nytimes.com/2020/10/28/us/politics/2020-race-money.html. Accessed 29 December 2023.

Goldman, Bruce, and Brad Busse. "New imaging method developed at Stanford reveals stunning details of brain connections." Stanford Medicine, 17 November 2010, https://med.stanford.edu/news/all-news/2010/11/new-imaging-method-developed-at-stanford-reveals-stunning-details-of-brain-connections.html?microsite=news&tab=news. Accessed 29 December 2023.

Good, Irving John. "Speculations Concerning the First Ultraintelligent Machine." 30 October 1966, https://www.sciencedirect.com/science/article/abs/pii/S0065245808604180. Accessed 28 December 2023.

Goodfellow, Ian. "Generative Adversarial Nets." Generative Adversarial Nets, 2014. Accessed 26 December 2023.

Google. "Our Approach – How Google Search Works." Google, https://www.google.com/search/howsearchworks/our-approach/. Accessed 30 January 2024.

Gordon, Robert J. The Rise and Fall of American Growth: The U.S. Standard of Living Since the Civil War. Princeton University Press, 2016.

Gosh, Aritra, y al. "Artificial intelligence in accelerating vaccine development - current and future perspectives." 2023, https://www.frontiersin.org/articles/10.3389/fbrio.2023.1258159/full. Accessed 29 December 2023.

Green, Lee. "Legal Rulings on Sports Participation Rights of Transgender Athletes." NFHS, 29 September 2020, https://www.nfhs.org/articles/legal-rulings-on-sports-participation-rightsof-transgender-athletes/. Accessed 29 December 2023.

Grey, W. "A Machine that Learns." Scientific American, 1951, https://www.scientificamerican.com/article/a-machine-that-learns/. Accessed 28 December 2023.

Grover, Lov K. "A fast quantum mechanical algorithm for database search." 1996.

Groys, Boris, editor. Russian Cosmism. E-flux, 2018.

Guinness. "First robot Olympics." Guinness World Records, 27 September 1990, https://www.guinnessworldrecords.com/world-records/first-robot-olympics. Accessed 28 December 2023.

Guizzo, Erico. "Cynthia Breazeal Unveils Jibo, a Social Robot for the Home." Cynthia Breazeal Unveils Jibo, a Social Robot for the Home, 2014, https://spectrum.ieee.org/cynthia-breazeal-unveils-jibo-a-social-robot-for-the-home. Accessed 29 December 2023.

Guizzo, Erico. "Kiva Systems: Three Engineers, Hundreds of Robots, One Warehouse." Kiva Systems: Three Engineers, Hundreds of Robots, One Warehouse, IEEE Spectrum, 2008, https://spectrum.ieee.org/three-engineers-hundreds-of-robots-one-warehouse. Accessed 28 December 2023.

Haarmann, Claudia, y al. "Making the difference! The BIG in Namibia." 2009. Accessed 30 January 2024.

Haddad, Michel, y al. "Improved Early Survival with the Total Artificial Heart." 2004.

Haden, Jeff. "Research Reveals How Many Likes It Takes for Facebook to Know You Better Than Anyone (Even Your Spouse)." Inc. Magazine, 11 March 2021, https://www.inc.com/jeff-haden/research-reveals-how-many-likes-it-takes-for-facebook-to-know-you-better-than-your-spouse.html. Accessed 13 February 2024.

Hamilton, John. The Space Race: The Thrilling History of NASA's Race to the Moon, from Project Mercury to Apollo 11 and Beyond. RavenFire Media, Incorporated, 2022. Accessed 28 December 2023.

Hamzah, Aqil. "From robot dogs to special drones, SAF tests unmanned platforms in US exercise." The Straits Times, 25 September 2023, https://www.straitstimes.com/singapore/from-robot-dogs-to-micro-drones-saf-tests-unmanned-platforms-in-us-exercise. Accessed 28 December 2023.

Hand, Sophie. "A Brief History of Collaborative Robots." Material Handling and Logistics, 26 February 2020, https://www.mhlnews.com/technology-automation/article/21124077/a-brief-history-of-collaborative-robots. Accessed 27 December 2023.

Hanson, Robin. The Age of Em: Work, Love, and Life when Robots Rule the Earth. Oxford University Press, 2018.

Harari, Yuval Noah. Homo Deus: A Brief History of Tomorrow. Translated by Yuval Noah Harari, HarperCollins, 2017.

Haraway, Donna. "A Cyborg Manifesto." Socialist Review (US), 1985.

Harbisson, Neil. "I listen to color | TED Talk." TED Talks, 20 July 2012, https://www.ted.com/talks/neil_harbisson_i_listen_to_color?language=en. Accessed 29 December 2023.

Harbou, Thea von. Metropolis. Dover Publications, 2015.

Harrow, Aram, y al. "Quantum algorithm for linear systems of equations." hysical Review Letters., 2008.

Hart, Peter, y al. "A Formal Basis for the Heuristic Determination of Minimum Cost Paths." IEEE Transactions on Systems Science and Cybernetics, 1968.

Hattem, Julian. "AT&T used broad data-gathering system for federal government." Wikipedia, 2016, https://thehill.com/policy/national-security/302644-att-used-broad-data-gathering-system-for-us-government/. Accessed 30 January 2024.

Hawking, Stephen. Brief Answers to the Big Questions. Random House Publishing Group, 2018.

He, Yujia, and Anne Bowser. "How China is preparing for an AI-powered Future." Wilson Center, 6 2017, https://www.wilsoncenter.org/sites/default/files/media/documents/publication/how_china_is_preparing_for_ai_powered_future.pdf. Accessed 26 December 2023.

Heinlein, Robert A. Stranger in a Strange Land. Penguin Publishing Group, 2018.

Helou, Agnes, and Barry Rosenberg. "With Turkish drones in the headlines, what happened to

Ukraine's Bayraktar TB2s?" Breaking Defense, 6 October 2023, https://breakingdefense.com/2023/10/with-turkish-drones-in-the-headlines-what-happened-to-ukraines-bayraktar-tb2s/. Accessed 28 December 2023.

Hemal, Ashok K., and Mani Menon, editors. Robotics in Genitourinary Surgery. Springer International Publishing, 2018. Accessed 27 December 2023.

Hemingway, Ernest, and Seán A. Hemingway. The Sun Also Rises: The Hemingway Library Edition. Edited by Seán A. Hemingway, Scribner, 1926.

Hempel, Jessi. "How Fei-Fei Li Will Make Artificial Intelligence Better for Humanity." WIRED, 13 November 2018, https://www.wired.com/story/fei-fei-li-artificial-intelligence-humanity/. Accessed 26 December 2023.

Henshall, Will. "Elon Musk Says AI Will Eliminate the Need for Jobs." Time, 2 November 2023, https://time.com/6331056/rishi-sunak-elon-musk-ai/. Accessed 28 December 2023.

Herbert, Frank. Dune, 40th Anniversary Edition (Dune Chronicles, Book 1). Penguin Publishing Group, 2005.

Herbert, Frank. Dune, 40th Anniversary Edition (Dune Chronicles, Book 1). Penguin Publishing Group, 2005.

Herculano-Houzel, Suzana. "The human brain in numbers: a linearly scaled-up primate brain." Frontiers in Human Neuroscience, no. 2009.

Hetzner, Christiaan. "Omar Al Olama, world's first AI minister, says the technology could change the world like the printing press." Fortune, 28 November 2023, https://fortune.com/asia/2023/11/28/artificial-intelligence-ai-technology-regulation-policy-guardrails-uae-fortune-global-forum/. Accessed 28 December 2023.

Hinton, Geoffrey, and David Rumelhart. "Learning representations by back-propagating errors." Nature, Nature.

"The HiPEAC Vision 2019 - Inria - Institut national de recherche en sciences y technologies du numérique." Hal-Inria, 10 November 2019, https://inria.hal.science/hal-02314184. Accessed 12 February 2024.

Ho, Tin Kam. "A theory of multiple classifier systems and its application to visual word recognition.,." A theory of multiple classifier systems and its application to visual word recognition, 1992, https://dl.acm.org/doi/book/10.5555/142930.

Hobbes, Thomas. Leviathan. Edited by Christopher Brooke, Penguin Publishing Group, 2017.

Hochreiter, Sepp, and Jürgen Schmidhuber. "Long Short-Term memory." Neural Computation, 1997.

Holley, Peter. "Amazon's autonomous robots have started delivering packages in a new location: Southern California." Washington Post, 12 August 2019, https://www.washingtonpost.com/technology/2019/08/12/amazons-autonomous-robots-have-started-delivering-packages-new-location-southern-california/. Accessed 28 December 2023.

Holpuch, Amanda. "Why Countries Are Trying to Ban TikTok." The New York Times, 12 December 2023, https://www.nytimes.com/article/tiktok-ban.html. Accessed 31 January 2024.

Holusha, John. "JAPANESE ART OF AUTOMATION." The New York Times, 28 March 1983, https://www.nytimes.com/1983/03/28/business/japanese-art-of-automation.html. Accessed 28 December 2023.

Hong, N. "3D bioprinting and its in vivo applications." Journal of Biomedical Materials Research, 2018.

Honnecourt, Villard. The Sketchbook of Villard de Honnecourt. Indiana University Press, 1968.

Hopfield, John. "Neurons with graded response have collective computational properties like those of two-state neurons." Proceedings of the National Academy of Sciences of the United States of America.

Hornyak, Timothy N. Loving the Machine: The Art and Science of Japanese Robots. Kodansha International, 2006.

Horsley, Jamie. "China's Orwellian Social Credit Score Isn't Real." Foreign Policy, 16 November 2018, https://foreignpolicy.com/2018/11/16/chinas-orwellian-social-credit-score-isnt-real/. Accessed 27 December 2023.

Howley, Daniel. "We're one step closer to robot butlers doing our dishes." We're one step closer to robot butlers doing our dishes, 2016, https://finance.yahoo.com/news/spotmini-boston-dynamics-robot-butler-174614581.html. Accessed 28 December 2023.

Hu, Krystal. "ChatGPT sets record for fastest-growing user base - analyst note." Reuters, 2 February 2023, https://www.reuters.com/technology/chatgpt-sets-record-fastest-growing-user-base-analyst-note-2023-02-01/. Accessed 26 December 2023.

Huebner, Jonathan. "A Possible Declining Trend for Worldwide Innovation." 2015.

Hugues, James. "Citizen Cyborg: Why Democratic Societies Must Respond To The Redesigned Human Of The Future." 2004.

Hull, Clark Leonard, y al. Mechanisms of Adaptive Behavior: Clark L. Hull's Theoretical Papers, with Commentary. Edited by Abram Amsel and Michael E. Rashotte, Columbia University Press, 1984.

Hume, David. A Treatise of Human Nature. Edited by Ernest C. Mossner, Penguin Publishing Group, 1984.

Hussein, Mohammed. "Visualising the race to build the world's fastest supercomputers." Al Jazeera, 14 January 2022, https://www.aljazeera.com/news/2022/1/14/infographic-visualising-race-build-world-fastest-supercomputers-interactive. Accessed 1 January 2024.

IBM. "IBM 700 Series." IBM, https://www.ibm.com/history/700. Accessed 26 December 2023.

IBM. "IBM Archives: 7090 Data Processing System." IBM, https://www.ibm.com/ibm/history/exhibits/mainframe/mainframe_PP7090.html. Accessed 26 December 2023.

IFR. "Robot Density nearly Doubled globally." International Federation of Robotics, 14 December 2021, https://ifr.org/ifr-press-releases/news/robot-density-nearly-doubled-globally. Accessed 29 December 2023.

Inglis, Esther. "The very first robot "brains" were made of old alarm clocks." Gizmodo, 7 March 2012, https://gizmodo.com/the-very-first-robot-brains-were-made-of-old-alarm-cl-5890771. Accessed 27 December 2023.

Intel. "The Story of the Intel® 4004." Intel, https://www.intel.com/content/www/us/en/history/museum-story-of-intel-4004.html. Accessed 26 December 2023.

Ivan, Zamesin. Clubhouse Elon Musk interview transcript. 2021.

Japan. "The income doubling plan and the growing Japanese economy." Ministry of Foreign Affairs, Japan, 1961.

John, Rohit Abraham, y al. "Self healable neuromorphic memtransistor elements for decentralized sensory signal processing in robotics." Nature Communications, 2020, https://www.nature.com/articles/s41467-020-17870-6. Accessed 28 December 2023.

Jonze, Spike, director. Her. 2013.

Jozuka, Emiko. "The Sad Story of Eric, the UK's First Robot Who Was Loved Then Forsaken." VICE, 19 May 2016, https://www.vice.com/en/article/pgkkpm/the-sad-story-of-eric-the-uks-first-robot-who-was-loved-then-forsaken. Accessed 27 December 2023.

Kak, Subhash. On quantum neural computing". Advances in Imaging and Electron Physics. 1995.

Kaku, Michio. "By Midcentury, We May Have Brain 2.0." Afflictor.com, 7 March 2014, https://afflictor.com/2014/03/07/by-midcentury-we-may-have-brain-2-0/. Accessed 28 December 2023.

Kaneko, Kenji, and Hiroshi Kaminaga. "Humanoid Robot HRP-5P: An Electrically Actuated Humanoid Robot With High-Power and Wide-Range Joints." Humanoid Robot HRP-5P: An Electrically Actuated Humanoid Robot With High-Power and Wide-Range Joints, 2019, https://ieeexplore.ieee.org/document/8630006. Accessed 28 December 2023.

Kania, Elsa B., and Paul Scharre. "Battlefield Singularity." Center for a New American Security, 28 November 2017, https://www.cnas.org/publications/reports/battlefield-singularity-artificial-intelligence-military-revolution-and-chinas-future-military-power. Accessed 27 December 2023.

Kasparov, Garri Kimovich, and Mig Greengard. Deep Thinking: Where Machine Intelligence Ends and Human Creativity Begins. PublicAffairs, 2017.

Kato, Ichiro. "The robot musician 'wabot-2' (waseda robot-2)." 1987.

Kato, Ikunishin. "Information-power machine with senses and limbs (Wabot 1)." 1974.

Kawasaki. "History of Kawasaki Robotics | Industrial Robots by Kawasaki Robotics." Kawasaki Robotics, Kawasaki, 2019, https://kawasakirobotics.com/eu-africa/company/history/. Accessed 28 December 2023.

Keranen, Rachel. Inventions in Computing: From the Abacus to Personal Computers. Cavendish Square Publishing, 2016.

Kingma, Diederik P., and Max Welling. "Auto-Encoding Variational Bayes." arXiv, 20 December 2013, https://arxiv.org/abs/1312.6114. Accessed 26 December 2023.

Kissinger, Henry. "Dr Henry Kissinger on the Potential Dangers of Artificial Intelligence." Home, 2023, https://www.youtube.com/shorts/nE85oKtA5Ic. Accessed 3 January 2024.

Klayman, Ben, and Stephen Nellis. "Trump's China tech war backfires on automakers as chips run short." Reuters, 14 January 2021, https://www.reuters.com/article/us-autos-tech-chips-focus-idUSKBN29K0GA. Accessed 27 December 2023.

Knight, Will. "Amazon's New Robots Are Rolling Out an Automation Revolution." WIRED, 26 June 2023, https://www.wired.com/story/amazons-new-robots-automation-revolution/. Accessed 28 December 2023.

Knight, Will. "These Clues Hint at the True Nature of OpenAI's Shadowy Q* Project." WIRED, 30 November 2023, https://www.wired.com/story/fast-forward-clues-hint-openai-shadowy-q-project/. Accessed 29 December 2023.

Knight, Will. "This Robot Could Transform Manufacturing." MIT Technology Review, 18 September 2012, https://www.technologyreview.com/2012/09/18/183759/this-robot-could-transform-manufacturing/. Accessed 27 December 2023.

Kobie, Nicole. "The complicated truth about China's social credit system." Wired UK, 7 June 2019, https://www.wired.co.uk/article/china-social-credit-system-explained. Accessed 27 December 2023.

Koder, Ronald L., and J. L. Ross Anderson. "Design and engineering of an O(2) transport protein." NCBI, 2013, https://www.ncbi.nlm.nih.gov/pmc/articles/PMC3539743/. Accessed 30 December 2023.

Koty, Alexander Chipman. "Artificial Intelligence in China: Shenzhen Releases First Local Regulations." China Briefing, 29 July 2021, https://www.china-briefing.com/news/artificial-intelligence-china-shenzhen-first-local-ai-regulations-key-areas-coverage/. Accessed 27 December 2023.

Krizhevsky, Alex, y al. "ImageNet Classification with Deep Convolutional Neural Networks." Communications of the ACM., 2017.

Künsken, Derek. The Quantum Magician. Solaris, 2018.

Kurzweil, Ray. The Age of Spiritual Machines: When Computers Exceed Human Intelligence. Penguin Publishing Group, 2000.

Kurzweil, Ray. The Singularity Is Nearer: When We Merge with Computers. Penguin Publishing Group, 2005.

Kwoh, YS, y al. "A robot with improved absolute positioning accuracy for CT guided stereotactic brain surgery." IEEE Transactions on Bio-Medical Engineering, 1988.

LaGrandeur, Kevin. Androids and Intelligent Networks in Early Modern Literature and Culture: Artificial Slaves. Routledge, 2013.

Landymore, Frank. "Godfather of AI Tells Us to Stop Freaking Out Over Its "Existential Risk" To Humanity." Futurism, 19 October 2023, https://futurism.com/the-byte/godfather-ai-stop-freaking-out. Accessed 29 December 2023.

Lang, Fritz, director. Metropolis. 1927. 1927.

LaPonsie, Maryalene. "What Is Universal Basic Income?" US News Money, 1 March 2022, https://money.usnews.com/money/personal-finance/articles/what-is-universal-basic-income. Accessed 29 December 2023.

Lasker. "DeBakey Clinical Medical Research Award: Modern cochlear implant." The Lasker Foundation, 2017.

LeCun, Yann. "Comparison of learning algorithms for handwritten digit recognition."

LeCun, Yann. "Post on LinkedIn." 30 October 2023, https://www.linkedin.com/posts/yann-lecun_animals-and-humans-get-very-smart-very-quickly-activity-7133567569684238336-szrF/. Accessed 28 December 2023.

Ledsom, Alex. "What Leonardo Da Vinci's Roaring Lion In Paris Has To Say About The World Today." Forbes, 29 September 2019, https://www.forbes.com/sites/alexledsom/2019/09/29/what-leonardo-da-vincis-roaring-lion-in-paris-has-to-say-about-the-world-today. Accessed 27 December 2023.

Lee, Daniel D. Jensen Huang's Nvidia: Processing the Mind of Artificial Intelligence. 2023.

Leibniz, Gottfried. The Monadology. CreateSpace Independent Publishing Platform, 2017.

Levine, Robert, and Ray Kurzweil. "Playboy | the New Human " the Kurzweil Library + collections." Ray Kurzweil, 2006, https://www.thekurzweillibrary.com/playboy-the-new-human. Accessed 28 December 2023.

Lewis, Gideon. "Check In With the Velociraptor at the World's First Robot Hotel." WIRED, 2 March 2016, https://www.wired.com/2016/03/robot-henn-na-hotel-japan/. Accessed 28 December 2023.

Li, Fei-Fei, y al. "ImageNet Large Scale Visual Recognition Challenge." ImageNet Large Scale Visual Recognition Challenge, https://link.springer.com/article/10.1007/s11263-015-0816-y. Accessed 28 December 2023.

Lien, Tracey. "AlphaGo beats human Go champ in milestone for artificial intelligence." Los Angeles Times, 12 March 2016, https://www.latimes.com/world/asia/la-fg-korea-alphago-20160312-story.html. Accessed 26 December 2023.

Liezi, th Cent B. C., and A. C. (Angus Charles) Tr Graham, editors. The Book of Lieh-tzu. Creative Media Partners, LLC, 2021.

Lightman, Hunter, y al. "Let's Verify Step by Step." arXiv, 31 May 2023, https://arxiv.org/abs/2305.20050. Accessed 29 December 2023.

Lin, Tsung-Yi, and Hong-Sen Yan. "A study on ancient Chinese time laws and the time-telling system of Su Song's clock tower." 2002, https://www.sciencedirect.com/science/article/abs/pii/S0094114X01000593. Accessed 27 December 2023.

Linder, J., y al. "A generative neural network for maximizing fitness and diversity of synthetic DNA and protein sequences." 2020.

Linnainmaa, Seppo. "The representation of the cumulative rounding error of an algorithm as a Taylor expansion of the local rounding errors." 1970.

Lloyd, Seth, y al. "Quantum principal component analysis." Nature, 2014, https://www.nature.com/articles/nphys3029. Accessed 29 December 2023.

Lohr, Steve. "A $1 Million Research Bargain for Netflix, and Maybe a Model for Others (Published 2009)." The New York Times, 21 September 2009, https://www.nytimes.com/2009/09/22/technology/internet/22netflix.html. Accessed 26 December 2023.

Lowensohn, Josh. "Google buys Boston Dynamics, maker of spectacular and terrifying robots." The Verge, 13 December 2013, https://www.theverge.com/2013/12/14/5209622/google-has-bought-robotics-company-boston-dynamics. Accessed 26 December 2023.

Lu, Marcus, and Niccolo Conte. "Ranked: Government Debt by Country, in Advanced Economies." Visual Capitalist, 11 December 2023, https://www.visualcapitalist.com/government-debt-by-country-advanced-economies/. Accessed 6 February 2024.

Macdonald, Fiona, and Gustav Klutsis. "The early Soviet images that foreshadowed fake news." BBC, 10 November 2017, https://www.bbc.com/culture/article/20171110-the-early-soviet-images-that-foreshadowed-fake-news. Accessed 10 February 2024.

Mackintosh, Phil, and Dillon Jaghory. "Japan's Robot Dominance." Nasdaq, 16 May 2022, https://www.nasdaq.com/articles/japans-robot-dominance. Accessed 28 December 2023.

Majors, Lee, creator. The Six Million Dollar Man. ABC, 1973-78.

Makin, Joseph G, y al. "Machine translation of cortical activity to text with an encoder–decoder framework." NCBI, 30 March 2020, https://www.ncbi.nlm.nih.gov/pmc/articles/PMC10560395/. Accessed 29 December 2023.

Malyshev, DA, y al. "A semi-synthetic organism with an expanded genetic alphabet."" Nature, 2014.

Manning, Rob, and William L. Simon. Mars Rover Curiosity: An Inside Account from Curiosity's Chief Engineer. Smithsonian, 2017.

Mansour, Salem, y al. "Efficacy of Brain–Computer Interface and the Impact of Its Design Characteristics on Poststroke Upper-limb Rehabilitation: A Systematic Review and Meta-analysis of Randomized Controlled Trials." NCBI, 2021, https://www.ncbi.nlm.nih.gov/pmc/articles/PMC8619716/. Accessed 29 December 2023.

Marboy, Steven. NASA Mars Rover Perseverance: Mars 2020. Independently Published, 2020. Accessed 28 December 2023.

Marinescu, Ioana, and Heikki Hiilamo. "Why Alaska's Experience Shows Promise for Universal Basic Income." Knowledge at Wharton, 10 May 2018, https://knowledge.wharton.upenn.edu/podcast/knowledge-at-wharton-podcast/alaskas-experience-shows-promise-universal-basic-income/. Accessed 30 January 2024.

Markoff, John. "Behind Artificial Intelligence, a Squadron of Bright Real People (Published 2005)." The New York Times, 14 October 2005, https://www.nytimes.com/2005/10/14/technology/behind-artificial-intelligence-a-squadron-of-bright-real-people.html. Accessed 26 December 2023.

Markoff, John. "Crashes and Traffic Jams in Military Test of Robotic Vehicles (Published 2007)." The New York Times, 5 November 2007, https://www.nytimes.com/2007/11/05/technology/05robot.html. Accessed 28 December 2023.

Markoff, John. "In a Big Network of Computers, Evidence of Machine Learning." The New York Times, 25 June 2012, https://www.nytimes.com/2012/06/26/technology/in-a-big-network-of-computers-evidence-of-machine-learning.html?pagewanted=all. Accessed 26 December 2023.

Martin, Goerge M. "Brief proposal on immortality: an interim solution." Perspectives in Biology and Medicine., 1971.

Masamune, Shirow. The Ghost in the Shell: Fully Compiled (Complete Hardcover Collection). Kodansha Comics, 2023.

Maslow, Abraham. "A theory of human motivation." Psychological Review, 1943.

Mason, Cindy. "(PDF) Giving Robots Compassion, C. Mason, Conference on Science and Compassion, Poster Session, Telluride, Colorado, 2012." ResearchGate, 2012, https://www.researchgate.net/publication/260230014_Giving_Robots_Compassion_C_Mason_Conference_on_Science_and_Compassion_Poster_Session_Telluride_Colorado_2012. Accessed 28 December 2023.

Matsakis, Louise. "How the West Got China's Social Credit System Wrong." WIRED, 29 July 2019, https://www.wired.com/story/china-social-credit-score-system/. Accessed 27 December 2023.

Mayor, Adrienne. Gods and Robots: Myths, Machines, and Ancient Dreams of Technology. Princeton University Press, 2020.

McCarthy, John, y al. A PROPOSAL FOR THE DARTMOUTH SUMMER RESEARCH PROJECT ON ARTIFICIAL INTELLIGENCE. 1955.

McCorduck, Pamela. Machines Who Think: A Personal Inquiry Into the History and Prospects of Artificial Intelligence. Taylor & Francis, 2004.

McCulloch, Warren, and Walter Pitts. "A logical calculus of the ideas immanent in nervous activity." The bulletin of mathematical biophysics, 1945.

McElhinney, David. "Why money will not be enough to address Japan's baby crisis." Al Jazeera, 28 February 2023, https://www.aljazeera.com/news/2023/2/28/why-money-will-not-be-enough-to-address-japans-demographic-crisis. Accessed 28 December 2023.

McKinsey. "Modeling the global economic impact of AI." McKinsey, 4 September 2018, https://www.mckinsey.com/featured-insights/artificial-intelligence/notes-from-the-ai-frontier-modeling-the-impact-of-ai-on-the-world-economy. Accessed 29 December 2023.

Mesopotamian. The Epic of Gilgamesh. Penguin Classics, 1960.

Meyer, David. "U.S. Urges Other Countries to Shun Huawei, Citing Espionage Risk." Fortune, 23 November 2018, https://fortune.com/2018/11/23/us-huawei-espionage/. Accessed 27 December 2023.

"Microsoft-affiliated research finds flaws in GPT-4." TechCrunch, 17 October 2023, https://techcrunch.com/2023/10/17/microsoft-affiliated-research-finds-flaws-in-gtp-4/. Accessed 12 February 2024.

Mikolov, Tomas, and Kai Chen. "Efficient Estimation of Word Representations in Vector Space." Efficient Estimation of Word Representations in Vector Space, 16 January 2013. Accessed 26 December 2023.

Mims, Christopher. "Self-Driving Cars Could Be Decades Away, No Matter What Elon Musk Said." The Wall Street Journal, 5 June 2021, https://www.wsj.com/articles/self-driving-cars-could-be-decades-away-no-matter-what-elon-musk-said-11622865615. Accessed 13 February 2024.

Modis, Theodore. "Forecasting the Growth of Complexity and Change." 2002.

Moor, James, editor. The Turing Test: The Elusive Standard of Artificial Intelligence. Springer Netherlands, 2003.

Moore, Gordon E. "Cramming more components onto integrated circuits." 1965.

Moran, Michael E. "The." The da Vinci Robot, 2007, https://www.liebertpub.com/doi/10.1089/end.2006.20.986. Accessed 27 December 2023.

Moravec, Hans. "Caution! Robot vehicle!" Caution! Robot vehicle!, 1991, https://dl.acm.org/doi/10.5555/132218.132237. Accessed 27 December 2023.

Moravec, Hans. Mind Children: The Future of Robot and Human Intelligence. Harvard University Press, 1988.

Moravec, Hans. "Obstacle avoidance and navigation in the real world by a seeing robot rover." PHD, 1980.

Moravec, Hans. "Today's Computers, Intelligent Machines, and Our Future." 1979.

Moravec, Hans P. Robot: Mere Machine to Transcendent Mind. Oxford University Press, 1999.

More, Max. Comments on Vinge's Singularity, 2014, https://mason.gmu.edu/~rhanson/vc.html#more. Accessed 29 December 2023.

More, Thomas. Utopia. Translated by Paul Turner, Penguin Publishing Group, 2003.

Morgan, Richard K. Altered Carbon. Del Rey, 2003.

Mori, Masahiro. The Buddha in the Robot. Kosei Publishing Company, 1981.

Mori, Masahiro. "The Uncanny Valley." 1970, https://spectrum.ieee.org/the-uncanny-valley. Accessed 28 December 2023.

Mortimer, John, and Brian Rooks. "The International Robot Industry Report." 1987, https://link.springer.com/book/10.1007/978-3-662-13174-9. Accessed 28 December 2023.

Mosco, Vincent. To the Cloud: Big Data in a Turbulent World. Taylor & Francis, 2015.

Motoda, Hiroshi. "The current status of expert system development and related technologies in Japa." Hitachi, 1990, https://ieeexplore.ieee.org/document/58016. Accessed 28 December 2023.

"Mueller finds no collusion with Russia, leaves obstruction question open." American Bar Association, 2019, https://www.americanbar.org/news/abanews/aba-news-archives/2019/03/mueller-concludes-investigation/.

Mumtaz, Sandeeb. "Electroencephalogram (EEG)-based computer-aided technique to diagnose major depressive disorder (MDD)." Biomedical Signal Processing and Control, 2017, https://www.sciencedirect.com/science/article/abs/pii/S1746809416300866. Accessed 2 February 2024.

Murakami, Kazuo, translator. 機巧図彙. Murakami Kazuo, 2012.

Murray, Chuck. "Re-wiring the Body." 2005.

Murre, Jaap M. J. "Replication and Analysis of Ebbinghaus' Forgetting Curve." PLOS, 2015, https://journals.plos.org/plosone/article?id=10.1371/journal.pone.0120644. Accessed 6 February 2024.

Musk, Elon, and Alex Medina. Elon Musk on X: "This is nothing. In a few years, that bot will move so fast you'll need a strobe light to see it. Sweet dreams… https://t.co/0MYNixQXMw", 26 November 2017, https://twitter.com/elonmusk/status/934888089058549760? Accessed 28 December 2023.

Muzyka, Kamil. "The Outline of Personhood Law Regarding Artificial Intelligences and Emulated Human Entities." Sciendo, 23 November 2011, https://sciendo.com/article/10.2478/jagi-2013-0010. Accessed 29 December 2023.

Myre, Greg. "China Wants Your Data—And May Already Have It." NPR, 24 February 2021, https://www.npr.org/2021/02/24/969532277/china-wants-your-data-and-may-already-have-it. Accessed 31 January 2024.

Nagata, Kazuaki. "SoftBank unveils 'historic' robot." The Japan Times, 5 June 2014, https://www.japantimes.co.jp/news/2014/06/05/business/corporate-business/softbank-unveils-pepper-worlds-first-robot-reads-emotions/#.U5hbI_m1ZbU. Accessed 28 December 2023.

Nahin, Paul J. The Logician and the Engineer: How George Boole and Claude Shannon Created the Information Age. Princeton University Press, 2017.

NASA. "NASA's Dragonfly Will Fly Around Titan Looking for Origins, Signs of Life." NASA, 27

June 2019, https://www.nasa.gov/news-release/nasas-dragonfly-will-fly-around-titan-looking-for-origins-signs-of-life/. Accessed 28 December 2023.

NASA. "OSIRIS-REx." NASA Science, https://science.nasa.gov/mission/osiris-rex/. Accessed 28 December 2023.

NASA. "OSIRIS-REx." NASA Science, https://science.nasa.gov/mission/osiris-rex/. Accessed 28 December 2023.

NASA. "Regolith Advanced Surface Systems Operations Robot (RASSOR)." NASA 3D Resources, 9 June 2021, https://nasa3d.arc.nasa.gov/detail/RASSOR. Accessed 28 December 2023.

NASA. "Robonaut2." NASA, 26 September 2023, https://www.nasa.gov/robonaut2/. Accessed 28 December 2023.

NASA. "SPHERES International Space Station National Laboratory Facility – Synchronized Position Hold, Engage, Reorient, Experimental." NASA, https://www.nasa.gov/wp-content/uploads/2017/12/spheres_fact_sheet-508-7may2015.pdf. Accessed 28 December 2023.

NASA. "Viking 1 & 2 | Missions – NASA Mars Exploration." NASA Mars Exploration, https://mars.nasa.gov/mars-exploration/missions/viking-1-2/. Accessed 28 December 2023.

Nature. "Tercentenary of the Calculating Machine." no. 150, 1942, https://www.nature.com/articles/150427a0#preview.

Neeley, Brian. "China is building the best firewall for the AI age." Business News, 26 December 2023, https://biz.crast.net/china-is-building-the-best-firewall-for-the-ai-age/. Accessed 27 December 2023.

Neuman, John Von. First Draft of a Report on the EDVAC. Creative Media Partners, LLC, 2021.

Neuralink. "Neuralink Annoucement on X." X.com, 25 May 2023, https://twitter.com/neuralink/status/1661857379460468736. Accessed 29 December 2023.

Newell, Allen, and Herbert Simon. "Computer Science as Empirical Inquiry: Symbols and Search." 1976.

Newitz, Annalee. Autonomous. Translated by Alexander Páez, Minotauro, 2019.

Newquist, Harvey P. The Brain Makers. Sams Pub., 1994.

Newsflare. "Seven places where robots serve customers in Bangkok, Thailand." Newsflare, 13 May 2023, https://www.newsflare.com/video/562164/seven-places-where-robots-serve-customers-in-bangkok-thailand. Accessed 6 February 2024.

New York Times. "BUSINESS TECHNOLOGY; What's the Best Answer? It's Survival of the Fittest (Published 1990)." The New York Times, 29 August 1990, https://www.nytimes.com/1990/08/29/business/business-technology-what-s-the-best-answer-it-s-survival-of-the-fittest.html?scp=1&sq=axcelis%20evolver&st=cse/. Accessed 26 December 2023.

Ni, Vincent. "China denounces US Senate's $250bn move to boost tech and manufacturing." The Guardian, 8 June 2021, https://www.theguardian.com/us-news/2021/jun/09/us-senate-approves-50bn-boost-for-computer-chip-and-ai-technology-to-counter-china. Accessed 29 January 2024.

Niccol, Andrew, director. Gattace. 1997.

Nielsen, AA. "Genetic circuit design automation." 2016.

Nikkey. "Japan's senior-care providers seek more foreign trainees." Nikkei Asia, 11 January 2017, https://asia.nikkei.com/Business/Japan-s-senior-care-providers-seek-more-foreign-trainees. Accessed 28 December 2023.

Nilsson, Nils J. The Quest for Artificial Intelligence. Cambridge University Press, 2010.

Nishida, Toyoaki. "The Best of AI in Japan—Prologue." 2012.

Nof, Shimon Y., editor. Handbook of Industrial Robotics. Wiley, 1999.

Nolan, Beatrice. "Sam Altman Keeps Talking About AGI Replacing the 'Median Human.'" Business Insider, 27 September 2023, https://www.businessinsider.com/sam-altman-thinks-agi-replaces-median-humans-2023-9. Accessed 28 December 2023.

NTT DATA. "More Than 80% of Financial Institutions Believe AI is the Key Competitive Driver to Success NTT DATA Study Reveals." NTT DATA, 21 April 2021, https://mx.nttdata.com/es/news/press-release/2021/april/financial-institutions-believe-ai-is-key. Accessed 29 December 2023.

Nurk, Sergey, y al. "The complete sequence of a human genome."

https://www.science.org/doi/10.1126/science.abj6987, 2022.

Nye, Greg. "China Wants Your Data." NPR, 9 November 2017, https://www.ktep.org/world-news/2021-02-24/china-wants-your-data-and-may-already-have-it. Accessed 13 February 2024.

Obringer, Lee Ann, and Jonathan Strickland. "How ASIMO Works | HowStuffWorks." Science | HowStuffWorks, 2007, https://science.howstuffworks.com/asimo.htm#pt1. Accessed 28 December 2023.

Ohnsman, Alan. "At $1.1 Billion Google's Self-Driving Car Moonshot Looks Like A Bargain." Forbes, 15 September 2017, https://www.forbes.com/sites/alanohnsman/2017/09/15/at-1-1-billion-googles-self-driving-car-moonshot-looks-like-a-bargain/. Accessed 28 December 2023.

Okonedo, Sophie, y al. "Alien Worlds (TV Series 2020)." IMDb, 2020, https://www.imdb.com/title/tt13464340/. Accessed 28 December 2023.

Olcott, Eleanor, and Wenjie Ding. "China struggles to control data sales as companies shun official exchanges." Financial Times, 27 December 2023, https://www.ft.com/content/eab7c43a-e4a0-464b-a5d4-d71526dd2e8b. Accessed 27 December 2023.

Opie, N. "The StentrodeTM Neural Interface System."" Brain-Computer Interface Research., 2021.

Oremus, Will. DeepFace: Facebook face-recognition software is 97 percent accurate., 18 March 2014, https://slate.com/technology/2014/03/deepface-facebook-face-recognition-software-is-97-percent-accurate.html. Accessed 26 December 2023.

Ourworldindata. "GDP per capita: Argentina, France, Germany, UK ." 9 October 2021, https://ourworldindata.org/grapher/gdp-per-capita-maddison?tab=chart&time=1602..1948&country=ARG~FRA~DEU~GBR. Accessed 29 December 2023.

Overbye, Dennis. "Reaching for the Stars, Across 4.37 Light-Years." The New York Times, 12 April 2016, https://www.nytimes.com/2016/04/13/science/alpha-centauri-breakthrough-starshot-yuri-milner-stephen-hawking.html. Accessed 30 December 2023.

Ownify. "Fractional ownership explained." Ownify, https://ownify.com/fractional-ownership-explained. Accessed 6 February 2024.

Page, Larry, and Sergey Brin. "The anatomy of a large-scale hypertextual Web search engine." Computer Networks and Isdn Systems, 1998.

Pandi, A., y al. "Metabolic perceptrons for neural computing in biological systems."" Nature Communications., 2019.

Park, Ed Sjc. EGo: A Dot-com Bubble Story. Lulu.com, 2012.

Pearson, Karl. "On Lines and Planes of Closest Fit to Systems of Points in Space." 1901.

Pennington, Jeffrey, and Richard Socher. "GloVe: Global Vectors for Word Representation." Stanford NLP Group, 2014, https://nlp.stanford.edu/pubs/glove.pdf. Accessed 26 December 2023.

Pereira, Anthony W. ""Bolsa Família" and democracy in Brazil." Third World Quarterly, 2015, https://www.jstor.org/stable/24523144. Accessed 30 January 2024.

Perov, Ivan. "DeepFaceLab: Integrated, flexible and extensible face-swapping framework." arXiv, 12 May 2020, https://arxiv.org/abs/2005.05535. Accessed 26 December 2023.

Peshkin, Michael A., and James E. Colgate. "US Patent US5952796A - Cobots." Google Patents, 1997, https://patents.google.com/patent/US5952796. Accessed 27 December 2023.

Peters, Jay, and Alex Castro. "The New York Times blocks OpenAI's web crawler." The Verge, 21 August 2023, https://www.theverge.com/2023/8/21/23840705/new-york-times-openai-web-crawler-ai-gpt. Accessed 26 December 2023.

Pew. "Political Polarization in the American Public." Pew Research Center, 12 June 2014, https://www.pewresearch.org/politics/2014/06/12/political-polarization-in-the-american-public/. Accessed 29 December 2023.

Pew. "Public Trust in Government: 1958-2023." Pew Research Center, 19 September 2023, https://www.pewresearch.org/politics/2023/09/19/public-trust-in-government-1958-2023/. Accessed 29 December 2023.

Pieke, Frank N., and Bert Hofman, editors. CPC Futures: The New Era of Socialism with Chinese Characteristics. National University of Singapore Press, 2022.

Pinker, Steven. "Tech Luminaries Address Singularity." https://spectrum.ieee.org/, 2008, https://spectrum.ieee.org/tech-luminaries-address-singularity. Accessed 29 December 2023.

Piore, Adam. "Beijing's Plan to Control the World's Data: Out-Google Google." Newsweek, 7 September 2022, https://www.newsweek.com/2022/09/16/beijings-plan-control-worlds-data-out-google-google-1740426.html. Accessed 31 January 2024.

Poe, Edgar Allan. Edgar Allan Poe: Selected Works: "The Business Man," "The Landscape Garden," "Maelzel's Chess Player," "The Power of Words". St Johns University Press, 1968.

Pollack, Andrew. "'Fifth Generation' Became Japan's Lost Generation." The New York Times, 5 June 1992, https://www.nytimes.com/1992/06/05/business/fifth-generation-became-japan-s-lost-generation.html. Accessed 28 December 2023.

Pomerleau, Dean A. "ALVINN: An Autonomous Land Vehicle in a Neural Network." 1988.

Population Pyramide. "Population of Japan 2060." PopulationPyramid.net, https://www.populationpyramid.net/japan/2060/. Accessed 3 February 2024.

Porter, Jon, and Alex Castro. "ChatGPT continues to be one of the fastest-growing services ever." The Verge, 6 November 2023, https://www.theverge.com/2023/11/6/23948386/chatgpt-active-user-count-openai-developer-conference. Accessed 26 December 2023.

Pritchett, Price, and Brian Muirhead. The Mars Pathfinder: Approach to "faster-better-cheaper" : Hard Proof from the NASA/JPL Pathfinder Team on how Limitations Can Guide You to Breakthroughs. Pritchett & Associates, 1998.

PWC. "What's the real value of AI for your business and how can you capitalise?" PwC, 2017, https://www.pwc.com/gx/en/issues/analytics/assets/pwc-ai-analysis-sizing-the-prize-report.pdf. Accessed 29 December 2023.

Quinlan, J. Ross. C4.5. Elsevier Science, 1993.

Rabaey, JM. "Brain-machine interfaces as the new frontier in extreme miniaturization." 2011 Proceedings of the European Solid-State Device Research Conference, 2011.

Rajaniemi, Hannu. The Quantum Thief. Tor Publishing Group, 2014.

Rashid, Rushdi, editor. Al-Khwārizmī: The Beginnings of Algebra. Saqi, 2009.

Redgrove, H. Stanley. Roger Bacon: The Father of Experimental Science and Medieval Occultism. Kessinger Publishing, LLC, 2010.

Rees, Martin J. Our final hour : a scientist's warning : how terror, error, and environmental disaster threaten humankind's future in this century on earth and beyond. Basic Books, 2004.

Reilly, Jessica, y al. "China's Social Credit System: Speculation vs. Reality." The Diplomat, 30 March 2021, https://thediplomat.com/2021/03/chinas-social-credit-system-speculation-vs-reality/. Accessed 26 December 2023.

Reynolds, Isabel, y al. "Weak Yen Unravels Japan's Quest for Foreign Workers." Bloomberg.com, 9 November 2022, https://www.bloomberg.com/news/articles/2022-11-09/weak-yen-unravels-japan-s-quest-for-foreign-workers. Accessed 28 December 2023.

Rinaudo, K. "A universal RNAi-based logic evaluator that operates in mammalian cells"." 2007.

River, Charles. The Viking Program: The History and Legacy of NASA's First Missions to Mars. Amazon Digital Services LLC - Kdp, 2019.

Rombach, Robin, y al. "High-Resolution Image Synthesis with Latent Diffusion Models - Computer Vision & Learning Group." 2022, https://ommer-lab.com/research/latent-diffusion-models/. Accessed 26 December 2023.

Roose, Kevin. "A.I. Poses 'Risk of Extinction,' Industry Leaders Warn." The New York Times, 30 May 2023, https://www.nytimes.com/2023/05/30/technology/ai-threat-warning.html. Accessed 29 December 2023.

Roose, Kevin. "Mr. Altman Goes to Washington, and Casey Goes on This American Life." The New York Times, 19 May 2023, https://www.nytimes.com/2023/05/19/podcasts/hard-fork-altman-yoel-roth.html. Accessed 26 December 2023.

Rosen, Rebecca J. "Google's Self-Driving Cars: 300000 Miles Logged, Not a Single Accident Under Computer Control." The Atlantic, 9 August 2012, https://www.theatlantic.com/technology/archive/2012/08/googles-self-driving-cars-300-000-miles-logged-not-a-single-accident-under-computer-control/260926/. Accessed 28 December 2023.

Rosen, Rebecca J. "Unimate: The Story of George Devol and the First Robotic Arm." The Atlantic, 16 August 2011, https://www.theatlantic.com/technology/archive/2011/08/unimate-the-story-of-george-devol-and-the-first-robotic-arm/243716/. Accessed 27 December 2023.

Rosenblatt, Frank. "The Perceptron—a perceiving and recognizing automaton." Cornell Aeronautical Laboratory, 1957.

Rothblatt, Martine Aliana. From Transgender to Transhuman: A Manifesto on the Freedom of Form. Martine Rothblatt, 2011.

Rozum Robotics. "Coffee by a Robot Barista Becoming Next-Door Reality." Rozum Robotics, https://rozum.com/coffee-robot-barista/. Accessed 6 February 2024.

RSF. "2023 World Press Freedom Index – journalism threatened by fake content industry." 2023 World Press Freedom Index – journalism threatened by fake content industry, 2023, https://rsf.org/en/2023-world-press-freedom-index-journalism-threatened-fake-content-industry. Accessed 29 December 2023.

Rutherford, Adam. Control: The Dark History and Troubling Present of Eugenics. WW Norton, 2022. Accessed 29 December 2023.

Ryan, Cy. "Nevada issues Google first license for self-driving car." Las Vegas Sun, 7 May 2012, https://lasvegassun.com/news/2012/may/07/nevada-issues-google-first-license-self-driving-ca/. Accessed 28 December 2023.

Safran, Linda, editor. Heaven on Earth: Art and the Church in Byzantium. Pennsylvania State University Press, 1998.

Sage, Alexandria. "Meet Waymo, Google's self-driving car company." 2016, https://www.reuters.com/article/google-waymo-autonomous-idINKBN142227/. Accessed 28 December 2023.

Sale, Kirkpatrick. Rebels Against The Future: The Luddites And Their War On The Industrial Revolution: Lessons For The Computer Age. Basic Books, 1996.

Salus, Peter H., editor. The ARPANET Sourcebook: The Unpublished Foundations of the Internet. Peer-to-Peer Communications, 2007.

Samuel, Arthur. "Some Studies in Machine Learning Using the Game of Checkers." IBM Journal of Research and Development., 1959.

Sánchez Domingo, Rafael. "Las leyes de Burgos de 1512 y la doctrina jurídica de la conquista." Dialnet, 2012, https://dialnet.unirioja.es/servlet/articulo?codigo=4225030. Accessed 9 January 2024.

Schaut, Scott. Robots of Westinghouse, 1924-today. Scott Schautt, Mansfield Memorial Museum, 2006.

Schneider, Susan. "The Philosophy of 'Her.'" 2014, https://archive.nytimes.com/opinionator.blogs.nytimes.com/2014/03/02/the-philosophy-of-her/?_php=true&_type=blogs&_r=0. Accessed 1 January 2024.

Schrödinger, Erwin. "Discussion of Probability Relations between Separated Systems." Mathematical Proceedings of the Cambridge Philosophical Society, 1935.

Schuh, Mari. Military Drones and Robots. Capstone, 2022. Accessed 28 December 2023.

Searle, John. "Minds, brains, and programs." Behavioral and Brain Sciences, 1980.

SETI Institute. "Drake Equation." SETI Institute, https://www.seti.org/drake-equation-index. Accessed 20 January 2024.

Several Governments. "The Bletchley Declaration by Countries Attending the AI Safety Summit, 1-2 November 2023." GOV.UK, 1 November 2023, https://www.gov.uk/government/publications/ai-safety-summit-2023-the-bletchley-declaration/the-bletchley-declaration-by-countries-attending-the-ai-safety-summit-1-2-november-2023. Accessed 25 December 2023.

Shachtman, Noah. "Darpa Preps Son of Robotic Mule." WIRED, 29 October 2008, https://www.wired.com/2008/10/bigdog-20/. Accessed 28 December 2023.

Shachtman, Noah. "First Armed Robots on Patrol in Iraq (Updated)." WIRED, 2 August 2007, https://www.wired.com/2007/08/httpwwwnational/. Accessed 28 December 2023.

Sharp, Alan. A Grim Almanac of York. History Press, 2015.

Shead, Sam. "Amazon's Robot Army Has Grown by 50%." Business Insider, 3 January 2017, https://www.businessinsider.com/amazons-robot-army-has-grown-by-50-2017-1. Accessed 28 December 2023.

Shelley, Mary. Frankenstein (Masterpiece Library Edition). Peter Pauper Press, Incorporated, 2023.

Shor, Peter. "Algorithms for quantum computation: Discrete logarithms and factoring." Proceedings 35th Annual Symposium on Foundations of Computer Science. IEEE Comput. Soc. Press.,

1994.

Shu, Catherine. "Google Acquires Artificial Intelligence Startup DeepMind For More Than $500M." TechCrunch, 26 January 2014, https://techcrunch.com/2014/01/26/google-deepmind/. Accessed 26 December 2023.

Silbert, Alex. "Mining in Space Is Coming." Milken Institute Review, 26 April 2021, https://www.milkenreview.org/articles/mining-in-space-is-coming. Accessed 28 December 2023.

Silva, Lucas, y al. "Baxter Kinematic Modeling, Validation and Reconfigurable Representation 2016-01-0334." SAE International, 5 April 2016, https://www.sae.org/publications/technical-papers/content/2016-01-0334/. Accessed 27 December 2023.

Simon, Herbert A. The Shape of Automation for Men and Management. Harper & Row, 1965.

Simon, Matt. "Meet Xenobot, an Eerie New Kind of Programmable Organism." WIRED, 13 January 2020, https://www.wired.com/story/xenobot/. Accessed 29 December 2023.

Singh, Ishveena, and Bruce Crumley. "DJI condemns use of its drones in the Russia-Ukraine war." DroneDJ, 22 April 2022, https://dronedj.com/2022/04/22/dji-drones-ukraine-russia-war/. Accessed 28 December 2023.

Singh, Pavneet, and Michael Brown. "China's Technology Transfer Strategy: How Chinese Investments in Emerging Technology Enable A Strategic Competitor to Access the Crown Jewels of U.S. Innovation." 2018, https://admin.govexec.com/media/diux_chinatechnologytransferstudy_jan_2018_(1).pdf. Accessed 27 December 2023.

Skinner, B.F. About behaviorism. Knopf Doubleday Publishing Group, 1976.

Slaby, James R. "Robotic Automation Emerges as a Threat to Traditional Low-Cost Outsourcing." HfS Research, 2012.

Slingerlend, Brad. "A semiconductor 'cold war' is heating up between the U.S. and China." MarketWatch, 2 June 2020, https://www.marketwatch.com/story/a-semiconductor-cold-war-is-heating-up-between-the-us-and-china-2020-06-01. Accessed 27 December 2023.

Small, Zachary. "Sarah Silverman Sues OpenAI and Meta Over Copyright Infringement." The New York Times, 10 July 2023, https://www.nytimes.com/2023/07/10/arts/sarah-silverman-lawsuit-openai-meta.html. Accessed 26 December 2023.

Smibert, Angie. Space Robots. Abdo Publishing, 2018.

Smith, Gregory A. "About Three-in-Ten U.S. Adults Are Now Religiously Unaffiliated." Pew Research Center, 14 December 2021, https://www.pewresearch.org/religion/2021/12/14/about-three-in-ten-u-s-adults-are-now-religiously-unaffiliated/. Accessed 29 December 2023.

Smith, Lamar. "The Climate-Change Religion - WSJ." The Wall Street Journal, 23 April 2015, https://www.wsj.com/articles/the-climate-change-religion-1429832149. Accessed 29 December 2023.

Snow, Shawn. "Pentagon successfully tests world's largest micro-drone swarm." Military Times, 9 January 2017, https://www.militarytimes.com/news/pentagon-congress/2017/01/09/pentagon-successfully-tests-world-s-largest-micro-drone-swarm/. Accessed 28 December 2023.

Sokol, Joshua. "Meet the Xenobots, Virtual Creatures Brought to Life (Published 2020)." The New York Times, 6 April 2020, https://www.nytimes.com/2020/04/03/science/xenobots-robots-frogs-xenopus.html. Accessed 29 December 2023.

Sommers, Jaime, creator. The Bionic Woman. 1976. ABC, 1976-78.

Sophocles. Oedipus Rex, Oedipus the King. Translated by E. H. Plumptre, Digireads.com Publishing, 2005.

Soros, George, y al. "Can Democracy Survive the Polycrisis? by George Soros." Project Syndicate, 6 June 2023, https://www.project-syndicate.org/commentary/can-democracy-survive-polycrisis-artificial-intelligence-climate-change-ukraine-war-by-george-soros-2023-06. Accessed 29 January 2024.

Sozzi, Brian. "Beyond Meat founder and CEO: The arc of history is on our side." Yahoo Finance, 28 December 2023, https://finance.yahoo.com/news/beyond-meat-founder-and-ceo-the-arc-of-history-is-on-our-side-220153945.html. Accessed 31 December 2023.

Spielberg, Steven, director. A.I. 2011.

Stanford. "Stanford's Robotic History." STANFORD magazine, 2014, https://stanfordmag.org/contents/stanford-s-robotic-history. Accessed 27 December 2023.

State of California. "California Consumer Privacy Act (CCPA)." California Department of Justice, State of California, 2018, https://oag.ca.gov/privacy/ccpa. Accessed 26 December 2023.

State of Virginia. "The Virginia Consumer Data Protection Act." Attorney General of Virginia, 2021, https://www.oag.state.va.us/consumer-protection/files/tips-and-info/Virginia-Consumer-Data-Protection-Act-Summary-2-2-23.pdf. Accessed 26 December 2023.

Statt, Nick, and Angelo Merendino. "Former Google exec Anthony Levandowski sentenced to 18 months for stealing self-driving car secrets." The Verge, 4 August 2020, https://www.theverge.com/2020/8/4/21354906/anthony-levandowski-waymo-uber-lawsuit-sentence-18-months-prison-lawsuit. Accessed 28 December 2023.

Stokel, Chris. "ChatGPT Replicates Gender Bias in Recommendation Letters." Scientific American, 22 November 2023, https://www.scientificamerican.com/article/chatgpt-replicates-gender-bias-in-recommendation-letters/. Accessed 26 December 2023.

Stone, Brad. Gearheads: the turbulent rise of robotic sports. Simon & Schuster, 2003.

Stone, Maddie. "Stephen Hawking and a Russian Billionaire Want to Build an Interstellar Starship." Gizmodo, 12 April 2016, https://gizmodo.com/a-russian-billionaire-and-stephen-hawking-want-to-build-1770467186. Accessed 30 December 2023.

Straebel, Volker, and Wilm Thoben. "Alvin Lucier's Music for Solo Performer: Experimental music beyond sonification." 2014.

Strong, John. Relics of the Buddha. Princeton University Press, 2004.

Stross, Charles. Accelerando. Ace Books, 2006.

Suleyman, Mustafa. The Coming Wave: Technology, Power, and the Twenty-first Century's Greatest Dilemma. Crown, 2023.

Sutter, John D. "How 9/11 inspired a new era of robotics." CNN, 7 September 2011, http://edition.cnn.com/2011/TECH/innovation/09/07/911.robots.disaster.response/index.html. Accessed 28 December 2023.

Swade, Doron. The Difference Engine: Charles Babbage and the Quest to Build the First Computer. Viking, 2001.

Swayne, Matt. "Google Claims Latest Quantum Experiment Would Take Decades on Classical Computer." The Quantum Insider, 4 July 2023, https://thequantuminsider.com/2023/07/04/google-claims-latest-quantum-experiment-would-take-decades-on-classical-computer/. Accessed 29 December 2023.

Tabeta, Shunsuke, and staff writers. "China trounces U.S. in AI research output and quality." Nikkei Asia, 16 January 2023, https://asia.nikkei.com/Business/China-tech/China-trounces-U.S.-in-AI-research-output-and-quality. Accessed 27 December 2023.

Taranovich, Steve. "Autonomous automotive sensors: How processor algorithms get their inputs - EDN." EDN Magazine, 5 July 2016, https://www.edn.com/autonomous-automotive-sensors-how-processor-algorithms-get-their-inputs/. Accessed 28 December 2023.

Tarasov, Katie. "Amazon's 100 drone deliveries puts Prime Air far behind Alphabet's Wing and Walmart partner Zipline." CNBC, 18 May 2023, https://www.cnbc.com/2023/05/18/amazons-100-drone-deliveries-puts-prime-air-behind-google-and-walmart.html. Accessed 28 December 2023.

Tegmark, Max. Life 3.0: Being Human in the Age of Artificial Intelligence. Knopf Doubleday Publishing Group, 2018.

Tesauro, Gerald. "Temporal Difference Learning and TD-Gammon." Backgammon Galore, 1995, https://www.bkgm.com/articles/tesauro/tdl.html.

Thompson, Nicholas, and Ian Bremmer. "The AI Cold War That Threatens Us All." WIRED, 23 October 2018, https://www.wired.com/story/ai-cold-war-china-could-doom-us-all/. Accessed 26 December 2023.

Thomson, Iain. "Google human-like robot brushes off beating by puny human – this is how Skynet starts." The Register, 24 February 2016, https://www.theregister.com/2016/02/24/boston_dynamics_robot_improvements/. Accessed 28 December 2023.

Thorndike, Edward L. Animal Intelligence: Experimental Studies. FB&C Limited, 2015.

Timmers, Paul, and Sarah Kreps. "Bringing economics back into EU and U.S. chips policy |

Brookings." Brookings Institution, 20 December 2022, https://www.brookings.edu/articles/bringing-economics-back-into-the-politics-of-the-eu-and-u-s-chips-acts-china-semiconductor-competition/. Accessed 27 December 2023.

Todes, Daniel. Ivan Pavlov: Exploring the Animal Machine. Oxford University Press, USA, 2000.

Tominaga, Suzuka. "Robot helps spread Buddhist teachings at a Kyoto temple | The Asahi Shimbun: Breaking News, Japan News and Analysis." 朝日新聞デジタル, 8 April 2023, https://www.asahi.com/ajw/articles/14861909. Accessed 28 December 2023.

Trabish, Herman K. "Real-time pricing, new rates and enabling technologies target demand flexibility to ease California outages." Utility Dive, 13 September 2022, https://www.utilitydive.com/news/real-time-pricing-new-rates-and-enabling-technologies-target-demand-flexib/631002/. Accessed 18 January 2024.

Tran, Minh, y al. "A lightweight robotic leg prosthesis replicating the biomechanics of the knee, ankle, and toe joint." 2022, https://www.science.org/doi/10.1126/scirobotics.abo3996.

Triolo, Paul, y al. "Translation: Cybersecurity Law of the People's Republic of China (Effective June 1, 2017)." DigiChina, 2017, https://digichina.stanford.edu/work/translation-cybersecurity-law-of-the-peoples-republic-of-china-effective-june-1-2017/. Accessed 27 December 2023.

Tucker, Patrick. "The US Military Is Chopping Up Its Iron Man Suit For Parts." Defense One, 7 February 2019, https://www.defenseone.com/technology/2019/02/us-military-chopping-its-iron-man-suit-parts/154706/. Accessed 28 December 2023.

Tucs, A., y al. "Generating ampicillin-level antimicrobial peptides with activity-aware generative adversarial networks." ACS Omega, 2020. Accessed 29 December 2023.

Tuller, David. "Dr. William Dobelle, Artificial Vision Pioneer, Dies at 62 (Published 2004)." The New York Times, 1 November 2004, https://www.nytimes.com/2004/11/01/obituaries/dr-william-dobelle-artificial-vision-pioneer-dies-at-62.html. Accessed 29 December 2023.

Turing, Allan. "Computing Machinery and Intelligence: Can machines possess the capacity for thought?" COMPUTING MACHINERY AND INTELLIGENCE, vol. LIX, no. 236, 1950.

Turing, Allan. "On Computable Numbers, with an Application to the Entscheidungsproblem." Proceedings of the London Mathematical Society, 1937.

UN. "Explainer: How AI helps combat climate change." UN News, 3 November 2023, https://news.un.org/en/story/2023/11/1143187. Accessed 29 December 2023.

UNDP. "Sophia the Robot is UNDP's Innovation Champion for Asia-Pacific." YouTube, 22 November 2017, https://www.youtube.com/watch?v=BwFEFQUDNTs. Accessed 29 December 2023.

Unger, J. Marshall. The fifth generation fallacy: why Japan is betting its future on artificial intelligence. Oxford University Press, 1987.

US Government. "Children's Online Privacy Protection Rule ("COPPA")." Federal Trade Commission, 1998, https://www.ftc.gov/legal-library/browse/rules/childrens-online-privacy-protection-rule-coppa. Accessed 26 December 2023.

Vapnik, Vladimir, and Corinna Cortes. "Support-vector networks." 1995.

Vaswani, Ashish, y al. "Attention Is All You Need." arXiv, 12 June 2017, https://arxiv.org/abs/1706.03762. Accessed 26 December 2023.

Velasco, JJ. "Historia de la tecnología: El ajedrecista, el abuelo de Deep Blue." Hipertextual, 22 July 2011, https://hipertextual.com/2011/07/el-ajedrecista-el-abuelo-de-deep-blue. Accessed 26 December 2023.

Verma, Pranshu, and Gerrit De Vynck. "ChatGPT took their jobs. Now they're dog walkers and HVAC techs. - The Washington Post." Washington Post, 2 June 2023, https://www.washingtonpost.com/technology/2023/06/02/ai-taking-jobs/. Accessed 26 December 2023.

Vidal, Jaques. "Toward Direct Brain-Computer Communication." Annual Review of Biophysics and Bioengineering, 1973.

Vincent, James. "AI art tools Stable Diffusion and Midjourney targeted with copyright lawsuit." The Verge, 16 January 2023, https://www.theverge.com/2023/1/16/23557098/generative-ai-art-copyright-legal-lawsuit-stable-diffusion-midjourney-deviantart. Accessed 26 December 2023.

Vincent, James. "Google drops waitlist for AI chatbot Bard and announces oodles of new features." The Verge, 10 May 2023, https://www.theverge.com/2023/5/10/23718066/google-bard-aifeatures-waitlist-dark-mode-visual-search-io. Accessed 26 December 2023.

Vincent, James. "The lawsuit that could rewrite the rules of AI copyright." The Verge, 8 November 2022, https://www.theverge.com/2022/11/8/23446821/microsoft-openai-github-copilot-class-action-lawsuit-ai-copyright-violation-training-data. Accessed 26 December 2023.

Vincent, James. "Pretending to give a robot citizenship helps no one." The Verge, 30 October 2017, https://www.theverge.com/2017/10/30/16552006/robot-rights-citizenship-saudi-arabia-sophia. Accessed 28 December 2023.

Vincent, James, and Sam Byford. "DeepMind's Go-playing AI doesn't need human help to beat us anymore." The Verge, 18 October 2017, https://www.theverge.com/2017/10/18/16495548/deepmind-ai-go-alphago-zero-self-taught. Accessed 29 December 2023.

Vincent, James, and Jimin Chen. "Facebook's head of AI really hates Sophia the robot (and with good reason)." The Verge, 18 January 2018, https://www.theverge.com/2018/1/18/16904742/sophia-the-robot-ai-real-fake-yann-lecun-criticism. Accessed 29 December 2023.

Vincent, James, and Chris Jung. "Robot makers including Boston Dynamics pledge not to weaponize their creations." The Verge, 7 October 2022, https://www.theverge.com/2022/10/7/23392342/boston-dynamics-robot-makers-pledge-not-to-weaponize. Accessed 28 December 2023.

Vincent, James, and Lintao Zhang. "Putin says the nation that leads in AI 'will be the ruler of the world.'" The Verge, 4 September 2017, https://www.theverge.com/2017/9/4/16251226/russia-ai-putin-rule-the-world. Accessed 28 December 2023.

Vinge, Vernor. Rainbows End. Tor Publishing Group, 2007.

Walia, Simran. "How Does Japan's Aging Society Affect Its Economy?" The Diplomat, 13 November 2019, https://thediplomat.com/2019/11/how-does-japans-aging-society-affect-its-economy/. Accessed 28 December 2023.

Walker, Marley. "Meet the Competitors Who Dominated the First Cyborg Olympics." WIRED, 25 October 2016, https://www.wired.com/2016/10/people-prosthetics-first-cyborg-olympics/. Accessed 29 December 2023.

Wallace, R., y al. "First results in robot road-following." International Joint Conference on Artificial Intelligence, 1985.

Walsh, Fergus. "New Versius robot surgery system coming to NHS." BBC, 3 September 2018, https://www.bbc.com/news/health-45370642. Accessed 28 December 2023.

Wanner, Mark. "600 trillion synapses and Alzheimers disease." The Jackson Laboratory, 11 December 2018, https://www.jax.org/news-and-insights/jax-blog/2018/December/600-trillion-synapses-and-alzheimers-disease. Accessed 29 December 2023.

Warcwick, Kevin. "(PDF) Thought communication and control: A first step using radiotelegraphy." ResearchGate, 2004, https://www.researchgate.net/publication/3350379_Thought_communication_and_control_A_first_step_using_radiotelegraphy. Accessed 29 December 2023.

Warrick, Joby, and Cate Brown. "Covid helped China secure the DNA of millions, spurring arms race fears - Washington Post." The Washington Post, 21 September 2023, https://www.washingtonpost.com/world/interactive/2023/china-dna-sequencing-bgi-covid/. Accessed 31 January 2024.

Warwick, Kevin. "The Application of Implant Technology for Cybernetic Systems." 2003.

Watkins, Christopher, and Peter Dayan. "Q-learning." 1989.

Waugh, Rob. "Sex robots 'could cause birth rate crisis' as men opt for plastic lovers instead." Metro UK, 28 January 2019, https://metro.co.uk/2019/01/28/sex-robots-cause-birth-rate-crisis-men-opt-plastic-love-slaves-instead-humans-8402895/. Accessed 29 December 2023.

Webster, Graham. "Full Translation: China's 'New Generation Artificial Intelligence Development Plan' (2017)." DigiChina, 1 August 2017, https://digichina.stanford.edu/work/full-translation-chinas-new-generation-artificial-intelligence-development-plan-2017/. Accessed 26 December 2023.

WEF. "China or America: who's winning the race to be the AI superpower?" The World Economic Forum, 3 November 2017, https://www.weforum.org/agenda/2017/11/china-vs-us-who-is-winning-the-big-ai-battle/. Accessed 27 December 2023.

WEF. "Recession and Automation Changes Our Future of Work, But There are Jobs Coming, Report Says." The World Economic Forum, 20 October 2020, https://www.weforum.org/press/2020/10/recession-and-automation-changes-our-future-of-work-but-there-are-jobs-coming-report-says-52c5162fce/. Accessed 29 December 2023.

WEF. "World Economic Forum's 'Framework for Developing a National Artificial Intelligence Strategy." World Economic Forum, 4 October 2019, https://www.weforum.org/publications/a-framework-for-developing-a-national-artificial-intelligence-strategy/. Accessed 6 February 2024.

Weiland, J. "Retinal prosthesis." Annual Review of Biomedical Engineering, 2005.

Weinberg, BH. "Large-scale design of robust genetic circuits with multiple inputs and outputs for mammalian cells." 2017.

Wessling, Brianna. "How Boston Dynamics is developing Spot for real-world applications." The Robot Report, 3 March 2023, https://www.therobotreport.com/how-boston-dynamics-is-developing-spot-for-real-world-applications/. Accessed 28 December 2023.

Whitehead, Alfred North, and Bertrand Russell. Principia Mathematica. Rough Draft Printing, 1910.

Whitfield, Robert. Effective, Timely and Global, 9 November 2017, https://www.oneworldtrust.org/uploads/1/0/8/9/108989709/gg_ai_report_final.pdf. Accessed 13 February 2024.

Wiggins, Chris, and Matthew L. Jones. How Data Happened: A History from the Age of Reason to the Age of Algorithms. WW Norton, 2023.

Willett, Francis R., y al. "A high-performance speech neuroprosthesis - PMC." NCBI, 23 August 2023, https://www.ncbi.nlm.nih.gov/pmc/articles/PMC10468393/. Accessed 29 December 2023.

Williams, Roger. The Metamorphosis of Prime Intellect. Lulu.com, 2003.

Wilson, Daniel H. Robopocalypse: A Novel. Knopf Doubleday Publishing Group, 2012.

Winograd, Terry. "Procedures as a Representation for Data in a Computer Program for Understanding Natural Language." 1971.

Woo, Stu. "China Wants a Chip Machine From the Dutch. The U.S. Said No." The Wall Street Journal, 17 July 2021, https://www.wsj.com/articles/china-wants-a-chip-machine-from-the-dutch-the-u-s-said-no-11626514513. Accessed 27 December 2023.

Wood, Christopher. The bubble economy. Atlantic Monthly Press, 1992.

World Bank. "Sustained policy support and deeper structural reforms to revive China's growth momentum." World Bank, 14 December 2023, https://www.worldbank.org/en/news/press-release/2023/12/14/sustained-policy-support-and-deeper-structural-reforms-to-revive-china-s-growth-momentum-world-bank-report. Accessed 27 December 2023.

World Population Review. "Debt to GDP Ratio by Country 2024." World Population Review, https://worldpopulationreview.com/country-rankings/debt-to-gdp-ratio-by-country. Accessed 6 February 2024.

Wu, Yi. "China's Interim Measures to Regulate Generative AI Services: Key Points." China Briefing, 27 July 2023, https://www.china-briefing.com/news/how-to-interpret-chinas-first-effort-to-regulate-generative-ai-measures/. Accessed 27 December 2023.

Wylie, Christopher. Mindf*ck: Cambridge Analytica and the Plot to Break America. Random House Publishing Group, 2019.

Xie, Z. "Multi-input RNAi-based logic circuit for identification of specific cancer cells." 2011.

Yale. "Overview < Colón-Ramos Lab." Yale School of Medicine, https://medicine.yale.edu/lab/colon_ramos/overview/. Accessed 29 December 2023.

Yang, Zeyi. "China just announced a new social credit law. Here's what it means." MIT Technology Review, 22 November 2022, https://www.technologyreview.com/2022/11/22/1063605/china-announced-a-new-social-credit-law-what-does-it-mean/. Accessed 26 December 2023.

Yao, Deborah. "DeepMind Co-founder: The Next Stage of Gen AI Is a Personal AI - DeepMind Co-founder: The Next Stage of Gen AI Is a Personal AI." AI Business, 17 October 2023, https://aibusiness.com/nlp/deepmind-co-founder-the-next-stage-of-gen-ai-is-a-personal-ai. Accessed 29 December 2023.

Yuan, Han, y al. "Negative Covariation between Task-related Responses in Alpha/Beta-Band Activity and BOLD in Human Sensorimotor Cortex: an EEG and fMRI Study of Motor Imagery and Movements." NCBI, 19 October 2009, https://www.ncbi.nlm.nih.gov/pmc/articles/PMC2818527/. Accessed 29 December 2023.

Yudkowsky, Eliezer S. "Coherent Extrapolated Volition." Singularity Institute for Artificial Intelligence, 2004.

Zelikman, Eric, y al. "STaR: Bootstrapping Reasoning With Reasoning." arXiv, 28 March 2022, https://arxiv.org/abs/2203.14465. Accessed 28 December 2023.

Zhang, Jiawei. "Basic Neural Units of the Brain: Neurons, Synapses and Action Potential." arXiv, 30 May 2019, https://arxiv.org/abs/1906.01703. Accessed 29 December 2023.

Zhang, Jiayu. "China's Military Employment of Artificial Intelligence and Its Security Implications—THE INTERNATIONAL AFFAIRS REVIEW." THE INTERNATIONAL AFFAIRS REVIEW, 16 August 2023, https://www.iar-gwu.org/print-archive/blog-post-title-four-xgtap. Accessed 31 January 2024.

Zukerman, Wendy. "Hayabusa 2 will seek the origins of life in space." New Scientist, 18 August 2010, https://www.newscientist.com/article/dn19332-hayabusa-2-will-seek-the-origins-of-life-in-space/. Accessed 28 December 2023.

Autor

Pedro Uria-Recio, nacido en Bilbao en 1980, es un destacado ejecutivo empresarial y experto en inteligencia artificial (IA) que reside actualmente en el Sudeste Asiático.

Pedro ocupó el cargo de Director de Análisis e Inteligencia Artificial en True Corporation, una prominente empresa de telecomunicaciones en Tailandia. En este rol, supervisó las iniciativas de análisis e IA para el segmento digital del negocio, liderando una unidad que utilizaba datos de telecomunicaciones para desarrollar soluciones corporativas en publicidad, puntuación de crédito e inteligencia del consumidor. Además, se desempeña como profesor invitado de IA para empresas en la Universidad Chulalongkorn de Bangkok.

Antes de su etapa en True Corporation, Pedro fue Vicepresidente de Análisis en Axiata, un conglomerado digital y de telecomunicaciones que opera en seis mercados asiáticos. Anteriormente, trabajó como consultor de gestión en McKinsey & Company, especializándose en telecomunicaciones y servicios financieros.

Pedro también ha demostrado un gran interés por el espíritu empresarial, siendo Empresario Residente en Antler, un estudio de capital riesgo en Singapur. Además, es miembro oficial y colaborador del Consejo de Tecnología de Forbes y ha sido ponente en dos eventos TEDx. En 2020, fue reconocido como uno de los 100 Principales Innovadores Globales en Datos y Análisis y recibió el Premio Cloudera a la Transformación de la Industria en 2019.

Pedro posee un MBA por la Escuela de Negocios Booth de la Universidad de Chicago y es Ingeniero de Telecomunicaciones por la Escuela de Ingenieros de Bilbao.

pedro@machinesoftomorrow.ai
https://t.me/uriarecio

Cómo la IA Transformará Nuestro Futuro

La Humanidad se Entrelaza con la IA:

La IA es nuestra nueva mente. La robótica, nuestro nuevo cuerpo. ¿Cómo estamos convirtiéndonos en una nueva especie en la intersección del carbono y el silicio?

La IA se Vuelve Exponencial:

IA General. Humanoides y cíborgs. Biología sintética. Computación cuántica. Emulación mental. ¿Cómo se desarrollarán?

Acecha el Autoritarismo de la IA:

La IA hará que la verdad quede obsoleta, la libertad se redefine y la escasez de empleo sea ubicua. ¿Podemos aún dar forma a la IA para el beneficio de todos?

La Geopolítica de la IA:

La Superinteligencia será venerada. China y América chocarán por sus visiones sobre la IA. La política girará en torno a identidades de especies.

La Mayor Epopeya de la Humanidad:

De la mitología a Kubrick. De Aristóteles a Sam Altman. De Leonardo a Boston Dynamics. Desde hoy a la Superinteligencia.

Prepárate para el Mañana:

Pensamiento Crítico. Adaptabilidad. Emprendimiento.

https://www.howaiwillshapeourfuture.com/